Siegfried Trautmann

Investitionen

Bewertung, Auswahl und Risikomanagement

Zweite, verbesserte Auflage

Mit 192 Abbildungen

Springer

Professor Dr. Siegfried Trautmann
Johannes-Gutenberg-Universität
Lehrstuhl für Finanzwirtschaft
55099 Mainz
traut@finance.uni-mainz.de

ISBN 978-3-540-71125-4 Springer Berlin Heidelberg New York
ISBN 978-3-540-25803-2 1. Auflage Springer Berlin Heidelberg New York

Bibliografische Information der Deutschen Nationalbibliothek
Die Deutsche Nationalbibliothek verzeichnet diese Publikation in der Deutschen Nationalbibliografie; detaillierte bibliografische Daten sind im Internet über http://dnb.d-nb.de abrufbar.

Springer ist ein Unternehmen von Springer Science+Business Media

springer.de

© Springer-Verlag Berlin Heidelberg 2006, 2007

Herstellung: LE-TeX Jelonek, Schmidt & Vöckler GbR, Leipzig
Umschlaggestaltung: WMX Design GmbH, Heidelberg

SPIN 12026104   88/3180YL - 5 4 3 2 1 0

Für Johanna,
     Theresa und Christoph

Vorwort zur zweiten Auflage

Kaum ein Jahr nach Erscheinen der ersten Auflage ist diese bereits vergriffen. Angesichts zahlreicher anderer Bücher zu diesem Thema ist dies besonders erfreulich. Ich danke deshalb allen Studierenden, Lehrenden und Praktikern, die auf das Buch zurückgegriffen haben und von denen ich überwiegend sehr positive Reaktionen erhalten habe.

Aufgrund des sehr kurzen Zeitraums seit Erscheinen der ersten Auflage wurden nur wenige Veränderungen vorgenommen. Korrigiert wurden einige kleinere Fehler und Ungenauigkeiten.

Mein Dank gilt vor allem denjenigen Studierenden und Kollegen, die mir wertvolle Anregungen gegeben haben, sowie meiner Mitarbeiterin Monika Müller, die auch die zweite Auflage redaktionell betreut hat.

Siegfried Trautmann
Mainz, im März 2007

Vorwort zur ersten Auflage

Dieses Lehrbuch beschränkt sich auf die Darstellung zentraler Erkenntnisse der neoklassischen Investitions- und Finanzierungstheorie, im angelsächsischen Sprachraum *Neoclassical Finance* genannt. Letztere Theorie kann zwar beispielsweise nicht die Existenz von Banken erklären, hat sich aber dennoch als sehr nützlich im Zusammenhang mit der Bewertung von Investitionen und der Steuerung von Investitionsrisiken erwiesen - ganz nach dem Motto: Es gibt nichts Praktischeres als eine gute Theorie! Das Buch ist aus Skripten für Vorlesungen hervorgegangen, die ich seit 1990 an der Johannes Gutenberg-Universität in Mainz gehalten habe. Das aus den Anfangsbuchstaben des Untertitels — Bewertung, Auswahl und Risikomanagement — gebildete Akronym BAR verrät bereits, um was es im Kern dabei geht: um das alte Thema *Barwert* einer Investition.

Neuer ist dagegen die Fokussierung auf die Duplizierbarkeit eines Zahlungsstroms durch Zahlungsströme von handelbaren Finanzinvestitionen. Diese angenommene Duplizierbarkeit begründet sowohl die klassische Kapital- bzw. Barwertformel für Sachinvestitionen mit sicheren Rückflüssen als auch die Nobelpreis gekrönte Barwertformel von Black, Scholes und Merton für Finanzderivate
mit unsicheren Rückflüssen. Daneben wird die üblicherweise in einschlägigen
Lehrbüchern vorzufindende Vielzahl von – oft redundanten – Modellannahmen
im einführenden Kapitel 1 auf fünf Grundannahmen zurückgeführt. Die Aufteilung der nachfolgenden 11 Kapitel erfolgt hinsichtlich der Charakteristik der zu
bewertenden Investitionen: *Sichere Investitionen* (Teil A), *Unsichere Investitionen* (Teil B) und *Investitionen mit Wahlrechten* (Teil C).
Auf eine weitere Inhaltsbeschreibung verzichte ich an dieser Stelle, weil ich einerseits dazu Begriffe benutzen müsste, die der Student frühestens nach der Lek-
türe des einführenden Kapitels 1 einordnen kann, und andererseits der Kenner
sich mit einem Blick auf das Inhaltsverzeichnis selbst orientieren kann. Ziel des
Buches ist es jedenfalls, den Leser mit dem Duplikationsprinzip vertraut zu machen und aufzuzeigen, wie man damit praxisrelevante Probleme der Bewertung
und Risikosteuerung lösen kann. Es richtet sich zwar in erster Linie an Studie-
rende im Hauptstudium, aber auch dem Praktiker soll das Buch die Möglichkeit
bieten, sich über Fortschritte auf diesen Gebieten zu informieren. Die Modellierung erfolgt fast ausschließlich im mathematisch weniger anspruchsvollen zeitdiskreten Modellrahmen - nur in einer Fußnote wird Itôs Lemma, als zentrales
Werkzeug einer zeitstetigen Modellanalyse, erwähnt. Zudem sind mathematisch
anspruchsvollere Darstellungen in den Anhang des jeweiligen Kapitels verbannt
worden.
Am Ende der Kapitel 2 bis 12 sind Übungsaufgaben aufgeführt. Die Lösungen
können im Internet unter `www.finance.uni-mainz.de` abgerufen werden. Die
Dateien liegen zum einen im pdf-Format vor, so dass diese mit dem frei verfüg-
baren *Acrobat Reader* gelesen und ausgedruckt werden können. Zudem ist die
Bereitstellung als komprimierte *Postscript*-Dateien vorgesehen.
Zum Schluss bleibt mir die angenehme Pflicht, all denen zu danken, die mich
bei der Anfertigung dieses Buches unterstützt haben. An erster Stelle zu nennen
ist meine Mitarbeiterin Monika Müller. Sie hat eine zentrale Koordinationsauf-
gabe übernommen und zunächst die vom Springer-Verlag vorgegebenen Latex
Style-Files so angepasst, dass meine Vorstellungen vom Layout des Buches umgesetzt werden konnten. Zudem hat sie durch ihre Ideen, kritischen Kommenta-
re und Beispielausarbeitungen die Darstellungen insbesondere in den Teilen A
und B des Buches deutlich verbessert. Meine Mitarbeiter Manuel Gauer, Tobias
Linder und Markus Starck haben ebenfalls durch ihre Formulierungsvorschläge
und Beispielausarbeitungen insbesondere die Teile B und C des Buches positiv beeinflusst. Zusammen mit ihrem Kollegen Daniel Lange haben sie zudem
viele Stunden investiert, um beim Korrekturlesen Fehler und Inkonsistenzen auf-
zufinden. Die studentischen Hilfskräfte, Eugenia Solovev und Vera Nieß, haben
mitgeholfen, den Latex-Quelltext zu erstellen. Eugenia Solovev hat zudem zahl-

reiche Abbildungen, wovon die meisten zuvor mit Hilfe der Programmierumgebung MATLAB errechnet wurden, angefertigt. Aber auch einer Reihe von früheren Mitarbeitern habe ich für Darstellungsvorschläge und die Ausarbeitung von Beispielen und Aufgaben zu danken. Dem Springer-Verlag danke ich für die gute Zusammenarbeit, die nach Fertigstellung des Manuskripts ein schnelles Erscheinen des Buches möglich gemacht hat.

Am Ende des Einstein-Jahres 2005 möchte ich nicht unerwähnt lassen, dass die Darstellungen in diesem Lehrbuch von einem Albert Einstein zugeschriebenen Leitmotiv beeinflusst wurden: *„Man soll Dinge so einfach wie möglich darstellen, aber nicht einfacher!"* Inwieweit dies gelungen ist, möge nun der Leser selbst beurteilen. Unter `traut@finance.uni-mainz.de` werden Verbesserungsvorschläge gerne entgegengenommen.

Siegfried Trautmann
Mainz, im Dezember 2005

Inhaltsverzeichnis

1

Einführung

Investitionen sind in einem weiten, umgangssprachlichen Sinne alle Maßnahmen, die einerseits gegenwärtige Opfer verlangen und andererseits zukünftige Belohnungen versprechen. Eine Investition wird dabei als vorteilhaft angesehen, wenn die Belohnung das Opfer mindestens aufwiegt. Ökonomen messen nun bekanntlich Opfer und Belohnungen in Geldeinheiten (seltener in Gütereinheiten) und kennzeichnen daher Investitionen durch einen Zahlungsstrom, der mit einer Auszahlung (Abfluss von Zahlungsmitteln) beginnt und im idealtypischen Fall mit einer Einzahlung (Zufluss von Zahlungsmitteln) endet. Unter Zahlungsmitteln wird dabei Bargeld und Sichtguthaben bei Banken verstanden. Investieren bedeutet also, Vermögen in Form von Zahlungsmitteln in eine nicht-liquide Vermögensform *einzukleiden* (lat.: investire), in der Hoffnung, dass deren Wert im Zeitablauf wächst und zwar möglichst stark im Vergleich zu alternativen Investitionen.

1.1 Investitionsarten

Private Investoren und Unternehmen können in Geldvermögen und Sachvermögen investieren. Im ersten Fall spricht man dann von einer Finanzinvestition und im letzteren Fall von einer Realinvestition.

Finanzinvestitionen

Investitionen müssen finanziert werden. Plant ein Unternehmen, eine Investition zu tätigen, und reicht die vorhandene Liquidität des Unternehmens nicht aus, so ist das Unternehmen gezwungen, entweder auf die Investition zu verzichten oder neues Eigen- bzw. Fremdkapital aufzunehmen. Dazu stehen verschiedene Instrumente zur Verfügung, die das Unternehmen am Finanzmarkt potentiellen Interessenten anbieten kann. Entscheidet sich ein Interessent — im Folgenden Investor genannt — dem Unternehmen über eines der Instrumente Geld zur Verfügung zu

stellen, so erwirbt er *Wertpapiere*, die Beteiligungs- oder Forderungsrechte verbriefen. Für den Investor stehen also heutigen Zahlungsabflüssen in das Unternehmen zukünftige Rückflüsse entgegen. Eine Investition in Beteiligungs- oder
Forderungsrechte wird gemeinhin als *Finanzinvestition* bezeichnet. Eine *handelbare* Finanzinvestition bezeichnen wir im Folgenden als *Finanztitel*.
Die bekannteste Form von Finanzinvestitionen in Beteiligungsrechte sind *Aktien*,
die dem Investor (Aktionär) verschiedene Rechte verbriefen, wie z. B. das Teil-
nahmerecht an der Hauptversammlung, das Stimmrecht auf der Hauptversammlung, das Recht auf eine Beteiligung am Gewinn (Anspruch auf Dividenden) und
am Liquidationserlös. Finanzinvestitionen in Forderungsrechte bestehen i. d. R.
in dem Kauf einer Anleihe oder der Gewährung eines Kredits. Bei diesen verspricht das Unternehmen dem Investor, zu im Voraus festgelegten Terminen
Zinszahlungen zu leisten und den Nennwert der Schuld zurückzuzahlen. Dabei
sind die Ausgestaltungen von Zins- und Rückzahlungsarten mannigfaltig. Hier
sollen drei der bekanntesten Anleiheformen kurz vorgestellt werden: *Anleihen*
(Schuldverschreibungen, Obligationen) sind Wertpapiere mit fester Verzinsung
und der Rückzahlung des Nennbetrags am Laufzeitende. *Null-Kuponanleihen*
(*Zero-Bonds* oder kürzer *Zeros*) sind Anleihen, bei denen während der Lauf-
zeit keine Zinsen gezahlt werden, weshalb die Rückzahlung des Nennbetrags
am Laufzeitende das ursprünglich investierte Kapital übersteigt. *Ewige Renten*
(Consol Bonds) sind festverzinsliche Wertpapiere mit unendlicher Laufzeit. Die
Tabelle 1.1 gibt die zugehörigen Zahlungsmuster der Anleiheformen und einer
Aktie mit Anspruch auf Dividendenzahlungen aus Sicht eines Investors wieder,
der in diesen Instrumenten bis zu ihrer Fälligkeit bzw. im Fall der Aktie und des
Consol Bonds unbegrenzt lange investiert bleibt.

Finanzinvestitionen in	
Beteiligungsrechte	Forderungsrechte
• Aktien • Investment- Zertifikate ⋮	• Anleihen • Obligationen • Geldmarktfonds • Sparverträge ⋮

Abb. 1.1. *Finanzinvestitionen.*
Diese umfassen Forde-
rungs- und Beteiligungs-
rechte.

Sowohl Aktien als auch Anleihen können nicht nur direkt von dem Unternehmen
erworben werden, sondern auch am Finanzmarkt von anderen Investoren, die ihr
Investment in das Unternehmen beenden wollen. Die Beteiligungs- und Forderungsrechte gehen dabei vom Verkäufer an den Käufer über. Der Preis (Kurs)
für eine Aktie oder Anleihe ist dabei von den jeweiligen Marktverhältnissen abhängig. Außer Aktien und Anleihen werden am Finanzmarkt aber auch abgeleitete Produkte (Derivate) gehandelt, die nicht von dem Unternehmen emittiert
werden, das die Aktien oder Anleihen emittiert hat. Der Erwerb von Derivaten
oder Devisen wird ebenso als Finanzinvestition bezeichnet wie der Kauf von *In-
vestmentzertifikaten*. Diese verbriefen einen Anspruch auf einen Anteil an einem

Tabelle 1.1. *Zahlungsstrom von handelbaren Finanzinvestitionen (Finanztitel).*

$B_0^c(T)$ bzw. $B_0(T)$ bezeichnet den Marktpreis einer Kupon- bzw. Null-Kuponanleihe mit Fälligkeitsdatum (Rückzahlungszeitpunkt) T und dem Nennwert 1. Die im Zeitablauf als konstant angenommene und auf den Nominalwert $F = 1$ bezogene Kuponzahlung wird mit c bezeichnet. S_0 bezeichnet den Aktienkurs im Zeitpunkt $t = 0$ und DIV_t die Dividendenzahlung im Zeitpunkt t. C_0 bezeichnet den Marktpreis (Prämie) für einen Europäischen Call.

Art der Finanzinvestition \ t	0	1	2	$\cdots$	T	$\cdots$	∞
Null-Kuponanleihe (Zero-Bond bzw. Zero)	$-B_0(T)$	$-$	$-$	$\cdots$	1		
Kuponanleihe (Coupon Bond)	$-B_0^c(T)$	c	c	$\cdots$	$c+1$		
Ewige Rente (Consol Bond)	$-B_0^c$	c	c	$\cdots$	c	$\cdots$	c
Aktie	$-S_0$	DIV_1	DIV_2	$\cdots$	DIV_T	$\cdots$	DIV_∞
Europäische Kaufoption (Europäischer Call)	$-C_0$	$-$	$-$	$\cdots$	C_T		
Futures-Kontrakt	$-$	Z_1	Z_2	$\cdots$	Z_T		
Forward-Kontrakt	$-$	$-$	$-$	$\cdots$	Z_T		

Wertpapierportefeuille. Letzteres bezeichnet eine Mischung oder Kombination von einzelnen Wertpapieren, die entweder durch die wertmäßigen Anteile oder durch den mengenmäßigen Bestand des einzelnen Wertpapiers im Portefeuille gekennzeichnet werden kann. Mit dem Begriff *Portefeuille* bezeichnen wir im Folgenden die Mischung oder Kombination von beliebigen Vermögensformen.[1]
Unter einem *Finanzderivat* versteht man eine Vereinbarung über eine Zahlung in der Zukunft, deren zufällige Höhe von dem Marktwert eines anderen Finanztitels (*Underlyings*) abhängt. Die bekanntesten Beispiele sind *Kaufoptionen* (*Calls*) und *Verkaufsoptionen* (*Puts*) auf Aktien und Aktienindizes.
Finanzderivate haben also einen Erfüllungszeitpunkt in der Zukunft und zählen daher zu den *Termingeschäften*, die sich wie folgt von *Kassageschäften* unterscheiden. Ein Kassageschäft liegt genau dann vor, falls

*   Abschluss- und Erfüllungszeitpunkt identisch sind (wissenschaftliche Definition),
*   das Geschäft spätestens zwei Bankarbeitstage nach Abschluss erfüllt wird (dt. Bankrecht).

Ansonsten liegt ein Termingeschäft vor (vgl. Abbildung 1.2).

---

[1] Das französischstämmige Wort *Portefeuille* ist eine Kombination der französischen Worte *porter* (tragen) und *feuille* (Blatt) und bezeichnete ursprünglich eine Aktenmappe zur Aufbewahrung von Wertpapierurkunden.

Abb. 1.2. *Termingeschäft.* Zeitpunkt von Abschluss und Erfüllung (Lieferung und Bezahlung) fallen auseinander.

Bei Optionen handelt es sich um bedingte Termingeschäfte, die je nach Eintritt bestimmter Ereignisse (z. B. steigende oder fallende Kurse) ausgeübt werden. Sie werden sowohl an Terminbörsen als auch außerbörslich an den sogenannten Over-the-Counter (OTC)-Märkten gehandelt. Optionen verbriefen für den Käufer das Recht, nicht aber die Pflicht, eine bestimmte Anzahl von Finanztiteln oder Waren (Basisinstrumente) innerhalb einer bestimmten Frist zu einem heute festgesetzten Preis, *Basispreis*, zu kaufen (Calls) oder zu verkaufen (Puts). Der am Abschlusstag zu zahlende Marktpreis pro Optionsrecht wird auch *Optionsprämie* genannt. Ist die Ausübung des Optionsrechtes nur am Verfalltag möglich, spricht man von einer *Europäischen Option*; kann die Option jederzeit bis zum Verfalltag ausgeübt werden, liegt eine Option vom Amerikanischen Typ (*Amerikanische Option*) vor. Aktien-Calls besitzen beispielsweise im Vergleich zur Aktie einerseits mehr (Rendite-)Chancen, aber andererseits mehr (Totalverlust-)Risiken. Sie werden von Investoren nachgefragt, die auf steigende Aktienkurse spekulieren und typischerweise von Aktienbesitzern angeboten, die bis zum Verfalltag des Calls mit keinen großen Kurssteigerungen rechnen und damit auf den wertlosen Verfall des verkauften Bezugsrechtes spekulieren (siehe Kapitel 9).

Terminkontrakte		
unbedingte		bedingte
Forwards	Futures	Optionen
werden nur außerbörslich gehandelt	werden nur an Terminbörsen gehandelt	werden an Terminbörsen und außerbörslich gehandelt

Abb. 1.3. *Terminkontrakte.* Grundlegende Terminkontraktformen.

Unbedingte Termingeschäfte in der Form von *Forwards* und *Futures* verbriefen dagegen für den Käufer das Recht und die Pflicht, eine bestimmte Anzahl von Finanztiteln oder Waren zu einem bestimmten zukünftigen Zeitpunkt (Erfüllungszeitpunkt) zu einem heute festgesetzten Preis zu kaufen oder zu verkaufen. Klassische unbedingte Termingeschäfte, wie z. B. das traditionelle Devisentermingeschäft, werden nur außerbörslich abgewickelt und als Forward-Kontrakte oder kürzer als Forwards bezeichnet. Unbedingte Terminkontrakte, die ausschließlich an Terminbörsen gehandelt werden, werden dagegen als Futures-Kontrakte oder kürzer Futures bezeichnet. Sie zeichnen sich gegenüber den Forward-Kontrakten durch eine weitgehende Standardisierung hinsichtlich der Qualität des Handelsgegenstandes, der Liefertermine, der Liefermenge sowie der Überwachung und Ausführung des Kontraktes aus. Zudem wird der kontraktierte Lieferpreis börsentäglich an den Futures-Preis angepasst. Dadurch fallen im Regelfall börsentägliche Ausgleichszahlungen zwischen Käufer und Verkäufer an (siehe Kapitel 9). Sieht man von Sicherheitsleistungen ab, fallen bei Termingeschäften in Form von Forwards oder Futures am Abschlusstag keine Auszahlungen an. Dennoch wollen wir diese im Folgenden als Investitionen bezeichnen.

Die Rückflüsse der meisten Finanzinvestitionen sind unter realen Bedingungen unsicher. Nur im Fall einer Anleihe eines Emittenten mit erstklassiger Bonität, die bis Fälligkeit vom Investor gehalten wird, können Kursänderungsrisiko und *Ausfallrisiko* vernachlässigt werden. Letzteres Risiko ist nicht vernachlässigbar, wenn eine gewisse Wahrscheinlichkeit dafür besteht, dass der Emittent nicht mehr bezahlen kann oder nicht mehr bezahlen will.

Realinvestitionen

Unternehmen investieren insbesondere nicht nur in Finanzinvestitionen, sondern in Produktionsanlagen, Geschäftsfelder, Patente, Vertriebskanäle, Produktwerbung, Markennamen und auch in die Aus- und Weiterbildung ihrer Mitarbeiter. Letztere Investition tätigen natürlich auch private Investoren für sich selbst und ihre Familienmitglieder. Daneben investieren sie sehr oft in Immobilien, Edelmetalle oder Kunstgegenstände. Alle diese Investitionen werden zu den *Realinvestitionen* gerechnet.

Realinvestitionen in	
materielles Sachvermögen	immaterielles Sachvermögen
• Immobilien • Produktionsanlagen • Geschäftsfelder • Vertriebskanäle ⋮	• Bildung • Software • Patente ⋮

Abb. 1.4. *Realinvestitionen.*

Die oben genannten Beispiele für Realinvestitionen unterscheiden sich hinsichtlich ihrer Laufzeit: Bei dem Erwerb eines Kraftfahrzeugs oder einer Produktionsanlage wird der Investor nur von einer begrenzten Nutzungsdauer ausgehen (mit einer Verschrottung oder einem Weiterverkauf am Ende), so dass der Zahlungsstrom von endlicher Länge ist. Dagegen werden bei Immobilien und neu erworbenen Geschäftsfeldern oft unendlich lange Zahlungsströme angenommen.

Realinvestitionen unterscheiden sich von handelbaren Finanzinvestitionen unter anderem dadurch, dass der (gegenwärtige) Wert des Rückzahlungsstroms nicht beobachtbar ist. Bei Finanzinvestitionen, die auf gut organisierten Finanzmärkten gehandelt werden, ist dies der Fall. Der aktuelle Marktpreis des Finanztitels entspricht dem Wert des damit verbundenen Rückzahlungsstroms. Andernfalls

Tabelle 1.2. *Zahlungsstrom von Realinvestitionen.*

Der durch die Investition ausgelöste Strom von Zahlungsüberschüssen (*Cash Flow Stream*) wird mit CF_t in dem Zeitpunkt $t = 0, 1, 2, \ldots$ bezeichnet, wobei am Anfang eine Auszahlung steht: $CF_0 < 0$. Dabei dürfte der Cash Flow CF_t bei den meisten Realinvestitionen für $t > 0$ unsicher sein.

Art der Realinvestition \ t	0	1	2	$\cdots$	T	$\cdots$	∞
Immobilien	CF_0	CF_1	CF_2	$\ldots$	CF_T	$\ldots$	CF_∞
Produktionsanlagen	CF_0	CF_1	CF_2	$\ldots$	CF_T		$-$
Geschäftsfelder	CF_0	CF_1	CF_2	$\ldots$	CF_T	$\ldots$	CF_∞
$\vdots$				$\vdots$			

könnten Marktteilnehmer beispielsweise im Fall einer überbewerteten Anleihe mit Fälligkeit T deren Rückzahlungsstrom durch den Zahlungsstrom eines aus Zeros bestehenden Portefeuilles nachbilden (*duplizieren*) und von der Fehlbewertung profitieren – wie später noch gezeigt wird.

Es ist nun naheliegend, den Rückzahlungsstrom einer Realinvestition im Hinblick auf die Bewertung von Zahlungsansprüchen am Finanzmarkt zu beurteilen. Besitzt beispielsweise eine Realinvestition nur *eine* sichere Rückzahlung in Höhe von $CF_1 = 100\,€$ im Zeitpunkt 1, so entspricht dies genau der Rückzahlung eines aus 100 Zero-Bonds mit Fälligkeit $T = 1$ bestehenden Portefeuilles, das derzeit den Marktwert $100 \cdot B_0(1)$ besitzt. Mit genau diesem am Finanzmarkt beobachtbaren Wert ist der Wert des Rückzahlungsstroms der Realinvestition gleichzusetzen. Investitionsbewertung auf Basis dieser Duplikationsidee bildet den Kern der neoklassischen Investitionstheorie. Im Unterschied zu *individualistischen Ansätzen* der Wertberechnung benötigt dieser *finanzmarktorientierte Ansatz* keinerlei Annahmen über die (nicht direkt beobachtbare) Konsum- und Risikopräferenz des bewertenden Individuums (siehe Kapitel 2 und 8).

1.2 Vollkommene Finanzmärkte

Neoklassische Modelle der Investitions- und Finanzierungstheorie, im englischen Sprachraum *Neoclassical Finance* genannt (siehe Ross, 2005), bewerten Zahlungsströme unter der Annahme eines gut funktionierenden Finanzmarkts. Das heißt, die Bewertung eines durch die Investitionsentscheidung ausgelösten Zahlungsstroms basiert auf einer *Duplikation* mit an Finanzmärkten gehandelten Zahlungsströmen. Im Mittelpunkt steht dabei die Annahme, dass *Finanzmärkte* bzw. *Kapitalmärkte* (beide Bezeichnungen werden als bedeutungsgleich verwendet) *vollkommen* sind. In Anlehnung an Trautmann (1986) kennzeichnen wir im Folgenden die Vollkommenheit von Finanzmärkten durch fünf grundlegende Annahmen.

Keine profitable Arbitrage

Arbitrage ist eine Handelstätigkeit, welche Preisunterschiede auf mindestens zwei Teilmärkten eines homogenen Gutes zum Zweck der Gewinnmaximierung oder Kostenminimierung ausnutzt. Arbitrage im engeren Sinne ist die *Differenzarbitrage* (Spread), d. h. der während eines Börsentermins möglichst gleichzeitig erfolgende billigere Kauf und teurere Verkauf der gleichen Menge des homogenen Gutes auf dem einen bzw. auf dem anderen Teilmarkt. *Ausgleichsarbitrage* (Arbitration) ist eine Kauf- oder Verkaufstransaktion ohne gleichzeitiges Gegengeschäft, die auf dem Teilmarkt mit dem niedrigsten bzw. höchsten aller bekannten Preise vollzogen wird.

Erfolgt dabei der Kauf bzw. Verkauf des betreffenden homogenen Gutes nicht direkt, sondern indirekt über den Kauf bzw. Verkauf von anderen homogenen Gütern, so spricht man von *indirekter Arbitrage*, ansonsten von *direkter Arbitrage*. Beispiele für eine indirekte Arbitragetransaktion sind der Bezug einer Aktie über den Kauf einer Kaufoption oder — im Fall von Devisenmärkten — der Kauf von z. B. Schweizer Franken gegen Euro über den Kauf von US-Dollar gegen Euro und anschießenden Tausch von US-Dollar gegen Schweizer Franken (sogenannte *Dreiecks-Devisenarbitrage*).

Beispiel 1.1 (Indirekte Raumarbitrage).

Angenommen ein Arbitrageur hätte im September die folgenden Preisnotierungen für die BASF-Aktie bzw. den BASF-Call mit Fälligkeit Dezember und Basispreis $K = 55$ beobachtet:

	Ankaufspreis („Geldkurs")	Verkaufspreis („Briefkurs")
BASF-Aktie	58,90	59,00
BASF-Call Dez./55	3,35	3,40

Er hätte dann eine BASF-Aktie indirekt über den Kauf des Calls mit anschließender Ausübung des Kaufrechts zum Gesamtpreis von

$$55\,€ + 3,40\,€ = 58,40\,€$$

beschaffen können. Unter der Annahme des sofortigen Wiederverkaufs der Aktie hätte der Arbitrageur mit dieser indirekten Differenzarbitrage einen Profit in Höhe von

$$58,90\,€ - 58,40\,€ = 0,50\,€$$

pro Aktie erzielen können. Die über die Geld-Brief-Spanne hinausgehenden Transaktionskosten sind dabei allerdings noch nicht berücksichtigt.

Solange neben den Kassamärkten für das betreffende homogene Gut keine Terminmärkte existieren, setzen gewinnträchtige Arbitragemöglichkeiten die räumliche Trennung der Teilmärkte voraus. Die *Raumarbitrage* (im engeren Sinne) wird dann einsetzen, wenn die Marktpreisdifferenz die interlokalen Transferkosten (z. B. Transportkosten, Versicherungsgebühren, Zinskosten) überschreitet. Für auf den Finanzmärkten gehandelte Güter, also für Finanzmarkttitel, werden diese Transferkosten allerdings vernachlässigbar klein sein. Wird nun ein

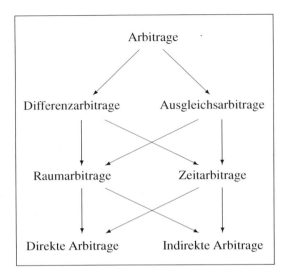

Abb. 1.5. *Formen der Arbitrage.* Differenzarbitrage, also die Kopplung von Ankaufs- und Verkaufsgeschäften zum Zwecke der Gewinnerzielung, ist Arbitrage im engeren Sinne.

homogenes Gut auf Kassa- *und* auf Terminmärkten gehandelt, so kann sich profitable *Arbitrage* entfalten, falls die Differenz der im Arbitragezeitpunkt notierten Preise (Kassapreis und/oder Terminpreis) größer ist als die intertemporalen Transferkosten (z. B. Lagerhaltungskosten, Zinskosten). Der Arbitrageur muss allerdings seine Kauf- und Verkaufsposition(en) über einen bestimmten Zeitraum halten. Aus modelltheoretischen Gründen und entgegen der üblichen Begriffsabgrenzung in der deutschen Literatur zählen wir diese Art der Arbitrage noch zur Raumarbitrage (im weiteren Sinne), falls der Arbitragegewinn ausschließlich im Aufbauzeitpunkt der Arbitrageposition realisiert werden kann und damit *sicher* ist. Andernfalls sprechen wir von *Zeitarbitrage.* Die Beziehungen zwischen den verschiedenen Formen der Arbitrage lassen sich in unterschiedlichster Weise darstellen. Einen Vorschlag stellt die Abbildung 1.5 dar. An dieser Stelle bietet es sich an, noch darauf hinzuweisen, dass sich eine Raumarbitrage sowohl auf Kassamärkten als auch auf Terminmärkten gleichermaßen entfalten kann. Falls also Kassa- und Terminmärkte für ein homogenes Gut existieren, kann eine Terminmarktarbitrage als Raum- oder Zeitarbitrage abgewickelt werden. Eine reine Kassamarktarbitrage wird dagegen immer Raumarbitrage sein.

Gemeinsames Wesensmerkmal sämtlicher Arbitragetransaktionen sind die ex ante vorhandenen Informationen über die Preise, die den Arbitragegewinn vom Risiko zwischenzeitlicher Preisveränderungen befreit. Während die *Spekulation* darum bemüht ist, vom Markt unerwartete intertemporale Preisdifferenzen auszunutzen, versucht die *Arbitrage* gerade diese intertemporalen Preisrisiken zu vermeiden. In der Praxis tritt das für Spekulationsgeschäfte typische Preisänderungsrisiko allerdings auch bei der Differenzarbitrage auf, weil die angestrebte Synchronisation von Ankaufs- und Verkaufsgeschäft nicht immer gelingen wird. Ein Markt wird *arbitragefrei* genannt, falls kein Marktteilnehmer profitable Arbitrage betreiben kann. Letzteres bedeutet, dass es keine risikolose Handelsstrategie gibt, deren Gewinn (nach Berücksichtigung von Transaktionskosten) die Opportunitätskosten der eingesetzten Mittel übersteigt.

Annahme 1.1 (Keine profitable Raumarbitrage). *Raumarbitrage erbringt keine Gewinne.*

Annahme 1.1 wird zumindest *implizit* allen neoklassischen Finanzmarktmodellen zugrunde gelegt. Diese Annahme entspricht Jevons (1871) *Gesetz von der Unterschiedslosigkeit der Preise* für ein homogenes Gut auf vollkommenen Teilmärkten — im angelsächsischen Sprachraum auch *Law of One Price (LOP)* genannt, falls Transaktionskosten und interlokale Transferkosten vernachlässigt werden können. Auf Finanzmärkte bezogen, besagt dieses Gesetz zweierlei: (1) zu jedem Zeitpunkt gibt es für jeden Finanztitel nur *einen* einheitlichen Marktpreis,[2] und (2) ein Portefeuille, bestehend aus h^1 Stücken des Titels 1 und h^2 Stücken des Titels 2, besitzt den Marktwert

$$h^1 \cdot S^1 + h^2 \cdot S^2 . \tag{1.1}$$

Hierbei bezeichnet S^1 bzw. S^2 den aktuellen Marktpreis des Finanztitels 1 bzw. des Finanztitels 2.

Letztere Forderung verhindert also risikolose Gewinne aus direkter Arbitrage mittels einer simplen *Losgrößentransformation*, bei der ein Arbitrageur beispielsweise eine größere Menge von einem Finanztitel aufgrund der Einräumung eines Mengenrabatts kauft, und dann entweder die Finanztitel einzeln oder in kleineren Losgrößen ohne Gewährung eines Mengenrabatts wieder verkauft. Dies impliziert die neoklassische *Preisnehmer-Annahme*, wonach einzelne Marktteilnehmer durch Kauf und Verkauf von Finanztiteln deren Preis nicht beeinflussen können. Mit der Annahme 1.1 werden zudem risikolose Gewinne aus indirekter Raumarbitrage ausgeschlossen: Die Bildung eines aus unterschiedlichen Wertpapieren bestehenden Portefeuilles (z. B. durch die Errichtung eines Investmentfonds) und Verkauf von dessen Anteilen (in der angelsächsischen Literatur auch *Repackaging* genannt) erbringt keine risikolosen Gewinne. Aufgrund der heute zur Verfügung stehenden Technologie der Nachrichtenübermittlung wird gewinnbringende Raumarbitrage, insbesondere in Form einer Differenzarbitrage, an Kassa- oder Terminmärkten nur sehr schwer realisierbar sein.[3]

---

[2] Auf die BASF-Aktie bezogen bedeutet dies, dass beispielsweise der an der Stuttgarter Börse notierte Preis mit dem an der Frankfurter Börse notierten Preis übereinstimmt.

[3] Dieser empirisch belegte Sachverhalt lässt die Frage nach (hinreichenden) Bedingungen für die Gültigkeit von Jevons (1871) „Law of Indifference" als überflüssig erscheinen. Dennoch soll dieser von Knight (1921) vervollständigte Katalog von Bedingungen an dieser Stelle genannt werden: (1) weder ein Anbieter noch ein Nachfrager kann Einfluss auf den Preis nehmen (*vollkommene Konkurrenz*), (2) jeder Nachfrager kennt das Güterangebot, und jeder Anbieter kennt die Nachfrage (*vollkommene Markttransparenz*), und (3) alle Marktteilnehmer handeln *streng rational* zu ihrem Vorteil (alle Marktteilnehmer ziehen ein höheres Konsumniveau einem niedrigeren vor).

Annahme 1.2 (Keine profitable Zeitarbitrage). *Zeitarbitrage erbringt keine Gewinne.*

Die Formalisierung von Annahme 1.2 hängt vom verwendeten Modellrahmen ab. Bei einem Einperiodenmodell mit endlich vielen Szenarien für den Liquidationswert eines Finanztitels (Modell mit endlichem Zustandsraum) gilt: Für jedes Portefeuille, dessen Marktwert am Periodenende in jedem zukünftigen Szenario nichtnegativ und mindestens in einem Szenario positiv ist, muss der gegenwärtige Marktwert positiv sein. In einem solchen Modellrahmen ist dies die stärkste Arbitragefreiheitsforderung, die auch unter dem Namen *No Free Lotteries (NFLO)* bekannt ist.

Wie man später sehen wird (siehe Anhang 10A) führt nur diese Forderung zur wünschenswerten *Positivität* eines sogenannten Bewertungsfunktionals, das heißt der Wertdarstellung für Finanztitel. Eine etwas schwächere Bedingung, die unter dem Namen *No Free Lunch (NFLU)* bekannt ist, führt dagegen nur zur *Nichtnegativität* dieses Bewertungsfunktionals. Die grundlegendere *Linearität* des später diskutierten Bewertungsfunktionals bzw. einer Bewertungsformel resultiert bereits aus der *LOP-Forderung*.[4]

Homogene Einschätzungen

Neoklassische Modelle der Investitionsbewertung sind *partielle Gleichgewichtsmodelle*, in denen Finanztitel eine (im Unterschied zu *allgemeinen Gleichgewichtsmodellen* mit endlichen Güterausstattungen) *unendliche* Angebotselastizität besitzen. Dies bedeutet, dass bei einem fehlbewerteten Finanztitel unendlich viele Stücke von einem Investor gekauft oder verkauft werden können. Die folgende Annahme soll nun den Fall ausschließen, dass ein Finanztitel aus der Sicht der Investorengruppe A als *risikofrei* und aus der Sicht der Investorengruppe B als *riskant* eingestuft wird. Bei Vernachlässigung des Zinsänderungsrisikos kann dies im Fall eines von der Bundesrepublik Deutschland emittierten Finanztitels auf das „für wahrscheinlich halten" bzw. „für nicht wahrscheinlich halten" des Ereignisses „Staatsbankrott" zurückzuführen sein. Bei gegebenem Marktpreis würde eine Investorengruppe diesen Titel somit als unter- bzw. überbewertet einschätzen und unendlich viele Stücke dieses Titels nachfragen bzw. anbieten. Eine solche Situation wäre jedoch mit einem *Arbitragegleichgewicht* nicht vereinbar.

Annahme 1.3 (Homogene Einschätzungen). *Alle Marktteilnehmer besitzen eine übereinstimmende Einschätzung über unwahrscheinliche Ereignisse und ereignisbedingte Zahlungen.*

In jedem Zeitpunkt und Umweltzustand stimmen alle Marktteilnehmer darin überein, welche zukünftigen Ereignisse (Umweltzustände) eine *positive* Eintrittswahrscheinlichkeit besitzen. Die *Höhe* der Eintrittswahrscheinlichkeit kann dagegen von einzelnen Marktteilnehmern unterschiedlich eingeschätzt werden. Die

---

[4] Insbesondere Wilhelm (1981, 1983, 1985) hat auf Letzteres in einer Reihe von Arbeiten hingewiesen.

ereignisabhängigen zukünftigen Dividenden oder Kupons und Liquidationswerte eines Finanztitels werden dagegen von allen Marktteilnehmern *gleich hoch* eingeschätzt.

Dies ist die schwächste Form der neoklassischen Forderung nach homogenen Einschätzungen (*Homogeneous Beliefs*) von Investoren, so wie diese im Teil C dieses Buches im Zusammenhang mit der Bewertung von Finanzderivaten unterstellt wird. Im Zusammenhang mit der Bewertung von Basisinstrumenten, die den Finanzderivaten zugrunde liegen — wie beispielsweise Aktien — wird im Teil B dieses Buches eine strengere Annahme benötigt: Investoren müssen auch noch Parameter der Wahrscheinlichkeitsverteilung zu künftigen Marktpreisen homogen einschätzen. Der Realitätsbezug dieser Homogenitätsforderungen kann mit dem Paradigma eines *informationseffizienten Finanzmarktes* begründet werden (siehe Jarrow, 1988, und Ross, 2005). Die Informationseffizienz eines Finanzmarktes besagt im Wesentlichen, dass gegenwärtige Finanztitelpreise bereits alle öffentlichen Informationen (bzw. privaten Informationen bei strenger Informationseffizienz) reflektieren.

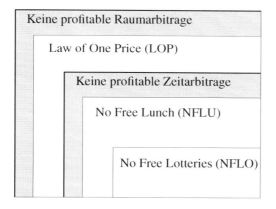

Abb. 1.6. *Konzepte der Arbitragefreiheit.*
Falls (beispielsweise) eine Kassenhaltung zugelassen ist und keine Marktfriktionen existieren, impliziert die NFLO-Forderung die NFLU-Forderung und diese die LOP-Forderung. Märkte, die die NFLO-Forderung erfüllen, erfüllen damit auch die anderen Arbitragefreiheitsforderungen.

Friktionslose Finanzmärkte

Von einer *Über*bewertung eines Finanztitels durch den „Markt" kann ein Arbitrageur nur dann profitieren, wenn er diesen besitzt und zu dem überhöhten Marktpreis verkaufen kann. Aus vielerlei Gründen ist es daher wünschenswert, dass viele Marktteilnehmer — und nicht nur die gegenwärtigen Besitzer eines fehlbewerteten Finanztitels — auf solche Fehlbewertungen reagieren können. Dazu führt man auf der Modellebene das theoretische Konstrukt eines *Leerverkaufes* (short sale) ein. In der Praxis bedeutet dies, dass man einen Finanztitel, den man derzeit nicht besitzt, mit dem Versprechen, diesen zu einem späteren Zeitpunkt wieder zurück zu geben, von einem Besitzer ausleiht und per Kasse verkauft. Nach dem Leerverkauf eines Finanztitels besitzt der Leerverkäufer eine *Short Position* in dem betreffenden Finanztitel. D. h. der mengenmäßige Bestand in dem betreffenden Finanztitel ist negativ.[5] Ist letzterer Bestand positiv, spricht man im angelsächsischen Sprachraum auch von einer *Long Position*.

Um Leerverkäufe in der Praxis realisieren zu können, haben sich verschiedene *Marktleih-Systeme* herausgebildet.[6] Auf dem deutschen Finanzmarkt kennt man zwei Systeme: die Wertpapierleihe und das Repurchase-Agreement (Repo). Bei der *Wertpapierleihe* wechseln Aktien und Anleihen für eine eng befristete Zeit und gegen ein bestimmtes Entgelt den Besitzer. Es handelt sich hier um ein Sachdarlehen nach §607 BGB. Der Verleiher wird so gestellt, als ob er Eigentümer der Papiere bliebe. Die geringe Leihgebühr richtet sich dabei nach der Liquidität des geliehenen Wertpapiers. Bei den *Repurchase-Agreements (Repo)-Systemen* handelt es sich um einen Verkauf von Papieren bei gleichzeitiger Rückkaufvereinbarung zu einem vereinbarten Preis. Hier überzeugt die einfache Abwicklung und flexible Handelbarkeit ohne besondere vertragliche Vereinbarungen.

Der Vorteil der Repos gegenüber der Wertpapierleihe liegt darin, dass dem Verleihenden der Kaufpreis als Sicherheit für das Geschäft dient. Die Bonität des Geschäftspartners muss nicht mehr überprüft werden. In der Praxis überwiegen Wertpapierleihgeschäfte im Handel mit institutionellen Anlegern und ausländischen Kontrahenten. Im Interbankenhandel liegt der Schwerpunkt dagegen bei den Repos.

Im Folgenden wird nun angenommen, dass Leerverkäufe von Finanztiteln in unbeschränktem Umfang möglich sind und dass über die anfallenden Verkaufserlöse frei verfügt werden kann. Zudem seien Transaktionskosten in der Form von Geld-Brief-Spannen, Bankprovisionen, Maklergebühren, Spesen usw. vernachlässigbar und Steuern nicht existent:

Annahme 1.4 (Friktionslose Finanzmärkte). *Finanztitel sind beliebig teilbar und unterliegen keinen Handelsbeschränkungen. Es gibt weder Transaktionskosten noch Steuern.*

Die Annahme 1.1 impliziert bereits in Verbindung mit den Annahmen 1.3 und 1.4 die Existenz einer Barwertformel für Investitionen, die folgende, im täglichen Leben oft unterstellte Eigenschaft besitzt:

$$(\text{Bar-})\text{Wert} = \text{Menge} \cdot (\text{Bar-})\text{Wert pro Mengeneinheit (ME)} \,.$$

Verwendet man die Rechnungs- bzw. Mengeneinheit „Euro", so gilt für den auf den Zeitpunkt $t = 0$ bezogenen *Barwert* bzw. *Gegenwartswert* (*Present Value*) eines *sicheren* Zahlungsanspruchs in Höhe von $CF_t[€]$, der in t fällig wird,

$$PV = \text{PV}\{CF_t\} = \underbrace{CF_t[€]}_{\text{Menge}} \cdot \underbrace{DF_t[€/€]}_{\text{Barwert/ME}} \,,$$

---

[5] Leerverkäufer (Short seller) werden auch als Fixer bezeichnet. Eine Börsenweisheit lautet: „Der Fixer ist bei Gott beliebt, weil er nichts hat und dennoch gibt."

[6] Eine Kreditaufnahme ist allerdings im wirtschaftlichen Sinne nichts anderes als der Leerverkauf einer risikolosen Anleihe.

wobei der Bewertungsfaktor DF_t auch als *Diskontierungsfaktor* bezeichnet wird. Zu unterscheiden ist die *Variable PV* (für Present Value) von dem entsprechenden *Bewertungsoperator* $PV\{\cdot\}$. Letzterer ist eine (mathematische) Abbildung, die einem Strom zukünftiger Zahlungen den gegenwärtigen Barwert zuordnet. Bezeichnet CF_t^1 bzw. CF_t^2 den Einzahlungsüberschuss bzw. Cash Flow einer Investition 1 bzw. 2 im Zeitpunkt $t = 0, 1, \ldots, T$, dann gilt für den Barwert der Investitionen wegen der Annahme 1.1 bzw. dem Law of One Price (LOP):[7]

$$PV = PV\{CF_0^1 + CF_0^2; CF_1^1 + CF_1^2; CF_2^1 + CF_2^2; \ldots; CF_T^1 + CF_T^2\}$$
$$= PV\{CF_0^1\} + PV\{CF_1^1\} + \ldots + PV\{CF_T^1\} +$$
$$PV\{CF_0^2\} + PV\{CF_1^2\} + \ldots + PV\{CF_T^2\}\,.$$

Eigenschaft 1.1 (Wertadditivität). *Der Barwert eines Zahlungsstroms entspricht der Summe der Barwerte der einzelnen Elemente des Zahlungsstroms.*

Diese Eigenschaft gilt sowohl für sichere als auch unsichere Zahlungsströme (siehe Anhang 10A). Damit besitzt jede Barwertformel die Eigenschaft: „*Der Wert des Ganzen entspricht der Summe seiner Teilwerte*". Daher lässt sich der Barwert einer Investition auch in den Barwert der Einzahlungen und den Barwert der Auszahlungen aufspalten. Der *Barwert* eines Investitionsprojekts entspricht der Vermögensmehrung des Investors im Zeitpunkt $t = 0$ bei Durchführung des Investitionsprojekts. Diesen Vermögenszuwachs kann der Investor für Konsumzwecke verwenden — falls der Investor ein Unternehmen ist, an seine Eigentümer ausschütten — oder am Finanzmarkt verzinslich anlegen. In letzterem Fall entspricht der Liquidationswert im Zeitpunkt T dem mit FV bezeichneten *Endwert* (*Final Value*) der zugrunde liegenden Investition. Der Barwert wird auch *Kapitalgegenwartswert*, oder kürzer, *Kapitalwert* genannt. Mit Letzterem bezeichnen wir allerdings auch den auf einen *beliebigen* Bezugszeitpunkt bezogenen Marktwert einer Zahlung oder eines Zahlungsstroms.[8] Barwert und Endwert sind daher spezielle Kapitalwerte. Rationale Investoren sollten ihre Entscheidungen auf der Basis der Kapitalwertregel fällen:

Regel 1.1 (Kapitalwertregel). *Besitzt eine Investition einen positiven Barwert, so ist diese durchzuführen. Andernfalls ist diese abzulehnen.*

Wird der auf den Bezugszeitpunkt t mit $0 \leq t \leq T$ bezogene Kapitalwert mit V_t bezeichnet, dann gilt $PV = V_t \cdot DF_t$. Überstiege nun der Barwert des Rückzahlungsstroms einer handelbaren Finanzinvestition den Barwert der Anschaffungsauszahlung,

$$PV\{-CF_0\} = -CF_0 < PV\{CF_1; \ldots; CF_T\},$$

---

[7] Solange Missverständnisse ausgeschlossen sind, verwenden wir aus Gründen der übersichtlicheren Darstellung für jede Bewertungsoperation das Symbol $PV\{\cdot\}$, unabhängig davon, wann die zu bewertenden Zahlungen fällig werden.

[8] Diese terminologische Unterscheidung wird allerdings in der Literatur nicht einheitlich gehandhabt. Schmidt und Terberger (1997, S. 128) vertauschen gar obige Begriffsinhalte.

dann könnten Arbitrageure durch Kauf der Finanzinvestition und gleichzeitigen Verkauf der Elemente des damit verbundenen Rückzahlungsstroms aufgrund der angenommenen unendlichen Angebotselastizität des Finanztitels risikolos beliebig hohe Arbitragegewinne erzielen. Da dies gemäß Annahme 1.1 ausgeschlossen werden soll, gilt

Eigenschaft 1.2 (Barwert von handelbaren Finanzinvestitionen). *Handelbare Finanzinvestitionen besitzen einen Barwert von null. Der Marktpreis eines Finanztitels entspricht dem Barwert des Rückzahlungsstroms.*

Bei einer Investition mit sicheren Rückzahlungen und einem vollkommenen Finanzmarkt mit einer *flachen Zinsstrukturkurve*[9] auf dem Niveau r gilt für den *Diskontierungsfaktor* $DF_t = (1+r)^{-t} = B_0(t)$ und für den Barwert:

$$PV = CF_0 \cdot DF_0 + CF_1 \cdot DF_1 + \ldots + CF_T \cdot DF_T \,.$$

Eine Finanzinvestition mit dem Zahlungsstrom $\{CF_0; CF_1\} = \{-100; +110\}$ besitzt für $r = 0,10$ den Barwert $PV\{CF_0; CF_1\} = -100 + 110/1,10 = 0$.

Vollständige Finanzmärkte

Die Anwendung der Regel 1.1 für sichere Investitionen setzt allerdings die Kenntnis des Diskontierungsfaktors DF_t voraus. Dies stellt kein Problem dar, solange in einem arbitragefreien Finanzmarkt Zero-Bonds mit Fälligkeit t gehandelt werden. In diesem Fall muss nämlich der Diskontierungsfaktor dem Gegenwartspreis der Zero-Bonds entsprechen: $DF_t = B_0(t)$. Es ist also wünschenswert, dass für alle möglichen Fälligkeiten t entsprechende Zero-Bonds gehandelt werden.

Ein Finanztitel ist *duplizierbar*, falls sein Zahlungsprofil durch eine statische oder dynamische Handelsstrategie (statisches oder dynamisch umgeschichtetes Portefeuille) aus Finanztiteln nachgebildet werden kann. Letzteres bedeutet, dass in jedem zukünftigen Zeitpunkt und für jeden denkbaren Preis des zu duplizierenden Finanztitels der Liquidationserlös des Duplikationsportefeuilles mit dem des betrachteten Finanztitels übereinstimmt.

Annahme 1.5 (Vollständige Finanzmärkte). *Ein Finanzmarkt heißt vollständig, wenn für jeden Finanztitel eine Handelsstrategie existiert, die dessen Zahlungsprofil dupliziert.*[10]

Eigenschaft 1.3 (Arbitragefreiheit, Vollständigkeit und Vollkommenheit). *Vollständigkeit und Arbitragefreiheit sind voneinander* unabhängige *Merkmale eines vollkommenen Finanzmarktes.*

---

[9] Eine flache Zinsstrukturkurve bedeutet, dass der Marktzinssatz pro Jahr unabhängig von der Dauer der Kapitalüberlassung ist. Bei einer *nichtflachen Zinsstrukturkurve* wählt man dagegen für die Diskontierungsfaktoren $DF_t = (1 + r(t))^{-t}$, $t = 1, \ldots, T$, wobei $r(t)$ den aktuellen *Kassazinssatz* (p. a.) für Finanzanlagen mit einer Laufzeit von t Jahren bezeichnet (vgl. dazu Abschnitt 3.1 in Kapitel 3).

[10] Siehe Anhang 10A für eine formale Definition.

Beispiel 1.2 (Vollständiger Finanzmarkt bei Sicherheit). _____

In einer Welt, in der *sichere* Investitionsrückflüsse nur zu den Handelszeitpunkten $t = 0,1,2$ und 3 auftreten können, ist die Annahme eines *vollständigen* Finanzmarktes gleichbedeutend mit der Annahme eines friktionslosen Handels von Zeros, die in den Handelszeitpunkten $t = 0,1,2,3$ fällig werden. Bei einem flachen Zinsniveau von $r = 10\%$ p. a. resultieren aus dem Kauf eines Zeros mit Nennwert 1 und einer Restlaufzeit (RLZ) von 1, 2 bzw. 3 Jahren die folgenden Zahlungsströme:

	$t = 0$	1	2	3
Zero mit RLZ 1 zum Preis $B_0(1)$	$-0{,}9091$	1		
Zero mit RLZ 2 zum Preis $B_0(2)$	$-0{,}8264$	–	1	
Zero mit RLZ 3 zum Preis $B_0(3)$	$-0{,}7513$	–	–	1

Dieser vollständige Finanzmarkt ist auch arbitragefrei. Falls jedoch der Preis des Zeros mit Restlaufzeit 3 Jahre über dem des Zeros mit Restlaufzeit 2 Jahre läge, wäre der Markt immer noch vollständig, aber bei zugelassener Kassenhaltung nicht mehr arbitragefrei. Bezeichnet h_t^T den mengenmäßigen Bestand an Zero-Bonds mit Fälligkeit $T = 0,1,2,3$ und Preis $B_t(T) = S_t^T$ im Zeitintervall $(t-1,t]$ für $t = 0,1,2,3$, dann existiert eine Handelsstrategie $H = \{\mathbf{H}_0, \mathbf{H}_1, \mathbf{H}_2, \mathbf{H}_3\}$ mit $\mathbf{H}_t = (h_t^0, h_t^1, \ldots, h_t^3)'$, derart dass sich die Wertentwicklung *jedes* sicheren Cash Flow-Stroms $\{CF_0, CF_1, CF_2, CF_3\}$ wie folgt duplizieren lässt:[11, 12]

$$PV = V_0 = h_0^0 \cdot S_0^0 + h_0^1 \cdot S_0^1 + h_0^2 \cdot S_0^2 + h_0^3 \cdot S_0^3 \,,$$
$$V_1 = h_1^1 \cdot S_1^1 + h_1^2 \cdot S_1^2 + h_1^3 \cdot S_1^3 \,,$$
$$V_2 = h_2^2 \cdot S_2^2 + h_2^3 \cdot S_2^3 \,,$$
$$FV = V_3 = h_3^3 \cdot S_3^3 \,.$$

Diese Duplikationsstrategien nennt man auch *selbstfinanzierend*, weil der Aufbau einer bestimmten Finanztitelposition durch den Abbau einer anderen Finanztitelposition und der daraus resultierenden Verkaufserlöse finanziert wird. Beispiel 1.3 zeigt diese Strategie im Detail im Zusammenhang mit der Bewertung einer sicheren Realinvestition.

Für unsichere Zahlungsströme existiert in vollständigen Finanzmärkten eine ähnliche Duplikationsstrategie. Letztere ist allerdings selbst ein stochastischer Prozess, dessen Änderungen von den Preisänderungen der involvierten Finanztitel abhängen. Der Barwert einer Investition und damit die Investitionsentscheidung gemäß Regel 1.1 hängt nur von *beobachtbaren* Marktpreisen und — im Fall von dynamischen Duplikationsstrategien — von aus beobachtbaren Marktpreisen ableitbaren Preisprozessparametern ab. Insbesondere braucht der Investor in diesem Fall weder seine Zeitpräferenz noch seine Risikopräferenz zu kennen.

---

[11] $h_t^T > 0$ bedeutet eine Long Position und $h_t^T < 0$ eine Short Position im Finanztitel vom Typ T im nach links halboffenen Zeitintervall $(t-1,t]$. Diese Halboffenheit impliziert, dass z. B. das Ausgangsportefeuille $\mathbf{H}_0$ erst *unmittelbar nach* der Festsetzung der Finanztitelpreise im Zeitpunkt $t = 0$ auf Basis dieser Preise zu $\mathbf{H}_1$ umgeschichtet wird. (Ganz im Sinne der neoklassischen Preisnehmer-Annahme, wonach einzelne Marktteilnehmer den Marktpreis nicht mit ihrer Handelsstrategie beeinflussen können.)

[12] Diese strenge Notation wird im Folgenden nicht immer eingehalten. Insbesondere bei gegenwärtigen Finanztitelpreisen werden wir des Öfteren das Subskript $t = 0$ weglassen.

1.3 Duplikationsprinzip: drei populäre Anwendungen

Die folgenden drei Beispiele sollen aufzeigen, dass die klassische Kapitalwertformel genauso auf der Duplikationsidee basiert wie die praxistauglichen und Nobelpreis-gekrönten Bewertungsformeln für Finanzderivate.[13]

Duplikation eines sicheren Zahlungsstroms

Beispiel 1.3 (Realinvestition). _____
Ein Software-Hersteller hat die Idee, eine benutzerfreundliche Rechnungswesen-Software für Universitäten zu entwickeln. Er rechnet mit einer Entwicklungszeit von 2 Jahren, Ausgaben pro Jahr (für Gehälter und Sonstiges) in Höhe von 1 000 Tsd. € sowie Verkaufserlösen von 1 000 Tsd. € in zwei Jahren und 2 000 Tsd. € im dritten Jahr.
Wie hoch ist der Gegenwarts- und der Endwert dieser Investition, wenn der Unternehmer davon ausgeht, dass Geldanlagen und -aufnahmen zu $r = 6\%$ p. a. möglich sind?
Zur Berechnung des Barwerts PV bzw. des Endwerts FV wird zunächst die Zahlungsreihe der Investition (in Tsd. €) bestimmt:[14]

Jahr	0	1	2	3
Verkaufserlöse (einzahlungswirksam)	−	−	1 000	2 000
Gehälter & sonst. Ausgaben (auszahlungswirksam)	−1 000	−1 000	−	−
Cash Flow CF_t	−1 000	−1 000	1 000	2 000

Der Endwert der Realinvestition berechnet sich wie folgt:

Formal gilt für den Endwert der Realinvestition:

$$FV = \sum_{t=0}^{3} CF_t \cdot (1+r)^{3-t}$$
$$= -1\,000 \cdot 1{,}06^3 - 1\,000 \cdot 1{,}06^2 + 1\,000 \cdot 1{,}06 + 2\,000 = 745{,}38 \text{ Tsd. €} .$$

Für den Barwert der Investition gilt dagegen $PV = FV \cdot (1+r)^{-3}$ bzw.

---

[13] Leser, die mit letzterer Theorie noch nicht vertraut sind, mögen nicht verzagen. Insbesondere der Modellrahmen, der den letzten beiden Beispielen zugrunde liegt, wird ausführlich in Kapitel 9 und 10 behandelt.

[14] Hierbei werden Auszahlungen (Einzahlungen), die innerhalb eines Jahres anfallen, aus Vorsichtsgründen dem Jahresbeginn (Jahresende) zugeordnet.

$$PV = \sum_{t=0}^{3} \frac{CF_t}{(1+r)^t} = CF_0 + \frac{CF_1}{1+r} + \frac{CF_2}{(1+r)^2} + \frac{CF_3}{(1+r)^3}$$

$$= -1\,000 + \frac{-1\,000}{1{,}06} + \frac{1\,000}{1{,}06^2} + \frac{2\,000}{1{,}06^3} = 625{,}84 \text{ Tsd.} \, \text{€}.$$

Duplikationsstrategie mit Zero-Bonds

Bei einer flachen Zinsstrukturkurve auf dem Niveau r besitzt der Preis eines Zeros mit Fälligkeit in T im Zeitpunkt t die Darstellung $B_t(T) = 1/(1+r)^{T-t}$. Eine Handelsstrategie $\mathbf{H} = \{\mathbf{H}_0, \mathbf{H}_1, \mathbf{H}_2, \mathbf{H}_3\}$ mit $\mathbf{H}_t = (h_t^0, h_t^1, h_t^2, h_t^3)'$, wobei h_t^s den mengenmäßigen Bestand (in Tausend Zeros) an Zero-Bonds mit Fälligkeit s darstellt, dupliziert die Wertentwicklung der Realinvestition. Dies sieht man wie folgt: Im Zeitpunkt $t = 0$ besitzt das Duplikationsportefeuille eine Zusammensetzung, die mit dem Zahlungsstrom der Realinvestition korrespondiert:

$$\mathbf{H}_0 = (-1\,000; -1\,000; +1\,000; +2\,000)'.$$

Um den negativen Cash Flow in $t = 0$ bzw. $t = 1$ zu duplizieren, werden jeweils 1 000 Zeros mit Fälligkeit 0 bzw. Fälligkeit 1 verkauft und 1 000 bzw. 2 000 Zeros mit Fälligkeit 2 bzw. 3 werden gekauft, um den positiven Cash Flow in den Zeitpunkten 2 und 3 zu duplizieren. Im selben Zeitpunkt $t = 0$ muss nun die Short Position im Zero mit Fälligkeit 0 durch Rückkauf von 1 000 Zeros zum Preis von 1 000 Tsd. € glattgestellt werden. Die entsprechende Finanzierung erfolgt durch eine Short Position in Höhe von $1\,000/B_0(3)$ Zeros mit Fälligkeit $T = 3$ zum Preis $B_0(3)$. Unmittelbar nach dem Zeitpunkt $t = 0$ besitzt das Duplikationsportefeuille die folgende Zusammensetzung:

$$\mathbf{H}_1 = (0; -1\,000; +1\,000; +2\,000 - 1\,000/B_0(3))'.$$

Im Zeitpunkt $t = 1$ muss nun die Short Position im Zero mit Fälligkeit 1 durch Rückkauf von 1 000 Zeros zum Preis von 1 000 Tsd. € glattgestellt werden. Die entsprechende Finanzierung erfolgt durch eine Short Position in Höhe von $1\,000/B_1(3)$ Zeros mit Fälligkeit $T = 3$ zum Preis $B_1(3)$. Unmittelbar nach dem Zeitpunkt $t = 1$ besitzt das Duplikationsportefeuille die folgende Zusammensetzung:

$$\mathbf{H}_2 = (0; 0; +1\,000; +2\,000 - 1\,000/B_0(3) - 1\,000/B_1(3))'.$$

Im Zeitpunkt $t = 2$ muss nun die Long Position im Zero mit Fälligkeit 2 durch Verkauf von 1 000 Zeros zum Preis von 1 000 Tsd. € abgebaut werden. Der Verkaufserlös wird in eine Long Position im Zero mit Fälligkeit $T = 3$ zum Preis $B_2(3)$ investiert. Im Zeitpunkt $t = 3$ besitzt das Duplikationsportefeuille die folgende Zusammensetzung:

$$\mathbf{H}_3 = (0; 0; 0; +2\,000 - 1\,000/B_0(3) - 1\,000/B_1(3) + 1\,000/B_2(3))'.$$
$$= (0; 0; 0; 745{,}38)'.$$

Der Liquidationswert dieses Portefeuilles, das nur noch 745,38 gerade fällig werdende Zeros enthält, entspricht dann mit dem Betrag 745,38 Tsd. € genau dem Endwert der Realinvestition.

Duplikation eines Calls mit drei Finanztiteln

Abbildung 1.7 zeigt das Zahlungsprofil eines Calls auf eine Aktie mit Basispreis 100€ am Verfalltag. Falls am Verfalltermin der Aktienkurs geringer als der Basispreis ist, so lohnt es sich für den Käufer eines Calls nicht, diesen auszuüben, und die Option verfällt. Wenn jedoch der Aktienkurs höher als der Basispreis ist, entspricht der Wert des Calls der Differenz aus Aktienkurs und Basispreis. Der Inhaber eines Puts wird sein Verkaufsrecht am Verfalltermin nur dann ausüben, wenn der Aktienkurs kleiner als der Basispreis ist. Der Wert des Puts entspricht in diesem Fall der Differenz aus Basispreis und Aktienkurs.

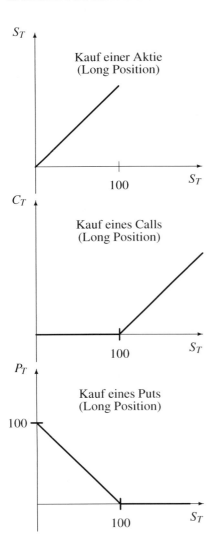

Abb. 1.7. *Zahlungsprofil von Aktie, Call und Put.*
Ein Zahlungsprofil beschreibt den Liquidationswert eines Finanztitels in einem zukünftigen Zeitpunkt $T > 0$ in Abhängigkeit eines Liquidationswertes eines Basisinstruments zum selben Zeitpunkt. Im Fall der Aktie ist die Aktie selbst das Basisinstrument und wir erhalten daher als Zahlungsprofil die Winkelhalbierende (identische Abbildung). Im Fall einer Kaufoption, die das Recht verbrieft, diese Aktie im Zeitpunkt T zum Basispreis $K = 100$€ zu kaufen, entspricht das Zahlungsprofil der um 100€ verschobenen Winkelhalbierenden. Da ein rationaler Inhaber der Kaufoption dieses Recht verfallen lässt, falls der Aktienkurs kleiner als 100€ ist, ist der Liquidationswert für Aktienwerte kleiner als 100€ null. Falls aber der Aktienkurs am Verfalltag z. B. bei 150€ steht, wird er die Option ausüben: Er erwirbt die Aktie über die Option und Zuzahlung des Basispreises von 100€ und wird bei sofortigem Verkauf zum Preis von 150€ einen Nettoerlös von 50€ erzielen.

Beispiel 1.4 (Duplikation eines Calls). ───────────────────────

Ein BASF-Call mit Fälligkeit am 16. Dezember 2005 und Basispreis $K = 60$ konnte am 19. September 2005 durch die in der Tabelle angegebene Handelsstrategie B dupliziert werden. Es handelt sich dabei um einen kreditfinanzierten Aktienkauf, der mit einem Put-Kauf kombiniert wird, um den Portefeuillewert nach unten abzusichern.

Zeitpunkte Transaktionen		19. 9. 2005	16. 12. 2005	
			$S_T \leq 60$	$S_T > 60$
Strategie A	Kauf eines BASF-Calls Dez./60	$-C$	—	$S_T - 60$
Strategie B	Kauf einer BASF-Aktie	$-59{,}85$	S_T	S_T
	Kauf eines BASF-Puts Dez./60	$-2{,}19$	$60 - S_T$	—
	Kreditaufnahme in Höhe des abgezinsten Basispreises	$59{,}72$	-60	-60
		$-2{,}32$	—	$S_T - 60$

Wäre der Call am 19. September 2005 zum Preis $C = 2{,}50$ notiert worden, dann hätte die Strategie B im Zusammenhang mit einer Stillhalterposition (Short Position) im Call den Arbitragegewinn von $(2{,}50 - 2{,}32) = 0{,}18$ pro Optionsrecht erbracht.

───

In Beispiel 1.4 ist die Duplikationsstrategie *statisch*, weil das Duplikationsportefeuille vom Betrachtungszeitpunkt bis zum Verfallzeitpunkt der Optionen unverändert bleibt. Kraft und Trautmann (2001) zeigen, wie die meisten der derzeit Privatanlegern angebotenen Finanzderivate mit Grundbausteinen wie Calls und Puts statisch dupliziert werden können. Daher bezeichnen sie diese Finanzderivate als *Produkte aus dem LEGO-Kasten der emittierenden Banken.*

Duplikation eines Calls mit zwei Finanztiteln

Unter geeigneten Modellannahmen kann auch ohne Hinzunahme eines Puts das Zahlungsprofil eines Calls durch eine kreditfinanzierte Aktienanlage dupliziert werden. Letzteres erfordert allerdings im Regelfall eine *dynamische Duplikationsstrategie*, bei der in jedem Handelszeitpunkt vor dem Verfallzeitpunkt der Optionen eine Anpassung der Portefeuilleanteile erfolgen muss. Diesem komplizierteren Fall werden wir uns im Kapitel 10 zuwenden. Mit dem folgenden Beispiel wollen wir dennoch einen einfachen Grenzfall dieser Strategie, in dem keine Anpassung der Portefeuilleanteile notwendig ist, betrachten.

Beispiel 1.5 (Duplikation im einperiodigen Binomialmodell). ──────

Angenommen, ein Europäischer Aktien-Call mit Basispreis $K = 110$ und Restlaufzeit von einem Jahr sei zu bewerten. Dazu sei unterstellt, dass der Aktienkurs, der heute $S = 100$ beträgt, am Verfalltag nur einen von zwei möglichen Werten annehmen kann: $S^u = 130$ oder $S^d = 90$. Der Ausübungswert des Calls am Verfalltag wird daher entweder auf $C^u = 20$ oder $C^d = 0$ lauten. Daneben werde im Zeitpunkt $t = 0$ ein Zero-Bond (Zero) mit einjähriger Restlaufzeit zum Preis von $B(1) = B_0(1) = 0{,}9615$ gehandelt.

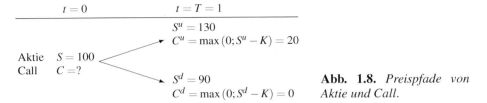

$t = 0$ $t = T = 1$

$$S^u = 130$$
$$C^u = \max\left(0; S^u - K\right) = 20$$

Aktie $S = 100$
Call $C = ?$

$$S^d = 90$$
$$C^d = \max\left(0; S^d - K\right) = 0$$

Abb. 1.8. *Preispfade von Aktie und Call.*

Wie lässt sich also das Zahlungsprofil des Calls duplizieren, wenn Puts auf diese Aktie nicht gehandelt werden? Eine naheliegende Strategie besteht darin, h^S Anteile der zugrunde liegenden Aktie zu kaufen, und diesen Kauf teilweise durch den Verkauf von $|h^B|$ Zeros mit Fälligkeit $t = 1$ (also durch eine Kreditaufnahme) zu finanzieren. Bezeichnet $h^B \cdot B(1)$ den Verkaufserlös aus letzterer Transaktion, dann müssen zur Finanzierung dieser Strategie noch Eigenmittel im Umfang von $V = h^S \cdot 100 + h^B \cdot B(1)$ zur Verfügung stehen. Die zunächst noch unbekannten Größen h^S und h^B müssen derart festgelegt werden, dass der Liquidationswert des Duplikationsportefeuilles $\mathbf{H} = (h^B, h^S)'$ dem des Calls entspricht:

$$h^S \cdot 130 + h^B = 20\,,$$
$$h^S \cdot 90 + h^B = 0\,.$$

Als eindeutige Lösung dieses Gleichungssystems erhält man

$$h^S = \frac{20 - 0}{130 - 90} = 0{,}5 \quad \text{und} \quad h^B = -h^S \cdot 90 = -45\,.$$

Dies entspricht der Bestimmung der in Abbildung 1.9 dargestellen Regressionsgeraden.

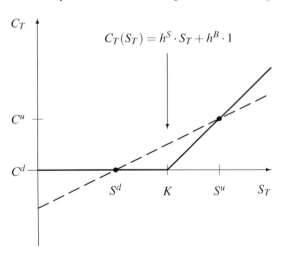

$$C_T(S_T) = h^S \cdot S_T + h^B \cdot 1$$

Abb. 1.9. *Perfekte Korrelation zwischen Aktie und Call.* Im einperiodigen Binomialmodell sind die Preise von Aktie und Derivat perfekt korreliert. Im Fall eines Calls handelt es sich um eine perfekte positive Korrelation.

In einem arbitragefreien Finanzmarkt muss dann der Barwert des Calls dem Barwert des Duplikationsportefeuilles entsprechen:

$$C = V = h^S \cdot S + h^B \cdot B(1) = 0{,}5 \cdot 100 - 45 \cdot 0{,}9615 = 6{,}73\,.$$

1.4 Buchaufbau und Literaturhinweise

Die Aufteilung der nachfolgenden 11 Kapitel hinsichtlich der Charakteristik der zu bewertenden Investitionen in Teil A (*Sichere Investitionen*), Teil B (*Unsichere Investitionen*) und Teil C (*Investitionen mit Wahlrechten*) ist naheliegend. Unterstellt man beim Leser die Kenntnis des Barwertkonzepts für sichere Investitionen, dann können diese drei Teile unabhängig voneinander gelesen werden.

Teil A beginnt in Kapitel 2 mit der Darstellung der Fisher-Separation. Kapitel 3 befasst sich eingehend mit Anwendungen der Kapitalwertregel, während Kapitel 4 die Sensitivität des Barwerts von Investitionen bezüglich Zinsänderungen analysiert.

Teil B umfasst die Kapitel 5 bis 8 und beginnt in Kapitel 5 mit der Erwartungswert-Varianz-Regel zur Portefeuilleauswahl. Kapitel 6 beschreibt die Finanzmarktmodelle Capital Asset Pricing Model (CAPM) und Arbitrage Pricing Theory (APT), Kapitel 7 analysiert das Problem der Festlegung adäquater Kapitalkosten für unsichere Realinvestitionen und Kapitel 8 alternative Auswahlregeln zur Portefeuilleauswahl.

Teil C umfasst die Kapitel 9 bis 12 und beginnt mit der Erklärung von Terminpreisen und Wertuntergrenzen für Optionen. Letzteren wird ein breiter Raum in Kapitel 9 eingeräumt. Kapitel 10 enthält neben dem Binomialmodell eine ausführliche Darstellung der Hauptsätze der Finanzmarkttheorie (im Anhang). Kapitel 11 widmet sich dem Modell von Black, Merton und Scholes ohne Kenntnisse der zeitstetigen Finanzmarktmodellierung vorauszusetzen. Das abschließende Kapitel 12 präsentiert dann wieder zeitdiskrete Modelle zur Bewertung von Finanzderivaten bei Zinsunsicherheit und greift damit auf Ergebnisse des Kapitels 10 zurück. Nur in den Kapiteln 2, 10, 11 und 12 basieren die Wertdarstellungen ausschließlich auf dem Duplikationsprinzip.

Hinsichtlich des Spektrums der angesprochenen Themen und der Art der Darstellung ist das vorliegende Lehrbuch am ehesten mit dem von Luenberger (1998) vergleichbar. Die Lehrbücher von Franke und Hax (2003), Grinblatt und Titman (2002), Spremann (1996) und Hartmann-Wendels, Pfingsten und Weber (2000) ergänzen die Darstellungen in diesem Lehrbuch insbesondere im Hinblick auf institutionelle Aspekte. Kruschwitz (2005) und Schneider (1992) bieten ausführlichere Darstellungen zu Steueraspekten im Investitionskalkül. Weitere Ausführungen zu den in Teil B behandelten Themen enthalten die Lehrbücher von Haugen (2001) und Elton, Gruber, Brown und Goetzmann (2003). Jarrow und Turnbull (1996) bzw. Hull (2005) ergänzen die Darstellungen im Teil C um Bewertungsaspekte bzw. institutionelle Aspekte. Eine anspruchsvolle Darstellung der in Teil B und C präsentierten Themen findet man nicht zuletzt in Cochrane (2005).

Literatur

Cochrane, John H., 2005, *Asset Pricing*, Princeton University Press, Princeton.

Elton, Edwin J., Martin J. Gruber, Stephen J. Brown und William N. Goetzmann, 2003, *Modern Portfolio Theory and Investment Analysis*, John Wiley & Sons, Hoboken.

Franke, Günter und Herbert Hax, 2003, *Finanzwirtschaft des Unternehmens und Kapitalmarkt*, Springer, Berlin, 5. Auflage.

Grinblatt, Mark und Sheridan Titman, 2002, *Financial Markets and Corporate Strategy*, McGraw-Hill, New York, 2. Auflage.

Hartmann-Wendels, Thomas, Andreas Pfingsten und Martin Weber, 2000, *Bankbetriebslehre*, Springer, 2. Auflage.

Haugen, Robert A., 2001, *Modern Investment Theory*, Prentice Hall, Englewood Cliffs, 5. Auflage.

Hull, John C., 2005, *Options, Futures, and Other Derivative Securities*, Prentice-Hall, Upper Saddle River, 6. Auflage.

Jarrow, Robert A., 1988, *Finance Theory*, Prentice-Hall, Englewood Cliffs.

Jarrow, Robert A. und Stuart Turnbull, 1996, *Derivative Securities*, South Western College Publishing, Cincinnati, 1. Auflage.

Jevons, William S., 1871, *The Theory of Political Economy*, Ibis, Charlottesvilla.

Knight, Frank H., 1921, *Risk, Uncertainty, and Profit*, Hart, Schaffner & Marx, Houghton Mifflin Company, Boston.

Kraft, Holger und Siegfried Trautmann, 2001, Aktuelle Finanzderivate für Privatanleger - Produkte aus dem LEGO-Kasten der Emissionsbanken, *Wirtschaftswissenschaftliches Studium* 10, 539–542.

Kruschwitz, Lutz, 2005, *Investitionsrechnung*, Oldenbourg, München, 10. Auflage.

Luenberger, David G., 1998, *Investment Science*, Oxford University Press, New York.

Ross, Stephen A., 2005, *Neoclassical Finance*, Princeton University Press.

Schmidt, Reinhard H. und Eva Terberger, 1997, *Grundzüge der Investitions- und Finanzierungstheorie*, Gabler, Wiesbaden, 4. Auflage.

Schneider, Dieter, 1992, *Investition, Finanzierung und Besteuerung*, Gabler, Wiesbaden, 7. Auflage.

Spremann, Klaus, 1996, *Wirtschaft, Investition und Finanzierung*, Oldenbourg, München, 5. Auflage.

Trautmann, Siegfried, 1986, *Finanztitelbewertung bei arbitragefreien Finanzmärkten*, Habilitationsschrift, Universität Karlsruhe.

Wilhelm, Jochen, 1981, Zum Verhältnis von Capital Asset Pricing Model, Arbitrage Pricing Theory und Bedingungen der Arbitragefreiheit von Finanzmärkten, *Zeitschrift für betriebswirtschaftliche Forschung* 33, 891–905.

Wilhelm, Jochen, 1983, Marktwertmaximierung — Ein didaktisch einfacher Zugang zu einem Grundlagenproblem der Investitions- und Finanzierungstheorie, *Zeitschrift für Betriebswirtschaft* 53, 516–534.

Wilhelm, Jochen, 1985, *Arbitrage Theory. Introductory Lectures on Arbitrage-Based Financial Asset Pricing*, Springer, Berlin.

Teil A
Sichere Investitionen

2

Trennung von Investitions- und Konsumentscheidung

Das Hauptanliegen dieses Kapitels ist die Darstellung der von Fisher bereits 1906 gefundenen Eigenschaft: *Bei Existenz eines vollkommenen Finanzmarktes ist das optimale Realinvestitionsvolumen unabhängig von den Konsumpräferenzen des Investors (Fisher-Separation).* Diese Separationseigenschaft rechtfertigt den Einsatz der Kapitalwertregel zur Beurteilung von Real- und auch Finanzinvestitionen. Der abschließende Abschnitt zeigt, dass sogar bei unvollkommenem Finanzmarkt eine Vorauswahl mittels der (verallgemeinerten) Kapitalwertregel möglich ist.

Dazu betrachten wir im Folgenden Investitions-, Konsum- und Finanzierungsentscheidungen in einem *Ein-Perioden-Modell*. Dem Investor steht im Zeitpunkt $t = 0$ ein beschränkter Anfangsbestand an finanziellen Mitteln K für Investitionen und Konsum zur Verfügung. Möglichkeiten für den Konsum am Ende der Periode ($t = 1$) ergeben sich ausschließlich aus Transformationen vorhandener Mittel mit Hilfe von Real- und Finanzinvestitionen. Ein Einkommensanspruch aus anderen Quellen soll in $t = 1$ nicht bestehen.[1] Unter diesen Annahmen wird der Investor seinen Investitions- und Konsumplan so zusammenstellen, dass letzterer einen möglichst hohen Nutzen stiftet. Bezeichnet C_0 bzw. C_1 die Konsumausgaben im Zeitpunkt $t = 0$ bzw. $t = 1$, so wird mit $U(C_0, C_1)$ die Konsumnutzenfunktion des Investors beschrieben. Letztere spiegelt die *Konsumpräferenzen* des Investors wider. Wir nehmen an, dass der Grenznutzen des Konsums positiv ist und mit zunehmendem Konsum abnimmt.

2.1 Investition und Konsum ohne Realinvestitionen

Der Investor könnte in $t = 0$ den gesamten Kassenbestand K für Konsumzwecke ausgeben, mit der Folge, dass er in $t = 1$ auf Konsum gänzlich verzichten müsste. Der zugehörige Konsumplan lautet dann: $C = (K; 0)$.

---

[1] Diese Annahme wird nur aus Vereinfachungsgründen getroffen und stellt keine notwendige Bedingung für die Separationseigenschaft von Fisher dar, wie z. B. in Kruschwitz (2002) dargestellt.

Kassenhaltung

Ebenso könnte er in $t = 0$ auf Konsum verzichten, also bis zum Zeitpunkt $t = 1$ warten und dann konsumieren: Er realisiert dann den Konsumplan $C = (0; K)$. Ebenso sind alle diejenigen Konsumpläne möglich, die auf der diese beiden extremen Konsumpläne verbindenden Strecke B liegen (vgl. Abbildung 2.1). Diese Strecke heißt auch *Budgetgerade*. Alle finanzierbaren Konsumvarianten sind durch die Budgetgerade begrenzt. Aber Konsumpläne „unterhalb" dieser Strecke sind nicht sinnvoll (oder *ineffizient*), denn sie würden bedeuten, dass der Investor seine Mittel nicht voll ausschöpft. Konsumpläne „oberhalb" der Strecke können nicht realisiert werden, da hierzu die finanziellen Mittel nicht ausreichen. Konsumpläne, die auf der Budgetgeraden liegen, sind finanzierbar. Die Menge der Konsumpläne, die durch die Budgetgerade beschrieben werden, sind sogar *effizient*, da zu deren Realisation der Investor seine Mittel voll ausschöpfen muss.

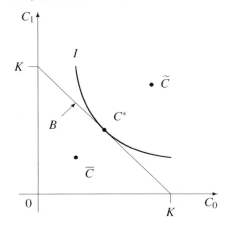

Abb. 2.1. *Finanzierbare und nicht finanzierbare Konsumpläne.*
Bei einem Kassenbestand K in $t = 0$ sind die Konsumpläne C^* und $\overline{C}$ finanzierbar, $\widetilde{C}$ dagegen nicht. Konsumplan $\overline{C}$ schöpft allerdings nicht alle finanziellen Mittel aus und ist daher ineffizient. Alle finanzierbaren und effizienten Konsumpläne liegen daher auf der Budgetgeraden B.

Ein rationaler Investor wird nun den finanzierbaren Konsumplan auswählen, der ihm den höchsten Nutzen stiftet. Dieser Plan wird durch den Punkt C^* gekennzeichnet, in dem die Nutzenindifferenzkurve des Investors die Budgetgerade tangiert. Die *Nutzenindifferenzkurve I* verbindet im (C_0, C_1)-Raum alle Konsumpläne miteinander, die das gleiche Nutzenniveau $\overline{U}$ aufweisen. Geht man – wie in Abbildung 2.2 illustriert – von einer streng konkaven Nutzenfunktion aus, so sind die Indifferenzkurven streng konvex zum Ursprung (vgl. Anhang 2A). Es sind daher nur drei Fälle denkbar: Die Indifferenzkurve und die Budgetgerade haben zwei, einen oder keinen Schnittpunkt.

- Falls kein gemeinsamer Punkt von Indifferenzkurve und Budgetgerade existiert, so kann das gewünschte Nutzenniveau mit den vorhandenen Mitteln nicht erreicht werden.
- Falls zwei Schnittpunkte existieren, so kann das Nutzenniveau mit den vorhandenen Mitteln noch gesteigert werden.
- Ein nutzenmaximaler Konsumplan ist also erreicht, wenn sich Indifferenzkurve und Budgetgerade tangieren.

Abb. 2.2. *Nutzenfunktion* $U(C_0, C_1) = C_0^{0.5} \cdot C_1^{0.5}$ *mit Nutzenindifferenzkurven.*

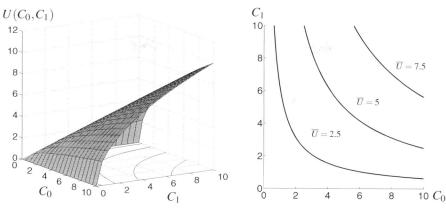

Kassenhaltung und Finanzinvestitionen

Ein Investor, der in $t = 0$ über den Kassenbestand K verfügt und diesen Betrag auf dem Finanzmarkt zum Zinssatz r anlegt, erzielt in $t = 1$ den Liquidationswert $K(1 + r)$. Gegenüber der Situation ohne Finanzinvestitionen hat sich die Stellung des Investors verbessert: Der Liquidationswert ist von K auf $K(1 + r)$ gestiegen. Die Verbesserung der Konsummöglichkeiten, die sich an der Verschiebung der Budgetgeraden ablesen lässt, ist die Konsequenz von Anlagemöglichkeiten nicht konsumierter Mittel in $t = 0$ zum Zinssatz r. Lediglich für den Investor, der den Konsumplan $C = (K; 0)$ realisiert, bringt die Einführung der Finanzinvestition keine Verbesserung. In Abbildung 2.3 kennzeichnet die Budgetgerade M die Menge der effizienten Konsumpläne. Die Steigung dieser Geraden beträgt $-(1 + r)$.

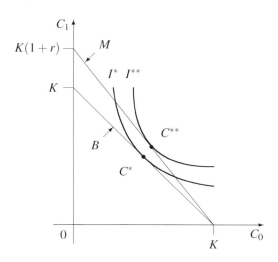

Abb. 2.3. *Höherwertigere Konsumpläne durch Finanzinvestitionen.*
Hat der Investor die Möglichkeit, Geld am Finanzmarkt anzulegen, so verbessern sich seine Konsummöglichkeiten gegenüber dem Fall reiner Kassenhaltung. Beim Vergleich des optimalen Konsumplans bei reiner Kassenhaltung C^* mit dem optimalen Konsumplan bei Anlage am Finanzmarkt C^{**} erkennt man, dass letzterer einen höherwertigen Konsumplan darstellt.

2.2 Realinvestitionen und Konsum ohne Finanzmarkt

Investitionsfunktion und Transformationskurve

Im Folgenden wird angenommen, dass sich dem Investor neben der Kassenhaltung die Möglichkeit bietet, eine oder mehrere *Realinvestitionen* (Sachanlagen) durchzuführen. Diese einperiodigen Investitionsprojekte seien *beliebig teilbar*, aber jeweils *höchstens einmal* durchführbar. Die Darstellung des kumulierten Rückflusses von Realinvestitionen in Abhängigkeit des Realinvestitionsvolumens *RIV* (bei optimaler Zusammenstellung der Realinvestitionsprojekte), die sogenannte *Investitionsfunktion* $S(RIV)$, hat die im linken Teil der Abbildung 2.4 gezeigte Form. Die Steigung dieser Funktion entspricht dann der *marginalen* oder *Grenz-Bruttorendite*.

Da einerseits Investitionen in $t = 0$ Konsumverzicht bedeuten, während andererseits die Rückflüsse Konsum in $t = 1$ erlauben, ermöglicht die Durchführung von Realinvestitionen die Transformation von Geldvermögen vom Zeitpunkt $t = 0$ auf den Zeitpunkt $t = 1$. Diese Behauptung lässt sich wie folgt veranschaulichen. Man verschiebt die Investitionsfunktion im linken Teil der Abbildung 2.4 um die Strecke K nach links und spiegelt sie bezüglich der Ordinate. Die anschließende Übertragung in den Konsumraum mit den Achsenbezeichnungen C_0 und C_1 ergibt die im rechten Teil der Abbildung 2.4 dargestellte *Transformationskurve*.[2] Letztere repräsentiert die Menge der effizienten Konsumpläne bei Berücksichtigung von Realinvestitionen (wenn daneben keine Kassenhaltung möglich ist).

Im Folgenden wird weiter vereinfachend angenommen, dass die Investitionsfunktion $S(RIV)$ stetig differenzierbar ist. Die Transformationskurve besitzt dann die in Abbildung 2.5 veranschaulichte Gestalt.

Kein Finanzmarkt und keine Kassenhaltung

Existiert kein Finanzmarkt und besteht keine Möglichkeit der Kassenhaltung, so ist sowohl das optimale Realinvestitionsvolumen als auch der optimale Konsumplan gemäß Abbildung 2.5 durch den Berührpunkt von Transformationskurve T und Indifferenzkurve I bestimmt. In diesem Punkt entspricht die Grenz-Bruttorendite der Realinvestition dem Absolutbetrag der *Grenzrate der Substitution*: $S'(RIV^*) = \left| -\dfrac{\partial U(C_0^*.C_1^*)}{\partial C_0} \Big/ \dfrac{\partial U(C_0^*.C_1^*)}{\partial C_1} \right|$ (vgl. Anhang 2A). In $t = 0$ wird C_0^* und in $t = 1$ wird C_1^* konsumiert. Das optimale Realinvestitionsvolumen RIV^* in $t = 0$ bestimmt sich aus dem Kassenbestand abzüglich der Mittel, die in $t = 0$ konsumiert werden, zu $RIV^* = K - C_0^*$. Die durchgeführten Realinvestitionen liefern in $t = 1$ die Einzahlungen C_1^*, womit der Konsum in $t = 1$ finanziert wird.

---

[2] Wegen $C_0 = K - RIV$ gilt für den funktionalen Zusammenhang zwischen der Transformationskurve T und der Investitionsfunktion S: $T(C_0) = S(K - C_0)$ bzw. $S(RIV) = T(K - RIV)$.

Abb. 2.4. *Investitionsfunktion und Transformationskurve.*
Werden die Investitionsprojekte nach fallenden Renditen angeordnet, so ergibt sich der links dargestellte Zusammenhang zwischen kumuliertem Rückfluss der optimal zusammengestellten Realinvestitionen in Abhängigkeit des Investitionsvolumens (Investitionsfunktion). Hierbei bezeichnen A^I, A^{II} bzw. A^{III} die bei Durchführung der jeweiligen Investitionsprojekte in $t = 0$ anfallenden Auszahlungen und E^I, E^{II} bzw. E^{III} die in $t = 1$ rückfließenden Einzahlungen. Überträgt man diese Abbildung in den Konsumraum, so erhält man die Transformationskurve T in der rechten Abbildung.

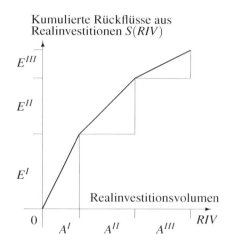

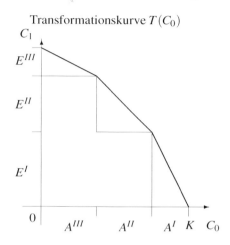

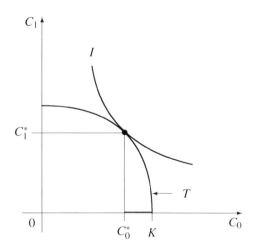

Abb. 2.5. *Abhängigkeit des Realinvestitionsplans vom Konsumplan.*
Existiert kein Finanzmarkt und besteht keine Möglichkeit der Kassenhaltung, so bestimmt sich sowohl das optimale Realinvestitionsvolumen $RIV^* = K - C_0^*$ in $t = 0$ als auch der optimale Konsumplan $C^* = (C_0^*; C_1^*)$ aus dem Tangentialpunkt von Transformationskurve T und Indifferenzkurve I.

2.3 Realinvestitionen und Konsum bei vollkommenem Finanzmarkt — die Fisher-Separation

Liegt ein vollkommener Finanzmarkt vor, dann stehen dem Investor neben Realinvestitionen zwei weitere Transformationsmöglichkeiten von Finanzmitteln zur Verfügung: die Aufnahme oder Anlage finanzieller Mittel am Finanzmarkt zum Zinssatz r. Beispiel 2.1 zeigt auf, wie dadurch höherwertigere Konsumpläne realisiert werden können.

Beispiel 2.1 (Finanzierbare Konsumpläne). _____
Das Entscheidungsfeld eines Investors sei wie folgt beschrieben:

- Der Investor verfüge über einen anfänglichen Kassenbestand von $K = 100$.
- Am vollkommenen Finanzmarkt herrsche ein Marktzinssatz von $r = 20\,\%$.
- Der Investor hat die Möglichkeit, eine Realinvestition mit einer Investitionssumme in Höhe von 40 (in $t = 0$) und Rückfluss von 60 (in $t = 1$) durchzuführen.

Für den Investor ist es zunächst vorteilhaft, die Realinvestition durchzuführen, da deren Barwert positiv ist: $PV = -40 + 60/(1 + 0{,}2) = 10$. Ob er zudem eine Finanzinvestition tätigt oder für Konsumzwecke einen Kredit aufnimmt, hängt von seiner Konsumpräferenz ab.

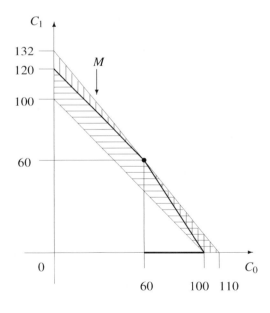

Abb. 2.6. _Höherwertigere Konsumpläne durch profitable Realinvestitionen._
Die Erweiterung der Menge der finanzierbaren Konsumpläne aufgrund der Durchführung der Realinvestition entspricht der waagrecht schraffierten Fläche. Die vertikal schraffierte Fläche entspricht der Erweiterung der Menge der finanzierbaren Konsumpläne durch die Finanzmarktanlage gegenüber der reinen Kassenhaltung. Die vertikal _und_ horizontal schraffierte Fläche entspricht der Erweiterung durch den heutigen Verkauf der zukünftigen Rückflüsse aus dem optimalen Realinvestitionsvolumen.

In Abbildung 2.7 stellt die _Budgetgerade M_ mit der Steigung $-(1 + r)$ die neue Menge der effizienten Konsumpläne dar. Letztere sind deswegen finanzierbar, weil ein rationaler Investor – unabhängig von seiner Konsumpräferenz – alle Realinvestitionen mit einer über dem Marktzinssatz liegenden Rendite durchführt. Diese Realinvestitionen sind nämlich auch dann vorteilhaft, falls sie mit Kredit finanziert werden. Deshalb gilt: *Das Realinvestitionsvolumen ist solange auszudehnen, bis die marginale Rendite dem Marktzinssatz entspricht.*

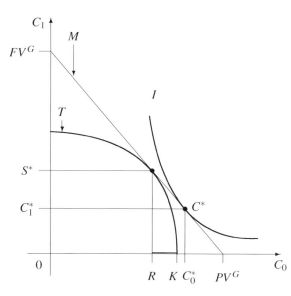

Abb. 2.7. *Fisher-Separation.* Das optimale Realinvestitionsvolumen $RIV^* = K - R$ bestimmt sich aus dem Berührpunkt von Budgetgerade M und Transformationskurve T. Ersteres hängt somit nicht von der Lage der Indifferenzkurve I und damit nicht von den Konsumpräferenzen des Investors ab.

Das optimale Investitionsvolumen entspricht somit $RIV^* = K - R$. Die nicht in Realinvestitionen gebundenen Mittel R sind auf dem Finanzmarkt anzulegen. Bezeichnet $S^* = S(RIV^*)$ den Rückfluss aus der Realinvestition in $t = 1$, so beträgt der Rückfluss aus seinem gesamten Investitionsplan $FV^G = S^* + R(1 + r)$. Letzteren hätte der Investor auch durch eine Finanzmarktanlage in $t = 0$ in Höhe von $PV^G = FV^G/(1 + r)$ Geldeinheiten erzielen können. PV^G entspricht daher dem Gegenwartswert des Zahlungsanspruchs FV^G. Die Differenz

$$PV^* = PV^G - K = -RIV^* + S^*/(1 + r)$$

wird als *Barwert des optimalen Realinvestitionsplans* bezeichnet. Dieser Wert entspricht dem Vermögenszuwachs des Investors in $t = 0$ bei Durchführung dieses Investitionsplans. Der Zinssatz r wird dabei auch als Kapitalisierungs- bzw. *Kalkulationszinssatz* bezeichnet. Der gefundene Investitionsplan ist optimal für *alle* Investoren, deren zur Verfügung stehende Realinvestitionen durch die Transformationskurve T beschrieben werden, *unabhängig* von ihren Konsumpräferenzen. Letztere haben zudem keinen Einfluss auf die Lage der Budgetgeraden, die nur vom Marktzinssatz und der Transformationskurve abhängt.

Der den Konsumpräferenzen eines Investors entsprechende optimale Konsumplan wird in einem zweiten Schritt bestimmt. Für einen Investor, dessen Konsumpräferenzen durch die Indifferenzkurve I (vgl. Abbildung 2.7) gekennzeichnet sind, ist der Konsumplan $C = (R; S^*)$ nicht optimal. Angesichts der Präferenzen des Investors wird dieser Konsumplan durch $C^* = (C_0^*; C_1^*)$, dem Berührpunkt von Budgetgeraden M und Indifferenzkurve I, dominiert. Diesen Plan kann der Investor realisieren, wenn er sich in $t = 0$ in Höhe von $(C_0^* - R)$ zum Zinssatz r verschuldet; den Kreditbetrag kann er in $t = 1$ einschließlich der Zinsen zurückzahlen (also $S^* - C_1^*$). Damit ist der präferierte Konsumplan finanziell zulässig, d. h. die Liquiditätsnebenbedingung (in $t = 1$) (vgl. hierzu Anhang 2A) wird eingehalten. Der vom Investor gewünschte Konsumplan kann also durch die Anlage oder Aufnahme finanzieller Mittel am vollkommenen Finanzmarkt realisiert werden.

In Anhang 2C werden verschiedene Fälle von Investitions- und Konsumentscheidungen besprochen, die sich durch die Art der Finanzierung (Eigen- oder Fremdfinanzierung) des Investitions- und/oder Konsumplans unterscheiden. Auch hier gilt, dass eine Realinvestitionspolitik auf Basis der Kapitalwertregel optimal ist. Dies gilt unabhängig von der Art der Finanzierung, also Eigen- oder Fremdfinanzierung.

Eigenschaft 2.1 (Fishersches Separationsprinzip). *Bei einem vollkommenen Finanzmarkt können die Investitionsentscheidungen unabhängig von den Konsumpräferenzen des Investors getroffen werden. Zudem ist die Höhe des Anfangsbestands an Eigenmitteln für die Bestimmung des optimalen Investitionsvolumens irrelevant.*

Für die Bestimmung des optimalen Realinvestitionsvolumens gilt die einfache

Regel 2.1 (Kapitalwertregel). *Realisiere alle Investitionsprojekte, deren Kapitalwert auf der Basis des Kalkulationszinssatzes r positiv ist!*

Gemäß dem Fisherschen Separationsprinzip kann der Investor wie folgt vorgehen, um einen nutzenmaximierenden Investitions-, Konsum- und Finanzplan zusammenzustellen:

Regel 2.2 (Entscheidungsablauf im Fisher-Modell).

Schritt 1: Optimales Realinvestitionsvolumen RIV^* mittels der Kapitalwertregel festlegen.

Schritt 2: Optimalen Konsumplan $C^* = (C_0^*; C_1^*)$ gemäß Anhang 2A bestimmen, wobei jedoch der optimale Realinvestitionsplan und somit dessen Kapitalbarwert $PV^* = PV(RIV^*)$ schon bekannt ist.

Schritt 3: Kredit aufnehmen, falls die Eigenmittel K für Realinvestitionen und Konsum nicht ausreichen. Andernfalls überschüssige Mittel am Finanzmarkt anlegen (Finanzinvestition tätigen).

In $t = 1$ stehen dann die Rückflüsse aus Real- bzw. Finanzinvestitionen nach Abzug von Zins- und Tilgungszahlungen für eventuell aufgenommene Kredite für Konsumzwecke zur Verfügung.

Beispiel 2.2 (Fisher-Separation). _____

Einem Investor liegen die folgenden Daten zur Ermittlung seiner Investitions- und Konsumpolitik zugrunde:

- Der heutige Kassenbestand beträgt 100 Geldeinheiten (GE).
- Dem Investor stehen die folgenden Realinvestitionen zur Verfügung:

Projekt	Auszahlung (in GE) in $t = 0$	Rückfluss (in GE) in $t = 1$
A	30	60
B	30	33
C	40	32

- Am vollkommenen Finanzmarkt seien Geldanlagen und Kreditaufnahmen zu 10 % pro Periode möglich.
- Die Konsumpräferenzen des Investors werden durch die Konsumnutzenfunktion $U(C_0, C_1) = C_0^{0.7} \cdot C_1^{0.3}$ ausgedrückt.

Aufgrund der Kapitalwertregel realisiert der Investor Investitionsprojekt A ($PV^A = 24{,}55 > 0$) und er wird Projekt C nicht durchführen ($PV^C = -10{,}91 < 0$). Gegenüber Investitionsprojekt B, das einen Barwert von 0 aufweist, ist der Investor indifferent. Die optimalen Investitionspläne setzen sich somit aus dem Projekt A und ggf. dem Projekt B (teilweise oder ganze Durchführung) zusammen. Der Barwert PV^* der optimalen Investitionspläne beträgt jedoch stets: $PV^* = PV^A = 24{,}55$ GE.

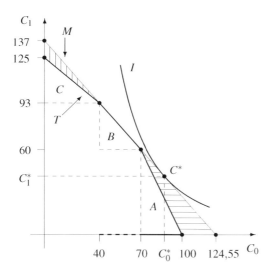

Abb. 2.8. *Fisher-Separation.*
Das optimale Realinvestitionsvolumen ergibt sich aus den Berührpunkten zwischen der Budgetgeraden M und der Transformationskurve T. In diesem Fall kann der Investor zwischen mehreren optimalen Investitionsplänen wählen: Durchführung von Projekt A und ggf. teilweise oder ganze Durchführung von Projekt B. Der optimale Konsumplan $C^* = (87{,}18; 41{,}10)$ bestimmt sich aus dem Berührpunkt zwischen der Budgetgeraden M und der Indifferenzkurve I.

Den optimalen Konsumplan erhält man durch Maximierung der Nutzenfunktion unter Berücksichtigung der Budgetrestriktion $C_1 = (K + PV^* - C_0)(1 + r) = 137 - 1{,}1 \cdot C_0$. Mit Hilfe der Lagrange-Funktion $L(C_0, C_1, \lambda) = C_0^{0.7} \cdot C_1^{0.3} - \lambda(C_1 - 137 + 1{,}1 \cdot C_0)$ erhält man die folgenden Optimalitätsbedingungen erster Ordnung:

$$\frac{\partial L}{\partial C_0}(C_0^*, C_1^*, \lambda^*) = 0{,}7 \cdot C_0^{*\,-0{,}3} C_1^{*\,0{,}3} - 1{,}1 \cdot \lambda^* = 0\,,$$

$$\frac{\partial L}{\partial C_1}(C_0^*, C_1^*, \lambda^*) = 0{,}3 \cdot C_0^{*\,0{,}7} C_1^{*\,-0{,}7} - \lambda^* = 0\,,$$

$$\frac{\partial L}{\partial \lambda}(C_0^*, C_1^*, \lambda^*) = -C_1^* + 137 - 1{,}1 \cdot C_0^* = 0\,.$$

Aus den oberen beiden Gleichungen ergibt sich durch Elimination der Variablen λ^*: $C_1^* = \frac{33}{70} C_0^*$. Einsetzen dieses Zusammenhangs in die untere Gleichung liefert $C_0^* = 87{,}18$, woraus man $C_1^* = 41{,}10$ erhält. Das zum optimalen Konsumplan zugehörige Nutzenniveau berechnet sich zu $U^* = U(C_0^*, C_1^*) = 69{,}57$. Dass diese Konsumpolitik finanzierbar ist, zeigt die folgende Überlegung: Nach Durchführung der Realinvestition A verbleiben in der Kasse 70 Geldeinheiten. Wegen $C_0^* = 87{,}18$ müssen also 17,18 Geldeinheiten fremdfinanziert werden. In $t = 1$ verbleiben dann nach Zins- und Tilgungszahlungen $60 - 18{,}90 = 41{,}10$ Geldeinheiten für den Konsum.

2.4 Investition und Konsum bei unvollkommenem Finanzmarkt

Die im Folgenden angenommene Unvollkommenheit des Finanzmarkts soll darin bestehen, dass anstatt des einheitlichen Marktzinssatzes r zwei Marktzinssätze existieren: r^S und r^H, wobei $r^S > r^H$. Der *(Soll-)Zinssatz* r^S bezeichnet den Zinssatz für unbeschränkte Mittelaufnahmen. Der *(Haben-)Zins* r^H bezeichnet den Zinssatz für beliebig große Mittelanlagen auf dem Finanzmarkt. Man spricht dann von einem *quasi-vollkommenen Finanzmarkt* oder dem sogenannten *Hirshleifer-Fall*. Bereits diese Art von Unvollkommenheit impliziert, dass optimale Investitions- und Konsumentscheidungen nicht mehr unabhängig voneinander gefällt werden können. *Das Fishersche Separationsprinzip gilt daher nicht mehr uneingeschränkt.*

Dazu betrachte man nun zwei Investoren mit identischem Kassenbestand in $t = 0$ und identischen Realinvestitionsmöglichkeiten, d. h. identischen Investitionsfunktionen, aber unterschiedlichen Konsumpräferenzen. Gemäß Abbildung 2.9 sei C_0^1 bzw. C_0^2 der von Investor 1 bzw. 2 präferierte Konsum in $t = 0$.[3]

Investor 1, der in $t = 0$ den Konsum C_0^1 anstrebt, realisiert das Realinvestitionsvolumen $RIV^1 = K - R^1$ und legt zusätzlich den Betrag $(R^1 - C_0^1)$ zum Zinssatz r^H auf dem Finanzmarkt an. Für Investor 1 ist es vernünftig, das Investitionsvolumen solange auszudehnen bis gilt: Die Rendite der zuletzt durchgeführten Realinvestition ist gleich dem Habenzinssatz r^H. Diese Gleichheit ist im Punkt $(R^1; S^1)$ hergestellt. Dieser Sachverhalt kann auch so dargestellt werden: Investor 1 realisiert alle Investitionsprojekte, deren Kapitalwerte auf Basis des Kalkulationszinssatzes r^H nicht negativ sind.

---

[3] Um die Notation in diesem Abschnitt so einfach wie möglich zu halten, wird auf $*$ zur Bezeichnung der optimalen Konsum- und Investitionspläne meist verzichtet.

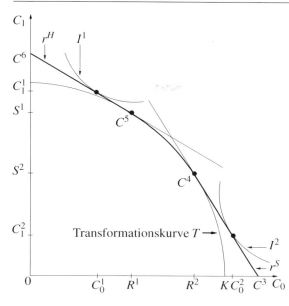

Abb. 2.9. *Abhängigkeit des Re-alinvestitionsvolumens von der Konsumpräferenz des Investors.* Investor 1 mit Nutzenindifferenz-kurve I^1 wird sein Realinves-titionsvolumen solange auswei-ten bis die Bruttogrenzrendite der Bruttorendite einer Finanzinves-tition entspricht. Sein optima-les Realinvestitionsvolumen lau-tet dann $RIV^1 = K - R^1$. Inves-tor 2 mit Nutzenindifferenzkur-ve I^2 wird sein Realinvestitions-volumen solange ausweiten bis die Bruttogrenzrendite der Brut-torendite einer Finanzierung am Finanzmarkt entspricht. Sein op-timales Realinvestitionsvolumen lautet dann $RIV^2 = K - R^2$.

Investor 2 muss sich dagegen zum Zinssatz r^S verschulden, wenn er in $t = 0$ den Konsum C_0^2 anstrebt. Er realisiert dann den Investitionsumfang $RIV^2 = K - R^2$. Er weitet das Investitionsvolumen solange aus bis gilt: Die Rendite der zuletzt durchgeführten Realinvestition ist gleich dem Sollzinssatz r^S. Investor 2 realisiert also alle Investitionsprojekte, deren Kapitalwerte auf Basis des Kalkulationszins-satzes r^S nicht negativ sind. Um seine Konsumposition zu optimieren, muss er einen Kredit in Höhe von $(C_0^2 - R^2)$ zum Zinssatz r^S aufnehmen.

Ursache der unterschiedlichen Investitionsumfänge sind also die verschiedenen Konsumpräferenzen der Investoren. Letztere determinieren den bei der Kapital-wertregel anzuwendenden Kalkulationszinssatz (r^H bzw. r^S), auf dessen Basis der Kapitalwert aller Realinvestitionen, die im Sinne der jeweiligen Zielsetzung vorteilhaft sind, positiv ist. Die Zusammenstellung eines Realinvestitionsplans mit Hilfe der Kapitalwertregel führt also nur dann zu optimalen Entscheidungen im Sinne der Zielsetzung des jeweiligen Investors, falls der jeweils „richtige" Kalkulationszinssatz, der sogenannte *relevante Kalkulationszinssatz,* zur An-wendung gelangt. Letzterer wird im Folgenden mit k bezeichnet und entspricht in der Entscheidungssituation des Investors 1 (bzw. 2) dem Anlagezinssatz, $k = r^H$ (bzw. dem Aufnahmezinssatz $k = r^S$). Würde allerdings die optimale Konsum-ausgabe C_0^1 des Investors 1 im Zeitpunkt $t = 0$ zwischen den Ausgabenniveaus R^1 und R^2 liegen, $R^1 \leq C_0^1 \leq R^2$, also die Nutzenindifferenzlinie I^1 des Inves-tors 1 die Transformationskurve der Realinvestitionen berühren, dann läge der relevante Kalkulationszinssatz k zwischen r^S und r^H:

$$r^H \leq k \leq r^S .$$

Der relevante Kalkulationszinssatz wird demzufolge durch die Tangentensteigung der Nutzenindifferenzkurve im Berührpunkt mit der *Budgetkurve* determiniert. Letztere beschreibt die Menge der effizienten Konsumpläne, die sich in Abbildung 2.9 aus zwei Geradenstücken, von C^3 bis C^4 bzw. C^5 bis C^6, und einem Ausschnitt der Transformationskurve von C^4 bis C^5 zusammensetzt. Für den Berührpunkt (d. h. die optimale Konsumpolitik) $C^* = (C_0^*; C_1^*)$ gilt nun

$$-(1+k) = C_1'(C_0^*) = -\frac{\frac{\partial}{\partial C_0} U(C_0^*, C_1^*)}{\frac{\partial}{\partial C_1} U(C_0^*, C_1^*)} \ .$$

Die Grenzrate der Substitution des Konsums an der Stelle C^* determiniert den relevanten Kalkulationszinssatz. Letzterer muss übrigens auch dann für zwei Investoren mit identischen Investitionsfunktionen und identischen Konsumpräferenzen nicht identisch sein, falls diese über unterschiedliche Kassenbestände in $t = 0$ verfügen. Der relevante Kalkulationszinssatz ist also eine endogene Größe der Modellanalyse und wird daher auch als *endogener Kalkulationszinssatz* bezeichnet – im Unterschied zu einem exogen vorgegebenen Marktzinssatz bei Vorliegen eines vollkommenen Finanzmarktes (siehe Hax, 1985, S. 97ff).

Verallgemeinerte Kapitalwertregel

Bei Kenntnis ihres relevanten Kalkulationszinssatzes könnten Investoren auch bei Nicht-Vorliegen eines vollkommenen Finanzmarktes den optimalen Realinvestitionsplan auf Basis der folgenden Verallgemeinerung der Regel 2.1 festlegen:

Regel 2.3 (Verallgemeinerte Kapitalwertregel). *Realisiere alle Investitionsprojekte, deren Kapitalwert auf der Basis des relevanten Kalkulationszinssatzes k positiv ist!*

Die Problematik besteht allerdings darin, dass dieser relevante Kalkulationszinssatz normalerweise erst dann bekannt ist, wenn auch bereits der optimale Investitionsplan bekannt ist. Eine Ausnahme bildet der Fall des vollkommenen Finanzmarktes. Hier entspricht der relevante Kalkulationszinssatz immer dem Marktzinssatz r, da die Budgetkurve eine Gerade darstellt, die nur eine Steigung besitzt: $-(1+r)$.

Selbst bei einem quasi-vollkommenen Finanzmarkt kann der optimale Realinvestitionsplan manchmal ohne genaue Kenntnis der Konsumpräferenzen des Investors festgelegt werden. Wenn zum Beispiel feststeht, dass der präferenzoptimale Konsum C_0^1 eines Investors im Bereich zwischen 0 und R^1 liegt, dann ist $RIV^1 = K - R^1$ das optimale Investitionsvolumen. Würde man also in dieser Situation den Kapitalwert einer Realinvestition auf der Basis des Anlagezinssatzes $k = r^H$ bestimmen, dann könnte man Regel 2.3 anwenden, um das optimale Investitionsvolumen zu bestimmen. Eine analoge Überlegung gilt, wenn a priori feststeht, dass der optimale Konsum eines Investors in $t = 0$ größer als R^2 ist: Der relevante Kalkulationszinssatz wäre $k = r^S$.

Eigenschaft 2.2. *Bei einem quasi-vollkommenen Finanzmarkt entspricht der relevante Kalkulationszinssatz dem Haben-Zinssatz r^H (Soll-Zinssatz r^S), falls es sich für den Investor und Konsumenten als optimal erweist, Finanzinvestitionen durchzuführen (einen Kredit aufzunehmen). Ansonsten gilt: $r^H \leq k \leq r^S$.*

Beispiel 2.3 (Hirshleifer-Fall).
Einem Unternehmen stehen folgende Investitionsprojekte für Realinvestitionen zur Verfügung:

Projekt	Auszahlung (in Tsd. €) in $t=0$	Rückfluss (in Tsd. €) in $t=1$
A	4 000	4 200
B	8 000	9 200
C	5 000	6 000
D	6 000	6 600

(a) Welchen Realinvestitionsplan wählt das Unternehmen, das über einen Kassenbestand von 20 000 Tsd. € verfügt, wenn am Finanzmarkt Anlagen zu 8 % und Kreditaufnahmen zu 12 % in beliebiger Höhe möglich sind und die Konsumpräferenzen durch die Nutzenfunktion

$$U(C_0, C_1) = 2 \cdot C_0 + C_1$$

gegeben sind?
Für die Renditen der einzelnen Investitionsprojekte erhält man $R_A = 5\%$, $R_B = 15\%$, $R_C = 20\%$ und $R_D = 10\%$. Da die Rendite des ersten Investitionsprojekts kleiner als die zwei Marktzinssätze $r^H = 8\%$ und $r^S = 12\%$ ist, wird dieses Projekt abgelehnt. Die Investitionsprojekte B und C werden durchgeführt, da deren Renditen höher als die beiden Marktzinssätze sind. Da $r^H < R_D < r^S$ gilt, hängt die Entscheidung bzgl. des Investitionsprojektes D von dem relevanten Kalkulationszinssatz und somit von dem Kassenbestand und den Konsumpräferenzen des Investors ab.
Die Nutzenfunktion $U(C_0, C_1) = 2 \cdot C_0 + C_1$ besitzt lineare Indifferenzlinien mit der Steigung -2 (vgl. Abbildung 2A.2). Diese Linien sind „steiler" als die Budgetkurve (siehe Abbildung 2.10). Daher wird ein ausschließlicher Konsum in $t = 0$ präferiert. Der relevante Kalkulationszinssatz ist damit der für Kreditaufnahmen $k = r^S = 12\%$. Somit führt das Unternehmen die Investitionsprojekte B und C durch und lehnt die anderen beiden Projekte ab.

(b) Wie lautet der nutzenmaximale Konsumplan? Wie wird dieser Konsumplan finanziert? Der Kapitalbarwert des optimalen Realinvestitionsplans auf Basis des relevanten Kalkulationszinssatzes beträgt:

$$PV^* = -(8\ 000 + 5\ 000) + \frac{9\ 200 + 6\ 000}{1,12} = 571,43 \ (\text{in Tsd.€}) .$$

Somit ergibt sich für den optimalen Konsumplan:

$$C^* = (K + PV^*; 0) = (20\ 571,43; 0) \ (\text{in Tsd.€}) .$$

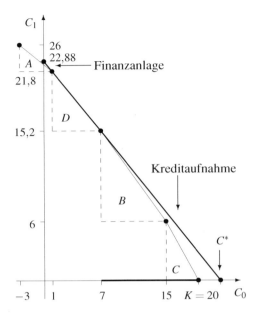

Abb. 2.10. *Hirshleifer-Fall.*
Der optimale Konsumplan des Investors $C^* = (20,57;0)$ (in Mio €) wird folgendermaßen realisiert: Er führt die Projekte B und C durch. Diese Realinvestition in Höhe von 13 Mio € kann er aus eigenen Mitteln finanzieren. Der optimale Konsum C_0^* wird teilweise eigen- und in Höhe von 13,57 Mio € mit Hilfe eines Kredits fremdfinanziert. Dieser kann in $t = 1$ mit den Rückflüssen von 15,2 Mio € aus der Realinvestition zurückgezahlt werden (alle Angaben in der Abbildung sind in Einheiten von Mio €).

Aufgaben

2.1.　Ein Investor verfüge über einen Kassenbestand K, den er sofort (in $t = 0$) für Konsumzwecke verwenden oder für eine Periode am Finanzmarkt anlegen kann. Der Finanzmarkt vergütet (in $t = 1$) die Anlage mit dem Zinssatz r. Der Investor bewertet die Konsumpolitik $(C_0;C_1)$ mit der Nutzenfunktion $U(C_0,C_1) = \sqrt{C_0 \cdot C_1}$. Welcher Konsumplan ist nutzenmaximal? Veranschaulichen Sie das Ergebnis graphisch!

2.2.　Gehen Sie von den Angaben in Aufgabe 2.1 aus. Welcher Konsumplan ist nutzenmaximal, wenn der Investor nun die Konsummöglichkeiten mit der Nutzenfunktion $U(C_0,C_1) = C_0(C_0 + C_1)$ bewertet?

2.3.　Ein Unternehmen verfüge über einen Anfangsbestand von 8 000 Tsd. €. Außerdem stehen ihm folgende Investitionsprojekte zur Verfügung:

Projekt	Auszahlung (in Tsd. €) in $t = 0$	Rückfluss (in Tsd. €) in $t = 1$
1	2 000	2 200
2	3 000	3 240
3	1 500	1 725
4	2 500	2 800

Welche Transformationskurve ergibt sich, wenn Sie davon ausgehen, dass die Projekte beliebig teilbar, aber höchstens einmal durchführbar sind?

Welchen Konsumplan wählt das Unternehmen, wenn zusätzlich am (vollkommenen) Finanzmarkt eine Anlage zu 9 % möglich ist und das Unternehmen seine Konsumpräferenzen mit der Nutzenfunktion $U(C_0, C_1) = 2 \cdot C_0 + C_1$ zum Ausdruck bringt? Veranschaulichen Sie das Ergebnis graphisch!

2.4. Einem Unternehmen stehen folgende Sachanlagen als Investitionsprojekte zur Verfügung:

Projekt	Auszahlung (in Tsd. €) in $t = 0$	Rückfluss (in Tsd. €) in $t = 1$
1	3 000	3 750
2	4 000	6 000
3	2 000	2 100
4	2 000	3 500

Das Unternehmen verfüge über keinen Anfangsbestand.

(a) Welche Transformationskurve ergibt sich, wenn Sie davon ausgehen, dass die Projekte beliebig teilbar, aber höchstens einmal durchführbar sind?

(b) Welchen Realinvestitionsplan wählt das Unternehmen, wenn am vollkommenen Finanzmarkt eine Anlage zu 10 % möglich ist?

(c) Welches ist der nutzenmaximale Konsumplan, wenn das Unternehmen seine Konsumpräferenzen mit der Nutzenfunktion $U(C_0, C_1) = \sqrt{C_0 + C_1}$ zum Ausdruck bringt?

2.5. Ein Investor verfüge über eine Realinvestition, die bei einem Einsatz in Höhe von RIV GE nach einer Periode den Rückfluss $S(RIV) = 2{,}2 \cdot \sqrt{RIV}$ GE liefert. Diese Investition sei beliebig teilbar und unbegrenzt durchführbar. Gleichzeitig herrsche am vollkommenen Finanzmarkt ein Zinssatz von 10 % pro Periode. Der Investor habe keinen Anfangsbestand.

(a) Veranschaulichen Sie im Konsumraum die Transformationskurve sowie den Barwert und den Endwert des optimalen Realinvestitionsplans graphisch!

(b) Berechnen Sie das optimale Realinvestitionsvolumen sowie den Barwert und den Endwert des optimalen Realinvestitionsplans!

(c) Welchen Konsumplan realisiert der Investor, wenn er seine Konsumnutzenfunktion $U(C_0, C_1) = C_0 \cdot C_1$ maximiert? Zeigen Sie außerdem, wie der Investor diesen Konsumplan realisiert!

(d) Welchen Einfluss haben Finanzanlagen bzw. Kreditaufnahmen auf den Barwert des gesamten Investitionsplans?

2.6.   Einem Unternehmen stehen folgende Realinvestitionen zur Verfügung:

Projekt	Auszahlung (in Tsd. €) in $t = 0$	Rückfluss (in Tsd. €) in $t = 1$
1	2 000	2 200
2	3 000	3 150
3	1 500	1 800
4	2 500	2 800

Das Unternehme verfüge über einen Kassenbestand von 8 000 Tsd. €. Welchen Realinvestitionsplan wählt das Unternehmen, wenn am Finanzmarkt Anlagen zu 9 % und Kreditaufnahmen zu 15 % (in beliebiger Höhe) möglich sind und die Konsumpräferenzen durch die Nutzenfunktion $U(C_0, C_1) = 2 \cdot C_0 + C_1$ gegeben sind?

2.7.   Ein Investor verfüge in $t = 0$ über liquide Mittel in Höhe von 500 000 €. Außerdem stehe ihm eine Realinvestition zur Verfügung, die bei einem Einsatz in Höhe von RIV € nach einem Jahr den Rückfluss $S(RIV) = 1\,000 \cdot \sqrt{RIV}$ € liefert. Diese Investition sei beliebig teilbar und unbegrenzt durchführbar.

(a)   Wie hoch ist das optimale Realinvestitionsvolumen, wenn am Finanzmarkt Anlagen zu 3 % p. a. und Kreditaufnahmen zu 6 % p. a. in beliebiger Höhe möglich sind, und die Konsumpräferenzen des Investors durch die Nutzenfunktion $U(C_0, C_1) = C_0 + 0{,}25 \cdot C_1$ gegeben sind?

(b)   Wie hoch ist der Barwert des Realinvestitionsplans aus Aufgabenteil (a) auf Basis des relevanten Kalkulationszinssatzes?

(c)   Wie lautet der nutzenmaximale Konsumplan? Wie wird dieser realisiert?

(d)   Veranschaulichen Sie im Konsumraum die Transformationskurve, die Budgetkurve sowie die Indifferenzkurve mit dem nutzenmaximalen Konsumplan graphisch!

Anhang

2A Konsumnutzenmaximierung

Ein Investor wird seine Investitionen so zusammenstellen, dass bei gegebenem Anfangsvermögen der daraus resultierende für den Konsum verfügbare Zahlungsstrom einen möglichst hohen Nutzen stiftet. Die Präferenz eines Konsumplanes gegenüber anderen Konsumplänen lässt sich nun (meistens) mittels einer sogenannten *Konsumnutzenfunktion U* darstellen. Letztere lässt sich gut veranschaulichen, wenn man von der Vorstellung ausgeht, dass ein Investor seinen Entscheidungen ein Ein-Perioden-Modell zugrunde legt. Dies bedeutet, dass er nur in $t = 0$ („heute") und in $t = 1$ („morgen") Konsumausgaben C_0 und C_1 tätigen kann. Wünschenswert sind nun neben der Differenzierbarkeit der Konsumnutzenfunktion $U = U(C_0, C_1)$ die folgenden beiden Eigenschaften:

- *Positiver Grenznutzen:* Wenn der Konsum in einem Zeitpunkt t steigt (ohne dass er in einem anderen Zeitpunkt fällt), dann steigt auch der Nutzen des Investors. Der Nutzen einer zusätzlich konsumierten Geldeinheit ist also stets positiv. Formal bedeutet dies $\partial U(\cdot)/\partial C_t > 0$ für $t = 0$ und $t = 1$.
- *Abnehmender Grenznutzen:* Je höher der Konsum in einem Zeitpunkt t ist, umso niedriger fällt der Nutzenzuwachs aus, der durch eine zusätzliche Konsumeinheit zu diesem Zeitpunkt erzielt wird. Das heißt formal für die partiellen Ableitungen $\partial^2 U(\cdot)/\partial C_t^2 < 0$ für $t = 0$ und $t = 1$.

Häufig wird zudem eine streng konkave Nutzenfunktion gefordert, um die Eindeutigkeit des optimalen Konsumplans sicher zu stellen. Eine Nutzenfunktion, deren Grenznutzen positiv und abnehmend ist und die zudem streng konkav ist, lautet beispielsweise folgendermaßen (vgl. Beispiel 2A.1):

$$U(C_0, C_1) = C_0^{0.7} \cdot C_1^{0.3}.$$

Indifferenzkurven und Grenzrate der Substitution

Für ein fixiertes Nutzenniveau $\overline{U}$ kann C_1 als Funktion von C_0 dargestellt werden: $C_1(C_0, \overline{U})$. Diese Kurve, die die Kombinationen von C_0 und C_1 bei dem unterstellten Nutzenniveau $\overline{U}$ angibt, bezeichnet dann alle möglichen Konsumpläne $C = (C_0; C_1)$, für die ein identischer Nutzen erreicht wird. Diese Kurve heißt daher auch *Indifferenzkurve*. Die Indifferenzkurve verläuft zum Ursprung (streng) konvex, falls die Nutzenfunktion (streng) konkav ist. Letztere Bedingung ist allerdings nicht notwendig (sondern nur hinreichend) und kann durch die schwächere Forderung der (strengen) *Quasi-Konkavität* der Nutzenfunktion ersetzt werden (siehe z. B. Luenberger, 1995, S. 98 bzw. Silberberg und Suen, 2001, S. 129).

Beispiel 2A.1 (Nutzenfunktion und Indifferenzkurven). ⎯⎯⎯⎯⎯⎯⎯⎯
Die in den folgenden beiden Abbildungen dargestellten Konsumnutzenfunktionen sind
streng konkav bzw. linear. Im ersten Fall führt dies zu streng konvexen Indifferenzkurven
und im letzteren Fall zu linearen Nutzenindifferenzkurven.

Abb. 2A.1. *Nutzenfunktion* $U(C_0,C_1) = C_0^{0,7} \cdot C_1^{0,3}$ *mit Nutzenindifferenzkurven.*

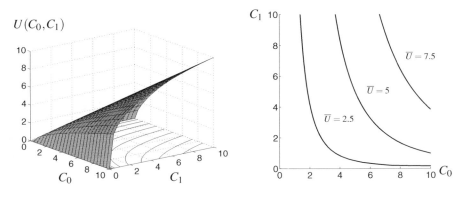

Abb. 2A.2. *Nutzenfunktion* $U(C_0,C_1) = 2 \cdot C_0 + C_1$ *mit Nutzenindifferenzkurven.*

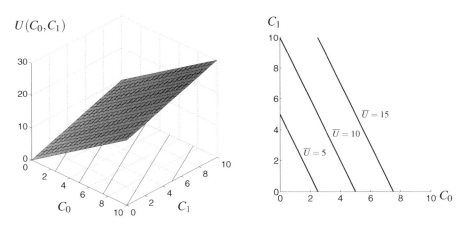

Eine konkave Nutzenfunktion mit positivem und abnehmendem Grenznutzen kann allerdings ebenfalls zu linearen Indifferenzlinien führen. Hierzu ein Beispiel als Beleg:
$U(C_0,C_1) = \sqrt{C_0 + C_1}$ führt zu linearen Indifferenzkurven, denn aus $U(C_0,C_1) \equiv \overline{U}$
folgt: $C_1 = \overline{U}^2 - C_0$.

Durch $U(C_0, C_1) \equiv \overline{U}$ ist C_1 implizit als Funktion von C_0 gegeben, falls $\partial U / \partial C_1$ an keiner Stelle null wird. Diese Forderung ist unter der Voraussetzung eines stets positiven Grenznutzens erfüllt. $C_1(C_0, \overline{U})$ stellt dann die Indifferenzkurve dar: Alle Konsumpläne $C = (C_0, C_1(C_0, \overline{U}))$ führen zum Nutzenniveau $\overline{U}$. Differentiation von $U(C_0, C_1) = U(C_0, C_1(C_0, \overline{U}))$ nach C_0 mit der Kettenregel ergibt:

$$\frac{\partial U}{\partial C_0} + \frac{\partial U}{\partial C_1} \cdot \frac{dC_1}{dC_0} = 0$$

an der Stelle $(C_0; \overline{U})$. Daraus erhält man die Steigung der Indifferenzkurve zum Nutzenniveau $\overline{U}$:

$$\frac{dC_1}{dC_0} = -\frac{\partial U / \partial C_0}{\partial U / \partial C_1}.$$

Dieser Quotient stellt die *Grenzrate der Substitution* dar: Der Absolutbetrag davon gibt (ungefähr) an, um wieviel der Konsum in $t = 1$ erhöht werden muss, wenn in $t = 0$ eine Einheit weniger konsumiert wird und gleichzeitig der erreichte Nutzen gleichbleiben soll. Daraus resultiert auch das negative Vorzeichen. Wegen des positiven Grenznutzens bleibt die Steigung der Indifferenzlinie für alle zulässigen Konsumpläne negativ.

Problemvereinfachung bei vollkommenem Finanzmarkt

Bezeichnet *RIV* bzw. *FIV* das Real- bzw. Finanzinvestitionsvolumen in $t = 0$ und $S(RIV)$ den Rückfluss aus den Realinvestitionen in $t = 1$, dann lässt sich das Maximierungsproblem des Konsumnutzens wie folgt formulieren:

$$\text{Maximiere} \qquad U(C_0, C_1)$$

unter den *Liquiditätsnebenbedingungen*

$$t = 0: \qquad C_0 + RIV + FIV \leq K,$$
$$t = 1: \qquad C_1 - S(RIV) - FIV \cdot (1 + r) \leq 0$$

mit C_0, C_1, $RIV \geq 0$.

Bei positivem Grenzkonsumnutzen, d. h. das Nutzenniveau steigt, falls der Konsum in einem Zeitpunkt zunimmt, wird der Investor alle im Zeitpunkt $t = 0$ bzw. $t = 1$ zur Verfügung stehenden Mittel zu Konsum- bzw. Investitionszwecken verwenden. Die beiden Liquiditätsnebenbedingungen sind also im Optimum als Gleichung erfüllt. Die Liquiditätsnebenbedingung in $t = 0$ besagt lediglich: Der Investor legt den Rest des Anfangsbestands am Finanzmarkt an, falls dieser für den Konsum und die Realinvestition in $t = 0$ ausreicht. Andernfalls nimmt der Investor einen Kredit auf, um die restlichen Mittel aufwenden zu können. Löst man die erste Liquiditätsnebenbedingung nach *FIV* auf und setzt diesen Zusammenhang in die zweite Nebenbedingung ein, so lässt sich das Maximierungsproblem wie folgt vereinfachen:

$$\text{Maximiere} \qquad U(C_0, C_1)$$

unter der *Liquiditätsnebenbedingung*

$$t = 1 : \qquad C_1 - (K - RIV + S(RIV)/(1+r) - C_0) \cdot (1+r) = 0$$

mit $C_0, C_1, RIV \geq 0$.

Geht man davon aus, dass keine Randlösung vorliegt, d. h. die optimale Lösung soll $C_0^*, C_1^*, RIV^* > 0$ erfüllen, und stellt die Investitionsfunktion S eine differenzierbare Funktion dar, dann lässt sich das obige Optimierungsproblem mit Hilfe des folgenden Lagrange-Ansatzes lösen: Mit der Lagrange-Funktion

$$L(C_0, C_1, RIV, \lambda) = U(C_0, C_1) - \lambda \left[C_1 - \left(K - RIV + \frac{S(RIV)}{1+r} - C_0 \right) \cdot (1+r) \right]$$

gelten die folgenden Optimalitätsbedingungen erster Ordnung:

$$\frac{\partial L}{\partial C_0}(C_0^*, C_1^*, RIV^*, \lambda^*) = \frac{\partial U}{\partial C_0}(C_0^*, C_1^*) - \lambda^*(1+r) = 0 \,,$$

$$\frac{\partial L}{\partial C_1}(C_0^*, C_1^*, RIV^*, \lambda^*) = \frac{\partial U}{\partial C_1}(C_0^*, C_1^*) - \lambda^* = 0 \,,$$

$$\frac{\partial L}{\partial \lambda}(C_0^*, C_1^*, RIV^*, \lambda^*) = -C_1^* + \left(K - RIV^* + \frac{S(RIV^*)}{1+r} - C_0^* \right) \cdot (1+r) = 0 \,,$$

$$\frac{\partial L}{\partial RIV}(C_0^*, C_1^*, RIV^*, \lambda^*) = \lambda^* \cdot (1+r) \cdot \left(-1 + \frac{S'(RIV^*)}{1+r} \right) = 0 \,.$$

Aus den oberen beiden Optimalitätsbedingungen folgt, dass im Optimum $(C_0^*; C_1^*)$

$$-\frac{\partial U / \partial C_0}{\partial U / \partial C_1} = -(1+r)$$

gilt. D. h. bei einem optimalen Konsumplan entspricht der Absolutbetrag der Grenzrate der Substitution der Bruttorendite der Finanzmarktanlage bzw. im optimalen Konsumplan tangiert die Indifferenzkurve die Budgetgerade. Aus der vierten Optimalitätsbedingung ergibt sich wegen $\lambda^* = \frac{\partial U(C_0^*, C_1^*)}{\partial C_1} > 0$

$$T'(K - RIV^*) = \frac{dT}{dC_0}(K - RIV^*) = -\frac{dS}{dRIV}(RIV^*) = -S'(RIV^*) = -(1+r) \,.[1]$$

D. h. das Realinvestitionsvolumen ist solange auszudehnen bis die marginale Rendite dem Marktzinssatz entspricht. Das optimale Realinvestitionsvolumen wird durch den Berührpunkt von Transformationskurve und Budgetgeraden determiniert. Das optimale Realinvestitionsvolumen RIV^* kann daher ohne Kenntnis der Konsumpräferenzen des Investors bestimmt werden. In einem zweiten

---

[1] Beachte hierbei, dass $T(C_0) = S(K - C_0)$ bzw. $T(K - RIV) = S(RIV)$ gilt.

Schritt kann dann der optimale Konsumplan durch Lösung des reduzierten Problems

$$\text{Maximiere} \quad U(C_0, C_1)$$

unter der *Liquiditätsnebenbedingung*

$$t = 1: \quad C_1 - (K + PV^* - C_0) \cdot (1 + r) = 0$$

mit C_0, $C_1 \geq 0$ berechnet werden. Hierbei stellt $PV^* = -RIV^* + S(RIV^*)/(1+r)$ den Barwert des optimalen Realinvestitionsplans dar.

Kann eine Randlösung nicht ausgeschlossen werden, so muss die optimale Lösung durch die Kuhn-Tucker-Bedingungen charakterisiert werden, die im folgenden Anhang 2B dargestellt werden.

2B Kuhn-Tucker-Bedingungen

Bei finanzwirtschaftlichen Problemstellungen mit *vorzeichenbeschränkten* Entscheidungsvariablen lassen sich *Randlösungen* sehr oft nicht ausschließen. Die Optimalitätsbedingungen des klassischen Lagrange-Ansatzes kennzeichnen dann nicht mehr zwingend eine zulässige Optimallösung. Im Fall einer Maximierungsaufgabe mit einer konkaven, differenzierbaren Zielfunktion $G(x)$ mit einer einzigen Entscheidungsvariablen x, die neben der Vorzeichenbeschränkung keinen weiteren Restriktionen unterliegt, veranschaulicht Abbildung 2B.1 drei mögliche Lösungskonstellationen.[2]

Abb. 2B.1. *Innere Lösungen und Randlösungen bei Vorzeichenbeschränkungen.*

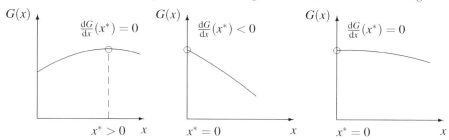

Wie man leicht sieht, ist an der optimalen Stelle x^* die erste Ableitung der Zielfunktion nach der Entscheidungsvariablen entweder null oder negativ. Zudem muss das Produkt von erster Ableitung der Zielfunktion an der optimalen Stelle x^* mit der optimalen Stelle x^* null sein. Insgesamt muss also eine Optimallösung x^* die folgenden drei Bedingungen erfüllen:

---

[2] Die folgende Darstellung ist Intriligator (1971) entnommen.

$$\frac{\mathrm{d}}{\mathrm{d}x}G(x^*) \le 0 \; ;$$

$$\frac{\mathrm{d}}{\mathrm{d}x}G(x^*) \cdot x^* = 0 \; ;$$

$$x^* \ge 0 \; .$$

Erweitert man das Entscheidungsproblem auf n vorzeichenbeschränkte Entscheidungsvariablen, zusammengefasst in dem Vektor $\mathbf{x} = (x_1, x_2, \ldots, x_n)'$, $\mathbf{x} \ge \mathbf{0}$, so muss eine (endliche) Optimallösung $\mathbf{x}^*$ (mit $x_i^* < \infty$ für $i = 1, \ldots, n$) die folgenden $(2n+1)$ Bedingungen erfüllen:

$$\frac{\partial}{\partial \mathbf{x}}G(\mathbf{x}^*) = \left(\frac{\partial}{\partial x_1}G(\mathbf{x}^*), \ldots, \frac{\partial}{\partial x_n}G(\mathbf{x}^*)\right)' \le \mathbf{0} \; ,$$

$$\frac{\partial}{\partial \mathbf{x}}G(\mathbf{x}^*) \cdot \mathbf{x}^* = \sum_{j=1}^{n}\frac{\partial}{\partial x_j}G(\mathbf{x}^*)x_j^* = 0 \; , \qquad (2\text{B}.1)$$

$$\mathbf{x}^* \ge \mathbf{0} \; .$$

Betrachtet man nun neben der Vorzeichenbeschränkung für die Entscheidungsvariablen $\mathbf{x} \ge \mathbf{0}$ noch m konvexe, differenzierbare Nebenbedingungen, zusammengefasst in der vektorwertigen Funktion $\mathbf{g}(\mathbf{x}) = (g_1(\mathbf{x}), \ldots, g_m(\mathbf{x}))'$, so lässt sich das Entscheidungsproblem als *konvexes Optimierungsproblem* formulieren. Dies bedeutet, dass Zielfunktion (ZF) und Nebenbedingungen (NB) folgende Gestalt besitzen:

$$\text{ZF:} \qquad G(\mathbf{x}) = G(x_1, x_2, \ldots, x_n) \longrightarrow \max \; ,$$

$$\text{NB:} \qquad \mathbf{g}(\mathbf{x}) \equiv \begin{pmatrix} g_1(x_1, x_2, \ldots, x_n) \\ g_2(x_1, x_2, \ldots, x_n) \\ \vdots \\ g_m(x_1, x_2, \ldots, x_n) \end{pmatrix} \le \begin{pmatrix} b_1 \\ b_2 \\ \vdots \\ b_m \end{pmatrix} \equiv \mathbf{b} \; , \qquad (2\text{B}.2)$$

wobei $\mathbf{x} \ge \mathbf{0}$, $\mathbf{b} \in \mathbf{R}^m$, $\mathbf{g}(\mathbf{x})$ konvex, $G(\mathbf{x})$ konkav und zudem alle Funktionen differenzierbar seien.[3]

Durch Einführung eines Vektors $\mathbf{s} \in \mathbf{R}^m$, $\mathbf{s} \ge \mathbf{0}$ von nichtnegativen Schlupfvariablen lässt sich das Ungleichungssystem $\mathbf{g}(\mathbf{x}) \le \mathbf{b}$ in das Gleichungssystem $\mathbf{g}(\mathbf{x}) + \mathbf{s} = \mathbf{b}$ bzw. $\mathbf{b} - \mathbf{g}(\mathbf{x}) - \mathbf{s} = 0$ überführen. Das Optimierungsproblem (2B.2) kann dann mit Hilfe des klassischen *Lagrange-Ansatzes* gelöst werden:

$$\text{ZF:} \quad \tilde{L}(\mathbf{x}, \mathbf{s}, \mathbf{u}) = G(\mathbf{x}) + \mathbf{u} \cdot (\mathbf{b} - \mathbf{g}(\mathbf{x}) - \mathbf{s}) \longrightarrow \max \; ,$$

$$\text{NB:} \quad \mathbf{x} \ge \mathbf{0}, \; \mathbf{s} \ge \mathbf{0}, \; \mathbf{u} = (u_1, u_2, \ldots, u_m)' \in \mathbf{R}^m \; .$$

---

[3] Zudem sei die Slater-Bedingung erfüllt, d. h. es existiert eine *zulässige* Lösung $\bar{\mathbf{x}} \in R^n$ der Problemstellung (2B.2) mit $g_i(\bar{\mathbf{x}}) < b_i$ für $i = 1, \ldots, m$.

Überträgt man die Beziehung (2B.1) auf die Maximierung von $\tilde{L}$ bezüglich der vorzeichenbeschränkten Variablen $\mathbf{x}$ und $\mathbf{s}$ und fügt man die Optimalitätsbedingung 1. Ordnung bezüglich der nicht vorzeichenbeschränkten Variablen $\mathbf{u}$ hinzu, so erhält man nun $(2n + 3m + 2)$ Optimalitätsbedingungen:

$$\frac{\partial}{\partial \mathbf{x}}\tilde{L}(\mathbf{x}^*, \mathbf{s}^*, \mathbf{u}^*) = \frac{\partial}{\partial \mathbf{x}}G(\mathbf{x}^*) - \mathbf{u}^* \cdot \frac{\partial}{\partial \mathbf{x}}\mathbf{g}(\mathbf{x}^*) \leq \mathbf{0},$$

$$\frac{\partial}{\partial \mathbf{x}}\tilde{L}(\mathbf{x}^*, \mathbf{s}^*, \mathbf{u}^*) \cdot \mathbf{x}^* = \left(\frac{\partial}{\partial \mathbf{x}}G(\mathbf{x}^*) - \mathbf{u}^* \cdot \frac{\partial}{\partial \mathbf{x}}\mathbf{g}(\mathbf{x}^*)\right) \cdot \mathbf{x}^* = 0,$$

$$\mathbf{x}^* \geq \mathbf{0},$$

$$\frac{\partial}{\partial \mathbf{u}}\tilde{L}(\mathbf{x}^*, \mathbf{s}^*, \mathbf{u}^*) = \mathbf{b} - \mathbf{g}(\mathbf{x}^*) - \mathbf{s}^* = \mathbf{0},$$

$$\frac{\partial}{\partial \mathbf{s}}\tilde{L}(\mathbf{x}^*, \mathbf{s}^*, \mathbf{u}^*) = -\mathbf{u}^* \leq \mathbf{0},$$

$$\frac{\partial}{\partial \mathbf{s}}\tilde{L}(\mathbf{x}^*, \mathbf{s}^*, \mathbf{u}^*) \cdot \mathbf{s}^* = -\mathbf{u}^* \cdot \mathbf{s}^* = 0,$$

$$\mathbf{s}^* \geq \mathbf{0}.$$

Durch die Rücksubstitution $\mathbf{s} \equiv \mathbf{b} - \mathbf{g}(\mathbf{x})$ (oder die Anwendung von (2B.1) auf die Lagrange-Funktion $L(\mathbf{x}, \mathbf{u}) = G(\mathbf{x}) + \mathbf{u} \cdot (\mathbf{b} - \mathbf{g}(\mathbf{x}))$, welche nun im Unterschied zu $\tilde{L}(\mathbf{x}, \mathbf{s}, \mathbf{u})$ bezüglich der vorzeichenbeschränkten Variablen $\mathbf{u}$ zu minimieren ist) erhält man die *Kuhn-Tucker-Bedingungen*:

$$\frac{\partial}{\partial x_j}L(\mathbf{x}^*, \mathbf{u}^*) = \frac{\partial}{\partial x_j}G(\mathbf{x}^*) - \sum_{i=1}^{m} u_i^* \cdot \frac{\partial}{\partial x_j}g_i(\mathbf{x}^*) \leq 0,$$

$$\sum_{j=1}^{n}\frac{\partial}{\partial x_j}L(\mathbf{x}^*, \mathbf{u}^*) \cdot x_j = \sum_{j=1}^{n}\left(\frac{\partial}{\partial x_j}G(\mathbf{x}^*) - \sum_{i=1}^{m} u_i^* \cdot \frac{\partial}{\partial x_j}g_i(\mathbf{x}^*)\right) \cdot x_j^* = 0$$

und $\quad x_j^* \geq 0 \quad$ für $\quad j = 1, \ldots, n$,

$$\frac{\partial}{\partial u_i}L(\mathbf{x}^*, \mathbf{u}^*) = b_i - g_i(\mathbf{x}^*) \geq 0,$$

$$\sum_{i=1}^{m} u_i^* \cdot \frac{\partial}{\partial u_i}L(\mathbf{x}^*, \mathbf{u}^*) = \sum_{i=1}^{m} u_i^*(b_i - g_i(\mathbf{x}^*)) = 0$$

und $\quad u_i^* \geq 0 \quad$ für $\quad i = 1, \ldots, m$.

Bei einer (streng) konkaven Zielfunktion sind die Kuhn-Tucker-Bedingungen notwendig und hinreichend zur Charakterisierung eines (globalen) lokalen Maximums. In kompakter Schreibweise lauten die Kuhn-Tucker-Bedingungen:

$$\frac{\partial}{\partial \mathbf{x}}L(\mathbf{x}^*,\mathbf{u}^*) = \frac{\partial}{\partial \mathbf{x}}G(\mathbf{x}^*) - \mathbf{u}^* \cdot \frac{\partial}{\partial \mathbf{x}}\mathbf{g}(\mathbf{x}^*) \leq \mathbf{0} \, ,$$

$$\frac{\partial}{\partial \mathbf{x}}L(\mathbf{x}^*,\mathbf{u}^*) \cdot \mathbf{x}^* = \left(\frac{\partial}{\partial \mathbf{x}}G(\mathbf{x}^*) - \mathbf{u}^* \cdot \frac{\partial}{\partial \mathbf{x}}\mathbf{g}(\mathbf{x}^*)\right) \cdot \mathbf{x}^* = 0 \, ,$$

$$\mathbf{x}^* \geq \mathbf{0} \, , \qquad (2\text{B}.3)$$

$$\frac{\partial}{\partial \mathbf{u}}L(\mathbf{x}^*,\mathbf{u}^*) = \mathbf{b} - \mathbf{g}(\mathbf{x}^*) \geq \mathbf{0} \, ,$$

$$\mathbf{u}^* \cdot \frac{\partial}{\partial \mathbf{u}}L(\mathbf{x}^*,\mathbf{u}^*) = \mathbf{u}^* \cdot (\mathbf{b} - \mathbf{g}(\mathbf{x}^*)) = 0 \, ,$$

$$\mathbf{u}^* \geq \mathbf{0} \, .$$

2C Investition, Konsum und Kapitalstruktur

Es werden vier Fälle angesprochen, die sich durch die Art der Finanzierung (Eigen- oder Fremdfinanzierung) des Investitions- und/oder Konsumplans unterscheiden: Der Anfangskassenbestand K reicht aus, um den Konsum- und den Realinvestitionsplan in $t = 0$ aus eigenen Mitteln zu finanzieren (vgl. Abbildung 2C.1). Fremdmittel werden weder zur Finanzierung der Real- und Finanzinvestitionen noch des Konsumplans herangezogen.

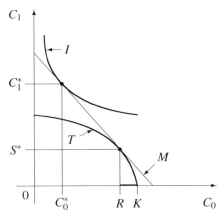

Abb. 2C.1. *Eigenfinanzierter Investitions- und Konsumplan.*
Der hier repräsentierte Investor ergreift folgende Maßnahmen: Vom Kassenbestand K werden in $t = 0$ der Betrag $(K - R)$ in Sachanlagen investiert und Mittel in Höhe von C_0^* konsumiert. Der Rest des Kassenbestandes $(R - C_0^*)$ wird auf dem Finanzmarkt angelegt. Der optimale Konsum C_1^* in $t = 1$ setzt sich aus den Investitionsrückflüssen S^* und dem Einkommen aus der Finanzanlage $(C_1^* - S^*)$ zusammen.

Die vorhandenen Eigenmittel reichen nicht aus, das optimale Investitionsvolumen $RIV^* = K - R$ *und* den optimalen Konsum in $t = 0$ zu finanzieren. Werden die Realinvestitionen mit Eigenmitteln finanziert, so muss die geplante Konsumausgabe C_0^* teilweise mit Fremdmitteln finanziert werden (vgl. Abbildung 2C.2).

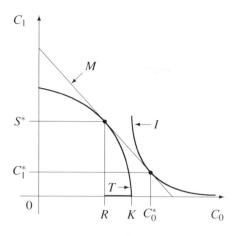

Abb. 2C.2. *Teilweise fremdfinanzierter Konsumplan.*
Die Realinvestition in Höhe von $(K - R)$ sind eigenfinanziert. Die geplante Konsumausgabe C_0^* ist teilweise – in Höhe von $(C_0^* - R)$ – mit Fremdmitteln finanziert, die in $t = 1$ zu tilgen und zu verzinsen sind. Insgesamt schuldet der Investor den Gläubigern im Zeitpunkt $t = 1$ eine Zahlung in Höhe von $(S^* - C_1^*)$. Der Konsum C_1^* in $t = 1$ setzt sich aus den Investitionsrückflüssen S^* abzüglich der Schulden $(S^* - C_1^*)$ zusammen.

Die Anfangsausstattung des Investors (d. h. der Kassenbestand in $t = 0$) reicht nicht aus, um den optimalen Investitionsumfang zu realisieren. Ist eine Konsumausgabe in $t = 0$ geplant, ist sie mit Fremdmitteln zu finanzieren (vgl. Abbildung 2C.3).

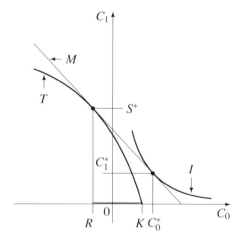

Abb. 2C.3. *Teilweise fremdfinanzierter Investitions- und Konsumplan.*
Der Kassenbestand des Investors reicht nicht aus, um den optimalen Investitionsumfang zu realisieren. Es müssen Fremdmittel in Höhe von $-R$ aufgenommen werden. Für den präferenzoptimalen Konsum sind in $t = 0$ zusätzlich Kredite in Höhe von C_0^* aufzunehmen. Die Gesamtverschuldung in $t = 1$ beträgt daher $S^* - C_1^*$. Somit setzt sich der optimale Konsum C_1^* in $t = 1$ aus den Investitionsrückflüssen S^* abzüglich der Schulden $(S^* - C_1^*)$ zusammen.

Der Investor verfügt über keinen Kassenbestand ($K = 0$). Er kann aber vorteilhafte Investitionsprojekte realisieren. Bei der vorausgesetzten Sicherheit sind die Kreditgeber bereit, maximal Kredite in Höhe des Ertragswerts der vom Investor geplanten Realinvestitionen (das ist der auf „heute" diskontierte Wert der sicheren Investitionsrückflüsse von „morgen") zu gewähren. Da die Anfangsauszahlung vorteilhafter Investitionsprojekte kleiner ist als ihr Ertragswert, kann das gesamte Investitionsvolumen fremdfinanziert werden (vgl. Abbildung 2C.4).

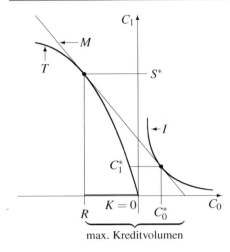

Abb. 2C.4. *Fremdfinanzierter Investitions-*
und Konsumplan.
Der Investor verschuldet sich in Höhe von
$-R$, um das optimale Investitionsvolumen
zu realisieren. Er verschuldet sich zusätzlich in Höhe von C_0^*, um die Konsumausgabe in $t = 0$ zu finanzieren. In $t = 1$
verzinst und tilgt er den Investitions- und
Konsumkredit mit einer Zahlung in Höhe
von $(S^* - C_1^*)$. Den Rest der Investitionsrückflüsse verwendet er für Konsumausgaben C_1^*.

Aus der Abbildung 2C.4 ist auch die maximal mögliche Verschuldung zu erkennen: Sie entspricht dem Investitionsvolumen und dem maximal möglichen Konsum in $t = 0$. Wird das Investitionsvolumen $-R$ fremdfinanziert, beträgt in $t = 0$
der maximal mögliche Konsumkredit $S^*(1+r)^{-1} + R$. Bei einer Gesamtverschuldung von $S^*(1+r)^{-1}$ ist die gesamte Einzahlung S^* aus dem Realinvestitionsplan
in $t = 1$ an die Gläubiger abzutreten.

Literatur

Fisher, Irving, 1906, *The Nature of Capital and Income*, Macmillan, New York.

Hax, Herbert, 1985, *Investitionstheorie*, Physica, Würzburg, 5. Auflage.

Hirshleifer, Jack, 1958, On the theory of optimal investment decision, *Journal of Political
    Economy* 66, 329–352.

Intriligator, Michael D., 1971, *Mathematical Optimization and Economic Theory*, Pren-
    tice Hall, Englewood Cliffs.

Kruschwitz, Lutz, 2002, *Finanzierung und Investition*, Oldenbourg, München, 3. Aufla-
    ge.

Luenberger, David G., 1995, *Microeconomic Theory*, McGraw-Hill, New York.

Silberberg, Eugene und Wing Suen, 2001, *The Structure of Economics, A Mathematical
    Analysis*, McGraw-Hill, New York.

3

Zielkonforme Entscheidungen mit der Kapitalwertregel

In einer Welt der Sicherheit können Investoren ihren Konsumnutzen dadurch maximieren, dass sie Investitionen auf Basis der Kapitalwertregel auswählen. Kapitel 2 hat dies insbesondere für den Fall eines vollkommenen Finanzmarktes im einperiodigen Modellrahmen aufgezeigt. Dieses Kapitel zeigt nun, wie man auch im mehrperiodigen Modellrahmen zielkonforme Investitionsentscheidungen mit Hilfe der Kapitalwertregel treffen kann. In den ersten beiden Abschnitten dieses Kapitels werden zunächst die Darstellung und empirische Bestimmung von Diskontierungsfaktoren sowie der Markt- und Kurswert von Anleihen diskutiert. Der darauf folgende Abschnitt 3.3 beschreibt das Dividendendiskontierungsmodell von Gordon (1959). Während Abschnitt 3.4 die Frage beantwortet, ob Investitionen auf der Basis von Erfolgsgrößen zielkonform bewertet werden können, befasst sich Abschnitt 3.5 mit der Frage, wie die Belastung einer Investition mit Ertragsteuern im Investitionskalkül berücksichtigt werden kann. Der letzte Abschnitt des Kapitels beschäftigt sich mit Nutzungsdauerentscheidungen.

3.1 Diskontierungsfaktoren — Darstellung und Bestimmung

Wie in Kapitel 1 bereits ausgeführt, erfolgt die Bewertung von Zahlungsansprüchen mittels geeignet gewählter Diskontierungsfaktoren. Diese lassen sich durch eine *Diskontierungsfunktion* erfassen, die jedem möglichen Fälligkeitszeitpunkt T eines Zahlungsanspruches den entsprechenden Diskontierungsfaktor $DF_T \equiv DF(T)$ zuweist, wobei $T \in [0, \overline{T}]$ und $\overline{T}$ den Planungshorizont des Bewertungsmodells darstellt. Wird in einem friktionslosen und arbitragefreien Finanzmarkt eine Null-Kuponanleihe (Zero) mit Nennwert F und Fälligkeit im Zeitpunkt T gehandelt, so muss der Diskontierungsfaktor DF_T ihrem gegenwärtigen, auf den Nennwert $F = 1$ bezogenen Marktpreis $B_0(T)$ entsprechen:[1]

---

[1] Wie bereits in Kapitel 1 vereinbart, kennzeichnet $B^c(T) \equiv B_0^c(T)$ bzw. $B(T) \equiv B_0(T)$ den Marktpreis eines auf den Nennwert $F = 1$ bezogenen Zahlungsstroms einer Kuponanleihe bzw. Null-Kuponanleihe.

$$DF_T = B_0(T) \ .$$

Diese Diskontierungsfunktion erfasst gleichzeitig die *Zinsstrukturkurve* (oder: Fristigkeitsstruktur der Zinssätze; Term Structure of Interest Rates) einer Währung, d. h. den funktionalen Zusammenhang zwischen dem „Preis" $r(T)$ für die Kapitalüberlassung an erstklassige, ausfallrisikofreie Schuldner und dem Zeitraum der Kapitalüberlassung T. Dieser Preis ist eine Rendite(kennziffer), die einer Finanzinvestition mit dem gegenwärtigen Investitionsbetrag $B_0(T) = DF_T$ und dem Rückfluss 1 im Zeitpunkt T zugeordnet wird. Dazu wollen wir auch für *unterjährige* Anlagezeiträume, die an internationalen Anleihemärkten übliche und zunehmend an Bedeutung gewinnende ISMA-Konvention[2] unterstellen:

$$r(T) = (1/DF_T)^{1/T} - 1 \ .$$

Diese Renditedefinition geht davon aus, dass (unabhängig vom tatsächlichen Zeitpunkt der Zinsverrechnung) die für einen Tag angefallenen Zinsen am Tagesende dem Kapital zugeschlagen und ab dem nächsten Tag mitverzinst werden. Da es sich hierbei um Preise für die Kapitalüberlassung zum Betrachtungszeitpunkt handelt (und nicht zu einem *zukünftigen* Zeitpunkt), spricht man genauer von *Kassazinssätzen (Spot Rates)* und von der *Kassazinsstrukturkurve*. Wegen $B(T) \cdot (1 + r(T))^T = 1$ entspricht $r(T)$ dem *Internen Zinssatz*[3] einer Investition in eine Null-Kuponanleihe, die bis zum Fälligkeitstag in T Jahren vom Investor gehalten wird. Letzterer Zinssatz wird im Zusammenhang mit Anleiheinvestitionen, die bezüglich Kupon und Rückzahlungsbetrag als sicher gelten, wegen der genannten Haltedauerhypothese auch *Verfallrendite (Yield to Maturity)* genannt und mit $r^y(T)$ bezeichnet. Diskontierungsfaktoren bzw. Kassazinssätze werden auf der Grundlage börsennotierter Anleihen ausfallrisikofreier Emittenten (z. B. Staatsanleihen), die weder auf Schuldner- noch auf Gläubigerseite Wahlrechte beinhalten, bestimmt. Man unterscheidet insbesondere die drei in Abbildung 3.1 dargestellten idealtypischen Formen der Zinsstrukturkurve: *flache, normale* und *inverse* Zinsstrukturkurve.

Bei gegebener Kassazinsstruktur sind *implizit* auch Zinssätze für in der Zukunft liegende Anlagezeitpunkte festgelegt. Man nennt diese daher *Terminzinssätze (Forward Rates)*. Entsprechend handelt es sich um Preise für die Kapitalüberlassung zu einem zukünftigen Zeitpunkt. Zur Ermittlung der impliziten Terminzinssätze aus den Kassazinssätzen verwenden wir die folgende Notation:

$r_t(T) \equiv$ Kassazinssatz (Spot Rate) p. a. einer ausfallrisikofreien Finanzanlage mit Restlaufzeit T zum Zeitpunkt t. Dieser entspricht der Verfallrendite einer Null-Kuponanleihe mit Restlaufzeit T: $r_t(T) = r_t^y(T)$.

---

[2] ISMA steht für International Securities Market Association.

[3] Der *Interne Zinssatz* einer Investition ist derjenige Zinssatz r^*, bei dessen Verwendung als Kalkulationszinssatz der Kapitalwert einer Investition null ist: $PV(r^*) = \sum_{t=0}^{T} CF_t(1 + r^*)^{-t} = 0$. Dieser kann als (effektive) Rendite des jeweils durch die Investition gebundenen Kapitals interpretiert werden. Siehe dazu beispielsweise Schmidt und Terberger (1997, S. 147ff), sowie Kruschwitz (2005, S. 106ff) hinsichtlich der Problematik dieses Beurteilungskriteriums.

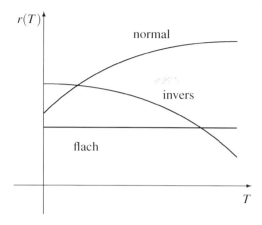

Abb. 3.1. *Flache, normale und inverse Zinsstrukturkurven.*
Die Zinsstrukturkurve beschreibt den Zusammenhang zwischen Kassazinssatz $r(T)$ und Restlaufzeit T einer Finanzanlage zu einem bestimmten Zeitpunkt. Man spricht von einer *normalen Zinsstruktur* (*inversen Zinsstruktur*), falls diese Funktion mit zunehmender Restlaufzeit *steigt* (*fällt*). Im Fall einer konstanten Funktion spricht man von einer *flachen Zinsstruktur*.

$f_t(T) \equiv$ Terminzinssatz (Forward Rate) p. a. für eine *einperiodige*, im Erfüllungszeitpunkt T beginnende, insolvenzrisikofreie Finanzanlage zum Zeitpunkt t.

Zur Vereinfachung der Notation entfällt für den Zeitpunkt $t = 0$ der Index t, d. h.: $r(T) \equiv r_0(T)$ und $f(T) \equiv f_0(T)$. Aus dieser Definition ergibt sich, dass Kassa- und Terminzinssatz für im Betrachtungszeitpunkt beginnende Anlagezeiträume (mit gleicher Dauer) übereinstimmen:

$$r(1) = f(0) .$$

Bei einem Anlagehorizont von $T = 2$ Jahren muss nun in *friktionslosen und arbitragefreien Märkten* der Rückfluss einer zweijährigen Anlage zum Zinssatz $r(2)$ p. a. (bei gleichem Investitionsbetrag) dem Rückfluss einer rollierenden Einperiodenanlage zu den Zinssätzen $f(0)$ und $f(1)$ entsprechen:

$$(1 + r(2))^2 = (1 + f(0))(1 + f(1)) . \qquad (3.1)$$

Bei Kenntnis der Zinssätze $r(2)$ und $r(1) = f(0)$ muss daher für den Terminzinssatz $f(1)$ die folgende Beziehung erfüllt sein:

$$f(1) = \frac{(1 + r(2))^2}{1 + r(1)} - 1 .$$

Der heutige Terminzinssatz für eine einjährige, in $T = 1$ beginnende Finanzanlage kann also über die heutigen Kassazinssätze für einjährige und zweijährige Finanzanlagen erklärt werden. Man spricht daher von einem *impliziten Terminzinssatz.*[4] Ganz analog folgt aus der Forderung $(1 + r(t))^t = \prod_{\tau=0}^{t-1}(1 + f(\tau))$ mit $t = T$ und $t = T + 1$ für den Terminzinssatz einer einjährigen, in $t = T$ beginnenden Finanzanlage die

---

[4] Umgekehrt lassen sich aus den Terminzinssätzen durch Umkehrung der obigen Beziehung die zugehörigen Kassazinssätze bestimmen.

Eigenschaft 3.1 (Impliziter Terminzinssatz). *In friktionslosen und arbitrage-freien Finanzmärkten gilt zwischen dem Terminzinssatz* $f(T)$ *und den Kassazins-sätzen* $r(T)$ *und* $r(T+1)$ *der folgende Zusammenhang:*[5]

$$f(T) = \frac{(1+r(T+1))^{T+1}}{(1+r(T))^T} - 1 \,, \quad T = 1, 2, 3, \ldots \,. \tag{3.2}$$

Kennzeichnet man die Verzinsungshöhe von Finanzanlagen p. a. durch die lo-garithmierte Bruttorendite, im Folgenden als *Kassazinsrate* $r^r(T) \equiv \ln(1+r(T))$ bzw. *Terminzinsrate* $f^r(T) \equiv \ln(1+f(T))$ bezeichnet,[6] dann lässt sich obiger Zu-sammenhang noch weiter erhellen: Durch Logarithmieren der linken und rechten Seite von Beziehung (3.1) erhält man

$$r^r(2) = (f^r(0) + f^r(1))/2 \,.$$

Die Kassazinsrate p. a. für eine zweijährige Finanzanlage entspricht dem Mittel-wert der Terminzinsraten für die beiden einjährigen Anlagezeiträume. Analoge Überlegungen führen zur

Eigenschaft 3.2 (Implizite Terminzinsrate). *In friktionslosen und arbitrage-freien Finanzmärkten gilt zwischen der Terminzinsrate* $f^r(T)$ *und den Kassazins-raten* $r^r(T)$ *und* $r^r(T+1)$ *der folgende Zusammenhang:*

$$f^r(T) = r^r(T+1) \cdot (T+1) - r^r(T) \cdot T \,,$$

wobei die Kassazinsrate $r^r(T)$ *dem Mittelwert der* T *Terminzinsraten für die ein-jährigen Anlagezeiträume im Zeitintervall* $[0,T]$ *entspricht:*

$$r^r(T) = \frac{1}{T} \sum_{\tau=0}^{T-1} f^r(\tau) \,.$$

Eigenschaft 3.3 (Darstellung von Diskontierungsfaktoren). *In* friktionslosen *und* arbitragefreien *Finanzmärkten lassen sich Diskontierungsfaktoren als Funk-tion von* Kassazinssätzen *bzw.* Kassazinsraten,

$$DF_t = (1 + r(t))^{-t} = \exp\{-r^r(t) \cdot t\} \,, \quad t = 0, 1, \ldots \,,$$

oder als Funktion von Terminzinssätzen *bzw.* Terminzinsraten *darstellen:*

$$DF_t = \prod_{\tau=0}^{t-1} \frac{1}{1+f(\tau)} = \exp\left\{ -\sum_{\tau=0}^{t-1} f^r(\tau) \right\} \,, \quad t = 1, 2, \ldots \,.$$

---

[5] Bezeichnet $f_0(T_1, T_2)$ den im Zeitpunkt 0 geltenden Terminzinssatz für einen im Zeitpunkt T_1 beginnenden Anlagezeitraum der Länge $T_2 - T_1$, dann gilt anstelle von (3.2) der Zusammenhang

$$f_0(T_1, T_2) = \left((1 + r(T_2))^{T_2} / (1 + r(T_1))^{T_1} \right)^{1/(T_2 - T_1)} - 1 \,.$$

[6] Die Wortwahl Zins*rate* soll eine gedankliche Verbindung zum Begriff Wachstums*rate* auslösen, wie er meistens im wissenschaftlichen Kontext verwendet wird: eine Größe, die das Ausmaß der relativen Zustandsänderung innerhalb infinitesimal kleiner Zeiträume kennzeichnet.

Sind also die Zinssätze bzw. Zinsraten für alle denkbaren Finanzanlagezeiträume bekannt, so sind auch alle Diskontierungsfaktoren bekannt. Letztere können also direkt über die beobachtbaren Preise für Finanzinvestitionen, z. B. Anleihen, oder indirekt über die Zinssätze bzw. Zinsraten bestimmt werden.

Empirische Bestimmung der Diskontierungsfaktoren

Annahme: Marktpreis von bereits gehandelten Anleihen entspricht dem Barwert des Rückzahlungsstroms

Preise von ausfallrisikofreien Anleihen

Diskontierungsfunktion
↓
Kassazinsstrukturkurve
↓
Terminzinsstrukturkurve

Annahme: Emissionspreis von neuen Anleihen entspricht dem Barwert des Rückzahlungsstroms

Abb. 3.2. *Anleihepreise liefern die Zinsstrukturkurve.*

Besteht das betrachtete Marktsegment ausschließlich aus Null-Kuponanleihen und wird an jedem zukünftigen Börsentag genau eine Null-Kuponanleihe fällig, dann ist die *Kassazinsstrukturkurve* einfach zu bestimmen: Die gesuchten Zinssätze entsprechen den *Verfallrenditen* (Yield to Maturity) der am Markt gehandelten *Null-Kuponanleihen*. Aus den auf den Nennwert $F = 1$ bezogenen, beobachtbaren Preisen für im Jahresabstand fällig werdende Null-Kuponanleihen erhält man wegen $B_0(T) = 1 \cdot DF_T$ den Diskontierungsfaktor $DF_T = B_0(T)$ für alle $T = 1, 2, 3, \dots$.

Beispiel 3.1 (Zinsstruktur). ────────────────────────────────

An der Börse werden die folgenden Null-Kuponanleihen mit Rückzahlung zum Nennwert von 100 gehandelt:

Laufzeit	1 Jahr	2 Jahre	3 Jahre
Kurs	96,15	90,70	83,96

Aus den Anleihepreisen erhält man die Diskontierungsfaktoren und Kassazinsstruktur:

$$-96{,}15 + 100 \cdot DF_1 = 0 \implies DF_1 = 0{,}9615 \implies r(1) = 4{,}00\,\% \,;$$
$$-90{,}70 + 100 \cdot DF_2 = 0 \implies DF_2 = 0{,}9070 \implies r(2) = 5{,}00\,\% \,;$$
$$-83{,}96 + 100 \cdot DF_3 = 0 \implies DF_3 = 0{,}8396 \implies r(3) = 6{,}00\,\% \,.$$

Da $r(1) < r(2) < r(3)$ gilt, liegt eine normale Zinsstruktur vor. Die Terminzinssätze errechnen sich folgendermaßen aus den Kassazinssätzen:

$$
\begin{aligned}
(1 + r(1))^1 &= (1 + f(0)) & \Longrightarrow \quad f(0) &= 4{,}00\,\% \;; \\
(1 + r(2))^2 &= (1 + f(0))(1 + f(1)) & \Longrightarrow \quad f(1) &= 6{,}01\,\% \;; \\
(1 + r(3))^3 &= (1 + f(0))(1 + f(1))(1 + f(2)) & \Longrightarrow \quad f(2) &= 8{,}03\,\% \;.
\end{aligned}
$$

Ein Unternehmen plane die Emission einer dreijährigen Kuponanleihe mit jährlichen Kuponzahlungen und einem Kuponsatz von 6 %, die zum Nennwert von 100 zurückgezahlt wird. Der mit der vorherrschenden Zinsstruktur konsistente Emissionspreis beträgt:

$$
PV = \frac{6}{1{,}04} + \frac{6}{1{,}05^2} + \frac{106}{1{,}06^3} = 100{,}21 \;.
$$

Da jedoch in der Regel nur Marktpreise von Kuponanleihen vorliegen, können die Diskontierungsfaktoren, und damit die Zeitpräferenzen der Marktteilnehmer, nicht unmittelbar beobachtet werden. Bedenkt man allerdings, dass der Zahlungsstrom einer Kuponanleihe durch die Zahlungsströme eines geeignet gewählten Bündels von Null-Kuponanleihen dupliziert werden kann, so sollte es möglich sein, die Diskontierungsfaktoren durch „Entbündelung" (Unbundling) von gesamtfälligen Kuponanleihen zu bestimmen. Wie dieser auch *Bootstrapping* genannte Prozess im Spezialfall von im Jahresabstand fällig werdenden Kuponanleihen und jährlichen Kuponzahlungen abläuft, zeigt die folgende

Regel 3.1 (Bootstrapping). *Bezeichnet* $B^{c(T)}(T) = \sum_{t=1}^{T} c(T) \cdot DF_t + 1 \cdot DF_T$ *den gegenwärtigen Preis einer Kuponanleihe mit Fälligkeit in* $T = 1, 2, \ldots, \overline{T}$, *Nennwert* $F = 1$ *und jährlichen Kuponzahlungen in Höhe von* $c(T)$ *in einem arbitragefreien und friktionslosen Finanzmarkt, dann können die Diskontierungsfaktoren wie folgt sukzessive ermittelt werden:*

Schritt 1: Bestimmung von DF_1 *über die Wertdarstellung*

$$
B^{c(1)}(1) = (c(1) + 1) \cdot DF_1 \;.
$$

Schritt 2: Bestimmung von DF_2 *über die Wertdarstellung*

$$
B^{c(2)}(2) = c(2) \cdot DF_1 + (c(2) + 1) \cdot DF_2 \;,
$$

da DF_1 *bereits bekannt ist.*

Schritt 3: Bestimmung von DF_3 *über die Wertdarstellung*

$$
B^{c(3)}(3) = c(3) \cdot DF_1 + c(3) \cdot DF_2 + (c(3) + 1) \cdot DF_3 \;,
$$

da DF_1 *und* DF_2 *bereits bekannt sind.*

$$
\vdots
$$

Schritt $\overline{T}$*: Bestimmung von* $DF_{\overline{T}}$ *über die Wertdarstellung*

$$
B^{c(\overline{T})}(\overline{T}) = c(\overline{T}) \cdot DF_1 + \ldots + c(\overline{T}) \cdot DF_{\overline{T}-1} + (c(\overline{T}) + 1) \cdot DF_{\overline{T}} \;,
$$

da DF_1, DF_2, *...,* $DF_{\overline{T}-1}$ *bereits bekannt sind.*

Beispiel 3.2 (Verfallrendite von Kuponanleihen versus Kassazinssätze). _____
Gegeben seien zu pari notierende Kuponanleihen (d. h. der derzeitige Marktpreis entspricht dem Nennwert der Anleihe) mit jährlichen Kuponzahlungen in unterschiedlicher Höhe mit verschiedenen Fristigkeiten gemäß nachstehender Tabelle:

Laufzeit in Jahren	1	2	3	4	5
Kuponsatz in %	5,0	5,5	6,0	6,5	7,0

Die Verfallrendite einer zu pari notierenden Kuponanleihe mit Fristigkeit T entspricht dem Kuponsatz dieser Anleihe. Der Kassazinssatz für eine einjährige Finanzinvestition erhält man aus den Daten der 1-jährigen Kuponanleihe:

$$100 = \frac{100+5}{(1+r(1))} \quad \Longrightarrow \quad r(1) = \frac{105}{100} - 1 = 5\% \ .$$

Mit dem 1-Jahres-Kassazinssatz lässt sich aus der 2-jährigen Kuponanleihe der Kassazinssatz für zwei Jahre Restlaufzeit bestimmen:

$$100 = \frac{5,5}{(1+r(1))} + \frac{100+5,5}{(1+r(2))^2} \quad \Longrightarrow \quad r(2) = \left[\frac{100+5,5}{100 - \frac{5,5}{(1+r(1))}} \right]^{1/2} - 1 = 5,51\% \ .$$

Mit $r(1)$ und $r(2)$ ergibt sich der 3-Jahres-Kassazinssatz:

$$100 = \frac{6}{(1+r(1))} + \frac{6}{(1+r(2))^2} + \frac{100+6}{(1+r(3))^3} \quad \Longrightarrow \quad r(3) = 6,04\% \ .$$

Die weiteren zwei Schritte der Bootstrapping-Regel liefern schließlich die gesuchten Kassazinssätze, die sich wie folgt von den Verfallrenditen $r^y(T)$ unterscheiden:

Laufzeit T in Jahren	1	2	3	4	5
Kassazinssatz $r(T)$ in %	5,00	5,51	6,04	6,59	7,15
Verfallrendite $r^y(T)$ in %	5,00	5,50	6,00	6,50	7,00

Die vollständige Ermittlung der Diskontierungsfunktion auf der Basis dieser Bootstrapping-Regel ist allerdings nur dann möglich, falls es genau so viele Kuponanleihen mit unterschiedlichen Fälligkeiten T gibt, wie Diskontierungsfaktoren $DF_T = DF(T)$ mit $T \in [0, \overline{T}]$ gesucht werden. Würden beispielsweise bei einer Kuponanleihe mit Fälligkeit $T = 2$ die Kuponzahlungen halbjährlich erfolgen (wie auf US-amerikanischen Anleihemärkten üblich), dann könnte über die Wertdarstellung

$$B^c(2) = \frac{c}{2} \cdot DF_{0.5} + \frac{c}{2} \cdot DF_1 + \frac{c}{2} \cdot DF_{1.5} + \left(\frac{c}{2} + 1 \right) \cdot DF_2$$

trotz Kenntnis von DF_1 (aus Schritt 1) weder DF_2 noch $DF_{0.5}$ oder $DF_{1.5}$ eindeutig bestimmt werden. Eine Möglichkeit, dieses Unterbestimmtheitsproblem[7]

---

[7] Falls die Anzahl der Anleihen die Anzahl der Zahlungszeitpunkte bzw. gesuchten Diskontierungsfaktoren übersteigt, kann auch ein *Überbestimmtheitsproblem* auftreten. Letzteres löst man dadurch, dass man die Diskontierungsfaktoren so auswählt, dass die quadrierte Differenz von Anleihepreis und Anleihewert (auf Basis der gesuchten Diskontierungsfaktoren), summiert über alle Anleihen, minimal wird.

zu lösen, ist die Beschränkung der funktionalen Form der Diskontierungsfunktion.[8] Als funktionale Form werden dabei in der Regel Polynome oder Spline-Funktionen verwendet.[9]

Seit Oktober 1997 bestimmt beispielsweise die Deutsche Bundesbank die Zinsstrukturkurve und damit die Diskontierungsfunktion nach einem polynomialen Verfahren, das von Nelson und Siegel (1987) entwickelt und von Svensson (1994) erweitert wurde (siehe Schich, 1997). Abbildung 3.3 zeigt die Entwicklung der Zinsstruktur am deutschen Rentenmarkt vom 31. Januar 1973 bis 31. Januar 2005, wie sie von der Deutschen Bundesbank berechnet und veröffentlicht wird. Ausgehend von einer flachen Zinsstruktur (Anfang der 70er Jahre) entstand eine inverse Zinsstruktur auf hohem Niveau (Ende 1982), die wiederum in eine normale Zinsstruktur mündete (am ausgeprägtesten im April 1988). Aus dieser Situation entwickelte sich dann wieder bis zum Ende des Stichprobenzeitraums (Januar 2005) eine flache bis normale Zinsstruktur auf niedrigem Niveau.

Die Zinsstrukturkurve wird als zeitstetige Funktion mittels einer nicht-linearen Regression ermittelt. Für die Kassazinsratenfunktion $r^r(T)$ wird dabei die folgende funktionale Form unterstellt:

$$r^r(T) = \beta_0 + \beta_1 \cdot \psi_1(T/\tau_1) + \beta_2 \cdot \psi_2(T/\tau_1) + \beta_3 \cdot \psi_2(T/\tau_2)$$

mit den Hilfsfunktionen

$$\psi_1(T/\tau_1) \equiv \left(1 - \exp\left\{-\frac{T}{\tau_1}\right\}\right)\frac{\tau_1}{T} \, ,$$

$$\psi_2(T/\tau) \equiv \left(1 - \exp\left\{-\frac{T}{\tau}\right\}\right)\frac{\tau}{T} - \exp\left\{-\frac{T}{\tau}\right\}$$

und dem Parametervektor $\boldsymbol{\beta} = (\beta_0, \beta_1, \beta_2, \beta_3, \tau_1, \tau_2)$ mit $\beta_0 > 0$, $\tau_1 > 0$ und $\tau_2 > 0$. Da beide Hilfsfunktionen für $T \to \infty$ gegen Null streben, repräsentiert der Parameter β_0 die Kassazinsrate für eine Finanzanlage mit sehr langer Laufzeit. Die Hilfsfunktion $\psi_1(T/\tau_1)$ fällt für wachsendes T und erzeugt damit für $\beta_1 < 0$ eine normale und für $\beta_1 > 0$ eine inverse Zinsstrukturkurve. Die Hilfsfunktion $\psi_2(T/\tau)$, die wegen $\psi_2(0) = 0$, $\psi_2'(0) > 0$ und $\psi_2(\infty) = 0$ ein Maximum besitzt, erzeugt je nach Parameterkonstellation von β_2 und β_3 bucklige bzw. u-förmige Kassazinsratenfunktionen. Diese flexible Form der Kassazinsratenfunktion ermöglicht es, alle denkbaren Zinsstrukturkurven zu erfassen. Je nach Zielsetzung werden zwei Varianten für die Schätzung der sechs Parameter verwendet. Bei dem für Bewertungszwecke relevanten Schätzansatz wird die Summe

---

[8] Eine andere Möglichkeit besteht darin, im zeitdiskreten Modellrahmen die Diskontierungsfaktoren so zu bestimmen, dass diese einerseits die am Markt beobachtbaren Anleihepreise erklären und andererseits die Summe der quadrierten Differenzen „benachbarter" Funktionswerte der Diskontierungsfunktion minimieren (vgl. Uhrig-Homburg und Walter,1997).

[9] Nach dem Approximationssatz von Weierstraß (vgl. Heuser, 1995, S. 63) kann jede stetige Funktion in einem bestimmten Intervall beliebig genau durch ein Polynom angenähert werden. Splines sind stückweise definierte Polynome mit bestimmten Stetigkeitsvoraussetzungen.

Abb. 3.3. *Historische Kassazinsstrukturkurven.*
Die Abbildung zeigt Zinsstrukturkurven am Monatsende für den Zeitraum von Januar 1973 bis Januar 2005, wie diese von der Deutschen Bundesbank auf der Basis der Kurse und Ausstattungsmerkmale von Bundesanleihen, Bundesobligationen und Bundesschatzanweisungen mit (Rest-)Laufzeiten von mindestens drei Monaten geschätzt werden. Deutlich zu erkennen sind die drei Hochzinsphasen 1973/74, 1980/81 und 1990/92 mit teilweise inverser Zinsstruktur.[10]

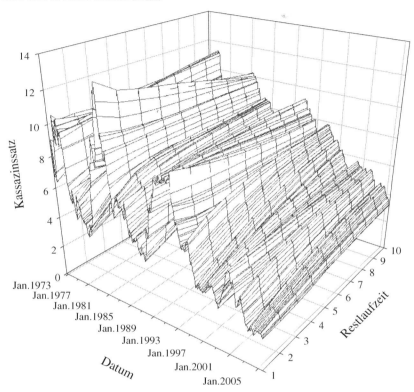

der quadratischen Abweichungen zwischen Marktpreisen und Modellwerten der Kuponanleihen minimiert.[11] Die numerische Lösung dieses nichtkonvexen Minimierungsproblems führt allerdings nicht immer zu einem globalen Minimum. Die geringere Erklärungskraft von beobachteten Marktpreisen im Vergleich zu der stärker parametrisierten Spline-Approximation wird allerdings dadurch ausgeglichen, dass offensichtlich fehlbewertete Kuponanleihen nur einen geringen

---

[10] Datenquelle: www.bundesbank.de/statistik/statistik_zeitreihen.php

[11] Bei der zweiten Variante wird die Summe der quadratischen Abweichungen zwischen beobachteter und geschätzter Kassazinsrate minimiert. Dieser Ansatz ist im Zusammenhang mit geldpolitischen Fragestellungen dem obigen Ansatz vorzuziehen, da die Minimierung von Bewertungsfehlern am „kurzen Ende" der Zinsstrukturkurve zu größeren Verzerrungen führen kann.

Einfluss auf die Zinsstrukturkurve besitzen (vgl. Bühler und Uhrig-Homburg, 2000).

Verfallrendite-Konzept ist nicht arbitragefrei

Weniger aufwendig ist dagegen die empirische Bestimmung der *Renditestruktur*, die streng von der Zinsstruktur unterschieden werden muss. Die Renditestrukturkurve beschreibt die *Verfallrenditen von gesamtfälligen Kuponanleihen* $r^y(T)$ in Abhängigkeit ihrer Restlaufzeit $T \in [0, \overline{T}]$. Das Konzept der Verfallrendite — als Interner Zinssatz der Anleiheinvestition — unterstellt allerdings implizit die sofortige Wiederanlage der anfallenden Kuponzahlungen zu einer Verzinsung in Höhe der Verfallrendite. Dies ist nur unproblematisch, solange die (Kassa-)Zinsstrukturkurve *flach* ist und die Anleihen am Markt arbitragefrei bewertet werden. In diesem Fall gilt

$$B^c(T) = \sum_{t=1}^{T} c \cdot DF_t + 1 \cdot DF_T$$
$$\text{mit} \quad DF_t = (1 + r^y(T))^{-t} = (1 + r)^{-t}.$$

Bei einer nicht-flachen Zinsstrukturkurve stimmen die Verfallrenditen von arbitragefrei bewerteten Kuponanleihen nicht mit den korrespondierenden Kassazinssätzen überein (siehe Beispiel 3.2) und es stellt sich der sogenannte *Kuponeffekt* ein: Bei zwei fair bewerteten Kuponanleihen mit identischer Restlaufzeit, aber unterschiedlicher Kuponhöhe, besitzt im Falle einer *normalen* (*inversen*) Zinsstrukturkurve die Anleihe mit dem *höheren* Kupon die *niedrigere* (*höhere*) Verfallrendite.[12] Es stellt sich dann die Frage, welche der beiden möglichen Verfallrenditen zur Beschreibung der Renditestruktur herangezogen werden soll.

Problematischer ist allerdings, dass *fehlbewertete* Kuponanleihen nicht auf Basis von Verfallrenditen identifiziert werden können, weil die Bestimmung arbitragefreier Preise für Kuponanleihen auf Basis von Verfallrenditen für Kuponanleihen nicht möglich ist. Die mögliche Inkonsistenz der Auswahlregel, die sich am Internen Zinssatz orientiert (Interner-Zinssatz-Regel), mit der Kapitalwertregel kann nämlich dazu führen, dass zwei Anleihen mit identischer Restlaufzeit dieselbe Verfallrendite besitzen, aber bei gleichem Investitionsbetrag unterschiedliche Kapitalendwerte aufweisen. Die Verfallrendite ist daher kein geeignetes Kriterium zur Beurteilung der Vorteilhaftigkeit von Anleiheinvestitionen. Dies belegt auch

---

[12] Neben diesem theoretischen gibt es auch einen steuerlichen Kuponeffekt. Dieser ist darauf zurückzuführen, dass Kursgewinne privater Investoren (noch) nicht der Einkommensteuer unterliegen, während Zinseinnahmen einkommensteuerpflichtig sind. Privatanleger präferieren daher Anleihen mit niedrigen Kupons und hohem Kursgewinnpotenzial mit der Folge, dass Anleihen mit einem niedrigen Kupon (aufgrund der stärkeren Nachfrage) eine niedrigere Vorsteuerrendite besitzen als ansonsten identische Anleihen mit einem höheren Kupon (vgl. dazu Bühler und Uhrig-Homburg, 2000, und die dort angegebene Literatur).

Beispiel 3.3 (Probleme mit der Verfallrendite). _____

Am Finanzmarkt notiere eine Kuponanleihe mit Restlaufzeit $T = 2$ Jahre, Kupon $c =$ 10% und Rückzahlung zum Nennwert $F = 100$ derzeit zum Kurs 100,17. Gleichzeitig gelte für einjährige Anlagen ein Zinssatz von $r(1) = 8\%$.

(a) Der Kassazinssatz $r(2) = 10\%$ für Anlagen mit einer (Rest-) Laufzeit von zwei Jahren errechnet sich aus der Wertdarstellung

$$100,17 = \frac{10}{(1 + r(1))} + \frac{110}{(1 + r(2))^2} = \frac{10}{1,08} + \frac{110}{(1 + r(2))^2} .$$

Hiermit lässt sich der implizite Terminzinssatz $f(1)$ für das zweite Jahr berechnen:

$$(1 + f(0))(1 + f(1)) = (1 + r(2))^2 \quad \Rightarrow \quad 1,08 \cdot (1 + f(1)) = 1,21 ,$$

und damit $f(1) = 12,04\%$. Desweiteren erhält man die Verfallrendite als Nullstelle $r^v(2) = 9,9\%$ der Barwertfunktion[13]

$$PV(r^v(2)) = -100,17 + \frac{10}{1 + r^v(2)} + \frac{110}{(1 + r^v(2))^2} .$$

$r^v(2) = 9,9\%$ ist ein geometrisches gewichtetes Mittel von $r(1)$ und $r(2)$.

(b) Eine zweite Anleihe mit dem nachstehenden Zahlungsstrom

t	0	1	2
Zahlung	$-100,17$	20	99

weist eine Verfallrendite von ebenfalls 9,9% auf, denn es gilt:

$$\frac{20}{1 + r_2^v(2)} + \frac{99}{(1 + r_2^v(2))^2} = \frac{20}{1,099} + \frac{99}{1,099^2} = 100,17 .$$

Der Kauf der zweiten Anleihe würde in $t = 0$ die gleichen, in $t = 1$ aber um 10 Geldeinheiten höhere Rückzahlungen erbringen. Dieser Betrag kann im zweiten Jahr zum Terminzinssatz $f(1) = 12,04\%$ angelegt werden. Dann stehen am Ende des betrachteten Zeitraums $99 + 11,2 = 110,2$ Geldeinheiten zur Verfügung — ein im Vergleich zur ersten Alternative um 0,2 Geldeinheiten höherer Betrag. Der arbitragefreie Preis der zweiten Anleihe müsste vielmehr 100,34 betragen, was zu einer Verfallrendite von $r^v(2) = 9,79\%$ führt.

---

[13] Diese Nullstellenbestimmung kann auf numerischem Wege geschehen (beispielsweise mit dem Newton-Verfahren) oder durch Anwendung der Lösungsformel für quadratische Gleichungen. Die Gleichung $x^2 + px + q = 0$ hat die reellen Lösungen $x_{1,2} = -\frac{p}{2} \pm \sqrt{\frac{p^2}{4} - q}$, falls $\frac{p^2}{4} - q \geq 0$.

3.2 Marktwert und notierter Kurs von Anleihen

Im vorangegangenen Abschnitt haben wir für die Wertdarstellung von Anleihen aus Vereinfachungsgründen unterstellt, dass Rückzahlungen nur im Jahresabstand auftreten und der Bewertungszeitpunkt $t = 0$ genau ein Jahr vor dem Zeitpunkt der ersten Kuponzahlung ($t = 1$) liegt. Um im Folgenden Anleihewerte zu beliebigen Zeitpunkten darstellen zu können, bezeichnen nun $t_1, t_2, \ldots, t_n = T$ die Kupon- bzw. Rückzahlungszeitpunkte und $DF(t_i)$ für $i = 1, 2, \ldots, n$ die entsprechenden Diskontierungsfaktoren.[14] In friktionslosen und arbitragefreien Finanzmärkten entspricht dann der Marktwert $B^c(T)$ einer Anleihe mit Fälligkeit T, Kupon c und Nennwert $F = 1$ wiederum dem Barwert des Rückzahlungsstroms:

$$B^c(T) = \sum_{i=1}^{n} c \cdot DF(t_i) + 1 \cdot DF(T) \, .$$

Eine Kuponanleihe ist unmittelbar vor einer Kuponzahlung um den Kupon wertvoller als unmittelbar danach – ähnlich einer Aktie vor und nach der Zahlung einer Dividende. In friktionslosen und arbitragefreien Finanzmärkten wird der Marktpreis der Anleihe am Tag der Kuponzahlung genau um die Kuponhöhe fallen, da ansonsten profitable Arbitragemöglichkeiten existieren. Danach wird der Marktwert der Kuponanleihe bis zum nächsten Kuponzahlungstermin wiederum stetig zunehmen – auch wenn sich die Zinsstrukturkurve nicht ändert.

Beispiel 3.4 (Marktwert einer Anleihe). ⸻⸻⸻⸻⸻⸻⸻⸻⸻⸻⸻
Im Folgenden werde eine 3-jährige Kuponanleihe mit jährlichen Kuponzahlungen in Höhe von 10 % mit einem Nennwert von 1 betrachtet. Es liege eine flache Zinsstrukturkurve auf einem Niveau von 10 % p. a. vor. Unmittelbar vor dem ersten Abschlagstag steht die erste Kuponzahlung noch aus und somit beträgt der Wert der Anleihe in diesem Zeitpunkt 110 %. Unmittelbar nach der ersten Kuponzahlung ergibt sich für den Wert der Anleihe 100 %. Der Wertverlauf nimmt in diesem Fall die Form eines Sägeblatts an: Für die Kuponanleihe ergibt sich (bei im Zeitablauf unveränderter Zinsstruktur) der folgende Verlauf der Marktwerte:

t in Jahren [15]	0,00	0,25	0,50	0,75	$1,00^-$	$1,00^+$	1,50	$2,00^-$	$2,00^+$	…
Marktwert in Prozent	100,00	102,41	104,88	107,41	110,00	100,00	104,88	110,00	100,00	…

Beispielsweise berechnet sich der Marktwert nach einem dreiviertel Jahr folgendermaßen:

$$\frac{10}{1{,}1^{0.25}} + \frac{10}{1{,}1^{1.25}} + \frac{110}{1{,}1^{2.25}} = 107{,}41 \quad (\text{in } \%) \, .$$

---

[14] Der Vorteil einer kompakten Wertdarstellung für Anleihevarianten — wie beispielsweise der Annuitätenanleihe — muss dabei nicht verloren gehen. Siehe dazu Anhang 3A.

[15] Hier wird mit $t = 1^-$ bzw. 1^+ der Zeitpunkt unmittelbar vor bzw. nach der ersten Kuponzahlung beschrieben.

Es gibt nun zwei Möglichkeiten der Preisnotierung einer Kuponanleihe. Zum einen könnte die Anleihe *cum Kupon* notieren, also zum *Marktwert* $B_t^c(T)$, der im professionellen Anleihehandel auch als *Dirty Price* bezeichnet wird, d. h. der quotierte Preis der Anleihen würde bis zum Zinstermin anwachsen und am Abschlagstag um den Kupon abfallen. Zum anderen besteht die Möglichkeit, die Anleihe *ex Kupon* zu notieren, im Folgenden *notierter Kurs* bzw. *Clean Price* genannt und mit $K_t^c(T)$ bezeichnet.[16] Der notierte Kurs der Anleihe entspricht dem Marktwert abzüglich der linearen Anleiheverzinsung seit dem letzten Kupontermin, den sogenannten *Stückzinsen* (*aufgelaufene Zinsen*, englisch: *accrued interest*) SZ_t^c:

$$K_t^c(T) = B_t^c(T) - SZ_t^c .$$

$B_t^c(T)$, $K_t^c(T)$, $Kisma_t^c(T)$ in %

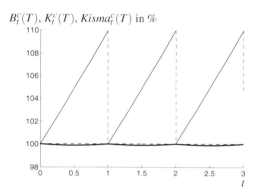

Abb. 3.4. *Marktwert, notierter Kurs und ISMA-Kurs.*
Marktwert, notierter Kurs und ISMA-Kurs einer 10%-Kuponanleihe mit einer 3-jährigen Restlaufzeit bei einer im Zeitablauf konstanten flachen Zinsstrukturkurve auf dem Niveau $r = 10\%$. Der notierte Kurs liegt nur geringfügig unter dem ISMA-Kurs von 100%.

Wird die Anleihe zwischen zwei Kuponterminen verkauft, so muss der Käufer nicht nur den notierten Kurs, sondern auch die *Stückzinsen* an den Verkäufer zahlen. Die Berechnung der Stückzinsen SZ_t^c einer Kuponanleihe mit Kupon c, deren letzte Kuponzahlung t^* Jahre zurück liegt, unterstellt eine *lineare* Verzinsung ohne Berücksichtigung unterjähriger Zinseszinsen und erfolgt gemäß der Formel:[17]

$$SZ_t^c = c \cdot t^* = c \cdot \frac{\text{Kalendertage seit dem letzten Kupontermin}}{360} .$$

D. h. der Kupon einer Anleihe wird *gleichmäßig* auf die Anzahl der Tage verteilt, die zwischen zwei benachbarten Kuponzahlungsterminen liegen. Der zu zahlende Stückzins ist dann derjenige Betrag, der auf den Zeitraum seit der letzten Kuponzahlung entfällt. Die Stückzinsen liegen somit höher als die Zinsen bei täglicher Zinsverrechnung gemäß der ISMA-Konvention (ISMA-Zinsen). Der Käufer

---

[16] Üblicherweise wird im nationalen und internationalen Anleihehandel die Notation *ex Kupon* verwendet.

[17] Falls bis zum Zeitpunkt t noch kein Kupon ausbezahlt wurde, sind die Kalendertage seit dem Emissionszeitpunkt heranzuziehen. Eine ausführliche Darstellung der genannten Stückzinsberechnung mit Beispielen findet sich bei Hansmann und Holschuh (1990).

der Anleihe muss somit mehr Zinsen als die gemäß der ISMA-Konvention aufgelaufenen Zinsen an den Verkäufer zahlen. Diese auf den ersten Blick erscheinende Benachteiligung des Käufers wird jedoch dadurch kompensiert, dass der notierte Kurs $K_t^c(T)$ *unter* dem *ISMA-Kurs* $Kisma_t^c(T)$ liegt, der sich bei einer Stückzinsberechnung gemäß der ISMA-Konvention ergibt:

$$Kisma_t^c(T) \geq K_t^c(T).$$

Beispiel 3.5 (Marktwert versus notierter Kurs). ⎯⎯⎯⎯⎯⎯⎯⎯⎯⎯⎯⎯⎯⎯⎯⎯⎯
Für die Kuponanleihe aus Beispiel 3.4 ergeben sich die folgenden Werte (alle Wertangaben in % vom Nennwert der Kuponanleihe):

t in Jahren	Marktwert	Stückzinsen	notierter Kurs	ISMA-Zinsen	ISMA-Kurs
0,00	100,0000	0,00	100,0000	0,0000	100,00
0,25	102,4114	2,50	99,9114	2,4114	100,00
0,50	104,8809	5,00	99,8809	4,8809	100,00
0,75	107,4099	7,50	99,9099	7,4099	100,00
$1,00^-$	110,0000	10,00	100,0000	10,0000	100,00
$1,00^+$	100,0000	0,00	100,0000	0,0000	100,00
1,25	102,4114	2,50	99,9114	2,4114	100,00
⋮	⋮	⋮	⋮	⋮	⋮

Beispielsweise berechnen sich die Stückzinsen ein viertel Jahr nach der ersten Kuponzahlung zu:

$$\text{Stückzinsen} = 10 \cdot \frac{90}{360} = 2,50 \quad (\text{in \%}).$$

Hingegen ergibt sich für die ISMA-Zinsen der folgende Wert:

$$\text{ISMA-Zinsen} = \left((1+r)^{t^*} - 1\right) \cdot \frac{c}{r} = \left(1,10^{0,25} - 1\right) \frac{10}{0,1} = 2,4114 \quad (\text{in \%}).$$

Hierbei beschreibt die Variable t^* die Zeit (gemessen in Jahren) seit der letzten Kuponzahlung (bzw. seit dem Emissionszeitpunkt). Subtrahiert man vom Marktwert die ISMA-Zinsen, so erhält man den ISMA-Kurs, der dem Nennwert entspricht:

$$Kisma_t^c(T) = \text{Marktwert} - \text{ISMA-Zinsen} = 102,4114 - 2,4114 = 100 \quad (\text{in \%}).$$

Beispiel 3.6 (Stückzinsen). ⎯⎯⎯⎯⎯⎯⎯⎯⎯⎯⎯⎯⎯⎯⎯⎯⎯⎯⎯⎯⎯⎯⎯⎯⎯⎯⎯⎯⎯
Es werde weiterhin eine 3-jährige Kuponanleihe mit jährlichen Kuponzahlungen in Höhe von 10 % mit einem Nennwert von 1 betrachtet. Jedoch liege nun eine flache Zinsstruktur auf einem Niveau von 20 % p. a. vor. Dann ergeben sich die folgenden Werte (in %):

t in Jahren	Marktwert	Stückzinsen	notierter Kurs	ISMA-Zinsen	ISMA-Kurs
0,00	78,9352	0,00	78,9352	0,0000	78,9352
0,25	82,6163	2,50	80,1163	2,3318	80,2846
0,50	86,4692	5,00	81,4692	4,7723	81,6969
0,75	90,5017	7,50	83,0017	7,3266	83,1751
$1,00^-$	94,7222	10,00	84,7222	10,0000	84,7222
$1,00^+$	84,7222	0,00	84,7222	0,0000	84,7222
1,25	88,6733	2,50	86,1733	2,3318	86,3415
1,50	92,8085	5,00	87,8085	4,7723	88,0363
⋮	⋮	⋮	⋮	⋮	⋮

Abbildung 3.5 zeigt die Markt- und ISMA-Kursentwicklung der Kuponanleihe für im Zeitablauf konstante, flache Zinsstrukturkurven auf dem Niveau $r = 5\%$, 10% bzw. 20%.

$B_t^c(T)$, $Kisma_t^c(T)$ in %

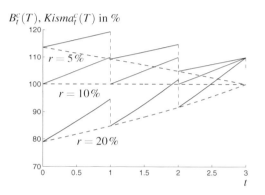

Abb. 3.5. *Markt- vs. ISMA-Kurs.* Marktwerte (Form eines Sägeblatts) und ISMA-Kurse (gestrichelte Kurve) einer 10%-Kuponanleihe mit einer 3-jährigen Restlaufzeit bei einer im Zeitablauf konstanten, flachen Zinsstrukturkurve auf dem Niveau $r = 5\%$ (oben), 10% (Mitte) bzw. 20% (unten).

Reale Anleihemärkte zeichnen sich gegenüber vollkommenen Anleihemärkten dadurch aus, dass der Kauf einer Anleihe zum *Briefkurs* (ask price) $\overline{K}^c(T)$ und der Verkauf der Anleihe nur zum niedrigeren *Geldkurs* (bid price) $\underline{K}^c(T)$ erfolgen kann. $\overline{K}^c(T) - \underline{K}^c(T) \geq 0$ wird als *Geld/Brief-Spanne* bezeichnet. Dies hat zur Konsequenz, dass es auch bei einer flachen Zinsstrukturkurve keinen einheitlichen Kassazinssatz gibt. Es gibt vielmehr unterschiedliche Kassazinssätze für eine Long-Position (Finanzinvestition) und eine Short-Position (Kreditaufnahme) in einer Anleihe. Der aus dem höheren Briefpreis $\overline{B}^c(T) \equiv \overline{K}^c(T) + SZ^c$ abgeleitete Kassazinssatz entspricht dann dem Anlagezinssatz (Haben-Zinssatz) und der aus dem niedrigeren Geldpreis $\underline{B}^c(T) \equiv \underline{K}^c(T) + SZ^c$ abgeleitete Kassazinssatz dem Aufnahmezinssatz (Soll-Zinssatz).[18] Aus Vereinfachungsgründen wird jedoch oft diese Geld/Brief-Spanne ignoriert und man bestimmt die Kassazinsstruktur auf Basis des mittleren Anleihekurses

$$K^c(T) = \frac{\overline{K}^c(T) + \underline{K}^c(T)}{2} \, .$$

---

[18] Zur Höhe der Geld/Brief-Spanne bei Anleihen siehe z. B. Kempf (1998) und Kempf und Uhrig-Homburg (2000).

3.3 Aktienbewertung bei sicheren Dividenden

Aktienanlagen gelten als riskante Finanzinvestitionen. Den bekanntermaßen unsicheren Rückfluss aus einem Aktieninvestment als sicher anzunehmen und mittels einer einfachen Kapitalwertformel bewerten zu wollen, erscheint nicht hilfreich. Doch genau das tut das von Gordon (1959) vorgeschlagene und im Folgenden dargestellte *Dividendendiskontierungsmodell.* Überraschenderweise kann dieses einfache Modell *unterschiedliche* Verhältnisse von Aktienkurs zu Dividende pro Aktie bzw. Gewinn pro Aktie, das sogenannte *Kurs-Gewinn-Verhältnis (KGV)*, für unterschiedliche Aktien recht gut erklären. Dieses Modell ist daher ein nützliches Instrument zur Beurteilung der Angemessenheit des Kursniveaus von Aktien.

Unter der Annahme, dass zukünftige Rückflüsse in der Form von Dividenden DIV_t und Verkaufserlösen S_t im Zeitpunkt $t = 1, 2, \ldots$ aus heutiger Sicht sicher sind, besitzt der gegenwärtige Aktienpreis als Ertragswert des Rückflusses bei beliebigem Anlagehorizont die folgenden Darstellungen:

$$
\begin{aligned}
S_0 &= \frac{DIV_1}{1+r(1)} + \frac{S_1}{1+r(1)} \\
&= \frac{DIV_1}{1+r(1)} + \frac{DIV_2}{(1+r(2))^2} + \frac{S_2}{(1+r(2))^2} \\
&= \sum_{t=1}^{\infty} \frac{DIV_t}{(1+r(t))^t} \, .
\end{aligned}
\tag{3.3}
$$

Die ersten beiden Darstellungen unterstellen implizit eine Haltedauer der Aktie von einem Jahr bzw. von zwei Jahren, wobei nur eine Dividendenzahlung pro Jahr unterstellt wird. Die dritte Darstellung enthält dagegen anstelle eines Liquidationserlöses unendlich viele Dividendenzahlungen und geht daher von einer unendlich langen Haltedauer der Aktie aus.

Spezialfälle bei flacher Zinsstruktur

Die Auswertung von Beziehung (3.3) lässt sich beträchtlich vereinfachen, wenn man (1) eine flache Zinsstruktur annimmt und (2) die Dividende entweder als konstant voraussetzt oder gemäß eines einfachen Gesetzes anwachsen lässt. Wir beschränken uns daher auf die in Abbildung 3.6 veranschaulichten Formen des Dividendenwachstums.

In Abhängigkeit des angenommenen Wachstums g der Dividendenausschüttung DIV bzw. des Gewinns G pro Aktie im Zeitablauf und der Gewinneinbehaltungsquote b, erhält man bei flacher Zinsstruktur die folgenden drei Erklärungen für den gegenwärtigen Aktienpreis (vergleiche hierzu Aufgabe 3.4):

Nullwachstum
$$
S_0 = \frac{DIV}{r} = \frac{G(1-b)}{r} \, .
$$

zukünftige Dividende DIV_t

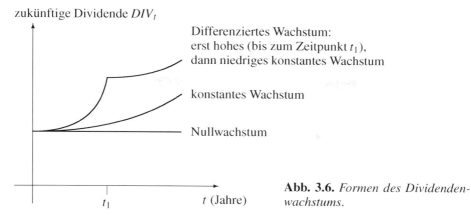

Differenziertes Wachstum:
erst hohes (bis zum Zeitpunkt t_1),
dann niedriges konstantes Wachstum

konstantes Wachstum

Nullwachstum

t_1 t (Jahre)

Abb. 3.6. *Formen des Dividendenwachstums.*

Konstantes Wachstum (mit der Rate g)

$$S_0 = \frac{DIV_0(1+g)}{r-g} = \frac{DIV_1}{r-g} = \frac{G_1(1-b)}{r-g} , \quad -1 \leq g < r . \qquad (3.4)$$

Differenziertes Wachstum (Rate g_1 bis zum Zeitpunkt t_1, danach Rate g_2)

$$S_0 = \sum_{t=1}^{t_1} \frac{DIV_0(1+g_1)^t}{(1+r)^t} + \frac{DIV_{t_1+1}}{r-g_2} \frac{1}{(1+r)^{t_1}} , \quad -1 \leq g_1, g_2 < r .$$

Die Bewertungsformel bei konstantem Wachstum der Dividende kann wie folgt hergeleitet werden:

$$S_0 = \sum_{t=1}^{\infty} \frac{DIV_t}{(1+r)^t} = \sum_{t=1}^{\infty} \frac{DIV_0 \cdot (1+g)^t}{(1+r)^t} = DIV_0 \cdot \frac{1+g}{1+r} \cdot \sum_{t=0}^{\infty} \left(\frac{1+g}{1+r} \right)^t .$$

Mit der Vereinbarung $x \equiv (1+g)/(1+r)$ gilt unter der Annahme $-1 \leq g < r$ mit Hilfe der Summenformel der geometrischen Reihe[19] die obige Bewertungsformel (3.4):

$$S_0 = \frac{DIV_1}{1+r} \cdot \left(1 - \frac{1+g}{1+r} \right)^{-1} = \frac{DIV_1}{r-g} = \frac{DIV_0(1+g)}{r-g} .$$

Profitable Arbitrage im Fall $g \geq r$

Es bleibt nun noch zu klären, wie hoch der Wert einer Aktie bei konstantem Dividendenwachstum im Fall $g \geq r$ ist. Dazu ist Tabelle 3.1 hilfreich, in der neben dem durch den Aktienkauf ausgelösten Zahlungsstrom auch die Zahlungsströme von T Kreditaufnahmen aufgeführt sind. Das Volumen von Kredit t ist dabei so bemessen, dass seine Rückzahlung (Zins- und Tilgungszahlungen) aus der Dividendenzahlung im Zeitpunkt t für $t = 1, 2, \ldots, T$ bestritten werden kann.

---

[19] Für $|x| < 1$ gilt: $\sum_{n=0}^{\infty} x^n = \frac{1}{1-x}$.

Tabelle 3.1. *Arbitragestrategie im Fall $g \geq r$.*

Zeitpunkte / Transaktionen	$t = 0$	$t = 1$	$t = 2$	$\cdots$	$t = T$	$\cdots$
Kauf der Aktie	$-S_0$	$DIV_0(1+g)$	$DIV_0(1+g)^2$		$DIV_0(1+g)^T$	$\cdots$
Kredit 1	DIV_0	$-DIV_0(1+r)$	–		–	
Kredit 2	DIV_0	–	$-DIV_0(1+r)^2$		–	
$\vdots$	$\vdots$				$\vdots$	
Kredit T	DIV_0	–	–		$-DIV_0(1+r)^T$	$\cdots$
Arbitrage-gewinn	$T \cdot DIV_0 - S_0$	$DIV_0[(1+g) -(1+r)] \geq 0$	$DIV_0[(1+g)^2 -(1+r)^2] \geq 0$	$\cdots$	$DIV_0[(1+g)^T -(1+r)^T] \geq 0$	$\cdots$

Für den Fall, dass die Wachstumsrate der Dividende mit dem Zinsniveau übereinstimmt, $r = g$, muss bereits der Aktienpreis unendlich hoch sein, damit profitable Arbitrage (durch den kreditfinanzierten Aktienkauf) ausgeschlossen werden kann.

3.4 Barwert des Residualgewinnstroms

Wir haben bisher Investitionen aus gutem Grunde nur durch Einzahlungsüberschüsse, die auf dem Begriffspaar Einzahlung/Auszahlung basieren, gekennzeichnet. Die Erfolgsrechnung eines Unternehmens basiert jedoch auf dem Periodenerfolg und damit auf dem Begriffspaar Ertrag/Aufwand. In letzterer Rechnung werden insbesondere die Anschaffungsausgaben einer Investition periodisiert, d. h. über den Nutzungszeitraum der Investition verteilt. Dies führt u. a. dazu, dass die Periodenerfolge im Zeitablauf weit weniger stark schwanken als der korrespondierende Cash Flow-Strom. Dennoch lässt sich auch auf der Basis von Erfolgsgrößen, nämlich den zukünftigen *Residualgewinnen* der zur Auswahl stehenden Investitionsmaßnahmen, ein kapitalwertmaximales Investitionsprogramm zusammenstellen. Der Residualgewinn einer Investition einer Periode errechnet sich aus dem buchmäßigen Periodengewinn, definiert als Einzahlungsüberschuss minus anteilige Abschreibungen der Periode vermindert um kalkulatorische Zinsen auf das zu Periodenbeginn jeweils noch gebundene Kapital (Restbuchwert). Mit den folgenden Vereinbarungen und unter der Prämisse, dass sich (buchmäßiger) Gewinnausweis der Periode t und Cash Flow zum Zeitpunkt t nur in Höhe der (bilanzierten) Abschreibungen unterscheiden, gilt dann die nachstehende Eigenschaft 3.4.

AFA_t $\equiv$ auf das Projekt entfallender Abschreibungsbetrag in der Periode[20]
$t = 1, \ldots, T$ $(-CF_0 = \sum_{t=1}^{T} AFA_t)$;

G_t $\equiv$ buchmäßiger Gewinn des Projektes in der Periode $t = 1, \ldots, T$
$(G_t \equiv CF_t - AFA_t)$;

K_t $\equiv$ durch das Projekt gebundenes Kapital (Restbuchwert) zum Zeitpunkt
$t = 0, \ldots, T - 1$ $(K_t = -CF_0 - \sum_{\tau=1}^{t} AFA_\tau)$;

r_t $\equiv$ Kalkulationszinssatz der Periode $t + 1, t = 0, \ldots, T - 1$;

RG_t $\equiv$ Residualgewinn des Projektes in der Periode $t = 1, \ldots, T$
$(RG_t \equiv G_t - K_{t-1} r_{t-1})$;

DF_t $\equiv$ $\prod_{\tau=0}^{t-1} (1 + r_\tau)^{-1}$ Diskontierungsfaktor mit $DF_0 \equiv 1$.

Eigenschaft 3.4. *Falls die Summe aller Abschreibungen der Anfangsauszahlung entspricht, ist der Barwert des Cash Flow-Stroms mit dem Barwert des Residualgewinnstroms eines Projektes identisch:*

$$CF_0 + \sum_{t=1}^{T} CF_t \cdot DF_t = \sum_{t=1}^{T} RG_t \cdot DF_t . \tag{3.5}$$

Den Beweis dieser Aussage findet man in Anhang 3B. Für den Fall einer flachen Zinsstrukturkurve wurde diese Aussage bereits von Preinreich (1937) und Lücke (1955) formuliert und wird daher als *Preinreich-Lücke-Theorem* bezeichnet.

Beispiel 3.7 (Kapitalisierung von Residualgewinnen). _____
Der Kalkulationszinssatz betrage $r_t = 10\%$ für $t = 0, 1, 2$ und eine Realinvestition sei folgendermaßen charakterisiert:

t		0	1	2	3
Cash Flow CF_t		−60	30	40	30
Abschreibungen AFA_t			20	20	20
Gewinn G_t			10	20	10
Kapitalbindung K_t		60	40	20	0
kalkulatorische Zinsen $K_{t-1} r_{t-1}$				6	4	2
Residualgewinn $RG_t = G_t - K_{t-1} r_{t-1}$			4	16	8

Der Barwert der Einzahlungsüberschüsse lautet:

$$PV = -60 + \frac{30}{1,1} + \frac{40}{1,1^2} + \frac{30}{1,1^3} = 22,87 .$$

Berechnet man nun den Barwert des Residualgewinnstroms, so erhält man mit

$$PV^{RG} = \frac{4}{1,1} + \frac{16}{1,1^2} + \frac{8}{1,1^3} = 22,87$$

exakt das gleiche Ergebnis wie bei der Kapitalisierung der Einzahlungsüberschüsse.

---

[20] Die Periode t beginnt im Zeitpunkt $t - 1$ und endet im Zeitpunkt t. Sie besteht also aus dem Zeitintervall $[t - 1, t]$.

Obwohl dieses Residualgewinnkonzept und sein Zusammenhang mit dem Kapitalwertkonzept seit Jahrzehnten bekannt ist, wird es immer wieder von Beratungsunternehmen neu erfunden. *Economic Value Added (EVA™)*, ein Name, den sich das New Yorker Beratungsunternehmen Sterns, Stewart & Company hat einfallen und sogar gesetzlich schützen lassen, ist beispielsweise nichts anderes als der oben definierte Residualgewinn eines Projektes bzw. eines Unternehmens.

3.5 Barwert und Steuern

Steuerzahlungen vermindern das Einkommen, das einem Kapitalanleger für Investitionen bzw. Konsumzwecke zur Verfügung steht. Dennoch können Investitionen auch bei Berücksichtigung der Einkommens- bzw. der Unternehmensbesteuerung mittels der Kapitalwertregel beurteilt werden. Die *präzise* Berücksichtigung von Steueraspekten im Investitionskalkül gestaltet sich in der Praxis jedoch recht aufwendig. Zur praktikablen Beurteilung der Vorteilhaftigkeit eines Investitionsprojekts unter Berücksichtigung von Steuern bietet sich das folgende Vorgehen an:

Zurechenbare Steuerzahlungen

Dies erfordert die Bestimmung der Einkommens- bzw. Erfolgsbeiträge des Investitionsprojektes für jede Periode vom Betrachtungs- bis zum Liquidationszeitpunkt und damit u. a. eine Annahme über den zeitlichen Abschreibungsverlauf. Der Cash Flow nach Abzug von dem Projekt zurechenbaren Steuerzahlungen $\{ST\}$, der sogenannte Netto-Cash Flow $\{CF^s\}$, errechnet sich dann wie folgt:

$$CF_t^s = CF_t - ST_t , \quad t = 0,1,2,\ldots,T .$$

Der Cash Flow bzw. der korrespondierende Netto-Cash Flow kann sich dabei sowohl auf ein *reines* Investitionsprojekt (d. h. ohne Berücksichtigung von Finanzierungsmaßnahmen) als auch auf ein *teilfinanziertes* Investitionsprojekt beziehen.

Korrektur des Kalkulationszinssatzes

Bekanntlich repräsentiert der Kalkulationszinssatz bei der Kapitalwertregel die Opportunitätskosten der Kapitalbindung, d. h. die Rendite alternativer Anlagemöglichkeiten des Investors. Im Steuerfall wird aber auch die Rendite alternativer Anlagemöglichkeiten des Investors durch die Steuerbelastung geschmälert. Der Kalkulationszinssatz ist daher konsequenterweise um den *relevanten Einkommensteuersatz* zu reduzieren:[21]

---

[21] Dies ist eine Faustregel. Eine modellgestützte Rechtfertigung nebst genauer Anwendungsbedingungen liefert z. B. Trautmann (1976).

Regel 3.2 (Korrektur des Kalkulationszinssatzes). *Beträgt der relevante Ertragsteuersatz des Investors s und bezeichnet k = r den Kalkulationszinssatz vor Steuern, so ist der Kalkulationszinssatz im Steuerfall um den Steuersatz zu kürzen: k = r · (1 − s).*

Variiert nun der Kalkulationszinssatz vor Steuern und/oder die prozentuale Steuerlast im Zeitablauf, dann gilt für die Periode $t + 1$ der Kalkulationszinssatz $k_t = r_t \cdot (1 - s_t)$. Im Steuerfall sind daher die Diskontierungsfaktoren gemäß der folgenden, allgemeinen Formel festzulegen:

$$DF_t^s = \prod_{\tau=0}^{t-1} (1 + r_\tau(1 - s_\tau))^{-1} \ .$$

Das nachfolgende Beispiel verdeutlicht dies für die Fälle einer selbstfinanzierten und einer teilweise fremdfinanzierten Investition.[22]

Beispiel 3.8 (Barwertberechnung bei Steuern). _____
Ein Investor hat die Möglichkeit, folgendes Investitionsprojekt durchzuführen.

t	0	1	2	3	4	5	$PV(k = 10\%)$
CF_t	−100 000	30 000	40 000	30 000	20 000	20 000	8 949

Bei Vernachlässigung der Steuerbelastung ergibt sich auf Basis des Kalkulationszinssatzes $k = 10\%$ für das Projekt ein Barwert von 8 949.
Der Investor möchte nun aber die Steuerbelastung bei seiner Entscheidung mitberücksichtigen und geht dabei von folgenden Annahmen aus:

- Prozentuale Steuerbelastung: $s = 50\%$, wobei der Ausgleich von potentiellen Periodenverlusten mit Periodengewinnen anderer Projekte des Unternehmens möglich sei (Verlustausgleich zwischen Projekten).
- Lineare Abschreibung des Investitionsprojektes über die 5-jährige Nutzungsdauer. Der Abschreibungsbetrag für das Jahr t wird mit AFA_t bezeichnet[23] und beläuft sich auf $AFA_t = 100\,000/5 = 20\,000$ für $t = 1,2,\ldots,5$. Der Erfolgsbeitrag des Investitionsprojektes im Jahr t ergibt sich (vereinfachend) aus dem Cash Flow CF_t im Zeitpunkt t abzüglich des Abschreibungsvolumens AFA_t im Jahr t für $t = 1,2,\ldots,5$.
- Die Opportunitätskosten der eingesetzten Eigenmittel vor Steuern betragen 10 % p. a.
- Bis zu 30 % der Investition können durch einen günstigen Lieferantenkredit (zu 4 % p. a.) finanziert werden.

(a) *Barwert des reinen Investitionsprojektes im Steuerfall*
Aufgrund dieser Voraussetzungen kann nun der Barwert nach Steuern folgendermaßen ermittelt werden. Vom Zahlungsstrom der Investition $\{CF_t\}$ (ab dem Zeitpunkt $t = 1$) wird der Strom der Abschreibungsbeträge $\{AFA_t\}$ subtrahiert, um die Bemessungsgrundlage für die Einkommensteuer zu erhalten.

---

[22] Ausführlichere Darstellungen und weitere Beispiele zur Berücksichtigung von Steuern im Investitionskalkül findet man bei Schneider (1992) und Kruschwitz (2005).

[23] Dieses Akronym steht für den steuerrechtlichen Begriff *Absetzung für Abnutzung*.

Der resultierende Strom der Steuerzahlungen $\{ST_t\}$ wird vom Strom $\{CF_t\}$ abgezogen und man erhält den Netto-Cash Flow $\{CF_t^s\}$ der Investition:

t	CF_t	AFA_t	ST_t	CF_t^s	DF_t^s	Barwert
0	−100 000		0	−100 000	1,0000	−100 000
1	30 000	20 000	−5 000	25 000	0,9524	23 810
2	40 000	20 000	−10 000	30 000	0,9070	27 210
3	30 000	20 000	−5 000	25 000	0,8638	21 595
4	20 000	20 000	0	20 000	0,8227	16 454
5	20 000	20 000	0	20 000	0,7835	15 670
		Barwert nach Steuern:				4 739

Der Barwert ist auch nach Steuern positiv, die Durchführung des Investitionsprojekts ist folglich empfehlenswert.

(b) *Barwert des mittels Lieferantenkredit teilfinanzierten Projektes im Steuerfall*
Zusätzlich zur Vorgehensweise im Fall (a) gilt:
*   Bei der Ermittlung der Bemessungsgrundlage der Einkommensteuer werden vom Zahlungsstrom der Einnahmen und Ausgaben des Projektes neben der $\{AFA_t\}$ auch die Fremdkapitalzinsen $\{Z_t\}$ abgezogen.
*   Der durch den Lieferantenkredit induzierte Cash Flow $\{LK_t\}$ ergibt sich aus dem Kreditbetrag in $t = 0$ und dem Schuldendienst in $t = 1,\ldots,5$. Letzterer besteht aus der konstanten Tilgungsrate und den Zinszahlungen $\{Z_t\}$.
*   Der Netto-Cash Flow ist dann wie folgt definiert:

$$CF_t^s = CF_t - LK_t - ST_t, \quad t = 0, 1, 2, \ldots, T.$$

Ergebnis:

t	CF_t	AFA_t	Z_t	LK_t	ST_t	CF_t^s	DF_t^s	Barwert
0	−100 000			30 000	0	−70 000	1,0000	−70 000
1	30 000	20 000	1 200	−7 200	−4 400	18 400	0,9524	17 524
2	40 000	20 000	960	−6 960	−9 520	23 520	0,9070	21 333
3	30 000	20 000	720	−6 720	−4 640	18 640	0,8638	16 101
4	20 000	20 000	480	−6 480	+240	13 760	0,8227	11 320
5	20 000	20 000	240	−6 240	+120	13 880	0,7835	10 875
		Barwert nach Steuern:						7 153

Durch die Abzugsfähigkeit der Fremdkapitalzinsen bei der Bemessungsgrundlage für die Einkommensteuer ergibt sich eine geringere Steuerbelastung der Investition. Daraus resultiert ein höherer Barwert nach Steuern. Die Finanzierung des Investitionsprojekts mit Fremdkapital wird in diesem Fall auf Basis der Kapitalwertregel günstiger beurteilt.

3.6 Nutzungsdauerentscheidungen

Bei Investitionsentscheidungen existieren neben der Beurteilung von Einzelinvestitionen und dem Auswahlproblem auch Fragestellungen, die die Nutzungsdauer des Investitionsprojektes betreffen. Produkte unterliegen im allgemeinen einem Lebenszyklus. In der Reifephase gibt es zwar noch *positive Deckungsbeiträge*; sie sind jedoch bereits kleiner als die Auszahlungen der Periode. Frage: *Wann soll man desinvestieren?* Oft werden bestimmte Produkte viele Jahre produziert und abgesetzt. Frage: *Wann soll die bisherige Produktionsanlage durch eine neue, gleichartige Anlage ersetzt werden?* Bei langlebigen Produkten können die vorhandenen Anlagen wiederholt ersetzt werden. Frage: *Welches ist die optimale Nutzungsdauer jedes Gliedes einer vielgliedrigen Investitionskette?*
Zur Beantwortung dieser Fragen werden im Folgenden Regeln angegeben, deren Befolgung garantiert, dass der Barwert des Zahlungsstroms, der aus der gesamten Investitionskette resultiert, maximal wird. Dazu betrachten wir den Barwert nicht in Abhängigkeit des Zinssatzes, sondern (nur) in Abhängigkeit der Nutzungsdauer n.

Annahme 3.1 (Streng konkave Barwertfunktion). *Die mit $PVD(n)$ bezeichnete Barwertfunktion in Abhängigkeit der Nutzungsdauer n sei streng konkav.*

Mit den zusätzlichen Vereinbarungen z_t für den Einzahlungsüberschuss aus Produktion und Absatz in der Periode t sowie L_t für den bei der Liquidation der Anlage im Zeitpunkt t erzielbaren Cash Flow ($CF_t = z_t + L_t$ für $t > 0$) formulieren wir nun Regeln für Nutzungsdauerentscheidungen. Hierbei setzen wir voraus, dass Investitionen bzw. Desinvestitionen jeweils nur am Ende bzw. Beginn jeder Periode vorgenommen werden können und unterstellen dabei drei idealtypische Entscheidungssituationen: (1) keine Reinvestition, (2) einmalige, identische Reinvestition und (3) unendlich häufige, identische Reinvestitionen.

Keine Reinvestition

Die Nutzungsdauer n^* ist optimal, falls der von der Nutzungsdauer abhängige Barwert

$$PVD(n^*) = \sum_{t=1}^{n^*} \frac{z_t}{(1+r)^t} + \frac{L_{n^*}}{(1+r)^{n^*}} - AA$$

maximal ist. Hierbei bezeichnet AA (für Anfängliche Auszahlung) das Investitionsvolumen zum Zeitpunkt $t = 0$.
Die optimale Nutzungsdauer bestimmt sich auf Basis der folgenden Entscheidungsregel (zum Beweis vergleiche Aufgabe 3.12):

Regel 3.3 (Nutzungsdauer). *Unter der Annahme 3.1 ist es optimal, die Investition bis n^* zu nutzen, falls $X_t \geq 0$ für $t = 1, \dots, n^*$ und $X_{n^*+1} < 0$ erfüllt sind, wobei die Hilfsgröße X_t wie folgt definiert ist: $X_t \equiv z_t - (L_{t-1} - L_t) - r \cdot L_{t-1}$.*

Die Hilfsgröße X_t stellt die Differenz aus dem Einzahlungsüberschuss z_t aus Produktion und Absatz und den Opportunitätskosten in der Periode t dar. Hierbei setzen sich die Opportunitätskosten der Periode t aus der Abnahme des Liquidationserlöses $L_{t-1} - L_t$ und den entgangenen Zinsen $r \cdot L_{t-1}$ bei Verzicht auf Liquidation im Zeitpunkt $t-1$ zusammen. Regel 3.3 besagt nun, dass man die Investition nutzen soll, solange der Einzahlungsüberschuss mindestens so hoch wie die Opportunitätskosten ist. Die Investition soll abgestoßen werden, bevor die Opportunitätskosten die Einzahlungsüberschüsse übersteigen.

Beispiel 3.9 (Bestimmung der optimalen Nutzungsdauer). _____
Eine Maschineninvestition sei durch die folgende Entwicklung der Einzahlungsüberschüsse aus Produktion und Absatz sowie des jeweiligen Liquidationserlöses gekennzeichnet:

t in Jahren	0	1	2	3	4	5
z_t	—	2 000	2 000	1 500	1 000	500
L_t	4 000	3 000	2 750	1 860	1 100	500

Der Kalkulationszinssatz betrage $r = 10\%$ p. a. Es soll die optimale Nutzungsdauer der Maschine bestimmt werden.
Lösung 1: Die optimale Nutzungsdauer wird bestimmt, indem man diejenige Nutzungsdauer n^* sucht, für die der Barwert $PVD(n^*)$ maximal wird:

$$PVD(1) = \frac{2\,000 + 3\,000}{1{,}1} - 4\,000 = 545{,}45 \,;$$

$$PVD(2) = \frac{2\,000}{1{,}1} + \frac{2\,000 + 2\,750}{1{,}1^2} - 4\,000 = 1\,743{,}80 \,;$$

$$PVD(3) = 1\,995{,}49 \,; \quad PVD(4) = 2\,032{,}37 \,; \quad PVD(5) = 1\,901{,}98 \,.$$

Die optimale Nutzungsdauer der Maschine beträgt somit $n^* = 4$ Perioden.
Lösung 2: Die optimale Nutzungsdauer wird nun mit Hilfe der Regel 3.3 bestimmt: Die Hilfsgröße X_t wechselt beim Übergang von der 4. auf die 5. Periode das Vorzeichen; die optimale Nutzungsdauer dieser Maschine beträgt damit $n^* = 4$ Perioden:

t	z_t	$L_{t-1} - L_t$	$r \cdot L_{t-1}$	X_t
1	2 000	1 000	400	600
2	2 000	250	300	1 450
3	1 500	890	275	335
4	1 000	760	186	54
5	500	600	110	−210

Einmalige, identische Reinvestition

Der Ersatzzeitpunkt einer Anlage, die genau einmal durch eine identische Anlage ersetzt werden soll, kann mittels folgendem zweistufigen Vorgehen bestimmt werden: (1) Ermittlung der optimalen Nutzungsdauer n_2^* der *zweiten* Investition und (2) Ermittlung des optimalen Ersatzzeitpunktes n_1^* der *ersten* Investition. Die optimale Nutzungsdauer des zweiten Aggregats ist nicht von der Nutzungsdauer der ersten Anlage abhängig, sondern ist nur nach der Regel 3.3 zu bestimmen. Der Barwert der gesamten (zweigliedrigen) Investitionskette in Abhängigkeit der Nutzungsdauer der ersten Investition lautet folgendermaßen:

$$PVD^G(n_1) = \sum_{t=1}^{n_1} \frac{z_t}{(1+r)^t} + \frac{L_{n_1}}{(1+r)^{n_1}} - AA + \frac{PVD_{n_1}^2}{(1+r)^{n_1}}$$

$$= PVD^1(n_1) + \frac{PVD_{n_1}^2}{(1+r)^{n_1}} .$$

Hierbei bezeichnet $PVD^1(n_1)$ den Barwert der ersten Investition (bezogen auf den Zeitpunkt $t = 0$) und $PVD_{n_1}^2$ den *maximalen* Kapitalwert der zweiten Investition (bezogen auf den Zeitpunkt $t = n_1$). Die optimalen Nutzungsdauern der beiden Investitionen bestimmen sich auf Basis der folgenden Entscheidungsregel (zum Beweis vergleiche Aufgabe 3.12).

Regel 3.4 (Ersatzzeitpunkt). *Unter der Annahme 3.1 ist folgendes Vorgehen optimal: Bestimme die Nutzungsdauer der zweiten Investition n_2^* gemäß Regel 3.3. Ersetze die erste Investition in n_1^*, falls $Y_t \geq 0$ für $t = 1, \ldots, n_1^*$ und $Y_{n_1^*+1} < 0$, wobei für die Hilfsgröße $Y_t \equiv z_t - (L_{t-1} - L_t) - r \cdot L_{t-1} - rPVD_{t-1}^2$ gilt.*

Auch hier stellt die Hilfsgröße Y_t die Differenz aus dem Einzahlungsüberschuss z_t aus Produktion und Absatz und den Opportunitätskosten in der Periode t dar. Jedoch setzen sich die Opportunitätskosten der Periode t nicht nur aus der Abnahme des Liquidationserlöses $L_{t-1} - L_t$ und den entgangenen Zinsen $r \cdot L_{t-1}$ bei Verzicht auf Liquidation im Zeitpunkt $t - 1$, sondern zusätzlich auch aus den entgangenen „Zinsen" $r \cdot PVD_{t-1}^2$ bei Verzicht auf Reinvestition im Zeitpunkt $t - 1$ zusammen. Die obige Regel 3.4 besagt nun wieder, dass man die Investition nutzen soll, solange der Einzahlungsüberschuss mindestens so hoch wie die Opportunitätskosten ist. Die Investition soll abgestoßen werden, bevor die Opportunitätskosten die Einzahlungsüberschüsse übersteigen. Dabei gilt stets $n_1^* \leq n_2^*$.

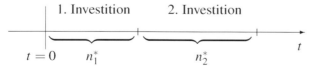

Beispiel 3.10 (Einmaliger Ersatz durch eine identische Anlage). ⎯⎯⎯⎯⎯

Ein Unternehmen hat die Absicht, eine Maschine zu kaufen, die in den nächsten fünf Jahren folgende Einnahmen bzw. Ausgaben (in Tsd. €) verursacht:

t in Jahren	0	1	2	3	4	5
z_t	-10	8	4	3	2	1
L_t		9	7	5	3	1

Das Unternehmen kann davon ausgehen, dass bei einer Reinvestition der Maschine innerhalb der nächsten 5 Jahre obige Zahlungsreihe nochmals realisiert wird. Wann soll die erste Maschine verkauft, und wie lange die zweite genutzt werden, wenn der Kalkulationszinssatz mit $r = 10\%$ p. a. angegeben wird?

Lösungsschritt 1: Bestimmung des optimalen Ersatzzeitpunktes n_2^* der 2. Anlage nach der Entscheidungsregel 3.3. Der Ersatz der Maschine am Ende der 3. Periode ist optimal, denn:

t	z_t	$L_{t-1} - L_t$	$r \cdot L_{t-1}$	X_t	$PVD^2(t)$
1	8	1	1	6	5,45
2	4	2	0,9	1,1	6,36
3	3	2	0,7	0,3	6,59
4	2	2	0,5	$-0,5$	6,25
5	1	2	0,3	$-1,3$	5,44

Lösungsschritt 2: Aus Schritt 1 folgt $n_2^* = 3$ und $PVD_{t-1}^2 = 6,59$. Da die Hilfsgröße Y_t beim Übergang von der 2. auf die 3. Periode das Vorzeichen wechselt, ist der optimale Ersatzzeitpunkt für die erste Anlage am Ende der Periode $n_1^* = 2$:

t	z_t	$L_{t-1} - L_t$	$r \cdot L_{t-1}$	$r \cdot PVD_{t-1}^2$	Y_t
1	8	1	1	0,659	5,341
2	4	2	0,9	0,659	0,441
3	3	2	0,7	0,659	$-0,359$
4	2	2	0,5	0,659	$-1,159$
5	1	2	0,3	0,659	$-1,959$

Probe: Beachtet man, dass $PVD^G(n_1) = PVD^1(n_1) + PVD_{n_1}^2 \cdot (1 + r)^{-n_1}$ gilt, so erhält man für die Barwerte der gesamten Investitionskette in Abhängigkeit der Nutzungsdauer: $PVD^G(1) = 5,45 + \frac{6.59}{1.1} = 11,44$; $PVD^G(2) = 11,81$; $PVD^G(3) = 11,54$; $PVD^G(4) = 10,75$ und $PVD^G(5) = 9,53$.

⎯⎯⎯⎯⎯⎯⎯⎯⎯⎯⎯⎯⎯⎯⎯⎯⎯⎯⎯⎯⎯⎯⎯⎯⎯⎯⎯⎯⎯⎯⎯⎯⎯⎯⎯⎯⎯⎯⎯

Unendlich häufige, identische Reinvestitionen

Bei einer unendlichen Kette identischer Investitionsobjekte hat jedes Glied gleich viele Nachfolgeinvestitionen. Daher muss immer $n_1^* = n_2^* = n_3^* = \ldots = n_\infty^* = n^*$ gelten. Der Barwert der gesamten Investitionskette in Abhängigkeit dieser Nutzungsdauer ist wie folgt darstellbar:

$$PVD^G(n) = \left(\sum_{t=0}^{n} \frac{z_t}{(1+r)^t} + \frac{L_n}{(1+r)^n} - AA \right) \cdot \left(1 + \frac{1}{(1+r)^n} + \frac{1}{(1+r)^{2n}} + \ldots \right)$$

$$= \left(\sum_{t=0}^{n} \frac{z_t}{(1+r)^t} + \frac{L_n}{(1+r)^n} - AA \right) \cdot \frac{1}{1-(1+r)^{-n}} .$$

Die optimale Nutzungsdauer n^* bestimmt sich auf Basis der folgenden Entscheidungsregel (zum Beweis vergleiche Aufgabe 3.12).

Regel 3.5 (Ersatzzeitpunkte). *Unter der Annahme 3.1 ist folgendes Vorgehen optimal: Ersetze die unendlich vielen identischen Investitionsobjekte jeweils nach n^* Perioden, falls $Z_t \geq 0$ für $t = 1, \ldots, n^*$ und $Z_{n^*+1} < 0$, wobei die Hilfsgröße durch $Z_t \equiv z_t - (L_{t-1} - L_t) - r \cdot L_{t-1} - K(t-1) \cdot AF(r, t-1)$ mit $K(t) \equiv \sum_{\tau=0}^{t} z_t q^{-\tau} + L_t q^{-t} - AA$, $AF(r,t) \equiv (q^t \cdot r)/(q^t - 1)$ und $q = 1 + r$ definiert ist.*

3.7 Bemerkungen

Unterstellt man sichere Erwartungen und einen vollkommenen Finanzmarkt, so lässt sich die Kapitalwertregel mit der in Kapitel 2 vorgestellten Fisher-Separation begründen. Der Kapitalwert bzw. Barwert einer Investition entspricht dann dem gegenwärtigen Vermögenszuwachs aufgrund der Investitionsdurchführung. Bei einem unvollkommenen Finanzmarkt lässt sich eine verallgemeinerte Version der Kapitalwertregel mit Hilfe von Dualitätsaussagen eines geeignet formulierten Planungs- und Optimierungsmodells begründen (siehe Hax, 1985). Kalkulationszinssätze sind dabei modellendogene Größen, deren Existenz die Kenntnis einer geeigneten Konsumnutzenfunktion, die beliebige Teilbarkeit aller Investitionen sowie das Fehlen fixer Transaktionskosten voraussetzt. Da diese Zinssätze im Normalfall bei unvollständigen Finanzmärkten erst bei Kenntnis des optimalen Investitionsprogramms bekannt sind (und damit eigentlich nicht mehr gebraucht werden), bedeutet dies zudem, dass diese sukzessiv aus den Zahlungsströmen von Investitionen erschlossen werden müssen. Die Delegation von (Investitions-)Entscheidungen und ihre Koordination im Unternehmen mittels der verallgemeinerten Kapitalwertregel erfordert dann einen mehrfachen Informationsaustausch zwischen Unternehmensleitung („Financier" und Koordinator) und untergeordneten Geschäftsbereichen („Investoren"): Der Koordinator gibt solange vorläufige Kalkulationszinssätze vor, bis die daraus resultierenden Finanzmittelanforderungen der Investoren die Liquiditätsbedingungen des Gesamtunternehmens erfüllen (siehe Trautmann, 1981). Sind die oben genannten Voraussetzungen für die Existenz von Kalkulationszinssätzen nicht gegeben, so versagt auch die verallgemeinerte Kapitalwertregel. Allerdings ist es dann immer noch möglich, auf deren Basis approximativ optimale Investitionsprogramme zusammenzustellen und den maximalen Nutzenentgang abzuschätzen (siehe Hellwig, 1976, 1997).

Aufgaben

3.1. Erläutern Sie anhand einer Kupon-Anleihe die Begriffe Kassazinssatz, Terminzinssatz und Verfallrendite!

3.2. Zero-Bonds mit 2-jähriger Laufzeit und 100%-iger Rückzahlung werden an der Börse derzeit zum Kurs 82,46 gehandelt. Festverzinsliche Wertpapiere mit 1-jähriger Laufzeit weisen gleichzeitig eine Rendite von 9% auf.
Ermitteln Sie den Zinssatz für das 2. Jahr („Forward Rate")!

3.3. An der Börse werden die folgenden Kuponanleihen mit jährlicher Zinszahlung und Rückzahlung zum Nennwert von 100 gehandelt:

Laufzeit	Kupon	Kurs
1 Jahr	8%	98,18
2 Jahre	8,5%	100,75
3 Jahre	8,75%	104,23

(a) Berechnen Sie aus den vorliegenden Daten die Kassazinssätze! Liegt eine normale oder inverse Zinsstruktur vor? Berechnen Sie die impliziten Terminzinssätze!

(b) Zeigen Sie: Ein Zero-Bond mit der Ausstattung

Laufzeit	Kurs	Rückzahlung
2 Jahre	100,75	117,69

weist zwar den gleichen Internen Zinssatz auf wie die Kuponanleihe mit derselben Laufzeit, lässt aber Arbitrage zu. Welche Anleihe würden die Anleger kaufen, welche verkaufen?

3.4. Gegeben seien drei Aktiengesellschaften A, B und C, deren zukünftige Dividendenzahlungen folgende Gestalt aufweisen:

A: konstante Dividenden (Nullwachstum);

B: mit der Rate g ($-1 \leq g < r$) wachsende Dividenden (konstantes Wachstum);

C: zunächst mit der Rate g_1 ($-1 \leq g_1 < r$) bis zum Zeitpunkt t_1 und anschließend mit Rate g_2 ($-1 \leq g_2 < r$) anwachsende Dividenden (differenziertes Wachstum).

Berechnen Sie auf der Grundlage der Kapitalwertregel den Kurs der Aktien dieser Gesellschaften, wenn Sie eine flache Zinsstrukturkurve auf einem Niveau von r sowie auf Dauer ausgelegte Unternehmen unterstellen!

3.5. Eine Aktiengesellschaft schütte derzeit eine Bardividende von € 10,– aus. Der Vorstand der Gesellschaft prognostiziere ein konstantes Dividendenwachstum von 2,5%. Der Zinssatz am Finanzmarkt betrage 8%.

(a) Wie hoch ist der aktuelle Preis der Aktie, wenn bezüglich des Dividendenwachstums Sicherheit unterstellt wird?

(b) Welche Kursveränderung ergibt sich in einem Jahr?

3.6. Eine Aktiengesellschaft schütte derzeit eine Bardividende von € 10,– aus. Für die nächsten 5 Jahre prognostiziere der Vorstand der Gesellschaft ein Dividendenwachstum von 7% und danach ein konstantes Wachstum von 5%. Der Zinssatz am Finanzmarkt betrage 8%.

      (a)   Wie hoch ist der aktuelle Preis der Aktie?

      (b)   Welche Kursveränderung ergibt sich in einem Jahr?

3.7.   Eine Unternehmensberatung wird mit der Aktienanalyse der Firma Egal beauf-tragt. Für ihre Untersuchung verwendet die Unternehmensberatung das Dividen-dendiskontierungsmodell mit *konstantem* Dividendenwachstum und benutzt für das Marktsegment, in dem sich die Firma Egal betätigt, eine risikoangepasste (konstante) Zinsrate von $r = 7\,\%$.

    Unter diesen Annahmen stellt sich heraus, dass die Aktie der Firma Egal bei einer momentanen Dividende von $DIV_0 = 4\,€$ mit einem Kurs von $S_0 = 103\,€$ korrekt bewertet ist.

    Welche Kursveränderungen wird die Unternehmensberatung auf Basis dieser Daten für das folgende Jahr prognostizieren?

3.8.   Ein Investitionsprojekt besitze die nachstehende Zahlungsreihe.

t	0	1	2	3	4
CF_t [Tsd. €]	$-1\,000$	100	100	1 000	440

    In $t = 0$ stehen eigene Mittel in Höhe von 200 Tsd. € und eine Kreditlinie über 800 Tsd. € zur Verfügung. Der Kreditzinssatz betrage 20 % p. a., und die Til-gung erfolge je zur Hälfte zu den Zeitpunkten $t = 3$ und $t = 4$. Das betrachtete Investitionsprojekt kann auf zwei Perioden abgeschrieben werden.

    Ein Verlustausgleich von potentiellen Periodenverlusten mit Periodengewinnen anderer Projekte des Unternehmens sei möglich.

      (a)   Überprüfen Sie mit Hilfe der Kapitalwertregel, ob das Investitionsprojekt bei einem Kalkulationszinssatz von 10 % p. a. durchgeführt werden soll.

      (b)   Ändert sich die Entscheidung aus Teilaufgabe (a), wenn Ertragsteuern (Steuersatz $s = 45\,\%$) berücksichtigt werden?

3.9.   Ein Investor habe die Möglichkeit, eine Investition mit der nachstehenden Zah-lungsreihe (in €) durchzuführen.

Zeitpunkt t	0	1	2	3	4
Einzahlungsüberschuss	$-100\,000$	30 000	30 000	40 000	40 000

    Der Kalkulationszinssatz des Investors betrage 10 % vor Steuern, wobei Erträge mit einem Steuersatz von 45 % zu berücksichtigen sind. Die Investition kann linear über den Nutzungszeitraum von 4 Perioden abgeschrieben werden.

    Dem Investor stehen folgende Finanzierungsalternativen zur Verfügung:

      (a)   vollständige Finanzierung aus eigenen Mitteln;

      (b)   teilweise Fremdfinanzierung durch einen Kredit in Höhe von € 20 000,–, der in den Zeitpunkten 3 und 4 jeweils zur Hälfte zu tilgen ist. Der Kredit-zinssatz betrage 20 % pro Periode.

    Für welche Investitionsalternative entscheidet sich der Investor aufgrund der Ka-pitalwertregel?

3.10. Der BWL-Student Kleverle möchte seine monatlichen Einkünfte aufbessern. Aus diesem Grund entschließt er sich, zum 1. März selbständiger Mitarbeiter bei der Firma City-Express zu werden. Als Anfangsausstattung benötigt er lediglich ein belastbares Fahrrad. Die zu erwartenden Ein- und Auszahlungen setzt er wie folgt (in €) an:

t	Februar	März	April	Mai	Juni
Einzahlungen	—	350	350	710	50
Auszahlungen	1 250	—	50	560	—
Liquidationserlös	—	1 000	800	650	550

(a) Wie lange wird der Student sein Fahrrad nutzen, wenn er liquide Mittel am Finanzmarkt zu 0,6 % p. M. anlegen kann?

(b) Welches ist der optimale Ersatzzeitpunkt bei einmaliger identischer Reinvestition?

3.11. Ein Unternehmen plant die Anschaffung einer Anlage zum Preis von 2 000 GE. Die Zahlungsströme lauten wie folgt (in GE):

t	1	2	3	4
Periodenüberschuss	1 400	1 100	700	420
Restwert	1 400	900	400	0

Der Kalkulationszinssatz sei 10 % pro Periode.

(a) Wie hoch ist die optimale Nutzungsdauer dieses Investitionsobjekts?

(b) In welcher Periode wird die erste Anlage optimal ersetzt, wenn die Unternehmung die Anlage durch eine weitere identische Anlage ersetzen möchte?

(c) Eine andere, in der Unternehmung bereits vorhandene Anlage, deren Zahlungsströme (in GE) nachstehend angegeben sind, kann höchstens noch vier weitere Jahre genutzt werden:

t	0	1	2	3	4
Periodenüberschuss	—	1 200	900	800	300
Restwert	1 800	1 200	700	300	0

Nach wie vielen Jahren sollte die alte Anlage ersetzt werden, wenn die funktionsgleiche Ersatzanlage eine Annuität von 250 GE aufweist?

3.12. Beweisen Sie die Regeln 3.3 -3.5!

Anhang

3A Wertdarstellungen für Anleihevarianten

Neben der klassischen Kuponanleihe — mit den in Deutschland üblichen jährlichen Kuponzahlungen — gibt es Anleihen, die überhaupt nicht getilgt werden, wie z. B. die englischen *Consol Bonds*. Weiter gibt es Anleihen, bei denen die Tilgung bereits mit der ersten Zinszahlung beginnt, und der aus Zinsen und Tilgungszahlung bestehende jährliche Schuldendienst im Zeitablauf konstant ist und damit eine sogenannte *Annuität* bildet, wie bei der in den 90er Jahren von der BMW AG emittierten *Annuitätenanleihe*.

Der Barwert einer Annuitätenanleihe, im Folgenden mit $B^{AN}(T)$ bezeichnet, berechnet sich wie eine Rente, die in den Zeitpunkten $t = 1, \dots, T$ die konstante Zahlung AN verspricht. Mit Hilfe der geometrischen Summenformel erhält man dann bei einer flachen Zinsstrukturkurve

$$B_0^{AN}(T) = \sum_{t=1}^{T} \frac{AN}{(1+r)^t} = AN \cdot \sum_{t=1}^{T} \frac{1}{(1+r)^t} = AN \cdot \frac{(1+r)^T - 1}{(1+r)^T \cdot r} = AN \cdot RBF(r,T) \ .$$

Hierbei bezeichnet

$$RBF(r,T) \equiv \frac{(1+r)^T - 1}{(1+r)^T \cdot r}$$

den *Rentenbarwertfaktor*. Sein Kehrwert

$$AF(r,T) \equiv \frac{(1+r)^T \cdot r}{(1+r)^T - 1}$$

wird *Annuitätenfaktor* genannt.

Ist nun aus Sicht des Bewertungszeitpunkts $t = 0$ der Zeitabstand bis zur ersten Zins- und Tilgungszahlung t_1 kleiner als ein Jahr und erfolgt der Schuldendienst im Jahresabstand zu den Zeitpunkten $t_1, t_2, \dots, t_n = T$, dann ist die obige Wertdarstellung wie folgt zu modifizieren:

$$B_0^{AN}(T) = B_{t_1-1}^{AN}(T) \cdot (1+r)^{0-(t_1-1)} = AN \cdot \frac{(1+r)^n - 1}{(1+r)^n \cdot r} \cdot (1+r)^{1-t_1} \ .$$

Da sich der Rückzahlungsstrom eines Consol-Bonds von dem einer Annuitätenanleihe nur dadurch unterscheidet, dass ersterer auf dem Niveau $AN = c$ unendlich lange fließt, gilt für den mit $B_0^c(\infty)$ bezeichneten Barwert des Consol-Bonds, falls die erste Rückzahlung in t_1 erfolgt

$$B_0^c(\infty) = \frac{c}{r} \cdot (1+r)^{1-t_1}$$

wegen

$$\lim_{n \to \infty} RBF(r,n) = \lim_{n \to \infty} \frac{(1+r)^n - 1}{(1+r)^n \cdot r} = \lim_{n \to \infty} \left(\frac{1}{r} - \frac{1}{(1+r)^n \cdot r} \right) = \frac{1}{r} \ .$$

3B Beweis der Eigenschaft 3.4

Die Beziehung (3.5) ist genau dann gültig, falls die auf den Zeitpunkt $t = 0$ diskontierten Abschreibungen und kalkulatorischen Zinsen der Periode t, a_t, kumuliert über alle Perioden, den Anschaffungsausgaben entsprechen:[1]

$$\sum_{t=1}^{T} a_t \equiv \sum_{t=1}^{T} \left(AFA_t + \left(-CF_0 - \sum_{\tau=1}^{t-1} AFA_\tau \right) r_{t-1} \right) DF_t = -CF_0 . \quad (3B.1)$$

Entspräche nun der (kumulierte) Barwert b_t der Abschreibungen und kalkulatorischen Zinsen in den Perioden $s = t, t+1, \ldots, T$ dem Barwert des Restbuchwerts im Zeitpunkt $t - 1$, d. h. zu Beginn der Periode t,

$$b_t \equiv \sum_{s=t}^{T} a_s = \left(\sum_{s=t}^{T} AFA_s \right) DF_{t-1} \quad \text{für} \quad t = 1, \ldots, T , \quad (3B.2)$$

dann wäre Aussage (3B.1) bewiesen. Denn für $t = 1$ entspricht die rechte Seite von (3B.2) voraussetzungsgemäß den Anschaffungsausgaben $-CF_0$. Der Beweis der Behauptung (3B.2) erfolgt in Anlehnung an Trautmann (1984) durch vollständige Induktion:

1. Die Behauptung ist richtig für $t = T$, da

$$b_T = a_T = \left(AFA_T + \left(-CF_0 - \sum_{\tau=1}^{T-1} AFA_\tau \right) r_{T-1} \right) DF_T$$

$$= (AFA_T + AFA_T r_{T-1}) DF_T = AFA_T DF_{T-1} .$$

2. Die Behauptung sei richtig für ein $t \in \{1, 2, \ldots, T\}$. Wir zeigen nun, dass sie auch für $t - 1$ gilt:

$$b_{t-1} = b_t + a_{t-1}$$

$$= \left(\sum_{s=t}^{T} AFA_s \right) DF_{t-1} + AFA_{t-1} DF_{t-1} + \left(-CF_0 - \sum_{\tau=1}^{t-2} AFA_\tau \right) r_{t-2} DF_{t-1}$$

$$= \left(\sum_{s=t}^{T} AFA_s \right) DF_{t-1} + AFA_{t-1} DF_{t-1} + \left(\sum_{s=t-1}^{T} AFA_s \right) r_{t-2} DF_{t-1}$$

$$= \left(\sum_{s=t-1}^{T} AFA_s \right) DF_{t-1} + \left(\sum_{s=t-1}^{T} AFA_s \right) r_{t-2} DF_{t-1}$$

$$= \left(\sum_{s=t-1}^{T} AFA_s \right) (1 + r_{t-2}) DF_{t-1} = \left(\sum_{s=t-1}^{T} AFA_s \right) DF_{t-2} ,$$

---

[1] Definitionsgemäß gilt: $CF_t - RG_t = CF_t - (G_t - K_{t-1} r_{t-1}) = AFA_t + K_{t-1} r_{t-1}$.

d. h. die Behauptung ist richtig für $t-1$. Damit ist (3B.2) für alle $t \in \{1, 2, \ldots, T\}$ bewiesen. Der Ausdruck auf der rechten Seite von (3B.1) lässt sich also für $t = 1$ darstellen als:

$$b_1 = \left(\sum_{s=1}^{T} AFA_s \right) DF_0 = -CF_0 \cdot DF_0 = -CF_0 .$$

Damit ist die Gültigkeit von (3B.1) und auch die Eigenschaft 3.4 bewiesen. Einen alternativen Beweis findet man in Marusev und Pfingsten (1993).

Literatur

Bühler, Wolfgang und Marliese Uhrig-Homburg, 2000, Rendite und Renditestruktur am Rentenmarkt, In: von Hagen, J. und J. von Stein, Hrsg., Geld-, Bank- und Börsenwesen - Handbuch des Finanzsystems, 298–337, Schäffer-Poeschel-Verlag, Stuttgart, 40. Auflage.

Gordon, Myron, 1959, Dividends, Earnings and Stock Prices, *Review of Economics and Statistics* 41, 99–105.

Hansmann, Matthias und Klaus Holschuh, 1990, *Der deutsche Rentenmarkt: Struktur, Emittenten, Instrumente und Abwicklung*, Commerzbank AG, Frankfurt a. M.

Hax, Herbert, 1985, *Investitionstheorie*, Physica, Würzburg, 5. Auflage.

Hellwig, Klaus, 1976, Die approximative Bestimmung optimaler Investitionsprogramme mit Hilfe der Kapitalwertmethode, *Zeitschrift für betriebswirtschaftliche Forschung* 28, 166–171.

Hellwig, Klaus, 1997, Was leistet die Kapitalwertmethode?, *Die Betriebswirtschaft* 57, 31–37.

Heuser, Harro, 1995, *Lehrbuch der Analysis 2*, Teubner, Stuttgart, 9. Auflage.

Kempf, Alexander, 1998, Umsatz und Geld-Brief-Spanne, *Zeitschrift für Bankrecht und Bankwirtschaft* 10, 100–108.

Kempf, Alexander und Marliese Uhrig-Homburg, 2000, Liquidity and its impact on bond prices, *Schmalenbach Business Review* 52, 26–44.

Kruschwitz, Lutz, 2005, *Investitionsrechnung*, Oldenbourg, München, 10. Auflage.

Lücke, Wolfgang, 1955, Investitionsrechnungen auf der Grundlage von Ausgaben oder Kosten, *Zeitschrift für handelswissenschaftliche Forschung* 7, 310–324.

Marusev, Alfred W. und Andreas Pfingsten, 1993, Das Lücke-Theorem bei gekrümmter Zinsstruktur-Kurve, *Zeitschrift für betriebswirtschaftliche Forschung* 45, 361–365.

Nelson, C. R. und A. F. Siegel, 1987, Parsimonous modeling of yield curves, *Journal of Business* 60, 473–489.

Preinreich, Gabriel, 1937, Valuation and Amortization, *The Accounting Review* 12, 209–226.

Schich, Sebastian T., 1997, Schätzung der deutschen Zinsstrukturkurve, *Deutsche Bundesbank, Volkswirtschaftliche Forschungsgruppe, Diskussionspapier* 4/97.

Schmidt, Reinhard H. und Eva Terberger, 1997, *Grundzüge der Investitions- und Finanzierungstheorie*, Gabler, Wiesbaden, 4. Auflage.

Schneider, Dieter, 1992, *Investition, Finanzierung und Besteuerung*, Gabler, Wiesbaden, 7. Auflage.

Svensson, Lars E. O., 1994, Estimating and interpreting forward interest rates, *IMF Working Papers*114.

Trautmann, Siegfried, 1976, Modelle zur Analyse der Ertragssteuerwirkungen auf verschiedene Klassen von Investitions- und Finanzierungsprojekten, *Proceedings in Operations Research 5*, 305–314.

Trautmann, Siegfried, 1981, *Koordination dynamischer Planungssysteme*, Gabler, Wiesbaden.

Trautmann, Siegfried, 1984, *Unternehmensplanung*, Vorlesungsskript, Universität Karlsruhe.

Uhrig-Homburg, Marliese und Ulrich Walter, 1997, Ein neuer Ansatz zur Bestimmung der Zinsstruktur: Theorie und empirische Ergebnisse für den deutschen Rentenmarkt, *Kredit und Kapital* 30, 116–139.

4

Sensitivitätsanalyse des Barwertes

Für risikobewusste Investoren ist es wichtig, den Einfluss von Zinsänderungen auf den Barwert des Rückzahlungsstromes einer Investition zu kennen. Dies gilt insbesondere für ausfallrisikofreie, festverzinsliche Wertpapiere. In diesem Fall sind plötzlich auftretende Kursänderungen allein auf Änderungen des Zinsniveaus zurückzuführen. Deren Einfluss auf den Barwert soll in diesem Kapitel näher untersucht werden, nachdem in Kapitel 3 aufgezeigt wurde, wie man bei gegebener Zinsstruktur mittels der Kapitalwert-Formel den Marktpreis von festverzinslichen Wertpapieren insolvenzrisikofreier Emittenten in *arbitragefreien Finanzmärkten* bestimmen kann. In der Praxis hat sich für die Sensitivitätsanalyse des Barwertes von Anleihen das Konzept der *Duration* durchgesetzt. Das ursprünglich von Macaulay (1938) entwickelte Duration-Konzept ist allerdings nur in der Lage, parallele Zinsänderungen einer flachen Zinsstrukturkurve abzubilden. Dieses Konzept zur Sensitivitätsanalyse des Barwertes und Absicherung gegenüber Zinsänderungsrisiken wird im ersten Abschnitt dargestellt. Danach wird auf die *Effektive Duration* eingegangen, die Parallelverschiebungen einer beliebigen Zinsstruktur zulässt. Den Abschluss des Kapitels bildet die von Ho (1992) vorgeschlagene *Key Rate-Duration*. Diese verallgemeinert die beiden anderen Durationskonzepte, da sie beliebige Änderungen einer jeden Zinsstruktur berücksichtigen kann.

4.1 Macaulay Duration

Eine Zinsänderung wirkt sich je nach Restlaufzeit einer Anleihe unterschiedlich stark auf den Barwert des Rückzahlungsstromes aus. Anleihen mit einer längeren Restlaufzeit reagieren sensibler auf Änderungen als solche mit nur noch kurzer Restlaufzeit. In diesem Abschnitt wird die folgende vereinfachende Annahme getroffen:

Annahme 4.1 (Flache Zinsstruktur). *Zinsänderungen führen zu einer Parallelverschiebung der flachen Zinsstrukturkurve.*

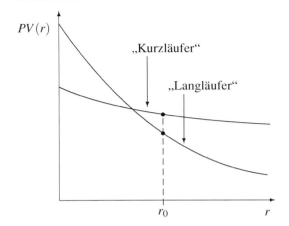

Abb. 4.1. *Barwert und Laufzeit.*
Eine Zinsänderung wirkt sich je
nach Laufzeit einer Anleihe unterschiedlich stark auf den Kapitalwert des Rückzahlungsstromes aus: „Langläufer" reagieren
sensibler auf Zinsänderungen als
„Kurzläufer". Dementsprechend
verläuft die Kapitalwertfunktion einer langlaufenden Anleihe
steiler als die einer kurzlaufen-
den Anleihe.

Bezeichnet Z_t den Rückfluss der Anleihe für den Investor im Zeitpunkt t (dies
entspricht dem Schuldendienst des Anleihe-Emittenten) und $PV\{Z_t\}$ seinen Kapitalbarwert für das Zinsniveau r (p. a.), so besitzt die Kapitalwertfunktion des
Rückzahlungsstromes der Anleihe[1] $PV(r) = \sum_{t=1}^{T} Z_t/(1+r)^t$ die Ableitung:

$$\frac{dPV(r)}{dr} = -\frac{1}{1+r} \cdot \sum_{t=1}^{T} \frac{t \cdot Z_t}{(1+r)^t} = -\frac{1}{1+r} \cdot \sum_{t=1}^{T} t \cdot PV\{Z_t\} \,. \qquad (4.1)$$

Für ein fest vorgegebenes Zinsniveau in Höhe von $r_0 \cdot 100\%$ entspricht die Ableitung der Kapitalwertfunktion nach dem Zinsniveau, $PV'(r) = dPV(r)/dr$, in
$r = r_0$ der Steigung der Tangente, die im Koordinatenpunkt $(r_0; PV(r_0))$ die Kapitalwertfunktion berührt. Bezeichnet

$$\Delta PV \equiv PV(r_0 + \Delta r) - PV(r_0)$$

die *absolute* Barwertänderung bei Eintritt einer Zinsänderung von $\Delta r \cdot 100\%$-
Punkten, so lässt sich ΔPV mit Hilfe der Taylor-Formel linear approximieren:

$$\Delta PV \simeq PV'(r_0) \cdot \Delta r \,.$$

Aufgrund der Nichtlinearität der Kapitalwertfunktion ist diese Approximation
natürlich umso besser, je kleiner Δr ist (vgl. Abbildung 4.2).

Duration und Modifizierte Duration

Die approximierte, *absolute* Barwertänderung aufgrund einer Zinsänderung Δr
ist direkt proportional zu der wie folgt definierten *Duration* der Zahlungsreihe:

---

[1] Um die Darstellung in diesem Kapitel so einfach wie möglich zu halten, gehen wir davon aus,
   dass keine unterjährigen Zinszahlungen anfallen. Sundaresan (2002) betrachtet z. B. halbjährliche Kuponzahlungen.

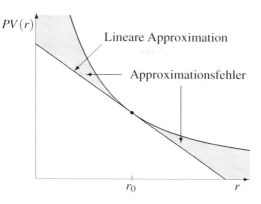

Abb. 4.2. *Lineare Approximation der Kapitalwertfunktion.* Verwendet man bei der Näherung der Barwertänderung aufgrund einer Parallelverschiebung der flachen Zinsstruktur (auf einem Niveau von r_0) eine lineare Approximation, so nimmt man wegen der Konvexität der Kapitalwertfunktion einen gewissen (Approximations-) Fehler in Kauf.

$$D \equiv \frac{1}{PV} \cdot \left(1 \cdot \frac{Z_1}{1+r_0} + \cdots + T \cdot \frac{Z_T}{(1+r_0)^T} \right) = \frac{1}{PV} \sum_{t=1}^{T} \frac{t \cdot Z_t}{(1+r_0)^t} \, . \qquad (4.2)$$

Hierbei bezeichnet $PV = PV(r_0)$ den Barwert des Rückzahlungsstromes der Anleihe auf Basis des ursprünglichen Zinsniveaus r_0 vor einem möglichen Zinsschock. Dieses Durationsmaß entspricht der gewichteten Summe der Zahlungszeitpunkte der Zahlungsreihe (vgl. hierzu Abbildung 4.3). Die sogenannte *Modifizierte Duration* ist definiert als diskontierte Duration:[2]

$$D_{Mod} \equiv \frac{1}{1+r_0} \cdot D \, .$$

Formeln zur Berechnung der Macaulay Duration ausgewählter Anleihevarianten – Null-Kuponanleihe und ewige Rente – werden in Anhang 4A bestimmt. Auf die Macaulay Duration von Kuponanleihen und den Einfluss ihrer Bestimmungsgrößen wird in Anhang 4B ausführlich eingegangen.
Mit Hilfe der in (4.2) definierten Kennzahl D kann die absolute Barwertänderung ΔPV aufgrund einer Zinsniveauänderung Δr wegen den Beziehungen (4.1) und (4.2) wie folgt angenähert werden:

$$\Delta PV \simeq PV'(r_0) \cdot \Delta r = -PV \cdot \frac{1}{1+r_0} \cdot D \cdot \Delta r \, . \qquad (4.3)$$

Unter Verwendung der Modifizierten Duration vereinfacht sich obige Beziehung zu:

$$\Delta PV \simeq -PV \cdot D_{Mod} \cdot \Delta r \quad \Longrightarrow \quad \frac{\Delta PV}{PV} \simeq -D_{Mod} \cdot \Delta r \, .$$

Auch die *prozentuale* Barwertänderung ist also direkt proportional zur Modifizierten Duration. Daher kann die Modifizierte Duration als Maß für die Sensitivität des Anleihewertes gegenüber Zinsänderungen, d. h. als ein Maß für das Zinsänderungsrisiko interpretiert werden.

---

[2] Eine Definition der Duration bzw. Modifizierten Duration bei *zeitstetigen* Zahlungsströmen findet sich in Anhang 4C.

Beispiel 4.1 (Duration). _____
Am Anleihemarkt werde eine Kuponanleihe mit jährlichen Zinszahlungen und einem
Kuponsatz von 8 %, Fälligkeit in $T = 4$ Jahren und Nennwert 1 000 € gehandelt. Ferner
sei die Zinsstruktur flach auf dem Niveau von 8 % p. a. Im Marktgleichgewicht muss der
Preis der Kuponanleihe dem Barwert des Rückzahlungsstromes entsprechen:

$$PV = \frac{80}{1{,}08} + \frac{80}{1{,}08^2} + \frac{80}{1{,}08^3} + \frac{1\,080}{1{,}08^4} = 1\,000 \text{ (in €)} .$$

Als Duration der Anleihe erhält man

$$D = \frac{74{,}07 \cdot 1 + 68{,}59 \cdot 2 + 63{,}51 \cdot 3 + 793{,}83 \cdot 4}{1\,000} = 3{,}5771 \text{ (Jahre)}.$$

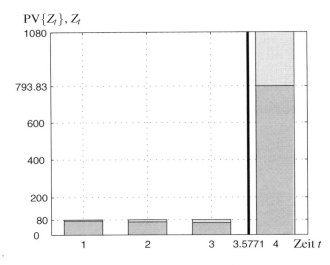

Abb. 4.3. *Duration einer Anleihe.*
Die Duration kann als zeitlicher Schwerpunkt der Zahlungszeitpunkte interpretiert werden. Die jeweiligen Barwerte einer Zahlung (dunkel schattierter Säulenanteil) bestimmen dabei das „Gewicht" eines Zeitpunkts.

Für die Modifizierte Duration gilt $D_{Mod} = 3{,}5771 / 1{,}08 = 3{,}3121$. Steigt nun das Zinsniveau von 8 % auf 8,5 % (also $\Delta r = 8{,}5\% - 8\% = 0{,}5\%$), so wird sich der Barwert dieser
Kuponanleihe um circa

$$\Delta PV \simeq -1\,000 \cdot 3{,}3121 \cdot 0{,}005 = -16{,}56 \text{ (in €)}$$

ändern. Der Preis der betrachteten Kuponanleihe wird daher circa um 16,56 € auf
983,44 € fallen. Eine genaue Berechnung des neuen Barwertes auf Basis eines Zinssatzes
von 8,5 % liefert den Wert 983,62 €. Die nachfolgende Tabelle enthält weitere Werte für
den Fall unterschiedlicher Zinsschocks, wobei $PV(r) = PV(r_0 + \Delta r)$ den exakten Barwert nach Zinsänderung bezeichnet und $PV^D(r) = 1\,000 - 1\,000 \cdot D_{Mod} \cdot \Delta r$ für dessen
lineare Approximation steht.

Δr	-5%	-2%	-1%	$-0{,}5\%$	$+0{,}5\%$	$+1\%$	$+2\%$	$+5\%$
$PV^D(r)$	1 165,61	1 066,24	1 033,12	1 016,56	983,44	966,88	933,76	834,39
$PV(r)$	1 185,85	1 069,30	1 033,87	1 016,75	983,62	967,60	936,60	851,28

Verwendet man bei der Näherung der Barwertänderung aufgrund eines Zinsschocks die Duration und somit eine lineare Approximation gemäß (4.3), so nimmt man wegen der Nichtlinearität der Kapitalwertfunktion einen gewissen Fehler in Kauf (vgl. Abbildung 4.2 und Beispiel 4.1). Je höher die Zinsänderung ist, desto größer wird dieser Fehler. Die angesprochene Nichtlinearität der Kapitalwertfunktion lässt sich formal durch die Eigenschaften der zweiten Ableitung der Kapitalwertfunktion nach dem Zinssatz r nachweisen:

$$\frac{d^2 PV(r)}{dr^2} = \sum_{t=1}^{T} \frac{t \cdot (t+1) \cdot Z_t}{(1+r)^{t+2}} = \frac{1}{(1+r)^2} \cdot \sum_{t=1}^{T} \left(t^2 + t\right) \cdot PV\{Z_t\} > 0 \ . \quad (4.4)$$

Da die zweite Ableitung der Kapitalwertfunktion einer Anleihe positiv ist, besitzt die Funktion einen konvexen Verlauf.

Wie man an Beispiel 4.1 und Abbildung 4.2 sehen kann, ist die Duration ein vorsichtiges Maß für das Zinsänderungsrisiko eines Anleihewertes. Denn ein Preisanstieg wird systematisch unter- und ein Preisverfall überschätzt. Die obigen Überlegungen gelten auch für einen Rückzahlungsstrom, der aus der Mischung mehrerer Anleihen resultiert. Hinsichtlich der Duration eines Anleiheportefeuilles gilt nämlich die leicht zu beweisende

Eigenschaft 4.1 (Duration von Portefeuilles). *Die Duration D_P eines Portefeuilles von n festverzinslichen Wertpapieren entspricht der wertgewichteten Summe der Durationen der Einzelwertpapiere, d. h.*

$$D_P = \sum_{i=1}^{n} x_i \cdot D_i \ ,$$

wobei mit $x_i = PV_i / \sum_{j=1}^{n} PV_j$ der wertmäßige Anteil von Wertpapier i am Portefeuille P und mit D_i die Duration des Wertpapiers i bezeichnet werden.

Duration als Immunisierungs- und Absicherungszeitpunkt

Aus der Sicht eines Investors, der sein Vermögen oder Teile davon in Kuponanleihen investiert hat, bewirken Änderungen des Zinsniveaus zweierlei Dinge. Zum einen verändert sich der Barwert der Anleihe, zum anderen herrschen nach einer Zinsänderung veränderte Wiederanlagebedingungen für die Kupons. Beide Effekte wirken sich gegenläufig auf die Vermögensentwicklung des Investors aus und kompensieren sich für einen bestimmten *Anlagehorizont*.

Dies ist leicht einzusehen: Diskontiert man den Rückzahlungsstrom einer Anleihe auf den gegenwärtigen Bezugszeitpunkt, so erhält man ihren Barwert. Die Erhöhung des Zinssatzes hat einen niedrigeren Barwert zur Folge. Beim Endwert ist es anders: Da Zahlungen aufgezinst werden, resultiert ein höherer Endwert bei gestiegenem Zinssatz. Eine analoge Überlegung gilt für fallende Zinssätze. Da also die Kapitalwertfunktion $V(t, r)$ in Abhängigkeit des Bezugszeitpunktes

t bei einer Zinssatzänderung einmal über und ein anderes Mal unter dem Verlauf der Kapitalwertfunktion $V(t, r_0)$ für das ursprüngliche Zinsniveau r_0 liegt, muss ein Schnittpunkt zwischen diesen beiden Kapitalwertfunktionen existieren (vgl. Abbildung 4.4). Der Zeitpunkt, zu dem sich die beiden genannten Effekte ausgleichen, heißt *Immunisierungszeitpunkt*. Geht man davon aus, dass das Zinsniveau sich entweder nicht ändert oder sich bis zum ersten Kupontermin um Δr auf ein Niveau $r = r_0 + \Delta r$ verschiebt und stimmt der Immunisierungszeitpunkt mit dem Anlagehorizont eines Investors überein, so ist der Liquidationswert des Portefeuilles in diesem Zeitpunkt heute schon mit Sicherheit bekannt. Der Immunisierungszeitpunkt sei mit $t_D = t_D(\Delta r)$ bezeichnet. Dann muss bei einer Zinssatzänderung um $\Delta r \cdot 100\%$-Punkte gelten:

$$V(t_D, r_0) = V(t_D, r_0 + \Delta r)$$

$$\Rightarrow \quad \sum_{t=1}^{T} \frac{Z_t}{(1+r_0)^t} \cdot (1+r_0)^{t_D} = \sum_{t=1}^{T} \frac{Z_t}{(1+r_0+\Delta r)^t} \cdot (1+r_0+\Delta r)^{t_D}$$

$$\Rightarrow \quad \left(\frac{1+r_0}{1+r_0+\Delta r} \right)^{t_D} = \frac{\sum_{t=1}^{T} Z_t (1+r_0+\Delta r)^{-t}}{\sum_{t=1}^{T} Z_t (1+r_0)^{-t}} = \frac{V(0, r_0 + \Delta r)}{V(0, r_0)}$$

$$\Rightarrow \quad t_D = t_D(\Delta r) = \frac{\ln\left(V(0, r_0 + \Delta r)/V(0, r_0)\right)}{\ln\left((1+r_0)/(1+r_0+\Delta r)\right)} .$$

Hierbei bezeichnet $V(t, r)$ den Kapitalwert des Rückzahlungsstroms der Anleihe bezogen auf den Zeitpunkt t bei flachem Zinsniveau r.

Beispiel 4.2 (Immunisierungszeitpunkt). _____

Gegeben seien die Daten aus Beispiel 4.1. Bei geplantem Verlauf, d. h. falls keine Änderung der Zinsstruktur eintritt, beträgt der Endwert der Anleihe $V(4; 0,08) = 1\,360,49$ und der Barwert $1\,000$. Tritt jedoch unmittelbar nach $t = 0$ eine Parallelverschiebung der flachen Zinsstruktur um -100 Basispunkte auf, so ändert sich sowohl der Barwert als auch der Endwert der Anleihe:

$$V(4; 0,07) = 80 \cdot 1,07^3 + 80 \cdot 1,07^2 + 80 \cdot 1,07 + 1\,080 = 1\,355,1954 ;$$

$$V(0; 0,07) = V(4; 0,07)/1,07^4 = 1\,033,8721 .$$

Der Barwert liegt nun über dem ursprünglich geplanten Barwert, wogegen der Endwert nach Änderung der flachen Zinsstruktur unter dem geplanten Endwert liegt. Bei einer Verschiebung der flachen Zinsstruktur um $+100$ Basispunkte ergibt sich ein umgekehrter Effekt, wie man an den folgenden Zahlen erkennt:

$$V(4; 0,09) = 80 \cdot 1,09^3 + 80 \cdot 1,09^2 + 80 \cdot 1,09 + 1\,080 = 1\,365,8503 ;$$

$$V(0; 0,09) = V(4; 0,09)/1,09^4 = 967,6028 .$$

Wenden wir uns nun der Bestimmung des Immunisierungszeitpunkts zu. Bei einer Parallelverschiebung um ± 100 Basispunkte ergibt sich bei Verwendung der exakten Werte:

$$t_D(\Delta r = -1\,\%) = \frac{\ln(V(0;0,07)/V(0;0,08))}{\ln(1,08/1,07)} = 3,5809 \quad \text{bzw.}$$

$$t_D(\Delta r = +1\,\%) = \frac{\ln(V(0;0,09)/V(0;0,08))}{\ln(1,08/1,09)} = 3,5733 \,.$$

Eine Proberechnung bestätigt diese Zahlen: Sowohl bei dem ursprünglich geplanten Verlauf als auch bei einer Parallelverschiebung um -100 Basispunkte ist im Zeitpunkt $t_D(-1\,\%) = 3,5809$ der Wert der Anleihe 1 317,31:

$$V(3,5809;0,08) = 80 \cdot 1,08^{2.5809} + 80 \cdot 1,08^{1.5809} + 80 \cdot 1,08^{0.5809} + 1\,080 \cdot 1,08^{-0.4191}$$
$$= 1\,317,31\,;$$
$$V(3,5809;0,07) = 80 \cdot 1,07^{2.5809} + 80 \cdot 1,07^{1.5809} + 80 \cdot 1,07^{0.5809} + 1\,080 \cdot 1,07^{-0.4191}$$
$$= 1\,317,31\,.$$

Die folgende Tabelle zeigt, dass sich auch bei größeren Zinsänderungen der Immunisierungszeitpunkt nicht wesentlich ändert und um so früher eintritt je größer der Zinsanstieg ist:

Δr	$-5\,\%$	$-3\,\%$	$-1\,\%$	$+1\,\%$	$+3\,\%$	$+5\,\%$
$t_D(\Delta r)$	3,5961	3,5885	3,5809	3,5733	3,5656	3,5579

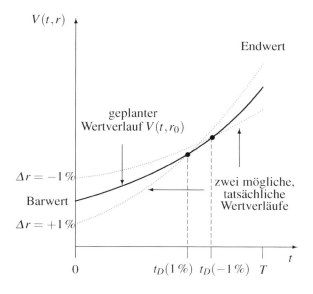

Abb. 4.4. *Immunisierungszeitpunkt.*
Positive Parallelverschiebungen der flachen Zinsstrukturkurve führen dazu, dass der Barwert nach einer Zinsänderung unter dem ursprünglich geplanten Barwert liegt, wogegen der entsprechende Endwert den ursprünglich geplanten Endwert übersteigt.[3]

Abbildung 4.4 veranschaulicht den inversen Zusammenhang, dass der Immunisierungszeitpunkt um so früher eintritt, je größer der Zinsanstieg ist. Dies hat

---

[3] Abbildung 4.4 ist in Anlehnung an die Darstellung von Steiner und Uhlir (2001, S. 79) entstanden.

folgende Auswirkungen: Betrachtet man beispielsweise mit den Daten aus Beispiel 4.1 eine Zinssenkung um 100 Basispunkte, so ergibt sich der Immunisierungszeitpunkt $t_D(\Delta r = -1\%) = 3{,}5809$. Würde dagegen eine positive Zinsänderung eintreten, so ergäbe sich bereits vor diesem Zeitpunkt eine Immunisierung. Das bedeutet aber, dass bei positiver Zinsänderung der Wert der Anleihe im Zeitpunkt $t_D(\Delta r = -1\%) = 3{,}5809$ über dem ursprünglich geplanten Wert der Anleihe in diesem Zeitpunkt liegt. Würde hingegen das Zinsniveau um mehr als 100 Basispunkte fallen, so würde der Immunisierungszeitpunkt weiter in der Zukunft liegen. Da es sich hier aber um eine Zinssenkung handelt, würde der Wert der Anleihe im Zeitpunkt $t_D(\Delta r = -1\%) = 3{,}5809$ in diesem Fall ebenfalls über dem ursprünglich geplanten Wert der Anleihe liegen. Eine Verschlechterung gegenüber der ursprünglichen Planung kann also nur dann auftreten, wenn eine Zinssenkung zwischen 0 und 100 Basispunkten auftritt. Eine analoge Überlegung lässt sich aber für jede beliebige Zinsänderung anstellen, so dass nur bei der Grenzwertbetrachtung $\Delta r \to 0$ kein Bereich verbleibt, bei dem durch eine Zinsänderung eine Verschlechterung gegenüber der ursprünglichen Planung eintritt.

Eigenschaft 4.2 (Duration als Immunisierungszeitpunkt). *Der Immunisierungszeitpunkt eines Anleiheportefeuilles entspricht seiner Duration, falls das Ausmaß der Parallelverschiebung der flachen Zinsstrukturkurve aufgrund eines einmaligen Zinsschocks, der bis zum ersten Zahlungszeitpunkt auftreten kann, gegen Null strebt:*

$$\lim_{\Delta r \to 0} t_D(\Delta r) = D\,.$$

Beweis. Betrachtet man den Grenzwert von $t_D = t_D(\Delta r)$ für $\Delta r \to 0$, so folgt mit der Regel von l'Hospital:

$$\lim_{\Delta r \to 0} t_D(\Delta r) = \lim_{\Delta r \to 0} \ln\left(\frac{\sum_{t=1}^{T} Z_t(1+r_0+\Delta r)^{-t}}{\sum_{t=1}^{T} Z_t(1+r_0)^{-t}}\right) \Bigg/ \ln\left(\frac{1+r_0}{1+r_0+\Delta r}\right)$$

$$= \lim_{\Delta r \to 0} \frac{\partial \ln\left(\frac{\sum_{t=1}^{T} Z_t(1+r_0+\Delta r)^{-t}}{\sum_{t=1}^{T} Z_t(1+r_0)^{-t}}\right)}{\partial \Delta r} \Bigg/ \frac{\partial \ln\left(\frac{1+r_0}{1+r_0+\Delta r}\right)}{\partial \Delta r}$$

$$= \lim_{\Delta r \to 0} \frac{-\sum_{t=1}^{T} t Z_t(1+r_0+\Delta r)^{-t}}{(1+r_0+\Delta r)\sum_{t=1}^{T} Z_t(1+r_0+\Delta r)^{-t}} \Bigg/ \frac{-1}{1+r_0+\Delta r}$$

$$= \lim_{\Delta r \to 0} \frac{\sum_{t=1}^{T} t Z_t(1+r_0+\Delta r)^{-t}}{\sum_{t=1}^{T} Z_t(1+r_0+\Delta r)^{-t}} = D\,.$$

□

Da nun Zinsänderungen weder infinitesimal klein ausfallen noch hinsichtlich Zeitpunkt und Ausmaß prognostizierbar sind, stellt sich die Frage, ob mit diesem Durationskonzept dennoch ein Anleiheportefeuille gegenüber Zinsänderungen abgesichert werden kann. Um dies aufzuzeigen benötigen wir die folgende

Eigenschaft 4.3 (Duration im Zeitablauf). *Beschreibt $D(\tau)$ die Duration eines Anleiheportefeuilles aus Sicht des Zeitpunkts τ und $D(0) = D$ die Duration dieses Anleiheportefeuilles zum heutigen Zeitpunkt, dann gilt: $D(\tau) = D(0) - \tau$, falls zwischen 0 und τ weder eine Zahlung noch eine Verschiebung des Zinsniveaus r_0 stattgefunden hat.*

Beweis. Bezeichnet Z_t den Rückfluss des Anleiheportefeuilles im Zeitpunkt t, so gilt:

$$
\begin{aligned}
D(\tau) &= \frac{\sum_{s=1}^{T}(s-\tau)\cdot Z_s(1+r_0)^{-(s-\tau)}}{\sum_{s=1}^{T} Z_s(1+r_0)^{-(s-\tau)}} \\[2mm]
&= \frac{(1+r_0)^{\tau}\left[\sum_{s=1}^{T} s\cdot Z_s(1+r_0)^{-s} - \tau\cdot\sum_{s=1}^{T} Z_s(1+r_0)^{-s}\right]}{(1+r_0)^{\tau}\sum_{s=1}^{T} Z_s(1+r_0)^{-s}} \\[2mm]
&= \frac{D(0)\cdot PV - \tau\cdot PV}{PV} = D(0) - \tau \,,
\end{aligned}
$$

wenn zwischen 0 und τ weder eine Zahlung noch eine Verschiebung des Zinsniveaus r_0 stattgefunden hat ☐

Eigenschaft 4.4 (Duration als Absicherungszeitpunkt). *Für ein vorgegebenes Zinsniveau beschreibt die Duration eines dynamisch umgeschichteten Anleiheportefeuilles den Anlagehorizont, für den der Investor im Falle einer beliebigen Parallelverschiebung der flachen Zinsstrukturkurve keine Liquidationswertverluste gegenüber einer Situation ohne Zinsänderungen befürchten muss.*

Dabei muss allerdings das Anleiheportefeuille in jedem Zahlungszeitpunkt und im Zeitpunkt einer Zinsänderung umgeschichtet werden, damit die neue Duration der Zeitspanne bis zum (ursprünglichen) Anlagehorizont entspricht.

Beweis. Um die Darstellung so einfach wie möglich zu gestalten, beschränkt sich dieser Beweis – ähnlich wie in Fisher und Weil (1971), Bierwag (1977) und Bierwag und Kaufman (1977) – auf die Situation, in der nur eine einmalige Änderung der Zinsstrukturkurve bis zum ersten Zahlungszeitpunkt auftreten kann.[4] Leitet man die Kapitalwertfunktion $V(t^*,r) = \sum_{t=1}^{T} Z_t(1+r)^{t^*-t}$ eines Anleiheportefeuilles, bezogen auf einen beliebigen Zeitpunkt t^*, nach r ab, so erhält man:

$$
\frac{\partial V(t^*,r)}{\partial r} = \sum_{t=1}^{T} Z_t(t^* - t)(1+r)^{t^*-t-1} \,.
$$

Die Kapitalwertfunktion nimmt genau dann ein Extremum im aktuellen Zinsniveau r_0 an, falls diese Ableitung für $r = r_0$ gleich Null ist, d. h. falls

---

[4] Bierwag (1979) zeigt, dass ein Investor sich auch gegenüber mehrfachen (kleinen) Zinsschocks, die zu Beginn einer jeden Periode eintreten dürfen, absichern kann. Khang (1983) gibt eine Absicherungsstrategie für beliebig viele Zinsänderungen zu beliebigen Zeitpunkten an.

$$\sum_{t=1}^{T} t^* Z_t (1+r_0)^{t^*-t-1} = \sum_{t=1}^{T} t Z_t (1+r_0)^{t^*-t-1}.$$

Löst man diese Beziehung nach t^* auf, so ergibt sich:

$$t^* = \frac{\displaystyle\sum_{t=1}^{T} t Z_t (1+r_0)^{-t}}{\displaystyle\sum_{t=1}^{T} Z_t (1+r_0)^{-t}} = D.$$

Also besitzt wegen (4.4) die Kapitalwertfunktion eines Anleiheportefeuilles bezogen auf den Durationszeitpunkt $t^* = D$ ein globales Minimum im aktuellen Zinsniveau r_0, d. h.

$$V(D,r) \geq V(D,r_0) \quad \text{für alle} \quad r \geq 0.$$

□

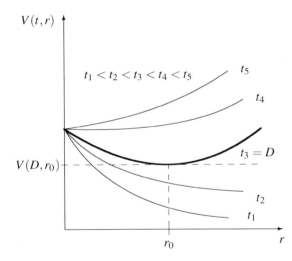

Abb. 4.5. *Kuponanleihewerte im Durationszeitpunkt.*
Die Kapitalwertfunktion $V(D,r)$ bezogen auf den Durationszeitpunkt D nimmt im aktuellen Zinsniveau r_0 ein Minimum an. Für alle anderen Kapitalwertfunktionen trifft diese Aussage nicht zu. Z. B. sind die Kapitalwertfunktionen $V(t,r)$ mit $t < D$ monoton fallend, so dass der Investor bei Zinssenkungen besser, aber bei Zinserhöhungen schlechter gestellt ist als bei dem ursprünglichen Zinsniveau r_0.

Möchte ein Anleger den Liquidationswert seines Anleiheportefeuilles bezogen auf einen bestimmten Zeitpunkt gegen Zinsänderungsrisiken absichern, so muss er das Portefeuille gemäß Eigenschaft 4.4 so zusammenstellen, dass dessen Duration mit dem Liquidationszeitpunkt übereinstimmt.
Für ein Portefeuille bestehend aus zwei Anleihen bietet sich deshalb die folgende Absicherungsstrategie[5] an: Gemäß Eigenschaft 4.1 gilt zunächst für die Duration

---

[5] In diesem Kontext verstehe man darunter eine Strategie, die jegliches Risiko aufgrund von Änderungen der Zinsstruktur ausschließt. Dieses Vorgehen geht also von einem extrem risikoscheuen Investor aus. Ist aber ein Investor bereit, gewisse Zinsänderungsrisiken in Kauf zu nehmen, weil sich ihm im Gegenzug auch Zinsänderungschancen bieten, so wäre ggf. eine andere Strategie optimal (siehe z. B. Rudolph und Wondrak, 1986).

eines aus zwei Anleihen bestehenden Portefeuilles:

$$D_P = x_1 \cdot D_1 + x_2 \cdot D_2 = x_1 \cdot D_1 + (1 - x_1) \cdot D_2 \, .$$

Löst man diese Gleichung nach x_1 auf, so erhält man mit

$$x_1 = \frac{D_P - D_2}{D_1 - D_2} \tag{4.5}$$

bzw. $x_2 = 1 - x_1$ den prozentualen Anteil des gegenwärtigen Vermögens, den man in Anleihe 1 bzw. 2 investieren muss, um für einen vorgegebenen Anlagehorizont D_P bei Veränderungen des aktuellen Zinsniveaus keine Liquidationswertverluste zu erleiden.

Beispiel 4.3 (Absicherungsstrategie).
Am Markt werden zwei Kuponanleihen mit jährlichen Zinszahlungen von 4 % mit Fälligkeit in 2 bzw. 6 Jahren und einem Nennwert von jeweils 100 gehandelt. Ein Anleger plane heute, sein in 3 Jahren erreichbares Vermögen gegenüber Parallelverschiebungen der Zinsstruktur abzusichern. Welche Anteile der Kuponanleihen sind in $t = 0$ zu erwerben? Der Marktzinssatz betrage für alle Fristigkeiten 4 % p. a. Für die Durationen der beiden Anleihen gilt

$$D_1 = 1{,}9615 \, \text{Jahre} \quad \text{bzw.} \quad D_2 = 5{,}4518 \, \text{Jahre.}$$

Der Anleger muss in $t = 0$ ein Portefeuille mit einer Duration von 3 Jahren zusammenstellen, um in 3 Jahren abgesichert zu sein. Gemäß der Formel (4.5) ergibt sich für den Anteil des Investitionsvolumens, der in $t = 0$ in die zweijährige bzw. sechsjährige Kuponanleihe investiert werden muss: $x_1 = (3 - 5{,}4518)/(1{,}9615 - 5{,}4518) = 70{,}25\%$ bzw. $x_2 = 29{,}75\%$.

Gemäß der Eigenschaft 4.4 kann der Liquidationswert eines Anleiheportefeuilles auf einen gewünschten Anlagehorizont abgesichert werden, indem man das Anleiheportefeuille zunächst so zusammenstellt, dass der Durationszeitpunkt des Portefeuilles mit diesem Anlagehorizont übereinstimmt. Wenn keine Zinsänderung stattfindet, muss das Anleiheportefeuille zwischen zwei Zahlungszeitpunkten nicht umgeschichtet werden, da sich gemäß Eigenschaft 4.3 in diesem Zeitraum die Duration einer Anleihe genau um die vorangeschrittene Zeit verkürzt. Tritt jedoch eine Änderung des Zinsniveaus auf oder fällt eine Zahlung an, so ist eine Anpassung des Anleiheportefeuilles notwendig, um es gegenüber (weiteren) Zinsänderungen abzusichern. Dies verdeutlicht das folgende

Beispiel 4.4 (Dynamische Absicherungsstrategie). _____
Ein Anleger verfüge heute über 100 000€ und plane, sein in 3 Jahren erreichbares Vermögen gegenüber (möglicherweise mehrfachen) Parallelverschiebungen der Zinsstruktur abzusichern. Dazu stehen ihm neben den Kuponanleihen aus Beispiel 4.3 einjährige Finanzanlagen zu dem gerade aktuellen Zinssatz zu Verfügung. Zur Zeit betrage der Marktzinssatz für alle Fristigkeiten 4 % p. a. Wie sieht die Absicherungsstrategie des Anlegers aus?
Im Zeitpunkt $t = 0$
wird der Anleger sein Investitionsvolumen gemäß den Überlegungen aus Beispiel 4.3 auf die beiden Kuponanleihen aufteilen, um den in $t = 3$ geplanten Liquidationswert seines Vermögens in Höhe von $100\,000 \cdot 1{,}04^3 = 112\,486{,}40$€ gegenüber Zinsänderungen abzusichern: Investition von 70 247,08 € in die zweijährige Anleihe (entspricht dem Kauf von 702,47 Anleihen zum aktuellen Kurs von 100€) und 29 752,92 € in die sechsjährige Anleihe (entspricht dem Kauf von 297,53 Anleihen zum aktuellen Kurs von 100€). Ändert sich die Zinsstruktur bis zum nächsten Kuponzeitpunkt $t = 1$ nicht, so muss der Anleger sein Anleiheportefeuille bis zum nächsten Kupontermin nicht umschichten, da sich die Duration des Anleiheportefeuilles im Zeitablauf genau um die vorangeschrittene Zeit verkürzt und somit der Liquidationswert des Anleiheportefeuilles bezogen auf den Zeitpunkt $t = 3$ weiterhin abgesichert ist.
Im Zeitpunkt $t = 1$
werden Kuponzahlungen in Höhe von $702{,}47 \cdot 4 + 297{,}53 \cdot 4 = 4\,000$€ fällig, die der Anleger in eine einjährige Finanzanlage investieren möchte, so dass sich die Duration des gesamten Portefeuilles ändert. Aus diesem Grund muss er das Anleiheportefeuille umschichten, um den Liquidationswert des gesamten Portefeuilles bezogen auf den Zeitpunkt $t = 3$ weiterhin abzusichern. Hierzu müssen zunächst die aktuellen Kurse und Durationen der beiden Anleihen sowie der aktuelle Wert des Anleiheportefeuilles vor Umschichtung bestimmt werden:

Anleihe	Kurs in $t = 1$	Duration in $t = 1$	Anzahl der Anleihen in $t = 1$ vor Umschichtung	Investitionsvolumen in Anleihe in $t = 1$ vor Umschichtung
Kurzläufer	100	$D_1 = 1$	702,47	70 247,08€
Langläufer	100	$D_2 = 4{,}6299$	297,53	29 752,92€
				100 000,00€

Insgesamt weist das Portefeuille einen Wert von 104 000€ in $t = 1$ auf. Davon werden $x_{\text{Anlage}} = 4\,000/104\,000 = 3{,}85\,\%$ (die angefallen Kupons) in die einjährige Finanzanlage, die eine Duration von einem Jahr aufweist, investiert. Damit der Liquidationswert des gesamten Portefeuilles bezogen auf den Zeitpunkt $t = 3$ abgesichert ist, muss für die Duration des gesamten Portefeuilles in $t = 1$ gelten:

$$x_1 \cdot D_1 + x_2 \cdot D_2 + x_{\text{Anlage}} \cdot 1 = 3 - 1 = 2 \,,$$

wobei mit x_1 bzw. x_2 der wertmäßige Anteil des Kurz- bzw. Langläufers am gesamten Portefeuille nach der Umschichtung beschrieben wird. Hierbei gilt $x_1 + x_2 + x_{\text{Anlage}} = 1$. Aus diesen beiden Zusammenhängen ergibt sich:

$$x_1 = \frac{3 - 1 - x_{\text{Anlage}} \cdot 1 - D_2 + x_{\text{Anlage}} \cdot D_2}{D_1 - D_2} = 68{,}61\,\% \,,$$
$$x_2 = 1 - 0{,}0385 - 0{,}6861 = 27{,}55\,\% \,.$$

D. h. um gegenüber Zinsänderungen abgesichert zu sein, muss der Anleger 71 349,04 € (entspricht 713,49 Anleihen) in den Kurzläufer und 28 650,96 € (entspricht 286,51 Anleihen) in den Langläufer investieren. Dazu muss das Anleiheportefeuille umgeschichtet werden: 11,02 Kurzläufer im Gesamtwert von 1 101,96€ müssen zugekauft und 11,02 Langläufer im Gesamtwert von 1 101,96€ müssen verkauft werden.

Im Zeitpunkt t = 1,5

tritt eine Zinssenkung um einen Prozentpunkt auf. Das Anleiheportefeuille muss dann wieder umgeschichtet werden, damit der Anleger gegenüber weiteren Zinsänderungen abgesichert ist. Hierzu müssen zunächst die aktuellen Kurse und Durationen der beiden Anleihen sowie der aktuelle Wert des Anleiheportefeuilles vor Umschichtung auf Basis des nun geltenden Zinssatzes $r = 3\%$ bestimmt werden:

Anleihe	Kurs in $t = 1,5$	Duration in $t = 1,5$	Anzahl der Anleihen in $t = 1,5$ vor Umschichtung	Investitionsvolumen in Anleihe in $t = 1,5$ vor Umschichtung
Kurzläufer	102,47	$D_1 = 0,5000$	713,49	73 114,39€
Langläufer	106,14	$D_2 = 4,1393$	286,51	30 409,22€
				103 523,61€

Ebenso muss der aktuelle Wert der in $t = 2$ fälligen einjährigen Finanzanlage berechnet werden: $4\,000 \cdot 1,04/1,03^{0,5} = 4\,098,97€$. Da diese Anlage in einem halben Jahr fällig wird, weist sie eine Duration von einem halben Jahr auf. Insgesamt hat das Portefeuille unmittelbar nach der Zinsänderung einen Wert von 107 622,58€. Damit der Liquidationswert des gesamten Portefeuilles bezogen auf den Planungszeitpunkt $t = 3$ gegenüber weiteren Zinsänderungen abgesichert ist, muss das Portefeuille so zusammengestellt werden, dass gilt:

$$x_1 \cdot D_1 + x_2 \cdot D_2 + x_{\text{Anlage}} \cdot 0,5 = 3 - 1,5 = 1,5\,,$$

wobei mit x_1 bzw. x_2 der wertmäßige Anteil des Kurz- bzw. Langläufers am Gesamtportefeuille nach der Umschichtung beschrieben wird und $x_{\text{Anlage}} = 4\,098,97/107\,622,58 = 3,81\%$ gilt. Hierbei gilt $x_1 + x_2 + x_{\text{Anlage}} = 1$. Daraus ergibt sich $x_1 = 68,71\%$ und $x_2 = 27,48\%$. D. h. um gegenüber weiteren Zinsänderungen abgesichert zu sein, muss der Anleger 73 951,41€ (entspricht 721,66 Anleihen) in den Kurzläufer und 29 572,20€ (entspricht 278,62 Anleihen) in den Langläufer investieren. Dazu muss das Anleiheportefeuille umgeschichtet werden: 8,17 Kurzläufer im Gesamtwert von 837,02€ müssen zugekauft und 7,89 Langläufer im Gesamtwert von 837,02€ müssen verkauft werden.

Erst wieder im Zeitpunkt t = 2

muss der Anleger sein Portefeuille umschichten, wenn keine weitere Zinsänderung bis zum nächsten Kuponzeitpunkt auftritt. Zu diesem Zeitpunkt erhält der Anleger nicht nur die in $t = 1$ angefallenen Kuponzahlungen, die in $t = 1$ für eine Periode zum Zinssatz von 4% p. a. angelegten wurden, im Wert von $4\,000 \cdot 1,04 = 4\,160€$ und die Kuponzahlungen des Langläufers im Wert von $278,62 \cdot 4 = 1\,114,49€$, sondern auch die Kuponzahlungen samt Nennwert des Kurzläufers im Wert von $721,66 \cdot 104 = 75\,052,48€$, da Letzterer in $t = 2$ fällig wird. Insgesamt werden also Mittel in Höhe von 80 326,98€ frei. Der Langläufer notiert in $t = 2$ zu 103,72 und weist eine Duration von 3,7797 Jahren auf. Unmittelbar vor Umschichtung hat der Anleger $278,62 \cdot 103,72 = 28\,898,01€$ in diese Kuponanleihe investiert. Um nun im Zeitpunkt $t = 3$ den Liquidationswert des Portefeuilles abzusichern, muss das Portefeuille nach Umschichtung eine Duration von einem Jahr aufweisen. Der Anleger muss deshalb seine gesamten finanziellen Mittel in eine einjährige Finanzanlage zum aktuellen Zinssatz von 3% anlegen. D. h. er wird alle Anleihen verkaufen und den Verkaufserlös in Höhe von 28 898,01€ sowie die ansonsten in $t = 2$ frei gewordenen Mittel in Höhe von 80 326,98€, also insgesamt 109 224,98€ für eine Periode am Finanzmarkt anlegen. Der Anleger erhält somit in $t = 3$

112 501,73 €. Dieser Liquidationserlös übersteigt den in $t = 0$ geplanten Liquidationserlös von 112 486,40 €. Die durchschnittliche jährliche Verzinsung des eingesetzten Kapitals beträgt 4,0047 % > 4 % = r_0.

Das Durationsmodell ist nicht arbitragefrei

Gemäß Eigenschaft 4.4 und Beispiel 4.4 ist es also möglich, sich *kostenlos* gegen die auf den Anlagehorizont bezogenen Liquidationswertverluste aufgrund eines oder mehrerer auftretender Zinsschocks zu versichern. Dies scheint nicht besonders realistisch zu sein und ermöglicht profitable Wertpapierarbitrage. Kauft z. B. ein Arbitrageur eine Kuponanleihe und emittiert $V(D, r_0)$ Zero-Bonds mit Nominalwert 1 und einer Laufzeit, die der Duration entspricht, so ergibt sich die in der folgenden Tabelle angegebene Arbitragestrategie.[6]

Tabelle 4.1. *Arbitragestrategie im Durationsmodell von Macaulay.*

Zeitpunkte der Transaktionen	$t = 0$	$t = D$
Kauf eines Anleiheportefeuilles in $t = 0$ und Liquidation in $t = D$ (bei zwischenzeitlicher Umschichtung in jedem Zahlungszeitpunkt und/oder bei Zinsänderungen)	$-V(D, r_0) \cdot (1 + r_0)^{-D}$	$V(D, r)$
Verkauf von $V(D, r_0)$ Zeros zum Nennwert von 1 und Laufzeit D	$V(D, r_0) \cdot (1 + r_0)^{-D}$	$-V(D, r_0) \cdot 1$
Arbitragegewinn	0	≥ 0

Daher ist die Modellierung von Zinsänderungen durch Parallelverschiebungen einer flachen Zinsstrukturkurve nicht mit der Arbitragefreiheit von Finanzmärkten vereinbar.

Daneben weist das Durationsmodell von Macaulay weitere Kritikpunkte auf: Es geht von einer flachen Zinsstruktur aus, jedoch liegt diese in der Realität selten vor. Außerdem lässt das Konzept der Duration nur parallele Veränderungen der Zinsstruktur zu. Meist möchte man jedoch wissen, wie die Preise von festverzinslichen, insolvenzrisikofreien Wertpapieren reagieren, wenn die langfristigen Zinsen steigen und die kurzfristigen gleichbleiben oder umgekehrt. Wie Beispiel 4.1 aufzeigt, ist die Bestimmung der Barwertänderungen mit Hilfe der Duration bei hohen Zinsänderungen zudem zu ungenau. Aus diesem Grund ist dieses Maß

---

[6] Hierbei ist zu beachten, dass der Liquidationswert einer Null-Kuponanleihe bezogen auf den Durationszeitpunkt, der dem Laufzeitende entspricht, keinem Zinsänderungsrisiko unterliegt (vgl. hierzu Aufgabe 4.1.)

für das Zinsänderungsrisiko an Finanzmärkten mit hoher Zinsvolatilität nicht anwendbar.

Eine Verbesserung der Güte der Barwertnäherung bei hohen Zinsänderungen lässt sich durch Einbeziehen der quadratischen Terme der Kapitalwertfunktion erreichen. Dies leistet die Konvexität.

Konvexität

Verwendet man bei der Näherung der Barwertänderung aufgrund eines Zinsschocks die Duration und somit eine lineare Approximation, so nimmt man wegen der Konvexität der Kapitalwertfunktion einen gewissen Fehler in Kauf (vgl. Abbildung 4.2). Dieser lässt sich jedoch reduzieren, wenn man außerdem eine Komponente miteinbezieht, die die vorhandene Konvexität berücksichtigt. Zu diesem Zweck definieren wir in Analogie zur modifizierten Duration die *Konvexität Conv*:

$$Conv \equiv \frac{1}{(1+r_0)^2 PV} \cdot \sum_{t=1}^{T} \frac{(t^2+t)Z_t}{(1+r_0)^t} = \frac{1}{(1+r_0)^2 PV} \cdot \sum_{t=1}^{T} (t^2+t) \cdot PV\{Z_t\} \, .$$

Hierbei bezeichnet $PV\{Z_t\}$ den Barwert des Rückflusses im Zeitpunkt t der Anleihe auf Basis des ursprünglichen Zinsniveaus r_0 vor einem möglichen Zinsschock. Die entsprechende Taylorreihenentwicklung führt wegen (4.3) und (4.4) auf die folgende Approximation der Barwertänderung, die auch bei größeren Zinsänderungen noch gute Ergebnisse liefert:

$$\Delta PV \simeq PV'(r_0)\Delta r + \frac{1}{2} PV''(r_0)(\Delta r)^2$$

$$= -PV \cdot D_{Mod} \cdot \Delta r + \frac{1}{2} \cdot PV \cdot Conv \cdot (\Delta r)^2 \, . \tag{4.6}$$

Beispiel 4.5 (Konvexität). ⎯⎯⎯⎯⎯⎯⎯⎯⎯⎯⎯⎯⎯⎯⎯⎯⎯⎯⎯⎯⎯⎯⎯⎯⎯⎯⎯

Gegeben seien wieder die Daten aus Beispiel 4.1. Steigt das Zinsniveau von 8 % auf 10 %, so ändert sich der Barwert dieser Anleihe von 1 000€ auf 936,60€. Eine Näherung mit der Duration von 3,5771 Jahren führt gemäß (4.3) auf einen neuen Barwert von 933,76€. Die Konvexität der Kuponanleihe ergibt sich aus

$$Conv = \frac{1}{1,08^2} \cdot (2 \cdot 74{,}07 + 6 \cdot 68{,}59 + 12 \cdot 63{,}51 + 20 \cdot 793{,}83)/1\,000 = 14{,}7449 \, .$$

Bezieht man diese Kennzahl nun in die näherungsweise Bestimmung der Barwertänderung mit ein, so erhält man mit (4.6) eine deutlich bessere Näherung als mit Hilfe der linearen Approximation:

$$PV^C(10\%) = 933{,}76 + \frac{1}{2} \cdot 1\,000 \cdot 14{,}7449 \cdot 0{,}02^2 = 936{,}71 \text{ (in €)}\,.$$

Die nachfolgende Tabelle enthält weitere Werte für den Fall unterschiedlicher Zinsschocks, wobei $PV^D(r)$ die näherungsweise Bestimmung des Barwerts $PV(r)$ mit Hilfe der linearen Approximation bezeichnet und $PV^C(r)$ für die quadratische Näherung unter zusätzlicher Einbeziehung der Konvexität steht.

Δr	-5%	-2%	-1%	$+1\%$	$+2\%$	$+5\%$
$PV(r)$	1 185,85	1 069,30	1 033,87	967,60	936,60	851,28
$PV^D(r)$	1 165,61	1 066,24	1 033,12	966,88	933,76	834,39
$PV^C(r)$	1 184,04	1 069,19	1 033,86	967,62	936,71	852,82

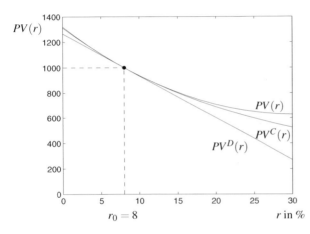

Abb. 4.6. *Approximation der Kapitalwertfunktion.* Die Kapitalwertfunktion $PV(r)$ kann mit Hilfe einer linearen Funktion $PV^D(r)$ und mit Hilfe einer quadratischen Funktion $PV^C(r)$ angenähert werden. Die lineare Näherung berücksichtigt nur die Duration, bei der quadratischen Näherung wird außerdem die Konvexität hinzugezogen.

4.2 Effektive Duration

Die Annahme einer flachen Zinsstruktur ist in der Realität häufig nicht erfüllt. Der Kassazinssatz $r(t) = r_0(t)$ für $0 \le t \le T$ hängt i. a. von der Restlaufzeit t ab. Im Folgenden soll deshalb eine nicht-flache Zinsstruktur betrachtet werden. In diesem Fall ist der Begriff der Zinsänderung nicht mehr eindeutig, denn jeder Kassazinssatz kann sich unterschiedlich ändern. Um das Konzept des vorherigen Abschnitts übertragen zu können, wird in diesem Abschnitt folgende Vereinbarung getroffen:

Annahme 4.2 (Parallelverschiebung der Zinsstruktur). *Zinsänderungen führen zu einer Parallelverschiebung einer beliebigen Zinsstrukturkurve.*

Bezeichnet Z_t den Rückfluss einer Anleihe für den Investor im Zeitpunkt t und $r(t) = r_0(t)$ den im Zeitpunkt 0 bekannten Kassazinssatz zur Restlaufzeit t, so besitzt der Barwert des Rückzahlungsstroms der Anleihe die Form $PV = \sum_{t=1}^{T} Z_t / (1 + r(t))^t$. Dieser Wert lässt sich nach einer Parallelverschiebung der Zinsstrukturkurve (unmittelbar nach dem Zeitpunkt 0) in Abhängigkeit der Zinsänderung Δr ausdrücken:

$$PV(\Delta r) = \sum_{t=1}^{T} \frac{Z_t}{(1 + r(t) + \Delta r)^t} \; .$$

Die ersten beiden Ableitungen dieser Funktion nach der Zinsänderung Δr lauten:

$$PV'(\Delta r) = \frac{dPV(\Delta r)}{d(\Delta r)} = -\sum_{t=1}^{T} \frac{t \cdot Z_t}{(1 + r(t) + \Delta r)^{t+1}} \quad \text{und} \qquad (4.7)$$

$$PV''(\Delta r) = \frac{d^2 PV(\Delta r)}{d(\Delta r)^2} = \sum_{t=1}^{T} \frac{t(t+1) \cdot Z_t}{(1 + r(t) + \Delta r)^{t+2}} \; . \qquad (4.8)$$

Somit erhält man als lineare Näherung für die *absolute* Barwertänderung beim Eintritt einer Parallelverschiebung der Zinsstrukturkurve um $\Delta r \cdot 100\%$:

$$\Delta PV = PV(\Delta r) - PV \simeq \frac{dPV(0)}{d(\Delta r)} \cdot \Delta r = -\sum_{t=1}^{T} \frac{t \cdot Z_t}{(1 + r(t))^{t+1}} \cdot \Delta r \; . \qquad (4.9)$$

Hierbei bezeichnet $PV = PV(0)$ den Barwert des Rückzahlungsstroms der Anleihe vor einer Zinsänderung.

(Modifizierte) Effektive Duration

Die *(modifizierte) Effektive Duration* der Zahlungsreihe ist wie folgt definiert:

$$D_{eff} \equiv \frac{1}{PV} \cdot \sum_{t=1}^{T} \frac{t \cdot Z_t}{(1 + r(t))^{t+1}} \; . \qquad (4.10)$$

Dann ist die approximierte, *absolute* Barwertänderung aufgrund einer Zinsänderung Δr direkt proportional zur (modifizierten) Effektiven Duration. Die Effektive Duration stimmt im Spezialfall einer flachen Zinsstruktur mit der modifizierten Duration überein. Ebenso wie die Macaulay Duration erfüllt die Effektive Duration eine Linearitätseigenschaft, d. h. die Effektive Duration eines Portefeuilles von festverzinslichen Wertpapieren entspricht der wertgewichteten Summe der Effektiven Durationen der Einzelwertpapiere.

Mit Hilfe der in (4.10) definierten Kennzahl D_{eff} kann die absolute Barwertänderung ΔPV aufgrund einer Zinsniveauänderung Δr wegen Beziehung (4.9) wie folgt linear approximiert werden:

$$\Delta PV \simeq PV'(0) \cdot \Delta r = -PV \cdot D_{\mathit{eff}} \cdot \Delta r \quad \Longrightarrow \quad \frac{\Delta PV}{PV} \simeq -D_{\mathit{eff}} \cdot \Delta r . \qquad (4.11)$$

Die *prozentuale* Barwertänderung ist also direkt proportional zur Effektiven Duration. Daher kann die Effektive Duration als Maß für die Sensitivität des Anleihewertes gegenüber Zinsänderungen, d. h. als ein Maß für das Zinsänderungsrisiko interpretiert werden.

Beispiel 4.6 (Effektive Duration). _____

Am Anleihemarkt werde eine Kuponanleihe mit jährlichen Zinszahlungen, einem Kuponsatz von 10 %, einer Fälligkeit in $T = 5$ Jahren und Nennwert 1 000 gehandelt. Ferner sei die folgende normale Zinsstruktur gegeben:

t	1	2	3	4	5
$r(t)$ in %	3,00	3,25	3,50	4,00	5,00

Der Barwert der Anleihe beträgt somit

$$PV = \frac{100}{1{,}03} + \frac{100}{1{,}0325^2} + \frac{100}{1{,}035^3} + \frac{100}{1{,}04^4} + \frac{1\,100}{1{,}05^5} = 1\,228{,}44 .$$

Als Effektive Duration der Anleihe erhält man:

$$D_{\mathit{eff}} = \frac{1 \cdot \frac{100}{1{,}03^2} + 2 \cdot \frac{100}{1{,}0325^3} + 3 \cdot \frac{100}{1{,}035^4} + 4 \cdot \frac{100}{1{,}04^5} + 5 \cdot \frac{1\,100}{1{,}05^6}}{PV} = 4{,}0461 \; (\text{Jahre}) .$$

Steigt nun das Zinsniveau um einen Prozentpunkt an, so wird sich der Barwert der Anleihe um etwa

$$\Delta PV \simeq -1\,228{,}44 \cdot 4{,}0461 \cdot 0{,}01 = -49{,}70$$

ändern und somit auf 1 178,74 fallen. Eine exakte Berechnung des neuen Barwertes der Anleihe auf Basis der neuen Zinsstruktur liefert den Wert 1 180,05. Ähnliche Rechnungen ergeben die folgenden Werte. Hierbei bezeichnet $PV^{D_{\mathit{eff}}}(\Delta r)$ die lineare Approximation des Barwertes $PV(\Delta r)$ mit Hilfe von Beziehung (4.11).

Δr	$-2\,\%$	$-1\,\%$	$+1\,\%$	$+2\,\%$	$+5\,\%$
$PV^{D_{\mathit{eff}}}(\Delta r)$	1 327,85	1 278,15	1 178,74	1 129,04	979,93
$PV(\Delta r)$	1 333,44	1 279,52	1 180,05	1 134,17	1 010,08

Effektive Konvexität

Verwendet man bei der Näherung der Barwertänderung aufgrund eines Zinsschocks die Effektive Duration und somit eine lineare Approximation gemäß (4.11), so nimmt man wegen der Nichtlinearität der Funktion $PV(\Delta r)$ einen gewissen Fehler in Kauf. Je höher die Zinsänderung ist, desto größer wird dieser Fehler. Dies kann man mit Hilfe des Beispiels 4.6 einsehen. Der Fehler lässt sich jedoch reduzieren, indem man bei der Approximation des Barwertes eine Komponente miteinbezieht, die die vorhandene Konvexität berücksichtigt. Zu diesem Zweck definiert man in Analogie zur Effektiven Duration die *Effektive Konvexität* $Conv_{eff}$:

$$Conv_{eff} \equiv \frac{1}{PV} \cdot \sum_{t=1}^{T} \frac{(t^2 + t) \cdot Z_t}{(1 + r(t))^{t+2}} \, .$$

Die entsprechende Taylorreihenentwicklung von $PV(\Delta r)$ führt wegen (4.7) und (4.8) auf die folgende quadratische Approximation der absoluten Barwertänderung, die auch bei größeren Zinsänderungen noch gute Ergebnisse liefert:

$$\Delta PV \simeq PV'(0)\Delta r + \frac{1}{2}PV''(0)(\Delta r)^2 = -PV \cdot D_{eff} \cdot \Delta r + \frac{1}{2} \cdot PV \cdot Conv_{eff} \cdot (\Delta r)^2 \, .$$

Beispiel 4.7 (Effektive Konvexität). _____
Gegeben seien die Anleihe und die Zinsstruktur aus Beispiel 4.6. Steigt das Zinsniveau um 5 %, so ändert sich der Barwert dieser Anleihe von 1 228,44 auf 1 010,08. Eine Näherung mit der Effektiven Duration von 4,0461 Jahren führt auf einen neuen Barwert von 979,93. Die Effektive Konvexität der Kuponanleihe berechnet sich folgendermaßen:

$$Conv_{eff} = \left(\frac{2 \cdot 100}{1,03^3} + \frac{6 \cdot 100}{1,0325^4} + \frac{12 \cdot 100}{1,035^5} + \frac{20 \cdot 100}{1,04^6} + \frac{30 \cdot 1\,100}{1,05^7} \right) \cdot \frac{1}{PV} = 21,7791 \, .$$

Bezieht man diese Kennzahl nun in die Approximation der Barwertänderung mit ein, so erhält man eine deutlich bessere Näherung:

$$PV^{Conv_{eff}}(\Delta r) = 979,93 + \frac{1}{2} \cdot 1\,228,4445 \cdot 21,7791 \cdot 0,05^2 = 1\,013,37 \, .$$

Die folgende Tabelle enthält weitere Werte für den Fall unterschiedlicher Zinsschocks, wobei $PV^{D_{eff}}(\Delta r)$ bzw. $PV^{Conv_{eff}}(\Delta r)$ die Näherung des Barwertes $PV(\Delta r)$ nach einer sofortigen Parallelverschiebung der Zinsstruktur um Δr mit Hilfe der linearen bzw. quadratischen Approximation bezeichnet.

Δr	-2%	-1%	$+1\%$	$+2\%$	$+5\%$
$PV(\Delta r)$	1 333,44	1 279,52	1 180,05	1 134,17	1 010,08
$PV^{D_{eff}}(\Delta r)$	1 327,85	1 278,15	1 178,74	1 129,04	979,93
$PV^{Conv_{eff}}(\Delta r)$	1 333,20	1 279,49	1 180,08	1 134,39	1 013,37

4.3 Key Rate-Duration

Im Folgenden soll der Key Rate-Duration-Ansatz von Ho (1992) dargestellt werden. Ho entwickelte eine Kennzahl, mit deren Hilfe die Auswirkungen von nicht parallelen Verschiebungen der Zinsstruktur bestimmt werden können. Damit verallgemeinerte er die bisher vorgestellten Durationskonzepte. Die zum Zeitpunkt 0 bekannte Kassazinsstruktur sei wie bisher mit $\{r_0(t)\} = \{r(t)\}$ für $0 \leq t \leq T$ bezeichnet. Weiterhin beschreibe $\{\tilde{r}(t)\} = \{\tilde{r}_{0^+}(t)\}$ für $0 \leq t \leq T$ die Kassazinsstruktur nach einem Zinsschock, der unmittelbar nach dem Zeitpunkt 0 eintritt. Durch

$$\Delta r(t) = \tilde{r}(t) - r(t) \quad \text{für} \quad 0 \leq t \leq T$$

wird die Änderung der Zinsstruktur in Abhängigkeit der Fristigkeit t dargestellt. Diese Änderung soll mit Hilfe einer stückweise linearen Funktion approximiert werden. Betrachtet man zunächst Zinssätze bestimmter Laufzeiten $t_1, \ldots, t_N$:

$$r(t_1), r(t_2), \ldots, r(t_N) \, ,$$

die sogenannten *Key Rates* bzw. *Schlüssel*zinssätze (z. B. Kassazinssätze für 3 Monate, 1 Jahr und 2 Jahre), so kann eine Veränderung der Zinsstrukturkurve durch die Verschiebung dieser Zinssätze angenähert werden. Die Änderungen der anderen Zinssätze werden wie folgt linear interpoliert (vgl. Abbildung 4.7):

- Für alle Laufzeiten, die kleiner (größer) als die Laufzeit der ersten (letzten) Key Rate sind, ergibt sich die gleiche Zinsänderung wie für die erste (letzte) Key Rate.
- Die Zinsänderungen, die von der Verschiebung der i-ten Key Rate verursacht werden, sind für Laufzeiten kleiner der $(i-1)$-ten und größer der $(i+1)$-ten Key Rate gleich Null.
- Die Zinsänderungen, die von der Verschiebung der i-ten Key Rate verursacht werden, werden für Laufzeiten zwischen der $(i-1)$-ten und der $(i+1)$-ten Key Rate durch ein Dreieck mit der Spitze bei der i-ten Key Rate beschrieben.

Dazu betrachte man folgendes

Beispiel 4.8 (Key Rates). _____
Angenommen, die Zinsstrukturkurve $\{r(t)\}$ habe sich infolge eines Zinsschocks verschoben. Die neue Zinsstrukturkurve $\{\tilde{r}(t)\}$ werde vereinfacht mittels der linearen Interpolation der Key Rates $r(t_1 = 0{,}25)$, $r(t_2 = 1)$ und $r(t_3 = 2)$ modelliert. Bezeichne $\lambda[t, \Delta r(t_i)]$ die Änderung der Zinsstrukturkurve an der Stelle t, die durch die Verschiebung der i-ten Key Rate $\Delta r(t_i)$ ausgelöst wird, so lässt sie sich graphisch wie in Abbildung 4.7 und formal wie folgt darstellen:

$$\lambda\left[t, \Delta r(t_1 = 0{,}25)\right] = \begin{cases} \Delta r(0{,}25) & , \quad 0 \le t < 0{,}25 \\ \Delta r(0{,}25) \cdot \frac{1-t}{1-0{,}25}, & 0{,}25 \le t < 1 \\ 0 & , \quad 1 \le t \end{cases} \quad ;$$

$$\lambda\left[t, \Delta r(t_2 = 1)\right] = \begin{cases} 0 & , \quad 0 \le t < 0{,}25 \\ \Delta r(1) \cdot \frac{t-0{,}25}{1-0{,}25}, & 0{,}25 \le t < 1 \\ \Delta r(1) \cdot \frac{2-t}{2-1}, & 1 \le t < 2 \\ 0 & , \quad 2 \le t \end{cases} \quad ;$$

$$\lambda\left[t, \Delta r(t_3 = 2)\right] = \begin{cases} 0 & , \quad 0 \le t < 1 \\ \Delta r(2) \cdot \frac{t-1}{2-1}, & 1 \le t < 2 \\ \Delta r(2) & , \quad 2 \le t \end{cases} \quad .$$

Die Summe der durch diese drei Key Rates verursachten Verschiebungen liefert eine stückweise lineare Approximation $\lambda\left[t, \Delta r(0{,}25), \Delta r(1), \Delta r(2)\right]$ der Änderung der Zinsstrukturkurve. Die Differenz zwischen der neuen Zinsstruktur $\{\tilde{r}(t)\}$ und der alten Zinsstruktur $\{r(t)\}$ lässt sich näherungsweise durch diese lineare Approximation bestimmen:

$$\tilde{r}(t) - r(t) \simeq \lambda\left[t, \Delta r(0{,}25), \Delta r(1), \Delta r(2)\right] = \lambda\left[t, \Delta r(0{,}25)\right] + \lambda\left[t, \Delta r(1)\right] + \lambda\left[t, \Delta r(2)\right].$$

In Abbildung 4.7 ist diese lineare Interpolation der neuen Zinsstrukturkurve durch die fett gedruckte Linie skizziert.

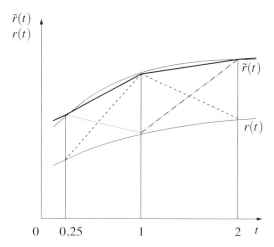

Abb. 4.7. *Lineare Interpolation.* Die *gepunktete* Linie stellt die Änderung der Zinsstruktur dar, die von der Verschiebung der ersten Key Rate verursacht wird. Die *gestrichelte* bzw. *gestrichelte Linie mit Punkten* beschreibt die Änderung der Zinsstruktur aufgrund der Verschiebung der zweiten bzw. dritten Key Rate. Die Summe dieser drei Änderungen der Zinsstruktur wird durch den fett gedruckten Streckenzug beschrieben. Dieser stellt die stückweise lineare Approximation der neuen Zinsstrukturkurve $\{\tilde{r}(t)\}$ dar.

Key Rate-Duration: ein Spezialfall

Für den Spezialfall, dass die Rückflüsse Z_t für $t = 1, \ldots, T$ der jeweiligen Kuponanleihe zeitlich exakt mit den Laufzeiten, $t_1 = 1, t_2 = 2, \ldots, t_N = N = T$ der gewählten Key Rates $r(1) = r(t_1), \ldots, r(N) = r(t_N)$ übereinstimmen, kann die *Key*

Rate-Duration zur Key Rate $r(i)$ anhand einer analytischen Formel ähnlich wie im Fall der (modifizierten) Macaulay Duration bestimmt werden:

$$KRD_i \equiv \frac{i \frac{Z_i}{(1+r(i))^{i+1}}}{\sum_{t=1}^{T} \frac{Z_t}{(1+r(t))^t}} = \frac{i \frac{Z_i}{(1+r(i))^{i+1}}}{PV} \quad \text{für} \quad i = 1,\ldots,N = T. \quad (4.12)$$

Hierbei beschreibt PV den Barwert des Rückzahlungsstromes der Anleihe auf Basis der Zinsstruktur $\{r(t)\}$ vor Zinsänderung. Wie man leicht sieht, entspricht die Summe der Key Rate-Durationen gerade der Effektiven Duration. Letztere kann jedoch nur bei Parallelverschiebungen der Zinsstrukturkurve für die Sensitivitätsanalyse des Barwertes herangezogen werden. Die Key Rate-Duration ist im Unterschied zur Effektiven Duration eine multidimensionale Kennzahl, d. h. ein *Vektor* von Zahlen, der die Preissensitivität eines Wertpapiers bezüglich einer ganzen Domäne aller möglichen Bewegungen der Zinsstrukturkurve definiert. Die Änderung der gesamten Zinsstrukturkurve kann durch die Summe der Änderungen aller Key Rates approximiert werden. Die totale Barwertänderung entspricht der Summe der Barwertänderungen infolge der Bewegung jeder Key Rate. Somit erhält man für die absolute Barwertänderung folgende Näherung:

$$\Delta PV \simeq \sum_{i=1}^{N} \frac{\partial PV}{\partial r(i)} \cdot \Delta r(i) = -\sum_{i=1}^{N} \frac{i \cdot Z_i}{(1+r(i))^{i+1}} \cdot \Delta r(i) = -PV \cdot \sum_{i=1}^{N} KRD_i \cdot \Delta r(i).$$

Beispiel 4.9 (Key Rate-Duration – ein Spezialfall). _____

Gegeben sei eine Kuponanleihe mit jährlichen Kuponzahlungen mit einer Fälligkeit in 10 Jahren, einem Kuponsatz von 6 % und einem Nennwert von 100. Die Kassazinsstruktur sei bekannt und in der folgenden Tabelle wiedergegeben, der Barwert der Anleihe beträgt somit 95,33. Als Key Rates werden die entsprechenden Kassazinssätze betrachtet. Das ermöglicht eine analytische Berechnung der Key Rate-Duration nach der Formel (4.12) für jedes Jahr t:

Jahr t	Z_t	$r(t)$	$PV\{Z_t\}$	KRD_i
1	6	0,0526	5,70	0,0568
2	6	0,0545	5,40	0,1074
3	6	0,0567	5,09	0,1514
4	6	0,0578	4,79	0,1901
5	6	0,0589	4,51	0,2232
6	6	0,0596	4,24	0,2518
7	6	0,0628	3,92	0,2706
8	6	0,0648	3,63	0,2861
9	6	0,0663	3,37	0,2981
10	106	0,0684	54,70	5,3702
			95,33	

Die Änderung des Barwertes kann nun im Falle einer kleinen Änderung einer Key Rate, z. B. erhöhe sich $r(3)$ um 0,1 %, ohne viel Aufwand näherungsweise bestimmt werden:

$$\Delta PV \simeq -KRD_3 \cdot \Delta r(3) \cdot PV = -0,1514 \cdot 0,001 \cdot 95,33 = -0,0144 \ .$$

Key Rate-Duration: der allgemeine Fall

In der Praxis werden von den Marktteilnehmern allerdings nur Zinssätze zu bestimmten Laufzeiten (indirekt durch die Marktpreise der Kuponanleihen bestimmter Restlaufzeiten) beobachtet, so dass nicht jedem Rückflusszeitpunkt eine Key Rate zugeordnet werden kann. Somit kann obige Formel (4.12) nicht angewendet werden.

Die Key Rate-Duration zur i-ten Key Rate KRD_i wird in diesem Fall als der negative Wert der *relativen* Barwertänderung ΔPV_i bei Eintritt der Änderung des Schlüsselzinssatzes $r(t_i)$ definiert:

$$KRD_i \equiv -\frac{\Delta PV_i / PV}{\Delta r(t_i)} \ . \tag{4.13}$$

Für die absolute Barwertänderung erhält man die folgende Näherung:

$$\Delta PV \simeq -PV \cdot \sum_{i=1}^{n} KRD_i \cdot \Delta r(t_i) \ .$$

Beispiel 4.10 (Key Rate-Duration). _____
Stimmen die Rückflusszeitpunkte mit den Key Rates nicht überein, so müssen die Änderungen der Zinssätze, die keine Key Rates darstellen, mit Hilfe der Verschiebung der Key Rates linear interpoliert werden. Hier seien $r(1)$, $r(3)$, $r(6)$ und $r(10)$ die Key Rates mit den Änderungen $\Delta r(1) = \Delta r(3) = \Delta r(10) = 0$ und $\Delta r(6) = 0,001$.

Jahr t	i	Z_t	$r(t)$	$\lambda[t, \Delta r(6)]$	$PV\{Z_t\}$
1	1	6	0,0526	0,00000	5,70
2		6	0,0545	0,00000	5,40
3	2	6	0,0567	0,00000	5,09
4		6	0,0578	0,00033	4,79
5		6	0,0589	0,00067	4,49
6	3	6	0,0596	0,00100	4,22
7		6	0,0628	0,00075	3,90
8		6	0,0648	0,00050	3,62
9		6	0,0663	0,00025	3,36
10	4	106	0,0684	0,00000	54,70
					95,27

Mit Hilfe der Berechnungen aus Beispiel 4.9 erhält man daraus die Key Rate-Duration zur Key Rate $r(t_3) = r(6)$:

$$KRD_3 = -\frac{95{,}27 - 95{,}33}{95{,}33 \cdot 0{,}001} = 0{,}63 \ .$$

Wenn die Key Rate $r(t_3 = 6)$ um 10 Basispunkte steigt, ändert sich der Barwert der Kuponanleihe ungefähr um den folgenden Betrag:

$$\Delta PV = -KRD_3 \cdot \Delta r(t_3) \cdot PV = -0{,}63 \cdot 0{,}001 \cdot 95{,}33 = -0{,}06 \ .$$

An dieser Stelle ist der Schwachpunkt der numerischen Berechnung der Key Rate-Duration für die Approximation des Einflusses der Zinsänderung auf die Barwertänderung zu erkennen: Der *neue* Barwert muss in die Bestimmung der Key Rate-Duration bereits einfließen!

Key Rate-Duration von Portefeuilles

Eigenschaft 4.5 (Key Rate-Duration von Portefeuilles). *Die Key Rate-Duration eines Portefeuilles von n festverzinslichen Wertpapieren KRD_P entspricht der wertgewichteten Summe der Key Rate-Durationen der Einzelwertpapiere, d. h.*

$$KRD_P = \sum_{i=1}^{n} x_i \cdot KRD_i \ ,$$

wobei $x_i = PV_i / \sum_{j=1}^{n} PV_j$ den wertmäßigen Anteil von Wertpapier i am Portefeuille P und KRD_i die Key Rate-Duration des Wertpapiers i bezeichnen.

4.4 Bemerkungen

Bühler und Hies (1995) geben einen kurzen Überblick über die drei angesprochenen Durationskonzepte. Ihre Arbeit ist deshalb zum Einstieg in die Thematik geeignet. Steiner und Uhlir (2001), Sundaresan (2002) sowie Doerks und Hübner (1993) stellen die Macaulay Duration ausführlich dar. Kruschwitz und Wolke (1994) gehen darüberhinaus noch auf die Effektive Duration ein. Das Konzept der Key Rate-Duration wird in der Originalarbeit von Ho (1992) sehr gut dargestellt. Die Überblicksarbeit von Bühler (1983) zeigt, dass mit den (bis dahin bekannten) traditionellen Durationskonzepten das Zinsänderungsrisiko von Anleiheportefeuilles tatsächlich begrenzt werden kann und auch langfristige Ansprüche abgesichert werden können (siehe dazu Fabozzi und Fabozzi, 1989). Cox, Ingersoll und Ross (1979) schlagen erstmals einen Vertreter einer neuen Generation von Maßen für das Zinsänderungsrisiko vor, die eine arbitragefreie Zinsstrukturdynamik unterstellen. Bußmann (1988, 1989) folgert aus seinen empirischen Untersuchungen, dass letztere Maße dem Durationsmaß von Macaulay überlegen sind (siehe dazu auch Bühler und Herzog, 1989).

Aufgaben

4.1. Ermitteln Sie die Duration eines Zero-Bonds! Zeigen Sie, dass der Liquidationswert einer Null-Kuponanleihe bezogen auf den Durationszeitpunkt keinem Zinsänderungsrisiko unterliegt!

4.2. Eine Unternehmung halte folgende festverzinsliche Titel:

  • Nominal 1 Mio € einer zu 100 % rückzahlbaren Kuponanleihe mit jährlichen Zinszahlungen, einem Nominalzinssatz von 6 % und einer Fälligkeit in 4 Jahren;

  • nominal 0,5 Mio € eines ebenfalls zu 100 % rückzahlbaren Zero-Bonds, der eine Fälligkeit in 3 Jahren aufweist.

Am (vollkommenen) Finanzmarkt liege eine flache Zinsstruktur mit einem Zinssatz von 8 % p. a. vor. Die Unternehmung wolle sich nun mit der Emission eines Zeros gegenüber Parallelverschiebungen der Zinsstruktur (während des ersten Jahres) absichern. Welche Laufzeit und welcher Rückzahlungsbetrag wäre zu wählen?

4.3. Beweisen Sie Eigenschaft 4.1!

4.4. Es werde die Anleihe mit dem folgenden Rückzahlungsstrom am Finanzmarkt gehandelt:

t in Jahren	1	2	3
Z_t in €	400	420	441

Weiterhin liege eine flache Zinsstruktur auf dem Niveau von 5 % p. a. vor.

(a) Berechnen Sie den Barwert und die Duration der angegebenen Anleihe!

(b) Welche Auswirkung hat ein Zinsschock, d. h. eine sofortige Veränderung des Zinsniveaus um eine (marginale) Einheit, auf den Barwert dieser Anleihe?

(c) Berechnen Sie den Zeitpunkt, in dem man gegenüber einem Zinsschock von +100 Basispunkten *immunisiert* ist. Welche Zinsänderungen sind in diesem Zeitpunkt noch *abgesichert*, welche nicht? Begründen Sie Ihre Antwort mit Hilfe geeigneter Kapitalwerte.

(d) Zu welchem Planungshorizont t^* ist der Liquidationswert der Anleihe gegenüber einer *beliebigen* Parallelverschiebung der Zinsstruktur aus heutiger Sicht *abgesichert*? Zeigen Sie dazu, dass die Kapitalwertfunktion $V(t^*, r)$ zu diesem Zeitpunkt ein globales Minimum im aktuellen Zinsniveau $r_0 = 5 \%$ annimmt!

(e) Geben Sie eine Arbitragestrategie an, die von Zinssatz-Schocks im Durationsmodell von Macaulay profitiert! Gehen Sie vereinfachend davon aus, dass eine Zinsänderung nur während des ersten Jahres auftreten kann.

4.5. Ein Unternehmen hält zwei- und fünfjährige Kuponanleihen mit einem Kuponsatz von 5 % mit jährlichen Zinszahlungen und Rückzahlung zum Nennwert von jeweils 100 Euro. Unterstellen Sie eine flache Zinsstruktur mit einem Zinssatz von 5 % p. a.

(a) Berechnen Sie die Barwerte und die Durationen der beiden Anleihen!

(b) Für welche Zeithorizonte kann ein Anleger den Liquidationswert seines Portefeuilles, das durch eine *beliebige* Kombination der beiden Anleihen entsteht, in $t = 0$ gegenüber Parallelverschiebungen der Zinsstruktur absichern (Leerverkäufe seien ausgeschlossen)?

(c) Ein Anleger plant, den Liquidationswert seiner Investition zum Zeitpunkt $t = 4$ gegenüber Zinsschocks abzusichern. Welche Anteile der obigen Anleihen sind in $t = 0$ zu erwerben?

4.6. Am Anleihemarkt werde eine Kuponanleihe mit einem Kupon von 5 %, jährlichen Zinszahlungen und einer Fälligkeit in 4 Jahren zum Nennwert von 100 gehandelt. Ferner sei die folgende Kassazinsstruktur gegeben:

t	1	2	3	4
$r(t)$ in %	5,00	5,25	5,50	6,00

(a) Berechnen Sie den Barwert und die Effektive Duration der angegebenen Anleihe!

(b) Welche Auswirkung hat eine sofortige Parallelverschiebung der Zinsstruktur um einen Prozentpunkt nach oben auf den Barwert der Anleihe?

4.7. An der Börse werden ein-, zwei- und dreijährige Null-Kuponanleihen mit Rückzahlung zum Nennwert von 100 zu einem Kurs von 96,15, 90,70 und 83,96 gehandelt:

(a) Berechnen Sie aus den vorliegenden Daten die Kassazinssätze (Spot Rates)! Liegt eine flache, normale oder inverse Zinsstruktur vor?

(b) Ein Unternehmen plane die Emission einer dreijährigen Kuponanleihe mit jährlichen Kuponzahlungen und einem Kuponsatz von 6 %, die zum Nennwert von 100 zurückgezahlt wird. Berechnen Sie deren Emissionspreis so, dass dieser mit der vorherrschenden Zinsstruktur aus Aufgabenteil (a) konsistent ist!

(c) Bestimmen Sie mit Hilfe eines *geeigneten* Durationskonzeptes die lineare Näherung für die Änderung des in Aufgabenteil (b) berechneten Emissionspreises, wenn die Zinsstruktur eine sofortige Parallelverschiebung um einen Prozentpunkt nach oben erfährt.

4.8. Es seien die Kuponanleihe und die Kassazinsstruktur aus der Aufgabe 4.6. gegeben. Als Key Rates werden alle vier Kassazinssätze betrachtet.

(a) Berechnen Sie die Key Rate-Durationen der Anleihe für die jeweiligen Key Rates. Was sagen diese Kennzahlen aus?

(b) Um wieviel ändert sich der Barwert der Anleihe bei sofortiger Änderung der zweiten Key Rate um -15 Basispunkte und der dritten Key Rate um $+10$ Basispunkte?

Anhang

4A Macaulay Duration von Anleihevarianten

Da die Duration die gewichtete Summe der Zahlungszeitpunkte der Zahlungsreihe einer Anleihe darstellt, entspricht die Macaulay Duration einer *Null-Kuponanleihe (Zero)* mit Nennwert $F = 1$ ihrer Fälligkeit T:

$$D^{\text{Zero}} = \sum_{t=1}^{T} \frac{t \cdot \text{PV}\{Z_t\}}{PV} = \frac{T \cdot \frac{1}{(1+r)^T}}{\frac{1}{(1+r)^T}} = T \; .$$

Die Macaulay Duration einer *ewigen Rente* mit jährlichen Zahlungen in Höhe von AN beträgt[1]

$$D^{\text{ewige Rente}} = \sum_{t=1}^{\infty} \frac{t \cdot \text{PV}\{Z_t\}}{PV} = \sum_{t=1}^{\infty} \frac{t \cdot \frac{AN}{(1+r)^t}}{\frac{AN}{r}} = r \cdot \sum_{t=1}^{\infty} t \cdot \frac{1}{(1+r)^t} = \frac{1+r}{r} \; .$$

4B Macaulay Duration und ihre Determinanten

Die Macaulay Duration einer Kuponanleihe mit Nennwert $F = 1$ hängt von der Fälligkeit T und dem Kuponsatz c der Kuponanleihe sowie dem Zinsniveau r ab.

$$D = \sum_{t=1}^{T} \frac{t \cdot \text{PV}\{Z_t\}}{PV} = \frac{1}{PV} \cdot \left(\sum_{t=1}^{T} t \cdot \frac{c}{(1+r)^t} + T \cdot \frac{1}{(1+r)^T} \right) \; ,$$

wobei für den Barwert der Kuponanleihe gilt:

$$PV = B^c(T) = \sum_{t=1}^{T} \frac{c}{(1+r)^t} + \frac{1}{(1+r)^T} = c \cdot \frac{(1+r)^T - 1}{r(1+r)^T} + \frac{1}{(1+r)^T} \; .$$

Im Folgenden soll der Zusammenhang zwischen der Duration und ihrer Determinanten näher betrachtet werden.
Die Macaulay Duration einer Kuponanleihe nimmt mit zunehmendem *Zinsniveau* ab. Im Grenzfall erhält man:

$$D \quad \overset{r \to \infty}{\longrightarrow} \quad 1 \; .$$

Außerdem gilt

$$D \quad \overset{r \to 0}{\longrightarrow} \quad \frac{c \cdot \frac{T(T+1)}{2} + T \cdot 1}{c \cdot T + 1} \; .$$

---

[1] Hierbei wird die Formel $\sum_{t=1}^{\infty} t \cdot x^t = \frac{x}{(1-x)^2}$ für $|x| < 1$ verwendet.

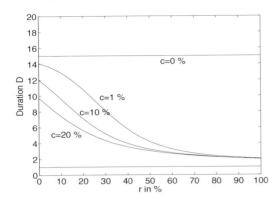

Abb. 4B.1. *Duration in Abhängigkeit des Zinsniveaus r.*
Macaulay Duration von Kuponanleihen mit einem Nennwert von 1, einer Fälligkeit in 15 Jahren und jährlichen Kuponzahlungen in Höhe von 0, 1, 10 und 20 (alle Angaben in %) für verschiedene Zinsniveaus *r*. Die Duration einer Null-Kuponanleihe hängt nicht vom Zinssatz *r* ab.

Mit steigender *Fälligkeit* nähert sich die Macaulay Duration einer Kuponanleihe der einer ewigen Rente, d. h.

$$D \xrightarrow{T \to \infty} \frac{1+r}{r} = D^{\text{ewige Rente}}.$$

Mit immer kleiner werdender Fälligkeit nimmt auch die Duration ab, da sie die Summe der gewichteten Zahlungszeitpunkte der Anleihe darstellt. Im Grenzfall ergibt sich:

$$D \xrightarrow{T \to 0} 0.$$

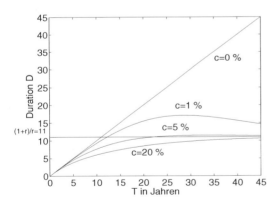

Abb. 4B.2. *Duration in Abhängigkeit der Fälligkeit T.*
Macaulay Duration von Kuponanleihen mit einem Nennwert von 1, jährlichen Kuponzahlungen in Höhe von 0, 1, 5 und 20 (alle Angaben in %) bei einem Zinssatz von $r = 10\%$ für verschiedene Fälligkeiten T. Bei einer Null-Kuponanleihe ist der Zusammenhang zwischen der Duration und der Fälligkeit T linear.

Die Macaulay Duration nimmt mit dem *Kuponsatz* ab. In den Grenzfällen gilt:

$$D \xrightarrow{c \to 0} D^{\text{NKA}} = T \quad \text{bzw.} \quad D \xrightarrow{c \to \infty} \frac{(1+r)^{T+1} - r(T+1) - 1}{r((1+r)^T - 1)}.$$

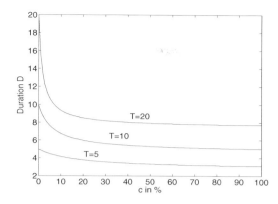

Abb. 4B.3. *Duration in Abhängigkeit des Kupons c.*
Macaulay Duration von Kuponanleihen mit einem Nennwert von 1, Fälligkeit in 5, 10 und 20 Jahren bei einem jährlichen Zinssatz von $r = 10\%$ für verschiedene jährliche Kuponzahlungen c (Angabe in %).

4C Duration bei zeitstetigen Zahlungsströmen

Auch im Falle zeitstetiger Zahlungsströme entspricht der Preis einer Anleihe dem Barwert des Rückzahlungsstroms. Dieser wird folgendermaßen bestimmt:

$$PV = \int_0^T Z(s) \cdot e^{-s \cdot i} \, ds \, .$$

Hierbei bezeichnet nun i die *Zinsrate*, d. h. den Zinssatz bei zeitstetiger Zinsverrechnung mit $i \equiv \ln(1 + r)$. Dies entspricht dem Grenzwert der zeitdiskreten Kapitalwertformel. Auch die Duration der Anleihe entspricht dem Grenzwert (d. h. die Zeitspanne Δt zwischen jeweils zwei aufeinander folgenden Zahlungen geht gegen Null) des bereits vorgestellten Durationskonzeptes (4.2) bei zeitdiskreten Zahlungszeitpunkten:

$$D \equiv \frac{\int_0^T s \cdot Z(s) \cdot e^{-s \cdot i} \, ds}{\int_0^T Z(s) \cdot e^{-s \cdot i} \, ds} \, .$$

Die Ableitung des Preises nach der Zinsrate, $\frac{dPV}{di} = -\int_0^T s \cdot Z(s) \cdot e^{-s \cdot i} ds$, kann nun mit Hilfe der Duration dargestellt werden: $dPV/di = -D \cdot PV$. Die prozentuale Preisänderung bei einer Zinsänderung ist also wiederum proportional zur Duration:

$$dPV/PV = -D \cdot di \, .$$

Die Modifizierte Duration beschreibt nun das Verhältnis von prozentualer Preisänderung zu prozentualer Zinsniveauänderung: $dPV/PV = -D_{Mod} \cdot di/i$. Damit ergibt sich zwischen der Kennzahl Duration und der Kennzahl Modifizierte Duration die folgende Beziehung:

$$D_{Mod} = i \cdot D \, .$$

Literatur

Bierwag, Gerald O., 1977, Immunization, duration, and term structure of interest rates, *Journal of Financial and Quantitative Analysis* 12, 725–742.

Bierwag, Gerald O., 1979, Dynamic Portfolio Immunization Policies, *Journal of Banking and Finance* 3, 23–14.

Bierwag, Gerald O. und George G. Kaufman, 1977, Coping with the Risk of Interest-Rate Fluctuations: A Note, *Journal of Business* 12, 364–370.

Bühler, Alfred und Michael Hies, 1995, Zinsrisiken und Key-Rate-Duration, *Die Bank* 2, 112–118.

Bühler, Wolfgang, 1983, Anlagestrategien zur Begrenzung des Zinsänderungsrisikos von Portefeuilles festverzinslicher Wertpapieren, *Zeitschrift für betriebswirtschaftliche Forschung* 35, 82–138.

Bühler, Wolfgang und Walter Herzog, 1989, Die Duration - eine geeignete Kennzahl für die Steuerung von Zinsänderungsrisiken in Kreditinstituten? Teil I und II, *Kredit und Kapital* 22, 403–428, 524–564.

Bußmann, Johannes, 1988, *Das Management von Zinsänderungsrisiken - Theoretische Ansätze und ihre empirische Überprüfung für den deutschen Rentenmarkt*, Peter Lang, Frankfurt am Main.

Bußmann, Johannes, 1989, Tests verschiedener Zinsänderungsrisikomaße mit Daten des deutschen Rentenmarktes, *Zeitschrift für Betriebswirtschaft* 59, 747–765.

Cox, John C., Jonathan E. Ingersoll und Stephen A. Ross, 1979, Duration and the Measurement of Basis Risk, *Journal of Business* 52, 51–61.

Doerks, Wolfgang und Stefan Hübner, 1993, Konvexität festverzinslicher Wertpapiere, *Die Bank* 2, 102–105.

Fabozzi, Frank J. und T. Dessa Fabozzi, 1989, *Bond Markets, Analysis and Strategies*, Prentice Hall, Englewood Cliffs.

Fisher, Lawrence und Roman L. Weil, 1971, Coping with the risk of interest-rate fluctuations: returns to bondholders from naive and optimal strategies, *Journal of Financial Economics* 4, 129–176.

Ho, Thomas S. Y., 1992, Key Rate Durations: Measures of Interest Rate Risks, *Journal of Fixed Income* 2, 29–44.

Khang, Chulsoon, 1983, A Dynamic Global Portfolio Immunization Strategy in the World of Multiple Interest Rate Changes: A Dynamic Immunization and Minimax Theorem, *The Journal of Financial and Quantitative Analysis* 18, 355–363.

Kruschwitz, Lutz und Thomas Wolke, 1994, Duration and Convexity, *Wirtschaftswissenschaftliches Studium* 8, 382–387.

Macaulay, Frederick R., 1938, *The Movement of Interest Rates, Bond Yields and Stock Prices in the United States Since 1856*, neue Auflage: Risk Books, 1999.

Rudolph, Bernd und Bernhard Wondrak, 1986, Modelle zur Planung von Zinsänderungsrisiken und Zinsänderungschancen, *Zeitschrift für Wirtschafts- und Sozialwissenschaften* 106, 337–361.

Steiner, Peter und Helmut Uhlir, 2001, *Wertpapieranalyse*, Springer, Heidelberg, 4. Auflage.

Sundaresan, Suresh, 2002, *Fixed Income Markets and their Derivatives*, South-Western College Publishing, Cincinnati, Ohio, 2. Auflage.

Teil B

Unsichere Investitionen

5

Portefeuilleauswahl mit der Erwartungswert-Varianz-Regel

Unternehmen und Privatpersonen können ihr Vermögen auf verschiedene Formen aufteilen. So kann eine Privatperson beispielsweise über ein Eigenheim oder sonstige illiquide Vermögensgüter verfügen, Versicherungs- und Rentenansprüche besitzen oder ihr Vermögen in Wertpapiere investieren, die auf gut organisierten Märkten gehandelt werden. Sowohl Unternehmen als auch Privatpersonen werden daher äußerst selten ihr Vermögen in einer *einzigen* Vermögensform halten, d. h. *"sie legen nicht alle Eier in einen Korb"*. Sie mischen vielmehr verschiedene Vermögensformen, d. h. sie bilden ein *Portefeuille*.[1] Durch Mischung von Vermögensformen (*Diversifikation*) entstehen Vorteile, weil sich die Risiken einzelner Vermögensformen teilweise aufheben. Wovon dieser *Diversifikationseffekt* abhängt und wie eine optimale Mischung der zur Verfügung stehenden Vermögensformen zu bestimmen ist, ist Gegenstand der *Portefeuilletheorie*.

Die in den Kapiteln 2 bis 4 vorgestellten Methoden zur Beurteilung, Bewertung und Planung von finanzwirtschaftlichen Maßnahmen unterstellen die exakte Kenntnis aller finanzwirtschaftlichen Entscheidungskonsequenzen, also eine Welt der Sicherheit. Dies ist eine äußerst realitätsferne Annahme, nicht nur im Zusammenhang mit Realinvestitionen, sondern natürlich auch im Zusammenhang mit Finanzinvestitionen. Bei letzteren ist nämlich die Rückzahlung nur bei ausfallrisikofreien Staatspapieren sicher. Aber selbst im speziellen Fall einer Investition in eine 10-jährige Bundesanleihe sind die finanzwirtschaftlichen Konsequenzen nur auf einer *nominellen* Basis exakt bekannt und damit risikolos. Bedenkt man nämlich, dass die Inflationsentwicklungen ebenfalls nur schwer vorauszusehen sind, so sind selbst die Rückflüsse aus einer Investition in bonitätsrisikofreie Staatsanleihen auf einer *realen* Basis mit Unsicherheit behaftet.

---

[1] Bereits in dem ca. 1 500 Jahre alten Traktat Bava mezia (Fol. 42a) des Babylonischen Talmuds, in dem sich einschlägige Auslegungen der alttestamentlichen Gesetze für das Judentum finden, wird empfohlen, Vermögen auf verschiedene Vermögensformen aufzuteilen: ein Drittel auf Grund und Boden, ein Drittel in Produktivvermögen, und ein Drittel in relativ leicht zu liquidierende Vermögensformen. Eine alternative, Mark Twain (1835-1910) bzw. Andrew Carnegie (1837-1919) zugeschriebene Investitionsstrategie lautet: "Put all your eggs in one basket and - watch that basket". Letztere Strategie wird allerdings in diesem Lehrbuch nicht begründet.

Als *Risiko* einer Handlung wird gemeinhin die Möglichkeit bezeichnet, aufgrund dieser Handlung bei Eintritt ungünstiger Bedingungen einen Schaden bzw. Verlust zu erleiden. Während also das Eingehen eines Gesundheitsrisikos eventuell die Gesundheit beeinträchtigt, führt das Eingehen eines finanzwirtschaftlichen Risikos eventuell zu einem Vermögensverlust. Obwohl Vermögensverluste einfacher zu quantifizieren sind als Gesundheitsrisiken, gibt es auch für finanzwirtschaftliche Risiken (noch) kein allgemein akzeptiertes Risikomaß. Naheliegend und zugleich einfach ist es jedoch, das Risiko einer Vermögensanlage durch die *Varianz* der zufälligen Vermögensrendite zu erfassen. Darauf basiert die vor mehr als 50 Jahren von Markowitz (1952) entwickelte Theorie der optimalen Portefeuilleauswahl. Für dieses *einperiodige* Anlagemodell hat Markowitz 1990 den Nobelpreis für Wirtschaftswissenschaften erhalten.[2]

Abschnitt 5.1 motiviert zunächst die Verwendung der Varianz bzw. Standardabweichung der Wertpapierrendite als Risikomaß und definiert die Erwartungswert-Varianz-Regel. Abschnitt 5.2 beschreibt insbesondere den Diversifikationseffekt bei zwei riskanten Wertpapieren, während Abschnitt 5.3 die Eigenschaften von Wertpapiermischungen bei drei riskanten Wertpapieren im (μ, σ)-Raum und im Portefeuilleraum veranschaulicht. Abschnitt 5.4 präsentiert dann den allgemeinen Fall mit n riskanten Wertpapieren mit und ohne risikoloser Anlage. Die abschließenden Abschnitte 5.5 und 5.6 beschreiben auf Basis eines Faktormodells für die zufällige Wertpapierrendite ein vereinfachtes Vorgehen zur optimalen Portefeuilleauswahl.

5.1 Rendite und Risiko

Renditekonzepte zur Beurteilung der finanzwirtschaftlichen Vorteilhaftigkeit von mehrperiodigen Investitionen sind nicht unproblematisch. Dies wurde zuletzt in Kapitel 3 anhand des Konzeptes „Verfallrendite", also des Internen Zinsfußes einer Investition in festverzinsliche Wertpapiere, demonstriert. In diesem und den folgenden drei Kapiteln soll jedoch das Risiko einer Investition nur im Rahmen eines *Einperiodenmodells* untersucht werden. Die Verwendung des Renditemaßstabs zur Beurteilung der Vorteilhaftigkeit einer Investition ist daher in diesem Fall unproblematisch.

Diskrete versus stetige Rendite

Die *relative Wertänderung* einer Aktienanlage innerhalb einer Anlageperiode ist wohl die naheliegendste Definition einer Aktienrendite. Bezeichnet S_0 bzw. S_1

---

[2] Latané (1959) hat dagegen ein Mehrperioden-Modell vorgeschlagen, bei dem die mittlere Wachstumsrate des Vermögens maximiert wird. Eine sehr gute Darstellung dieses Ansatzes findet man in Luenberger (1998). Für Erweiterungen, die auf diesem Ansatz basieren, siehe z. B. Hellwig, Speckbacher und Wentges (2002) und Hellwig (2004). Zeitstetige Portefeuillemodelle werden dagegen in Korn (1997) und Kraft (2004) umfassend beschrieben.

den Preis zum Zeitpunkt 0 bzw. 1, so ist unter Berücksichtigung einer auf die betreffende Aktie entfallenden Dividendenzahlung DIV_1 am Periodenende die *diskrete Rendite* für diese Periode wie folgt definiert:

$$R \equiv \frac{S_1 + DIV_1 - S_0}{S_0} \, . \tag{5.1}$$

Diese Renditedefinition besitzt den Nachteil, dass die Rendite über einen mehrperiodigen Zeitraum nicht der Summe der Periodenrenditen entspricht. Zudem kann die diskrete Rendite nie kleiner als -1 werden und damit nur näherungsweise als normalverteilte Zufallsvariable modelliert werden. Diese Nachteile behebt die sogenannte *stetige Rendite*:

$$R^{ln} \equiv \ln(S_1 + DIV_1) - \ln S_0 \, .$$

Diese Renditedefinition ist das Analogon zu der in Kapitel 3 eingeführten Zinsrate. Welche Renditedefinition sinnvoller ist, hängt vom Modellrahmen ab. Für die in Kapitel 5 bis 8 behandelten Einperiodenmodelle ist Definition (5.1) angemessen.[3]

Erwartungswert und Varianz der zufälligen Rendite

Die Rendite für eine zukünftige Anlageperiode (ex ante-Rendite) ist meistens unsicher und muss daher als Zufallsvariable (siehe Anhang 5A) modelliert werden. Falls nur endlich viele mögliche Renditerealisationen $R(\omega_i)$ $(i = 1, \dots, n)$ für diese Anlageperiode modelliert werden, ist der *Erwartungswert* $E(R)$ der Zufallsvariablen R gleich der Summe aller möglichen Realisationen dieser Zufallsvariablen, gewichtet mit ihren Eintrittswahrscheinlichkeiten:

$$\mu \equiv E(R) \equiv \sum_{i=1}^{n} p(\omega_i) \, R(\omega_i) \, , \tag{5.2}$$

wobei $R(\omega_i)$ die i-te Ausprägung der Zufallsvariablen R bei Eintreten von Ereignis ω_i und $p(\omega_i)$ die Wahrscheinlichkeit des Auftretens der i-ten Ausprägung der Zufallsvariablen R darstellen. Die *Varianz* $\text{Var}(R)$ der Zufallsvariablen R, die die Streuung der Zufallsvariablen um ihren Erwartungswert misst, ist wie folgt definiert:

$$\text{Var}(R) \equiv E\left((R - E(R))^2\right) = \sum_{i=1}^{n} p(\omega_i) \, (R(\omega_i) - E(R))^2 \, . \tag{5.3}$$

---

[3] Einzige Ausnahme: Nur in Abbildung 5.2 werden Verteilungen der stetigen Rendite betrachtet. Bei beliebiger Verteilung der Rendite wird wegen des exponentiellen Zusammenhangs $S_1 + DIV_1 = S_0 \cdot \exp\{R^{ln}\}$ das Auftreten von negativen Wertpapierkursen *modellmäßig* ausgeschlossen. Wegen $1 + R = (S_1 + DIV_1)/S_0 = \exp\{R^{ln}\} = 1 + R^{ln} + (R^{ln})^2/2 + \dots$ sind allerdings R und R^{ln} für kleine Renditewerte beinahe gleich (dies gilt insbesondere im Wertebereich von $-0{,}05$ bis $0{,}05$).

Die auf Jahresrenditen bezogene *Standardabweichung* $\sigma \equiv (\mathrm{Var}(R))^{1/2}$ der Rendite von ihrem erwarteten Wert wird auch als *Volatilität* bezeichnet.[4] Letztere lässt sich insbesondere bei normalverteilten Zufallsvariablen gut interpretieren. Aus Abbildung 5.1 ist zu entnehmen, dass bei normalverteilten Zufallsvariablen etwa mit 68%iger Wahrscheinlichkeit die Realisation der Zufallsvariablen im Wertebereich $[\mu - \sigma, \mu + \sigma]$ liegt.

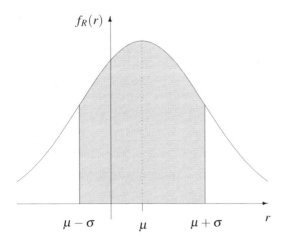

Abb. 5.1. *Standardabweichung und ihre Interpretation.*
Bei einer normalverteilten Zufallsvariablen liegen 68,27% der Wahrscheinlichkeitsmasse im schattierten Bereich, dem Sigma-Band um den Erwartungswert. Im Bereich von $\mu - 2\sigma$ bis $\mu + 2\sigma$ (Zwei-Sigma-Band) liegen 95,45% der Wahrscheinlichkeitsmasse.

Beispiel 5.1 (Erwartungswert und Varianz der zufälligen Rendite). _____
Sei $\Omega = \{\omega_1, \omega_2, \omega_3\}$ die Menge aller möglichen zukünftigen Ereignisse, wobei ω_1 für eine gute, ω_2 für eine mittelmäßige und ω_3 für eine schlechte Konjunktur stehen. Für die Rendite $R_A : \Omega \to \mathbf{R}$ des Wertpapiers A gelte $R_A(\omega_1) = 30\%$, $R_A(\omega_2) = 20\%$ und $R_A(\omega_3) = 10\%$. Mit den zugehörigen Wahrscheinlichkeiten $p(\omega_1) = 1/4$, $p(\omega_2) = 1/2$ und $p(\omega_3) = 1/4$ erhalten wir als erwartete Rendite

$$\mu_A \equiv \mathrm{E}(R_A) = \sum_{i=1}^{3} p(\omega_i) \cdot R_A(\omega_i) = \frac{1}{4} \cdot 0{,}3 + \frac{1}{2} \cdot 0{,}2 + \frac{1}{4} \cdot 0{,}1 = 0{,}20 \,.$$

Dieser Erwartungswert kann als der auf *eine* GE bezogene erwartete Periodengewinn interpretiert werden. Falls 100 GE investiert werden, erhält man folglich den erwarteten Gewinn:

$$\mathrm{E}(100 \cdot R_A) = \sum_{i=1}^{3} p(\omega_i) \cdot 100 \cdot R_A(\omega_i) = 100 \cdot \mathrm{E}(R_A) = 20 \,.$$

Für die Varianz der Rendite folgt:

---

[4] Weitere Ausführungen zu statistischen Maßen sind in Anhang 5A zu finden.

$$\mathrm{Var}(R_A) = \sum_{i=1}^{3} p(\omega_i)\,(R_A(\omega_i) - \mu_A)^2$$

$$= \frac{1}{4} \cdot (0{,}3 - 0{,}2)^2 + \frac{1}{2} \cdot (0{,}2 - 0{,}2)^2 + \frac{1}{4} \cdot (0{,}1 - 0{,}2)^2 = 0{,}005\;.$$

Für die Standardabweichung gilt: $\sigma_A = \mathrm{Var}(R_A)^{1/2} = 0{,}0707$.

Historische Wertpapierrenditen

Erwartungswert und Varianz der zukünftigen Rendite einer Aktie können auf Basis der historischen Renditen (ex post-Renditen) geschätzt werden. Abbildung 5.2 veranschaulicht die empirische Verteilung, d. h. die Häufigkeitsverteilung, der (stetigen) Tagesrendite der Siemens-Aktie zunächst für den Zeitraum von Anfang 1981 bis Ende 1985 und danach für den Zeitraum von Anfang 1986 bis Ende 1990. Aus der Häufigkeitsverteilung auf der Basis von jeweils ca. 1 250 beobachteten Tagesrenditen (5 Jahre × ca. 250 Börsentage pro Jahr) ist relativ gut zu erkennen, dass Tagesrenditen um einen mittleren Wert schwanken, der nur wenig über dem 0 %-Niveau liegt. Zu sehen sind auch die extrem negativen Tagesrenditen in der unteren Abbildung. Es sind die Tagesrenditen des Börsen-Crash-Monats Oktober 1987 (annähernd -12% am Montag, dem 19.10.1987). Das Ausmaß der Streuung um den Mittelwert wird üblicherweise mit dem Risiko der betreffenden Vermögensanlage identifiziert. Letzteres war damit für Siemens-Aktionäre in der zweiten Hälfte der 80er Jahre deutlich höher als in der ersten Hälfte. Diese Streuung wird durch die statistischen Maße *Varianz* und *Standardabweichung* gemessen. Bei einem Stichprobenumfang von T historischen Periodenrenditen r_t bestimmt sich die (erwartungstreue) *empirische Varianz* s^2 (bzw. die *empirische Standardabweichung s*) um den Mittelwert $\bar{r}$ wie folgt:[5]

$$s^2 \equiv \frac{1}{T-1} \sum_{t=1}^{T} (r_t - \bar{r})^2 \quad \text{mit} \quad \bar{r} = \frac{1}{T} \sum_{t=1}^{T} r_t\;.$$

In Abbildung 5.2 sind die entsprechenden Schätzwerte in der ersten Spalte (mit der Bezeichnung „Emp." für Empirical Distribution) der Tabelle rechts neben den Renditeverteilungen zu finden. In der zweiten und dritten Spalte stehen die Schätzwerte von zwei theoretischen Verteilungen (Normal Density (N. D.) und Jump-Diffusion Density (J. D.), die an die empirische Verteilung angepasst worden sind. Die erste Zeile (mit der Bezeichnung „E(X)") bzw. die zweite (mit der Bezeichnung „STD(X)") enthält die mittlere Tagesrendite bzw. die empirische Standardabweichung der Tagesrendite im Stichprobenzeitraum in Prozentpunkten. Demnach betrug im ersten (zweiten) Zeitraum die mittlere Tagesrendite

---

[5] Realisierte Renditen werden im Unterschied zu zufälligen Renditen zukünftiger Anlageperioden mit Kleinbuchstaben bezeichnet.

Abb. 5.2. *Verteilung der Tagesrendite der Siemens-Aktie.*
Die obere Abbildung bezieht sich auf den Zeitraum Januar 1981 bis Dezember 1985, während die untere Abbildung den Zeitraum Januar 1986 bis Dezember 1990 umfasst. Die Treppen-Funktion zeigt die Häufigkeitsverteilung der (stetigen) Tagesrendite X. Die Renditeverteilung wurde durch zwei parametrische Verteilungen approximiert. Die besser approximierende Verteilung folgt aus der Annahme eines Diffusionsprozesses für den Kursverlauf der Aktie, der durch Kurssprünge überlagert wird, während die weniger gut approximierende Verteilung – eine Normalverteilung – aus der Annahme eines reinen Diffusionsprozesses für den Kursverlauf resultiert. Quelle: Beinert und Trautmann (1991).

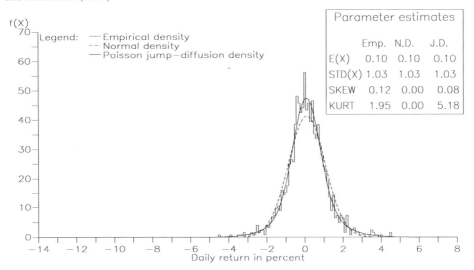

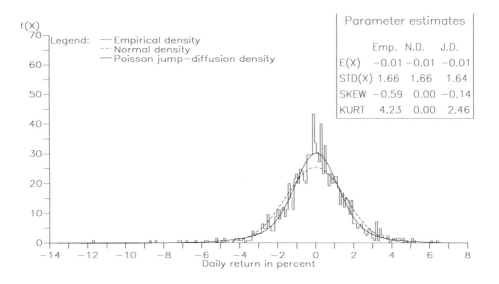

0,10 % ($-0,01$ %) bei einer Standardabweichung von 1,03 % (1,66 %).[6] Letztere ist im zweiten Stichprobenzeitraum deutlich höher: Die Tagesrenditen schwanken zwischen -12 % und $+6,5$ %, während im ersten Teilzeitraum die beobachteten Renditen zwischen -5 % und $+5$ % liegen. Die in den beiden Tabellen in Abbildung 5.2 angegebenen Parameter mit den Bezeichnungen „SKEW" (für Skewness=Schiefe) und „KURT" (für Kurtosis=Spitzgipfligkeit) erfassen weitere Verteilungseigenschaften, die man möglicherweise erst bei einem zweiten Blick auf die empirische Verteilung erkennt. Insbesondere ist die Verteilung der Renditen in der zweiten Hälfte der 80er Jahre linksschief[7] mit dem Parameterwert SKEW $= -0,59$. Damit ist die Wahrscheinlichkeit für extrem negative Renditerealisationen deutlich höher als für extrem positive. Die ebenfalls deutlich höhere Kurtosis in der zweiten Hälfte der 80er Jahre bedeutet, dass mehr Renditen um den Mittelwert und gleichzeitig mehr extreme Renditerealisationen als bei einer normalverteilten Rendite beobachtet wurden.

Für andere Aktien präsentieren Beinert und Trautmann (1991) ähnliche Verteilungseigenschaften. Bezüglich des besonders interessierenden Zusammenhangs zwischen mittlerer Rendite und dem durch die Varianz gemessenen Risiko einer Aktienanlage gibt es allerdings je nach Stichprobenzeitraum unterschiedliche Ergebnisse. In der Tendenz können aber folgende Resultate festgehalten werden:[8]

- Die durchschnittliche Rendite von risikoreichen Wertpapieren fällt in der Regel größer aus als die weniger risikobehafteter Wertpapiere.
- Empirische Verteilungen für Aktienrenditen sind sehr oft linksschief.
- Die Zeitreihen von Wertpapierrenditen weisen häufig eine vernachlässigbare serielle Korrelation auf, d. h. aus Renditeschwankungen, die in der Vergangenheit beobachtet wurden, können keine Prognosen über zukünftige Renditebewegungen erstellt werden. Rückschlüsse aus der Vergangenheit sind daher kaum möglich.
- Die gleichzeitig beobachteten Renditen unterschiedlicher Wertpapiere (kontemporäre Renditen) sind meist hoch (positiv) miteinander korreliert; die Renditen verschiedener Wertpapiere steigen oder fallen also meist gleichzeitig.

An dieser Stelle bietet es sich an, darauf hinzuweisen, dass je nach Anwendungszweck entweder das *arithmetische* oder *geometrische Renditemittel* verwendet werden sollte. Das *arithmetische Mittel* kann als Schätzwert für die erwartete,

---

[6] Bezeichnet X die (stetige) Tagesrendite an einem Börsentag, so gilt (unter der üblichen Annahme von unabhängigen und identisch verteilten Tagesrenditen) bei durchschnittlich 250 Börsentagen pro Kalenderjahr für die Jahresrendite $E(R^{ln}) = 250 \cdot E(X)$, $Var(R^{ln}) = 250 \cdot Var(X)$ und $STD(R^{ln}) = (250)^{1/2} STD(X)$. Damit lag die mittlere Jahresrendite von Siemens im ersten (zweiten) Zeitraum bei 25 % ($-2,5$ %). Die empirische Standardabweichung der annualisierten Tagesrenditen (auch Volatilität genannt) lag dagegen bei $1,03 \% \cdot (250)^{1/2} = 16,28 \%$ bzw. in der zweiten Hälfte der 80er Jahre bei $1,66 \% \cdot (250)^{1/2} = 26,25 \%$.

[7] Bei linksschiefen (rechtsschiefen) Verteilungen ist der Parameterwert SKEW negativ (positiv). Für die symmetrische Normalverteilung gilt SKEW $= 0$. Eselsbrücke: Linksschiefe Verteilungen sind rechtssteil (vergleiche hierzu auch Abbildung 5.4).

[8] Siehe hierzu z. B. Dimson, Marsh und Staunton (2004) und die dort angegebene Literatur.

zukünftige Periodenrendite herangezogen werden. Der Vergleich von Anlageformen über mehrere Anlageperioden hinweg sollte jedoch immer auf Basis des *geometrischen Mittels* erfolgen. Dies zeigt das folgende

Beispiel 5.2 (Arithmetisches versus geometrisches Renditemittel). _____
Angenommen, der Kurs S_t eines Wertpapiers entwickelt sich innerhalb von drei Jahren wie folgt:

t	0	1	2	3
S_t	100	120	80	100

Eine „durchschnittliche" Rendite kann nun auf verschiedene Weisen berechnet werden. Bezeichnet r_t für $t = 1, 2, \ldots, T$ die beobachtete Realisation der zufälligen Rendite, so unterscheiden wir die Mittelwertkonzepte *arithmetisches Mittel* und *geometrisches Mittel*. Die (diskrete) Rendite des ersten Jahres beträgt im Beispiel $+20\%$, die des zweiten Jahres $-33,33\%$ und die des dritten Jahres $+25\%$. Das *arithmetische Renditemittel* lautet dann:

$$\bar{r} \equiv \frac{1}{T} \sum_{t=1}^{T} r_t = \frac{20\% - 33,33\% + 25\%}{3} = 3,89\% \,.$$

Nach einem Anlagezeitraum von drei Jahren ist der Liquidationswert des Wertpapiers genauso hoch wie der anfängliche Investitionsbetrag, aber die durchschnittliche Rendite beträgt 3,89%! Das *arithmetische* Renditemittel ist offensichtlich nicht das geeignete Maß, um die mittlere Wachstumsrate des Vermögens auszudrücken. Dagegen garantiert das *geometrische Renditemittel*

$$\bar{r}^{\text{geo}} \equiv \left(\prod_{t=1}^{T} (r_t + 1) \right)^{1/T} - 1 = (1,2 \cdot 0,666 \cdot 1,25)^{1/3} - 1 = 0 \,,$$

dass ein mit dieser Rate konstant wachsender Anfangswert des Vermögens am Ende der letzten Periode exakt mit dem tatsächlich realisierten Wert zusammenfällt.
Lässt man dagegen den Anfangswert mit dem arithmetischen Mittel der Wachstumsraten wachsen, so ergibt sich in unserem Beispiel ein höherer Vermögensendwert als der tatsächlich realisierte. Nur in dem Extremfall, dass die Wachstumsraten übereinstimmen, hat natürlich auch das arithmetische Mittel, genauso wie das geometrische, diesen einen gemeinsamen Wert. Dieses Problem tritt übrigens nicht bei stetigen Renditen auf.

_____

Besteht also das Ziel darin, verschiedene Anlageformen über mehrere Anlageperioden hinweg miteinander zu vergleichen, muss die Durchschnittsrendite als *geometrisches Mittel* errechnet werden. Soll dagegen die mittlere Periodenrendite im Rahmen eines Einperiodenmodells geschätzt werden, so ist das *arithmetische Mittel* der Periodenrenditen zu verwenden.

Erwartungswert-Varianz-Regel

Bekanntlich lässt sich die Wahrscheinlichkeitsverteilung einer normalverteilten Zufallsvariablen eindeutig durch die ersten beiden (zentralen) Momente, nämlich Erwartungswert und Varianz, kennzeichnen. Aus diesem Grunde ist es naheliegend, die zufällige Rendite der Investitionen durch die erwartete Rendite und Varianz der Rendite zu kennzeichnen. Es wird im Folgenden angenommen, dass Investoren größere erwartete Renditen kleineren vorziehen und zugleich kleineres Risiko gegenüber höherem präferieren. Die Suche nach einer optimalen Finanzanlage kann aus der Sicht eines Investors, der sich an den Zieldimensionen Erwartungswert und Varianz orientiert, als Entscheidungsproblem mit zweifacher Zielsetzung aufgefasst werden: *Maximierung der Rendite bei gleichzeitiger Minimierung des Risikos.* Diese Zielvorschrift ist jedoch nicht operabel, solange dem Investor seine risikopräferenzabhängige Austauschbeziehung zwischen Rendite und Risiko nicht bekannt ist. Vernünftigerweise beschränkt man sich daher zunächst auf die Vorauswahl von *nicht-dominierten Anlagealternativen* gemäß folgender

Regel 5.1 (EV-Regel). *Das Wertpapier i dominiert das Wertpapier k genau dann, wenn die Rendite R_i des Wertpapiers i gegenüber der Rendite R_k des Wertpapiers k einen größeren oder gleichen Erwartungswert und eine kleinere Varianz besitzt, oder bei einem größeren Erwartungswert eine kleinere oder gleiche Varianz besitzt:*

$$E(R_i) \geq E(R_k) \quad und \quad Var(R_i) < Var(R_k)$$

$$oder$$

$$E(R_i) > E(R_k) \quad und \quad Var(R_i) \leq Var(R_k) \, .$$

Da die Standardabweichung einer Zufallsvariablen dieselbe Dimension hat wie die Zufallsvariable selbst (z. B. Euro), wird die Positionierung von Alternativen im zweidimensionalen Merkmalsraum mit den Dimensionen Erwartungswert (μ) und Standardabweichung (σ), dem (μ, σ)-Raum, anstelle des (μ, σ^2)-Raums bevorzugt. Die Beschränkung auf zwei Dimensionen bedeutet, dass beispielsweise die fünf unterschiedlichen, in Abbildung 5.4 dargestellten Renditeverteilungen als gleichwertig angesehen werden. EV-Regel und (μ, σ)-Regel sind bedeutungsgleich.[9] Positioniert man, wie in Abbildung 5.3 aufgezeigt, die Anlagealternativen im (μ, σ)-Raum, so lassen sich dominierte und nicht-dominierte Alternativen leicht erkennen.

---

[9] Die EV-Regel wird in der Literatur auch (μ, σ)-Prinzip genannt, während mit dem Begriff (μ, σ)-Regel sehr oft keine Regel für eine Vorauswahl, sondern eine Regel zur Bestimmung der besten Alternative aufgrund eines festgelegten Präferenz-Funktionals $\Phi(\mu, \sigma)$ (beispielsweise $\Phi(\mu, \sigma) = \mu - \frac{\alpha}{2}\sigma^2$ für $\alpha > 0$) gemeint ist.

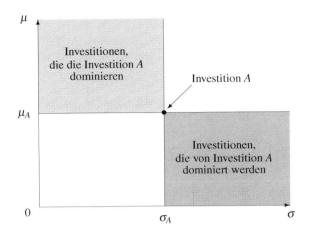

Abb. 5.3. *Dominanz gemäß EV-Regel.*
Investitionen, die die Investition A dominieren, liegen „nordwestlich" von A und diejenigen, die von Investition A dominiert werden, liegen „südöstlich" von A.

Beispiel 5.3 (EV-Regel).

Erwartungswert und Standardabweichung der zufälligen Rendite der Wertpapiere A, B, C, D und E sind in nachfolgender Tabelle zusammengestellt:

Alternative	A	B	C	D	E
Erwartungswert	0,07	0,12	0,12	0,15	0,13
Standardabweichung	0,09	0,08	0,09	0,10	0,15

Wertpapier B dominiert die Wertpapiere C und A, da bei gleichem bzw. größerem Erwartungswert die Standardabweichung kleiner ist. Das Wertpapier D dominiert das Wertpapier E, da der Erwartungswert größer und die Standardabweichung kleiner ist. Somit sind die Wertpapiere B und D die nach der EV-Regel nicht-dominierten Wertpapiere.

5.2 Portefeuilleauswahl bei zwei riskanten Wertpapieren

Wir betrachten im Folgenden zwei Wertpapiere A und B, deren Renditen beliebig verteilt sein können und zeigen, welchen Erwartungswert und welche Varianz die Renditen von Portefeuilles, die aus der Mischung der beiden Einzelwertpapiere hervorgehen, besitzen. Ein Portefeuille P kann entweder mit dem Vektor $\mathbf{x} = (x_A, x_B)'$ der *wertmäßigen* Anteile oder mit dem Vektor $\mathbf{H} = (h^A, h^B)'$ der *mengenmäßigen* Anteile gekennzeichnet werden. Für die *wertmäßigen* Anteile gilt: $x_A + x_B = 1$. Die Rendite des Portefeuilles lässt sich somit darstellen durch

$$R_P(\mathbf{x}) = x_A \cdot R_A + x_B \cdot R_B = \frac{h^A \cdot S^A}{V} R_A + \frac{h^B \cdot S^B}{V} R_B \,,$$

wenn S^A bzw. S^B den heutigen Wert des Wertpapiers A bzw. B und V den zur Verfügung stehenden Investitionsbetrag beschreiben. Falls h^A bzw. x_A und h^B bzw.

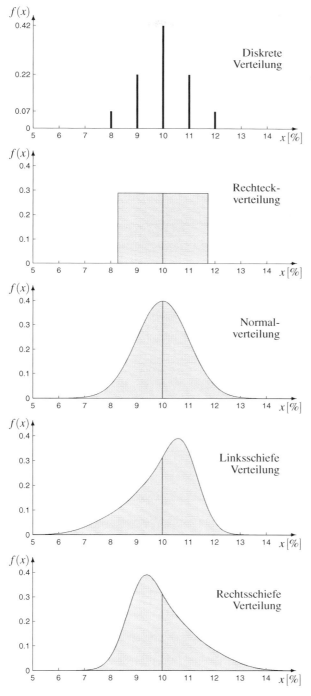

Abb. 5.4. *Fünf Renditeverteilungen mit identischer EV-Kombination.*
Nach der EV-Regel sind alle fünf abgebildeten Renditeverteilungen (bzw. Dichten der Renditeverteilungen) äquivalent: Alle Renditeverteilungen besitzen den Erwartungswert $\mu = 10\%$ und eine Standardabweichung $\sigma = 1\%$. Nicht alle Investoren würden jedoch diese Verteilungen als gleichwertig ansehen. Während die Normalverteilung durch die ersten beiden (zentralen) Momente der Verteilung eindeutig beschrieben ist, sind bei links- bzw. rechtsschiefen Renditeverteilungen weitere Parameter zur Beschreibung notwendig. Nun erfordert bekanntlich die Anwendung der EV-Regel keine spezielle Verteilungsannahme. Dennoch wären normalverteilte Renditen wünschenswert, weil damit auch die Portefeuillerendite (gewichtete Summe dieser Renditen) normalverteilt wäre. Damit wäre, wie in Kapitel 8 gezeigt wird, die EV-Regel auch mit übergeordneten Auswahlregeln verträglich.

x_B nur nicht-negative Werte annehmen dürfen, dann entspricht dies einem *Leerverkaufsverbot*.

Beschreibt μ_A bzw. μ_B die erwartete Rendite von Wertpapier A bzw. B, so gilt für den *Erwartungswert der Portefeuillerendite*:

$$\mu_P(\mathbf{x}) = \mathrm{E}(R_P(\mathbf{x})) = \mathrm{E}(x_A \cdot R_A + x_B \cdot R_B) = x_A \cdot \mu_A + x_B \cdot \mu_B \,. \tag{5.4}$$

Das bedeutet, dass die erwartete Rendite eines Portefeuilles dem wertmäßig gewichteten Mittel der erwarteten Renditen der einzelnen Wertpapiere entspricht. Die *Varianz der Portefeuillerendite* berechnet sich folgendermaßen:

$$\begin{aligned}
\sigma_P^2(\mathbf{x}) = \mathrm{Var}(R_P(\mathbf{x})) &= \mathrm{Var}(x_A \cdot R_A + x_B \cdot R_B) \\
&= x_A^2 \cdot \sigma_A^2 + x_B^2 \cdot \sigma_B^2 + 2 \cdot x_A \cdot x_B \cdot \mathrm{Cov}(R_A, R_B) \\
&= x_A^2 \cdot \sigma_A^2 + x_B^2 \cdot \sigma_B^2 + 2 \cdot x_A \cdot x_B \cdot \rho_{A.B} \sigma_A \sigma_B \,, \tag{5.5}
\end{aligned}$$

wobei mit σ_A bzw. σ_B die Standardabweichung der Rendite von Wertpapier A bzw. B und mit $\rho_{A.B}$ der Korrelationskoeffizient zwischen den Renditen der beiden Wertpapiere bezeichnet werden. Die *Standardabweichung der Portefeuillerendite* σ_P entspricht – bis auf den Spezialfall perfekt korrelierter Wertpapierrenditen ($\rho_{A.B} = +1$) – *nicht* dem wertmäßig gewichteten Mittel der Standardabweichungen der einzelnen Wertpapiere. Sie ist dann geringer als das gewichtete Mittel, d. h.:

$$\sigma_P(\mathbf{x}) < x_A \sigma_A + x_B \sigma_B \,.$$

Diesen Fall bezeichnen wir als *schwache Diversifikation*. In manchen Fällen ist sogar die Standardabweichung der Portefeuillerendite geringer als das Minimum der Standardabweichungen der einzelnen Wertpapiere:

$$\sigma_P(\mathbf{x}) < \min\{\sigma_A, \sigma_B\} \,.$$

Dies nennen wir den Fall der *starken Diversifikation*.

Zur Vereinfachung der Schreibweise wird im Folgenden meist das Argument $\mathbf{x}$ bei der Portefeuillerendite $R_P(\mathbf{x})$, ihrem Erwartungswert $\mu_P(\mathbf{x})$ und ihrer Standardabweichung $\sigma_P(\mathbf{x})$ unterdrückt.

Diversifikationseffekt

In den folgenden Beispielen soll aufgezeigt werden, wie man durch Mischung einzelner Wertpapiere einen Diversifikationseffekt – schwache oder starke Diversifikation – erzielen kann.

Beispiel 5.4 (Starke Diversifikation).

Die diskrete Wahrscheinlichkeitsverteilung zweier Wertpapierrenditen R_A und R_B sei durch die ersten Spalten der nachstehenden Tabelle gegeben. Aus diesen lässt sich die Wahrscheinlichkeitsverteilung eines Portefeuilles P, das sich wertmäßig zu je 50 % aus Wertpapier A bzw. B zusammensetzt, in der letzten Spalte bestimmen.

Konjunktur-zustand	$p(\omega_i)$	R_A in %	R_B in %	$R_P = \frac{1}{2}R_A + \frac{1}{2}R_B$ in %
sehr gut (ω_1)	1/4	50	10	30
gut (ω_2)	1/4	30	50	40
mäßig (ω_3)	1/4	10	−10	0
schlecht (ω_4)	1/4	−10	30	10
$E(R_j)$ in %		20	20	20
$\sigma(R_j)$ in %		$(500)^{1/2}$	$(500)^{1/2}$	$(250)^{1/2}$

Der Erwartungswert und die Varianz der Renditen R_A, R_B und R_P lassen sich mit den Formeln (5.2) und (5.3) berechnen. Jedoch kann man den Erwartungswert der Portefeuillerendite auch einfacher mit Hilfe von (5.4) bestimmen: $\mu_P = 0.5 \cdot 0.2 + 0.5 \cdot 0.2 = 0.20$. Die Kovarianz zwischen den Renditen der Wertpapiere A und B beträgt:

$$\text{Cov}(R_A, R_B) = \sum_{i=1}^{4} p(\omega_i) \cdot (R_A(\omega_i) - \mu_A)(R_B(\omega_i) - \mu_B)$$
$$= [0.3 \cdot (-0.1) + 0.1 \cdot 0.3 + (-0.1) \cdot (-0.3) + (-0.3) \cdot 0.1] \cdot 0.25 = 0 .$$

Damit gilt für den Korrelationskoeffizienten: $\rho_{A.B} \equiv \text{Cov}(R_A, R_B)/(\sigma_A \cdot \sigma_B) = 0$. Die Varianz der Portefeuillerendite kann unter Kenntnis der Kovarianz bzw. Korrelation alternativ mit Beziehung (5.5) berechnet werden: $\sigma_P^2 = 0.50^2 \cdot 0.05 + 0.50^2 \cdot 0.05 + 0 = 0.025$. Die Standardabweichung der Portefeuillerendite ist mit $\sigma_P = 15.81\,\%$ geringer als die der beiden einzelnen Wertpapiere $\sigma_A = \sigma_B = 22.36\,\%$. Es liegt starke Diversifikation vor.

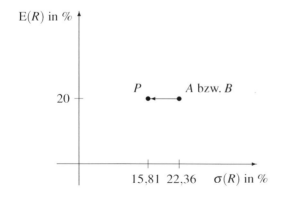

Abb. 5.5. *Starker Diversifikationseffekt.*
Eine Mischung der Wertpapiere A und B mit den (wertmäßigen) Anteilen $x_A = 0.5$ und $x_B = 0.5$ reduziert − bei gleicher erwarteter Rendite und Renditevarianz − die Standardabweichung der Portefeuillerendite von 22,36 % (der Investition in *ein* Wertpapier) auf 15,81 %.

Ist ein Portefeuille stark diversifiziert, so ist es insbesondere auch schwach diversifiziert. Die Umkehrung gilt nicht, wie folgendes Beispiel zeigt.

Beispiel 5.5 (Schwache Diversifikation durch Wertpapiermischung). _____
Die beiden vollständig negativ korrelierten Wertpapiere A und B ($\rho_{A.B} = -1$) weisen die Volatilitäten $\sigma_A = 0{,}45$ und $\sigma_B = 0{,}10$ auf. Wenn ein Portefeuille P wertmäßig zu gleichen Teilen aus den Wertpapieren A und B besteht ($x_A = x_B = 0{,}5$), gilt:

$$\sigma_P = \left(0{,}5^2 \cdot 0{,}45^2 + 0{,}5^2 \cdot 0{,}10^2 + 2 \cdot 0{,}5 \cdot 0{,}5 \cdot 0{,}45 \cdot 0{,}1 \cdot (-1)\right)^{1/2} = 17{,}5\,\% \ .$$

Durch die Mischung beider Wertpapiere kommt ein schwacher Diversifikationseffekt zustande:

$$17{,}5\,\% = \sigma_P < 0{,}5\sigma_A + 0{,}5\sigma_B = 27{,}5\,\% \ .$$

Wegen $\sigma_P \not< \min\{\sigma_A, \sigma_B\}$ liegt hier keine starke Diversifikation vor.

_____

In welchem Ausmaß Diversifikation bei Wertpapiermischungen auftritt, hängt von der Korrelation der Renditen der einzelnen Wertpapiere ab. Vergleiche hierzu

Beispiel 5.6 (Diversifikationseffekt). _____
Spremann (1996, S. 510) zeigt das Ausmaß an erzielbarer Risikominderung durch Diversifikation anhand eines Portefeuilles, das je zur Hälfte aus den Wertpapieren A und B besteht ($x_A = x_B = 0{,}5$). Es wird unterstellt, dass sowohl der Erwartungswert als auch die Varianz der Renditen der beiden Wertpapiere übereinstimmen, d. h. es gilt: $\mu_A = \mu_B = \mu$ und $\sigma_A = \sigma_B = \sigma$. Unter diesen Voraussetzungen berechnen sich die Portefeuilleparameter folgendermaßen:

$$R_P = 0{,}50 \cdot R_A + 0{,}50 \cdot R_B \ ;$$
$$\mu_P = 0{,}50 \cdot \mu_A + 0{,}50 \cdot \mu_B = 0{,}50 \cdot \mu + 0{,}50 \cdot \mu = \mu \ ;$$
$$\sigma_P^2 = 0{,}25 \cdot \sigma_A^2 + 0{,}25 \cdot \sigma_B^2 + 0{,}5 \cdot \mathrm{Cov}(R_A, R_B) = 0{,}5 \cdot \sigma^2 + 0{,}5 \cdot \sigma^2 \cdot \rho = 0{,}5\sigma^2(1 + \rho) \ .$$

Die Portefeuillevarianz ist somit eine Funktion des Korrelationskoeffizienten $\rho = \rho_{A.B}$ und der Varianz σ^2 der Wertpapierrenditen.

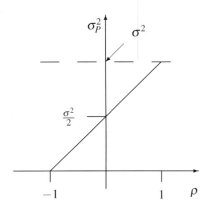

Abb. 5.6. *Portefeuille-Varianz und Korrelation von Einzelrenditen.*
Während der Erwartungswert der Portefeuillerendite von der Korrelation der beiden Wertpapierrenditen unabhängig ist, hängt die Varianz der Portefeuillerendite linear von der Korrelation der beiden Wertpapierrenditen ab.

Wie man in Abbildung 5.6 sehen kann, liegt hier – außer im Fall perfekter positiver Korrelation der Wertpapierrenditen – wegen $\sigma_P < \sigma$ eine starke Diversifikation vor. Erstaunlich ist dabei das Ergebnis, dass im Fall unkorrelierter Wertpapierrenditen die Varianz der Portefeuillerendite nur halb so groß ist wie die der einzelnen Wertpapierrenditen. Dies hängt damit zusammen, dass die Varianz einer Wertpapierrendite proportional mit dem Quadrat der Anteilsgewichte wächst. Bindet der Investor jeweils eine Hälfte des zur Verfügung stehenden Anlagebetrages in den einzelnen Wertpapieren, so geht das Risiko der Einzelanlagen jeweils nur zu einem Viertel ein.

Kurve möglicher (μ, σ)-Kombinationen

Für den Erwartungswert der Portefeuillerendite gilt:

$$\mu_P = x_A \cdot \mu_A + (1 - x_A) \cdot \mu_B = x_A \cdot (\mu_A - \mu_B) + \mu_B \ . \tag{5.6}$$

Im Fall der *perfekten positiven Korrelation* ($\rho_{A,B} = +1$) der Wertpapiere lautet die Portefeuillevarianz bzw. -standardabweichung folgendermaßen:

$$\begin{aligned}
\sigma_P^2 &= x_A^2 \sigma_A^2 + (1 - x_A)^2 \cdot \sigma_B^2 + 2 \cdot x_A \cdot (1 - x_A) \cdot \sigma_A \cdot \sigma_B \\
&= (x_A \cdot \sigma_A + (1 - x_A) \cdot \sigma_B)^2 = (x_A (\sigma_A - \sigma_B) + \sigma_B)^2 \ .
\end{aligned}$$

Da die Standardabweichung der Portefeuillerendite nicht negativ werden kann, folgt aus obiger Gleichung[10]

$$\sigma_P = |x_A(\sigma_A - \sigma_B) + \sigma_B| \quad \text{bzw.} \quad \pm \sigma_P = x_A(\sigma_A - \sigma_B) + \sigma_B \ . \tag{5.7}$$

Löst man die Beziehung (5.7) nach dem wertmäßigen Portefeuilleanteil des Wertpapieres A auf:

$$x_A = \frac{\pm \sigma_P - \sigma_B}{\sigma_A - \sigma_B}$$

und setzt x_A in Gleichung (5.6) ein, dann erhält man einen *linearen* Zusammenhang zwischen den Erwartungswert-Standardabweichung-Kombinationen der zulässigen Portefeuilles (siehe auch Abbildung 5.9):

$$\mu_P = \pm \left(\frac{\mu_A - \mu_B}{\sigma_A - \sigma_B} \right) \cdot \sigma_P + \left(\frac{\mu_B \sigma_A - \mu_A \sigma_B}{\sigma_A - \sigma_B} \right) \ .$$

Bei *perfekter negativer Korrelation* ($\rho_{A,B} = -1$) der Wertpapierrenditen lautet die Portefeuillevarianz bzw. -standardabweichung:

$$\sigma_P^2 = x_A^2 \sigma_A^2 + (1 - x_A)^2 \sigma_B^2 - 2x_A(1 - x_A)\sigma_A \sigma_B = (x_A \sigma_A - (1 - x_A)\sigma_B)^2 \ .$$

Man erhält analog zum vorherigen Fall (siehe auch Abbildung 5.9):

---

[10] Man beachte hierbei, dass eine Gleichung der Form $|x| = c > 0$ immer zwei Lösungen hat, $x = +c$ und $x = -c$. Beispielsweise besitzt $|x| = 4$ die Lösungen $+4$ und -4.

$$\mu_P = \pm \left(\frac{\mu_A - \mu_B}{\sigma_A + \sigma_B} \right) \cdot \sigma_P + \left(\frac{\mu_A \sigma_B + \mu_B \sigma_A}{\sigma_A + \sigma_B} \right) .$$

Im Fall $\rho_{A.B} \in (-1,1)$ existiert kein linearer Zusammenhang zwischen den Erwartungswert-Varianz-Kombinationen der zulässigen Portefeuilles. Die zulässigen Kombinationen besitzen im (μ, σ)-Diagramm die Gestalt einer Hyperbel (vgl. Anhang 5B und Abbildung 5.9).

Beispiel 5.7 ((μ, σ)-Kombinationen bei perfekter Korrelation). _____
Gegeben seien zwei Wertpapiere mit $\mu_A = 10\,\%$, $\sigma_A = 8\,\%$, $\mu_B = 20\,\%$ und $\sigma_B = 25\,\%$. Bei vollkommener positiver oder negativer Korrelation zwischen den Renditen der Wertpapiere A und B gibt es einen stückweise linearen Zusammenhang zwischen dem Erwartungswert und der Standardabweichung der Rendite darstellbarer Portefeuilles:

$$\mu_P = a + b \cdot \sigma_P .$$

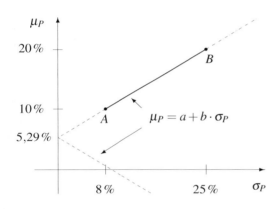

Abb. 5.7. *Zwei-Wertpapier-Fall bei perfekter positiver Korrelation.*
Durchgezogene Geradenstücke kennzeichnen Portefeuilles ohne Leerverkäufe. Im Fall $\mu_P > \mu_B$ ($\mu_P < \mu_A$) ist der wertmäßige Anteil von Wertpapier A (B) negativ. Ordinatenabschnitt und Steigung lauten: $a \equiv \frac{\mu_B \sigma_A - \mu_A \sigma_B}{\sigma_A - \sigma_B} = 5,29\,\%$ und $b \equiv \pm \frac{\mu_A - \mu_B}{\sigma_A - \sigma_B} = \pm 0,59$.

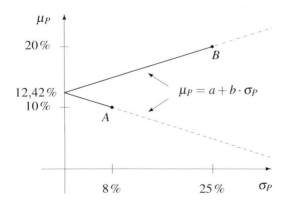

Abb. 5.8. *Zwei-Wertpapier-Fall bei perfekter negativer Korrelation.*
Durchgezogene Geradenstücke kennzeichnen Portefeuilles ohne Leerverkäufe. Im Fall $\mu_P > \mu_B$ ($\mu_P < \mu_A$) ist der wertmäßige Anteil von Wertpapier A (B) negativ. Ordinatenabschnitt und Steigung lauten: $a \equiv \frac{\mu_A \sigma_B + \mu_B \sigma_A}{\sigma_A + \sigma_B} = 12,42\,\%$ und $b \equiv \pm \frac{\mu_A - \mu_B}{\sigma_A + \sigma_B} = \pm (-0,303)$.

Effiziente Portefeuilles

Die Auswahl eines optimalen Portefeuilles setzt die Kenntnis der Risikopräferenzen eines Investors voraus. Da letztere nicht direkt beobachtet werden können, ist die Ermittlung eines optimalen Portefeuilles nicht unproblematisch. Vernünftigerweise beschränkt man sich daher zunächst auf die Bestimmung *effizienter Investitionen (hier: Portefeuilles)*. Ein Portefeuille heißt (μ, σ)-*effizient*, kürzer *effizient*, wenn es gemäß der EV-Regel 5.1 von keinem anderen Portefeuille dominiert wird.[11] Ein effizientes Portefeuille ist gleichzeitig *global effizient*, falls auch bei Aufhebung von eventuellen *Handelsbeschränkungen* (beispielsweise in Form von Leerverkaufsbeschränkungen, Ober- oder Unterschranken für die wertmäßigen Anteile am Portefeuille, Beschränkung der Wertpapieranzahl – Kardinalitätsbeschränkung, Ganzzahligkeitsbeschränkung, usw.) das Portefeuille effizient bleibt. Bei nicht existierenden Handelsbeschränkungen sind effiziente Portefeuilles gleichzeitig global effizient.

In Beispiel 5.7, dem Fall perfekter positiver oder negativer Korrelation, liegen alle global effizienten Portefeuilles jeweils auf einer Halbgeraden mit positiver Steigung. Die effizienten Portefeuilles liegen im Fall perfekter positiver Korrelation und Leerverkaufsverbot auf der Strecke zwischen Wertpapier *A* und *B* und im Fall perfekter negativer Korrelation und Leerverkaufsverbot auf dem Geradenstück zwischen der risikolosen Wertpapiermischung und Wertpapier *B*. Bei nicht perfekter Korrelation kann gezeigt werden (siehe dazu Anhang 5B), dass alle Wertpapiermischungen auf Hyperbelästen liegen. Die global effizienten Portefeuilles liegen dabei auf dem oberen Teil des Hyperbelastes, d. h. sie werden durch diejenigen Punkte auf der Kurve repräsentiert, an denen die Tangentensteigung positiv ist. Abbildung 5.9 illustriert dies für die Daten aus Beispiel 5.8. Auf den durchgezogenen Geraden- bzw. Hyperbelaststücken liegen die Portefeuilles mit nichtnegativen Wertpapieranteilen.

Dasjenige effiziente Portefeuille, das unter den gegebenen Nebenbedingungen die geringste Varianz aufweist, wird *Minimum-Varianz-Portefeuille* (MVP) genannt. Wie man in Abbildung 5.9 sieht, liegen in diesem Beispiel alle Minimum-Varianz-Portefeuilles auf den durchgezogenen Teilen der Hyperbelstücke, d. h. sie sind ohne Leerverkäufe zu tätigen darstellbar, und daher auch *globale Minimum-Varianz-Portefeuilles*. Letztere sind solche, deren Varianz durch Aufhebung einer eventuellen Handelsbeschränkung nicht weiter reduziert werden kann. Hingegen stellt in Beispiel 5.7 bei perfekter positiver Korrelation Wertpapier *A* das Minimum-Varianz-Portefeuille dar, welches jedoch nicht mit dem globalen Minimum-Varianz-Portefeuille – der risikolosen Wertpapiermischung – übereinstimmt.

---

[11] Es gibt in den Wirtschaftswissenschaften wenige Begriffe, die mehr Bedeutungsinhalte haben als der Begriff der Effizienz. Ein (μ, σ)-effizientes Portefeuille ist effizient im Sinne von Pareto: Es gibt kein Portefeuille, das in einer Dimension besser ist ohne in der zweiten schlechter zu sein. Daneben gibt es insbesondere das Paradigma der *Informationseffizienz* von Finanzmärkten.

Beispiel 5.8 (Effiziente und global effiziente Portefeuilles).

Gegeben seien die Daten aus Beispiel 5.7: $\mu_A = 10\,\%$, $\sigma_A = 8\,\%$, $\mu_B = 20\,\%$, $\sigma_B = 25\,\%$, wobei jedoch zusätzlich die Korrelationen $\rho_{A.B} = 0{,}3$ und $\rho_{A.B} = 0$ betrachtet werden.

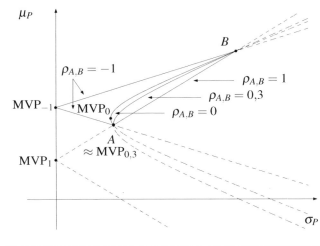

Abb. 5.9. *Rendite-Risiko-Kombinationen im Zwei-Wertpapier-Fall.*

Portefeuilles, die sich durch Mischung der beiden Wertpapiere A und B ergeben, werden für vier verschiedene Korrelationen dargestellt. Wertpapiermischungen, die ohne bzw. mit Leerverkäufen realisiert werden können, befinden sich auf dem durchgezogenen bzw. gestrichelten Hyperbelstück.

Im Zwei-Wertpapier-Fall kann das globale Minimum-Varianz-Portefeuille (MVP) wie folgt bestimmt werden: Für

$$\sigma_P^2 = x_A^2 \sigma_A^2 + (1 - x_A)^2 \sigma_B^2 + 2x_A(1 - x_A)\sigma_A\sigma_B\rho_{A.B}$$

kann aus der Optimalitätsbedingung erster Ordnung

$$\frac{\mathrm{d}\,\sigma_P^2}{\mathrm{d}x_A}\left(x_A^{\mathrm{MVP}}\right) = 2x_A^{\mathrm{MVP}}\sigma_A^2 - 2(1 - x_A^{\mathrm{MVP}})\sigma_B^2 + 2\sigma_A\sigma_B\rho_{A.B} - 4x_A^{\mathrm{MVP}}\sigma_A\sigma_B\rho_{A.B} = 0$$

der varianzminimierende, wertmäßige Anteil x_A^{MVP} bzw. x_B^{MVP} des Wertpapiers A bzw. B am Minimum-Varianz-Portefeuille leicht bestimmt werden:

$$x_A^{\mathrm{MVP}} = \frac{\sigma_B^2 - \sigma_A\sigma_B\rho_{A.B}}{\sigma_A^2 + \sigma_B^2 - 2\sigma_A\sigma_B\rho_{A.B}} \quad \text{bzw.} \quad x_B^{\mathrm{MVP}} = \frac{\sigma_A^2 - \sigma_A\sigma_B\rho_{A.B}}{\sigma_A^2 + \sigma_B^2 - 2\sigma_A\sigma_B\rho_{A.B}} . \quad (5.8)$$

Sieht man von dem Spezialfall $\rho_{A.B} = 1$ und $\sigma_A = \sigma_B$ einmal ab, so ist wegen $-1 \leq \rho_{A.B} \leq 1$ die zweite Ableitung der Portefeuillevarianz nach dem gesuchten Portefeuilleanteil strikt positiv

$$\frac{1}{2} \cdot \frac{\mathrm{d}^2\,\sigma_P^2}{\mathrm{d}x_A^2}\left(x_A^{\mathrm{MVP}}\right) = \underbrace{\sigma_A^2 + \sigma_B^2 - 2\sigma_A\sigma_B\rho_{A.B}}_{\mathrm{Var}(R_A - R_B)} > 0 ,$$

und damit x_A^{MVP} und auch $x_B^{\mathrm{MVP}} = 1 - x_A^{\mathrm{MVP}}$ eindeutig bestimmt. Ein Minimum-Varianz-Portefeuille verletzt wegen $\sigma_A^2 + \sigma_B^2 - 2\sigma_A\sigma_B\rho_{A.B} > 0$ und (5.8) genau dann nicht das *Leerverkaufsverbot* (d. h. es gilt $x_A^{\mathrm{MVP}}, x_B^{\mathrm{MVP}} \geq 0$), falls

$$\rho_{A.B} \leq \frac{\sigma_B^2}{\sigma_A \sigma_B} = \frac{\sigma_B}{\sigma_A} \quad \text{und} \quad \rho_{A.B} \leq \frac{\sigma_A^2}{\sigma_A \sigma_B} = \frac{\sigma_A}{\sigma_B} \, .$$

Damit gilt die

Eigenschaft 5.1 (Globales MVP). *Im Fall mit zwei riskanten Wertpapieren lässt sich ein globales MVP ohne Leerverkäufe zusammenstellen, falls die Relation* $\rho_{A.B} \leq \min\{\sigma_A/\sigma_B, \sigma_B/\sigma_A\}$ *gilt.*

Ist $\rho_{A.B} > \min\{\sigma_A/\sigma_B, \sigma_B/\sigma_A\}$, so besitzt bei Leerverkaufsbeschränkungen das Minimum-Varianz-Portefeuille eine größere Varianz als das globale Minimum-Varianz-Portefeuille.

Beispiel 5.9 (Minimum-Varianz-Portefeuille). _____
Gegeben seien folgende Daten: $\mu_A = 10\%$, $\sigma_A = 8\%$, $\mu_B = 20\%$, $\sigma_B = 25\%$. Für eine Korrelation von $\rho_{A.B} = 0{,}3$ erhält man:

$$x_A^{\text{MVP}} = 99{,}30 \ \% \, , \ x_B^{\text{MVP}} = 0{,}70\% \, , \ \mu^{\text{MVP}} = 10{,}07\% \quad \text{und} \quad \sigma^{\text{MVP}} = 7{,}99\% \, .$$

Für $\rho_{A.B} = 0$ ergibt sich:

$$x_A^{\text{MVP}} = 90{,}71\% \, , \ x_B^{\text{MVP}} = 9{,}29\% \, , \ \mu^{\text{MVP}} = 10{,}93\% \quad \text{und} \quad \sigma^{\text{MVP}} = 7{,}62\% \, .$$

Wie man in Abbildung 5.10 sieht, kann man außer im Fall perfekter positiver Korrelation stets – ohne Leerverkäufe zu tätigen – mindestens ein schwach diversifiziertes Portefeuille zusammenstellen. Für Korrelationen $\rho_{A.B} < 0{,}32 = \min\{\sigma_A/\sigma_B, \sigma_B/\sigma_A\}$ ist auch eine starke Diversifikation möglich.

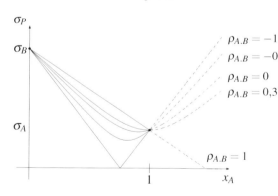

Abb. 5.10. *Wertpapieranteile und Portefeuillerisiko.*
Nur im Fall perfekter negativer Korrelation kann durch Mischung der beiden Wertpapiere ein risikoloses Portefeuille entstehen, falls Leerverkäufe nicht zugelassen sind.

Es stellt sich nun die Frage, nach welchem Kriterium aus der Menge der effizienten Portefeuilles ein optimales Portefeuille ausgewählt werden soll. Für einen besonders risikoscheuen Investor bietet es sich an, das Portefeuille mit dem geringsten Risiko, also das Minimum-Varianz-Portefeuille, auszuwählen. Der weniger risikoscheue Investor muss allerdings wissen, welches zusätzliche Risiko zu tragen er bereit ist, um beispielsweise einen Zuwachs in der erwarteten Rendite von einem 1 %-Punkt erzielen zu können. Letzte Austauschbeziehung kann mittels eines sogenannten *Präferenzfunktionals* $\Phi(\mu, \sigma)$ erfasst werden, z. B.

$$\Phi(\mu, \sigma) = \mu - \frac{\alpha}{2}\sigma^2 \quad \text{für} \quad \alpha > 0 .$$

Dieses Funktional ordnet, ähnlich der in Kapitel 2 behandelten Konsumnutzenfunktion, jeder (μ, σ)-Kombination einen Nutzen zu, auf dessen Basis die zur Verfügung stehenden Alternativen beurteilt werden können. Die folgenden Abschnitte zeigen, dass die gemäß der EV-Regel nicht-dominierten (μ, σ)-Kombinationen von Wertpapiermischungen meist auf Hyperbelästen liegen, wie in Abbildung 5.11 zu sehen ist. Das optimale Portefeuille auf Basis eines vorgegebenen Präferenzfunktionals wird durch den Berührpunkt von Hyperbelast und Indifferenzkurve determiniert.

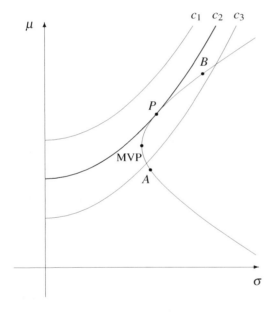

Abb. 5.11. *Optimale Portefeuilleauswahl auf der Basis eines Präferenzfunktionals.*
Zu sehen sind drei verschiedene Indifferenzkurven auf der Basis des Präferenzfunktionals mit den Nutzenniveaus $c_1 > c_2 > c_3$. Nur eine der Indifferenzkurven berührt den Hyperbelast in genau einem Punkt, die anderen weisen zwei oder keinen Schnittpunkt auf.

5.3 Portefeuilleauswahl bei drei riskanten Wertpapieren

Im Fall mit zwei riskanten Wertpapieren liegt jede (μ, σ)-Kombination auf dem Rand der Menge der darstellbaren Portefeuilles. Dies gilt nicht mehr, falls man ein drittes riskantes Wertpapier berücksichtigt.[12] Die Menge der darstellbaren Portefeuilles bildet dann eine Fläche, die bei zugelassenen Leerverkäufen und nicht perfekter Korrelation der drei Wertpapierrenditen immer durch einen Hyperbelast begrenzt wird. Letzterer repräsentiert die Menge der *globalen Randportefeuilles* im (μ, σ)-Raum. Ein globales Randportefeuille ist daher ein Portefeuille, das bei zugelassenen Leerverkäufen für eine vorgegebene erwartete Rendite das geringste Risiko – gemessen durch die Standardabweichung bzw. Varianz – aufweist. *Randportefeuilles* sind generell Portefeuilles, die für eine vorgegebene erwartete Rendite und unter weiteren Nebenbedingungen – insbesondere Leerverkaufsbeschränkungen – das geringste Risiko aufweisen.[13]

Beispiel 5.10 (Randportefeuilles im (μ, σ)-Raum). _____
Gegeben seien drei riskante Wertpapiere A, B und C mit den erwarteten Renditen $\mu_A = 0,05$, $\mu_B = 0,25$, $\mu_C = 0,20$, den Volatilitäten $\sigma_A = 0,08$, $\sigma_B = 0,15$, $\sigma_C = 0,25$ und den zugehörigen Korrelationen $\rho_{A.B} = 0,2$, $\rho_{B.C} = 0,8$, $\rho_{A.C} = 0,3$. Abbildung 5.12 veranschaulicht im (μ, σ)-Raum die globalen und nicht-globalen Randportefeuilles.

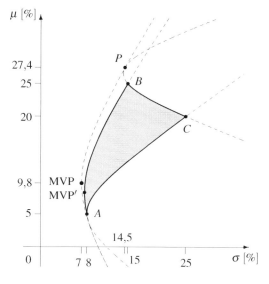

Abb. 5.12. *(Globale) Randportefeuilles bei drei Wertpapieren.*
MVP bzw. MVP′ bezeichnet das Minimum-Varianz-Portefeuille mit bzw. ohne Leerverkäufe. Der Hyperbelast, der durch die Punkte MVP und P geht, beschreibt die Menge der globalen Randportefeuilles.[14] Sind Leerverkäufe verboten, so kann man durch Mischung der drei Wertpapiere nur die (μ, σ)-Kombinationen erreichen, die im grauen Bereich inklusive seinem Rand liegen.

---

[12] Unsere Darstellung lehnt sich an die von Haugen (2001) an.

[13] Die Menge der (globalen) Randportefeuilles wird in der angelsächsischen Literatur als *(global) Minimum Variance Set* bezeichnet.

[14] Das Einzelwertpapier A ist kein globales Randportefeuille. Aufgrund der zu geringen Auflösung ist dies nicht in Abbildung 5.12 (jedoch in Abbildung 5.16) zu erkennen.

Die globalen Randportefeuilles liegen in Abbildung 5.12 auf dem gestrichelten Hyperbelast, auf dem die Portefeuilles *P* und MVP positioniert sind. Randportefeuilles, die bei Berücksichtigung von Leerverkaufsverboten aus Mischung der Einzelwertpapiere entstehen, liegen dagegen auf dem Hyperbelast*stück*, das durch die Punkte *A* und *B* ((μ, σ)-Kombinationen der Wertpapiere *A* und *B*) begrenzt wird. Die global effizienten Randportefeuilles liegen auf dem Hyperbelaststück, der sogenannten *globalen Effizienzkurve*, die vom Minimum-Varianz-Portefeuille MVP über das globale Randportefeuille *P* ins Unendliche führt. Bei Leerverkaufsverbot liegen die effizienten Randportefeuilles auf der durch die Punkte MVP$'$ und *B* begrenzten Kurve, der sogenannten *Effizienzkurve*.

Im Folgenden sollen nun (global) effiziente Randportefeuilles – nur die interessieren Investoren, die auf Basis der EV-Regel auswählen – sowohl im (μ, σ)-Raum als auch im *Portefeuilleraum*, $\mathbf{R}^3 \ni \mathbf{x} = (x_1, x_2, x_3)'$, untersucht werden. Letzterer kann selbst bei drei riskanten Wertpapieren auf zwei Dimensionen reduziert werden, weil aufgrund der Budgetrestriktion $x_A + x_B + x_C = 1$ der wertmäßige Anteil x_C des dritten Wertpapiers immer durch $1 - x_A - x_B$ dargestellt werden kann. So wird beispielsweise $x_C = 1$ durch den Ursprung im (x_A, x_B)-Raum in Abbildung 5.13 dargestellt. Das grau schattierte Dreieck in dieser Abbildung

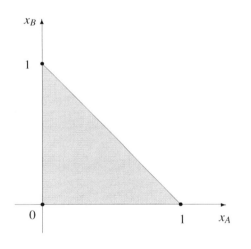

Abb. 5.13. *Portefeuilles im (x_A, x_B)-Diagramm.*
Bei Kenntnis der wertmäßigen Anteile x_A und x_B ist auch der Anteil $x_C = 1 - x_A - x_B$ bekannt. So wird beispielsweise $x_C = 1$ durch den Ursprung im (x_A, x_B)-Raum dargestellt. Wertpapiermischungen, die die Leerverkaufsbeschränkungen erfüllen, werden durch Punkte im grauen Dreieck (einschließlich Rand) repräsentiert. Bei Punkten außerhalb des Dreiecks wird mindestens eines der Wertpapiere leerverkauft.

repräsentiert die Menge der leerverkaufbeschränkten Portefeuilles. Wertpapiermischungen, bei denen der Anteil von Wertpapier *C* null ist ($x_C = 0$), liegen auf dem Geradenstück zwischen den Punkten $\mathbf{x}^A = (1,0)'$ und $\mathbf{x}^B = (0,1)'$. Überhaupt liegt eine beliebige Mischung zweier Portefeuilles $\mathbf{x}^1$ und $\mathbf{x}^2$, im mathematischen Sinne eine Linearkombination der Vektoren $\mathbf{x}^1$ und $\mathbf{x}^2$, auf der Geraden, die durch die Punkte $\mathbf{x}^1$ und $\mathbf{x}^2$ verläuft.

Iso-Erwartungswert-Gerade und Iso-Varianz-Ellipse

Sucht man eine Darstellung aller Portefeuilles, die eine vorgegebene, erwartete Rendite

$$\overline{\mu}_P = x_A \mu_A + x_B \mu_B + (1 - x_A - x_B) \mu_C,$$

besitzen, so erhält man für $\mu_C \neq \mu_B$ ebenfalls einen linearen Zusammenhang[15]

$$x_B = a_0 + a_1 \cdot x_A$$

mit $a_0 = (\mu_C - \overline{\mu}_P)/(\mu_C - \mu_B)$ und $a_1 = (\mu_A - \mu_C)/(\mu_C - \mu_B)$. Letzterer repräsentiert die *Iso-Erwartungswert-Menge*. Diese Menge stellt diejenigen Portefeuilles, genauer diejenigen Wertpapieranteile dar, die alle die gleiche erwartete Rendite $\overline{\mu}_P$ aufweisen. Die Iso-Erwartungswert-Mengen haben für verschiedene Erwartungswertniveaus $\overline{\mu}_P$ im (x_A, x_B)-Diagramm alle die Form von Geraden und werden deshalb *Iso-Erwartungswert-Geraden* genannt. Für variierendes $\overline{\mu}_P$ erhält man eine ganz Schar solcher paralleler Geraden. Mit den Werten aus Beispiel 5.10 ergeben sich die in Abbildung 5.14 aufgetragenen Iso-Erwartungswert-Geraden.

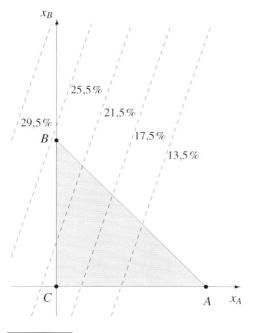

Abb. 5.14. *Iso-Erwartungswert-Geraden (Beispiel 5.10).*
Eine Iso-Erwartungswert-Gerade kennzeichnet alle Portefeuilles mit gleicher erwarteter Rendite. Iso-Erwartungswert-Geraden zu verschiedenen Renditeniveaus sind parallel. Die Steigung der Iso-Erwartungswert-Geraden ist hier durch $(\mu_A - \mu_C)/(\mu_C - \mu_B) = 3$ gegeben und der Ordinatenabschnitt $(\mu_C - \overline{\mu}_P)/(\mu_C - \mu_B)$ hängt vom vorgegebenen, erwarteten Renditeniveau $\overline{\mu}_P$ ab.

---

[15] Nur für den Fall, dass die erwarteten Renditen der drei riskanten Wertpapiere übereinstimmen, d. h. $\mu_A = \mu_B = \mu_C = \mu$, bildet die Iso-Erwartungswert-Menge keine Gerade, sondern sie stellt für eine vorgegebene erwartete Rendite von $\overline{\mu}_P = \mu$ den gesamten (x_A, x_B)-Raum dar.

Um jedem Portefeuille das zugehörige Risiko zuordnen zu können, bietet es sich an, die *Iso-Varianz-Mengen* in den (x_A, x_B)-Raum einzuzeichnen. Eine Iso-Varianz-Menge stellt diejenigen Portefeuilles, genauer gesagt diejenigen zugehörigen Wertpapieranteile x_A und x_B (und somit auch x_C), dar, die alle die gleiche Varianz $\overline{\sigma}_P^2$ aufweisen:

$$\overline{\sigma}_P^2 = x_A^2 \sigma_A^2 + x_B^2 \sigma_B^2 + (1 - x_A - x_B)^2 \sigma_C^2 + 2 x_A x_B \rho_{A.B} \sigma_A \sigma_B$$
$$+ 2 x_A (1 - x_A - x_B) \rho_{A.C} \sigma_A \sigma_C + 2 x_B (1 - x_A - x_B) \rho_{B.C} \sigma_B \sigma_C \ .$$

Wie man in Abbildung 5.15 sehen kann, haben die Iso-Varianz-Mengen für verschiedene Varianzniveaus alle die Form von Ellipsen, weshalb sie *Iso-Varianz-Ellipsen* genannt werden.[16] Mit abnehmender Varianz werden die konzentrischen Iso-Varianz-Ellipsen kleiner. Im Grenzfall, dass die Varianz gerade der des Minimum-Varianz-Portefeuilles entspricht, stellt diese nur noch einen Punkt – das globale Minimum-Varianz-Portefeuille MVP – dar. Mit den Werten aus Beispiel 5.10 ergeben sich die in Abbildung 5.15 dargestellten Iso-Varianz-Ellipsen.

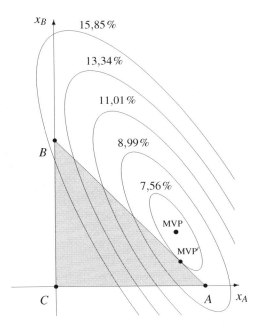

Abb. 5.15. *Iso-Varianz-Ellipsen (Beispiel 5.10).*
Portefeuilles mit gleichem Risiko liegen auf konzentrischen Ellipsen um das Minimum-Varianz-Portefeuille MVP. Dieses liegt hier außerhalb des grauen Dreiecks und ist somit nur mit Leerverkäufen realisierbar. Das Portefeuille MVP′, das das Leerverkaufsverbot berücksichtigt, wird durch den Punkt beschrieben, an dem eine möglichst kleine Ellipse, also eine Iso-Varianz-Ellipse mit möglichst kleiner Varianz, das graue Dreieck berührt.

---

[16] Die Iso-Varianz-Mengen stellen im (x_A, x_B)-Portefeuilleraum genau dann keine Ellipsen dar, wenn einer oder mehrere der folgenden Fälle vorliegen: $\mathrm{Var}(R_A - R_C) = 0$ (d. h. wegen $\sigma_A > 0$ und $\sigma_C > 0$: $\rho_{A.C} = 1$ und $\sigma_A = \sigma_C$), $\mathrm{Var}(R_B - R_C) = 0$ (d. h. wegen $\sigma_B > 0$ und $\sigma_C > 0$: $\rho_{B.C} = 1$ und $\sigma_B = \sigma_C$) oder $\mathrm{Corr}(R_A - R_C, R_B - R_C) = \pm 1$.

Randportefeuille-Gerade und -Geradenstücke

Mit Hilfe der Iso-Varianz-Ellipsen lässt sich das global effiziente Portefeuille mit dem geringsten Risiko zeichnerisch leicht bestimmen, jedoch können die Wertpapieranteile an *anderen* (global) effizienten Portefeuilles aus dieser Darstellung noch nicht abgelesen werden. Trägt man jedoch genügend viele Iso-Erwartungswert-Geraden *und* genügend viele Iso-Varianz-Ellipsen in *eine* Abbildung ein (siehe Abbildung 5.16), so lassen sich die globalen Randportefeuilles leicht ablesen. Letztere werden durch diejenigen Punkte beschrieben, bei denen eine Iso-Erwartungswert-Gerade eine entsprechende Iso-Varianz-Ellipse berührt.

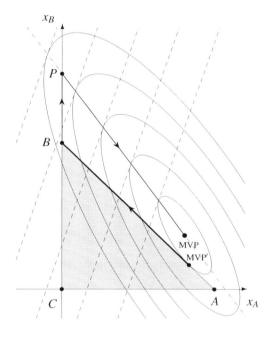

Abb. 5.16. *Randportefeuille-Gerade und Randportefeuille-Geradenstück (Beispiel 5.10).*
Erstere verläuft durch die Punkte *P* und MVP. Auf dem Geradenstück zwischen MVP und *P* und seiner Verlängerung über *P* hinaus liegen alle global effizienten Randportefeuilles. Alle effizienten Randportefeuilles liegen auf der Strecke zwischen *B* und MVP′ (Randportefeuille-Geradenstück). *A* ist kein globales Randportefeuille, da es nicht auf der Randportefeuille-Geraden liegt.

Anders ausgedrückt: Alle globalen Randportefeuilles lassen sich dadurch identifizieren, indem zu einer vorgegebenen erwarteten Rendite die Iso-Erwartungswert-Gerade konstruiert und dann der Punkt auf dieser Gerade ausgewählt wird, der von einer Iso-Varianz-Ellipse nur in einem Punkt berührt wird. Wiederholt man dieses Vorgehen für weitere vorgegebene erwartete Portefeuillerenditen, so erhält man weitere globale Randportefeuilles. Letztere liegen alle auf einer Geraden, der sogenannten *Randportefeuille-Geraden*.[17] Abbildung 5.16 veranschaulicht dies für das Beispiel 5.10. Hier verläuft die Randportefeuille-Gerade

---

[17] Dies veranschaulicht gleichzeitig die in Eigenschaft 5.3 formulierte Two-Fund-Separation, dass sich *alle* globalen Randportefeuilles durch Mischung zweier globaler Randportefeuilles darstellen lassen.

durch die Punkte MVP und P außerhalb des schattierten Dreiecks. Letzteres besagt, dass globale Randportefeuilles nur über Leerverkauf eines Wertpapiers, in diesem Fall Wertpapier C, konstruiert werden können. Nicht-globale Randportefeuilles liegen dagegen im Portefeuilleraum auf einem Geradenstück, das in Abbildung 5.16 zwischen den Punkten A und B liegt. Die drei mit Pfeilen gekennzeichneten Geradenstücke, die im Punkt MVP′ beginnen und über die Punkte B und P im Punkt MVP enden, zeigen auf, wie man im Portefeuille-Raum vom nicht-globalen Randportefeuille mit minimaler Varianz, dem nicht-globalen Minimum-Varianz-Portefeuille MVP′, zum globalen Minimum-Varianz-Portefeuille, gekennzeichnet mit MVP, gelangen kann. Die global effizienten Randportefeuilles werden durch die Halbgerade beschrieben, die am Minimum-Varianz-Portefeuille MVP beginnt und durch den Punkt P verläuft. Sind Leerverkäufe nicht zugelassen, so liegen alle effizienten Randportefeuilles auf der fett eingezeichneten Strecke zwischen MVP′ und B.

Beispiel 5.11 (Randportefeuilles bei drei riskanten Wertpapieren). ⎯⎯⎯⎯⎯⎯
Gegeben seien drei Wertpapiere A, B und C mit den erwarteten Renditen $\mu_A = 0{,}10$, $\mu_B = 0{,}25$, $\mu_C = 0{,}20$, den Volatilitäten $\sigma_A = 0{,}08$, $\sigma_B = 0{,}15$, $\sigma_C = 0{,}20$ und den zugehörigen Korrelationen $\rho_{A.B} = 0{,}2$, $\rho_{B.C} = 0{,}1$, $\rho_{A.C} = 0{,}3$. In Abbildung 5.17 sind die Randportefeuilles und die globalen Randportefeuilles, die bei Mischung der drei Wertpapiere erreicht werden können, eingezeichnet.

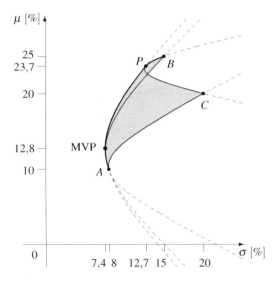

Abb. 5.17. *(Globale) Randportefeuilles (Beispiel 5.11).*
Globale Randportefeuilles liegen auf dem Hyperbelast, auf dem die Punkte MVP und P positioniert sind. (μ, σ)-Kombinationen von Portefeuilles, die im schattierten Bereich inklusive dessen Rand liegen, enthalten keine Leerverkaufspositionen. Randportefeuilles liegen auf den zwei Hyperbelstücken, die von Wertpapier A über MVP nach P und von P nach B verlaufen.

Beispiel 5.11 mit den korrespondierenden Abbildungen 5.17 und 5.18 ist so konstruiert, dass die Randportefeuille-Gerade den bei Leerverkaufsverboten zulässigen Portefeuillebereich (in Abbildung 5.18 wiederum das schattierte Dreieck) durchquert. Selbst das globale Randportefeuille mit minimaler Varianz, das

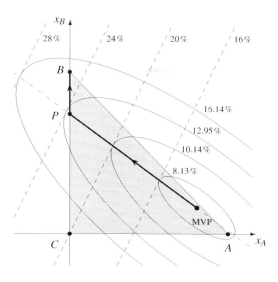

Abb. 5.18. *Randportefeuille-Gerade und Randportefeuille-Geradenstücke (Beispiel 5.11).* Die global effizienten Randportefeuilles liegen auf der Halbgerade, die im MVP beginnt und durch den Punkt P geht. Effiziente Randportefeuilles liegen auf dem fett eingezeichneten Geradenstück, das im Punkt MVP beginnt und im Punkt P endet, und auf dem fett gekennzeichneten Geradenstück mit den Endpunkten P und B. Die Pfeile zeigen in Richtung ansteigenden Risikos.

mit MVP gekennzeichnete globale Minimum-Varianz-Portefeuille, liegt in diesem Bereich. Für vorgegebene erwartete Portefeuillerenditen aus dem Intervall [12,8%, 23,7%] sind alle effizienten Randportefeuilles gleichzeitig globale effiziente Randportefeuilles. Desweiteren ist aus diesen beiden Abbildungen noch eine weitere wichtige Eigenschaft zu entnehmen: Die Mischung von zwei Randportefeuilles ergibt nicht notwendigerweise wiederum ein Randportefeuille. So führt die Mischung des Wertpapiers B mit dem MVP zu Portefeuilles, die im (μ, σ)-Raum rechts von den Randportefeuilles positioniert sind, d. h. von den Randportefeuilles dominiert werden. In Abbildung 5.18 würde eine solche nicht empfehlenswerte Mischung auf dem gedachten Geradenstück mit den Endpunkten MVP und B liegen. Es gilt also die

Eigenschaft 5.2 (Ineffiziente Randportefeuille-Mischungen). *Im Falle von Handelsbeschränkungen führt die Mischung zweier effizienter Portefeuilles nicht notwendigerweise zu einem effizienten Portefeuille.*

Da in der Praxis Leerverkäufe nicht in unbeschränktem Umfang möglich sind, kann dies dazu führen, dass Dachfonds ineffizient sind. *Dachfonds* (Funds of Funds) sind Investmentfonds, die ihr Fondsvermögen wiederum in anderen Fonds anlegen. Auf diese Weise kann normalerweise eine besonders breite Risikostreuung erzielt werden. Da in der Praxis Investmentfonds (Funds), falls diese überhaupt effiziente Mischungen von Wertpapieren darstellen, bestenfalls die Randportefeuille-Eigenschaft besitzen, kann das Dachfonds-Konzept (Funds of Funds-Konzept) zu ineffizienten Portefeuilles führen.

5.4 Portefeuilleauswahl bei n riskanten Wertpapieren

Die Ermittlung global effizienter Portefeuilles kann auch bei n riskanten Wertpapieren auf verschiedene Weise erfolgen. Der wohl eleganteste Ansatz führt über die Bestimmung globaler (nicht notwendigerweise effizienter) Randportefeuilles und sieht folgendermaßen aus: Man gibt sich eine beliebige Portefeuillerendite $\overline{\mu}_P$ vor und sucht ein entsprechendes Portefeuille $\mathbf{x} = (x_1, x_2, \ldots, x_n)'$ mit minimaler Varianz σ_P^2.

Sind n riskante Wertpapiere mit den erwarteten Renditen $\mu_1, \ldots, \mu_n$ und zugehörigen Varianzen $\sigma_1^2, \ldots, \sigma_n^2$ gegeben und stellt man aus diesen ein Portefeuille P mit den wertmäßigen Gewichten $x_1, \ldots, x_n$ zusammen, so ergibt sich die erwartete Portefeuillerendite $\mu_P = \mathrm{E}(R_P)$ als wertmäßiges Mittel der erwarteten Renditen der einzelnen Wertpapiere:

$$\mu_P = \mathrm{E}(R_P) = \mathrm{E}\left(\sum_{i=1}^{n} x_i R_i\right) = \sum_{i=1}^{n} x_i \mathrm{E}(R_i) = \sum_{i=1}^{n} x_i \mu_i \, .$$

Die Portefeuillevarianz berechnet sich zu

$$\begin{aligned}
\sigma_P^2 = \mathrm{Var}(R_P) &= \mathrm{Var}\left(\sum_{i=1}^{n} x_i R_i\right) = \sum_{i=1}^{n}\sum_{j=1}^{n} x_i x_j \, \mathrm{Cov}(R_i, R_j) \\
&= \sum_{i=1}^{n} x_i^2 \mathrm{Var}(R_i) + \sum_{i=1}^{n}\sum_{j=1.j\neq i}^{n} x_i x_j \, \mathrm{Cov}(R_i, R_j) \\
&= \sum_{i=1}^{n} x_i^2 \sigma_i^2 + \sum_{i=1}^{n}\sum_{j=1.j\neq i}^{n} x_i x_j \, \sigma_{i.j} \, ,
\end{aligned}$$

wenn die Vereinbarung $\sigma_{i.j} \equiv \mathrm{Cov}(R_i, R_j)$ getroffen wird. Die Portefeuillevarianz lässt sich also als Summe der folgenden Tabelleneinträge darstellen:

WP	1	2	3	$\ldots$	n
1	$x_1 x_1 \mathrm{Var}(R_1)$	$x_1 x_2 \mathrm{Cov}(R_1, R_2)$	$x_1 x_3 \mathrm{Cov}(R_1, R_3)$	$\ldots$	$x_1 x_n \mathrm{Cov}(R_1, R_n)$
2	$x_2 x_1 \mathrm{Cov}(R_2, R_1)$	$x_2 x_2 \mathrm{Var}(R_2)$	$x_2 x_3 \mathrm{Cov}(R_2, R_3)$	$\ldots$	$x_2 x_n \mathrm{Cov}(R_2, R_n)$
3	$x_3 x_1 \mathrm{Cov}(R_3, R_1)$	$x_3 x_2 \mathrm{Cov}(R_3, R_2)$	$x_3 x_3 \mathrm{Var}(R_3)$	$\ldots$	$x_3 x_n \mathrm{Cov}(R_3, R_n)$
$\vdots$	$\vdots$	$\vdots$	$\vdots$	$\ddots$	$\vdots$
n	$x_n x_1 \mathrm{Cov}(R_n, R_1)$	$x_n x_2 \mathrm{Cov}(R_n, R_2)$	$x_n x_3 \mathrm{Cov}(R_n, R_3)$	$\ldots$	$x_n x_n \mathrm{Var}(R_n)$

Demnach ist das Risiko eines aus vielen Wertpapieren ($n \gg 1$) bestehenden Portefeuilles P nicht so sehr von den Varianzen der individuellen Wertpapierrenditen abhängig, sondern vielmehr von den Kovarianzen der Wertpapierrenditen.

Portefeuillerisiko bei naiver Diversifikation

Um den geringen Einfluss der Varianzen der individuellen Wertpapierrenditen auf die Portefeuillevarianz aufzuzeigen, betrachten wir ein Portefeuille P, in dem n Wertpapiere wertmäßig in gleichem Umfang vorhanden sind (*naive Diversifikation*): $x_i = 1/n$ für alle $i = 1, \ldots, n$. Die Portefeuillevarianz in Abhängigkeit der Wertpapierzahl n lässt sich dann folgendermaßen schreiben:

$$\sigma_P^2(n) = \frac{1}{n^2} \sum_{i=1}^{n} \sigma_{i,i} + \frac{1}{n^2} \sum_{i=1}^{n} \sum_{j=1, j \neq i}^{n} \sigma_{i,j} = \frac{1}{n} \overline{\mathrm{Var}}(n) + \frac{n^2 - n}{n^2} \overline{\mathrm{Cov}}(n) .$$

Hierbei bezeichnet $\overline{\mathrm{Var}}(n)$ bzw. $\overline{\mathrm{Cov}}(n)$ die durchschnittliche Varianz bzw. Kovarianz bei n Wertpapieren. Unter der Annahme, dass die Einzelvarianzen nach oben beschränkt sind, $c \geq \max\{\sigma_{1,1}, \ldots, \sigma_{n,n}\}$ für alle $n \in \mathbf{N}$, gilt für die durchschnittliche Varianz $\overline{\mathrm{Var}}(n) \leq c$ für alle n. Daraus folgt für den von den Einzelvarianzen abhängigen Teil der Portefeuillevarianz: $\lim_{n \to \infty} \overline{\mathrm{Var}}(n)/n = 0$. Dies bedeutet, dass bei zunehmender Anzahl an Wertpapieren im Portefeuille der Einfluss der Einzelvarianzen auf die Gesamtvarianz vernachlässigbar wird. Die Gesamtvarianz wird deshalb im Wesentlichen durch die Kovarianzen der Wertpapiere bestimmt. Nimmt man weiter an, dass die durchschnittliche Kovarianz mit zunehmender Wertpapieranzahl n gegen einen Wert $\overline{\mathrm{Cov}}$ konvergiert, so folgt:

$$\lim_{n \to \infty} \sigma_P^2(n) = \lim_{n \to \infty} \frac{1}{n} \overline{\mathrm{Var}}(n) + \lim_{n \to \infty} \left(1 - \frac{1}{n}\right) \overline{\mathrm{Cov}}(n) = \overline{\mathrm{Cov}} .$$

Die Gesamtvarianz konvergiert in diesem Fall also gegen die durchschnittliche Kovarianz. Dieser Zusammenhang ist in Abbildung 5.19 dargestellt.

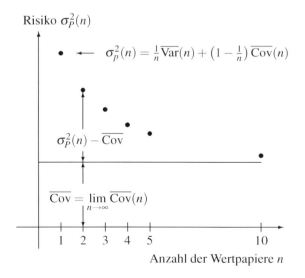

Abb. 5.19. *Varianz eines Portefeuilles und Anzahl der Wertpapiere.*
Mit Erhöhung der Wertpapieranzahl eines Portefeuilles nimmt die Varianz des Portefeuilles tendenziell ab. Nimmt man an, dass sich mit zunehmender Wertpapieranzahl die durchschnittliche Kovarianz $\overline{\mathrm{Cov}}(n)$ einem Wert $\overline{\mathrm{Cov}}$ annähert, so konvergiert die Portefeuillevarianz mit zunehmender Wertpapieranzahl gegen diese durchschnittliche Kovarianz $\overline{\mathrm{Cov}}$.

Bestimmung globaler Randportefeuilles

Zur Bestimmmung der globalen (nicht notwendigerweise effizienten) Randportefeuilles gibt man sich eine beliebige Portefeuillerendite $\overline{\mu}_P$ vor und sucht ein entsprechendes Portefeuille $\mathbf{x} = (x_1, x_2, \ldots, x_n)'$ mit minimaler Varianz σ_P^2. Zielfunktion (ZF) und Nebenbedingungen (NB) dieser Problemstellung lauten[18]:

$$\text{ZF:} \qquad \text{Minimiere} \quad \sigma_P^2(\mathbf{x}) = \sum_{i=1}^{n} \sum_{j=1}^{n} x_i x_j \sigma_{i,j} \,, \qquad (5.9)$$

$$\text{NB:} \qquad \sum_{i=1}^{n} x_i \mu_i = \overline{\mu}_P \quad \text{und} \quad \sum_{i=1}^{n} x_i = 1 \,. \qquad (5.10)$$

Die zugehörige Lagrangefunktion (LF) mit Lagrangemultiplikator $\boldsymbol{\lambda} = (\lambda_1, \lambda_2)'$ hat folgende Gestalt:

$$\text{LF:} \quad L(\mathbf{x}, \boldsymbol{\lambda}) = \sum_{i=1}^{n} \sum_{j=1}^{n} x_i x_j \sigma_{i,j} + \lambda_1 \left(\overline{\mu}_P - \sum_{i=1}^{n} x_i \mu_i \right) + \lambda_2 \left(1 - \sum_{i=1}^{n} x_i \right) \,.$$

Bei expliziter Berücksichtigung einer risikolosen Finanzanlage bzw. Kreditaufnahme zum Zinssatz r_f können die beiden Nebenbedingungen auf eine reduziert werden, nämlich:[19]

$$\text{NB:} \qquad \overline{\mu}_P = \sum_{i=1}^{n} x_i \mu_i + \left(1 - \sum_{i=1}^{n} x_i \right) r_f \,. \qquad (5.11)$$

Als Lösung dieser Optimierungsaufgabe erhält man ein globales (nicht notwendigerweise global effizientes) Randportefeuille. Durch Variation der vorgegebenen Portefeuillerendite und Lösung der obigen Optimierungsaufgabe erhält man eine Menge globaler (nicht notwendigerweise global effizienter) Randportefeuilles. *Damit entspricht die Bestimmung globaler Randportefeuilles einer parametrisierten, quadratischen Optimierungsaufgabe unter linearen Nebenbedingungen.* Falls diese Nebenbedingungen in Gleichungsform vorliegen und keine Handelsbeschränkungen vorliegen, kann dieses Entscheidungsproblem mit einem *Lagrange-Ansatz* bzw. bei Nicht-Existenz einer risikolosen Finanzanlage durch Auswertung der Beziehung (5C.1) in Anhang 5C gelöst werden. Sind dagegen

---

[18] Global effiziente Portefeuilles können auch dadurch bestimmt werden, dass bei einem vorgegebenen Risiko $\sigma_P^2 = \overline{\sigma}_P^2$ die erwartete Portefeuillerendite maximiert wird. Allerdings besitzt diese Vorgehensweise den Nachteil, dass für Vorgaben $\overline{\sigma}_P < \sigma_P^{\text{MVP}}$ die entsprechende Optimierungsaufgabe keine Lösung besitzt. Das globale MVP und dessen Renditestandardabweichung σ_P^{MVP} ist nämlich erst bekannt, wenn die parametrische Optimierungsaufgabe gelöst ist.

[19] Der wertmäßige Anteil der risikolosen Anlage entspricht $1 - \sum_{i=1}^{n} x_i$ und ist daher bereits implizit im Portefeuillevektor $\mathbf{x}$, der die wertmäßigen Anteile der riskanten Wertpapiere erfasst, berücksichtigt.

beispielsweise Leerverkäufe, d. h. negative Anteile von risikobehafteten Wertpapieren, nicht zugelassen, so kann eine Optimalitätslösung nur über die entsprechenden *Kuhn-Tucker-Bedingungen* (vgl. hierzu Anhang 2B) charakterisiert bzw. mit Verfahren der *Quadratischen Optimierung* bestimmt werden.

Beispiel 5.12 (Randportefeuilles im 4-Wertpapier-Fall).
Im Folgenden soll für die Wertpapiere A, B, C und D mit den zugehörigen erwarteten Renditen $\mu_A = 0{,}10$, $\mu_B = 0{,}25$, $\mu_C = 0{,}20$ und $\mu_D = 0{,}35$ und der Kovarianzmatrix

$$\mathbf{V} = \begin{pmatrix} 0{,}0064 & 0{,}0048 & 0{,}0024 & 0{,}0016 \\ 0{,}0048 & 0{,}0400 & 0{,}0030 & 0{,}0040 \\ 0{,}0024 & 0{,}0030 & 0{,}0225 & 0{,}0060 \\ 0{,}0016 & 0{,}0040 & 0{,}0060 & 0{,}0400 \end{pmatrix}$$

mit $V_{ij} = \mathrm{Cov}(R_i, R_j)$ die (globale) Effizienzkurve bestimmt werden.

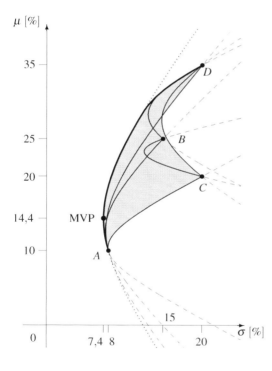

Abb. 5.20. *Randportefeuilles bei vier Wertpapieren (Beispiel 5.12).* Die globalen Randportefeuilles liegen auf der gepunkteten Hyperbel, die durch den Punkt MVP geht. Bei Leerverkaufsverbot können nur diejenigen Portefeuilles mit Hilfe der vier gegebenen Wertpapiere zusammengestellt werden, deren (μ, σ)-Kombination in der grau schattierten Fläche samt Rand liegen. Bei einem Leerverkaufsverbot liegen die effizienten Portefeuilles auf der fett gedruckten Linie, die bei MVP beginnt und bei Wertpapier D endet.

Bei Fehlen jeglicher Handelsbeschränkungen reicht die Kenntnis von zwei globalen Randportefeuilles aus, um durch deren Mischung alle anderen globalen Randportefeuilles zu bestimmen:

Eigenschaft 5.3 (2-Fund-Separation). *Alle globalen Randportefeuilles lassen sich als Mischung von zwei ausgewählten globalen Randportefeuilles darstellen.*

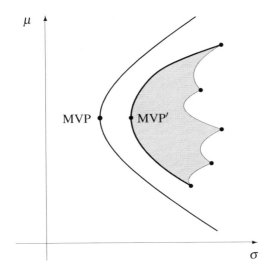

Abb. 5.21. *Globale und nicht-globale Randportefeuilles.* Im allgemeinen Fall liegen globale Randportefeuilles – im Unterschied zur Abbildung 5.20 mit vier Einzelwertpapieren – deutlich weiter links als die nicht-globalen Randportefeuilles. Der schattierte Bereich kennzeichnet die Menge der Portefeuilles ohne Leerverkäufe.

Beweis. Lösungen des Optimierungsproblems mit der Zielfunktion (5.9) und der Nebenbedingung (5.10) genügen den folgenden Optimalitätsbedingungen:

$$\frac{\partial L}{\partial x_i}(\mathbf{x}^*, \boldsymbol{\lambda}^*) = 2 \sum_{j=1}^{n} \sigma_{i,j} x_j^* - \lambda_1^* \mu_i - \lambda_2^* = 0 \quad \text{für} \quad i = 1, \ldots, n ; \quad (5.12)$$

$$\frac{\partial L}{\partial \lambda_1}(\mathbf{x}^*, \boldsymbol{\lambda}^*) = \overline{\mu}_P - \sum_{j=1}^{n} x_j^* \mu_j = 0 ; \quad (5.13)$$

$$\frac{\partial L}{\partial \lambda_2}(\mathbf{x}^*, \boldsymbol{\lambda}^*) = 1 - \sum_{j=1}^{n} x_j^* = 0 . \quad (5.14)$$

Es sei $\mathbf{x}^1 = (x_1^1, \ldots, x_n^1)'$, $\boldsymbol{\lambda}^1 = (\lambda_1^1, \lambda_2^1)'$ bzw. $\mathbf{x}^2 = (x_1^2, \ldots, x_n^2)'$, $\boldsymbol{\lambda}^2 = (\lambda_1^2, \lambda_2^2)'$ jeweils eine bekannte Lösung von (5.9)–(5.10) und somit auch von (5.12)–(5.14) für $\overline{\mu}_P = \overline{\mu}_P^1$ bzw. $\overline{\mu}_P = \overline{\mu}_P^2$. Also beschreiben $\mathbf{x}^1$ bzw. $\mathbf{x}^2$ die Wertpapieranteile an dem globalen Randportefeuille 1 bzw. 2, das die erwartete Portefeuille-Rendite $\overline{\mu}_P^1$ bzw. $\overline{\mu}_P^2$ aufweist. Wie man durch direkte Substitution überprüfen kann, erfüllt auch ein Portefeuille $\mathbf{x}^3 \equiv \alpha \mathbf{x}^1 + (1 - \alpha) \mathbf{x}^2$ mit $\alpha \in \mathbf{R}$, das durch Mischung der beiden Portefeuilles 1 und 2 entsteht, für $\overline{\mu}_P^3 = \alpha \overline{\mu}_P^1 + (1 - \alpha) \overline{\mu}_P^2$, $\lambda_1^3 = \alpha \lambda_1^1 + (1 - \alpha) \lambda_1^2$ und $\lambda_2^3 = \alpha \lambda_2^1 + (1 - \alpha) \lambda_2^2$ die obigen drei Optimalitätsbedingungen (5.12)–(5.14), ist damit Lösung von (5.9)–(5.10) und ein globales Randportefeuille. Für jede beliebig vorgegebene erwartete Portefeuille-Rendite $\overline{\mu}_P$ lässt sich also $\alpha = (\overline{\mu}_P - \overline{\mu}_P^2)/(\overline{\mu}_P^1 - \overline{\mu}_P^2)$ bestimmen, so dass man durch Mischung der beiden bekannten globalen Randportefeuilles ein weiteres globales Randportefeuille zusammenstellen kann, das die vorgegebene Rendite aufweist. Für das Optimierungsproblems mit der Zielfunktion (5.9) und der Nebenbedingung (5.11) verläuft der Beweis analog. $\square$

Ein weiterer Beweis der 2-Fund-Separation für den Fall, dass kein risikoloser Finanztitel existiert, befindet sich im Anhang 5C. Eine Warnung ist an dieser Stelle angebracht: Vor dem Hintergrund der Eigenschaft 5.2 reicht es in der Praxis nicht, zwei effiziente Investmentfonds zu identifizieren, um diese zu mischen. Denn bei Handelsbeschränkungen ist diese Mischung nicht notwendigerweise effizient.

Beispiel 5.13 (Effizienzkurven). _____

Auf Basis der folgenden 25 DAX-Werte wird die (globale) Effizienzkurve bestimmt. Die erwarteten Renditen und Standardabweichungen der 25 DAX-Werte wurden aus den annualisierten Monatsrenditen zwischen Januar 1991 und Dezember 1999 geschätzt:

	Standard-abweichung	Erwartete Rendite		Standard-abweichung	Erwartete Rendite
Allianz	27,29 %	11,87 %	Lufthansa	30,25 %	11,07 %
BASF	24,49 %	16,39 %	Linde	25,98 %	2,28 %
Bayer	23,09 %	13,61 %	MAN	34,41 %	−5,72 %
BMW	30,12 %	12,89 %	Mannesmann	30,96 %	34,88 %
Commerzbank	25,54 %	12,46 %	Preussag	26,30 %	12,53 %
Deutsche Bank	27,38 %	12,22 %	RWE	25,05 %	7,62 %
Daimler Chrysler	26,11 %	7,25 %	Schering	24,01 %	13,36 %
Degussa	30,35 %	7,21 %	Siemens	24,78 %	13,65 %
Dresdner Bank	28,69 %	12,29 %	Thyssen	28,04 %	9,69 %
Henkel	28,16 %	13,69 %	VEBA	23,29 %	13,19 %
Hoechst	27,81 %	12,58 %	Viag	24,50 %	10,56 %
HypoVereinsbank	30,08 %	15,22 %	VW	30,98 %	11,24 %
Karstadt	28,14 %	4,83 %	DAX	19,13 %	16,32 %

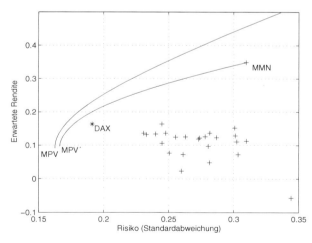

Abb. 5.22. *(Globale) Effizienzkurven.*
Die (globale) Effizienzkurve beginnt im Minimum-Varianz-Portefeuille (MVP) MVP′ und endet (im Unendlichen) beim Wertpapier mit maximaler erwarteter Rendite (hier: MMN für Mannesmann). Das MVP bzw. MVP′ lässt eine Rendite von 9,66 % bzw. 9,12 % bei einer Standardabweichung von 16,61 % bzw. 16,25 % erwarten.

Problemstellung mit risikoloser Anlage

Kann neben der Anlage in risikobehafteten Wertpapieren Kapital risikolos zum Zinssatz r_f aufgenommen bzw. angelegt werden, so ergeben sich bei Mischung der risikolosen Kapitalanlage mit dem risikobehafteten Wertpapier A folgende Werte für den Erwartungswert und die Standardabweichung der Portefeuillerendite:

$$\mu_P = x_f r_f + x_A \mu_A = x_f r_f + (1 - x_f)\mu_A \,, \tag{5.15}$$

$$\sigma_P = \left[0 + (1 - x_f)^2 \sigma_A^2 + 0\right]^{\frac{1}{2}} = |(1 - x_f)\sigma_A| \,, \tag{5.16}$$

wobei $x_f = 1 - x_A$ den wertmäßigen Anteil der risikolosen Kapitalanlage angibt. Ist x_f negativ, so handelt es sich um eine Kreditaufnahme.

Beispiel 5.14 (Kreditfinanzierte Aktienanlage). _____
Ein Investor erwartet von einer Aktie A eine Rendite von $\mu_A = 10\%$ bei einer Standardabweichung von $\sigma_A = 8\%$. Aufgrund des geringen Risikos der Aktie beabsichtigt er, die Investition zu 50% durch einen Wertpapierkredit, der mit 5% zu verzinsen ist, finanzieren zu lassen. Wie hoch ist die erwartete Rendite bzw. das Risiko der eingesetzten Mittel?
Für die Anteile x_A an der Aktie A und der risikolosen Anlage im Finanzmarkt x_f soll $x_A + x_f = 1$ und $x_A = -2 \cdot x_f$ gelten, woraus sich $x_A = 200\%$ und $x_f = -100\%$ ergibt. Für die erwartete Eigenkapitalrendite gilt somit:

$$\mu_P = x_A \mu_A + (1 - x_A)r_f = 2 \cdot 0{,}10 + (-1) \cdot 0{,}05 = 0{,}15 \,.$$

Für die Standardabweichung der Eigenkapitalrendite gilt dagegen:

$$\sigma_P = \left(x_A^2 \sigma_A^2 + (1 - x_A)^2 \sigma_f^2 + 2x_A(1 - x_A)\mathrm{Cov}(R_A, r_f)\right)^{1/2} = (4 \cdot 0{,}0064 + 0)^{1/2} = 0{,}16 \,.$$

Aus Formel (5.16) folgt

$$1 - x_f = \pm \frac{\sigma_P}{\sigma_A} \quad \text{bzw.} \quad x_f = 1 \mp \frac{\sigma_P}{\sigma_A} \,.$$

Eingesetzt in Formel (5.15) ergibt sich daher die folgende lineare Rendite-Risiko-Beziehung für jedes aus dem Wertpapier A und der risikolosen Anlage bestehende Portefeuille (siehe dazu Abbildung 5.23):

$$\mu_P = r_f \left(1 \mp \frac{\sigma_P}{\sigma_A}\right) \pm \frac{\sigma_P}{\sigma_A}\mu_A = r_f \pm \left(\frac{\mu_A - r_f}{\sigma_A}\right)\sigma_P \,. \tag{5.17}$$

Dieser lineare Zusammenhang gilt natürlich auch, wenn man in diesem Portefeuille P das Wertpapier A durch ein beliebiges Portefeuille ersetzt. Sinnvoll ist es, das Portefeuille P^* auszuwählen, das pro Risikoeinheit die höchste *Überrendite* (über die Verzinsung der risikolosen Anlage) $(\mu_{P^*} - r_f)/\sigma_{P^*}$ aufweist.

In Abbildung 5.23 entspricht die durch die Punkte r_f und P^* verlaufende Gerade der linearen Rendite-Risiko-Beziehung (5.17), falls anstelle von Wertpapier A das sogenannte *Tangentialportefeuille* P^* mit der risikolosen Kapitalanlage kombiniert wird. Kombinationen der beiden letztgenannten Anlagealternativen bilden somit offensichtlich die Menge der global effizienten Portefeuilles. Die Bestimmung global effizienter Portefeuilles bei gegebenem Zinssatz für risikolose Kapitalanlagen reduziert sich daher auf die Bestimmung des Tangentialportefeuilles P^*. Letzteres kann durch Minimierung der Zielfunktion (5.9) unter der Nebenbedingung (5.11) – anstelle von Nebenbedingung (5.10) – erfolgen.

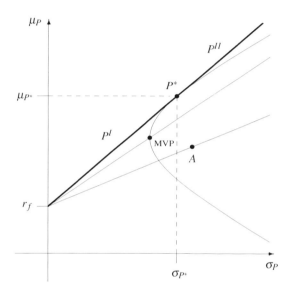

Abb. 5.23. *Tobin-Separation.* Die global effizienten Portefeuilles lassen sich als Mischung des Tangentialportefeuilles P^* mit der risikolosen Anlage darstellen. Hierbei werden bei den global effizienten Portefeuilles P^I Geldanlagen und bei P^{II} Kreditaufnahmen getätigt.

Ein relativ risikoscheuer Investor, der weniger Risiko einzugehen bereit ist, als es dem Risiko $\sigma(R_{P^*})$ des Tangentialportefeuilles entspricht, wird nun einen Teil seines Vermögens in das Tangentialportefeuille P^* investieren. Hingegen wird ein Investor, der sich mit der Höhe der erwarteten Rendite $E(R_{P^*})$ des Tangentialportefeuilles nicht zufrieden gibt, zusätzlich einen Kredit zum Zinssatz r_f aufnehmen, um eine höhere erwartete Rendite (zum Preis eines höheren Risikos) zu erzielen. Letzterer wird daher ein Portefeuille wählen, das in Abbildung 5.23 durch die Portefeuilles P^{II} repräsentiert wird, während P^I tendenziell Portefeuilles eher risikoscheuer Investoren repräsentieren.

Aufgrund der obigen Ausführungen kann also bei Existenz einer risikolosen Anlage bzw. der Möglichkeit einer Kreditaufnahme die Lösung des Portefeuilleauswahlproblems in *zwei* Teilschritte zerlegt werden. In einem *ersten* Schritt wird unabhängig vom Grad der Risikoscheu eines Investors das Tangentialportefeuille P^*, also das optimale wertmäßige Verhältnis der *risikobehafteten* Wertpapiere untereinander bestimmt. In einem *zweiten* Schritt kann das von der subjektiven Risikoeinstellung abhängige optimale Portefeuille durch die Kombination von P^* mit der sicheren Anlage bzw. Kreditaufnahme ermittelt werden. Auf diesen Zusammenhang hat erstmals Tobin (1958) hingewiesen. Die Optimalität dieser zweistufigen Vorgehensweise wird daher in der Literatur als *Tobin-Separation* bezeichnet.

Eigenschaft 5.4 (Tobin-Separation). *Falls ein risikoloses Wertpapier existiert, entstehen alle global effizienten Portefeuilles durch Mischung des risikolosen Wertpapiers mit einem ausgewählten Portefeuille aus risikobehafteten Wertpapieren, dem Tangentialportefeuille P^*.*

Bei Existenz eines risikolosen Finanztitels entspricht die Tobin-Separation der Two-Fund-Separation. Die Bestimmung des Tangentialportefeuilles wird im Folgenden für den Fall von zwei riskanten Wertpapieren betrachtet.[20] Mit den Beziehungen

$$\mu_P = x_1\mu_1 + x_2\mu_2 + (1-x_1-x_2)r_f \,,$$
$$\sigma_P^2 = x_1^2\sigma_1^2 + x_2^2\sigma_2^2 + 2x_1x_2\sigma_{1.2}$$

für den Erwartungswert und die Varianz der Portefeuillerendite lautet die Lagrangefunktion bei vorgegebener Mindestrendite $\overline{\mu}_P$ folgendermaßen:

$$L(\mathbf{x},\lambda) = (x_1^2\sigma_1^2 + x_2^2\sigma_2^2 + 2x_1x_2\sigma_{1.2}) + \lambda(\overline{\mu}_P - x_1\mu_1 - x_2\mu_2 - (1-x_1-x_2)r_f) \,.$$

Die gesuchten varianzminimierenden Portefeuilleanteile müssen die folgenden drei Optimalitätsbedingungen erster Ordnung erfüllen:

$$x_1^*\sigma_1^2 + x_2^*\sigma_{1.2} = (\mu_1-r_f)\lambda^*/2 \,,$$
$$x_2^*\sigma_2^2 + x_1^*\sigma_{1.2} = (\mu_2-r_f)\lambda^*/2 \,, \tag{5.18}$$
$$\overline{\mu}_P = x_1^*\mu_1 + x_2^*\mu_2 + (1-x_1^*-x_2^*)r_f \,.$$

Für die Berechnung der wertmäßigen Portefeuilleanteile im Tangentialportefeuille P^* kann nun die explizite Bestimmung des Lagrangemultiplikators entfallen.[21] Hierzu werden zunächst beide Seiten der ersten beiden Gleichungen des obigen Gleichungssystems (5.18) mit $2/\lambda^*$ multipliziert. Wird nun $2x_i^*/\lambda^*$ durch y_i (mit $i=1,2$) ersetzt, so ergibt sich das folgende Gleichungssystem:

$$y_1\sigma_1^2 + y_2\sigma_{1.2} = \mu_1-r_f \,,$$
$$y_2\sigma_2^2 + y_1\sigma_{1.2} = \mu_2-r_f \,. \tag{5.19}$$

---

[20] Die folgende Vorgehensweise lässt sich wegen der Two-Fund-Separation auf den Fall mit n riskanten Wertpapieren übertragen. Dazu müssen nur zwei globale Randportefeuilles für die Problemstellung (5.9)–(5.10) beispielsweise gemäß Formel (5C.1) identifiziert werden.

[21] Dies ist möglich, weil bei allen globalen Randportefeuilles $\mathbf{x} = (x_1,x_2)'$ und $\mathbf{y} = (y_1,y_2)'$ das *Verhältnis* der wertmäßigen Anteile der riskanten Wertpapiere gleich ist: $x_1:x_2 = y_1:y_2$.

Dieses aus zwei Gleichungen mit zwei Unbekannten bestehende Gleichungssystem ist eindeutig lösbar, falls die beiden riskanten Wertpapiere nicht perfekt positiv korreliert sind. Normiert man diese Lösungen wie folgt,

$$z_1 \equiv \frac{y_1}{y_1 + y_2} = \frac{2x_1^*/\lambda^*}{2x_1^*/\lambda^* + 2x_2^*/\lambda^*} = \frac{x_1^*}{x_1^* + x_2^*} \quad \text{bzw.} \quad z_2 \equiv \frac{y_2}{y_1 + y_2} = \frac{x_2^*}{x_1^* + x_2^*},$$

so stellt z_1 bzw. z_2 wegen $z_1 + z_2 = 1$ den wertmäßigen Anteil des ersten bzw. zweiten riskanten Wertpapiers am Tangentialportefeuille P^* dar. Letzteres ist das einzige Randportefeuille, dessen Anteil $(1 - z_1 - z_2)$ am risikolosen Wertpapier null ist. Beispiel 5.15 verdeutlicht diese rechenaufwandreduzierende Vorgehensweise am konkreten Zahlenbeispiel.

Beispiel 5.15 (Global effizientes Portefeuille und Tangentialportefeuille). _____
Ein Investor hat die Möglichkeit, zu einem Zinssatz von 5 % Kapital risikolos anzulegen bzw. aufzunehmen. Zudem bestehe die Möglichkeit, in die risikobehafteten Wertpapiere A und B zu investieren. Diese seien durch folgende Daten gekennzeichnet: $\mu_A = 0{,}07$, $\sigma_A = 0{,}20$, $\mu_B = 0{,}10$, $\sigma_B = 0{,}30$ und $\rho_{A.B} = 0{,}5$.
Der Investor möchte nun ein Portefeuille aus beiden Wertpapieren und der risikolosen Anlage- bzw. Aufnahmemöglichkeit derart zusammenstellen, dass bei einer geforderten (erwarteten) Rendite von 8 % das Portefeuillerisiko minimal wird. Dabei seien Leerverkäufe zugelassen.
Zielfunktion (ZF), Nebenbedingung (NB) und Lagrangefunktion (LF) lauten dann folgendermaßen:

$$\begin{aligned}
\text{ZF:} \quad & \sigma_P^2 = 0{,}04x_A^2 + 0{,}09x_B^2 + 2 \cdot 0{,}3 \cdot 0{,}20 \cdot 0{,}5 \cdot x_A x_B \quad \longrightarrow \quad \min ; \\
\text{NB:} \quad & 0{,}08 = 0{,}07x_A + 0{,}10x_B + 0{,}05(1 - x_A - x_B) ; \\
\text{LF:} \quad & L(\mathbf{x}, \lambda) = (0{,}04x_A^2 + 0{,}09x_B^2 + 0{,}06x_A x_B) + \\
& \qquad \lambda(0{,}08 - 0{,}07x_A - 0{,}10x_B - 0{,}05(1 - x_A - x_B)) .
\end{aligned}$$

Aus den Optimalitätsbedingungen für die wertmäßigen Portefeuilleanteile

$$\frac{\partial L}{\partial x_A}(\mathbf{x}^*, \lambda^*) = 0{,}08x_A^* + 0{,}06x_B^* + \lambda^*(-0{,}07 + 0{,}05) = 0 ,$$

$$\frac{\partial L}{\partial x_B}(\mathbf{x}^*, \lambda^*) = 0{,}18x_B^* + 0{,}06x_A^* + \lambda^*(-0{,}10 + 0{,}05) = 0 ,$$

$$\frac{\partial L}{\partial \lambda}(\mathbf{x}^*, \lambda^*) = 0{,}08 - 0{,}07x_A^* - 0{,}10x_B^* - 0{,}05(1 - x_A^* - x_B^*) = 0$$

erhält man aus den ersten beiden Gleichungen $x_A^* = 1/18 \, \lambda^*$ und $x_B^* = 7/27\lambda^*$. Ersetzt man in der dritten Optimalitätsbedingung x_A^* bzw. x_B^* durch $1/18 \, \lambda^*$ bzw. $7/27 \, \lambda^*$, so erhält man $\lambda^* = 2{,}13$. Das global effiziente Portefeuille mit der erwarteten Rendite $\mu_P = 8 \%$ setzt sich somit wie folgt zusammen: $x_A^* = 0{,}12$, $x_B^* = 0{,}55$ und $x_f^* = 0{,}33$. Die Varianz bzw. Standardabweichung der Portefeuillerendite beträgt:

$$\sigma_P^2 = 0{,}12^2 \cdot 0{,}04 + 0{,}55^2 \cdot 0{,}09 + 2 \cdot 0{,}12 \cdot 0{,}55 \cdot 0{,}03 = 0{,}0318 \quad \text{bzw.} \quad \sigma_P = 0{,}1782 .$$

Die Zusammensetzung des Tangentialportefeuilles lautet:

$$\mathbf{x}^{P^*} = (x_A^{P^*}, x_B^{P^*})' = (0{,}12/0{,}67; 0{,}55/0{,}67)' = (0{,}18; 0{,}82)'.$$

Zur Bestimmung des Tangentialportefeuilles kann alternativ das Gleichungssystem (5.19) gelöst werden. Mit den oben angegebenen Werten lautet es folgendermaßen:

$$0{,}07 - 0{,}05 = y_A \cdot 0{,}04 + y_B \cdot 0{,}03 \,,$$
$$0{,}10 - 0{,}05 = y_B \cdot 0{,}09 + y_A \cdot 0{,}03 \,.$$

Daraus ergeben sich die Lösungen $y_A = 0{,}1111$ und $y_B = 0{,}5185$. Die wertmäßigen Anteile der beiden Wertpapiere am Tangentialportefeuille betragen somit

$$x_A^{P^*} = z_A = \frac{y_A}{y_A + y_B} = 0{,}1765 \quad \text{und} \quad x_B^{P^*} = z_B = \frac{y_B}{y_A + y_B} = 1 - z_A = 0{,}8235\,.$$

5.5 Faktormodelle für systematische Risiken

Die zufällige Rendite R_A eines Wertpapiers A lässt sich gedanklich in einen *erwarteten* und einen *unerwarteten* Anteil aufspalten:

$$R_A = \mathrm{E}(R_A) + U_A \,,$$

wobei $\mathrm{E}(R_A)$ den erwarteten Anteil der Rendite bzw. U_A den unerwarteten Anteil der Rendite (Überraschung) mit $\mathrm{E}(U_A) = 0$ bezeichnet.

Der *unerwartete Anteil* der Rendite R_A, der das Investitionsrisiko repräsentiert, kann wiederum wie folgt aufgespalten werden:

$$U_A = M_A + \varepsilon_A \,,$$

wobei M_A die unerwartete Renditeabweichung (mit $\mathrm{E}(M_A) = 0$) aufgrund von *systematischen Risiken* bzw. ε_A die unerwartete Renditeabweichung (mit $\mathrm{E}(\varepsilon_A) = 0$) aufgrund von *unsystematischen Risiken* bezeichnet. *Systematische Risiken* sind dabei solche, von denen die meisten anderen Wertpapiere ebenfalls, jedoch in unterschiedlichem Ausmaß, betroffen sind (etwa aufgrund unerwarteter Realisationen von makroökonomischen Größen, wie z. B. Inflationsrate, Zinssatz, BSP-Wachstum). Das systematische Risiko resultiert aus allgemeinen, den Markt tangierenden, ökonomischen, ökologischen, sozialen und politischen Faktoren. *Unsystematische Risiken* sind dagegen diejenigen Risiken, von denen nur Wertpapier A (bzw. wenige andere Wertpapiere) betroffen ist; dazu zählen Managementfehler, verlorene Prozesse, Produktionsausfälle aufgrund von Streiks und (im positiven Sinne) Erfindungen und Entdeckungen.

Die Aufspaltung des unerwarteten Renditeanteils soll die beiden nachfolgenden Voraussetzungen erfüllen:

Annahme 5.1. *Systematische und unsystematische Renditeabweichungen vom Erwartungswert eines Wertpapiers A sind nicht korreliert, d. h.* $Cov(M_A, \varepsilon_A) = 0$.

Annahme 5.2. *Die zufällige unsystematische Renditeabweichung des Wertpapiers A ist mit der zufälligen unsystematischen Renditeabweichung eines anderen Wertpapiers B unkorreliert, d. h.* $Cov(\varepsilon_A, \varepsilon_B) = 0$ *für alle Wertpapiere A und B.*

Bei einem *Faktormodell* wird der systematische, unerwartete Anteil der zufälligen Rendite eines Wertpapiers *A* als Summe gewichteter Risikofaktoren aufgefasst:

$$M_A = \beta_{A.1}F_1 + \ldots + \beta_{A.K}F_K \,,$$

wobei F_k den Risikofaktor der k-ten Art ($k = 1, \ldots, K$) bezeichnet. Der *Beta-Koeffizient* eines Wertpapiers bezüglich eines systematischen Risikofaktors misst das Ausmaß, mit dem die Wertpapierrendite auf Realisationen des systematischen Risikofaktors reagiert.

Beispiel 5.16 (Beta-Koeffizienten). _____

Für ein Wertpapier *A* gelte die folgende Renditeaufspaltung:

$$\begin{aligned}
R_A &= E(R_A) + U_A = E(R_A) + M_A + \varepsilon_A \\
&= E(R_A) + \beta_{A.BSP}F_{BSP} + \beta_{A.Z}F_Z + \beta_{A.I}F_I + \varepsilon_A \\
&= 10 + 1 \cdot F_{BSP} - 1{,}8 \cdot F_Z + 2 \cdot F_I + \varepsilon_A \,.
\end{aligned}$$

Hiebei bezeichnet F_{BSP} =BSP-Wachstum − E(BSP-Wachstum) das unerwartete Bruttosozialprodukt (BSP-)Wachstum, F_Z = Zinssatz − E(Zinssatz) den unerwarteten Zinssatz und F_I = Inflationsrate − E(Inflationsrate) die unerwartete Inflationsrate. $\beta_{BSP} = 1$ bedeutet, dass die Wertpapierrendite um 1 % steigt, falls ceteris paribus (c. p.) das unerwartete Bruttosozialprodukt-Wachstum um 1 % steigt. Demgegenüber bewirkt c. p. eine unerwartete Zinssatzsteigerung von 1 % einen Rückgang der Wertpapierrendite um 1,8 %. Wegen $\beta_I = 2$ wäre das Wertpapier ein guter Inflationsschutz, da bei einem 1 %-igen Anstieg der unerwarteten Inflationsrate die Wertpapierrendite sogar c. p. um 2 % ansteigt. Denkbar sind nun fünf von der zukünftigen Konjunkturlage abhängige Realisationen der drei systematischen Risikofaktoren, des unsystematischen Risikofaktors und somit der Aktienrendite:

	\multicolumn{5}{c}{Konjunkturlage}
	sehr gut	gut	befriedigend	schlecht	sehr schlecht
F_{BSP}	2	1	0	−2	−3
F_Z	2	1	1	−3	−4
F_I	1	1	0	−2	−3
ε_A	0	−1	1	−1	0
R_A	10,4	10,2	9,2	8,4	8,2

Marktmodell und Schätzung des Beta-Koeffizienten

Das *Marktmodell* ist ein spezielles Faktormodell und erklärt den unerwarteten Renditeanteil allein mit der unerwarteten, prozentualen Änderung des Marktwertes aller Wertpapiere: $F = R_M - \mathrm{E}(R_M)$, wobei R_M die prozentuale Änderung des Marktwertes aller Wertpapiere bezeichnet. Dieses Einfaktormodell lautet

$$R_A = \mathrm{E}(R_A) + \beta_A F + \varepsilon_A .$$

Eine äquivalente Darstellung sieht folgendermaßen aus:

$$R_A = \alpha_A + \beta_A R_M + \varepsilon_A .$$

Hierbei gilt $\alpha_A = \mathrm{E}(R_A) - \beta_A \mathrm{E}(R_M)$. Wegen Annahme 5.1, d. h. $\mathrm{Cov}(R_M, \varepsilon_A) = 0$, werden Aktienrenditen mit dem Marktfaktor F bzw. R_M dann am besten erklärt, falls die Parameter α_A und β_A so festgelegt sind, dass die zufällige Residualvariable $\varepsilon_A(\alpha_A, \beta_A) = R_A - (\alpha_A + \beta_A R_M)$ die geringste Varianz aufweist. Die Parameter sind damit wegen $\mathrm{E}(\varepsilon_A) = 0$ so festzulegen, dass diese die folgende Funktion minimieren:

$$\mathrm{Var}(\varepsilon_A(\alpha_A, \beta_A)) = \mathrm{E}(\varepsilon_A^2(\alpha_A, \beta_A)) = \mathrm{E}(R_A^2) - 2\beta_A \mathrm{E}(R_A R_M) + \beta_A^2 \mathrm{E}(R_M^2)$$
$$+ \alpha_A^2 - 2\alpha_A \mathrm{E}(R_A) + 2\alpha_A \beta_A \mathrm{E}(R_M) .$$

Die Optimalitätsbedingungen erster Ordnung führen auf das Gleichungssystem:

$$\alpha_A^* \mathrm{E}(R_M) + \beta_A^* \mathrm{E}(R_M^2) = \mathrm{E}(R_A R_M) ,$$
$$\alpha_A^* + \beta_A^* \mathrm{E}(R_M) = \mathrm{E}(R_A) ,$$

dessen Lösung uns die Steigung und den Ordinatenabschnitt der optimal bestimmten Regressionsgerade liefert:

$$\beta_A^* = \frac{\mathrm{Cov}(R_A, R_M)}{\mathrm{Var}(R_M)} \quad \text{und} \quad \alpha_A^* = \mathrm{E}(R_A) - \beta_A^* \mathrm{E}(R_M) .$$

Eigenschaft 5.5 (Beta-Koeffizient). *Das Marktmodell erklärt die Rendite von Wertpapier A dann am besten, falls die zufällige Residualvariable ε_A eine minimale Varianz aufweist. In diesem Fall besitzt der Beta-Koeffizient $\beta_A \equiv \beta_A^*$ die Darstellung:*

$$\beta_A = \frac{Cov(R_A, R_M)}{Var(R_M)} .$$

Das Gesamtrisiko von Wertpapier A lässt sich wegen Annahme 5.1 wie folgt in systematisches und unsystematisches Risiko aufspalten:

$$\mathrm{Var}(R_A) \quad = \quad \beta_A^2 \cdot \mathrm{Var}(R_M) \quad + \quad \mathrm{Var}(\varepsilon_A) ,$$
$$\text{Gesamtrisiko} = \textit{Systematisches Risiko} + \textit{Unsystematisches Risiko} .$$

Der Beta-Koeffizient misst also den Beitrag eines einzelnen Wertpapiers zum systematischen nicht diversifizierbaren Risiko eines Portefeuilles.

Die Schätzung des Beta-Koeffizienten erfolgt in der Praxis auf Basis historischer Renditen unter Verwendung der folgenden Regressionsgleichung:

$$r_{it} = \alpha_i + \beta_i r_{Mt} + e_{it} \ .$$

r_{it} bzw. r_{Mt} bezeichnet dabei die realisierte Rendite des i-ten Wertpapiers bzw. des Marktportefeuilles in Periode t und e_{it} bezeichnet den Vorhersagefehler (Residuum) für das i-te Wertpapier in Periode t. Da die prozentuale Änderung des Marktwertes aller Wertpapiere nicht direkt beobachtbar ist, wird stattdessen ein Wertpapierindex herangezogen. Für das deutsche Aktiensegment bieten sich Indizes aus der DAX-Familie an.

Zur Bestimmung der empirischen Regressionskoeffizienten $\widehat{\alpha}_i$ und $\widehat{\beta}_i$ wird die *Methode der kleinsten Quadrate (MKQ)* herangezogen. Das heißt, die Koeffizienten werden derart bestimmt, dass die Summe $\sum_{t=1}^{T} e_{it}^2$ der quadratischen Abweichungen der beobachteten Werte von der Regressionsgerade bei T beobachteten Periodenrenditen minimal wird. Die optimalen Schätzwerte für die Koeffizienten lauten

$$\widehat{\beta}_i = \frac{\sum\limits_{t=1}^{T} (r_{it} - \bar{r}_i)(r_{Mt} - \bar{r}_M)}{\sum\limits_{t=1}^{T} (r_{Mt} - \bar{r}_M)^2} \quad \text{und} \quad \widehat{\alpha}_i = \bar{r}_i - \widehat{\beta}_i \bar{r}_M \ ,$$

wobei $\bar{r}_i = \frac{1}{T} \sum_{t=1}^{T} r_{it}$ bzw. $\bar{r}_M = \frac{1}{T} \sum_{t=1}^{T} r_{Mt}$ die mittleren historischen Wertpapier- bzw. Marktrenditen kennzeichnet.

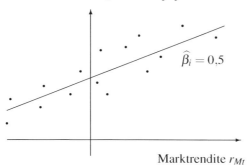

Abb. 5.24. *Schätzung des Beta-Koeffizienten.*
Ein geschätzter Beta-Koeffizient in Höhe von $\widehat{\beta}_i = 0{,}5$ besagt, dass bei einer Änderung der Marktrendite um 1 %-Punkt die Rendite des Wertpapiers im Mittel um 0,5 %-Punkte steigt.

Beispiel 5.17 (Schätzung des Beta-Koeffizienten). _____
Gegeben seien die historischen Jahresrenditen (in %) eines Wertpapiers A und die prozentualen Änderungen des Marktindexes M:

Jahr	2000	2001	2002	2003	2004
r_{At} (in %)	$-39,9$	$-13,9$	$-28,0$	$39,7$	$-6,7$
r_{Mt} (in %)	$-7,5$	$-19,8$	$-43,9$	$37,1$	$7,3$

Die erwartungstreuen Schätzwerte für den Mittelwert und die Varianz lauten folgendermaßen:

Erwartungstreuer Schätzer	A	M
$\bar{r}_i = \frac{1}{T} \sum\limits_{t=1}^{T} r_{it}$	$-0,0976$	$-0,0536$
$\widehat{\sigma}_i^2 = \frac{1}{T-1} \sum\limits_{t=1}^{T} (r_{it} - \bar{r}_i)^2$	$0,092848$	$0,091539$
$\widehat{\sigma}_i$	$0,3047$	$0,3026$
$\widehat{\sigma}_{A,M} = \frac{1}{T-1} \sum\limits_{t=1}^{T} (r_{At} - \bar{r}_A)(r_{Mt} - \bar{r}_M)$	$0,074152$	

Damit erhält man die folgenden optimalen Schätzwerte für die Regressionskoeffizienten:

$$\widehat{\beta}_A = \frac{\widehat{\sigma}_{A,M}}{\widehat{\sigma}_M^2} = 0,81\,, \qquad \widehat{\alpha}_A = \bar{r}_A - \widehat{\beta}_A \bar{r}_M = -0,0542\,.$$

Der Zusammenhang zwischen Wertpapierrendite und Marktrendite wird also am besten (im Sinne des MKQ-Kriteriums) durch folgende Regressionsgerade erfasst:

$$r_{At} = -0,0542 + 0,81\, r_{Mt} + e_{At}\,.$$

Wegen $\widehat{\sigma}_A^2 = \widehat{\beta}_A^2 \widehat{\sigma}_M^2 + \widehat{\sigma}^2(\varepsilon_A)$ gilt: $\widehat{\sigma}^2(\varepsilon_A) = 0,092848 - 0,81^2 \cdot 0,091539 = 0,032781\,.$

Portefeuillerisiko im Marktmodell

Falls sich alle Wertpapierrenditen R_i $(i = 1,\dots,n)$ mit demselben Einfaktormodell erklären lassen, so gilt für die _Rendite_ eines beliebigen Portefeuilles $\mathbf{x}$:

$$R_P(\mathbf{x}) = \sum_{i=1}^{n} x_i R_i = \sum_{i=1}^{n} x_i \left(\mathrm{E}(R_i) + \beta_i F + \varepsilon_i \right) = \sum_{i=1}^{n} x_i \mathrm{E}(R_i) + F \sum_{i=1}^{n} x_i \beta_i + \sum_{i=1}^{n} x_i \varepsilon_i\,.$$

Mit den Vereinbarungen $\beta_P \equiv \beta_P(n) \equiv \sum_{i=1}^{n} x_i \beta_i$ und $\varepsilon_P \equiv \varepsilon_P(n) \equiv \sum_{i=1}^{n} x_i \varepsilon_i$ gilt auch

$$R_P(\mathbf{x}) = \mathrm{E}(R_P) + \beta_P F + \varepsilon_P\,.$$

Für das Risiko eines _beliebigen Portefeuilles_ gilt demnach wegen Annahme 5.1:

$$\sigma_P^2(n) = \mathrm{Var}(R_P) = \qquad \beta_P^2 \cdot \mathrm{Var}(F) \qquad + \qquad \mathrm{Var}(\varepsilon_P)\,,$$

Gesamtrisiko   = systematisches Risiko + unsystematisches Risiko.

Falls neben der Annahme 5.2 über die Unkorreliertheit der wertpapierspezifischen Risiken zudem das unsystematische Risiko für alle Wertpapiere gleich groß ist, d. h. $\mathrm{Var}(\varepsilon_1) = \ldots = \mathrm{Var}(\varepsilon_n)$, so gilt für das unsystematische Risiko eines *naiv diversifizierten Portefeuilles* mit $\mathbf{x} = (1/n, \ldots, 1/n)'$:

$$\mathrm{Var}(\varepsilon_P) = \frac{1}{n^2}\mathrm{Var}(\varepsilon_1) + \ldots + \frac{1}{n^2}\mathrm{Var}(\varepsilon_n) = \frac{n}{n^2} \cdot \mathrm{Var}(\varepsilon_i) = \frac{1}{n} \cdot \mathrm{Var}(\varepsilon_i) \xrightarrow{n \to \infty} 0\,.$$

Demnach geht der unsystematische Anteil des Portefeuillerisikos mit zunehmender Anzahl von Wertpapieren im Portefeuille gegen null. Das Gesamtrisiko eines Portefeuilles besteht also im Grenzfall $n \to \infty$ nur aus systematischen Risiken (vergleiche hierzu Abbildung 5.25). Nimmt man weiter an, dass der durchschnittliche Beta-Koeffizient $\beta_P(n)$ für $n \to \infty$ gegen einen Wert $\overline{\beta}_P$ konvergiert, so gilt:

$$\lim_{n \to \infty} \mathrm{Var}(R_P) = \lim_{n \to \infty} \sigma_P^2(n) = \overline{\beta}_P^2 \cdot \mathrm{Var}(F)\,.$$

Wegen $F \equiv R_M - \mathrm{E}(R_M)$ gilt $\mathrm{Var}(R_M) = \mathrm{Var}(F)$ und damit $\mathrm{Var}(R_P) \approx \beta_P^2 \mathrm{Var}(R_M)$ für Portefeuilles, die sich aus einer großen Anzahl an Wertpapieren zusammensetzen.

Risiko $\sigma_P^2(n)$

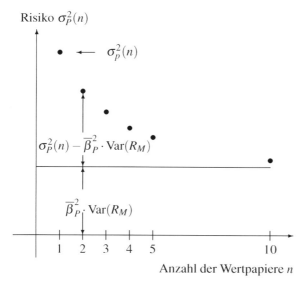

Abb. 5.25. *Risiko eines naiv diversifizierten Portefeuilles.* Das Gesamtrisiko sinkt tendenziell mit zunehmender Anzahl von Wertpapieren im naiv diversifizierten Portefeuille. Das Gesamtrisiko konvergiert gegen das vom Grenzwert des Portefeuille-Betas $\overline{\beta}_P$ abhängige systematische Risiko.

5.6 Portefeuilleauswahl im Marktmodell

Die Bestimmung global effizienter Portefeuilles im Sinne von Markowitz erfordert einen erheblichen Schätz- und Rechenaufwand. Bereits bei lediglich $n = 10$ riskanten Wertpapieren sind $n = 10$ Erwartungswerte, $n = 10$ Varianzen, $(n^2 - n)/2 = 45$ Kovarianzen, also 65 unbekannte Verteilungsparameter sowie der Zinssatz zu schätzen, bei $n = 300$ sind es gar 45 451 unbekannte Parameter (*Schätzproblem*). Aber selbst wenn alle zu schätzenden Parameter bekannt sind und ein Portefeuille aus beispielsweise $n = 300$ riskanten Wertpapieren bestimmt werden soll, muss ein Gleichungssystem aus 300 Gleichungen mit 300 Unbekannten gelöst werden (*technisches Problem*). Sowohl das Schätzproblem als auch das technische Problem können unter Zuhilfenahme des in Abschnitt 5.5 bereits dargestellten Marktmodells vereinfacht werden.

Die Problemstellung

Bei vorgegebener erwarteter Portefeuillerendite $\overline{\mu}_P$ ist zur Bestimmung eines varianzminimierenden Portefeuilles $\mathbf{x}^* = (x_1^*, x_2^*, \ldots, x_n^*)'$ unter Berücksichtigung eines risikolosen Finanztitels die Lagrangefunktion

$$L(\mathbf{x}, \lambda) = \sigma_P^2(\mathbf{x}) + \lambda \left(\overline{\mu}_P - \sum_{i=1}^n x_i \mu_i - \left(1 - \sum_{i=1}^n x_i \right) r_f \right)$$

zu minimieren. Die entsprechenden Optimalitätsbedingungen lauten folgendermaßen:

$$\frac{\partial L}{\partial x_1}(\mathbf{x}^*, \lambda^*) = 2x_1^* \sigma_1^2 + 2 \sum_{j=2}^n x_j^* \sigma_{1,j} - \lambda^* (\mu_1 - r_f) = 0,$$

$$\vdots \quad \vdots \tag{5.20}$$

$$\frac{\partial L}{\partial x_n}(\mathbf{x}^*, \lambda^*) = 2x_n^* \sigma_n^2 + 2 \sum_{j=1}^{n-1} x_j^* \sigma_{n,j} - \lambda^* (\mu_n - r_f) = 0,$$

$$\frac{\partial L}{\partial \lambda}(\mathbf{x}^*, \lambda^*) = \overline{\mu}_p - \sum_{i=1}^n x_i^* \mu_i - \left(1 - \sum_{i=1}^n x_i^* \right) r_f = 0.$$

Dieses Gleichungssystem lässt sich nun unter der Annahme des Marktmodells weiter vereinfachen. Wegen der Unkorreliertheit der Störterme untereinander $(\mathrm{Cov}(\varepsilon_i, \varepsilon_j) = 0)$ für $i \neq j$ und der Unkorreliertheit der Störterme mit der Marktrendite $(\mathrm{Cov}(R_M, \varepsilon_i) = 0)$ folgt nämlich mit Hilfe der Rechenregeln aus Anhang 5A:

$$\sigma_i^2 = \mathrm{Var}(\alpha_i + \beta_i R_M + \varepsilon_i) = \beta_i^2 \mathrm{Var}(R_M) + 2\beta_i \mathrm{Cov}(R_M, \varepsilon_i) + \mathrm{Var}(\varepsilon_i)$$
$$= \beta_i^2 \mathrm{Var}(R_M) + \mathrm{Var}(\varepsilon_i) \,,$$
$$\sigma_{i.j} = \mathrm{Cov}(\alpha_i + \beta_i R_M + \varepsilon_i, \alpha_j + \beta_j R_M + \varepsilon_j)$$
$$= \beta_i \beta_j \mathrm{Var}(R_M) + \beta_i \mathrm{Cov}(R_M, \varepsilon_j) + \beta_j \mathrm{Cov}(\varepsilon_i, R_M) + \mathrm{Cov}(\varepsilon_i, \varepsilon_j) \,.$$

Die letzten drei Terme der rechten Seite sind annahmegemäß gleich Null für $i \neq j$. Somit gilt für die Kovarianz der Renditen zweier Wertpapiere i und j:

$$\sigma_{i.j} = \beta_i \beta_j \mathrm{Var}(R_M) \quad \text{für} \quad i \neq j \,.$$

Die explizite Bestimmung der Korrelation zweier Wertpapiere kann somit entfallen, da die Korrelation über die Beta-Faktoren und die Varianz der Indexrendite erklärt werden kann. Vor allem diese Tatsache führt dazu, dass die Anzahl der zu schätzenden Parameter erheblich reduziert werden kann. Bei $n = 300$ riskanten Wertpapieren sind somit lediglich 902 unbekannte Parameter zu schätzen: $n = 300$ Erwartungswerte μ_j, $n = 300$ Varianzen $\mathrm{Var}(\varepsilon_j)$ und $n = 300$ Beta-Faktoren β_j, die Varianz des Marktportefeuilles $\mathrm{Var}(R_M)$ sowie der Zinssatz r_f.

Die Lösung

Mit der Vereinbarung $y_i \equiv 2x_i^* / \lambda^*$ reduzieren sich die ersten n Gleichungen des Gleichungssystems (5.20) auf das folgende Gleichungssystem:

$$\mu_i - r_f = y_i \mathrm{Var}(\varepsilon_i) + \beta_i \mathrm{Var}(R_M) \sum_{j=1}^n y_j \beta_j \quad \text{für} \quad i = 1, \dots, n \,. \qquad (5.21)$$

Wird die i-te Gleichung des Gleichungssystems (5.21) nach y_i umgestellt, so erhält man:

$$y_i = \frac{\mu_i - r_f}{\mathrm{Var}(\varepsilon_i)} - \frac{\beta_i \mathrm{Var}(R_M)}{\mathrm{Var}(\varepsilon_i)} \sum_{j=1}^n y_j \beta_j \,. \qquad (5.22)$$

Da auf der rechten Seite der i-ten Gleichung in der Summe $\sum_{j=1}^n y_j \beta_j$ die Unbekannten $y_j, j = 1, \dots, n$, enthalten sind, muss dieser unbekannte Term durch einen bekannten ersetzt werden. Hierzu werden beide Seiten der i-ten Gleichung mit β_i multipliziert und über alle i summiert. Man erhält somit:

$$\sum_{i=1}^n y_i \beta_i = \sum_{i=1}^n \frac{\mu_i - r_f}{\mathrm{Var}(\varepsilon_i)} \beta_i - \sum_{i=1}^n \frac{\beta_i^2 \mathrm{Var}(R_M)}{\mathrm{Var}(\varepsilon_i)} \sum_{j=1}^n y_j \beta_j \,.$$

Isoliert man den Ausdruck $\beta(\mathbf{y}) \equiv \sum_{j=1}^n y_j \beta_j$, so erhält man:

$$\beta(\mathbf{y}) = \sum_{j=1}^n \frac{\mu_j - r_f}{\mathrm{Var}(\varepsilon_j)} \beta_j \Bigg/ \left(1 + \mathrm{Var}(R_M) \sum_{j=1}^n \frac{\beta_j^2}{\mathrm{Var}(\varepsilon_j)} \right) \,.$$

Setzt man nun dieses Ergebnis in die Gleichung (5.22) ein, so erhält man schließlich:

$$y_i = \frac{\beta_i}{\text{Var}(\varepsilon_i)} \left(\frac{\mu_i - r_f}{\beta_i} - \text{Var}(R_M)\beta(\mathbf{y}) \right).$$

Der optimale Anteil des riskanten Wertpapiers i am Tangentialportefeuille ergibt sich aus der Standardisierung dieser Gewichte:

$$z_i = \frac{y_i}{\sum_{i=1}^{n} y_i} \quad \text{mit} \quad \sum_{i=1}^{n} z_i = 1 \, .$$

Sind die Annahmen des Marktmodells im konkreten Fall nicht erfüllt, so stellen die Anteile lediglich Approximationen der optimalen Anteile dar.

Beispiel 5.18 (Portefeuilleauswahl mit dem Marktmodell). _____
Es werden 5 riskante Wertpapiere betrachtet. Die in nachfolgender Tabelle angegebenen Schätzwerte für die Parameter wurden mittels des Marktmodells unter Zuhilfenahme eines Wertpapierindexes (DAX) aus diskreten annualisierten Monatsrenditen bestimmt. Der risikolose Zinssatz beträgt $r_f = 5\,\%$ p. a.

	μ_i (1)	β_i (2)	$\sigma^2(\varepsilon_i)$ (3)	$(\mu_i - r_f)/\beta_i$ (4)	$\beta_i/\sigma^2(\varepsilon_i)$ (5)	$\beta_i^2/\sigma^2(\varepsilon_i)$ (6)	$(\mu_i - r_f)\beta_i/\sigma^2(\varepsilon_i)$ (7)
ALV	0,1187	1,2054	0,0228	0,0570	52,8684	63,7276	3,6321
BAS	0,1639	0,9280	0,0264	0,1227	35,1515	32,6206	4,0038
DCX	0,0725	1,2318	0,0300	0,0183	41,0600	50,5777	0,9239
MMN	0,3488	1,0459	0,0384	0,2857	27,2370	28,4872	8,1384
SIE	0,1365	1,0495	0,0264	0,0824	39,7538	41,7216	3,4387
				Σ		217,1347	20,1368

Zur Bestimmung des optimalen Portefeuilles muss nun noch die Varianz der Indexrendite berechnet werden. In unserem Beispiel beträgt $\sigma_M^2 = 0,0366$. Wegen

$$\text{Var}(R_M) \cdot \beta(\mathbf{y}) = \frac{\sigma_M^2 \cdot \Sigma \, \text{Spalte (7)}}{1 + \sigma_M^2 \cdot \Sigma \, \text{Spalte (6)}} = 0,0824$$

erhält man die nichtnormierten Gewichtungen aus dem Produkt:

$$\text{Spalte (5)} \cdot (\text{Spalte (4)} - \text{Var}(R_M) \cdot \beta(\mathbf{y})) \, .$$

Die nichtnormierten und normierten Gewichtungen betragen also:

	ALV	BAS	DCX	MMN	SIE	Σ
y_i	−1,3418	1,4188	−2,6323	5,5376	0,0019	2,9843
z_i	−0,4496	0,4754	−0,8820	1,8556	0,0006	1

Aufgaben

5.1. Zwei Wertpapiere A und B seien durch ihre erwarteten Renditen μ_A und μ_B sowie die Volatilitäten σ_A und σ_B gekennzeichnet. Veranschaulichen Sie im (μ, σ)-Raum die Auswirkungen auf ein aus beiden Wertpapieren gemischtes Portefeuille, wenn der Korrelationskoeffizient -1 bzw. 1 beträgt oder zwischen -1 und 1 liegt.

(a) Ermitteln Sie die Anteile der Wertpapiere A und B im Minimum-Varianz-Portefeuille für die drei Fälle $\rho_{A,B} = -1, 0, +1$! Ändert sich das Ergebnis, wenn Leerverkäufe verboten sind?

(b) Für welche der Korrelationen $\rho_{A,B} = -1, 0, +1$ ist eine risikolose Position ohne Leerverkäufe zu erreichen?

5.2. Einem Investor stehen 2 risikobehaftete Anlagemöglichkeiten zur Verfügung: Das Wertpapier A weise eine erwartete Rendite von 10% und eine Volatilität von $12{,}5\%$ auf. Beim Wertpapier B seien diese Werte 15% (erwartete Rendite) und 25% (Volatilität). Die Wertpapierrenditen seien unkorreliert.

(a) Berechnen Sie die Anteile der beiden Wertpapiere im globalen Minimum-Varianz-Portefeuille!

(b) Welche Rendite kann ein Investor erwarten, wenn er die Wertpapiermischung mit dem geringsten Risiko wählt? Wie hoch ist dieses Risiko?

5.3. Die erwarteten Renditen zweier Wertpapiere A bzw. B seien 5% bzw. 10%. Die Volatilitäten betragen 10% bzw. 20%, außerdem sei der Korrelationskoeffizient der Wertpapierrenditen bekannt: $\rho_{A,B} = 0{,}75$.

(a) Bestimmen Sie die Anteile der Wertpapiere A und B im Minimum-Varianz-Portefeuille! Interpretieren Sie das Ergebnis! Wie ändert sich das Ergebnis, wenn nur Käufe zulässig sind?

(b) Für welche Korrelationskoeffizienten ist das Minimum-Varianz-Portefeuille bei Leerverkaufsbeschränkung gleichzeitig ein globales Minimum-Varianz-Portefeuille?

(c) Ergibt sich auch bei unkorrelierten Wertpapierrenditen ein Diversifikationseffekt?

5.4. Die erwarteten Renditen zweier Wertpapiere A und B seien $\mu_A = 12{,}5\%$ und $\mu_B = 10\%$, die Volatilitäten betragen $\sigma_A = 20\%$ und $\sigma_B = 30\%$. Außerdem seien die Wertpapierrenditen vollständig positiv korreliert.

(a) Bestimmen Sie die Anteile der Wertpapiere A und B im globalen Minimum-Varianz-Portefeuille. Wie lauten die erwartete Rendite und das Risiko des globalen Minimum-Varianz-Portefeuilles?

(b) Veranschaulichen Sie graphisch *global effiziente* Mischungen der Wertpapiere A und B. Wie sieht die Menge der effizienten Portefeuilles bei Leerverkaufsverbot aus?

5.5. Einem Portefeuille-Manager stehen 2 risikobehaftete Anlagemöglichkeiten zur Verfügung: Das Wertpapier A weise eine erwartete Rendite von 20% und eine Volatilität in Höhe von $\sigma_A = 20\%$ auf. Das Wertpapier B lasse bei einer Volatilität von $\sigma_B = 10\%$ eine Rendite von 15% erwarten. Die Korrelation der Wertpapierrenditen betrage $0{,}4$ und Leerverkäufe seien nicht erlaubt.

  (a) Berechnen Sie die Zusammensetzung, erwartete Rendite und Volatilität des Minimum-Varianz-Portefeuilles. Ändern sich die Ergebnisse, wenn man Leerverkäufe zulässt?

  (b) Veranschaulichen Sie Mischungen der Wertpapiere A und B im (μ, σ)-Koordinatensystem, kennzeichnen Sie dabei die beiden Wertpapiere, das Minimum-Varianz-Portefeuille und das globale Minimum-Varianz-Portefeuille.

  (c) Für welches Portefeuille entscheidet sich ein Investor, der die größtmögliche Rendite erzielen möchte und bei seiner Wahl das Risiko unberücksichtigt lässt?

  (d) Es seien nun zusätzlich risikolose Geldanlagen zu 5 % möglich. Bestimmen Sie die Rendite-Risiko-Beziehung aller möglichen Portefeuilles, die sich durch Mischungen der risikolosen Anlage mit Wertpapier A ergeben. Kennzeichnen Sie diese Portefeuilles im (μ, σ)-Koordinatensystem!

  (e) Kennzeichnen Sie alle Portefeuilles im (μ, σ)-Koordinatensystem, die sich durch Kombination der beiden riskanten Wertpapiere und der risikolosen Anlage ergeben. Machen Sie außerdem die effizienten Portefeuilles im (μ, σ)-Koordinatensystem kenntlich. Sind die effizienten Portefeuilles auch global effizient?

5.6. Der Student Superclever möchte sein Vermögen in Wertpapiere investieren. Seine Bank bietet ihm zwei Anlagemöglichkeiten an: Anlage 1 lässt eine erwartete Rendite von 12 % bei einer Varianz von 0,15 erwarten, Anlage 2 weist eine erwartete Rendite von 14 % bei einer Varianz von 0,25 auf. Die Korrelation der beiden Wertpapiere betrage $\rho_{1,2} = 0,9$. Es bestehe außerdem die Möglichkeit, am Finanzmarkt zum Zinssatz von $r_f = 5\,\%$ finanzielle Mittel in beliebiger Höhe aufzunehmen und anzulegen. Leerverkaufsbeschränkungen liegen nicht vor.

  (a) Bestimmen Sie die Menge der global effizienten Portefeuilles rechnerisch. Kennzeichnen Sie diese im (μ, σ)-Koordinatensystem.

  (b) Wie sieht die Menge der effizienten Portefeuilles aus, wenn zum risikolosen Zinssatz r_f Geld nur angelegt bzw. nur aufgenommen werden kann?

5.7. Legen Sie für ein Marktmodell die folgenden Daten zugrunde: Die erwartete Marktrendite betrage $\mu_M = 12\,\%$. Wertpapier A bzw. B weise eine erwartete Rendite von 8 % bzw. 15 % bei einem Beta-Faktor von 0,9 bzw. 1,2 auf.

  (a) Geben Sie die Marktmodell-Gleichungen für die Renditen der Wertpapiere A und B sowie für die Rendite eines Portefeuilles an, das sich zu 40 % aus Wertpapier A und zu 60 % aus Wertpapier B zusammensetzt!

  (b) Nehmen Sie an, die tatsächliche Marktrendite liege bei 10,5 % und es tauchen keine unternehmensspezifischen Überraschungen auf. Berechnen Sie die Renditen der beiden Aktien und des Portefeuilles aus Aufgabenteil (a)!

Anhang

5A Statistische Maße

Es seien R_A, R_B, $R_C : \Omega \to \mathbf{R}$ drei diskret verteilte Zufallsvariablen, wobei die Menge $\Omega = \{\omega_1, \ldots, \omega_n\}$ alle möglichen zukünftigen Elementarereignisse beschreibt und weiterhin a, b und c drei Konstanten. Der *Erwartungswert* der Zufallsvariablen R_A ist gleich der Summe aller möglichen Ausprägungen dieser Zufallsvariablen, gewichtet mit ihren Eintrittswahrscheinlichkeiten:

$$\mathrm{E}(R_A) \equiv \sum_{i=1}^{n} p(\omega_i)\, R_A(\omega_i)\,,$$

wobei $R_A(\omega_i)$ die i-te Ausprägung der Zufallsvariablen R_A bei Eintreten von Ereignis ω_i und $p(\omega_i)$ die Wahrscheinlichkeit des Auftretens der i-ten Ausprägung der Zufallsvariablen R_A darstellen. Anstelle von $\mathrm{E}(R_A)$ wird oft μ_A verwendet, welches das Symbol für das Ergebnis der Erwartungswertoperation ist. Die Erwartungswertbildung ist eine lineare Operation (Rechenvorschrift) mit den folgenden Eigenschaften:

$$\mathrm{E}(a) = a\,,$$
$$\mathrm{E}(aR_A) = a\mathrm{E}(R_A)\,,$$
$$\mathrm{E}(aR_A + bR_B) = a\mathrm{E}(R_A) + b\mathrm{E}(R_B)\,.$$

Die *Varianz* einer Zufallsvariablen ist der Erwartungswert der quadrierten Abweichungen der möglichen Ausprägungen von ihrem Erwartungswert:

$$\mathrm{Var}(R_A) \equiv \mathrm{E}\left((R_A - \mu_A)^2\right) = \mathrm{E}\left(R_A^2 - 2R_A\mu_A + \mu_A^2\right) = \mathrm{E}(R_A^2) - \mu_A^2\,.$$

Wie schon beim Erwartungswert wird mit $\mathrm{Var}(R_A)$ die Rechenanweisung für die Varianzbildung bezeichnet und σ_A^2 ist das Symbol des Ergebnisses dieser Rechnung. Die Quadratwurzel der Varianz wird als *Standardabweichung* σ_A bezeichnet. Für die Varianz und Standardabweichung einer linear transformierten Zufallsvariablen gelten folgende Beziehungen:

$$\mathrm{Var}(aR_A) = a^2\,\mathrm{Var}(R_A) = a^2\sigma_A^2\,,$$
$$\sqrt{\mathrm{Var}(aR_A)} = |a| \cdot \sqrt{\mathrm{Var}(R_A)}\,,$$
$$\mathrm{Var}(a + R_A) = \mathrm{Var}(R_A)\,,$$
$$\mathrm{Var}(aR_A + bR_B) = a^2\mathrm{Var}(R_A) + b^2\mathrm{Var}(R_b) + 2ab\mathrm{E}\left[(R_A - \mu_A)(R_B - \mu_B)\right]$$
$$= a^2\mathrm{Var}(R_A) + b^2\mathrm{Var}(R_b) + 2ab\mathrm{Cov}(R_A, R_B)\,.$$

Die *Kovarianz* $\mathrm{Cov}(R_A, R_B)$ von zwei Zufallsvariablen ist der Erwartungswert des Produkts der Abweichungen der beiden Zufallsvariablen von ihrem jeweiligen Mittelwert.

$$\mathrm{Cov}(R_A, R_B) \equiv \mathrm{E}\left[(R_A - \mu_A)(R_B - \mu_B)\right] = \mathrm{E}(R_A R_B) - \mu_A \mu_B \; .$$

Es gelten die folgenden Beziehungen:

$$\mathrm{Cov}(aR_A, bR_B) = ab\,\mathrm{Cov}(R_A, R_B) \; ,$$

$$\mathrm{Cov}(aR_A + bR_B, cR_C) = ac\,\mathrm{Cov}(R_A, R_C) + bc\,\mathrm{Cov}(R_B, R_C) \; .$$

Anstatt der ausführlichen Bezeichnungsweise $\mathrm{Cov}(R_A, R_B)$ wird auch die kürzere Schreibweise $\sigma_{A.B}$ verwendet. Die Kovarianz ist also ein Maß dafür, inwieweit die beiden Zufallsvariablen in gleicher Richtung und Stärke von ihren jeweiligen Mittelwerten abweichen. Die einzelnen Faktoren der Kovarianz können sowohl negativ als auch positiv sein. Ein positives Produkt besagt, dass bei beiden Zufallsvariablen die betrachteten Ausprägungen entweder über oder unter dem jeweiligen Mittelwert liegen, die Zufallsvariablen sich also in die gleiche Richtung bewegen. Im Gegensatz hierzu ergibt sich ein negatives Produkt, wenn sich die Zufallsvariablen in entgegengesetzte Richtungen bewegen. Der *Korrelationskoeffizient* ist die mit dem Produkt der Standardabweichungen der beiden Zufallsvariablen R_A und R_B normierte Kovarianz. Der Korrelationskoeffizient wird mit dem Symbol $\rho_{A.B}$ gekennzeichnet, dessen Indizes die korrelierten Zufallsvariablen bezeichnen:

$$\rho_{A.B} \equiv \frac{\mathrm{Cov}(R_A, R_B)}{\sigma_A\,\sigma_B}\;, \quad \text{wobei} \quad -1 \leq \rho_{A.B} \leq 1 \quad \text{gilt.}$$

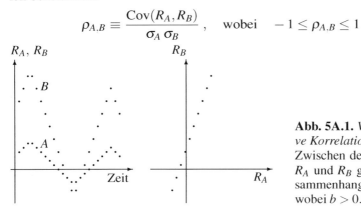

Abb. 5A.1. *Vollständige positive Korrelation* ($\rho_{A.B} = 1$). Zwischen den Zufallsvariablen R_A und R_B gilt der lineare Zusammenhang $R_B = a + b \cdot R_A$, wobei $b > 0$.

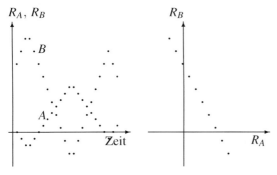

Abb. 5A.2. *Vollständige negative Korrelation* ($\rho_{A.B} = -1$). Zwischen den Zufallsvariablen R_A und R_B gilt der lineare Zusammenhang $R_B = a + b \cdot R_A$, wobei $b < 0$.

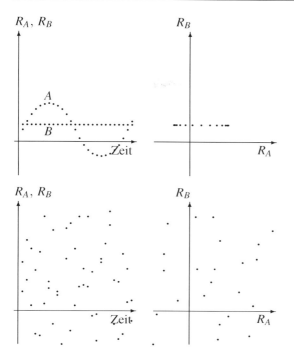

Abb. 5A.3. *Keine Korrelation* ($\rho_{A.B} = 0$).
Zwischen den Zufallsvariablen R_A und R_B gilt der Zusammenhang $R_B = a + b \cdot R_A$ mit $b = 0$.

Abb. 5A.4. *Keine Korrelation* ($\rho_{A.B} \approx 0$).
Zwischen den Zufallsvariablen R_A und R_B gilt der Zusammenhang $R_B = a + b \cdot R_A + \varepsilon$, wobei ε eine zufällige Störgröße darstellt.

Korrelationskoeffizient misst die Straffheit einer Punktwolke

Was eine perfekte Korrelation oder eine Korrelation von Null zwischen zwei Zufallsvariablen bedeutet, haben die Abbildungen 5A.1— 5A.4 aufgezeigt. Wie ist aber die Korrelation zwischen 0 und 1 ökonomisch bzw. geometrisch zu interpretieren? Die im folgenden Beispiel 5A.1 zusammengestellten Erklärungsversuche zeigen, dass sowohl Redakteure als auch Leser der renommierten Wochenzeitschrift *The Economist* Probleme damit haben, diese Frage richtig zu beantworten.

Beispiel 5A.1 (Correlation Confusion). ⎯⎯⎯⎯⎯⎯⎯⎯⎯⎯⎯⎯⎯⎯
„Among nine big economies, stock market correlations have averaged around 0.5 since the 1960s. In other words, for every 1 per cent rise (or fall) in, say, American share prices, share prices in the other markets will typically rise (fall) by 0.5 per cent."

The Economist, 8th November 1997

„A correlation of 0.5 does not indicate that a return from stockmarket A will be 50% of stockmarket B's return, or vice-versa...A correlation of 0.5 shows that 50% of the time the return of stockmarket A will be positively correlated with the return of stockmarket B, and 50% of the time it will not."

The Economist (letter), 22nd November 1997

Der (empirische) Korrelationskoeffizient $\rho_{A.B}$ misst die Straffheit einer Punktwolke von Renditepaaren (R_A, R_B). Letztere lässt sich nämlich leicht durch eine
freihändig gezeichnete Ellipse, die die Hauptmasse der Punktwolke einschließt,
annähernd erfassen. Aus der Geometrie dieser *freihändigen* Konzentrationsel-
lipse (Konzentrationsellipsen bilden eigentlich die Schar der Höhenlinien des
Graphen der Dichtefunktion bei zwei gemeinsam normalverteilten Zufallsvariablen) lässt wie folgt auf $\rho_{A.B}$ schließen. Man schachtelt die Konzentrationsel-
lipse mittels horizontaler und vertikaler Tangenten durch ein Rechteck ein (siehe
Abb. 5A.5).

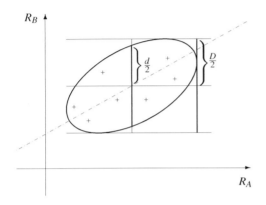

Abb. 5A.5. *„Eingeschachtelte" Kon-
zentrationsellipse.*
Je straffer die Punktwolke, d. h. um
so schlanker die Ellipse, desto kleiner wird das Verhältnis $d : D$ und desto näher liegt $\rho_{A.B}$ bei 1. Die Straffheit der dargestellten Punktwolke entspricht dem Parameter $\rho_{A.B} = 0{,}5$.

Bezeichnet D die Höhe des Rechtecks und d den maximalen vertikalen Innen-
durchmesser der Ellipse, so beweist Kockelkorn (2000, S. 102) den folgenden
Zusammenhang:

$$\rho_{A.B}^2 = 1 - \frac{d^2}{D^2} \, .$$

Für $\rho_{A.B} = 1/2$ lautet das Streckenverhältnis beispielsweise $d : D = 86 : 100$.
Aus dieser Formel erkennen wir zudem, dass $-1 \leq \rho_{A.B} \leq +1$ gelten und die
Punktwolke im Fall $|\rho_{A.B}| = 1$ auf einer Geraden liegen muss.

5B Zwei-Wertpapierfall bei unvollständiger Korrelation

Sind die Wertpapierrenditen R_A und R_B nicht vollständig korreliert, so besitzen Rendite-Risiko-Kombinationen im Koordinatensystem aus erwarteter Rendite und Standardabweichung die Gestalt eines *Hyperbelastes*. Die Hyperbelgleichung lautet:

$$\frac{\sigma_P^2}{\sigma_{\mathrm{MVP}}^2} - \frac{(\mu_P - \mu_{\mathrm{MVP}})^2}{\left(\frac{\mu_A - \mu_B}{\sigma_{A-B}} \sigma_{\mathrm{MVP}}\right)^2} = 1 \, . \qquad (5\mathrm{B}.1)$$

Hierbei bezeichnet

$$\mu_{\text{MVP}} = x_A^{\text{MVP}} \mu_A + x_B^{\text{MVP}} \mu_B = \left(\mu_A \left(\sigma_B^2 - \rho_{A.B} \sigma_A \sigma_B \right) + \mu_B \left(\sigma_A^2 - \rho_{A.B} \sigma_A \sigma_B \right) \right) / \sigma_{A-B}^2$$

bzw.

$$\sigma_{\text{MVP}}^2 = (x_A^{\text{MVP}})^2 \sigma_A^2 + (x_B^{\text{MVP}})^2 \sigma_B^2 + 2 x_A^{\text{MVP}} x_B^{\text{MVP}} \rho_{A.B} \sigma_A \sigma_B = \frac{\sigma_A^2 \sigma_B^2 (1 - \rho_{A.B}^2)}{\sigma_{A-B}^2}$$

den Erwartungswert bzw. die Varianz des Minimum-Varianz-Portefeuilles und es gilt $\sigma_{A-B}^2 \equiv \text{Var}(R_A - R_B) \equiv \sigma_A^2 + \sigma_B^2 - 2 \rho_{A.B} \sigma_A \sigma_B$. Die obige Beziehung wird durch Abbildung 5B.1 veranschaulicht.

Die Hyperbelgleichung (5B.1) lässt sich folgendermaßen herleiten: Für die erwartete Rendite eines aus den Wertpapieren A und B bestehenden Portefeuilles gilt $\mu_P = x_A \mu_A + x_B \mu_B = x_A(\mu_A - \mu_B) + \mu_B$, woraus sich für den wertmäßigen Anteil an Wertpapier A

$$x_A = \frac{\mu_P - \mu_B}{\mu_A - \mu_B} \tag{5B.2}$$

ergibt. Die Varianz der Portefeuillerendite beträgt:

$$
\begin{aligned}
\sigma_P^2 &= x_A^2 \sigma_A^2 + x_B^2 \sigma_B^2 + 2 x_A x_B \sigma_A \sigma_B \rho_{A.B} \\
&= x_A^2 \sigma_A^2 + (1 - x_A)^2 \sigma_B^2 + 2 x_A (1 - x_A) \sigma_A \sigma_B \rho_{A.B} \\
&= x_A^2 \sigma_{A-B}^2 + 2 x_A \left(\sigma_A \sigma_B \rho_{A.B} - \sigma_B^2 \right) + \sigma_B^2 .
\end{aligned}
$$

Daraus ergibt sich:

$$
\begin{aligned}
\frac{\sigma_P^2}{\sigma_{A-B}^2} &= x_A^2 + 2 x_A \frac{\sigma_A \sigma_B \rho_{A.B} - \sigma_B^2}{\sigma_{A-B}^2} + \frac{\sigma_B^2}{\sigma_{A-B}^2} \\
&= \left(x_A + \frac{\sigma_A \sigma_B \rho_{A.B} - \sigma_B^2}{\sigma_{A-B}^2} \right)^2 - \left(\frac{\sigma_A \sigma_B \rho_{A.B} - \sigma_B^2}{\sigma_{A-B}^2} \right)^2 + \frac{\sigma_B^2}{\sigma_{A-B}^2} \\
&= \left(x_A + \frac{\sigma_A \sigma_B \rho_{A.B} - \sigma_B^2}{\sigma_{A-B}^2} \right)^2 + \frac{\sigma_{\text{MVP}}^2}{\sigma_{A-B}^2} .
\end{aligned}
$$

Somit erhält man mit Hilfe der Beziehung (5B.2):

$$
\begin{aligned}
\frac{\sigma_P^2}{\sigma_{\text{MVP}}^2} &= \frac{1}{\sigma_{\text{MVP}}^2 \sigma_{A-B}^2} \left(\sigma_{A-B}^2 \frac{\mu_P - \mu_B}{\mu_A - \mu_B} + \sigma_A \sigma_B \rho_{A.B} - \sigma_B^2 \right)^2 + 1 \\
&= \frac{1}{\sigma_{\text{MVP}}^2 \sigma_{A-B}^2 (\mu_A - \mu_B)^2} \left(\sigma_{A-B}^2 \mu_P - \sigma_{A-B}^2 \mu_{\text{MVP}} \right)^2 + 1 \\
&= \frac{(\mu_P - \mu_{\text{MVP}})^2}{\left(\frac{\mu_A - \mu_B}{\sigma_{A-B}} \sigma_{\text{MVP}} \right)^2} + 1 .
\end{aligned}
$$

Die Rendite-Risiko-Kombinationen von zwei nicht vollständig korrelierten Wertpapieren liegen auf dem positiven Ast einer Hyperbel, deren Achsen im um μ_{MVP} nach oben verschobenen (μ, σ)-Diagramm mit den Koordinatenachsen zusammenfallen (siehe hierzu Abbildung 5B.1).

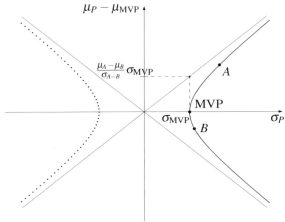

Abb. 5B.1. (μ, σ)-*Kombinationen bei nicht vollständiger Korrelation.*
Die Portefeuilles, die durch Mischung von zwei nicht vollständig korrelierten Wertpapieren entstehen, liegen im (μ, σ)-Diagramm auf einer Hyperbel. Das MVP bildet hierbei den Scheitelpunkt des rechten Hyperbelastes. Die Steigung der Asymptoten, die die Hyperbel begrenzen, beträgt $\pm \frac{\mu_A - \mu_B}{\sigma_{A-B}}$.

5C Beweis der Eigenschaften von globalen Randportefeuilles

Dieser Anhang behandelt Eigenschaften von globalen Randportefeuilles in der von Markowitz (1952) begründeten, klassischen Portefeuilletheorie für einen Finanzmarkt mit beliebig vielen *riskanten* Wertpapieren, auf dem keine Handelsbeschränkungen – beispielsweise in Form von Leerverkaufsbeschränkungen – vorliegen. In diesem Anhang handelt es sich deshalb bei allen Randportefeuilles um globale Randportefeuilles der Problemstellung (5.9)–(5.10). Da in diesem Fall alle Randportefeuilles auch globale Randportefeuilles sind, nennen wir in diesem Anhang die globalen Randportefeuilles einfach nur Randportefeuilles. Ebenso sollen die global effizienten Randportefeuilles abkürzend effiziente Randportefeuilles genannt werden. In Matrixschreibweise lassen sich dabei besonders elegante Formeln für die Zusammensetzung, Varianz und Kovarianz dieser Randportefeuilles angeben.

Dazu betrachten wir im Folgenden n Wertpapiere, deren erwartete Renditen durch den n-dimensionalen Vektor $\boldsymbol{\mu} = (\mu_1, \ldots, \mu_n)'$ und deren Kovarianzmatrix der Renditen durch die $(n \times n)$-Matrix $\mathbf{V}$, wobei $V_{ij} = \text{Cov}(R_i, R_j)$, repräsentiert werden. Wir nehmen an, dass die Kovarianzmatrix $\mathbf{V}$ positiv definit ist.[1] Die

---

[1] Dies bedeutet formal, dass $\mathbf{x}'\mathbf{V}\mathbf{x} > 0$ für alle Wertpapiermischungen $\mathbf{x} = (x_1, \ldots, x_n)' \neq \mathbf{0}$ gilt. Äquivalent hierzu ist die Eigenschaft, dass alle Hauptunterdeterminanten der Matrix $\mathbf{V}$ positiv sind. Insbesondere ist somit die Determinante der Matrix $\mathbf{V}$ ungleich Null, d. h. $\mathbf{V}$ ist invertierbar (nicht singulär, regulär).

Annahme, $\mathbf{V}$ sei positiv definit, bedeutet ökonomisch, dass kein risikoloses Wertpapier existiert, und dass keine zwei verschiedenen Kombinationen von Wertpapieren perfekt korreliert sind. Weiter wird vorausgesetzt, dass mindestens zwei einzelne Wertpapiere mit unterschiedlicher erwarteter Rendite existieren. Dies ist formal gleichbedeutend damit, dass für den Rang der $(n \times 2)$-Matrix $(\boldsymbol{\mu} \; \mathbf{1})$ mit $\mathbf{1} = (1,\dots,1)'$ gilt: Rang$(\boldsymbol{\mu} \; \mathbf{1}) = 2$.

Die Elemente der sogenannten *Informationsmatrix* $\mathbf{A}$ enthalten alle notwendigen Informationen, die bei den folgenden Beweisen über die Eigenschaften von Randportefeuilles benötigt werden.

Definition 5C.1 (Informationsmatrix). *Die (2 × 2) Matrix* $\mathbf{A}$*, genannt Informationsmatrix, sei wie folgt definiert:*

$$\mathbf{A} \equiv \begin{pmatrix} \boldsymbol{\mu}' \\ \mathbf{1}' \end{pmatrix} \mathbf{V}^{-1} (\boldsymbol{\mu} \; \mathbf{1}) \, .$$

Die Informationsmatrix ist also durch

$$\mathbf{A} = \begin{pmatrix} a \; b \\ b \; c \end{pmatrix}$$

mit $a \equiv \boldsymbol{\mu}' \mathbf{V}^{-1} \boldsymbol{\mu}$*,* $b \equiv \boldsymbol{\mu}' \mathbf{V}^{-1} \mathbf{1}$ *und* $c \equiv \mathbf{1}' \mathbf{V}^{-1} \mathbf{1}$ *gegeben.*

Abbildung 5C.1 veranschaulicht die Bedeutung der Elemente der Informationsmatrix. Das maximale Rendite-Risiko-Verhältnis, das mit einem Portefeuille Q

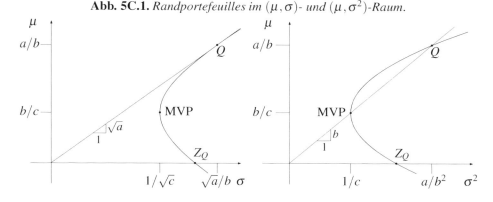

Abb. 5C.1. *Randportefeuilles im* (μ, σ)- *und* (μ, σ^2)-*Raum.*

aus risikobehafteten Wertpapieren erzielt werden kann, beträgt $\mathrm{E}(R_Q)/\sigma_Q = \sqrt{a}$. Gemessen an der Varianz beträgt das Verhältnis $\mathrm{E}(R_Q)/\sigma_Q^2 = b$. Dies ist zugleich das Rendite-Varianz-Verhältnis von MVP: $\mathrm{E}(R_{\mathrm{MVP}})/\sigma_{\mathrm{MVP}}^2 = b$. Das Matrixelement c entspricht dem Kehrwert der Varianz des Minimum-Varianz-Portefeuilles

$1/\sigma^2_{\text{MVP}} = c$. Diese Aussagen werden in den Eigenschaften 5C.4 und 5C.6 bewiesen. Zunächst geben wir aber allgemein die Zusammensetzung von Randportefeuilles an.

Eigenschaft 5C.1. *Die wertmäßigen Anteile des Randportefeuilles mit erwarteter Rendite μ_P sind gegeben durch den n-dimensionalen Vektor:*

$$\mathbf{x} = \mathbf{V}^{-1}(\boldsymbol{\mu}\ \mathbf{1})\mathbf{A}^{-1}\begin{pmatrix}\mu_P\\1\end{pmatrix}. \tag{5C.1}$$

Beweis. Um die Menge der Randportefeuilles zu erhalten, ist bei vorgegebener erwarteter Portefeuillerendite μ_P die Varianz zu minimieren. Die zu diesem Optimierungsproblem gehörige Lagrange Funktion lautet:

$$L(\mathbf{x},\boldsymbol{\lambda}) = \mathbf{x}'\mathbf{V}\mathbf{x} + \lambda_1(\mu_P - \mathbf{x}'\boldsymbol{\mu}) + \lambda_2(1 - \mathbf{x}'\mathbf{1}).$$

Da $\mathbf{V}$ positiv definit ist, liefert die Lösung $\mathbf{x}^*$, welche die folgenden $n+2$ Optimalitätsbedingungen

$$\frac{\partial L}{\partial \mathbf{x}}(\mathbf{x}^*,\boldsymbol{\lambda}^*) = 2\mathbf{V}\mathbf{x}^* - \lambda_1^*\boldsymbol{\mu} - \lambda_2^*\mathbf{1} = \mathbf{0}, \tag{5C.2}$$

$$\frac{\partial L}{\partial \lambda_1}(\mathbf{x}^*,\boldsymbol{\lambda}^*) = \mu_P - \mathbf{x}^{*\prime}\boldsymbol{\mu} = 0, \tag{5C.3}$$

$$\frac{\partial L}{\partial \lambda_2}(\mathbf{x}^*,\boldsymbol{\lambda}^*) = 1 - \mathbf{x}^{*\prime}\mathbf{1} = 0 \tag{5C.4}$$

erfüllt, zu vorgegebener erwarteter Rendite tatsächlich ein Minimum der Varianz. Insbesondere ist $\mathbf{V}$ regulär und Gleichung (5C.2) kann nach $\mathbf{x}^*$ aufgelöst werden:

$$\mathbf{x}^* = \frac{1}{2}\mathbf{V}^{-1}(\boldsymbol{\mu}\ \mathbf{1})\begin{pmatrix}\lambda_1^*\\\lambda_2^*\end{pmatrix}. \tag{5C.5}$$

Durch Multiplikation mit $(\boldsymbol{\mu}\ \mathbf{1})'$ von links auf beiden Seiten der Gleichung erhält man:

$$\begin{pmatrix}\boldsymbol{\mu}'\\\mathbf{1}'\end{pmatrix}\mathbf{x}^* = \frac{1}{2}\begin{pmatrix}\boldsymbol{\mu}'\\\mathbf{1}'\end{pmatrix}\mathbf{V}^{-1}(\boldsymbol{\mu}\ \mathbf{1})\begin{pmatrix}\lambda_1^*\\\lambda_2^*\end{pmatrix} = \frac{1}{2}\mathbf{A}\begin{pmatrix}\lambda_1^*\\\lambda_2^*\end{pmatrix}.$$

Da $\mathbf{V}$ (und somit auch $\mathbf{V}^{-1}$) positiv definit und somit regulär ist und für den Rang der $(n\times 2)$-Matrix $(\boldsymbol{\mu}\ \mathbf{1})$ zudem Rang$(\boldsymbol{\mu}\ \mathbf{1})= 2$ gilt, folgt, dass auch $\mathbf{A}$ regulär ist. Die obige Gleichung lässt sich daher umformen zu:

$$\mathbf{A}^{-1}\begin{pmatrix}\boldsymbol{\mu}'\\\mathbf{1}'\end{pmatrix}\mathbf{x}^* = \frac{1}{2}\begin{pmatrix}\lambda_1^*\\\lambda_2^*\end{pmatrix}.$$

Unter Beachtung von (5C.3) und (5C.4) folgt:

$$\mathbf{A}^{-1}\begin{pmatrix}\mu_P\\1\end{pmatrix}=\frac{1}{2}\begin{pmatrix}\lambda_1^*\\\lambda_2^*\end{pmatrix}.$$

Die Eigenschaft 5C.1 ergibt sich durch Einsetzen dieses Zusammenhangs in Beziehung (5C.5). $\qquad\square$

Eigenschaft 5C.2 (Two-Fund-Separation). *Alle Randportefeuilles sind als Linearkombination von zwei anderen Randportefeuilles darstellbar.*

Beweis. Es seien P^1, P^2, P^3 beliebige Randportefeuilles mit $\mu_1 \neq \mu_2$. Gemäß Eigenschaft 5C.1 gilt für alle Randportefeuilles:

$$\mathbf{x}_i = \mathbf{V}^{-1}(\boldsymbol{\mu}\ \mathbf{1})\mathbf{A}^{-1}\begin{pmatrix}\mu_i\\1\end{pmatrix}\quad\text{für}\quad i=1,2,3.$$

Mit der Festlegung $\alpha \equiv (\mu_3 - \mu_2)/(\mu_1 - \mu_2)$ gilt für die erwartete Rendite von P^3:

$$\mu_3 = \alpha(\mu_1 - \mu_2) + \mu_2 = \alpha\mu_1 + (1-\alpha)\mu_2.$$

Damit folgt mit der Vereinbarung $\mathbf{B} \equiv \mathbf{V}^{-1}(\boldsymbol{\mu}\ \mathbf{1})\mathbf{A}^{-1}$:

$$\begin{aligned}\mathbf{x}_3 = \mathbf{B}\begin{pmatrix}\mu_3\\1\end{pmatrix} &= \mathbf{B}\begin{pmatrix}\alpha\mu_1 + (1-\alpha)\mu_2\\\alpha + (1-\alpha)\end{pmatrix}\\ &= \alpha\mathbf{B}\begin{pmatrix}\mu_1\\1\end{pmatrix} + (1-\alpha)\mathbf{B}\begin{pmatrix}\mu_2\\1\end{pmatrix}\\ &= \alpha\mathbf{x}_1 + (1-\alpha)\mathbf{x}_2.\end{aligned}$$

Das Randportefeuille P^3 ist demnach als Kombination von P^1 und P^2 darstellbar. $\qquad\square$

Eigenschaft 5C.3. *Für die Kovarianz zwischen den Renditen R_1 und R_2 zweier Randportefeuilles P^1 und P^2 gilt:*

$$\sigma_{1,2} = (\mu_1\ 1)\mathbf{A}^{-1}(\mu_2\ 1)' = \frac{a - b\mu_1 - b\mu_2 + c\mu_1\mu_2}{ac - b^2}.\qquad(5\text{C}.6)$$

Für die Varianz der Rendite eines Randportefeuilles P^1 gilt:

$$\sigma_1^2 = (a - 2b\mu_1 + c\mu_1^2)\frac{1}{ac - b^2}.\qquad(5\text{C}.7)$$

Beweis. Die Kovarianz lässt sich mit Hilfe von Eigenschaft 5C.1 wie folgt darstellen:[2]

$$
\begin{aligned}
\sigma_{1.2} = \mathbf{x}_1' \mathbf{V} \mathbf{x}_2 &= (\mu_1\ 1)\mathbf{A}^{-1}(\boldsymbol{\mu}\ \mathbf{1})'\mathbf{V}^{-1}\mathbf{V}\mathbf{V}^{-1}(\boldsymbol{\mu}\ \mathbf{1})\mathbf{A}^{-1}(\mu_2\ 1)' \\
&= (\mu_1\ 1)\mathbf{A}^{-1}\mathbf{A}\mathbf{A}^{-1}(\mu_2\ 1)' \\
&= (\mu_1\ 1)\mathbf{A}^{-1}(\mu_2\ 1)' \\
&= \frac{1}{ac-b^2}(\mu_1\ 1)\begin{pmatrix} c & -b \\ -b & a \end{pmatrix}(\mu_2\ 1)' \\
&= \frac{a - b\mu_1 - b\mu_2 + c\mu_1\mu_2}{ac-b^2}.
\end{aligned}
$$

Die Kovarianz der Rendite eines Randportefeuilles P^1 mit sich selbst ergibt dessen Varianz:

$$
\sigma_1^2 = \sigma_{1.1} = \left(a - 2b\mu_1 + c\mu_1^2\right)\frac{1}{ac-b^2}.
$$

□

Eigenschaft 5C.4. *Für das Minimum-Varianz-Portefeuille gilt:*

$$
\mu_{MVP} = \frac{b}{c}, \quad \sigma_{MVP}^2 = \frac{1}{c} \quad und \quad \mathbf{x}_{MVP} = \frac{1}{c}\mathbf{V}^{-1}\mathbf{1}.
$$

Beweis. Durch Ableiten der Varianz in Gleichung (5C.7) nach μ_P erhält man

$$
\frac{\partial \sigma_P^2}{\partial \mu_P}(\mu_{\text{MVP}}) = (-2b + 2c\mu_{\text{MVP}})\frac{1}{ac-b^2} = 0
$$

und somit die erwartete Rendite des Minimum-Varianz-Portefeuilles $\mu_{\text{MVP}} = b/c$. Einsetzen von μ_{MVP} in die Gleichung (5C.7) für die Varianz liefert $\sigma_{\text{MVP}}^2 = 1/c$ und mit Eigenschaft 5C.1 resultiert $\mathbf{x}_{\text{MVP}} = \mathbf{V}^{-1}\mathbf{1}/c$.

□

Eigenschaft 5C.5. *Mit Ausnahme des Portefeuilles mit minimaler Varianz existiert zu jedem effizienten Randportefeuille P ein eindeutiges, orthogonales Randportefeuille Z mit $\mu_Z = (a - b\mu_P)/(b - c\mu_P)$. Dieses ist immer ein ineffizientes Randportefeuille.*

---

[2] Für die Inverse einer invertierbaren Matrix $\mathbf{M}$ gilt: $\mathbf{M}^{-1} = \frac{1}{\det\mathbf{M}}\mathbf{M}_{\text{adj}}$, wobei $\det\mathbf{M}$ die Determinante und $\mathbf{M}_{\text{adj}}$ die adjungierte Matrix der Matrix $\mathbf{M}$ bezeichnet. Für $\mathbf{M} = \begin{pmatrix} m_{11} & m_{12} \\ m_{21} & m_{22} \end{pmatrix}$ gilt somit: $\mathbf{M}^{-1} = \frac{1}{m_{11}m_{22} - m_{12}m_{21}}\begin{pmatrix} m_{22} & -m_{12} \\ -m_{21} & m_{11} \end{pmatrix}$.

Beweis. Sei P ein beliebiges effizientes Portefeuille außer dem Minimum-Varianz-Portefeuille und sei Z das zu P gehörige orthogonale Portefeuille. Damit folgt gemäß (5C.6) für die Kovarianz der orthogonalen Portefeuilles P und Z:

$$0 = \sigma_{Z.P} = \mathbf{x}_Z' \mathbf{V} \mathbf{x}_P = \frac{a - b\mu_Z - b\mu_P + c\mu_Z\mu_P}{ac - b^2}$$

Unter Beachtung von $\mu_P \neq \mu_{\mathrm{MVP}} = b/c$ ergibt sich:

$$\mu_Z = \frac{a - b\mu_P}{b - c\mu_P} \ .$$

Nun ist noch zu zeigen, dass das Portefeuille Z immer auf dem ineffizienten Rand positioniert ist. Die Annahme, Z sei effizient, kann wie folgt zu einem Widerspruch geführt werden. Aus

$$\frac{a - b\mu_P}{b - c\mu_P} = \mu_Z > \mu_{\mathrm{MVP}} = \frac{b}{c}$$

folgt unter Beachtung von $\mu_P > b/c$:

$$a - b\mu_P < \frac{b}{c}(b - c\mu_P) \quad \Longleftrightarrow \quad a - b^2/c < 0 \ .$$

Dies liefert wegen $c > 0$ die Beziehung $\det \mathbf{A} = ac - b^2 < 0$ und ist somit ein Widerspruch zur positiven Definitheit von $\mathbf{A}$. ☐

Die erwartete Rendite des orthogonalen Portefeuilles kann auch graphisch bestimmt werden. Dazu wird im (μ, σ)-Diagramm eine Tangente an die Hyperbel durch P bzw. im (μ, σ^2)-Diagramm eine Gerade durch P und MVP gelegt. Die erwartete Rendite des orthogonalen Portefeuilles ist durch den Achsenabschnitt der Tangente bzw. der Geraden gegeben. Abbildung 5C.1 veranschaulicht diesen Zusammenhang für das Portefeuille Q, dessen orthogonales Portefeuille gerade das Randportefeuille mit erwarteter Rendite in Höhe von Null ist.

Eigenschaft 5C.6. *Für das effiziente Portefeuille Q mit der erwarteten Rendite $\mu_Q = a/b$ gilt $\sigma_Q^2 = a/b^2$ und $\mathbf{x}_Q = 1/b \mathbf{V}^{-1}\boldsymbol{\mu}$. Das orthogonale Portefeuille Z_Q von Q hat eine erwartete Rendite von Null.*

Beweis. Die Varianz des effizienten Portefeuilles Q ergibt sich durch Einsetzen von $\mu_Q = a/b$ in Gleichung (5C.7). Für den Vektor $\mathbf{x}_Q$ der Anteile der einzelnen Wertpapiere am Portefeuille Q erhält man mit Gleichung (5C.1) $\mathbf{x}_Q = 1/b \mathbf{V}^{-1}\boldsymbol{\mu}$. ☐

Eigenschaft 5C.7. *Mit Ausnahme des Portefeuilles mit minimaler Varianz sind alle effizienten Randportefeuilles positiv korreliert.*

Beweis. P_1 und P_2 seien zwei beliebige effiziente Portefeuilles, ungleich dem Minimum-Varianz-Portefeuille. Es ist zu zeigen, dass P_1 und P_2 positiv korreliert sind. Demnach muss die Annahme $\sigma_{1.2} \leq 0$ zu einem Widerspruch führen. Aus dieser Annahme folgt zunächst unter Beachtung von $\det \mathbf{A} > 0$ und (5C.6)

$$a - b\mu_1 - b\mu_2 + c\mu_1\mu_2 \leq 0$$

Hieraus ergibt sich $a - b\mu_2 \leq \mu_1(b - c\mu_2)$. Da P_2 effizient und ungleich dem Minimum-Varianz-Portefeuille ist, gilt $\mu_2 > \mu_{\mathrm{MVP}} = b/c$. Durch Umformen erhält man

$$\mu_1 \leq \frac{a - b\mu_2}{b - c\mu_2} = \mu_Z \,,$$

wobei Z das orthogonale Portefeuille zu P_2 darstellt. Gemäß Eigenschaft 5C.5 ist das Portefeuille Z ineffizient und aus $\mu_{P_1} \leq \mu_Z < \mu_{\mathrm{MVP}}$ folgt die Ineffizienz des Portefeuilles P_1. Dies steht im Widerspruch zur Voraussetzung, P_1 sei ein effizientes Portefeuille.   □

Literatur

Beinert, Michaela und Siegfried Trautmann, 1991, Jump-Diffusion Models of German Stock Returns - A Statistical Investigation, *Statistical Papers* 32, 269–280.

Dimson, Elroy, Paul Marsh und Mike Staunton, 2004, *Triumph of the Optimists: 101 Years of Global Investment Returns*, Princeton University Press.

Haugen, Robert A., 2001, *Modern Investment Theory*, Prentice Hall, Englewood Cliffs, 5. Auflage.

Hellwig, Klaus, 2004, Portfolio Selection Subject to Growth Objectives, *Journal of Economic Dynamics and Control* 28, 2119–2128.

Hellwig, Klaus, Gerhard Speckbacher und Paul Wentges, 2002, Utility Maximization under Capital Growth Constraints, *Journal of Mathematical Economics* 33, 1–12.

Kockelkorn, Ulrich, 2000, *Lineare statistische Methoden*, Oldenbourg, München.

Korn, Ralf, 1997, *Optimal Portfolios*, World Scientific, Singapore.

Kraft, Holger, 2004, *Optimal Portfolios with Stochastic Interest Rates and Defaultable Assets*, Springer.

Latané, Henry A., 1959, Criteria for choice among risky ventures, *The Journal of Political Economy* 67, 144–155.

Luenberger, David G., 1998, *Investment Science*, Oxford University Press, New York.

Markowitz, Harry, 1952, Portfolio Selection, *Journal of Finance* 7, 77–99.

Spremann, Klaus, 1996, *Wirtschaft, Investition und Finanzierung*, Oldenbourg, München, 5. Auflage.

Tobin, James, 1958, Liquidity preference as behavior towards risk, *Review of Economic Studies* 25, 65–86.

6

Preise und Renditen im Finanzmarktgleichgewicht

In Kapitel 5 wurde gezeigt, wie Investoren auf Basis der Erwartungswert-Varianz-Regel ihr optimales Wertpapierportefeuille auswählen. Es stellt sich nun die Frage, welche Auswirkungen ein solches Verhalten der Investoren auf den Finanzmarkt und die Preise und damit Renditen der Wertpapiere hat. Eine Antwort darauf liefert das *Capital Asset Pricing Model* (CAPM), das in den 60er Jahren unabhängig voneinander von Sharpe (1964), Lintner (1965) und Mossin (1966) entwickelt wurde. William Sharpe hat dafür 1990 den Nobelpreis für Wirtschaftswissenschaften erhalten. Das CAPM legt insbesondere den Zusammenhang zwischen der erwarteten Rendite und dem Risiko *einzelner* Wertpapiere im Marktgleichgewicht offen, der durch die sogenannte *Wertpapierkenngerade* veranschaulicht wird. Eine aus empirischer Sicht nicht zu unterscheidende Wertpapierkenngerade kann man auch im Rahmen der von Ross (1976) begründeten *Arbitrage Pricing Theory* (APT) ableiten. Dieser konkurrierende Erklärungsansatz für die Preisbildung am Finanzmarkt basiert weniger auf Annahmen über das individuelle Entscheidungsverhalten als auf der Annahme, dass sich individuelle Wertpapierrenditen hinreichend gut durch ein Faktormodell (mit einem oder mehreren Faktoren) beschreiben lassen, und zudem kein Marktteilnehmer *profitable* Raumarbitrage im Sinne einer Verletzung des *Law of One Price* (LOP) betreiben kann. Beide Ansätze setzten allerdings friktionslose Finanzmärkte sowie die homogene Einschätzung der Verteilung zukünftiger Wertpapierpreise durch die alle Marktteilnehmer voraus. Die in Kapitel 5 beschriebene optimale Portefeuilleauswahl geht davon aus, dass die Gegenwartspreise von Wertpapieren und deren erwartete Renditen *exogen* vorgegeben sind und jeder Investor auf Basis seiner eigenen Einschätzung der Wahrscheinlichkeitsverteilung der zukünftigen Wertpapierpreise die korrespondierende Renditeverteilung bestimmt und dann sein Portefeuille optimal auswählt.

Jetzt aber unterstellen wir, dass der Gegenwartspreis S_0^i für alle Wertpapiere i und deren erwartete Renditen $\mu_i \equiv \mathrm{E}(R_i) = (\mathrm{E}(S_1^i) - S_0^i)/S_0^i$ (als Ergebnis eines im Gegenwartszeitpunkt $t = 0$ stattfindenden Preisanpassungsprozesses) *endogene* Größen darstellen und alle Investoren die *exogen* vorgegebenen Parameter der

Wahrscheinlichkeitsverteilung der zukünftigen Preise S_1^i *homogen* einschätzen. Was Letzteres bedeutet, wird im jeweiligen Modellzusammenhang konkretisiert.

6.1 Die Wertpapierkenngerade

Die Wertpapierkenngerade beschreibt den Zusammenhang zwischen der erwarteten Rendite und dem Risiko *einzelner* Wertpapiere in arbitragefreien und friktionslosen Finanzmärkten. Dieser Zusammenhang besagt, dass die von Investoren für das i-te Wertpapier erwartete (und geforderte) Rendite μ_i den Zinssatz r_f für eine risikolose Anlage um eine *Risikoprämie* übersteigen muss, die zu dem systematischen Risiko des betreffenden Wertpapiers proportional ist. Das systematische Risiko des i-ten Wertpapiers wird dabei mit dem Beta-Koeffizienten $\beta_i \equiv \mathrm{Cov}(R_i, R_M)/\mathrm{Var}(R_M)$ gemessen, der die Sensitivität der Wertpapierrendite bezüglich der Rendite R_M eines (μ, σ)-effizienten Tangentialportefeuilles mit erwarteter Rendite μ_M erfasst. Im CAPM entspricht dieses Tangentialportefeuille dem *Marktportefeuille*, das im nächsten Abschnitt definiert wird. Formal lautet dieser Zusammenhang dann folgendermaßen:

Eigenschaft 6.1 (Wertpapierkenngerade). *Im Finanzmarktgleichgewicht passt sich der gegenwärtige Preis S_0^i eines Wertpapiers i derart an, dass die erwartete Wertpapierrendite μ_i die risikolose Verzinsung um eine Risikoprämie übersteigt, die proportional mit dem Wertpapier-Beta β_i ansteigt:*

$$\mu_i = r_f + (\mu_M - r_f)\beta_i \, . \tag{6.1}$$

Diese Gleichung stellt die *Grundrelation* in der Theorie der Preisbildung an Finanzmärkten bei Unsicherheit dar und wird durch Abbildung 6.1 veranschaulicht. Demnach liegen die (μ_i, β_i)-Koordinaten von Wertpapieren mit gleichgewichtigen Gegenwartspreisen auf der Wertpapierkenngeraden. Aufgrund des inversen Zusammenhangs zwischen Gegenwartspreis und erwarteter Rendite eines

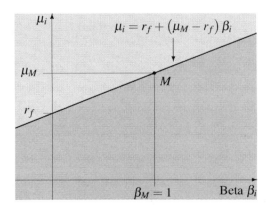

Abb. 6.1. *Wertpapierkenngerade.* Im Finanzmarktgleichgewicht ist die Überrendite proportional zum systematischen Risiko der Wertpapiere. Für negative Beta-Werte ist die Überrendite negativ. Das Verhältnis $(\mu_i - r_f)/\beta_i$ von Wertpapierüberrendite zu Wertpapier-Beta wird *Treynor-Ratio* genannt.

Wertpapiers (erwartete Rendite steigt (sinkt) mit sinkendem (steigendem) Gegenwartspreis), liegt die (μ_i, β_i)-Position eines *über*bewerteten (*unter*bewerteten) Wertpapiers unterhalb (oberhalb) der Wertpapierkenngeraden. In Abhängigkeit vom Wertebereich des Beta-Koeffizienten spricht man von aggressiven, defensiven und neutralen Wertpapieren:

$$\beta_i > 1 \quad \Rightarrow \quad \mu_i > \mu_M : \quad \text{aggressives Wertpapier;}$$
$$\beta_i < 1 \quad \Rightarrow \quad \mu_i < \mu_M : \quad \text{defensives Wertpapier;}$$
$$\beta_i = 1 \quad \Rightarrow \quad \mu_i = \mu_M : \quad \text{neutrales Wertpapier.}$$

Für aggressive (defensive) Wertpapiere fordern Investoren im Marktgleichgewicht eine Rendite, die höher (niedriger) als die Marktrendite ist, weil gemäß der Beta-Definition zufällige Änderungen der Marktrendite höhere (niedrigere) zufällige Änderungen der Wertpapierrenditen bewirken.

Beispiel 6.1 (Aktien-Betas im DAX30-Segment).

Name	Kürzel	σ_i	$\rho_{i,M}$	β_i
Adidas	ADS	0,22	0,55	0,80
Allianz	ALV	0,20	0,86	1,17
Altana	ALT	0,14	0,38	0,35
BASF	BAS	0,17	0,78	0,88
Bayer	BAY	0,23	0,56	0,87
BMW	BMW	0,21	0,70	0,96
Commerzbank	CBK	0,28	0,65	1,20
Continental	CON	0,26	0,69	1,21
Daimler Crysler	DCX	0,23	0,72	1,11
Deutsche Börse	DB1	0,32	0,57	1,20
Deutsche Bank	DBK	0,20	0,88	1,15
Deutsche Post	DPW	0,20	0,45	0,60
Deutsche Postbank	DPB	0,23	0,59	0,88
Deutsche Telekom	DTE	0,19	0,55	0,69
E.ON	EOA	0,23	0,78	1,17
Fresenius MC	FME	0,21	0,56	0,77
Henkel	HEN3	0,18	0,45	0,53
Hypo Real Estate	HRX	0,25	0,49	0,81
Infineon	IFX	0,27	0,57	1,02
Linde	LIN	0,22	0,56	0,83
Lufthansa	LHA	0,22	0,55	0,81
MAN	MAN	0,33	0,60	1,33
Metro	MEO	0,19	0,54	0,69
Münchener Rück	MUV2	0,18	0,78	0,92
RWE	RWE	0,21	0,65	0,90
SAP	SAP	0,24	0,62	0,97
Siemens	SIE	0,22	0,74	1,09
Thyssen Krupp	TKA	0,34	0,65	1,47
TUI	TUI1	0,19	0,49	0,61
Volkswagen	VOW	0,28	0,55	1,02

Die Wirtschafts- und Finanzzeitung *Handelsblatt* veröffentlicht börsentäglich die Beta-Koeffizienten von Aktien, die im *(DAX30-Segment* des) *Deutschen Aktienindex (DAX)* enthalten sind. Die nebenstehenden Werte sind der Ausgabe vom Montag, dem 5. Februar 2007, entnommen, und wurden laut Quellenangabe von der *Deutsche Börse AG* am 1. Februar 2007 mitgeteilt und auf Basis der Tagesrenditen der letzten 250 Börsentage (ein Kalenderjahr hat etwa 250 Börsentage) geschätzt. σ_i bezeichnet die annualisierte Standardabweichung der Tagesrendite[1] und $\rho_{i,M}$ die Korrelation zwischen der Tagesrendite der Aktie i und der Tagesrendite des Gesamtmarktes, repräsentiert durch die Tagesrendite des DAX30-Index. Wie man erkennen kann, liegen die derart geschätzten Aktien-Betas im Bereich zwischen 0,35 (Altana) und 1,47 (ThyssenKrupp). Gemäß der Wertpapierkenngerade verlangen also Investoren eine mehr als viermal höhere Risikoprämie für eine ThyssenKrupp-Aktie im Vergleich zu einer Altana-Aktie ($4 \times 0,35 = 1,40 < 1,47$). Und dies, obwohl das Gesamtrisiko der ThyssenKrupp-Aktie, gemessen durch die annualisierte Standardabweichung der Tagesrendite (0,34), nicht einmal die 2,5-fache Höhe des Gesamtrisikos von Altana (0,14) beträgt.

---

[1] Zur Annualisierung einer Renditestandardabweichung siehe auch Abschnitt 11.4.

Aus der Gleichgewichtsbeziehung (6.1) folgt offensichtlich, dass in friktionslosen und arbitragefreien Märkten der „Markt" den Investoren nur für die Übernahme von systematischen, nicht diversifizierbaren Risiken eine Risikoprämie zugesteht. Ein risikobehaftetes Wertpapier, dessen Rendite mit der Marktrendite nicht korreliert ist und daher einen Beta-Koeffizienten von null aufweist, darf folglich nicht höher als die Verzinsung einer risikolosen Anlage rentieren. Die ökonomische Begründung dafür ist bereits aufgrund der Ausführungen des Kapitels 5 einsichtig: Unsystematische Risiken können bei der Bestimmung der Risikoprämie vernachlässigt werden, da rationale Investoren wohldiversifizierte Portefeuilles halten, deren Gesamtrisiko sich (im Wesentlichen) aus den systematischen Risiken der Einzelpapiere zusammensetzt.

Aus der Wertpapierkenngerade lässt sich ebenfalls ableiten, dass risikobehaftete Wertpapiere mit einem *negativen* Beta-Koeffizienten eine geringere erwartete Rendite als die einer risikolosen Anlage aufweisen. Vereinbar mit einem Finanzmarktgleichgewicht sind sogar *negative* Gleichgewichtsrenditen für Wertpapiere, falls deren Beta-Koeffizienten hinreichend negativ sind – eine Situation, die allerdings empirisch kaum zu beobachten sein dürfte. Dieses – zumindest auf den ersten Blick – erstaunliche Ergebnis lässt sich ökonomisch einfach erklären: Wertpapiere mit negativem Beta-Koeffizienten, also mit „negativem" systematischem Risiko übernehmen eine Risikovernichtungsfunktion. Bei starken Schwankungen der Marktrendite tragen diese Papiere zur Glättung der Portefeuillerendite bei. Diese Leistung muss jedoch mit der geringeren – theoretisch auch negativen – erwarteten Rendite erkauft werden.

Das Konzept der Wertpapierkenngerade hat sich mittlerweile auch in der Praxis als nützliches Instrument der Wertpapierbewertung und des Portefeuillemanagements durchgesetzt.[2]

Zerlegung der Standardabweichung

Misst man nun das systematische Risiko eines Wertpapiers als Produkt des Wertpapier-Betas mit der Standardabweichung der Marktrendite, $SD_i^s \equiv \beta_i \cdot \sigma_M$, dann lässt sich die im Gleichgewicht erwartete Rendite als Funktion des systematischen Risikos auch im (μ, σ)-Koordinatensystem darstellen (vgl. Abbildung 6.2):

$$\mu_i = r_f + (\mu_M - r_f)\beta_i = r_f + \frac{\mu_M - r_f}{\sigma_M} SD_i^s \, . \tag{6.2}$$

---

[2] Die Nutzung des Konzepts der Wertpapierkenngerade wird jedoch häufig durch die Instabilität der Beta-Koeffizienten im Zeitablauf eingeschränkt. Frantzmann (1989) und Göppl, Herrmann, Kirchner und Neumann (1996) vermitteln einen Eindruck über Höhe und zeitliche Schwankung der Beta-Koeffizienten für deutsche Aktien. Frantzmann (1990) untersucht zudem den sogenannten *Intervalling-Effekt* für den deutschen Aktienmarkt: die geschätzten Beta-Koeffizienten steigen mit der Fristigkeit der verwendeten Renditen. Beta-Koeffizienten auf Basis von Monatsrenditen sind also höher als die auf Basis von Tagesrenditen.

Abb. 6.2. *Zerlegung der Standardabweichung einzelner Wertpapiere.*
In Abbildung 6.2 repräsentieren die Punkte i, j, M und P die Erwartungswert-Standardabweichung-Koordinaten der beiden Wertpapiere i und j, des effizienten Portefeuilles P und des (effizienten) Marktportefeuilles M. Demnach entspricht bei gegebener Gleichgewichtsrendite der horizontale Abstand zwischen der Ordinate und der Wertpapierkenngerade (6.2) dem (betragsmäßigen) systematischen Risiko.

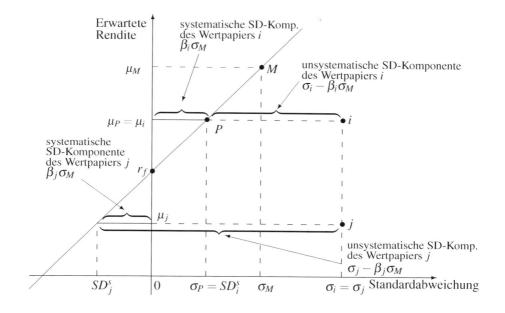

Beispiel 6.2 (Systematisches Risiko und Gleichgewichtsrendite). _____
Ein Anlageberater bietet seinen Kunden die folgenden Anlagealternativen an: (1) eine risikolose Anlage mit einer Rendite von $r_f = 6\,\%$, (2) eine Beteiligung an einem Aktienfonds, dessen Rendite die Gesamtmarktrendite mit $\mu_M = 8\,\%$ und $\sigma_M = 20\,\%$ nachbildet und (3) den Kauf der Aktie A mit Gegenwartspreis $S_0^A = €\,80$, (von maßgeblichen Wertpapieranalysten erwartetem) Kursziel in einem Jahr von $\mathrm{E}(S_1^A) = €\,100$, Renditevolatilität $\sigma_A = 24\,\%$ und Renditekorrelation mit dem Markt von $\rho_{A.M} = 0{,}7$.

(a) Wie hoch ist das systematische Risiko der Aktie A und wieviel Risiko der Aktie A könnte ein Investor durch Diversifikation eliminieren? *Antwort*: Wegen

$$\beta_A = \frac{\mathrm{Cov}(R_A, R_M)}{\mathrm{Var}(R_M)} = \frac{\sigma_A \cdot \sigma_M \cdot \rho_{A.M}}{\sigma_M^2} = 0{,}84$$

besitzt Aktie A das (in Standardabweichungseinheiten gemessene) systematische Risiko

$$SD_A^s = \beta_A \sigma_M = 16{,}8\,\% \ .$$

Die unsystematische Komponente von σ_A lautet daher auf

$$\sigma_A - \beta_A \sigma_M = 24\% - 16{,}8\% = 7{,}2\% \,.$$

(Mißt man dagegen das Risiko in Varianzeinheiten, dann gilt für das systematische, nicht-diversifizierbare Risiko $\beta_A^2 \sigma_M^2 = 0{,}028224$ und für das unsystematische, diversifizierbare Risiko der Aktie A $\sigma_A^2 - \beta_A^2 \sigma_M^2 = 0{,}0576 - 0{,}028224 = 0{,}029376$).

(b) Ist die Aktie mit einem Gegenwartspreis von €80 angemessen bewertet? *Antwort:* Nein. Die gleichgewichtige, risikoadjustierte Renditeforderung im Sinne der Wertpapierkenngerade für Aktie A ist deutlich geringer als die Renditeerwartung von maßgeblichen Wertpapieranalysten:

$$\mu_A = r_f + \left(\mu_M - r_f\right) \cdot \beta_A = 6\% + (8\% - 6\%) \cdot 0{,}84 = 7{,}68\% < 25\% = \frac{100 - 80}{80}\,.$$

Insbesondere für wohldiversifizierte Investoren ist der Kauf von Aktie A daher eine sehr gute Investition.

In den folgenden Abschnitten dieses Kapitels erfolgt nun die Herleitung der Wertpapierkenngerade sowohl auf der Basis des Capital Asset Pricing Models (CAPM) als auch auf der Basis der Arbitrage Pricing Theory (APT). Auf letzterer Basis wird zudem die Wertpapierkennebene hergeleitet und diskutiert. Abbildung 6.3 veranschaulicht noch einmal die Zusammenhänge.

Abb. 6.3. *Finanzwirtschaftliche Theorien und deren Abhängigkeiten.*

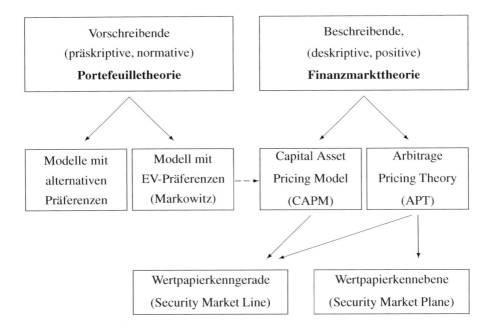

6.2 Das Capital Asset Pricing Model (CAPM)

Das Finanzmarktgleichgewichtsmodell CAPM resultiert im Wesentlichen aus der Verknüpfung der in Kapitel 5 vorgestellten *Tobin-Separation* mit der Annahme *homogener Einschätzungen* der Verteilung zukünftiger Vermögenspreise. Letzteres hat zur Folge, dass die Menge effizienter Portefeuilles für alle Marktteilnehmer identisch ist. Innerhalb dieses Modellrahmens fußt die Herleitung der Wertpapierkenngeraden auf der Erkenntnis, dass ein Portefeuille nur dann optimal bzw. effizient zusammengestellt ist, wenn für alle im Portefeuille enthaltenen Wertpapiere das Verhältnis von marginalem erwarteten Renditebeitrag zu marginalem Risikobeitrag gleich groß ist. Das CAPM basiert auf Annahme 1.4 (Friktionslose Finanzmärkte) und den folgenden Annahmen:

Annahme 1.3' (Homogene Einschätzungen). *Marktteilnehmer besitzen* homogene Einschätzungen *bezüglich der Erwartungswerte, Varianzen und Kovarianzen der zukünftigen Preise aller Vermögensformen.*

Annahme 6.1. *Alle Investoren wählen Portefeuilles auf Basis der* Erwartungswert-Varianz-Regel *aus.*

Zunächst sollen jedoch zwei zentrale Begriffe des CAPM eingeführt werden: Das *Marktportefeuille* und die *Finanzmarktgerade*.[3]

Marktportefeuille und Finanzmarktgerade

Aufgrund der angenommenen Übereinstimmung der Marktteilnehmer in der Beurteilung von Ertrag und Risiko jeder Anlagemöglichkeit haben alle Investoren identische effiziente Portefeuilles. Das in Kapitel 5 mit P^* bezeichnete Tangentialportefeuille enthält alle riskanten Vermögensformen aller Marktteilnehmer mit den insgesamt ausgegebenen Mengen und heißt daher *Marktportefeuille M*. Für den wertmäßigen Anteil der i-ten Vermögensform an M gilt dabei:[4]

$$x_i^M = \frac{\text{Marktwert der riskanten Vermögensform vom Typ } i}{\text{Marktwert aller riskanten Vermögensformen}}.$$

Da nicht alle Vermögensformen wie Aktien handelbar sind, ist klar, dass sich das Marktportefeuille und seine Rendite *nicht direkt* beobachten lassen. Es können jedoch Wertpapiere (insbesondere Aktien) bzw. Wertpapier-Indizes stellvertretend

---

[3] In der deutschsprachigen Literatur wird der angelsächsische Ausdruck „Capital Market Line" oft mit Kapitalmarktlinie übersetzt. Dies ist zumindest ungenau. Denn es handelt sich um eine *Gerade* (englisch: (straight) line), also eine spezielle Linie, strenggenommen um eine Halbgerade. Im Unterschied dazu handelt es sich bei der Wertpapierkenngeraden tatsächlich um eine Gerade, da auch negative Betas zugelassen sind.

[4] Die in den Kapiteln 9-12 behandelten Finanzderivate sind nicht Bestandteil des Marktportefeuilles: Es gibt nämlich genauso viele Long Positionen wie Short Positionen und damit einen Gesamtbestand von null. Die Bewertung von Finanzderivaten im CAPM-Rahmen könnte zudem zu den in Jarrow und Madan (1997) genannten Arbitragemöglichkeiten führen.

für riskante Vermögensformen bzw. für das Marktportefeuille (*Market Proxy*) herangezogen werden. Die Erwartungswert-Standardabweichung-Koordinaten aller *effizienten* Portefeuilles werden durch die sogenannte *Finanzmarktgerade* repräsentiert. Sie wird durch folgende Gleichung beschrieben:

$$\mu_P = r_f + \frac{\mu_M - r_f}{\sigma_M}\,\sigma_P\ ,$$

wobei μ_P bzw. μ_M die erwartete Rendite eines effizienten Portefeuilles P bzw. des Marktportefeuilles M, σ_P bzw. σ_M die deren Standardabweichung und r_f den Zinssatz der risikolosen Anlage bezeichnen.

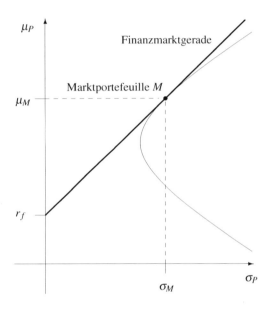

Abb. 6.4. *Finanzmarktgerade.* Diese beschreibt die (μ, σ)-Kombinationen von effizienten Portefeuilles. Effiziente Portefeuilles, deren Risiko σ_M übersteigt, sind (teilweise) kreditfinanziert. Das Verhältnis $(\mu_P - r_f)/\sigma_P$ von Portefeuilleüberrendite und Portefeuillerisiko wird auch *Sharpe-Ratio* genannt.

Herleitung nach Sharpe

Sharpe betrachtet ein Portefeuille P, welches eine beliebige Kombination eines riskanten Wertpapieres i mit dem Marktportefeuille M darstellt. Der Erwartungswert und die Varianz der entsprechenden Portefeuillerendite sind dann wie folgt gegeben:

$$\mu_P(\mathbf{x}) = x_i\mu_i + (1 - x_i)\mu_M\ ,$$
$$\sigma_P^2(\mathbf{x}) = x_i^2\sigma_i^2 + (1 - x_i)^2\sigma_M^2 + 2x_i(1 - x_i)\sigma_{i.M},$$

wobei $\mathbf{x} = (x_i, 1 - x_i)'$ und x_i bzw. $1 - x_i$ den Anteil des Wertpapiers i bzw. des Marktportefeuilles M am Portefeuille P, R_i bzw. R_M die unsichere Rendite des Wertpapiers i bzw. des Marktportefeuilles M und $\sigma_{i.M}$ die Kovarianz zwischen der Rendite des Marktportefeuilles und der Rendite des Wertpapiers i bezeichnen.

Da im Marktgleichgewicht das Wertpapier i bereits Bestandteil des Marktportefeuilles sein muss, kann im Marktgleichgewicht für den optimalen Anteil des Wertpapiers i nur $x_i^* = 0$ und damit $\sigma_P = \sigma_M$ gelten. Der marginale erwartete Renditebeitrag bzw. Risikobeitrag des i-ten Wertpapiers im optimalen Portefeuille — also dem Marktportefeuille — lautet dann folgendermaßen:

$$\frac{\partial \mu_P(\mathbf{x})}{\partial x_i}\bigg|_{x_i^* = 0} = \mu_i - \mu_M \qquad \text{bzw.}$$

$$\frac{\partial \sigma_P(\mathbf{x})}{\partial x_i}\bigg|_{x_i^* = 0} = \frac{1}{2}\left(\sigma_M^2\right)^{-\frac{1}{2}}\left(-2\sigma_M^2 + 2\sigma_{i.M}\right) = \left(\sigma_{i.M} - \sigma_M^2\right) / \sigma_M .$$

Folglich lautet das Verhältnis von marginalem Beitrag zur erwarteten Portefeuillerendite zu marginalem Beitrag des Portefeuillerisikos des i-ten Wertpapiers:

$$\frac{\partial \mu_P(\mathbf{x})/\partial x_i}{\partial \sigma_P(\mathbf{x})/\partial x_i}\bigg|_{x_i^* = 0} = \frac{\mu_i - \mu_M}{(\sigma_{i.M} - \sigma_M^2)/\sigma_M} . \qquad (6.3)$$

Dieses Verhältnis muss nun auch für alle anderen im Marktportefeuille enthaltenen Wertpapiere gelten. Wäre für ein im Marktportefeuille enthaltenes Wertpapier j dieses Verhältnis größer, so könnte man durch die Erhöhung des Anteils dieses Wertpapiers am Marktportefeuille zuungunsten des Wertpapiers i die Effizienz des Marktportefeuilles erhöhen. Da aber letzteres definitionsgemäß bereits effizient ist, gilt die folgende

Eigenschaft 6.2 (Sharpe-Ratio). *In einem effizienten Marktportefeuille ist das Verhältnis von marginalem erwarteten Renditebeitrag zu marginalem Risikobeitrag (Sharpe-Ratio) für alle Wertpapiere i gleich und entspricht der Steigung der Finanzmarktgeraden:*

$$\frac{\partial \mu_P(\mathbf{x})/\partial x_i}{\partial \sigma_P(\mathbf{x})/\partial x_i}\bigg|_{x_i^* = 0} = \frac{\mu_M - r_f}{\sigma_M} .$$

Daraus erhält man mit der Vereinbarung $\beta_i \equiv \sigma_{i.M}/\sigma_M^2$ die gesuchte Wertpapierkenngerade (6.1). Abbildung 6.5 veranschaulicht die obige Argumentationsweise.

Herleitung nach Lintner

Lintner leitet die Wertpapierkenngerade direkt aus den Optimalitätsbedingungen für das Portefeuilleauswahlproblem ab. In Kapitel 5 wurde bereits auf die unterschiedlichen Bestimmungsmöglichkeiten des Tangentialportefeuilles, das im vorliegenden Fall mit dem Marktportefeuille identisch ist, hingewiesen. Anders als in Kapitel 5 wird in Lintners Wertpapierkenngerade-Herleitung die *Standardabweichung* (anstelle der Varianz) des Portefeuilles bei vorgegebenem Erwartungswert ($\overline{\mu}_P$) minimiert. Mit den Vereinbarungen

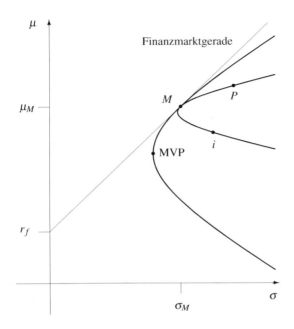

Abb. 6.5. *Herleitung der Wertpapierkenngerade nach Sharpe.*
Der Punkt P kennzeichnet ein Portefeuille aus leerverkauftem Wertpapier i und einer Investition in das Marktportefeuille von mehr als 100% der vorhandenen Eigenmittel. Im Punkt M besitzen die Kurve $\overline{iP}$ und die Randportefeuillekurve die gleiche Tangente, deren Steigung zudem der Steigung der Finanzmarktgeraden entspricht.

$$\mu_P(\mathbf{x}) \equiv \sum_{i=1}^{n} x_i\,\mu_i + \left(1 - \sum_{i=1}^{n} x_i\right) r_f\,,$$

$$\sigma_P(\mathbf{x}) \equiv \left(\sum_{i=1}^{n} x_i^2 \sigma_i^2 + 2\sum_{i=1}^{n}\sum_{j=1,\,j>i}^{n} x_i x_j \sigma_{i,j}\right)^{1/2}$$

für den Erwartungswert und die Standardabweichung des Portefeuilles hat die Lagrangefunktion die Gestalt: $L(\mathbf{x},\lambda) = \sigma_P(\mathbf{x}) + \lambda\,(\overline{\mu}_P - \mu_P(\mathbf{x}))$. Die Optimalitätsbedingungen lauten folgendermaßen:

$$\frac{\partial L}{\partial x_1}(\mathbf{x}^*,\lambda^*) = \frac{1}{2\sigma_P}\left(2x_1^* \sigma_1^2 + 2\sum_{j=2}^{n} x_j^* \sigma_{1,j}\right) - \lambda^*\,(\mu_1 - r_f) = 0\,,$$

$$\vdots \quad \vdots \tag{6.4}$$

$$\frac{\partial L}{\partial x_n}(\mathbf{x}^*,\lambda^*) = \frac{1}{2\sigma_P}\left(2x_n^* \sigma_n^2 + 2\sum_{j=1}^{n-1} x_j^* \sigma_{n,j}\right) - \lambda^*\,(\mu_n - r_f) = 0\,,$$

$$\frac{\partial L}{\partial \lambda}(\mathbf{x}^*,\lambda^*) = \overline{\mu}_P - \sum_{i=1}^{n} x_i^* \mu_i - \left(1 - \sum_{i=1}^{n} x_i^*\right) r_f = 0\,.$$

Multiplikation der i-ten Optimalitätsbedingung mit x_i^* für $i = 1, \ldots, n$ und Summation der ersten n Gleichungen ergibt den folgenden Ausdruck für die Standardabweichung der Portefeuillerendite:

$$\sigma_P = \lambda^* \left(\sum_{i=1}^{n} x_i^* \mu_i - \sum_{i=1}^{n} x_i^* r_f \right) = \lambda^* \left(\sum_{i=1}^{n} x_i^* \mu_i + \left(1 - \sum_{i=1}^{n} x_i^* \right) r_f - r_f \right)$$

$$= \lambda^* \left(\overline{\mu}_P - r_f \right)$$

und daraus $1/\lambda^* = (\overline{\mu}_P - r_f)/\sigma_P$. Der Kehrwert des Lagrangemultiplikators, $1/\lambda^*$, repräsentiert nun offensichtlich die Steigung der Finanzmarktgeraden. Diese Steigung kann ökonomisch als Risikoprämie für eine Einheit systematisches Risiko (gemessen in Standardabweichung-Einheiten) interpretiert werden. Da die Risikoprämie pro Risikoeinheit für alle effizienten Portefeuilles gleich ist, muss also auch für das Marktportefeuille M gelten:

$$\frac{1}{\lambda^*} = \frac{\mu_M - r_f}{\sigma_M} \, . \tag{6.5}$$

Durch Auflösen der i-ten Gleichung von (6.4) nach μ_i ergibt sich mit Beziehung (6.5) die folgende Darstellung der erwarteten Rendite des i-ten Wertpapiers:

$$\mu_i = r_f + \frac{\mu_M - r_f}{\mathrm{Var}(R_M)} \underbrace{\left(x_i^* \sigma_i^2 + \sum_{j=1, j \neq i}^{n} x_j^* \mathrm{Cov}(R_i, R_j) \right)}_{= \mathrm{Cov}(R_i, R_M)} \, ,$$

wobei die Zusammensetzung und Rendite des Marktportefeuilles durch $\mathbf{x}^M = (x_1^*, \ldots, x_n^*)'$ und $R_M = \sum_{i=1}^{n} R_i x_i^*$ gegeben sind. Mit $\beta_i \equiv \mathrm{Cov}(R_i, R_M)/\sigma_M^2$ erhält man die Beziehung (6.1). Dies ist gleichzeitig der Beweis für die folgende

Eigenschaft 6.3. *Der durch die Wertpapierkenngerade (6.1) beschriebene lineare Zusammenhang zwischen erwarteter Rendite und systematischem Risiko von einzelnen Wertpapieren resultiert aus der Effizienz des Marktportefeuilles $\mathbf{x}^M$.*

Beispiel 6.3 (Finanzmarktgerade und Wertpapierkenngerade). _____
Der betrachtete Wertpapiermarkt bestehe lediglich aus zwei risikobehafteten Wertpapieren. Die Renditen der beiden Wertpapiere sind durch folgende Erwartungswerte und Standardabweichungen gekennzeichnet: $\mu_1 = 8\%$, $\mu_2 = 12\%$, $\sigma_1 = 10\%$, $\sigma_2 = 20\%$ und $\rho_{1,2} = -0{,}2$. Des Weiteren sei eine risikolose Finanzanlage bzw. Kreditaufnahme zu einem Zinssatz von 5% p. a. möglich.
Bestimmung der Finanzmarktgeraden: Die Varianz eines aus den beiden risikobehafteten Wertpapieren bestehenden Portefeuilles ergibt sich aus:

$$\sigma_P^2 = x_1^2 \sigma_1^2 + (1 - x_1)^2 \sigma_2^2 + 2x_1(1 - x_1)\sigma_1 \sigma_2 \rho_{1,2} = 0{,}058 x_1^2 - 0{,}088 x_1 + 0{,}04 \, .$$

Obige Beziehung wird nun nach x_1 aufgelöst:

$$x_1 = 0{,}76 \pm 4{,}15(\sigma_P^2 - 0{,}0065)^{1/2} \quad \text{wegen} \quad x_1^2 - 1{,}52x_1 + 0{,}69 - 17{,}24\sigma_P^2 = 0 \,.$$

Dieses Ergebnis wird zur Bestimmung der erwarteten Portefeuillerendite herangezogen:

$$\mu_P(\mathbf{x}) = x_1\,\mu_1 + (1 - x_1)\,\mu_2 = 0{,}0896 \pm 0{,}166(\sigma_P^2 - 0{,}0065)^{1/2} \,.$$

Da die beiden riskanten Wertpapiere die einzigen im betrachteten Wertpapiermarkt sind, stellt das Marktportefeuille ebenfalls ein Portefeuille aus den beiden Wertpapieren 1 und 2 dar. Somit gilt für die erwartete Rendite des Marktportportefeuilles:

$$\mu_M = 0{,}0896 \pm 0{,}166(\sigma_M^2 - 0{,}0065)^{1/2} \,.$$

Im Marktgleichgewicht muss nun bekanntlich die Steigung der Tangente an obige Kurve der Steigung der Finanzmarktgeraden entsprechen. Hierzu wird letzteres Ergebnis in den arithmetischen Ausdruck für die Steigung der Finanzmarktgerade eingesetzt:

$$\frac{\mu_M - r_f}{\sigma_M} = \frac{0{,}0896 \pm 0{,}166(\sigma_M^2 - 0{,}0065)^{1/2} - 0{,}05}{\sigma_M} \,.$$

Zur Bestimmung der maximalen Steigung wird nun die rechte Seite der obigen Beziehung nach σ_M abgeleitet und gleich null gesetzt:

$$-\frac{0{,}0896 \pm 0{,}166(\sigma_M^2 - 0{,}0065)^{1/2} - 0{,}05}{\sigma_M^2} + \left(\frac{\pm 0{,}166 \cdot 2\sigma_M \cdot \sigma_M}{2\left(\sigma_M^2 - 0{,}0065\right)^{1/2}}\right)\frac{1}{\sigma_M^2} = 0 \,.$$

Auflösen nach σ_M^2 ergibt $\sigma_M^2 = 0{,}00724$ und $\sigma_M = 0{,}085$. Wegen $\mu_M = 0{,}0941$ und $\left(\mu_M - r_f\right)/\sigma_M = 0{,}519$ erhält man dann für den betrachteten Wertpapiermarkt die *Finanzmarktgerade*:

$$\mu_P = 0{,}05 + 0{,}519\sigma_P \,.$$

Die wertmäßigen Anteile der beiden riskanten Wertpapiere am Marktportefeuille können nun ebenfalls bestimmt werden. Wegen $\mu_M = x_1\,\mu_1 + (1 - x_1)\,\mu_2$ gilt:

$$x_1 = \frac{\mu_M - \mu_2}{\mu_1 - \mu_2} = 0{,}6475 \quad \text{und} \quad x_2 = 1 - x_1 = 0{,}3525 \,.$$

Bestimmung der Wertpapierkenngeraden: Letztere besitzt die Darstellung:

$$\mu_i = r_f + (\mu_M - r_f)\beta_i = 0{,}05 + 0{,}0441\beta_i \,.$$

Für die Beta-Koeffizienten der beiden riskanten Wertpapiere gilt dann $\beta_1 = 0{,}68$ und $\beta_2 = 1{,}59$ wegen des aus der Wertpapierkenngeraden resultierenden Zusammenhangs $\beta_i = \left(\mu_i - r_f\right)/\left(\mu_M - r_f\right)$.

CAPM-Variante von Black

Black (1972) zeigt, dass auch im Fall eines nichtexistierenden risikolosen Wertpapiers die formale Struktur der Wertpapierkenngeraden erhalten bleibt. An die Stelle des risikolosen Zinssatzes r_f tritt dann allerdings die erwartete Rendite μ_Z des mit dem Marktportefeuille M *unkorrelierten* Randportefeuilles Z:

$$\mu_i = \mu_Z + (\mu_M - \mu_Z) \cdot \beta_i . \tag{6.6}$$

Z wird das *Zero-Beta-Portefeuille* genannt, ist also aufgrund seiner Randportefeuille-Eigenschaft dasjenige, zum Marktportefeuille M *orthogonale* Portefeuille, das die geringste Varianz aller zu M orthogonalen Portefeuilles aufweist (vgl. Anhang 5C).

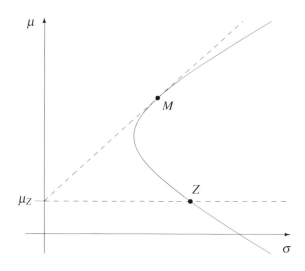

Abb. 6.6. *Marktportefeuille und Zero-Beta-Portefeuille.* Letzteres konstruiert man über den Ordinatenabschnitt μ_Z der Tangente, die den Hyperbelast im Punkt M berührt. Weitere mit M unkorrelierte Portefeuilles liegen rechts von Z und besitzen bei gleicher erwarteter Rendite ein höheres Risiko.

Eigenschaft 6.4. *Bei Fehlen eines risikolosen Wertpapiers tritt in der Darstellung der Wertpapierkenngeraden an die Stelle von r_f die erwartete Rendite μ_Z des Zero-Beta-Portefeuilles Z.*

Beweis. Zur Verifikation dieser Eigenschaft ermitteln wir zunächst die Gleichung der Effizienzkurve und nutzen dabei die im Anhang 5C bewiesene Two-Fund Separation aus, nach der alle Randportefeuilles durch Mischungen lediglich zweier Randportefeuilles gebildet werden können. Es seien A und B zwei beliebige Randportefeuilles, dann erfüllen gemäß Anhang 5B alle Randportefeuilles P die Gleichung

$$\sigma_P^2 - \sigma_{\mathrm{MVP}}^2 = \frac{(\mu_P - \mu_{\mathrm{MVP}})^2}{(\mu_A - \mu_B)^2} \sigma_{A-B}^2 ,$$

wobei für den Erwartungswert und die Varianz des Minimum-Varianz-Portefeuilles

$$\mu_{\text{MVP}} = \frac{(\sigma_B^2 - \sigma_{A.B})\mu_A + (\sigma_A^2 - \sigma_{A.B})\mu_B}{\sigma_{A-B}^2} \quad \text{und} \quad \sigma_{\text{MVP}}^2 = \frac{\sigma_A^2 \sigma_B^2 - \sigma_{A.B}^2}{\sigma_{A-B}^2}$$

gilt und $\sigma_{A-B}^2 \equiv \text{Var}(R_A - R_B) = \sigma_A^2 + \sigma_B^2 - 2\rho_{A.B}\sigma_A\sigma_B$ die Varianz der Differenzrendite $R_A - R_B$ bezeichnet.

Dies liefert folgende analytische Darstellung der Effizienzkurve und deren Ableitung bzgl. der Portefeuillevolatilität:

$$\mu_P = \mu_{\text{MVP}} \pm \frac{\mu_A - \mu_B}{\sigma_{A-B}}(\sigma_P^2 - \sigma_{\text{MVP}}^2)^{1/2},$$

$$\mu_P' = \frac{\partial \mu_P}{\partial \sigma_P} = \pm \frac{\mu_A - \mu_B}{\sigma_{A-B}}\left(\frac{\sigma_P^2}{\sigma_P^2 - \sigma_{\text{MVP}}^2}\right)^{1/2}.$$

Entspricht nun das Portefeuille A dem Marktportefeuille M und das Portefeuille B dem dazu orthogonalen Randportefeuille Z, d. h. es gilt $\text{Cov}(R_M, R_Z) = 0$, so lautet die Steigung der Effizienzkurve im Marktportefeuille im (μ, σ)-Diagramm:

$$\mu_P'|_M = \frac{\mu_M - \mu_Z}{\sigma_{M-Z}}\left(\frac{\sigma_M^2}{\sigma_M^2 - \frac{\sigma_M^2 \sigma_Z^2}{\sigma_{M-Z}^2}}\right)^{1/2} = \frac{\mu_M - \mu_Z}{\sigma_M}. \tag{6.7}$$

Die Tangente, die die Effizienzkurve im Marktportefeuille berührt, weist daher als Ordinatenabschnitt die erwartete Rendite von Portefeuille Z auf. Aus der Herleitung der Wertpapierkenngeraden nach Sharpe ist schon bekannt, dass im Gleichgewicht die Beziehung (6.3) gilt. Gleichsetzen von (6.7) und (6.3) und Auflösung nach μ_i führt zur Darstellung (6.6). $\square$

Abschließend machen wir auf Folgendes aufmerksam: In der Fassung des CAPM mit risikoloser Anlageform ist die Möglichkeit zum Leerverkauf riskanter Titel nicht notwendig, da alle Anleger ihre gewünschte Risikoposition durch eine Mischung der risikolosen Anlage mit Anteilen am Marktportefeuille erreichen können. Deshalb zeichnen sie risikobehaftete Portefeuillebestandteile ausschließlich in positiven Quantitäten. Die CAPM-Variante von Black impliziert dagegen, dass Anleger möglicherweise ihre optimale Risikoposition nur durch Leerverkauf eines Randportefeuilles in Verbindung mit dem Kauf von Anteilen des Marktportefeuilles erreichen.[5]

---

[5] Grauer, Litzenberger und Stehle (1976) und Stehle (1977) entwickeln und überprüfen eine CAPM-Variante zur Beschreibung eines internationalen Finanzmarktgleichgewichts.

6.3 Arbitrage Pricing Theory (APT)

Mit der Arbitrage Pricing Theory (APT) präsentiert Ross (1976) einen alternativen Modellansatz zur Erklärung von Unterschieden in erwarteten Wertpapierrenditen.[6] Die zentrale Annahme besagt, dass Wertpapierrenditen linear von einem oder mehreren Risikofaktoren abhängen. Im Fall eines *Einfaktor*modells lässt sich dann durch den Ausschluss von profitabler Raumarbitrage im Sinne der LOP-Forderung in Verbindung mit den Annahmen 1.3 und 1.4 ein linearer Zusammenhang zwischen erwarteter Rendite und dem Faktor-Beta – also ebenfalls eine Wertpapierkenn*gerade* – herleiten. Bei *Mehrfaktoren*modellen wird dagegen die Rendite-Risiko-Beziehung durch eine Wertpapierkenn*ebene* gekennzeichnet.

Einfaktormodell

Wir nehmen zunächst an, dass sich alle individuellen Wertpapierrenditen durch ein Einfaktormodell beschreiben lassen. Ohne damit die Allgemeinheit der Aussagen zu beschränken, soll das in Kapitel 5 vorgestellte Marktmodell gelten:

$$R_i = \mu_i + \beta_i F + \varepsilon_i \,, \tag{6.8}$$

wobei μ_i die erwartete Rendite des Wertpapiers i und $F \equiv R_M - \mu_M$ den unerwarteten Anteil der Marktrendite bezeichnen. Die Marktrendite R_M beschreibt die prozentuale Änderung des Marktwertes aller risikobehafteten Wertpapiere. Der Beta-Koeffizient β_i kennzeichnet die Sensitivität der unerwarteten Renditekomponente bezüglich Änderungen der unerwarteten Komponente der Marktrendite und ε_i die unsystematische (*idiosynkratische*), unerwartete Renditekomponente des Wertpapiers i. Des Weiteren basiert die APT auf der Annahme 1.4 und der folgenden Verschärfung der Grundannahme 1.3:

Annahme 1.3'' (**Homogene Einschätzungen**). *Marktteilnehmer besitzen homogene Einschätzungen bezüglich des Faktormodells zur Beschreibung der zufälligen Wertpapierrendite.*

Wie bereits in Kapitel 5 aufgezeigt, gilt für die Rendite eines beliebigen Portefeuilles ein zu Gleichung (6.8) analoger Zusammenhang. Ist dieses Portefeuille jedoch genügend groß und wohldiversifiziert, dann ist die unsystematische, unerwartete Renditekomponente vernachlässigbar klein ($\varepsilon_P \approx 0$). Folglich kann die zufällige Portefeuillerendite als lineare Funktion des systematischen Risikofaktors, also der unerwarteten Komponente der Marktrendite, aufgefasst werden. Abbildung 6.7 veranschaulicht diesen Zusammenhang an einem Beispiel.
Unterstellt man nun, dass alle Investoren bereits wohldiversifizierte Portefeuilles halten – in der Realität tun dies fast alle institutionellen Investoren, von deren Verhalten die Marktpreise im hohen Maße abhängen – dann kann man selbst bei

---

[6] Der Name suggeriert, dass dieses Modell sowohl profitable Raumarbitrage als auch profitable Zeitarbitrage ausschließt. Tatsächlich basiert die APT nur auf dem schwächsten Arbitragefreiheitskonzept, dem *Law of One Price* (LOP). Siehe dazu auch Cochrane (2005).

Abb. 6.7. *Wertpapier- und Portefeuillerendite im Einfaktormodell.*
Die rechte Graphik veranschaulicht zufällige Portefeuillerenditen bei vorgegebener erwarteter Rendite 12 % und Beta-Koeffizient 1,2. Bei einem einzelnen Wertpapier mit gleicher erwarteter Rendite und gleichem systematischem Risiko wird dieser lineare Zusammenhang durch das Auftreten unsystematischer Risiken zerstört.

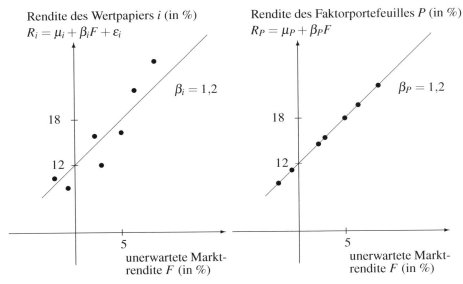

einzelnen Wertpapieren die unsystematische Risikokomponente ignorieren. Sie beeinflusst nicht die Rendite des Portefeuilles, dem das betreffende Wertpapier hinzugefügt wird.

Annahme 6.2 (Exakte APT). *Idiosynkratische Risiken sind vernachlässigbar. Für die Rendite eines Wertpapiers gilt daher die Darstellung $R_i = \mu_i + \beta_i F$.*

Weiterhin soll gelten, dass der betreffende Finanzmarkt arbitragefrei ist. Gefordert wird die Einhaltung des LOP, also die schwächste Form der Arbitragefreiheit, die wir folgendermaßen formalisieren: Ein *Arbitrageportefeuille* $\mathbf{x} = (x_1, x_2, \ldots, x_n)'$ mit den Eigenschaften

$$\sum_{i=1}^{n} x_i = 0 \quad \text{(kein Eigenmitteleinsatz)},$$

$$\sum_{i=1}^{n} x_i \beta_i = 0 \quad \text{(kein systematisches Risiko)}$$

darf keinen positiven Liquidationswert besitzen:

$$\sum_{i=1}^{n} x_i \mu_i = 0 \quad \text{(kein Gewinn)}.$$

Beispiel 6.4 (Profitable Arbitrage bei fehlbewerteten Wertpapieren). _____
In Abbildung 6.8 sind zwei Einzelwertpapiere A und B mit $\mu_A = 25\%$, $\beta_A = 2$, $\mu_B = 10\%$, $\beta_B = 1$, eine risikolose Anlage mit $r_f = 5\%$, sowie zwei Portefeuilles P und P' mit $\mu_P = 15\%$, $\beta_P = 1$, $\mu_{P'} = 15\%$, $\beta_{P'} = 2$ positioniert. Das Portefeuille P stellt eine Mischung des Wertpapiers A mit der risikolosen Finanzanlage dar. P' kennzeichnet ein Portefeuille, das eine Mischung von B mit einem Leerverkauf des risikolosen Finanztitels darstellt. Für die Rendite von Portefeuille P gilt beispielsweise

$$R_P = \frac{1}{2}R_A + \frac{1}{2}r_f = \frac{1}{2}(\mu_A + \beta_A F) + \frac{1}{2}r_f = 15\% + F .$$

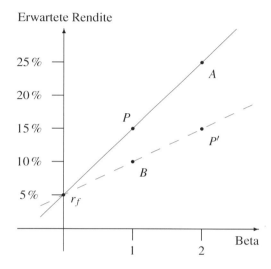

Abb. 6.8. *Profitable Arbitrage bei fehlbewerteten Wertpapieren.*
Profitable Arbitrage ist durch Verkauf von Wertpapier B und Kauf von Portefeuille P möglich, falls B fehlbewertet ist. Ist dagegen das Wertpapier A fehlbewertet, ist profitable Arbitrage durch Kauf von A und Verkauf von Portefeuille P' möglich.

Die erwarteten Renditen der Wertpapiere A und B können nun nicht gleichzeitig erwartete Renditen im Finanzmarktgleichgewicht sein. Unterstellt man zunächst, dass Wertpapier A angemessen bewertet ist, dann kann dasselbe nicht für Wertpapier B gelten, das aus der Sicht aller (wohldiversifizierten) Marktteilnehmer die zufällige Rendite

$$R_B = \mu_B + \beta_B F = 10\% + F$$

erbringt. Ein Vergleich der zufälligen Rendite R_B mit der zufälligen Rendite des Portefeuilles P zeigt nun, dass die Portefeuillerendite bei beliebiger Gesamtmarktentwicklung immer um 5% über der des Einzelwertpapiers liegt. Damit ist eine risikolose Arbitragemöglichkeit durch Verkauf von Wertpapier B und Kauf von Portefeuille P möglich. Beläuft sich der Verkaufserlös aus dem Verkauf des Wertpapiers B, den er gleichzeitig in das Portefeuille P investiert, auf $M\,\text{€}$, so erzielt er einen Arbitragegewinn in Höhe von $M \cdot R_P - M \cdot R_B = M(0{,}15 + F) - M(0{,}10 + F) = M \cdot 0{,}05 = 0{,}05M\,\text{€}$. Abbildung 6.9 veranschaulicht diesen Zusammenhang.

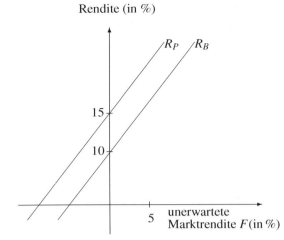

Rendite (in %)

Abb. 6.9. *Renditen in Abhängigkeit der Marktrendite.*
Bei einem vom „Markt" überbewerteten Wertpapier B kann ein Arbitrageur durch den (Leer-) Verkauf von Wertpapier B und den Kauf bzw. die Zusammenstellung von Portefeuille P risikolos Gewinne erzielen.

Unterstellt man dagegen, dass Wertpapier B angemessen bewertet ist, dann muss Wertpapier A fehlbewertet sein. In Abbildung 6.8 ist dann die Wertpapierkenngerade durch die Punkte r_f, B und P' gekennzeichnet. Profitable Arbitrage ist dann durch den Kauf von Wertpapier A und den Verkauf des Portefeuilles P' möglich.

Mit der Vereinbarung $\mathbf{1} = (1,\ldots,1)'$ und $\boldsymbol{\beta} = (\beta_1,\ldots,\beta_n)'$, $\boldsymbol{\mu} = (\mu_1,\ldots,\mu_n)'$ treffen wir die

Annahme 1.1' (LOP). *Arbitrageportefeuilles sind nicht profitabel, d. h. erfüllt ein Portefeuille* $\mathbf{x} = (x_1, x_2, \ldots, x_n)'$ *die Bedingungen* $\mathbf{x}' \cdot \mathbf{1} = 0$, $\mathbf{x}' \cdot \boldsymbol{\beta} = 0$, *dann gilt* $\mathbf{x}' \cdot \boldsymbol{\mu} = 0$.

Wenn nun annahmegemäß derartige Arbitragegeschäfte nicht profitabel sein dürfen, dann müssen – bildlich gesprochen – in Abbildung 6.8 die Erwartungswert-Beta-Koordinaten aller einzelnen Wertpapiere und aller denkbaren Wertpapiermischungen auf einer Linie – der bereits bekannten Wertpapierkenngeraden – liegen. Dies besagt auch die folgende Eigenschaft, die im Anhang 6A für das Mehrfaktorenmodell bewiesen ist.

Eigenschaft 6.5 (Wertpapierkenngerade). *Unter den Annahmen 1.1', 1.3'', 1.4 und 6.2 besitzt die erwartete Rendite des Wertpapiers* $i = 1, 2, \ldots, n$ *die Darstellung* $\mu_i = \rho + \lambda \beta_i$, *wobei* ρ *und* λ *beliebige Konstanten sind.*

In formaler Hinsicht entspricht die arbitragefreie Darstellung der erwarteten Rendite $\mu_i = \rho + \lambda \beta_i$ bereits der analytischen Darstellung der Wertpapierkenngeraden. Es sind jetzt nur noch die Konstanten ρ und λ, über deren Vorzeichen die APT leider keine Aussagen macht, *ökonomisch* zu interpretieren. Dies geschieht wie folgt: Für die erwartete Rendite eines *Zero-Beta-Portefeuilles* Z mit $\sum_{i=1}^{n} x_i = 1$ und $\sum_{i=1}^{n} x_i \beta_i = 0$ gilt wegen der Eigenschaft 6.5

$$\mu_Z = \sum_{i=1}^{n} x_i \mu_i = \rho \sum_{i=1}^{n} x_i + \lambda \sum_{i=1}^{n} x_i \beta_i = \rho .$$

Der gesuchte vertikale Achsenabschnitt ρ ist also gleich der erwarteten Rendite des Zero-Beta-Portefeuilles. Für ein *Portefeuille M* mit $\sum_{i=1}^{n} x_i \beta_i = 1$ und $\sum_{i=1}^{n} x_i = 1$ erhält man dagegen die Darstellung $\mu_M = \mu_Z + \lambda$ und damit:

$$\lambda = \mu_M - \mu_Z .$$

Setzt man nun die gefundenen Werte für die Konstanten ρ und λ in die Beziehung $\mu_i = \rho + \lambda \beta_i$ ein, so erhält man die Wertpapierkenngerade

$$\mu_i = \mu_Z + (\mu_M - \mu_Z)\beta_i$$

bzw. bei Existenz einer risikolosen Anlage wegen $\mu_Z = r_f$ die klassische Darstellung

$$\mu_i = r_f + (\mu_M - r_f)\beta_i .$$

Entspricht die Marktrendite der Rendite des Marktportefeuilles im CAPM, so ist die im Rahmen der APT hergeleitete Wertpapierkenngerade von der im Rahmen des CAPM hergeleiteten nicht zu unterscheiden.

Beispiel 6.5 (LOP und Wertpapierkenngerade). _____

Angenommen drei risikobehaftete Wertpapiere seien durch die folgenden Parameter charakterisiert: $\mu_1 = 0{,}10$, $\mu_2 = 0{,}40$, $\mu_3 = 0{,}70$, $\beta_1 = 1$, $\beta_2 = 2$, und $\beta_3 = 3$.
Für ein Arbitrageportefeuille muss nun

$$x_1 + x_2 + x_3 = 0 \qquad \text{(kein Eigenmitteleinsatz)}$$

und

$$x_1 + 2x_2 + 3x_3 = 0 \qquad \text{(kein systematisches Risiko)}$$

gelten. Angenommen der wertmäßige Anteil des zweiten Wertpapiers sei $x_2 = 1$. Daraus muss dann $x_1 = -0{,}5$ und $x_3 = -0{,}5$ folgen. Da das Arbitrageportefeuille keinen Gewinn erzielen darf, muss

$$\mu_P = \sum_{i=1}^{n} x_i \mu_i = 0 \qquad \text{(kein Gewinn)}$$

gelten. Wie man leicht nachprüfen kann, ist diese Bedingung erfüllt.
Die Steigung der Wertpapierkenngeraden lässt sich aus $\mu_2 = r_f + \lambda \beta_2$ und $\mu_3 = r_f + \lambda \beta_3$ wie folgt bestimmen:

$$\lambda = \frac{\mu_3 - \mu_2}{\beta_3 - \beta_2} = 0{,}3 .$$

Daraus folgt z. B. $\mu_3 = \rho + 0{,}3\beta_3 \Rightarrow \rho = -0{,}2$. Die Wertpapierkenngerade lautet somit:

$$\mu_i = -0{,}2 + 0{,}3\beta_i .$$

Mehrfaktorenmodell und Wertpapierkennebene

Einschätzungen über zukünftige Wachstumsraten des Bruttosozialprodukts, zukünftige Zinsen, zukünftige Inflationsraten, zukünftige Ölpreise etc. haben üblicherweise einen beherrschenden Einfluss auf den Marktpreis und damit die Rendite der meisten Wertpapiere. Es ist daher sinnvoll, die zufälligen Wertpapierrenditen mit einem *Mehrfaktorenmodell* zu beschreiben. Seine formale Struktur ist bereits aus Abschnitt 5.5 bekannt:

$$R_i = \mu_i + \beta_{i1}F_1 + \beta_{i2}F_2 + \ldots + \beta_{iK}F_K + \varepsilon_i \,, \qquad (6.9)$$

wobei R_i bzw. μ_i die Rendite bzw. erwartete Rendite des i-ten Wertpapiers beschreiben. F_k stellt den systematischen Risikofaktor der Art k dar, wobei $E(F_k) = 0$ für alle $k = 1, \ldots, K$ gilt.[7] Mit β_{ik} wird die Sensitivität der Rendite des i-ten Wertpapiers bezüglich des systematischen Risikofaktors der Art k und mit ε_i die unsystematische Risikokomponente des i-ten Wertpapiers bezeichnet, wobei $E(\varepsilon_i) = 0$ erfüllt ist.

Annahme 6.3 (Exakte APT). *Idiosynkratische Risiken sind vernachlässigbar. Für eine Wertpapier-Rendite gilt daher die Darstellung*

$$R_i = \mu_i + \beta_{i1}F_1 + \beta_{i2}F_2 + \ldots + \beta_{iK}F_K \,.$$

Es lassen sich nun sogenannte *Faktorportefeuilles* konstruieren, deren Rendite mit genau einem Risikofaktor perfekt (positiv) korreliert und mit den restlichen $K - 1$ Faktoren unkorreliert ist. Liegt eine perfekte Korrelation mit dem Faktor k vor, so spricht man von einem *Faktor k-Portefeuille* und bezeichnet dessen Rendite mit

$$R_{Pk} = \mu_{Pk} + F_k \,.$$

Die erwartete Rendite dieses *Faktor k-Portefeuilles*, μ_{Pk}, lässt sich gedanklich als Summe aus r_f, dem Zinssatz für risikolose Finanzanlagen bzw. Kreditaufnahmen, und λ_k, der vom Markt geforderten Risikoprämie für die Übernahme der Faktorrisiken der k-ten Art vorstellen:

$$\mu_{Pk} = r_f + \lambda_k \,.$$

Durch geeignete Mischung der risikolosen Anlage/Aufnahme finanzieller Mittel mit Faktorportefeuilles, lässt sich das systematische Risiko einzelner Wertpapiere duplizieren. Die entsprechende Mischung wird daher auch *Duplikationsportefeuille* genannt und besitzt für das i-te Wertpapier die folgende Struktur:

---

[7] Jarrow und Madan (1997) weisen darauf hin, dass nur bei Berücksichtigung *unendlich* vieler Faktoren eine Verletzung der Arbitragefreiheitsforderung NFLO vermieden werden kann.

- Anteil der risikolosen Anlage/Aufnahme: $1 - \sum_{k=1}^{K} \beta_{ik}$,
- Anteil des *Faktor k* – Portefeuilles ($k = 1, \ldots, K$): β_{ik}.

Die Rendite des Duplikationsportefeuilles P^{Di} lautet dann folgendermaßen:

$$R_{P^{Di}} = \left(1 - \sum_{k=1}^{K} \beta_{ik}\right) r_f + \sum_{k=1}^{K} (\beta_{ik}(r_f + \lambda_k) + \beta_{ik}F_k)$$

Sie weist demnach dieselbe Sensitivität wie die Rendite des i-ten Wertpapiers bezüglich der Risikofaktoren auf.

Die angenommene Arbitragefreiheit des betreffenden Finanzmarktes verlangt nun, dass bei gleichem systematischem Risiko die erwartete Rendite eines einzelnen Wertpapiers mit der erwarteten Rendite von dessen Duplikationsportefeuille übereinstimmt. Der Beweis hierzu findet sich im Anhang 6A.

Eigenschaft 6.6 (Wertpapierkennebene). *Unter den Annahmen 1.1', 1.3'', 1.4 und 6.3 setzt sich die erwartete Rendite eines Wertpapiers aus dem Zinssatz für eine risikolose Anlage und den Risikoprämien für die Übernahme von mehreren Faktorrisiken zusammen:*

$$\mu_i = \left(1 - \sum_{k=1}^{K} \beta_{ik}\right) r_f + \sum_{k=1}^{K} \beta_{ik}(r_f + \lambda_k) = r_f + \sum_{k=1}^{K} \beta_{ik}\lambda_k . \qquad (6.10)$$

Beispiel 6.6 (Konstruktion von Faktorportefeuilles). ─────────────
Im Rahmen eines Zweifaktorenmodells werden die Sensitivitäten der Aktien A und B bezüglich der Risikofaktoren wie folgt eingeschätzt: $\beta_{A1} = 0{,}40$, $\beta_{A2} = 0{,}60$, $\beta_{B1} = 0{,}60$ und $\beta_{B2} = 1{,}40$.
Ein *Faktor 1-Portefeuille* entsteht nun durch die folgende Handelsstrategie:

- Kauf der Aktie A in Höhe von 7 GE (d. h. $x_A = 7$).
- (Leer-)Verkauf der Aktie B für 3 GE (d. h. $x_B = -3$).
- Kreditaufnahme in Höhe von 3 GE (d. h. $x_{r_f} = -3$), das eingesetzte Eigenkapital entspricht 1 GE.

Die Sensitivitäten dieses Portefeuilles lauten dann folgendermaßen:

$$\beta_{P^1 1} = x_A\beta_{A1} + x_B\beta_{B1} = 7 \cdot 0{,}4 - 3 \cdot 0{,}6 = 1 ,$$
$$\beta_{P^1 2} = x_A\beta_{A2} + x_B\beta_{B2} = 7 \cdot 0{,}6 - 3 \cdot 1{,}4 = 0 .$$

Für die Portefeuillerendite gilt also $R_{P^1} = \mu_{P^1} + F_1$.
Ein *Faktor 2-Portefeuille* entsteht auf analoge Art und Weise:

- (Leer-) Verkauf der Aktie A in Höhe von 3 GE (d. h. $x_A = -3$).
- Kauf der Aktie B für 2 GE (d. h. $x_B = 2$).
- Geldanlage in Höhe von 2 GE (d. h. $x_{r_f} = 2$), das eingesetzte Eigenkapital entspricht wieder 1 GE.

Die Sensitivitäten dieses Portefeuilles lauten dann folgendermaßen:

$$\beta_{P^2 1} = -3 \cdot 0{,}4 + 2 \cdot 0{,}6 = 0 \, ,$$
$$\beta_{P^2 2} = -3 \cdot 0{,}6 + 2 \cdot 1{,}4 = 1 \, .$$

Für die Portefeuillerendite gilt also: $R_{P2} = \mu_{P2} + F_2$.
Sind nun zusätzlich die Wertpapierrenditen $\mu_A = 0{,}12$ und $\mu_B = 0{,}22$ sowie $r_f = 0{,}04$
gegeben, so lauten die erwarteten Renditen der Faktorportefeuilles :

$$\mu_{P1} = +7\mu_A - 3\mu_B - 3r_f = 0{,}06 \, ,$$
$$\mu_{P2} = -3\mu_A + 2\mu_B + 2r_f = 0{,}16 \, .$$

Mit den Risikoprämien $\lambda_1 = (\mu_{P1} - r_f - \beta_{P^1 2}\lambda_2)/\beta_{P^1 1} = (0{,}06 - 0{,}04 - 0)/1 = 0{,}02$ und
$\lambda_2 = \mu_{P2} - r_f = 0{,}16 - 0{,}04 = 0{,}12$ erhält man die in Abbildung 6.10 veranschaulichte
Wertpapierkennebene:

$$E[R_i] = r_f + \beta_{i1}\lambda_1 + \beta_{i2}\lambda_2$$
$$= 0{,}04 + 0{,}02\beta_{i1} + 0{,}12\beta_{i2} \, .$$

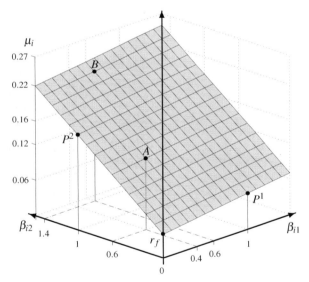

Abb. 6.10. *Wertpapierkennebene.*
Diese wird vom risikolosen Wertpapier und von den zwei riskanten Wertpapieren A und B aufgespannt. Aus diesen lassen sich die Faktorportefeuilles P^1 und P^2 zusammenstellen, die jeweils eine Sensitivität in Höhe von 1 bezüglich des ersten bzw. zweiten Risikofaktors aufweisen.

Das folgende Beispiel zeigt, wie man mit den ermittelten Faktorportefeuilles die systematischen Risiken eines Wertpapiers duplizieren kann. Die Sensitivität β_{ik} des Wertpapiers bezüglich eines Risikofaktors F_k entspricht dabei demjenigen Anteil, der für die Duplikation in das Faktor k-Portefeuille zu investieren ist.

Beispiel 6.7 (Bestimmung des Duplikationsportefeuilles). _____

Für ein Wertpapier i werde die Abhängigkeit seiner Rendite von systematischen Risikofaktoren wie folgt eingeschätzt:

$$R_i = \mu_i + 0{,}7F_1 + 1{,}3F_2 + \varepsilon_i.$$

Das entsprechende Duplikationsportefeuille setzt sich wie folgt zusammen:

	Anteile	Erwartete Rendite
(1) Kreditaufnahme	-1	$-1 \cdot r_f$
(2) Faktor 1-Portefeuille	$0{,}7$	$0{,}7 \cdot (r_f + \lambda_1)$
(3) Faktor 2-Portefeuille	$1{,}3$	$1{,}3 \cdot (r_f + \lambda_2)$
Duplikationsportefeuille	1	$r_f + 0{,}7\lambda_1 + 1{,}3\lambda_2$

6.4 CAPM und APT

Die APT teilt mit dem CAPM wichtige Eigenschaften: Der *Wert von Diversifikation*, Kompensation in Form einer *Risikoprämie für die Übernahme systematischen Risikos* und keine Kompensation für die Übernahme von idiosynkratischem Risiko. Der Hauptunterschied zwischen beiden Modellen besteht darin, dass in der APT dem Marktportefeuille keine besondere Bedeutung zukommt, wohingegen im CAPM das Marktportefeuille bzw. das für Testzwecke notwendige Stellvertreter-Portefeuille (*Market Proxy*) effizient sein muss. Des Weiteren enthält die APT nur Aussagen über den Renditequerschnitt in ausgewählten Marktsegmenten, nicht notwendigerweise über den Renditequerschnitt im Gesamtmarkt.

Lässt sich das Marktportefeuille identifizieren, dann gilt für die Kovarianz zwischen der Rendite des Wertpapiers i und der Rendite des Marktportefeuilles M bei Gültigkeit des Mehrfaktorenmodells (6.9):

$$\mathrm{Cov}(R_i, R_M) = \beta_{i1}\mathrm{Cov}(F_1, R_M) + \ldots + \beta_{iK}\mathrm{Cov}(F_K, R_M) + \mathrm{Cov}(\varepsilon_i, R_M)\,.$$

Dividiert man beide Seiten dieser Beziehung durch die Varianz der Rendite des Marktportefeuilles, so erhält man mit den Vereinbarungen

$$\beta_i \equiv \frac{\mathrm{Cov}(R_i, R_M)}{\mathrm{Var}(R_M)}, \quad \beta_{F_k} \equiv \frac{\mathrm{Cov}(F_k, R_M)}{\mathrm{Var}(R_M)} \quad \text{für} \quad k = 1, \ldots, K$$

den Beta-Koeffizienten des Wertpapiers i im CAPM:

$$\beta_i = \beta_{i1}\beta_{F_1} + \beta_{i2}\beta_{F_2} + \ldots + \beta_{iK}\beta_{F_K}\,, \tag{6.11}$$

da $\mathrm{Cov}(\varepsilon_i, R_M) = 0$ ist. Im CAPM ist also der Beta-Koeffizient eines Wertpapiers gleich dem gewichteten Mittel der Beta-Koeffizienten der systematischen Risikofaktoren, wobei die Sensitivität dieses Wertpapiers bezüglich des entsprechenden

Risikofaktors als Gewichtungsfaktor dient. Es sei nun zudem die Gültigkeit des CAPM unterstellt. Wegen $\mu_i = r_f + (\mu_M - r_f)\beta_i$ und Beziehung (6.11) erhält man den Zusammenhang

$$\mu_i = r_f + \beta_{i1}(\mu_M - r_f)\beta_{F_1} + \ldots + \beta_{iK}(\mu_M - r_f)\beta_{F_K}$$

oder $\mu_i = r_f + \beta_{i1}\lambda_1 + \ldots + \beta_{iK}\lambda_K$ mit $\lambda_k = (\mu_M - r_f)\beta_{Fk}$, $k = 1, \ldots, K$.

Wertpapierkenngerade und Marktpreise

Die bisherigen Ausführungen dieses Kapitels beantworten die Frage nach der *Rendite* einperiodiger Finanzmarktinvestitionen im Rahmen des CAPM und der APT. Wie lautet nun – bei Kenntnis des *exogen* vorgegebenen, erwarteten Liquidationswertes einer Investition am Periodenende – der gleichgewichtige, faire *Marktpreis* dieser Finanzinvestition? Bezeichnet S_i den aktuellen Marktpreis und $E(Z_i)$ den von allen Marktteilnehmern übereinstimmend eingeschätzten erwarteten Liquidationswert des i-ten Finanztitels am Periodenende und $PV\{Z_i\}$ den Barwert der Rückzahlungen des i-ten Finanztitels, so gilt für die Investitionsrendite R_i bzw. für die erwartete Investitionsrendite μ_i offensichtlich:

$$R_i = \frac{Z_i - S_i}{S_i} \quad \text{bzw.} \quad \mu_i = \frac{E(Z_i) - S_i}{S_i} \ .$$

Mit den Bezeichnungen

$\mu_M \quad \equiv \quad E(\sum_i S_i R_i / \sum_j S_j) = $ erwartete Marktrendite,

$\gamma \quad \equiv \quad (\mu_M - r_f)/\text{Var}(R_M) = $ *Marktpreis des Risikos* (MPR),

$b_i \quad \equiv \quad \text{Cov}(Z_i, R_M)/\text{Var}(R_M) = $ *Cash Flow-Beta* von Investition i

$RPA_i \quad \equiv \quad \gamma \cdot \text{Cov}(Z_i, R_M) = $ von Investoren geforderte *absolute Risikoprämie* (in Geldeinheiten) für Investition i

$RP_i \quad \equiv \quad (\mu_M - r_f)\beta_i = $ von Investoren geforderte *Risikoprämie* (in Rendite-einheiten) für Investition i

gilt nun die folgende

Eigenschaft 6.7 (Finanztitelpreise). *Falls der Kalkulationszinssatz dem durch die Wertpapierkenngerade vorgegebenen Niveau entspricht,* $k_i = r_f + RP_i = r_f + (\mu_M - r_f)\beta_i$, *so gelten für den aktuellen Finanztitelpreis die Darstellungen*

$$S_i = PV\{Z_i\} = \frac{E(Z_i)}{1 + \mu_i} = \frac{E(Z_i)}{1 + (r_f + RP_i)} \qquad \textit{bzw.} \qquad (6.12)$$

$$S_i = PV\{Z_i\} = \frac{E(Z_i) - RPA_i}{1 + r_f} = \frac{E(Z_i) - b_i(\mu_M - r_f)}{1 + r_f} \ . \qquad (6.13)$$

Bei der Darstellung (6.12) entspricht der Gegenwartswert einer zukünftigen Zahlung dem herkömmlichen Kapitalwert, wobei allerdings ein *risikoangepasster* Kalkulationszinssatz verwendet wird. Bei der alternativen Darstellung (6.13) stellt der Ausdruck $b_i(\mu_M - r_f) = \gamma \cdot \text{Cov}(Z_i, R_M)$ eine absolute Risikoprämie dar. Damit entspricht der Gegenwartswert der Rückzahlung seinem diskontierten *Sicherheitsäquivalent* (siehe Kapitel 8). Mit

$$\text{Cov}(R_i, R_M) = \text{Cov}((Z_i - S_i)/S_i, R_M)$$
$$= \text{Cov}(Z_i/S_i, R_M) = \text{Cov}(Z_i, R_M)/S_i$$

erhält man dieses Ergebnis über die Beziehung

$$\mu_i = \text{E}(Z_i)/S_i - 1 = r_f + \gamma \cdot \text{Cov}(Z_i, R_M)/S_i \ .$$

Die Barwertformeln (6.12) und (6.13) können zur Ermittlung des fairen Emissionspreises von *neu* zu emittierenden Finanztiteln herangezogen werden. Dabei ist jedoch zu beachten, dass Neuemissionen mit großem Volumen das Marktportefeuille und damit auch das Bewertungsfunktional $\text{PV}\{\cdot\}$ verändern. Eine direkte Anwendung der Formeln setzt also voraus, dass das Volumen der zu bewertenden Neuemission einen zu vernachlässigenden Einfluss auf das Marktportefeuille besitzt.

Da sowohl das CAPM als auch die APT die LOP-Forderung erfüllen, gilt auch

Eigenschaft 6.8 (Wertadditivität). *Bezeichnet Z_A bzw. Z_B den unsicheren Rückfluss der einperiodigen Investition A bzw. B am Periodenende, dann gilt für den Gegenwartswert dieser Rückflüsse:*

$$PV\{Z_A + Z_B\} = PV\{Z_A\} + PV\{Z_B\} \ .$$

Die bereits in Kapitel 1 postulierte Additivitätseigenschaft der Wertdarstellung von Rückflüssen in arbitragefreien Märkten resultiert *hier* aus der folgenden Eigenschaft des Kovarianzoperators:

$$\text{Cov}(Z_A + Z_B, R_M) = \text{Cov}(Z_A, R_M) + \text{Cov}(Z_B, R_M) \ .$$

D. h. die Kovarianz der Summe zweier unsicherer Zahlungen mit der (zufälligen) Marktrendite ist gleich der Summe der Kovarianzen der beiden Zahlungen mit der Marktrendite. Die Additivitätseigenschaft des Bewertungsfunktionals $\text{PV}\{\cdot\}$ lässt sich dann wie folgt zeigen:

$$\begin{aligned}
PV\{Z_A\} + PV\{Z_B\} &= \frac{\text{E}(Z_A) - \gamma \cdot \text{Cov}(Z_A, R_M)}{1 + r_f} + \frac{\text{E}(Z_B) - \gamma \cdot \text{Cov}(Z_B, R_M)}{1 + r_f} \\
&= \frac{(\text{E}(Z_A) + \text{E}(Z_B)) - \gamma \cdot (\text{Cov}(Z_A, M) + \text{Cov}(Z_B, M))}{1 + r_f} \\
&= \frac{\text{E}(Z_A + Z_B) - \gamma \cdot \text{Cov}(Z_A + Z_B, M)}{1 + r_f} \\
&= PV\{Z_A + Z_B\} \ .
\end{aligned}$$

6.5 Empirische Befunde

Die aus dem CAPM bzw. der APT resultierende Wertpapierkenngerade prägt seit langem die Vorstellungen von Theorie und Praxis bezüglich des Zusammenhangs zwischen der Renditeforderung für ein individuelles Wertpapier und seinem Risiko. Es stellt sich nun die Frage, inwieweit dieser postulierte Zusammenhang auch empirisch nachweisbar ist. Diese Überprüfung geschieht im Rahmen eines traditionellen CAPM-Tests in zwei Schritten. Im *ersten* Schritt werden in einer *Zeitreihenanalyse* die Schätzwerte für die Beta-Koeffizienten, meist unter Zuhilfenahme des Marktmodells, bestimmt. Im zweiten Schritt erfolgt dann eine *Querschnittsanalyse* mit dem Ziel, Unterschiede in den mittleren Renditen im Wesentlichen auf die Unterschiede in den geschätzten Beta-Koeffizienten zurückzuführen.

Aufbau eines klassischen CAPM-Tests

Klassische CAPM-Tests sehen zunächst eine *Zeitreihenanalyse* zur Bestimmung der Betas vor. Dies geschieht meist unter Zuhilfenahme des Marktmodells

$$r_{it}^e = \alpha_i + \beta_i \cdot r_{Mt}^e + \varepsilon_{it},$$

wobei $r_{it}^e \equiv r_{it} - r_{ft}$ bzw. $r_{Mt}^e \equiv r_{Mt} - r_{ft}$ realisierte Überrenditen bezeichnen.[8] Die aus der linearen Regression resultierende *charakteristische Gerade* schätzt mit der Steigung $\widehat{\beta}_i$ den Beta-Koeffizienten. Gilt das CAPM, so verschwindet der absolute Term der Regressionsgeraden. Weicht $\widehat{\alpha}_i$ nicht signifikant von null ab, wertet man dies als Bestätigung des Modells. Die Zeitreihenanalyse liefert auch die mittleren Überrenditen $\bar{r}_i$ bzw. $\bar{r}_M$.

Der eigentliche Test des CAPM erfolgt durch die anschließende *Querschnittsanalyse*, die versucht, Unterschiede in den mittleren Aktienrenditen auf die Unterschiede in den Beta-Schätzwerten zurückzuführen:

$$\bar{r}_i^e = \gamma_0 + \gamma_1 \cdot \widehat{\beta}_i + \eta_i. \tag{6.14}$$

Bei Gültigkeit des CAPM genügen die Schätzer $\widehat{\gamma}_0$ bzw. $\widehat{\gamma}_1$ den Hypothesen $\gamma_0 = 0$ und $\gamma_1 = \bar{r}_M$.

Für die in Beispiel 5.13 angegebenen DAX-Werte erhält man für den Zeitraum 1991–1999 (die Stichprobe enthält die 25 von 30 möglichen DAX-Werten, die im *gesamten* Untersuchungszeitraum im DAX-Segment notiert wurden) den in Abbildung 6.11 dargestellten Renditequerschnitt mit den Schätzwerten $\widehat{\gamma}_0 = 0{,}004$ und $\widehat{\gamma}_1 = 0{,}103$. Beide Schätzwerte sind allerdings nicht statistisch signifikant. Gerade einmal 9,6 % der Varianz der mittleren Rendite kann durch die geschätzte Wertpapierkenngerade erklärt werden. Dafür ist allerdings Mannesmann – der Ausreißer nach oben – mit einer mittleren Überrendite von über 30 % pro Jahr

---

[8] Bei im Zeitablauf nichtkonstanten Zinsen für eine risikolose Anlage ist es besser, das Beta auf Basis der Überrenditen zu schätzen.

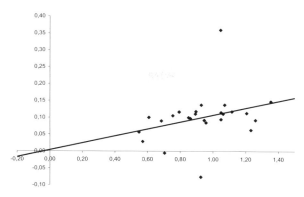

Abb. 6.11. *Aktien-Beta und mittlere Überrendite.* Die geschätzte Wertpapierkenngerade basiert auf den 25 in Beispiel 5.13 angegebenen DAX-Werten und deren Monatsrenditen im Zeitraum 1991–1999.

oder MAN – der Ausreißer nach unten – mit einer mittleren Überrendite von etwa −7 % pro Jahr mitverantwortlich. Eine Regression ohne die beiden Ausreißer führt zu dem statistisch signifikanten Schätzwert $\widehat{\gamma}_1 = 0{,}077$ (t-Wert = 2,628) und erklärt 24,8 % (Bestimmtheitsmaß R^2) der Varianz der mittleren Aktienrenditen. Auch groß angelegte, sorgfältig durchgeführte Untersuchungen finden oft keine *statistisch* signifikanten Ergebnisse. Meist ist zudem der Schätzwert für die Steigung der Wertpapierkenngeraden deutlich geringer als der durch Abbildung 6.11 wiedergegebene. Hierfür können folgende Ursachen vorliegen:

- Die Beziehung zwischen Risiko und Rendite könnte nichtlinear sein. Eine Überprüfung fügt der Regressiongleichung (6.14) den Term $\gamma_2 \cdot \widehat{\beta}_i^2$ hinzu und testet die Hypothese $\gamma_2 = 0$.
- In der Querschnittsanalyse muss anstelle des unbekannten wahren Koeffizienten β_i der Schätzwert $\widehat{\beta}_i$ verwendet werden: *ein Fehler in der Variablen.* Als mögliche Folge scheinen unsystematische Risiken Erklärungskraft für die mittleren Renditen zu besitzen. Dies wird überprüft, indem man der Regressionsgleichung (6.14) den Term $\gamma_3 \cdot \mathrm{Var}(\varepsilon_i)$ hinzufügt. Die Gruppierung der Wertpapiere, d. h. die Portefeuillebildung anhand von Klassen der Beta-Koeffizienten aus der Zeitreihenanalyse, begegnet entstehenden Verzerrungen.
- Eine dritte mögliche Ursache für eine zu flache Wertpapierkenngerade liegt vor, wenn große Varianzen $\mathrm{Var}(\eta_i)$ der Residuen in der Querschnittsanalyse mit hohen Beta-Koeffizienten einhergehen (*Heteroskedastizität*). Heteroskedastizität berücksichtigt man, indem an die Stelle der gewöhnlichen Methode der kleinsten Quadrate (OLS) ein verallgemeinertes Verfahren (GLS) tritt.

Ausgewählte Studien zum CAPM

Die meisten der in Tabelle 6.1 aufgeführten Studien können den wünschenswerten linearen Zusammenhang zwischen mittleren Überrenditen von Aktien und Aktien-Betas nicht nachweisen, also den Renditequerschnitt nicht genügend gut erklären. Insbesondere die festgestellten Renditeabweichungen kleinerer Unternehmen und saisonale Schwankungen gelten als sogenannte „Anomalien" des CAPM. Renditen lassen sich dagegen eher durch firmenspezifische Kenngrößen wie Marktwert des Unternehmens, Buchwert/Marktwert-Verhältnis, Gewinn/Kurs-Verhältnis, Cash-Flow/Kurs-Verhältnis oder Umsatzwachstum erklären.

Tabelle 6.1. *Wertpapierkenngerade: Empirische Ergebnisse.*

Untersuchung	Stichprobe	Ergebnis
Black, Jensen und Scholes (1972), Fama und MacBeth (1973)	US-Markt, 1941–1969	Es gibt einen positiven Zusammenhang zwischen Beta und mittlerer Rendite, insbesondere im Zeitraum 1941–1965.
Banz (1981)	US-Markt (NYSE)	Entdeckung des „Size"-Effekts, d. h. die mittleren Renditen von Aktiengesellschaften mit kleinem (großem) Markwert ME (= Aktienkurs × Anzahl der Aktien) sind höher (niedriger) als die Renditen gemäß Wertpapierkenngerade.
Stattman (1980), Rosenberg, Reid und Lanstein (1985), Chan, Hamao und Lakonishok (1991)	US-Markt bzw. japanischer Markt	Positiver Zusammenhang zwischen mittlerer Rendite und dem Buchwert/-Marktwert-Verhältnis des Eigenkapitals BE/ME.
Ball (1978), Basu (1983)	US-Markt	Das Gewinn/Kurs-Verhältnis E/P erklärt neben dem Beta und dem Marktwert im Querschnitt die mittlere Rendite.
Fama und French (1992, 1993)	US-Markt (NYSE, AMEX, NASDAQ), 1941–1990	Aktien-Betas können den Querschnitt der mittleren Renditen nicht gut erklären. Mit den zusätzlichen Faktoren Marktwert (ME) und Verhältnis von Buch- zu Marktwert des Eigenkapitals (BE/ME) hingegen können die Querschnittsvariation der mittleren Renditen gut erklärt werden (Drei-Faktoren-Modell).
Winkelmann (1984)	Deutscher Markt, 1971–1981	Kein Zusammenhang zwischen mittlerer Rendite und Betas
Frantzmann (1989)	1980-1985	Signifikant positiver Zusammenhang nur während der Hausse-Phase Oktober 1982 - Dezember 1985
Schulz und Stehle (2005)	Amtlicher Handel Frankfurt, 1968-2002	Negativer Zusammenhang zwischen mittleren Renditen und Beta für den Zeitraum 1968-1977. Statistisch signifikanter positiver Zusammenhang für den Zeitraum 1977-2002.

Ein weiterer Grund für die Nichtnachweisbarkeit eines Zusammenhangs ergibt sich durch die notwendige Wahl eines Stellvertreter-Portefeuilles (*market proxy*) für das Marktportefeuille. Da die *Linearität der Risikoprämie im Beta-Koeffizienten* nur eine Folge der Effizienz des Marktportefeuilles ist, kann dieser Zusammenhang bei Wahl eines ineffizienten Stellvertreter-Portefeuilles evtl. nicht nachgewiesen werden. Des Weiteren werden Portefeuilles im CAPM nicht durch *realisierte* Renditen, sondern durch *ex-ante* Erwartungen von Renditen und Kovarianzen charakterisiert. Daher spricht man auch von der Forderung nach der *ex-ante Effizienz* des Marktportefeuilles. Da jedoch das Marktportefeuille nicht beobachtbar ist, erscheint es unmöglich, diese Hypothese zu testen. Man kann nur testen, ob für die vorliegende Stichprobe das für das Marktportefeuille stellvertretende Indexportefeuille ex-post effizient ist.[9]

Das Drei-Faktoren-Modell von Fama und French (1992) weist eine deutlich höhere Erklärungskraft für die Überrendite von Aktienportefeuilles auf als das CAPM. Neben der Überrendite des Aktienmarktes ($r_M - r_f$) enthält es zwei weitere Risikofaktoren, die sich aus dem Marktwert (ME) und Buchwert (BE) eines Unternehmens ableiten: Erstens die Differenz der Renditen zweier Portefeuilles mit kleinen bzw. großen Unternehmen (SMB: $r_{small} - r_{big}$) und zweitens die Differenz der Rendite zweier Portefeuilles mit hohem bzw. niedrigem Buchwert/Marktwert-Verhältnis (BE/ME) (HML: $r_{high} - r_{low}$). Warum wird die Übernahme von diesen Risikofaktoren mit positiven Risikoprämien vergütet? Unternehmen, die über längere Zeit schlecht wirtschaften, weisen meist ein hohes Buchwert/Marktwert-Verhältnis auf. Da deren Aktienkurse bei marktweiten Engpässen in der Liquidität oder bei der Kreditvergabe oder auch bei verstärkter Präferenz von großen Unternehmen (flight to quality) noch stärker als andere Aktien fallen, verlangen Investoren hier höhere Risikoprämien wegen der drohenden zusätzlichen Verluste in wirtschaftlich ungünstigen Zeiten (distress premium). Weitere Erklärungsansätze beschäftigen sich mit der Frage, inwiefern Renditeabweichungen eher auf Schwankungen der Risikoprämien als auf Änderungen der erwarteten Cash Flows zurückzuführen sind.

Die Untersuchungen von Schulz und Stehle (2005) zeigen, dass im Hochsteuerland Deutschland das traditionelle CAPM, das die Besteuerung auf Anlegerebene nicht beachtet, die Renditebildung bei Aktien nicht erklärt.[10] Die Einbeziehung von steuerlichen Aspekten erhöht die Erklärungskraft merklich. So weist die Dividendenvariable eine hohe statistische Signifikanz für die Erklärung der Durchschnittsrendite auf. Der ökonomisch niedrige und statistisch insignifikante Koeffizient für das nichtdiversifizierbare Risiko deutet an, dass das CAPM bzw. Steuer-CAPM im Sinne von Fama und French (1993) um weitere Risikofaktoren z. B. Marktwert/Buchwert-Verhältnis bzw. Size-Effekt ergänzt werden muss.

---

[9] Roll und Ross (1994) zeigen, dass ein ineffizientes Marktportefeuille eine Kovarianz von Null zwischen Markt- und Portefeuillerendite implizieren kann, auch wenn es recht nah an den globalen Randportefeuilles liegt.

[10] Ein Überblick über die ersten Arbeiten zum CAPM für den deutschen Aktienmarkt findet man bei Göppl (1980) und Möller (1985).

Aufgaben

6.1. Das Capitel Asset Pricing Model beschreibt eine Gleichgewichtssituation des Finanzmarkts.

(a) Geben Sie die Gleichung der Wertpapierkenngerade an und interpretieren Sie den aufgestellten Zusammenhang.

(b) Gibt es Wertpapiere mit $\beta < 0$?

(c) Der risikolose Zinssatz betrage $r_f = 5\,\%$, und das Marktportefeuille weise eine erwartete Rendite von $\mu_M = 10\,\%$ auf. Welche erwartete Rendite muss ein Wertpapier nach dem CAPM besitzen, dessen Betafator 1,5 bzw. 0,8 beträgt?

6.2. Gegeben seien ein risikoloser Zinssatz $r_f = 0,05$ und ein Marktportefeuille mit $\mu_M = 0,14$.

(a) Ist ein Wertpapier mit dem Beta-Faktor $\beta = 2$ und der erwarteten Rendite $\mu = 28\,\%$ unter den Modellvoraussetzungen denkbar?

(b) Wie würden die Marktteilnehmer auf das Vorliegen eines solchen Wertpapiers reagieren?

(c) Begründen Sie, warum im Finanzmarktgleichgewicht alle Wertpapiere auf der Wertpapierkenngerade positioniert sind. Geben Sie an, warum hierzu das Fehlen institutioneller Beschränkungen (z. B. Leerverkaufsverbot) vorausgesetzt werden muss.

6.3. Wie groß ist das Beta eines effizienten Portefeuilles mit $\mu_P = 20\,\%$, wenn der risikolose Zinssatz $r_f = 5\,\%$, die erwarteten Marktrendite $\mu_M = 15\,\%$ und die Standardabweichung der Marktrendite $\sigma(R_M) = 20\,\%$ beträgt? Welchen Wert nimmt die Standardabweichung $\sigma(R_P)$ des effizienten Portefeuilles an? Wie groß ist seine Korrelation $\rho_{P,M}$ mit dem Markt?

6.4. Das Vermögen eines Investors ist zur Zeit zu 50 % in einem risikolosen Wertpapier angelegt. Das restliche Vermögen ist auf die folgenden riskanten Wertpapiere aufgeteilt:

Wertpapier	Erwartungswert	β_i	Anteil am Gesamtvermögen
$i = 1$	7,6 %	0,2	10 %
$i = 2$	12,4 %	0,8	10 %
$i = 3$	15,6 %	1,2	10 %
$i = 4$	18,8 %	1,6	20 %

Der Markt befinde sich im Gleichgewicht. Berechnen Sie den risikolosen Zinssatz r_f und die erwartete Rendite des Marktportefeuilles. Angenommen der Investor möchte eine erwartete Rendite von 12 % erzielen. Hierzu verkauft er einige Anteile der risikolosen Anlage und legt den freiwerdenden Betrag in das Marktportefeuille an. Welcher Anteil wird nun risikolos investiert? Gesetzt den Fall, der Investor investiert lediglich in die risikolose Anlage und in das Marktportefeuille, welche proportionale Aufteilung wird er wählen?

6.5. Die Aktie der BASF hat zum Marktportefeuille ein Beta von 0,9. Auf diese Aktie werden an der EUREX Kauf- und Verkaufsoptionen gehandelt. Positionieren Sie auf der Wertpapierkenngerade die Aktie und Optionen, die (i) im, (ii) am, und (iii) aus dem Geld notieren.

6.6. Auf dem Finanzmarkt sei eine Kreditaufnahme nur in Höhe des halben Vermögens erlaubt. Alle Investoren haben die gleichen Einschätzungen.

(a) Bestimmen Sie die Menge aller effizienten Portefeuilles im (μ, σ)-Raum.

(b) Wo sind die effizienten Portefeuilles mit hohem β bzgl. des Tangentialportefeuilles positioniert?

(c) Entspricht das Tangentialportefeuille dem Marktportefeuille?

6.7. Ein Portefeuillemanager verwaltet derzeit ein Portefeuille mit einem CAPM Beta von Eins. Der risikolose Zinssatz liegt zur Zeit bei 8 % und die erwartete Überrendite des Marktes $\mu_M - r_f$ beträgt 6,2 %. Er nimmt nun an, dass die Rendite seines Portefeuilles von (mindestens) zwei Faktoren beeinflusst wird. Und zwar von einem Index der industriellen Produktion F_1 und der Inflationsrate F_2. Die Gleichung der APT lautet somit:

$$\mu_i = r_f + \lambda_1 \beta_{i1} + \lambda_2 \beta_{i2}$$
$$= 0{,}08 + 0{,}05 \beta_{i1} + 0{,}11 \beta_{i2} \, .$$

(a) Die Sensitivität der Portefeuillerendite bezüglich des ersten Faktors betrage $\beta_{i1} = -0{,}5$. Wie hoch muss die Sensitivität der Renditen bezüglich der Inflationsrate sein, damit die gemäß dem CAPM geforderte Portefeuillerendite mit der gemäß der APT geforderten Portefeuillerendite identisch ist?

(b) Der Portefeuillemanager strukturiert das Portefeuille nun derart um, dass er zwar die gleiche erwartete Rendite erhält, jedoch die Sensitivität bezüglich des zweiten Faktors Null beträgt ($\beta_{i2} = 0$). Wie hoch wird die Sensitivität bezüglich des ersten Faktors sein?

6.8. Ein Investment-Fonds weise ein CAPM-Beta von 0,8 auf. Der risikolose Zinssatz betrage 5 %, und die erwartete Rendite des Markt-Portefeuilles sei 10 %.

Die Rendite des Fonds werde gemäß APT von den Faktoren Bruttosozialprodukt und Preisniveau beinflusst, wobei eine Wachstumsrate des Bruttosozialprodukts von 10 % und eine Inflationsrate von 12,5 % erwartet werden.

(a) Die Sensitivität der Fonds-Rendite bezüglich unerwarteter Änderungen des Bruttosozialprodukts sei 0,3. Wie hoch muss die Sensitivität bezüglich unerwarteter Änderungen des Preisniveaus sein, damit die erwartete Fonds-Rendite in beiden Modellen gleich ausfällt?

(b) Nach einer Umschichtung des Fonds-Portefeuilles ergeben sich Sensitivitäten bezüglich unerwarteter Änderungen des Bruttosozialprodukts von 0,2 und bezüglich unerwarteter Änderungen des Preisniveaus von 0,333. Wie reagiert die Fonds-Rendite nun auf die vom Markt vergütete Risikoprämie, wenn wieder übereinstimmende Modellwerte unterstellt werden?

Anhang

6A Beweis zur APT im Mehrfaktorenmodell

Ein aus n Wertpapieren bestehendes Portefeuille wird durch den Vektor der wertmäßigen Anteile $\mathbf{x} = (x_1, \dots, x_n)'$ beschrieben. Es sei $\boldsymbol{\beta}_k = (\beta_{1k}, \dots, \beta_{nk})'$ der Vektor der Sensitivitäten der n Wertpapiere bzgl. des k-ten Faktors (mit $k = 1, \dots, K$) und $\boldsymbol{\mu} \equiv (\mu_1, \dots, \mu_n)'$ der Vektor der erwarteten Renditen. Weiter bezeichne $\mathbf{1} \equiv (1, 1, \dots, 1)' \in \mathbf{R}^n$ den Vektor der nur Einsen enthält. Die Menge aller Arbitrage-Portefeuilles A bzw. die Menge aller nicht profitablen Arbitrage-Portefeuilles B ist dann wie folgt definiert:

$$A \equiv \{\mathbf{x} \in R^n \,|\, \mathbf{x} \perp \mathbf{1}, \mathbf{x} \perp \boldsymbol{\beta}_1, \dots, \mathbf{x} \perp \boldsymbol{\beta}_K\} \,,$$
$$B \equiv \{\mathbf{x} \in A \,|\, \mathbf{x} \perp \boldsymbol{\mu}\} \,.$$

Dabei bedeutet die Orthogonalität zweier Vektoren $\mathbf{x} \perp \mathbf{y}$, dass ihr Skalarprodukt verschwindet, also $\mathbf{x}'\mathbf{y} = \sum_i x_i y_i = 0$ gilt. A ist folglich die Menge aller Portefeuilles, die keinen Mitteleinsatz erfordern ($\mathbf{x} \perp \mathbf{1} \Leftrightarrow \sum_i x_i = 0$) und die bzgl. jedes Faktors ein Beta von Null besitzen ($\mathbf{x} \perp \boldsymbol{\beta}_k \Leftrightarrow \sum_i x_i \beta_{ik} = 0$). B ist die Menge aller Arbitrageportefeuilles aus A, deren erwartete Rendite Null beträgt ($\mathbf{x} \perp \boldsymbol{\mu} \Leftrightarrow \sum_i x_i \mu_i = 0$). Zu beweisen ist nun die folgende

Eigenschaft 6A.1 (LOP und Linearität). *Die LOP-Forderung wird eingehalten, d. h. die Mengen A und B stimmen überein ($A = B$), wenn die erwartete Überrendite eines beliebigen Portefeuilles proportional zu seinen Beta-Faktoren ist:*

$$\boldsymbol{\mu} = \rho\mathbf{1} + \lambda_1 \boldsymbol{\beta}_1 \cdots + \lambda_K \boldsymbol{\beta}_K \,, \tag{6A.1}$$

wobei $\rho, \lambda_1, \dots, \lambda_K$ beliebige Konstanten sind.

Beweis. Wir beweisen zunächst die Richtung $(A = B) \Leftarrow$ (6A.1): Für jedes $\mathbf{x} \in A$ gilt wegen (6A.1) auch $\mathbf{x}'\boldsymbol{\mu} = \rho\mathbf{x}'\mathbf{1} + \lambda_1\mathbf{x}'\boldsymbol{\beta}_1 + \cdots + \lambda_K\mathbf{x}'\boldsymbol{\beta}_K = 0$ und damit $\mathbf{x} \in B$. Also ist A eine Teilmenge von B. Da andererseits B eine Teilmenge von A ist, gilt $A = B$. Geometrisch kann man sich das folgendermaßen veranschaulichen. Steht ein Vektor $\mathbf{x}$ auf den Vektoren $\mathbf{1}, \boldsymbol{\beta}_1, \boldsymbol{\beta}_2, \dots, \boldsymbol{\beta}_K$ senkrecht, so steht dieser Vektor auch senkrecht auf dem von $\mathbf{1}, \boldsymbol{\beta}_1, \dots, \boldsymbol{\beta}_K$ erzeugten Raum. Da nun $\boldsymbol{\mu}$ in diesem Raum liegt, folgt daraus die Behauptung.
Es bleibt nun noch die Implikation $(A = B) \Rightarrow$ (6A.1) zu beweisen: Für das orthogonale Komplement von A bzw. B gilt:

$$A^\perp \equiv \left\{\mathbf{y} \in R^n \,|\, \mathbf{y} = \rho^A\mathbf{1} + \lambda_1^A\boldsymbol{\beta}_1 + \cdots + \lambda_K^A\boldsymbol{\beta}_K \text{ mit } \rho^A, \lambda_1^A, \dots, \lambda_K^A \in \mathbf{R}\right\}$$

bzw.

$$B^\perp \equiv \{\mathbf{y} \in R^n \,|\, \mathbf{y} = \alpha^B\boldsymbol{\mu} + \rho^B\mathbf{1} + \lambda_1^B\boldsymbol{\beta}_1 + \cdots + \lambda_K^B\boldsymbol{\beta}_K$$
$$\text{mit } \rho^B, \lambda_1^B, \dots, \lambda_K^B, \alpha^B \in \mathbf{R}\} \,.$$

$A^\perp$ ist der von $\mathbf{1}, \boldsymbol{\beta}_1, \ldots, \boldsymbol{\beta}_K$ aufgespannte Raum. $B^\perp$ ist der von $\mathbf{1}, \boldsymbol{\beta}_1, \ldots, \boldsymbol{\beta}_K$ und $\boldsymbol{\mu}$ aufgespannte Raum. Wegen $A = B$ gilt auch $A^\perp = B^\perp$. (Falls $A \subset B$, so gilt $B^\perp \subset A^\perp$. Beweis: Falls $y \in B^\perp$, dann gilt $y \perp x$ für alle $x \in A$, da $A \subset B$. Also $y \in A^\perp$.) Insbesondere ist für $\alpha^B = 1$ und $\rho^B = \lambda_1^B = \cdots = \lambda_K^B = 0$ auch $\boldsymbol{\mu} \in B^\perp = A^\perp$ und daher existieren $\rho^A, \lambda_1^A, \ldots, \lambda_K^A$ mit:

$$\boldsymbol{\mu} = \rho^A \mathbf{1} + \lambda_1^A \boldsymbol{\beta}_1 + \cdots + \lambda_K^A \boldsymbol{\beta}_K .$$

Anschaulich bedeutet das folgendes: Wenn jeder Vektor, der auf dem von den Vektoren $\mathbf{1}, \boldsymbol{\beta}_1, \ldots, \boldsymbol{\beta}_K$ erzeugten Raum senkrecht steht, auch zu $\boldsymbol{\mu}$ orthogonal ist, so muss $\boldsymbol{\mu}$ in diesem Raum liegen, sich also als Linearkombination dieser Vektoren darstellen lassen. $\qquad\square$

Literatur

Ball, Ray, 1978, Anomalies in Relationships Between Securities' Yields and Yield-Surrogates, *Journal of Financial Economics* 6, 103–126.

Banz, Rolf W., 1981, The Relationship Between Return and Market Value of Common Stocks, *Journal of Financial Economics* 9, 3–18.

Basu, Sanjoy, 1983, The Relationship Between Earnings Yield, Market Value, and Return for NYSE Common Stocks: Further Evidence, *Journal of Financial Economics* 12, 129–156.

Black, Fischer, 1972, Capital market equilibrium with restricted borrowing, *Journal of Business* 45, 444–454.

Black, Fischer, Michael Jensen und Myron Scholes, 1972, The Capital Asset Pricing Model: Some empirical tests, In: Jensen, Michael, Hrsg., Studies in the Theory of Capital Markets, 79–121, Praeger, New York.

Chan, Louis KC., Yasushi Hamao und Josef Lakonishok, 1991, Fundamentals and stock returns in Japan, *Journal of Finance* 46, 1739–1764.

Cochrane, John H., 2005, *Asset Pricing*, Princeton University Press, Princeton.

Fama, Eugene F. und Kenneth R. French, 1992, The cross-section of expected stock returns, *Journal of Finance* 47, 427–465.

Fama, Eugene F. und Kenneth R. French, 1993, Common Risk Factors in the Returns on Bonds and Stocks, *Journal of Financial Economics* 33, 3–56.

Fama, Eugene F. und James D. MacBeth, 1973, Risk, return and equilibrium: empirical tests, *Journal of Political Economy* 81, 607–663.

Frantzmann, Hans-Jörg, 1989, *Saisonalitäten und Bewertung am deutschen Aktien- und Rentenmarkt*, Fritz Knapp Verlag, Frankfurt am Main.

Frantzmann, Hans-Jörg, 1990, Zur Messung des Marktrisikos deutscher Aktien, *Zeitschrift für betriebswirtschaftliche Forschung* 42, 67–84.

Göppl, Hermann, 1980, Neuere Entwicklungen der betriebswirtschaftlichen Kapitaltheorie, In: Henn, R., B. Schips und P. Stähly, Hrsg., Quantitative Wirtschafts- und Unternehmensforschung, 363–377, Springer, Berlin.

Göppl, Hermann, Ralf Herrmann, Tobias Kirchner und Marco Neumann, 1996, *Risk Book German Stocks 1976 - 1995: Risk Return and Liquidity*, Fritz Knapp Verlag, Frankfurt am Main.

Grauer, Frederick L. A., Robert H. Litzenberger und Richard Stehle, 1976, Sharing rules and equilibrium in an international capital market under uncertainty, *Journal of
Financial Economics* 3, 233–256.

Jarrow, Robert A. und Dilip B. Madan, 1997, Is Mean-Variance analysis vacuous: or was
beta still born?, *European Finance Review* 1, 15–30.

Lintner, John, 1965, The Valuation of Risk Assets and the Selection of Risky Investment
in Stock Portfolios and Capital Budgets, *Review of Economics and Statistics* 47, 13–
37.

Möller, Hans P., 1985, Die Informationseffizienz des deutschen Aktienmarktes – eine
Zusammenfassung und Analyse empirischer Untersuchungen, *Zeitschrift für betriebswirtschaftliche Forschung* 37, 500–518.

Mossin, Jan, 1966, Equilibrium in a Capital Asset Market, *Econometrica* 34, 768–783.

Roll, Richard und Stephen A. Ross, 1994, On the Cross-Sectional Relation between Expected Returns and Betas, *Journal of Finance* 49, 101–121.

Rosenberg, Barr, Kenneth Reid und Ronald Lanstein, 1985, Persuasive Evidence of Market Inefficiency, *Journal of Portfolio Management* 11, 9–17.

Ross, Stephen A., 1976, The arbitrage theory of capital asset pricing, *Journal of Economic Theory* 13, 341–360.

Schulz, Anja und Richard Stehle, 2005, Empirische Untersuchungen zur Frage CAPM
vs. Steuer-CAPM, *Die Aktiengesellschaft, Sonderheft*, 22–34.

Sharpe, William, 1964, Capital Asset Prices: A Theory of Market Equilibrium Under
Conditions of Risk, *Journal of Finance* 19, 425–442.

Stattman, Dennis, 1980, Book Values and Stock Returns, *The Chicago MBA: A Journal
of Selected Papers* 4, 25–45.

Stehle, Richard, 1977, An empirical test of the alternative hypotheses of national and
international pricing of risky assets, *Journal of Finance* 32, 493–502.

Winkelmann, Michael, 1984, *Aktienbewertung in Deutschland*, Verlag Anton Hain, Kö-
nigstein/Taunus.

7

Kapitalkosten für Realinvestitionen

Realinvestitionen nach denselben Prinzipien wie Finanzinvestitionen zu bewerten, ist naheliegend. Dies tut bereits die klassische Barwertformel im Fall eines sicheren Rückzahlungsstroms. Bei einem unsicheren Rückfluss tritt allerdings das Problem auf, dass bei Anwendung der Barwertformeln (6.12) und (6.13) ein „Investitions-Beta" benötigt wird, das nicht aus historischen Renditezeitreihen gewonnen werden kann. Bei der Bewertung eines neuen Geschäftsfeldes wird man sich daher am Aktien-Beta von Unternehmen orientieren, die ein ähnliches oder gar dasselbe Geschäftsfeld betreiben. Da nun aber ein Aktien-Beta nicht nur das Geschäfts- sondern bei teilweise fremdfinanzierten Unternehmen auch das Finanzierungsrisiko erfasst, muss das Geschäftsrisiko vom Finanzierungsrisiko getrennt werden.

Die Unternehmensleitung wird im Regelfall eine Finanzierungspolitik und damit eine Kapitalstruktur anstreben, die die Gesellschafter begünstigt, also deren Anteilswert maximiert. Dabei muss jedoch darauf geachtet werden, dass eine derartige Finanzierungspolitik Gläubigerinteressen nicht verletzt. Eine Bereicherung der Anteilseigner zu Lasten der Fremdkapitalgeber würde die zukünftigen Fremdfinanzierungsmöglichkeiten sicherlich beschränken. Um dieser Gefahr aus dem Wege zu gehen, wird die Unternehmensleitung ihre Finanzierungspolitik nur dann ändern, falls sowohl Gesellschafter als auch Gläubiger dadurch Vorteile erlangen (z. B. in Form geringerer Steuerzahlungen). An die Stelle der Zielsetzung Maximierung des Marktwertes des Eigenkapitals (Shareholder Value) wird daher die Zielsetzung Maximierung des Unternehmenswertes treten.

Dennoch besitzen Eigen- und Fremdkapitalgeber unterschiedliche Mitsprache-rechte und unterliegen unterschiedlichen Risiken. Daraus ergeben sich unterschiedliche Renditeforderungen. Aus Sicht des Unternehmens stellen diese Renditeforderungen *Kapitalkosten* dar, die von den Unternehmensinvestitionen zu tragen sind. Die Renditeforderungen der Eigenkapitalgeber bzw. Fremdkapitalgeber stellen die *Eigenkapitalkosten* bzw. *Fremdkapitalkosten* dar. Da in einer unsicheren Welt Renditeforderungen allenfalls *im Mittel* erfüllt werden können, sind auch Kapitalkosten als erwartete Werte zu verstehen.

In den nachfolgenden Abschnitten werden insbesondere Geschäfts- und Finanzierungsrisiko voneinander abgegrenzt und der Zusammenhang zwischen Kapitalstruktur und Kapitalkosten vor dem Hintergrund der neoklassischen Ergebnisse von Modigliani und Miller beschrieben.

7.1 Kalkulationszinssätze und Fehlentscheidungen

Bewertet man den Rückzahlungsstrom einer Realinvestition wie den einer Finanzinvestition, so benötigen wir im Rahmen eines Einperiodenmodells neben dem Erwartungswert $E(Z_i)$ des Rückflusses entweder das Rendite-Beta oder das Cash Flow-Beta. In Anlehnung an Eigenschaft 6.7 erhalten wir dann die folgenden zwei Entscheidungsregeln. Bezeichnet I_i die Investitionsauszahlung am Periodenanfang für eine Investition i, dann sollten rationale Investoren die folgende von Mossin (1966) vorgeschlagene Entscheidungsregel befolgen:

Regel 7.1 (Barwertregel mit Rendite-Beta). *Bestimme den risikoangepassten Kalkulationszinssatz* $k_i = r_f + RP_i = r_f + (\mu_M - r_f)\beta_i$. *Führe eine Realinvestition durch, falls der Barwert des Rückflusses die Anschaffungsausgaben übersteigt:*

$$PV\{Z_i\} = \frac{E(Z_i)}{1+k_i} = \frac{E(Z_i)}{1+r_f+(\mu_M - r_f)\beta_i} \quad > \quad I_i \, .$$

Im Unterschied zur Investitionsbewertung bei sicheren Erwartungen mittels der Kapitalwertregel ist also der Kalkulationszinssatz *projektabhängig*. Die Anwendung dieser Barwertregel setzt allerdings voraus, dass das Rendite-Beta der Investition $\beta_i = \text{Cov}(R_i, R_M)/\sigma_M^2 = \text{Cov}\left((Z_i - PV\{Z_i\})/PV\{Z_i\}, R_M\right)/\sigma_M^2$ und somit der Marktwert $PV\{Z_i\}$ der Realinvestition bereits bekannt sind. Dieses Zirkelschlussproblem kann mit folgender Regel vermieden werden:

Regel 7.2 (Barwertregel mit Cash Flow-Beta). *Bestimme das Cash Flow-Beta* $b_i \equiv \text{Cov}(Z_i, R_M)/\text{Var}(R_M)$. *Führe eine Realinvestition durch, falls der Barwert des Rückflusses die Anschaffungsausgaben übersteigt:*[1]

$$PV\{Z_i\} = \frac{E(Z_i) - b_i(\mu_M - r_f)}{1 + r_f} = \frac{E(Z_i) - \gamma \cdot \text{Cov}(Z_i, R_M)}{1 + r_f} \quad > \quad I_i \, .$$

Beispiel 7.1 (Wert einer unsicheren Rückzahlung). _____
Ein Investitionsprojekt A erfordere im Zeitpunkt $t = 0$ eine Investitionsauszahlung in Höhe von $I_A = 100\,000\,€$. Der Erwartungswert der unsicheren Rückzahlung in $t = 1$ betrage $E(Z_A) = 120\,000\,€$. Die Kovarianz zwischen Rückfluss und Marktrendite sei $\text{Cov}(Z_A, R_M) = 1\,000\,€$. Die risikolose Anlage rentiere zu $r_f = 0,04$, der Erwartungswert und die Varianz der Marktrendite betrage $\mu_M = 0,06$ und $\text{Var}(R_M) = 0,01$. Soll dieses Investitionsprojekt durchgeführt werden?
Das Investitionsprojekt wird gemäß Regel 7.2 durchgeführt, da der Gegenwartswert der zufälligen Rückzahlung wegen $b_A = 100\,000$ die Anschaffungsauszahlung übersteigt:
$PV\{Z_A\} = (E(Z_A) - b_A(\mu_M - r_f))/(1 + r_f) = 113\,461{,}54 > 100\,000$.

---

[1] γ bezeichnet wiederum (wie in Kapitel 6) den Marktpreis des Risikos: $\gamma = (\mu_M - r_f)/\sigma_M^2$.

In der Praxis bestimmt man den Barwert unsicherer Rückzahlungen meist auf Basis der Barwertregel 7.1. Die Risikoanpassung des Kalkulationszinssatzes ist jedoch nur dann eine leichte Aufgabe, falls die zu bewertende Realinvestition (z. B. ein neues Geschäftsfeld im Bereich Pharmazeutika) mit einem existierenden Unternehmen vergleichbar ist und dessen Anteile am Aktienmarkt gehandelt werden. Bei Kenntnis des (wertmäßigen) Verschuldungsgrades des Vergleichsunternehmens kann dann über das Aktien-Beta auf das Investitions-Beta geschlossen werden (sogenanntes *Unlevering*) und als Beta der zu bewertenden Investition herangezogen werden (siehe Abschnitt 7.2).

Ist diese Vergleichbarkeit nicht gegeben, dann orientiert man sich in der Praxis oft an den *durchschnittlichen* Kapitalkosten des investierenden Unternehmens, die – wie in den folgenden Abschnitten gezeigt wird – das durchschnittliche Beta der bereits laufenden Investitionen widerspiegeln. Dieses nivellierende Vorgehen kann natürlich zu Fehlentscheidungen führen: „Gute" Projekte[2] werden abgelehnt (Fehler 1. Art) und „schlechte" Projekte werden akzeptiert (Fehler 2. Art). In Abbildung 7.1 liegen die (μ, β)-Koordinaten von fehlbewerteten Investitionen im schattierten Bereich I (Fehler 1. Art) bzw. II (Fehler 2. Art) (siehe dazu auch Kruschwitz und Milde, 1996).

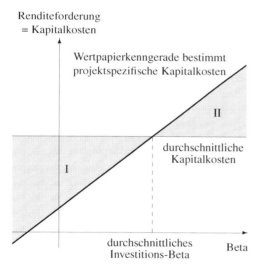

Abb. 7.1. *Projektspezifische und durchschnittliche Kapitalkosten.* Trifft man die Entscheidung über ein Investitionsprojekt auf Basis von durchschnittlichen Kapitalkosten des Unternehmens, so besteht die Gefahr, folgende Fehlentscheidungen zu treffen: In Bereich I wird ein profitables Projekt abgelehnt, in Bereich II ein nicht profitables Projekt durchgeführt.

---

[2] Ein Projekt ist deswegen „gut", weil sein erwarteter Investitionsrückfluss die Anschaffungsausgaben prozentual um mehr übersteigt, als es nach der Wertpapierkenngerade erforderlich wäre. Die (μ, β)-Koordinaten solcher Projekte liegen daher immer über der Wertpapierkenngeraden. „Schlechte" Projekte positionieren sich unterhalb der Wertpapierkenngeraden. Siehe dazu auch Beispiel 6.4.

7.2 Geschäftsrisiko und Finanzierungsrisiko

Das Gesamtrisiko des Eigenkapitals setzt sich aus dem *Geschäftsrisiko (Business Risk)* und dem *Finanzierungsrisiko (Financial Risk)* zusammen. Während das geschäftliche Risiko aus dem Risiko des leistungswirtschaftlichen Bereichs resultiert, hängt das finanzielle Risiko von der *Kapitalstruktur*, insbesondere dem Verschuldungsgrad, ab. Im Folgenden soll nun der Einfluss des Verschuldungsgrades auf die Eigenkapitalrendite und das Eigenkapitalrisiko untersucht werden. Bezeichnet E, D bzw. $V = E + D$ den *Marktwert* des Eigen-, Fremd- bzw. Gesamtkapitals (= Gesamtvermögens), R_E bzw. R_V die unsichere Eigen- bzw. unsichere Gesamtkapitalrendite (= Gesamtvermögensrendite) und r_D die vom Verschuldungsgrad unabhängige Verzinsung des Fremdkapitals, dann lässt sich die *Eigenkapitalrendite*, definiert als $R_E \equiv (V R_V - r_D D)/E$, als Funktion des wertmäßigen *Verschuldungsgrades* D/E darstellen:[3]

$$R_E = R_V + (R_V - r_D)\frac{D}{E}. \tag{7.1}$$

Demnach steigt mit zunehmendem Verschuldungsgrad die Eigenkapitalrendite, wenn bei einem Unternehmen die Gesamtkapitalrendite den Fremdkapitalzinssatz übersteigt *(positiver Leverage-Effekt)*. Umgekehrt tritt ein *negativer Leverage-Effekt* ein. Misst man das Geschäftsrisiko bzw. das Eigenkapitalrisiko mit der Standardabweichung $\sigma_V = \text{Var}(R_V)^{1/2}$ der Vermögensrendite bzw. der Eigenkapitalrendite $\sigma_E = \text{Var}(R_E)^{1/2}$, dann hängen erwartete Eigenkapitalrendite und das Eigenkapitalrisiko wegen (7.1) wie folgt vom Verschuldungsgrad ab:

$$\text{E}(R_E) = \text{E}(R_V) + (\text{E}(R_V) - r_D)\frac{D}{E}, \quad \sigma_E = \sigma_V + \sigma_V\frac{D}{E}.$$

Eigenschaft 7.1 (Leverage-Effekt). *Für vom Verschuldungsgrad unabhängige Fremdkapitalkosten steigen die erwartete Eigenkapitalrendite und das Eigenkapitalrisiko linear mit dem Verschuldungsgrad.*

Die Annahme von vom Verschuldungsgrad unabhängigen Fremdkapitalkosten impliziert jedoch, dass der Marktwert des Fremdkapitals nicht vom Marktwert des Gesamtvermögens abhängt: $\partial D(V)/\partial V = 0$. Das Risiko, dass Fremdkapitalgeber im Insolvenzfall auf Teile ihrer Rückzahlungsansprüche verzichten müssen, wird damit also vernachlässigt. Unter dieser Annahme kann jedoch wegen $E = E(V) = V - D$ der Faktor $(1 + D/E)$ als *Elastizität* $\varepsilon_{E,V}$ des Eigenkapitalwertes bezüglich des Unternehmenswertes interpretiert werden:

$$\varepsilon_{E,V} \equiv \frac{\partial E(V)}{\partial V} \cdot \frac{V}{E(V)} = 1 \cdot \frac{V}{E(V)} = 1 + \frac{D}{E(V)}.$$

---

[3] Man beachte: Alle Wertgrößen basieren auch in diesem Kapitel auf *Markt*werten, keinen *Buch*werten. Der wertmäßige Verschuldungsgrad ist also vom buchmäßigen zu unterscheiden.

Wie jede Elastizität gibt $\varepsilon_{E.V}$ näherungsweise an, um wieviel Prozent sich der Eigenkapitalwert ändert, falls sich der Unternehmenswert um 1 % ändert. Bezeichnet $\beta_E \equiv \text{Cov}(R_E, R_M)/\text{Var}(R_M)$ bzw. $\beta_V \equiv \text{Cov}(R_V, R_M)/\text{Var}(R_M)$ den Beta-Koeffizienten des Eigenkapitals bzw. Gesamtkapitals bezüglich des Marktrisikos, so erhält man aufgrund von (7.1):

$$\frac{\beta_E}{\beta_V} = \frac{\text{Cov}(R_E, R_M)}{\text{Cov}(R_V, R_M)} = \frac{\text{Cov}(R_V, R_M)(1 + \frac{D}{E})}{\text{Cov}(R_V, R_M)} = 1 + \frac{D}{E} = \varepsilon_{E.V} \ .$$

Dies führt zu

Eigenschaft 7.2 (Systematisches Eigenkapitalrisiko). *Für vom Verschuldungsgrad unabhängige Fremdkapitalkosten steigt das mit Beta gemessene systematische Eigenkapitalrisiko proportional mit dem Verschuldungsgrad und entspricht dem Produkt aus systematischem Geschäftsrisiko und der Eigenkapital-Elastizität:*

$$\beta_E = \beta_V \cdot \varepsilon_{E.V} = \beta_V + \beta_V \frac{D}{E} \ .$$

Realistischerweise wird allerdings mit zunehmender Verschuldung das Insolvenzrisiko steigen und damit das Risiko, dass die Rückzahlungsansprüche der Fremdkapitalgeber nicht vollständig erfüllt werden. Das Fremdkapital wird dann auch systematisches Risiko tragen und das systematische Risiko des Eigenkapitals wird dann wegen $\beta_V = E/V \cdot \beta_E + D/V \cdot \beta_D$ die Darstellung

$$\beta_E = \frac{V}{E}\beta_V - \frac{D}{E}\beta_D = \beta_V + (\beta_V - \beta_D)\frac{D}{E}$$

besitzen (siehe Abbildung 7.2). Es wird dann schwieriger, vom „beobachtbaren" Aktien-Beta β_E auf das durchschnittliche Investitions-Beta β_V zu schließen.

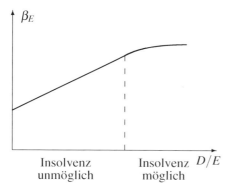

Abb. 7.2. *Eigenkapital-Beta als Funktion des Verschuldungsgrades.* Bei geringem Verschuldungsgrad gilt $\beta_D = 0$. Wird Insolvenz möglich, so steigt das mit dem Beta gemessene systematische Risiko $\beta_D(D/E)$ mit dem Verschuldungsgrad zu Lasten von $\beta_E(D/E)$ an.

Bei den im folgenden Beispiel beschriebenen Unsicherheitssituationen steigt das Eigenkapitalrisiko nicht immer mit dem Verschuldungsgrad. Die Messung des Risikos durch die Standardabweichung bzw. den Beta-Koeffizienten der Eigenkapitalrendite impliziert Renditeverteilungen (siehe Kapitel 8), die im ersten Teil des Beispiels nicht vorliegen.[4]

---

[4] Siehe Schneider (1992, S. 548) für ein ähnliches Beispiel.

Beispiel 7.2 (Geschäfts- und Finanzierungsrisiko). ⎯⎯⎯⎯⎯⎯⎯⎯⎯
Die Gesamtkapitalrendite eines Unternehmens werde in Abhängigkeit der zukünftigen Konjunkturlage wie folgt eingeschätzt:

zukünftige Konjunkturlage	schlecht (s)	gut (g)
Wahrscheinlichkeit $p(\omega_i)$	0,5	0,5
Gesamtkapitalrendite R_V	4 %	16 %

Fremdkapitalkosten $r_D = 4\%$
Die Fremdkapitalkosten werden als sicher angenommen und entsprechen mit 4 % der minimalen Ausprägung der Gesamtkapitalrendite. Im Zustand s tritt durch die Erhöhung des Verschuldungsgrades keine Verschlechterung der Eigenkapitalrendite ein, da die Fremdkapitalrendite gleich der Gesamtkapitalrendite ist. Im anderen Zustand vergrößert sich die Eigenkapitalrendite mit zunehmendem Verschuldungsgrad, da teures Eigenkapital durch billigeres Fremdkapital ersetzt wird. Der sich hieraus ergebende Mittelwert der Eigenkapitalrendite im unverschuldeten Unternehmen von 10 % ist größer als die Fremdkapitalrendite von 4 %. Somit tritt auch im Mittel ein positiver Leverage-Effekt ein (vgl. Abbildung 7.3):

$$\mathrm{E}(R_E) = \mathrm{E}(R_V) + (\mathrm{E}(R_V) - r_D)\frac{D}{E} = 0,10 + 0,06\frac{D}{E}\,,$$

$$\sigma_E = \sigma_V\left(1 + \frac{D}{E}\right) = 0,06 + 0,06\frac{D}{E}\,.$$

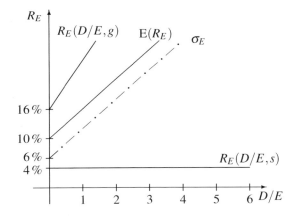

Abb. 7.3. *Positiver Leverage-Effekt.*
Der positive Leverage-Effekt wird durch den Risikoeffekt der zunehmenden Verschuldung nicht kompensiert: Die Eigenkapitalrendite fällt niemals unter die Gesamtkapitalrendite.

Fremdkapitalkosten $r_D = 8\%$
Die Fremdkapitalkosten seien nun mit 8 % größer als die minimale Ausprägung der Gesamtkapitalrendite. Daher ergibt sich im Zustand s ein negativer Leverage-Effekt, d. h. mit zunehmender Verschuldung verringert sich die Eigenkapitalrendite. Im anderen Zustand ergibt sich wiederum ein positiver Leverage-Effekt:

$$R_E(D/E,s) = 0,04 - 0,04\frac{D}{E} \quad \text{und} \quad R_E(D/E,g) = 0,16 + 0,08\frac{D}{E}\,.$$

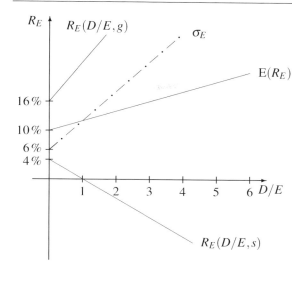

Abb. 7.4. *Positiver und negativer Leverage-Effekt.*
Bei schlechter Konjunkturlage ergibt sich ein negativer Leverage-Effekt, d. h. mit zunehmender Verschuldung verringert sich die Eigenkapitalrendite. Bei guter Konjunkturlage kommt wiederum ein positiver Leverage-Effekt zustande.

Die geforderte Eigenkapitalrendite hängt hier vom Verschuldungsgrad ab. In diesem Beispiel ergibt sich jedoch ein erhöhtes Risiko, denn die zunehmende Verschuldung führt nicht in jedem Konjunkturzustand zu einer höheren Eigenkapitalrendite (vgl. Abbildung 7.4):

$$\mathrm{E}(R_E) = 0{,}10 + 0{,}02\frac{D}{E}, \quad \sigma_E = 0{,}06 + 0{,}06\frac{D}{E}.$$

7.3 Darstellungen des Unternehmenswertes

Ein Unternehmen kann gedanklich als Bündel von Einzelinvestitionen aufgefasst werden. Der Unternehmenswert entspricht dann dem Wert der Zahlungsströme der einzelnen Investitionsprojekte des Unternehmens. Aus Kapitel 6 ist bekannt, dass die Bewertung einer unsicheren, zukünftigen Zahlung durch die Diskontierung ihres Erwartungswertes mit einem risikoangepassten Kalkulationszinssatz erfolgen kann (vgl. hierzu Eigenschaft 6.7). Letzterer entspricht der Renditeforderung des bzw. der Kapitalgeber. Aus der Sicht des Kapitalnehmers – dem Unternehmen – sind dies jedoch Kapitalkosten(sätze). Wir unterscheiden nun die wie folgt *definierten* Kapitalkostenbegriffe:

$k_E^U \quad \equiv \mathrm{E}(Z)/E^U - 1$ Eigenkapitalkostensatz des unverschuldeten U.,

$k_E \quad \equiv \mathrm{E}(Z^E)/E - 1$ Eigenkapitalkostensatz des verschuldeten U.,

$k_D \quad \equiv \mathrm{E}(Z^D)/D - 1$ Fremdkapitalkostensatz,

$\mathrm{WACC} \quad \equiv \mathrm{E}(Z)/V - 1$ durchschnittlicher Kapitalkostensatz.[5]

---

[5] Das Akronym WACC steht für *Weighted Average Cost of Capital* und ist ein Kürzel, das nicht nur im angelsächsischen Sprachraum verwendet wird.

Dabei bezeichnen Z^E, Z^D bzw. $Z = Z^E + Z^D$ die Rückzahlungsansprüche der Eigenkapitalgeber, der Fremdkapitalgeber (in Form von Zins- und Tilgungsansprüchen) bzw. aller Kapitalgeber und V den Marktwert der Unternehmung.

Unter Verwendung der Definition für k_E und k_D gilt wegen $E(Z) = E(Z^E) + E(Z^D)$ auch:

$$E(Z) = (1 + k_E) \cdot E + (1 + k_D) \cdot D \,.$$

Dividiert man dieses Ergebnis durch den Marktwert des verschuldeten Unternehmens, so erhält man nach entsprechenden Umformungen für den durchschnittlichen Kapitalkostensatz WACC die folgende Darstellung:[6]

$$\text{WACC} = k_E \frac{E}{V} + k_D \frac{D}{V} \,. \tag{7.3}$$

Die Unternehmensleitung eines *vollständig eigenfinanzierten Unternehmens* wird bestrebt sein, eine Politik zu betreiben, die den Gegenwartswert der zukünftigen Dividendenzahlungen, also den Marktwert des Eigenkapitals, maximiert:

$$V^U = E^U = \frac{E(Z^E)}{1 + k_E^U} = \frac{E(Z^E)}{1 + \text{WACC}} \,.$$

In einem unverschuldeten Unternehmen entspricht der Unternehmenswert V^U dem Marktwert des Eigenkapitals E^U und der durchschnittliche Kapitalkostensatz WACC dem Eigenkapitalkostensatz.

In einem *verschuldeten* Unternehmen kann aus einer Änderung der Finanzierungspolitik zugunsten der Eigenkapitalgeber eine Benachteiligung der Fremdkapitalgeber resultieren. So führt z. B. eine kreditfinanzierte Gewinnausschüttung zu einer Minderung des haftenden Eigenkapitals und somit eventuell zu einer Benachteiligung der Fremdkapitalgeber. Als Konsequenz könnten dann dem Unternehmen in Zukunft geringere oder überhaupt keine Fremdfinanzierungsmöglichkeiten mehr zur Verfügung stehen. Aus diesem Grund wird die Unternehmensleitung bestrebt sein, die Summe aus dem Wert des Eigen- und Fremdkapitals, also den Wert des Gesamtkapitals V zu maximieren, um die Interessen beider Gruppen zu wahren:

$$V = E + D = \frac{E(Z^E)}{1 + k_E} + \frac{E(Z^D)}{1 + k_D} \,.$$

Anhang 7A zeigt, dass man diese Analyse auch auf den Mehrperiodenfall übertragen kann.

---

[6] Unterteilt man Eigen- und Fremdkapital in weitere Kapitalarten, so lassen sich die durchschnittlichen Kapitalkosten folgendermaßen bestimmen:

$$\text{WACC} \equiv \sum_i k_i \frac{\text{Marktwert von Kapitalart } i}{\text{Marktwert des Gesamtkapitals}} \,. \tag{7.2}$$

Beispiel 7.3 (Bestimmung der durchschnittlichen Kapitalkosten). ⎯⎯⎯⎯⎯
Ein Unternehmen hat einen Bankkredit in Höhe von 400 Tsd. € aufgenommen, den es
mit 8 % p. a. verzinsen muss. Die Kapitalkosten des Kredits belaufen sich somit auf 8 %.
Des Weiteren hat das Unternehmen einen Lieferantenkredit von 350 Tsd. €, der zu 11 %
verzinst wird, in Anspruch genommen. Die Kapitalkosten der Eigenkapitalgeber belaufen sich auf 15 %. Angenommen, der Marktwert des Eigenkapitals betrage 750 Tsd. €
und die Marktwerte des Fremdkapitals entsprechen den Nennbeträgen, dann errechnet
sich der durchschnittliche Kapitalkostensatz WACC folgendermaßen:

$$
\text{WACC} = k_E \frac{E}{V} + k_{D_B} \frac{D_B}{V} + k_{D_L} \frac{D_L}{V} = 0{,}15 \cdot \frac{750}{1\,500} + 0{,}08 \cdot \frac{400}{1\,500} + 0{,}11 \cdot \frac{350}{1\,500} = 0{,}122 \, .
$$

7.4 Kapitalstruktur und Kapitalkosten

Die Frage nach den angemessenen Kapitalkosten für Realinvestitionen mit unsicheren Rückflüssen ist eng verknüpft mit der Frage nach der optimalen *Kapitalstruktur* eines Unternehmens. Vor dem Hintergrund des CAPM und der Wertadditivitätseigenschaft 6.8 ist die Frage leicht zu beantworten: Bei gegebenem Investitionsprogramm ist *jede* Kapitalstruktur optimal! Finanzierungsentscheidungen beeinflussen nicht den Wert eines Unternehmens. Letztere Entscheidungen
bestimmen lediglich die Aufteilung des Rückzahlungsstroms (des „Kuchens") in
Gewinn- und Zinseinkommen. Der Wert des „Kuchens" ist unabhängig von seiner Aufteilung. Modigliani und Miller haben dies allerdings bereits 1958, also
sechs Jahre vor der Publikation des CAPM, erkannt und daraus geschlussfolgert,
dass die geforderte Eigenkapitalrendite eine lineare Funktion des Verschuldungsgrades ist, falls die Fremdkapitalkosten nicht vom Verschuldungsgrad abhängen.[7]
Ihre Modellannahmen sind allerdings weit weniger restriktiv: Freiheit von Raumarbitrage im Sinne der LOP-Forderung und die Existenz eines Unternehmens mit
identischen Investitionsrückflüssen reicht in Verbindung mit den Annahmen 1.3
und 1.4 aus, um diese Behauptung zu beweisen. Im Unterschied zum CAPM
müssen wir also nicht die übereinstimmende Einschätzung von Verteilungspara-
metern von Investitionsrückflüssen durch die Marktteilnehmer und Anwendung
der Erwartungswert-Varianz-Regel durch letztere voraussetzen.

Arbitrage-Beweis von Modigliani und Miller

Es werden zwei hinsichtlich der Aktiva-Seite der Bilanz identische Unternehmen
betrachtet, die sich nur bezüglich ihres Verschuldungsgrades unterscheiden. Ohne damit die Allgemeinheit der Aussagen zu beschränken, soll es sich dabei um

---

[7] Merton Miller hat dafür 1990 (zusammen mit Harry Markowitz und William Sharpe) den Nobelpreis für Wirtschaftswissenschaften erhalten. Franco Modigliani hatte diesen Preis bereits
1985 für diesen und andere wissenschaftliche Beiträge erhalten.

ein *vollständig eigenfinanziertes* Unternehmen und ein *teilweise fremdfinanziertes* Referenzunternehmen handeln, die beide in $t = 1$ liquidiert werden sollen. Genauer bedeutet das Attribut *identisch*, dass der auf die Kapitalgeber aufzuteilende unsichere Cash Flow des eigenfinanzierten Unternehmens (Z^U) mit den Rückzahlungsansprüchen des teilweise fremdfinanzierten Unternehmens (Z^L) in jedem zukünftigen Umweltzustand übereinstimmt: $Z^U(\omega) = Z^L(\omega) = Z(\omega)$ für alle $\omega \in \Omega$.

Beteiligt sich nun ein Investor am fremdfinanzierten Unternehmen mit einem Anteil x am Eigenkapital, so kann dieses Investment durch die in Tabelle 7.1 angegebene Zahlungsreihe charakterisiert werden. E bzw. D kennzeichnet wiederum den Marktwert des Eigen- bzw. Fremdkapitals. F bezeichnet den nominellen Rückzahlungsanspruch der Fremdkapitalgeber beim fremdfinanzierten Unternehmen. Im Zeitpunkt $t = 1$ können sich die Unternehmen dann in einem der folgenden Zustände befinden:

- $Z \geq F$: Beide Unternehmen sind *solvent*. Das verschuldete Unternehmen kann die Rückzahlungsansprüche der Fremdkapitalgeber erfüllen.
- $Z < F$: Das verschuldete Unternehmen ist *insolvent*. Die Rückzahlungsansprüche der Fremdkapitalgeber können nur teilweise oder gar nicht erfüllt werden. Eigenkapitalgeber gehen leer aus.

Tabelle 7.1. *Eigenfinanzierte Beteiligung am verschuldeten Unternehmen (Strat. I).*

Zeitpunkte	$t = 0$	$t = 1$	
Transaktionen		$Z \geq F$	$Z < F$
Kauf von x Anteilen an E	$-xE$	$x(Z - F)$	0

Falls der betrachtete Investor nun Anteile am Fremdkapital der fremdfinanzierten Unternehmung leerverkaufen kann, dann kann er mittels einer teilweise (über den Leerverkauf) fremdfinanzierten Beteiligung am unverschuldeten Unternehmen in Höhe von x die in Tabelle 7.1 angegebene Zahlungsreihe nachbilden. Mit Hilfe der Darstellung in Tabelle 7.2 kann dieser Duplikationsvorgang leicht nachvollzogen werden.[8]

Aufgrund der Übereinstimmung der Rückflüsse der Anlagestrategien I und II in $t = 1$ müssen nun wegen Annahme 1.1 (LOP-Forderung) auch die Investitionssummen im Zeitpunkt $t = 0$ übereinstimmen: $-xE = x(D - E^U)$.

Gilt nämlich anstelle letzterer Beziehung beispielsweise $-xE < x(D - E^U)$, dann ist die folgende Arbitragestrategie profitabel: Leerverkauf von Anteilen des verschuldeten Unternehmens und (teilweise) kreditfinanzierter Kauf von Anteilen des unverschuldeten Unternehmens. Die Darstellung in Tabelle 7.3 beweist die Profitabilität dieser risikolosen Arbitragestrategie.

---

[8] Für eine ähnliche Darstellung, bei der allerdings Anteile des unverschuldeten Unternehmens leerverkauft werden, siehe Jarrow (1988, S. 136ff.).

Tabelle 7.2. *Fremdfinanzierte Beteiligung am unverschuldeten Unternehmen (Strat. II).*

Zeitpunkte	$t = 0$	$t = 1$	
Transaktionen		$Z \geq F$	$Z < F$
Kauf von x Anteilen an E^U	$-xE^U$	xZ	xZ
Leerverkauf von x Anteilen an F	xD	$-xF$	$-xZ$
Zahlungsstrom	$x(D - E^U)$	$x(Z - F)$	0

Tabelle 7.3. *Arbitragestrategie: Strategie I (Short) + Strategie II (Long).*

Zeitpunkte	$t = 0$	$t = 1$	
Transaktionen		$Z \geq F$	$Z < F$
Leerverkauf von x Anteilen an E	xE	$-x(Z - F)$	0
Kauf von x Anteilen an E^U	$-xE^U$	xZ	xZ
Leerverkauf von x Anteilen an F	xD	$-xF$	$-xZ$
Arbitragegewinn	ε	0	0

Aufgrund der angenommenen Raumarbitragefreiheit des Finanzmarktes gemäß Annahme 1.1 muss $\varepsilon = 0$ und damit $E^U = E + D$ gelten. Mit den Vereinbarungen $V^U = E^U$ bzw. $V = E + D$ für den Gesamtwert des unverschuldeten bzw. verschuldeten Unternehmens muss also

$$V = V^U$$

gelten, d. h. der Marktwert eines Unternehmens hängt nicht von seinem Verschuldungsgrad ab.

Eigenschaft 7.3 (MM-These I). *Unter den Annahmen 1.1, 1.3 und 1.4 und bei Existenz eines Vergleichsunternehmens hängt der Marktwert eines Unternehmens, d. h. die Summe der Marktwerte des Eigen- und Fremdkapitals, nicht von seinem Verschuldungsgrad ab.*

Bei friktionslosen und arbitragefreien Finanzmärkten sowie Existenz eines Vergleichsunternehmens können also private Investoren jede mögliche Kapitalstruktur des Unternehmens privat duplizieren. Auf der Unternehmensebene sind damit Investitions- und Finanzierungsentscheidungen trennbar. Aus der Irrelevanz der Kapitalstruktur für den Unternehmenswert kann nun auch eine lineare Beziehung zwischen den Eigenkapitalkosten und dem Verschuldungsgrad abgeleitet werden. Für den Unternehmenswert gilt die Darstellung:

$$V = \frac{\mathrm{E}(Z)}{1 + \mathrm{WACC}} = \frac{\mathrm{E}(Z^E) + \mathrm{E}(Z^D)}{1 + \mathrm{WACC}} \, .$$

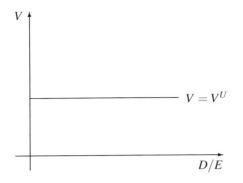

Abb. 7.5. *Unternehmenswert in Abhängigkeit des Verschuldungsgrades.* Bei friktionslosen und Raumarbitrage-freien (LOP) Finanzmärkten hängt der Marktwert eines Unternehmens nicht von seiner Kapitalstruktur ab.

Da V aufgrund der MM-These I und ebenso $E(Z)$ unabhängig von der Kapitalstruktur sind, ist auch der durchschnittliche Kapitalkostensatz von der Kapitalstruktur *unabhängig*. Auflösen der Gleichung (7.3) nach k_E ergibt mit $V = E + D$ den folgenden linearen Zusammenhang zwischen der geforderten Eigenkapitalrendite und dem Verschuldungsgrad:

$$k_E = \text{WACC} + (\text{WACC} - k_D)\frac{D}{E}.$$

Eigenschaft 7.4 (MM-These II). *Unter den Annahmen 1.1, 1.3 und 1.4 und Existenz eines Vergleichsunternehmens steigt die Renditeforderung der Eigenkapitalgeber linear mit dem Verschuldungsgrad, falls Fremdkapitalkosten nicht vom Verschuldungsgrad abhängen.*

Die Renditeforderung der Eigenkapitalgeber setzt sich also aus dem Kapitalkostensatz eines vollständig eigenfinanzierten Unternehmens derselben Risikoklasse, $k_E^U = \text{WACC}$, und einem Aufschlag $(\text{WACC} - k_D)\frac{D}{E}$ für das Leverage-Risiko zusammen. Letzterer wird bei zunehmendem Verschuldungsgrad aufgrund einer mit D/E ansteigenden Renditeforderung der Fremdkapitalgeber unterproportional zunehmen.

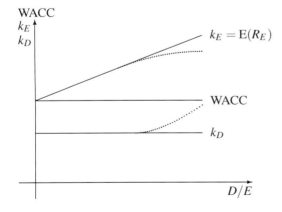

Abb. 7.6. *Kapitalkosten und Verschuldungsgrad.*
Bei einem vom Verschuldungsgrad unabhängigen Fremdkapitalkostensatz steigen die Eigenkapitalkosten proportional mit dem Verschuldungsgrad (vgl. die durchgezogenen Linien). Bei mit dem Verschuldungsgrad zunehmenden Fremdkapitalkosten ergeben sich die gepunkteten Verläufe der Kapitalkosten.

Beispiel 7.4 (Die Modigliani-Miller-These I). _____

Von einem verschuldeten Unternehmen seien die folgenden Unternehmensdaten bekannt: $V = 1\,000\,\text{Tsd.}\,€$, $D = 500\,\text{Tsd.}\,€$, $E = 500\,\text{Tsd.}\,€$ und $F = 550\,\text{Tsd.}\,€$. Es existiere daneben ein vollständig eigenfinanziertes, ansonsten identisches Unternehmen mit demselben Rückzahlungsanspruch Z. Wie groß ist der Wert V^U dieses unverschuldeten Unternehmens?

Gemäß Eigenschaft 7.3 gilt: $V^U = V = 1\,000\,\text{Tsd.}\,€$. Dies kann man aber auch wie folgt einsehen: Wegen Raumarbitragefreiheit gemäß Annahme 1.1 muss $\varepsilon = 100 - 0{,}1 \cdot E^U = 0$ und damit $E^U = 1\,000$ gelten. Der Unternehmenswert des unverschuldeten Unternehmens beträgt somit $V^U = E^U = 1\,000\,\text{Tsd.}\,€$.

Tabelle 7.4. *Eigenfinanzierte Beteiligung am verschuldeten Unternehmen (Strat. I).*

Zeitpunkte	$t = 0$	$t = 1$	
Transaktionen		$Z \geq 550$	$Z < 550$
Kauf von 10% von E	$-0{,}1 \cdot 500$	$0{,}1(Z - 550)$	0

Tabelle 7.5. *Fremdfinanzierte Beteiligung am unverschuldeten Unternehmen (Strat. II).*

Zeitpunkte	$t = 0$	$t = 1$	
Transaktionen		$Z \geq 550$	$Z < 550$
Kauf von 10 % von E^U	$-0{,}1 \cdot E^U$	$0{,}1 \cdot Z$	$0{,}1 \cdot Z$
Leerverkauf von 10% von F	$0{,}1 \cdot 500$	$-0{,}1 \cdot 550$	$-0{,}1 \cdot Z$
Zahlungsstrom	$0{,}1(500 - E^U)$	$0{,}1(Z - 550)$	0

Tabelle 7.6. *Arbitragestrategie: Strategie I (Short) + Strategie II (Long).*

Zeitpunkte	$t = 0$	$t = 1$	
Transaktionen		$Z \geq 550$	$Z < 550$
Leerverkauf von 10 % von E	$0{,}1 \cdot 500$	$-0{,}1(Z - 550)$	0
Kauf von 10 % von E^U	$-0{,}1 \cdot E^U$	$0{,}1 \cdot Z$	$0{,}1 \cdot Z$
Leerverkauf von 10 % von F	$0{,}1 \cdot 500$	$-0{,}1 \cdot 550$	$-0{,}1 \cdot Z$
Arbitragegewinn	$\varepsilon = 100 - 0{,}1 \cdot E^U$	0	0

Vielfach wird die Bedeutung der Eigenschaften 7.3 und 7.4 nicht erkannt und das Modell unter der Rubrik „weltfremd" eingeordnet, weil in der realen Welt die Wahl der Kapitalstruktur offensichtlich nicht irrelevant ist im Hinblick auf den Unternehmenswert. Modigliani und Miller (1958) haben allerdings nie behauptet, dass in der *realen Welt* die Wahl eines bestimmten Verschuldungsgrades keine Relevanz für den Unternehmenswert besitzt.[9] Dies wird klar, wenn man ihre These I wie folgt interpretiert:

Eigenschaft 7.5 (Implikationen von MM-These I). *In arbitragefreien Finanzmärkten und bei Existenz eines Vergleichsunternehmens ist der Unternehmenswert nur dann von der Kapitalstruktur* abhängig, *falls* Marktfriktionen *existieren und/oder der zukünftige Cash Flow Strom hinsichtlich unwahrscheinlicher Ereignisse und ereignisbedingter Zahlungen durch Marktteilnehmer und Unternehmensmanagement* heterogen *eingeschätzt wird.*

Die Bedeutung dieses (neo-)klassischen Beitrags von Modigliani und Miller zur Investitions- und Finanzierungstheorie kann nicht hoch genug eingeschätzt werden. Dieses modelltheoretische Ergebnis ist zudem äußerst praxisrelevant: Nicht die stochastischen Eigenschaften des zukünftigen Cash Flow Stroms sind entscheidend für die Wahl einer bestimmten Kapitalstruktur, sondern nur *Marktfriktionen* und *heterogene Einschätzungen* bezüglich dieses Cash Flow Stroms. Dies impliziert beispielsweise, dass nicht die Wahrscheinlichkeit für eine Insolvenz des Unternehmens, sondern nur die Insolvenz*kosten*[10] Einfluss auf die Kapitalstrukturwahl haben können. Neben den erwarteten Insolvenzkosten zählt insbesondere die asymmetrische Besteuerung von Gewinn- und Zinseinkommen zu den entscheidungsrelevanten Marktfriktionen.

Einfluss von Steuern

Im Folgenden wollen wir den Einfluss des deutschen Steuersystems auf die Kapitalstrukturwahl beleuchten. Beispiel 7.5 zeigt auf der Basis des maximalen Einkommensteuersatzes von 42 %, des Körperschaftsteuersatzes von 25 % sowie eines repräsentativen Gewerbeertragsteuersatzes die Gesamtbelastung des Unternehmensgewinns vor Zinsen und vor Steuern (*EBIT* für *Earnings Before Interest and Taxes*). Die Rechnung unterstellt dabei, dass es sich bei dem Fremdkapital um Dauerschulden handelt, deren Verzinsung zur Hälfte dem Gewerbeertrag zugerechnet wird.[11]

Der Steuerbelastungsvergleich lässt sich am besten verstehen, wenn man sich in die (hypothetische) Situation eines Firmengründers versetzt, der genügend Eigenmittel besitzt, um die Firma alleine zu finanzieren und sich die Frage stellt, in welchem Verhältnis er seine Firma mit Eigenkapital bzw. mit Fremdkapital ausstattet. Wir untersuchen die Steuerbelastung für zwei Szenarien:

---

[9] Siehe Modigliani und Miller (1958, S. 296): „Our approach has been that of static, partial equilibrium analysis. It has assumed among other things a state of atomistic competition in the capital markets and an ease of access to those markets which only a relatively small (though important) group of firms even come close to possessing. These and other drastic simplifications have been necessary in order to come to grips with the problem at all. Having served their purpose they can now be relaxed in the direction of greater realism and relevance, a task in which we hope others interested in this area will wish to share."

[10] Insolvenzkosten entsprechen den Vermögenswerten von Eigen- und Fremdkapitalgebern, die im Rahmen einer Insolvenz an Dritte (Konkursverwalter etc.) transferiert werden.

[11] Für weitere Details siehe beispielsweise Scheffler (2005).

Beispiel 7.5 (Kapitalstruktur und Steuerbelastung einer Kapitalgesellschaft und ihrer Kapitalgeber (Stand 1. 1. 2005)).
Die errechnete Gesamtsteuerbelastung für Gewinn- *und* Zinseinkommen basiert auf der Annahme, dass Einkünfte aus Kapitalvermögen (Zins- oder Dividendenzahlungen) einem Einkommensteuersatz von 42 % unterliegen und das Halbeinkünfteverfahren angewandt wird. Kirchensteuer und Solidaritätszuschlag (momentan 5,5 %) bleiben dabei unberücksichtigt. Der gemeindeindividuell festgelegte Hebesatz für die Gewerbeertragsteuer wird mit $h = 400\,\%$ angenommen.

	Reine Eigen-finanzierung	30 % Fremd-finanzierung	60 % Fremd-finanzierung	90 % Fremd-finanzierung
Bilanzsumme (BS)	1 000 000,00	1 000 000,00	1 000 000,00	1 000 000,00
Fremdkapitalzinssatz	0,07	0,07	0,07	0,07
Gesamtkapitalrendite vor Steuern	0,15	0,15	0,15	0,15
Anteil Fremdkapital am Gesamtkapital	0,00	0,30	0,60	0,90
Gewinn vor Zinsen und Steuern (EBIT)	**150 000,00**	**150 000,00**	**150 000,00**	**150 000,00**
Fremdkapitalzinsen	0,00	21 000,00	42 000,00	63 000,00
Gewinn vor Steuern und nach Zinsen	150 000,00	129 000,00	108 000,00	87 000,00
Bemessungsgrundlage der Gewerbeertragsteuer	150 000,00	139 500,00	129 000,00	118 500,00
Gewerbeertragsteuer (16,67 %)	25 000,00	23 250,00	21 500,00	19 750,00
Bemessungsgrundlage der Körperschaftsteuer	125 000,00	105 750,00	86 500,00	67 250,00
Körperschaftsteuer (25 %)	31 250,00	26 437,50	21 625,00	16 812,50
Gewinn nach Zinsen und Steuern	93 750,00	79 312,50	64 875,00	50 437,50
Einkommensteuer beim Gläubiger auf Zinserträge (42 %)	0,00	8 820,00	17 640,00	26 460,00
Gesamtsteuerlast bei Gewinnthesaurierung	**56 250,00**	**58 507,50**	**60 765,00**	**63 022,50**
Gesamtsteuerlast in % des EBIT	**37,50**	**39,01**	**40,51**	**42,02**
Einkommensteuer bei Gewinnausschüttung (42 % : 2 = 21 %)	19 687,50	16 655,63	13 623,75	10 591,88
Gesamtsteuerlast bei Gewinnausschüttung	**75 937,50**	**75 163,13**	**74 388,75**	**73 614,38**
Gesamtsteuerlast in % des EBIT (bei Ausschüttung)	**50,63**	**50,11**	**49,59**	**49,08**

- voller Gewinneinbehalt (Gewinnthesaurierung),
- volle Gewinnausschüttung.

Wir betrachten zunächst das zweite Szenario. Aufgrund des Halbeinkünftever-
fahrens (HEV) werden Gewinneinkommen und Fremdkapitalzinsen einkommen-
steuerlich nicht gleich behandelt. Die Diskriminierung der Eigenfinanzierung gegenüber der Fremdfinanzierung durch die Gewinnbesteuerung sowohl auf der
Gesellschaftsebene (Körperschaftsteuer mit einem Satz von 25%) als auch auf
der *Gesellschafterebene* (Einkommensteuer mit einer maximalen Grenzbelastung
von 42%) wird durch das HEV beinahe eliminiert. Dabei wird davon ausgegangen, dass die Steuerrealität dem Steuerrecht entspricht, d. h. Zinseinkommen
auch mit dem maximalen Grenzsteuersatz von 42% belastet wird. Der oben er-
wähnte hypothetische Firmengründer wird also durch die Wahl eines hohen Verschuldungsgrades gegenüber der reinen Eigenfinanzierung nur geringe Steuer-
vorteile haben: $50,63 - 49,08 = 1,55$ Prozentpunkte (siehe letzte Zeile der Tabelle).
Diese leichte Diskriminierung der Eigenfinanzierung gegenüber der Fremdfinanzierung verschwindet allerdings und wird zu einer Bevorzugung, wenn man unterstellt, dass der erzielte Gewinn vollständig einbehalten wird: Das Steuerbelas-
tungsbeispiel 7.5 zeigt auf, dass der Gewinn vor Zinsen und Steuern (EBIT) bei
einer vollständig eigenfinanzierten Kapitalgesellschaft gegenüber einer zu 90%
fremdfinanzierten Kapitalgesellschaft um $42,02 - 37,50 = 4,52$ Prozentpunkte
niedriger besteuert wird (siehe viertletzte Zeile der Tabelle).
Natürlich ändert sich das Bild, wenn man unterstellt, dass Eigen- und Fremdkapitalgeber nicht identisch sind und der repräsentative Aktionär ein höheres Ge-
samteinkommen und damit auch eine höhere Grenzsteuerbelastung gegenüber
dem repräsentativen Fremdkapitalgeber besitzt. Zudem sind viele Kapitalgeber
von großen deutschen Publikumsgesellschaften Ausländer, die nicht bzw. nicht
nur dem deutschen Einkommensteuerrecht unterliegen.[12]
In den USA besitzt allerdings das Steuersystem mit seiner steuerlichen Diskriminierung der Eigenfinanzierung einen größeren Einfluss auf die Kapitalstruktur.[13]
Bezeichnet s die prozentuale steuerliche Mehrbelastung des Gewinneinkommens
gegenüber dem ansonsten identischen Zinseinkommen (im Folgenden der Einfachheit wegen Unternehmensteuersatz genannt), dann zahlt ein unverschuldetes
Unternehmen Steuern in Höhe $s\mathrm{E}(Z)$ und hat einen Wert von

$$V^U = \frac{(1-s)\mathrm{E}(Z)}{1 + k_E^U} = \frac{(1-s)\mathrm{E}(Z)}{1 + \mathrm{WACC}},$$

wobei k_E^U den durchschnittlichen Kapitalkostensatz nach Unternehmensteuern
des unverschuldeten Unternehmens darstellt.

---

[12] Aus diesen Gründen verzichten wir hier auf die Bestimmung eines kritischen Einkommensteuersatzes, bei dem das deutsche Steuersystem keinen Einfluss auf die Kapitalstrukturwahl besitzt
(siehe z. B. Kruschwitz, 2002, S. 246ff).

[13] Siehe beispielsweise Grinblatt und Titman (2002) und Ross, Westerfield und Jaffe (2005).

Der durchschnittliche Kapitalkostensatz nach Steuern WACC ergibt sich aus
$V^U(1 + k_E^U) = E(Z)(1 - s) = V \cdot (1 + \text{WACC})$ zu:[14]

$$\text{WACC} = k_E^U \frac{V^U}{V} - \frac{V - V^U}{V} = k_E^U \left(1 - s \frac{k_D}{1 + k_D} \frac{D}{V} \right) - s \frac{k_D}{1 + k_D} \frac{D}{V}$$

$$= k_E^U - (1 + k_E^U)s \frac{k_D}{1 + k_D} \frac{D/E}{1 + D/E} \ .$$

Mit zunehmendem Verschuldungsgrad sinken die durchschnittlichen Kapitalkosten, und die Eigenkapitalkosten steigen (vgl. Abbildung 7.7).

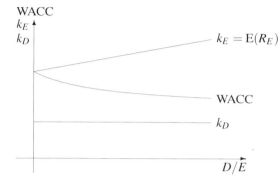

Abb. 7.7. *Verlauf der Kapitalkostensätze unter Berücksichtigung von Steuern bei konstanten Fremdkapitalkosten.*

Sonstige Einflussgrößen

Mit zunehmendem Verschuldungsgrad steigt die Wahrscheinlichkeit dafür, dass bei rückläufiger Marktkonjunktur die Investitionsrückflüsse für vereinbarte Zins- und Tilgungszahlungen nicht mehr ausreichen. Im Extremfall kann dies die *Insolvenz* (Zahlungsunfähigkeit) und damit die Zerschlagung des Unternehmens bedeuten. In diesem Fall entstehen Liquidations- oder Reorganisationskosten in Form von Sozialplänen für die Arbeitnehmer, Honoraren für Insolvenzverwalter, Wirtschaftsprüfer, Gutachter, Gerichtsgebühren etc. Diese Insolvenzkosten schmälern den Wert des Unternehmensvermögens, das im Insolvenzfall von den bisherigen Unternehmenseignern auf die Fremdkapitalgeber übertragen wird. Da sich die Fremdkapitalgeber dieses Nachteils bewusst sind, verlangen sie eine Kompensation in Form einer höheren Fremdkapitalverzinsung zulasten der Eigenkapitalgeber.

Weitere Determinanten der Kapitalstrukturwahl sind Anreiz- und Informationsprobleme. Zu nennen ist an erster Stelle das sogenannte *Risk Shifting-Problem*. Es entsteht, weil Eigenkapitalgeber nach der Aufnahme von Fremdkapital von einer Erhöhung des Risikos der Investitionspolitik profitieren. Der Grund dafür

---

[14] Siehe dazu Ross, Westerfield und Jaffe (2005).

ist recht einfach: Eigenkapitalgeber erzielen ein höheres Gewinneinkommen im Erfolgsfall, während Fremdkapitalgeber die negativen Konsequenzen im Misserfolgsfall mittragen müssen.[15]

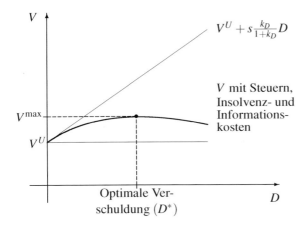

Abb. 7.8. *Optimales Verschuldungsvolumen.*
Mit zunehmender Verschuldung steigt zunächst der Wert des Unternehmens aufgrund des Steuervorteils der Fremdfinanzierung. Wegen der überproportional ansteigenden erwarteten Kosten für eine Insolvenz gibt es eine optimale Verschuldung D^*, ab der der Unternehmenswert wieder abnimmt.

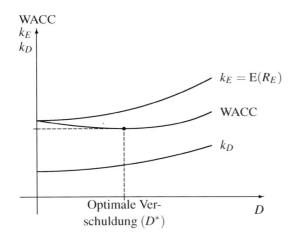

Abb. 7.9. *Minimale Kapitalkosten.*
Solange der marginale Steuervorteil über den marginalen Insolvenzkosten liegt, sinken die durchschnittlichen Kapitalkosten bei einer zusätzlichen Verschuldung. Ab einer optimalen Verschuldung D^* übersteigen die marginalen Insolvenzkosten den marginalen Steuervorteil, wodurch dann gleichzeitig auch die durchschnittlichen Kapitalkosten ansteigen.

Der Barwert dieser Kosten kompensiert bei einem bestimmten Verschuldungsgrad den Barwert des Steuervorteils aus der Fremdfinanzierung. Ein optimales Verschuldungsvolumen lässt sich dann zumindest qualitativ – wie in Abbildung 7.8 – als das Volumen D^* charakterisieren, das den Unternehmenswert

$$V = V^U + \text{PV}\{\text{Steuervorteil}\} - \text{PV}\{\text{Insolvenz- und Informationskosten}\}$$

---

[15] Andere Anreiz- und Informationsprobleme (Adverse Selektion, Unterinvestitionsprobleme aufgrund eines Debt-Overhangs etc.) und daraus resultierende Kosten werden ausführlich in Franke und Hax (2003) sowie in Grinblatt und Titman (2002) beschrieben.

maximiert. Bei Kenntnis des minimalen durchschnittlichen Kapitalkostensatzes $WACC^{min} \equiv WACC(D^*)$ gilt für den maximalen Unternehmenswert $V^{max} \equiv V(D^*)$ (vgl. Abbildung 7.9).

Aufgaben

7.1. Das Unternehmen XYZ hat bei vollständiger Eigenfinanzierung einen Marktwert von $V^U = 10\,Mio\,€$. Es erwartet in einem Jahr (dem geplanten Liquidationszeitpunkt) $11\,Mio\,€$. Dem Unternehmen bietet sich nun die Möglichkeit, durch den Kauf neuer Anlagen für $2\,Mio\,€$ zu expandieren, ohne seine Risikostruktur zu verändern. Fremdkapital kann zu einem Zinssatz von $k_D = 5\,\%$ aufgenommen werden.

   (a) Sollten diese $2\,Mio\,€$ – bei Vernachlässigung von Steuern – eigen- oder fremdfinanziert werden?

   (b) Welche erwartete Eigenkapitalrendite kann nun maximal erreicht werden?

   (c) Welche Finanzierungsform ist bei einem Unternehmensteuersatz von $50\,\%$ vorteilhaft? Welchen Marktwert besitzt das Unternehmen dann, und welche erwartete Eigenkapitalrendite ergibt sich?

7.2. Von der Modigliani & Miller AG sind zur Zeit 100 000 Aktien im Marktwert von jeweils $100\,€$ im Umlauf. Das Unternehmen sei zunächst schuldenfrei. Steuern sind zu vernachlässigen. Die Portefeuillestruktur von drei repräsentativen Aktionären A, B, C habe folgendes Aussehen (Bestandswerte in $€$):

	Aktien	Kredit	Termingeld	Reinvermögen (E_i)
A	10 000	2 000	0	8 000
B	50 000	0	6 000	56 000
C	20 000	0	0	20 000

Alle drei Aktionäre sowie das Unternehmen können am Finanzmarkt Mittel zu $20\,\%$ anlegen bzw. aufnehmen. Angenommen, durch die Emission erstklassig abgesicherter Anleihen steige der Verschuldungsgrad des Unternehmens auf $D/E = 0{,}25$, und die Aktionäre möchten das Risiko ihres Portefeuilles unverändert lassen, wieviel werden sie (a) in Aktien anlegen, (b) an Krediten aufnehmen und (c) auf dem Termingeldkonto halten?

7.3. Folgende Daten einer Aktiengesellschaft seien bekannt: Der Aktienkurs betrage $100\,€$, die Anzahl der ausgegebenen Aktien sei 1 Million und der Marktwert der Schulden $25\,Mio\,€$. Die Unternehmensleitung hat folgende Maßnahmen angekündigt:

   • Aktiensplitting durch Ausgabe von Gratisaktien im Verhältnis 1:1,

   • Dividende in Höhe von $1\,€$ pro Aktie,

   • Neuverschuldung in Höhe von $5\,Mio\,€$.

   (a) Wie ändern sich folgende Größen (ceteris paribus) nach den einzelnen angekündigten Änderungen, wenn Steuern, Transaktionskosten und Kosten, die aufgrund der finanziellen Schwierigkeiten entstehen, vernachlässigt werden: (i) Marktwert der Schulden, (ii) Anzahl der ausgegebenen Aktien, (iii) Preis pro Aktie, (iv) Marktwert des Eigenkapitals, (v) Marktwert des Unternehmens.

(b) Wie stehen die Aktionäre den einzelnen Maßnahmen gegenüber?

7.4. Die Explorationsgesellschaft Go East AG wird neu gegründet, um Gold- und Diamantenvorkommen aufzuspüren. Der hierzu notwendige Kapitalbedarf betrage 100 Mio €. Die Verteilungsparameter der Investitions- bzw. Marktrendite werden wie folgt eingeschätzt: $\mu_A = 0,3$, $\sigma_A = 0,90$, $\mu_M = 0,12$, $\sigma_M = 0,5$ und $\rho_{A,M} = 0,75$. Der risikolose Zinssatz betrage $r_f = 0,08$. Steuern werden nicht berücksichtigt.

(a) Angenommen, die Go East AG wird vollständig eigenfinanziert. Wie groß sind der erwartete Gewinn, die Eigenkapitalkosten und der Wert des Eigenkapitals?

(b) Die Go East AG nimmt zur Finanzierung des Projekts, das erstklassig abgesichert und damit risikolos ist, Fremdkapital auf. Bestimmen Sie Eigenkapitalkosten, durchschnittliche Kapitalkosten und den Wert des Fremdkapitals, falls der Verschuldungsgrad $D/E = 0,4$ beträgt.

(c) Angenommen das Fremdkapital sei risikobehaftet und das hiermit verbundene systematische Risiko betrage $\beta_D = 0,3$. Der erwartete Zinsertrag sei 10 Mio € und das Fremdkapital würde mit 80 Mio € bewertet. Wäre dieser Preis des Fremdkapitals marktgerecht?

7.5. Die Firma MACK ist ein im pharmazeutischen Bereich alteingesessenes Unternehmen. Es hat folgende relevante Kenndaten: Sensitivität der Eigenkapitalrendite bezüglich der Marktrendite $\beta_E = 1,4$, Sensitivität des Fremdkapitals $\beta_D = 0,2$ und Verschuldungsgrad $D/E = 0,3$. Der Chemieriese BASS hat sich bisher vorwiegend mit Grundstoffverarbeitung befasst. Seine Kenndaten lauten $\beta_E = 0,8$, $\beta_D = 0$ und $D/E = 0,5$. Der risikolose Zinssatz liege bei 8 %, die erwartete Marktrendite sei $E(R_M) = 19\%$. Steuern seien nicht zu berücksichtigen.

(a) Die BASS AG denkt darüber nach, einen neuen Geschäftsbereich für Pharmaprodukte nach dem Vorbild der Firma MACK aufzubauen. Mit welchem durchschnittlichen Kapitalkostensatz müssen die Investitionsrechnungen geführt werden?

(b) Die BASS AG hat sich nun zur Realisation des oben angesprochenen Projektes entschlossen. Der wertmäßige Anteil des neu entstandenen Geschäftsbereichs am Gesamtunternehmen beträgt 10 %. Wie groß muss β_E sein, wenn β_D und der Verschuldungsgrad gleich bleiben?

Anhang

7A Kapitalkosten im Mehrperiodenmodell

Im Anhang 10A wird u. a. gezeigt, dass sich unter den in Kapitel 1 gemachten Grundannahmen der gegenwärtige Preis S eines Finanztitels wie folgt darstellen lässt (siehe Eigenschaft 10A.3):

$$S = E(DF \cdot Z) \, . \tag{7A.1}$$

DF bezeichnet dabei einen zustandsabhängigen und damit zufälligen Diskontierungsfaktor und Z kennzeichnet den zufälligen Liquidationswert. Für eine risikolose Finanzinvestition mit $S = 1$ und $Z = 1 + r_f$ gilt auch $1 = E(DF \cdot (1 + r_f))$ und damit:

$$E(DF) = (1 + r_f)^{-1} \, . \tag{7A.2}$$

Über die Definition der Kovarianz (siehe Anhang 5A) ergibt sich

$$S = E(DF) \cdot E(Z) + \text{Cov}(DF, Z) \tag{7A.3}$$

bzw. wegen Beziehung (7A.2):

$$S = \frac{E(Z)}{1 + r_f} + \text{Cov}(DF, Z) \, .$$

Bezeichnet $R = Z/S - 1$ die Rendite des betrachteten Finanztitels und dividiert man (7A.3) durch S, so erhält man

$$1 = E(DF) \cdot E(1 + R) + \text{Cov}(DF, 1 + R)$$

und unter Verwendung von (7A.2) die nachfolgende Darstellung für die (in Renditeeinheiten ausgedrückte) Risikoprämie RP:

$$RP \equiv E(R) - r_f = -(1 + r_f) \cdot \text{Cov}(DF, 1 + R) \, .$$

Man kann nun zeigen (siehe z. B. Cochrane, 2005, oder Wilhelm, 1983), dass in friktionslosen und arbitragefreien Finanzmärkten für alle zukünftigen Handels- bzw. Zahlungszeitpunkte t ein stochastischer Diskontierungsfaktor DF_t existiert, auf Basis dessen eine im Zeitpunkt t fällig werdende (zufällige) Zahlung bewertet werden kann. Nach der Wertadditivitätseigenschaft 1.1 besitzt dann der Zahlungsstrom $\{Z_1, Z_2, \ldots, Z_T\}$ den Barwert:

$$S = \sum_{t=1}^{T} E(DF_t \cdot Z_t) = \sum_{t=1}^{T} \frac{E(Z_t)}{(1 + r(t) + RP_t)^t} \, .$$

Hierbei bezeichnet $r(t)$ den Kassazinssatz (für sichere Finanzinvestitionen) mit Bindungsdauer t und RP_t die annualisierte Risikoprämie für den Zahlungsanspruch Z_t:

$$RP_t = (1 + r(t)) \left[\left[1 + \mathrm{Cov}\left((1 + r(t))^t \cdot DF_t, \frac{Z_t}{\mathrm{E}(Z_t)} \right) \right]^{-1/t} - 1 \right] .$$

Unter der Annahme einer *flachen* Zinsstrukturkurve mit $r(t) = r$ und *konstanter* Risikoprämien $RP_t = RP$ vereinfacht sich die obige Darstellung zu:

$$S = \sum_{t=1}^{T} \frac{\mathrm{E}(Z_t)}{(1 + r + RP)^t} .$$

Unterstellt man im Zusammenhang mit der Bewertung eines Unternehmens einen unendlich langen Rückzahlungsstrom mit $\mathrm{E}(Z_t) = \mathrm{E}(Z)$, dann rechtfertigen diese Zusammenhänge (in Verbindung mit der Bewertungsformel für Ewige Renten) die Darstellung

$$V = \sum_{t=1}^{\infty} \frac{\mathrm{E}(Z)}{(1 + k)^t} = \frac{\mathrm{E}(Z)}{k} = \frac{\mathrm{E}(Z)}{\mathrm{WACC}} ,$$

wobei $k = r + RP$ den risikoangepassten Kalkulationszinssatz bezeichnet.

Literatur

Cochrane, John H., 2005, *Asset Pricing*, Princeton University Press, Princeton.

Franke, Günter und Herbert Hax, 2003, *Finanzwirtschaft des Unternehmens und Kapitalmarkt*, Springer, Berlin, 5. Auflage.

Grinblatt, Mark und Sheridan Titman, 2002, *Financial Markets and Corporate Strategy*, McGraw-Hill, New York, 2. Auflage.

Jarrow, Robert A., 1988, *Finance Theory*, Prentice-Hall, Englewood Cliffs.

Kruschwitz, Lutz, 2002, *Finanzierung und Investition*, Oldenbourg, München, 3. Auflage.

Kruschwitz, Lutz und Hellmuth Milde, 1996, Geschäftsrisiko, Finanzierungsrisiko und Kapitalkosten, *Zeitschrift für betriebswirtschaftliche Forschung* 48, 1115–1133.

Modigliani, Franco und Merton H. Miller, 1958, The cost of capital, corporation finance, and the theory of investment, *American Economic Review* 48, 261–297.

Mossin, Jan, 1966, Equilibrium in a Capital Asset Market, *Econometrica* 34, 768–783.

Ross, Stephen A., Randolph W. Westerfield und Jeffrey F. Jaffe, 2005, *Corporate Finance*, Irwin, Chicago, 7. Auflage.

Scheffler, Wolfram, 2005, *Besteuerung von Unternehmen I. Ertrag-, Substanz- und Verkehrsteuern*, C. F. Müller, Heidelberg, 8. Auflage.

Schneider, Dieter, 1992, *Investition, Finanzierung und Besteuerung*, Gabler, Wiesbaden, 7. Auflage.

Wilhelm, Jochen, 1983, *Finanztitelmärkte und Unternehmensfinanzierung*, Springer, Berlin.

8

Alternative Auswahlregeln

Die Auswahl von Investitionen auf der Basis von Erwartungswert und Varianz der zukünftigen Rendite ist möglicherweise nicht mit der Risikopräferenz des Investors vereinbar. Diese Unvereinbarkeit kann eine der Ursachen dafür sein, dass beispielsweise das CAPM vielfach nur eine geringe Erklärungskraft im Hinblick auf historische Aktienrenditen besitzt. In diesem Kapitel soll daher gezeigt werden, wie man Risikopräferenzen modellmäßig erfassen kann und unter welchen Voraussetzungen die EV-Regel eine Investitionsauswahl gemäß der Risikopräferenz des Investors gestattet.

Ausgegangen wird dabei von einer *Risikosituation*, die dadurch gekennzeichnet ist, dass dem Entscheidungsträger neben allen möglichen Umweltzuständen auch alle Wahrscheinlichkeiten (objektive oder subjektive) für das Eintreten dieser Umweltzustände bekannt sind. Auf der Basis des in Abschnitt 8.1 eingeführten Risikonutzenkonzeptes von Bernoulli werden in Abschnitt 8.2 alternative Risikoeinstellungen des Investors analysiert. Sind nicht alle zur Anwendung der *Bernoulli-Regel* benötigten Informationen verfügbar, so bieten sich die in Abschnitt 8.3 vorgestellten *Stochastischen Dominanz-Regeln* oder die in Abschnitt 8.4 behandelte *Erwartungswert-Varianz-Regel* an, die allerdings nur eine Vorauswahl erlauben. Populäre Auswahlregeln, die eine spezielle Risikonutzenfunktion implizieren und daher (meist) zu einem Alternativen-Ranking führen (EVieS-Regel und Safety First-Regel), werden in den beiden abschließenden Abschnitten vorgestellt.

8.1 Risikosituation und Bernoulli-Regel

Auswahl- bzw. Entscheidungssituationen im Zusammenhang mit Investitions- und Finanzierungsmaßnahmen lassen sich durch sogenannte *Entscheidungsfelder* beschreiben. Letztere umfassen sowohl die vom Entscheidungsträger direkt oder indirekt beeinflussbare Menge (hier: finanzwirtschaftlicher) Maßnahmen als auch die vom Entscheidungsträger nicht beeinflussbaren Zustände der Umwelt, die Auswirkungen auf die Ergebnisse der Aktionen haben können. Im Rahmen eines *endlichen Zustandsmodells* lässt sich das Entscheidungsfeld somit durch die *vier* folgenden Merkmale kennzeichnen (siehe z. B. Bamberg und Coenenberg, 2004):

- den *Aktionenraum* $A = \{a_1, a_2, \ldots, a_J\}$, welcher die Menge aller möglichen, sich gegenseitig ausschließenden Aktionen (Handlungsweisen, Alternativen und Strategien) umfasst, die einem Entscheidungsträger in einem bestimmten Zeitpunkt zur Auswahl stehen.
- den *Zustandsraum* $\Omega = \{\omega_1, \omega_2, \ldots, \omega_I\}$, der die Menge aller zukünftigen Umweltzustände repräsentiert, die auf das Ergebnis einer Handlung bzw. Aktion ebenfalls Auswirkungen haben. Ein Zustand bezeichnet also eine mögliche, exogen vorgegebene Umweltkonstellation.
- die *Informationsstruktur* über den Zustandsraum Ω: $L = (p_1, \ldots, p_I)$. Die Liste umfasst die Wahrscheinlichkeiten für das Eintreten der exogen vorgegebenen Umweltzustände.
- die *Handlungskonsequenzen* $(a, \omega) \overset{g}{\longmapsto} z = g(a, \omega)$. Diese beschreiben die zustandsabhängigen Ergebnisse für alle Handlungsalternativen. Falls $g(a, \omega)$ eine skalare, deterministische Größe darstellt, können die Handlungskonsequenzen durch die folgende Ergebnismatrix repräsentiert werden:

Zustände	Aktionen $p(\omega)$	a_1	a_2	$\ldots$	a_J
ω_1	$(p(\omega_1))$	z_{11}	z_{12}	$\ldots$	z_{1J}
ω_2	$(p(\omega_2))$	z_{21}	z_{22}	$\ldots$	z_{2J}
$\vdots$	$\vdots$	$\vdots$	$\vdots$		$\vdots$
ω_I	$(p(\omega_I))$	z_{I1}	z_{I2}	$\ldots$	z_{IJ}

Das Element z_{ik} kennzeichnet dabei das Ergebnis der Handlung a_k bei Auftreten des Umweltzustandes ω_i. Letzterer tritt mit einer Wahrscheinlichkeit $p_i = p(\omega_i)$ ein.

Die folgenden *drei Entscheidungssituationen* werden gemeinhin unterschieden.

- *Sicherheit*: Eine Entscheidungssituation bei Sicherheit liegt genau dann vor, wenn einer der möglichen Zustände genau mit Wahrscheinlichkeit eins eintritt. Formal ergibt sich also die folgende Informationsstruktur: $L = \{p_1, p_2, \ldots, p_I\}$ mit $p_{i_0} \equiv p(\omega_{i_0}) = 1$ für ein $i_0 \in \{1, 2, \ldots, I\}$, $p_j = 0$ für $j \in \{1, 2, \ldots, I\} \setminus \{i_0\}$ und $\sum_{i=1}^{I} p_i = 1$.
- *Risiko*: In einer Entscheidungssituation unter Risiko werden allen Umweltzuständen Wahrscheinlichkeiten strikt kleiner 1 zugeordnet: $p_i = p(\omega_i) < 1$ für $i \in \{1, 2, \ldots, I\}$, $\sum_{i=1}^{I} p_i = 1$.
- *Ungewissheit*: In Ungewissheitssituationen kann der Entscheidungsträger den Umweltzuständen keine Eintrittswahrscheinlichkeiten zuordnen.

Wird eine Aktion gesucht, die ein optimales oder wenigstens zufriedenstellendes Ergebnis liefert, so benötigt man grundsätzlich neben der Definition der zu verfolgenden Ziele und der sich daraus ergebenden zielrelevanten Ergebnisse auch

Präferenzrelationen bezüglich unterschiedlicher Ergebnismerkmale. Mit einer Präferenzrelation bringt ein Entscheidungsträger die Intensität seines Strebens nach den mit der Ergebnisdefinition festgelegten Zielgrößen zum Ausdruck. Es werden die folgenden Präferenzrelationen unterschieden:

- *Höhen*präferenzrelation: Diese repräsentiert das angestrebte Ausmaß einer bestimmten Zielgröße. Beispiel: Welchen Nutzenzuwachs misst ein Hochschulabsolvent einem um 5 000 € höheren Gehaltsangebot einer mittelständischen Firma zu, falls er von einem renommierten Großkonzern ein Gehaltsangebot von 50 000 € p. a. vorliegen hat?
- *Arten*präferenzrelation: Werden mehrere Zielgrößen angestrebt und sind diese zumindest teilweise konfliktär, so ist die Angabe einer Artenpräferenzrelation notwendig. Beispiel: Neben dem angebotenen Einkommen zählt sehr oft auch die Reputation des Arbeitgebers. Es stellt sich also die Frage, auf wieviel Einkommen der Bewerber verzichtet, wenn er in einem Unternehmen mit höherer Reputation arbeiten kann.
- *Zeit*präferenzrelation: Diese wird erforderlich, wenn die Handlungsergebnisse eine unterschiedliche Zeitdimension besitzen. Beispiel: Die mittelständische Firma bietet unserem Hochschulabsolventen ein hohes Anfangsgehalt mit absehbar geringen zukünftigen Zuwächsen an. Im Gegensatz hierzu bietet ihm das Großunternehmen ein relativ bescheidenes Anfangsgehalt an, das jedoch voraussichtlich attraktive Steigerungen nach sich ziehen wird.
- *Risiko-* bzw. *Unsicherheits*präferenzrelation: Im unvollkommenen Informationssystem, wenn also jede Aktion durch eine Menge potentieller Ergebnisse gekennzeichnet ist, ist die Angabe einer Risiko- bzw. Unsicherheitspräferenzrelation erforderlich. Beispiel: Um wieviel höher muss das Gehaltsangebot eines latent insolvenzgefährdeten Unternehmens im Vergleich zu einem „sicheren" Arbeitsplatz in einem Großunternehmen sein, um das Risiko eines Arbeitsplatzverlustes auszugleichen?

Zur Vereinfachung der Entscheidungsfindung wird nun eine Bewertungsfunktion $\Phi : A \longrightarrow R$ gesucht, die jeder Aktion $a \in A$ eine reelle Zahl $\Phi(a) \in R$ zuordnet, und zwar derart, dass für je zwei Aktionen $a_i, a_k \in A$ gilt:[1]

$$a_k \succsim a_i \Longleftrightarrow \Phi(a_k) \geq \Phi(a_i) \qquad \text{(im Fall einer Präferenz),}$$
$$a_k \succ a_i \Longleftrightarrow \Phi(a_k) > \Phi(a_i) \qquad \text{(im Fall einer strikten Präferenz),}$$
$$a_k \sim a_i \Longleftrightarrow \Phi(a_k) = \Phi(a_i) \qquad \text{(im Fall einer Indifferenz).}$$

Dabei bedeuten die drei Symbole $\succsim$, $\succ$ und $\sim$ die Präferenz (z. B. besagt $a_k \succsim a_i$, dass die Aktion a_k mindestens so hoch eingeschätzt wird wie a_i), strikte Präferenz und Indifferenz des Entscheidungsträgers zwischen je zwei Aktionen.

---

[1] Das in Kapitel 5 eingeführte Präferenzfunktional $\Phi(\mu, \sigma)$ ist damit ein Spezialfall dieser Bewertungsfunktion. Sie unterscheiden sich allerdings durch ihre Definitionsbereiche. Dennoch benutzen wir aus Vereinfachungsgründen dasselbe Symbol Φ.

Regel 8.1 (Allgemeine Entscheidungsregel). *Sei* $\Phi : A \longrightarrow R$ *eine Bewertungs-funktion, die simultan die Höhen-, Arten-, Zeit- und Risikopräferenzrelationen repräsentiert. Dann ist diejenige Aktion* a^* *optimal, die den maximalen Funkti-onswert* $\Phi(a^*) = \max_{a \in A} \Phi(a)$ *liefert.*

Im Folgenden wollen wir uns auf die Analyse von Risikosituationen beschrän-ken.[2] Handlungskonsequenzen besitzen nur eine monetäre Dimension und sollen kurz nach einer Entscheidung anfallen. Die Zeitpräferenzen können daher ver-nachlässigt werden. Ohne damit die Allgemeinheit der Aussagen zu beschrän-ken, unterstellen wir, dass alle zur Investition stehenden Entscheidungsalternati-ven $a \in A$ im Zeitpunkt $t = 0$ den gleichen Investitionsbetrag erfordern.

Die moderne Theorie der rationalen Entscheidung bei Unsicherheit geht auf Überlegungen zurück, die der Mathematiker Daniel Bernoulli bereits 1738 ver-öffentlicht hat. Ausgangspunkt seiner Überlegungen war dabei das sogenannte *Petersburger Spiel.* Bei diesem Spiel (besser: Gedankenexperiment, denn dieses „Spiel" wurde wahrscheinlich nie gespielt) wirft ein Spieler eine Münze, wobei die Münze entweder Kopf oder Zahl zeigt. Nun wird die Münze solange gewor-fen, bis *erstmals* Zahl fällt. Falls beim n-ten Wurf erstmals Zahl fällt, so erhält der Spieler die (an die Euro-Währung angepasste) Auszahlung von $Z = 2^n$ € von seinem Gegenspieler. Unter der Voraussetzung, dass es sich dabei um eine „faire" Münze handelt, tritt dieses Ereignis mit der Wahrscheinlichkeit von $p = (1/2)^n$ ein. Die erwartete Auszahlung an den Spieler ist daher unendlich groß:

$$\mathrm{E}[Z] = \frac{1}{2} \cdot 2 + \frac{1}{4} \cdot 4 + \frac{1}{8} \cdot 8 + \ldots + \frac{1}{2^n} \cdot 2^n + \ldots = 1 + 1 + \ldots = \infty \,.$$

Orientiert sich dieser Spieler am erwarteten Gewinn als Differenz von erwarteter Rückzahlung und Spieleinsatz, so müsste ihm die Beteiligung am Spiel einen beliebig hohen Betrag „*wert*" sein! Befragungen zeigen jedoch, dass sich nur wenige Personen finden lassen, die mehr als 10 € riskieren würden, um am Spiel teilnehmen zu dürfen. Dieses Gedankenexperiment zeigt also, dass die durch das *Erwartungswertprinzip* (mit $\Phi(a_i) = \mathrm{E}(Z_i)$) definierte Präferenz nicht mit dem intuitiven Entscheidungsverhalten übereinstimmt.

Bernoulli (1738) löste dieses Paradoxon, indem er nicht die Auszahlungen selbst mit Wahrscheinlichkeiten gewichtete, sondern erst diejenigen Werte, die sich nach dem Einsetzen der Auszahlungen in eine *Risikonutzenfunktion* ergaben. Im obigen Spiel ergibt sich somit bei der Risikonutzenfunktion $u(z) = \ln z$ der *Nut-zenerwartungswert* von

---

[2] Populäre Entscheidungsregeln für Ungewissheitssituationen sind im Anhang 8A zusammenge-stellt.

$$E[u(Z)] = \frac{1}{2} \cdot \ln 2 + \frac{1}{4} \cdot \ln 4 + \ldots + \frac{1}{2^n} \cdot \ln(2^n) + \ldots$$

$$= \sum_{n=1}^{\infty} \frac{1}{2^n} \underbrace{\ln(2^n)}_{n \ln 2} = \ln 2 \cdot \underbrace{\sum_{n=1}^{\infty} \frac{n}{2^n}}_{= 2} = 2 \cdot \ln 2 \ .$$

Die Wahl der Bewertungsfunktion $\Phi(a_i) = E[u(Z_i)]$ führt also zur

Regel 8.2 (Bernoulli-Regel). *Seien $a_i, a_k \in A$ mögliche Handlungsalternativen und Z_i, Z_k die mit den jeweiligen Aktionen verknüpften, zufallsabhängigen Ergebnisse. Dann wird die Aktion a_i der Aktion a_k vorgezogen, wenn der erwartete Nutzen aus dem unsicheren Rückfluss Z_i der Aktion a_i größer ist als der erwartete Nutzen der unsicheren Zahlung Z_k, die aus der Aktion a_k resultiert:*[3]

$$a_i \succsim a_k \quad \Longleftrightarrow \quad E[u(Z_i)] \geq E[u(Z_k)] \ .$$

Bei Kenntnis der für einen Investor charakteristischen Risikonutzenfunktion ist die Anwendung der Bernoulli-Regel höchst einfach.[4] Dies zeigt das folgende

Beispiel 8.1 (Bernoulli-Regel). _____
Einem risikoaversen Investor mit einem Investitionsbudget in Höhe von 100 000 € bieten sich zwei Anlagealternativen: eine sichere Anlage mit einer Rendite von 10 % und eine spekulative Anlage, deren Rendite mit Wahrscheinlichkeit $p = 1/2$ bzw. $(1 - p) = 1/2$ 40 % bzw. -20 % beträgt:

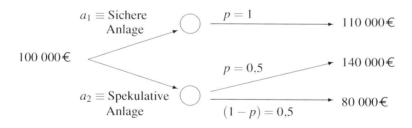

Die Wahl der Risikonutzenfunktion $u(z) = \ln(z)$ (z in Tsd. €) führt dann dazu, dass wegen $E[u(Z_1)] = 1 \cdot \ln(110) = 4{,}70$ und $E[u(Z_2)] = 0{,}5 \cdot \ln(140) + 0{,}5 \cdot \ln(80) = 4{,}66$ die sichere Anlage der spekulativen Anlage vorgezogen wird: $a_1 \succ a_2$.

---

[3] Anhang 8B enthält eine ausführliche Begründung dieser Regel.

[4] Man kann sich die Risikonutzenfunktion gedanklich als *untrennbare* Verknüpfung zweier Funktionen $h(\cdot)$ und $r(\cdot)$ vorstellen, die die Höhenpräferenz bzw. Risikopräferenz des Entscheiders repräsentieren: $u(Z) = (r \circ h)(Z)$ (siehe z. B. Wilhelm,1985 bzw. 1986, und Kürsten,1992).

Bestimmung der Risikonutzenfunktion

Die Risikonutzenfunktion eines Investors kann durch die Vorgabe der nachfolgenden, hypothetischen Entscheidungssituation vom Investor erfragt werden.[5] Wie in Beispiel 8.1 soll dabei a_1 eine Handlungsalternative mit sicherem Ausgang, z. B. eine Investition in eine insolvenzrisikofreie Finanzanlage, darstellen, und a_2 eine Handlungsalternative mit unsicherem Ausgang, z. B. eine spekulative Anlage mit den zwei möglichen Rückzahlungswerten $z^{\min}$ und $z^{\max}$, kennzeichnen:

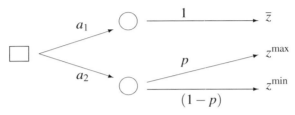

Ohne damit die Allgemeinheit des Vorgehens zu beschränken, wird in einem Ausgangsschritt $u(z^{\min}) = 0$ und $u(z^{\max}) = 1$ gesetzt und damit zwei Funktionswerte der gesuchten Funktion $u(\cdot)$ fixiert. Dies ist deswegen keine Einschränkung, weil *Nullpunkt* und *Skalierung* der gesuchten Nutzenfunktion $u(z)$ dabei beliebig gewählt werden können. Denn zwei Risikonutzenfunktionen $u_1(z)$ und $u_2(z)$ erzeugen dieselbe Präferenzrelation auf der Alternativenmenge A, falls $u_2(z)$ eine *positive, affine Transformation* von $u_1(z)$ darstellt: $u_2(z) = a + b\,u_1(z)$ mit $a \in R$, $b > 0$. Einen weiteren Funktionswert erhält man durch die folgenden zwei Schritte:

• Schritt 1: Vorgabe von $\bar{z} \in (z^{\min}, z^{\max})$ beliebig, aber fest.
• Schritt 2: Für $\bar{z}$ wird die Wahrscheinlichkeit p so lange variiert, bis der Entscheidungsträger indifferent zwischen beiden Alternativen ist. Damit kann der Wert der Nutzenfunktion an dieser Stelle $\bar{z}$ bestimmt werden: Variation von $p \in [0,1]$ bis $a_1 \sim a_2 \Rightarrow u(\bar{z}) = p\,u(z^{\min}) + (1-p)\,u(z^{\max}) = p \cdot 0 + (1-p) \cdot 1 = 1 - p$.

Mit jeder Wiederholung dieser beiden Schritte erhält man einen weiteren Funktionswert der (unbekannten) Funktion $u(\cdot)$. Man setzt die Befragung solange fort, bis genügend Funktionswerte vorliegen, die, miteinander verbunden, die gesuchte Risikonutzenfunktion des Entscheiders (zumindest) näherungsweise darstellt. Nach geeigneter Transformation könnte die erfragte Risikonutzenfunktion eines Investors den populären, idealtypischen Risikonutzenfunktionen, die in Abbildung 8.1 dargestellt sind, ähnlich sehen. Letztere haben nicht nur in der Investitionstheorie eine größere Bedeutung und sind wie folgt definiert:

---

[5] Weitere Verfahren zur Bestimmung der Risikonutzenfunktion stellen z. B. Eisenführ und Weber (2002) vor.

Logarithmische RNF: $u(z) = \ln(z)$;

Exponentielle RNF: $u(z) = -\exp(-\alpha z)$ für $\alpha > 0$;

Quadratische RNF: $u(z) = a + bz + cz^2$ für $b > 0$, $c < 0$.

Letztere Risikonutzenfunktion besitzt nur für $z < -b/(2c)$ einen positiven Grenznutzen. Eine *lineare Risikonutzenfunktion* ist durch $u(z) = z$ definiert.

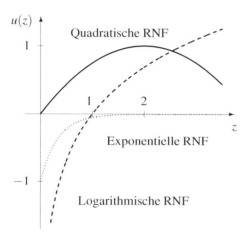

Exponentielle RNF

Logarithmische RNF

Abb. 8.1. *Risikonutzenfunktionen.* Die dargestellte quadratische Risikonutzenfunktion besitzt gegenüber den anderen eine von den meisten Investoren nicht akzeptierte Eigenschaft: Der Grenznutzen wird für $z > 2$ negativ.

8.2 Risikoeinstellungen

Bei Kenntnis der Risikonutzenfunktion eines Investors können nun Aussagen über die Risikoeinstellung des Investors getroffen werden. Zur Charakterisierung der Risikopräferenz eines Investors kann das sogenannte *Sicherheitsäquivalent* $S(a_k)$ einer Alternative $a_k \in A$ herangezogen werden, d. h. diejenige sichere Auszahlung, die dem Investor den gleichen Nutzen stiftet wie die unsichere Alternative. Bezeichnet w das (als bekannt vorausgesetzte) Anfangsvermögen des betrachteten Investors (zum Betrachtungszeitpunkt $t = 0$) und Z_k die zufällige, mit der Alternative a_k verbundene Rückzahlung, dann ergibt sich formal die folgende Forderung: $u(S(a_k) + w) = \mathrm{E}[u(w + Z_k)]$. Die Auflösung dieser Gleichung nach dem Sicherheitsäquivalent führt zu[6]

$$S(a_k) \equiv u^{-1}(\mathrm{E}[u(w + Z_k)]) - w .\qquad(8.1)$$

---

[6] Dabei unterstellen wir, dass die Inverse der Nutzenfunktion existiert. Dies bedeutet, dass z. B. bei einer quadratischen Risikonutzenfunktion das maximal mögliche Ergebnis z links vom Maximum der Funktion liegt.

Die Differenz zwischen dem Erwartungswert $E[Z_k]$ und dem Sicherheitsäquivalent $S(a_k)$ für eine unsichere Aktion $a_k \in A$ wird als *Risikoprämie* $\pi(w, Z_k)$ bezeichnet:

$$\pi(w, Z_k) \equiv E[Z_k] - S(a_k).$$

Die Risikoprämie kann auch als Versicherungsprämie aufgefasst werden, die der Entscheidungsträger zu zahlen bereit wäre, wenn ihm dafür das aus der Aktion a_k resultierende Risiko abgenommen werden würde. Wegen Definition (8.1) für das Sicherheitsäquivalent $S(a_k)$ erfüllt die Risikoprämie $\pi \equiv \pi(w, Z_k)$ die Gleichung $E[u(w + Z_k)] = u(w + E[Z_k] - \pi)$ bzw. die Indifferenzrelation $w + Z_k \sim w + E[Z_k] - \pi$. Die Risikoprämie dient also der Messung der Risikoaversion. Je größer die Risikoprämie ist, die ein Investor bei ansonsten gleichen Bedingungen zu zahlen bereit ist, um gegen das Risiko versichert zu sein, desto höher ist seine Risikoaversion einzuschätzen. Gemäß nachstehender Tabelle lässt sich nun die *Risikoeinstellung* eines Investors in der folgenden Weise charakterisieren (Pratt, 1964):

Verlauf der Risikonutzenfunktion		Risikoprämie	Typ des Investors
strikt konkav $\implies$	$S(a_k) < E[Z_k]$	$\pi > 0$	*risikoavers*
linear $\implies$	$S(a_k) = E[Z_k]$	$\pi = 0$	*risikoneutral*
strikt konvex $\implies$	$S(a_k) > E[Z_k]$	$\pi < 0$	*risikofreudig*

Demnach beurteilt ein risikoneutraler Investor den Rückfluss aus einer Investition nur auf der Basis des *Erwartungswertes* des Rückflusses. Risikoaverse Investoren beurteilen dagegen Investitionen auf Basis der Sicherheitsäquivalents, das strikt kleiner als der erwartete Rückfluss ist.

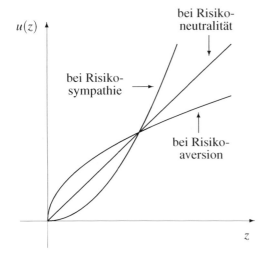

Abb. 8.2. *Risikonutzenfunktionen für alternative Risikoeinstellungen.*
Bei Risikoaversion, Risikoneutralität bzw. Risikosympathie verläuft die Risikonutzenfunktion des Investors strikt konkav, linear bzw. strikt konvex.

Absolute und Relative Risikoaversion

Risikoaversion ist also dadurch gekennzeichnet, dass der Entscheidungsträger eine sichere Zahlung in Höhe des Erwartungswertes der Zahlungen der unsicheren Auszahlung vorziehen würde. Dies ist gleichbedeutend mit einer konkaven Risikonutzenfunktion. Daher ist es naheliegend, Risikoaversion mittels der „Konkavität" der Risikonutzenfunktion bzw. dem Grad der Krümmung zu messen, d. h. je konkaver die Nutzenfunktion, desto größer die Risikoaversion. Formal bedeutet dies, dass die Risikoeinstellung durch die zweite Ableitung der Nutzenfunktion gemessen werden kann. Nun ist die durch eine Nutzenfunktion beschriebene Risikoeinstellung gegenüber affin-linearen Transformationen der Nutzenfunktion invariant, nicht jedoch die zweite Ableitung der Nutzenfunktion. Daher ergibt sich die Notwendigkeit einer geeigneten Normierung. Erfolgt letztere durch Division mit der ersten Ableitung, dann erhält man das sogenannte *Arrow-Pratt-Maß für die absolute Risikoaversion:*

$$ARA(z) \equiv -\frac{u''(z)}{u'(z)} .$$

Es lässt sich nun der folgende approximative Zusammenhang zwischen dem Arrow-Pratt-Maß für die absolute Risikoaversion und der vom Investor geforderten Risikoprämie beweisen (zum Beweis vergleiche Anhang 8C):

Eigenschaft 8.1 (Risikoprämie). *Sei Z_k der unsichere Rückfluss der Alternative a_k mit Erwartungswert $E[Z_k] = 0$ und Varianz $Var(Z_k) = \sigma_k^2$, und mit vernachlässigbaren höheren Momenten. Dann ist die vom Investor geforderte Risikoprämie für die Übernahme des Investitionsrisikos näherungsweise proportional zum Arrow-Pratt-Maß für die absolute Risikoaversion:*

$$\pi(w, Z_k) \simeq -\frac{1}{2} \sigma_k^2 \frac{u''(w)}{u'(w)} .$$

Pratt (1964) beweist zudem, dass die Funktion $ARA(z)$ die folgenden Eigenschaften besitzt:[7]

- Risikoaversion (im Sinne von Pratt: $\pi(w, Z_k) > 0$) ist äquivalent zur Positivität der Funktion $ARA(z)$.
- Falls ein Investor gegenüber einem anderen eine größere Risikoaversion für alle z besitzt, so ist seine Risikoprämie, die er zu zahlen bereit ist, um sich gegen Risiken abzusichern, in jeder Situation immer höher.[8]

---

[7] Implikationen bei *konstanter* absoluter Risikoaversion im Zusammenhang mit finanzwirtschaftlichen Problemstellungen findet man bei Bamberg und Spremann (1981).

[8] Ross (1981) zeigt allerdings, dass dies nicht gilt, falls der Investor sich nur teilweise gegen das Risiko versichern kann.

• Durch $ARA(z)$ ist die korrespondierende Risikonutzenfunktion $u(z)$ (bis auf zunehmende lineare Transformationen) eindeutig festgelegt:

$$u(z) = \int_0^z \exp\left\{ -\int_0^{\bar{z}} ARA(\zeta)d\zeta \right\} d\bar{z} \,.$$

Alternativ zur Risikoprämie kann die Risikoeinstellung eines Investors mittels einer *Wahrscheinlichkeitsprämie* charakterisiert werden. Bei einem ursprünglich fairen Spiel mit den beiden möglichen Auszahlungen $+h_k$ und $-h_k$ gibt letztere an, wie hoch die neue Erfolgswahrscheinlichkeit $\tilde{p}_k(w, Z_k)$ über der Misserfolgswahrscheinlichkeit $1 - \tilde{p}_k(w, Z_k)$ liegen muss, damit der Spieler indifferent ist zwischen Spielteilnahme und Nichtteilnahme. Es handelt sich hier also um eine hypothetische Spielsituation, bei der die Erfolgswahrscheinlichkeit als veränderbar angenommen wird. In Abbildung 8.3 bewegt man sich daher vom Mittelpunkt der Sehne AB in Pfeilrichtung nach C.

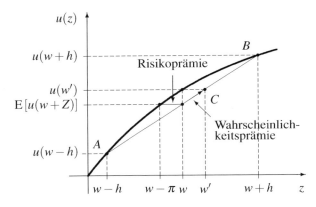

Abb. 8.3. *Risiko- und Wahrscheinlichkeitsprämie.*
Die Risikoprämie entspricht der horizontal eingezeichneten Strecke. Die Wahrscheinlichkeitsprämie wird dagegen durch den erwarteten Endvermögenswert bei Durchführung der Investition determiniert.

Es gilt dann die folgende

Eigenschaft 8.2 (Wahrscheinlichkeitsprämie). *Sei Z_k der unsichere Rückfluss der Alternative a_k mit den Realisationen $+h_k$ mit $p_k = \frac{1}{2}$ und $-h_k$ mit $(1 - p_k) = \frac{1}{2}$ (h_k „klein"). Dann ist ein Investor zwischen Durchführung und Nichtdurchführung der Alternative a_k indifferent, falls dem Investor folgende Wahrscheinlichkeitsprämie garantiert werden kann:*

$$PP(w, Z_k) \equiv \tilde{p}_k(w, Z_k) - (1 - \tilde{p}_k(w, Z_k)) \simeq -\frac{1}{2} h_k \frac{u''(w)}{u'(w)} \,. \qquad (8.2)$$

Im Anhang 8C findet sich der Beweis dieser Aussage. Zum besseren Verständnis des Zusammenhangs (8.2) sei daran erinnert, dass bei standardisierten Bernoulli-Experimenten mit den Ausgängen 1 (für „Erfolg") und 0 (für „Misserfolg") bei $n = 1$ Experimenten für die Ergebnisvarianz $\text{Var}(X) = p \cdot q \cdot n = 1/4$ gilt, falls

$p = q = 1/2$. Mit der Vereinbarung $Z_k = 2 \cdot h_k X - h_k$ gilt für die Varianz $\mathrm{Var}(Z_k) = 4 \cdot h_k^2 \, \mathrm{Var}(X) = h_k^2$.

Den Eigenschaften 8.1 und 8.2 liegt die Annahme zugrunde, dass die Unsicherheitsquelle für das Endvermögen *additiv* mit dem vorgegebenen Anfangsvermögen des Investors verknüpft ist. Liegt dagegen eine *multiplikative* Verknüpfung vor, dann kann man auf analoge Weise zeigen, dass das geeignete Maß für die Risikoaversion das *Arrow-Pratt-Maß für die relative Risikoaversion* (Relative Risk Aversion (RRA)) ist:

$$RRA = ARA \cdot z = -\frac{u''(z)}{u'(z)} \cdot z \,.$$

Nun reicht die Kenntnis der absoluten bzw. relativen Risikoaversion an einer Stelle w noch nicht aus, um die Risikoeinstellung eines Investors vollständig zu beschreiben. Von Interesse ist auch, wie sich die Risikoaversion mit zunehmendem Anfangsvermögen verhält. Plausibel erscheint die Annahme, dass die absolute Risikoaversion und damit die vom Investor geforderte Risikoprämie $\pi(w, Z_k)$ mit zunehmendem Anfangsvermögen abnimmt: $\partial \pi / \partial w < 0$. In diesem Fall spricht man von *abnehmender absoluter Risikoaversion* (Decreasing Absolute Risk Aversion (DARA)). Abnehmende Risikoaversion impliziert

$$\frac{\partial}{\partial z} \left[\frac{-u''(z)}{u'(z)} \right] = \frac{-u'(z) \, u'''(z) + (u''(z))^2}{(u'(z))^2} < 0 \,.$$

Damit diese Bedingung erfüllt ist, muss wegen $u' > 0$ also $u'''(z) > 0$ gelten. Diese Bedingung ist z. B. nicht für die quadratische Risikonutzenfunktion $u(z) = z - cz^2$ mit $c > 0$ erfüllt. Abnehmende bzw. zunehmende relative Risikoaversion hingegen würde bedeuten, dass ein Investor mit zunehmendem Anfangsvermögen eher bereit wäre, einen größeren bzw. kleineren Prozentsatz seines Gesamtvermögens zu verlieren. Hier scheint die Annahme einer konstanten relativen Risikoaversion (Constant Relative Risk Aversion (CRRA)) recht plausibel. Funktionen mit dieser Eigenschaft haben folgende Darstellung:

$$u(z) = \begin{cases} z^{1-\gamma}/(1-\gamma) & \text{für} \quad \gamma \neq 1 \,, \\ \ln(z) & \text{für} \quad \gamma = 1 \,. \end{cases}$$

Einige dieser Risikonutzenfunktionen sind in Abbildung 8.4 dargestellt. Es ist bemerkenswert, dass die asymptotischen Eigenschaften dieser Funktionen für γ größer oder kleiner als 1 ganz unterschiedlich sind. Man beachte aber, dass alle dieser Risikonutzenfunktionen abnehmende, absolute Risikoaversion (DARA) implizieren.

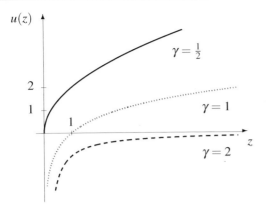

Abb. 8.4. *Risikonutzenfunktionen mit konstanter relativer Risikoaversion.*
Für alle Risikonutzenfunktionen mit $\gamma < 1$ geht der Nutzenwert von 0 bis ∞, während für $\gamma > 1$ die Funktion Werte zwischen $-\infty$ und 0 annimmt.

Beispiel 8.2 (Konstante absolute Risikoaversion (CARA)).
Ein risikoaverser Investor hat € 50 000 angespart und möchte einen Teil davon in risikobehafteten Wertpapieren anlegen. Seine Bank bietet ihm an, Aktien einer Neuemission zu zeichnen, wobei mit 50 %-iger Wahrscheinlichkeit innerhalb eines Jahres eine Rendite von 100 % erwartet wird, die Aktien jedoch mit einer Wahrscheinlichkeit von 50 % nach einem Jahr nur noch ein Fünftel ihres Emissionspreises wert sind. Bezeichnet w das Anfangsvermögen und x den Anteil, der in Aktien investiert wird, dann besitzt sein zufälliges Endvermögen W_T die folgende Darstellung:

$$W_T(x) = w \cdot (x(1 + R_A) + (1 - x) \cdot 1) = w \cdot (1 + xR_A) = 50\ 000(1 + xR_A)$$

mit

$$R_A = \begin{cases} 100\ \%\,, & p = \frac{1}{2}\,, \\ -80\ \%\,, & (1 - p) = \frac{1}{2}\,. \end{cases}$$

Der Entscheidung will der Investor die exponentielle Risikonutzenfunktion $u(z) = -e^{-\alpha z}$ ($\alpha > 0$) zugrunde legen. Die absolute Risikoaversion ARA ist bei der exponentiellen Risikonutzenfunktion wegen

$$ARA(z) = -\frac{u''(z)}{u'(z)} = -\frac{-\alpha^2\,e^{-\alpha z}}{\alpha\,e^{-\alpha z}} = \alpha$$

konstant. Die relative Risikoaversion RRA ist dagegen zunehmend:

$$RRA(z) = ARA(z) \cdot z = \alpha \cdot z\,.$$

Der den Erwartungsnutzen $E[u(W_T(x))]$ maximierende Anteil x^* seines Vermögens, der in die Aktie investiert werden soll, ist durch

$$x^* = \arg \max_{x \in [0,1]} E[u(W_T(x))] = \arg \max_{x \in [0,1]} \left\{ -\frac{1}{2} e^{-\alpha w(1+x)} - \frac{1}{2} e^{-\alpha w(1-0.8x)} \right\}$$

zu bestimmen. Die Bedingung

$$\frac{\partial \mathrm{E}[u(W_T(x))]}{\partial x} = \frac{1}{2}\mathrm{e}^{-\alpha w(1+x)}\alpha w - \frac{1}{2}\mathrm{e}^{-\alpha w(1-0.8x)}\alpha w \cdot 0.8 = 0$$

liefert hierzu die optimale Lösung $x^* = -\ln 0.8/(1.8\alpha w)$. Bei einem Anfangsvermögen in Höhe von $w = 50\,000$€ und vorgegebenem $\alpha = 1/100\,000$ lautet die optimale Lösung $x^* = 0.248$. Dies entspricht einem Betrag von € 12 400.

Nun stellt sich die Frage, wie sich dieser Betrag ändern würde, wenn dem Investor insgesamt ein höherer Anlagebetrag zur Verfügung stünde. Bei einem angesparten Kapital in Höhe von € 100 000 ergibt sich $x^* = 0.124$ und der Investor würde wiederum nur € 12 400 in die Aktie investieren. Es lässt sich also feststellen, dass konstante absolute Risikoaversion bedeutet, dass der Investor unabhängig von seinem Anfangsvermögen stets den gleichen (absoluten) Betrag in die risikobehaftete Anlage investiert. Die relative Risikoaversion hingegen nimmt dementsprechend mit dem Anfangsvermögen zu. Daher stellt sich die Frage, inwiefern die exponentielle Risikonutzenfunktion sinnvoll ist.

Beispiel 8.3 (Konstante relative Risikoaversion (CRRA)). _____
Gegeben seien die Daten aus Beispiel 8.2, und den Entscheidungen liege nun die logarithmische Risikonutzenfunktion $u(z) = \ln(z/200\,000)$ zugrunde. Die absolute Risikoaversion ARA nimmt in diesem Fall mit wachsendem Vermögen ab: $ARA(z) = 1/z$. Die relative Risikoaversion ist hingegen konstant (CRRA): $RRA(z) = ARA(z) \cdot z = 1$.
Der den Erwartungsnutzen $\mathrm{E}[u(W_T)]$ maximierende Anteil x^* des Vermögens w, den der Investor in die Aktie investieren will, lautet auf

$$x^* = \arg\max_{x \in [0.1]} \left\{ \frac{1}{2}\ln\left(\frac{w(1+x)}{200\,000}\right) + \frac{1}{2}\ln\left(\frac{w(1-0.8x)}{200\,000}\right) \right\}.$$

Die Bedingung

$$\frac{\partial \mathrm{E}[u(W_T(x))]}{\partial x} = \frac{1}{2}\frac{200\,000}{w(1+x)}\frac{w}{200\,000} + \frac{1}{2}\frac{200\,000}{w(1-0.8x)}\frac{-0.8w}{200\,000} = 0$$

liefert die Lösung $x^* = 1/8$, die unabhängig von der Höhe des Vermögens ist. Bei einem angesparten Vermögen in Höhe von € 50 000 entspricht dies einem Anlagebetrag von € 6 250. Bei einem höheren Vermögen von € 100 000 würde der Investor € 12 500 in die Aktie investieren. Es lässt sich also feststellen, dass abnehmende absolute Risikoaversion bedeutet, dass der Investor bei höherem Anfangsvermögen auch einen größeren (absoluten) Betrag in die risikobehaftete Anlage investiert. Die konstante relative Risikoaversion hingegen bedeutet, dass der Investor unabhängig von der Höhe des Anfangsvermögens den gleichen (relativen) Anteil des Anfangsvermögens risikobehaftet investiert.

Im Rahmen eines Mehrperiodenmodells handeln CRRA-Investoren zudem *myopisch* (kurzsichtig), d. h. die in jeder Periode getroffene Anlageentscheidung ist unabhängig vom Planungshorizont T, falls die Periodenrenditen der zur Verfügung stehenden Investitionen unabhängig und identisch verteilt sind (Samuelson, 1971, 1990, 1991, und Mossin, 1968).[9]

---

[9] Bamberg, Dorfleitner und Krapp (2006) weisen darauf hin, dass diese Bedingung bei Buy and Hold-Strategien nicht erfüllt ist, und daher die Anlageentscheidung in diesem Fall trotz CRRA-Annahme vom Planungshorizont abhängt.

8.3 Stochastische Dominanz-Regeln

Ist der exakte Verlauf der Risikonutzenfunktion unbekannt oder kann er nur mit Hilfe eines unverhältnismäßig hohen Aufwandes ermittelt werden, versagen die Entscheidungsregeln der vorherigen Abschnitte. Die Stochastischen Dominanz-Regeln bieten die Möglichkeit, trotz Unvollständigkeit der Information über den Verlauf der Risikonutzenfunktion eine effiziente Vorauswahl unter gegebenen Investitionsalternativen zu treffen. So kann beispielsweise auf Basis der Stochastischen Dominanz-Regel *erster Ordnung* eine Vorauswahl getroffen werden, falls man weiß, dass die Risikopräferenzen des Investors durch eine Risikonutzenfunktion mit positivem Grenznutzen repräsentiert werden. Diese Regel kann somit sowohl von risikoneutralen, risikoaversen und risikofreudigen Investoren gleichermaßen verwendet werden. Die Anwendungsvoraussetzungen von zwei weiteren Regeln, die hier vorgestellt werden, findet man in Abbildung 8.5.[10]

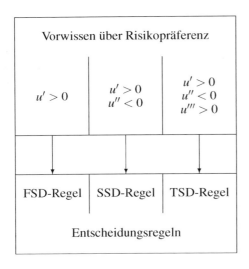

Abb. 8.5. *Drei Stochastische Dominanz-Regeln und ihre Anwendungsvoraussetzungen.*

Der Einfachheit halber wird in den folgenden Ausführungen für die Verteilungsfunktion $F_{Z_i}(\cdot)$ der zufälligen Rückzahlung Z_i der Handlungsalternative $a_i \in A$ die Bezeichnung $F_i(\cdot)$ eingeführt.

Regel 8.3 (Stochastische Dominanz-Regel erster Ordnung). *Sei $u'(z) > 0$. Dann dominiert die Aktion a_i die Aktion a_k genau dann, falls $F_i(z) \leq F_k(z)$ für alle z, wobei für mindestens ein z_0 diese Bedingung eine strikte Ungleichung darstellen muss. (FSD für First Degree Stochastic Dominance)*

---

[10] Die den Stochastischen Dominanzregeln zugrundeliegende Theorie der *Stochastischen Dominanz* wurde von Quirk und Saposnik (1962) sowie Hadar und Russell (1969) entwickelt und insbesondere von Rothschild und Stiglitz (1970, 1971) populär gemacht. Die folgende Darstellung ist an Elton, Gruber, Brown und Goetzmann (2003) und Bawa (1975) angelehnt.

Regel 8.4 (Stochastische Dominanz-Regel zweiter Ordnung). *Seien $u'(z) > 0$ und $u''(z) < 0$. Dann dominiert die Aktion a_i die Aktion a_k genau dann, falls mit $G_i(z) \equiv \int_{-\infty}^{z} F_i(t)\,\mathrm{d}t$ die Ungleichung $G_i(z) \leq G_k(z)$ für alle z erfüllt ist, wobei für mindestens ein z_0 diese Bedingung eine strikte Ungleichung darstellen muss. (SSD für Second Degree Stochastic Dominance)*

Regel 8.5 (Stochastische Dominanz-Regel dritter Ordnung). *Seien $u'(z) > 0$, $u''(z) < 0$ und $u'''(z) > 0$. Dann dominiert die Aktion a_i die Aktion a_k genau dann, falls mit $H_i(z) \equiv \int_{-\infty}^{z} G_i(t)\,\mathrm{d}t$ die Ungleichung $H_i(z) \leq H_k(z)$ für alle z erfüllt ist, wobei für mindestens ein z diese Bedingung eine strikte Ungleichung darstellen muss, und außerdem $E[Z_i] \geq E[Z_k]$ gilt. (TSD für Third Degree Stochastic Dominance)*

Eigenschaft 8.3 (Dominanzbeziehungen). *Wird eine Entscheidungsalternative nach der FSD-Regel von einer anderen Alternative dominiert, so wird diese Alternative auch nach der SSD-Regel und daher auch nach der TSD-Regel dominiert. Das heißt, es gilt: FSD $\Longrightarrow$ SSD $\Longrightarrow$ TSD.*

Die Menge der effizienten Alternativen nach der TSD-Regel stellt also eine Teilmenge der Menge der effizienten Alternativen nach der SSD-Regel dar, die wiederum eine Teilmenge der Menge der effizienten Alternativen nach der FSD-Regel ist.

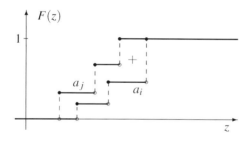

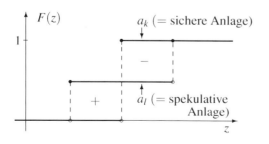

Abb. 8.6. *Anwendung der FSD-Regel und der SSD-Regel.*
Nach der FSD-Regel ist die Alternative a_i der Alternative a_j vorzuziehen, d. h. $a_i \succ a_j$. Gemäß SSD-Regel ist die Alternative a_k der Alternative a_l vorzuziehen, d. h. $a_k \succ a_l$, da die Fläche unter der Alternative a_k bis zu einem beliebigen Punkt z immer kleiner (gleich) der Fläche unter der Alternative a_l ist.

Für alle drei Regeln ist die Bedingung $E[Z_i] \geq E[Z_k]$ *notwendig* für die Dominanz von a_i über a_k.[11] $Var(Z_i) < Var(Z_k)$ ist jedoch *keine* notwendige Bedingung für die Dominanz von a_i über a_k. Abbildung 8.6 veranschaulicht die Anwendung der FSD- und SSD-Regel.

Beispiel 8.4 (Stochastische Dominanz-Regeln). _____

Einem Investor stehen vier Investitionsalternativen zur Auswahl. Die Renditen der Investitionen nach einem Jahr sind zufällig und werden für fünf verschiedene Szenarien ω_i, $i = 1,\dots,5$, die jeweils mit Wahrscheinlichkeit $P(\omega_i)$ eintreten, wie folgt geschätzt (in %):

	ω_1	ω_2	ω_3	ω_4	ω_5
$P(\omega_i)$	0,1	0,1	0,2	0,3	0,3
I_1	30	−20	−20	30	30
I_2	40	40	60	−10	40
I_3	120	120	−50	−50	100
I_4	20	70	−40	70	20

Abbildung 8.7 veranschaulicht die Verteilungsfunktionen der Renditen für eine Vorauswahl mit Hilfe der stochastischen Dominanzregeln.

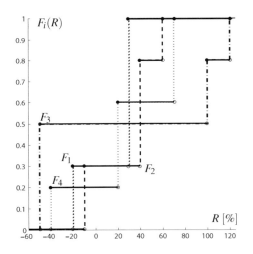

Abb. 8.7. *Verteilungsfunktionen der Investitionsrückflüsse.*

_____

[11] Dies ist nicht auf den ersten Blick ersichtlich. Man kann die Notwendigkeit aber mit Hilfe der Darstellungen im Anhang 8D für den Fall kontinuierlicher Wahrscheinlichkeitsverteilungen leicht überprüfen.

Vorauswahl mit der FSD-Regel

Für einen Investor, über dessen Risikopräferenz (außer der Gier) nichts bekannt ist, kann nur auf Basis der FSD-Regel entschieden werden. Da die Verteilungsfunktion F_2 nicht über der von F_1 liegt, also $F_2(z) \leq F_1(z)$ für alle Rückflüsse z und zudem $F_2(-20) < F_1(-20)$ gilt, wird Investition I_1 von I_2 gemäß der FSD-Regel dominiert. Zwischen Investitionen I_2, I_3 und I_4 kann mit Hilfe der FSD-Regel keine Dominanz festgestellt werden, da die Verteilungsfunktionen sich kreuzen. Welche der Investition I_2, I_3 oder I_4 letztendlich von einem gierigen Investor vorgezogen wird, hängt von den weiteren Eigenschaften seiner Risikonutzenfunktion ab. Für risikofreudige Investoren kann wegen $u' > 0$ und $u'' > 0$ nur die FSD-Regel angewandt werden und somit Investition I_1 ausgeschlossen werden.

Vorauswahl mit der SSD-Regel

Für einen risikoaversen Investor kann wegen $u' > 0$ und $u'' < 0$ neben der FSD-Regel auch die SSD-Regel angewandt werden. Investition I_1 wird bereits gemäß FSD-Regel dominiert und nur die Investition I_2, I_3 und I_4 sind genauer zu untersuchen. Für eine Anwendung der SSD-Regel veranschaulicht Abbildung 8.8 die Flächen zwischen F_3 und F_2 sowie zwischen F_4 und F_2.

Abb. 8.8. *Anwendung der SSD-Regel.*

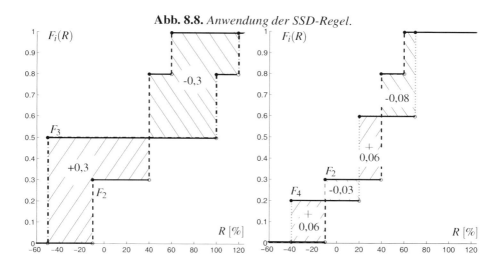

Zur Anwendung der SSD-Regel überprüft man, ob $z \mapsto \int_{-\infty}^{z} F_i(t) - F_2(t)\,\mathrm{d}t$, $i = 3,4$, an den Schnittstellen z_2 der Verteilungsfunktionen das Vorzeichen wechselt:

z_1	-50	40
z_2	40	120
$\int_{z_1}^{z_2} F_3(t) - F_2(t)\,\mathrm{d}t$	$0{,}3$	$-0{,}3$
$\int_{-\infty}^{z_2} F_3(t) - F_2(t)\,\mathrm{d}t$	$0{,}3$	0

z_1	-40	-10	20	40
z_2	-10	20	40	70
$\int_{z_1}^{z_2} F_4(t) - F_2(t)\,\mathrm{d}t$	$0{,}06$	$-0{,}03$	$0{,}06$	$-0{,}08$
$\int_{-\infty}^{z_2} F_4(t) - F_2(t)\,\mathrm{d}t$	$0{,}06$	$0{,}03$	$0{,}09$	$0{,}01$

Da $\int_{-\infty}^{z} F_i(t) - F_2(t)\mathrm{d}t \geq 0$ und somit $\int_{-\infty}^{z} F_i(t)\mathrm{d}t \geq \int_{-\infty}^{z} F_2(t)\mathrm{d}t$ für alle z und $i = 3,4$ gilt und für einige z sogar eine strikte Ungleichung erfüllt ist, dominiert Investition I_2 die Investitionen I_3 und I_4 gemäß SSD-Regel. Würde die Investition I_3 in einem Umweltzustand allerdings einen einzigen Euro zusätzlich auszahlen, so könnte mit der SSD-Regel bereits keine Dominanz zwischen I_2 und I_3 festgestellt werden. Wegen $\int_{-\infty}^{20} F_3(t) - F_4(t)\mathrm{d}t = 0{,}23 > 0$ und $\int_{-\infty}^{120} F_3(t) - F_4(t)\mathrm{d}t = -0{,}01 < 0$ lässt sich nach der SSD-Regel keine Dominanz zwischen I_3 und I_4 feststellen.

8.4 Erwartungswert-Varianz-Regel

Zur weiteren Vereinfachung der Alternativenauswahl wird in Theorie und Praxis anstelle der Stochastischen Dominanz-Regeln insbesondere die bereits in Kapitel 5 beschriebene und angewandte *Erwartungswert-Varianz-Regel* (EV-Regel) benutzt. Im Unterschied zu den Stochastischen Dominanz-Regeln ist also die vollständige Kenntnis der Verteilung des zufälligen Rückflusses nicht notwendig.

Regel 8.6 (Die Erwartungswert-Varianz-Regel). *Die Alternative a_i dominiert die Alternative a_k genau dann, wenn der Rückfluss der Alternative a_i gegenüber dem der Alternative a_k einen größeren oder gleichen Erwartungswert und eine kleinere Varianz besitzt, oder bei einem größeren Erwartungswert eine kleinere oder gleiche Varianz besitzt:*

$$E[Z_i] \geq E[Z_k] \quad und \quad Var(Z_i) < Var(Z_k)$$

$$oder$$

$$E[Z_i] > E[Z_k] \quad und \quad Var(Z_i) \leq Var(Z_k)\,.$$

Bei mehreren Investitionsalternativen erhält man in der Regel mehrere Alternativen, die bezüglich der EV-Regel von anderen Alternativen nicht dominiert werden, also effizient sind. Eine Rangfolge unter diesen effizienten Investitionsalternativen kann nur auf der Basis zusätzlicher Informationen über die Risikoeinstellung des Investors und/oder über die Verteilung der Rückflüsse getroffen werden. Zudem führen Entscheidungen auf der Basis der EV-Regel nicht notwendigerweise zu Entscheidungen, die mit der Bernoulli-Regel kompatibel sind. Es gibt allerdings hinreichende Bedingungen für die wünschenswerte Kompatibilität der EV-Regel mit der Bernoulli-Regel.

Eigenschaft 8.4 (Konsistenz mit der Bernoulli-Regel). *Eine Alternative a_i dominiere die Alternative a_k gemäß der EV-Regel 8.6. Dann dominiert a_i die Alternative a_k auch gemäß der Bernoulli-Regel, falls der Entscheider (1) eine quadratische Risikonutzenfunktion besitzt, oder (2) wenn die von einem risikoaversen Entscheider zu beurteilenden Alternativen normalverteilte Rückflüsse aufweisen.*

Beispiel 8.5 (Erwartungswert-Varianz-Regel). _____

Im Folgenden werden die vier Investitionsalternativen aus Beispiel 8.4 betrachtet. Die Investitionsalternativen weisen folgende Erwartungswerte und Standardabweichungen der Renditen in % auf:

Investition	I_1	I_2	I_3	I_4
Erwartungswert	15	29	29	28
Standardabweichung	22,91	26,63	79,30	40,69

Nach der EV-Regel lässt sich nur eine Dominanz der Investition I_2 über die Investitionen I_3 und I_4 feststellen. Dieses Ergebnis ist mit denen in Beispiel 8.4 insofern konsistent, als dass auch dort die Investitionen I_3 und I_4 von I_2 dominiert werden. Allerdings kann die Menge der effizienten Investitionen mit den stochastischen Dominanzregeln stärker eingeschränkt werden, da die Investition I_2 zusätzlich die Investition I_1 gemäß FSD-Regel dominiert.

Quadratische Risikonutzenfunktion des Investors

Die Konsistenz der EV-Regel mit der Bernoulli-Regel im Fall einer quadratischen Risikonutzenfunktion ist leicht einzusehen. Dazu betrachte man die wie folgt definierte Risikonutzenfunktion

$$u(z) = a + bz + cz^2 \quad \text{mit} \quad b > 0 \quad \text{und} \quad c < 0 \,,$$

wobei die Parameter b und c (falls möglich) so zu wählen sind, dass $u'(z) = b + 2cz > 0$ für alle möglichen Realisationen z der Zufallsvariablen Z gilt! Durch Anwendung der Erwartungswertoperation erhält man als Erwartungsnutzen von Z: $E[u(Z)] = a + bE[Z] + cE[Z^2]$. Unter Zuhilfenahme der Varianzdefinition $\text{Var}(Z) \equiv E(Z - E[Z])^2 = E[Z^2] - (E[Z])^2$ kann diese Beziehung umgeschrieben werden zu

$$E[u(Z)] = a + bE[Z] + c(E[Z])^2 + c\text{Var}(Z) \,.$$

Die Erwartungsnutzenfunktion der quadratischen Nutzenfunktion kann also als Funktion des erwarteten Rückflusses des Portefeuilles $E[Z]$ und der Varianz $\text{Var}(Z)$ des Rückflusses des Portefeuilles aufgeschrieben werden. Damit können die folgenden beiden Schlussfolgerungen getroffen werden:

- Der Investor stellt sich schlechter (sein Erwartungsnutzen sinkt), wenn die Varianz zunimmt und die erwarteten Rückflüsse unverändert bleiben, wegen

$$\frac{\partial E[u(Z)]}{\partial \text{Var}(Z)} = c < 0 \,.$$

- Der Investor stellt sich besser (sein Erwartungsnutzen steigt), wenn der Erwartungswert bei konstanter Varianz zunimmt, wegen

$$\frac{\partial \mathrm{E}[u(Z)]}{\partial \mathrm{E}[Z]} = b + 2c\mathrm{E}[Z] > 0 \,.$$

Dies folgt aus der getroffenen Annahme $u'(z) = b + 2cz > 0$ für alle Realisationen z von Z.

Die obigen Überlegungen beweisen Eigenschaft 8.4 für den Fall, dass der Entscheider eine quadratische Risikonutzenfunktion besitzt. Die EV-Regel liefert im allgemeinen auch für Investoren mit einer Reihe anderer konkaver Nutzenfunktionen (z. B. logarithmische Nutzenfunktion) eine gute Entscheidungsgrundlage, jedoch nur für den Fall nicht zu stark streuender Rückflüsse der betrachteten Investitionsalternativen.

Normalverteilte Rückflüsse bei risikoaversen Investoren

Ein wenig aufwendiger ist der Nachweis der Konsistenz der EV-Regel mit der Bernoulli-Regel, wenn ein *risikoaverser* Investor zwischen Investitionsalternativen mit *normalverteilten* Rückflüssen entscheiden kann. Allerdings genügt es, die Äquivalenz der EV-Regel mit den Stochastischen Dominanz-Regeln aufzuzeigen, da für diese die Konsistenz mit der Bernoulli-Regel in Anhang 8D bewiesen wird. Für die folgende Beweisskizze (ein ausführlicher Beweis findet sich in Anhang 8D) werden drei Szenarien für die beiden Verteilungsparameter zweier Investitionsalternativen a_A und a_B betrachtet. $F_i(\cdot)$ bzw. $f_i(\cdot)$ ($i = A, B$) bezeichne wiederum die Verteilungsfunktion bzw. Dichtefunktion der Zufallsvariablen Z_i.

1. Fall: $\sigma_A = \sigma_B$ und $\mu_A > \mu_B$
   Nach der EV-Regel dominiert die Alternative a_A die Alternative a_B. Wendet man nun die Stochastischen Dominanz-Regeln an, so erkennt man aus Abbildung 8.9, dass die Investitionsalternative a_A die Alternative a_B nach der FSD-Regel und somit auch nach der SSD-Regel dominiert.
2. Fall: $\sigma_A > \sigma_B$ und $\mu_A > \mu_B$
   Nach der EV-Regel liegt *keine* Dominanz vor. Wie aus dem Vergleich der beiden Verteilungsfunktionen in Abbildung 8.10 ersichtlich, ist auch nach der SSD-Regel keine Dominanz gegeben. Somit führen in diesem Fall die EV-Regel und die SSD-Regel zu der gleichen Entscheidung.
3. Fall: $\sigma_A < \sigma_B$, $\mu_A \geq \mu_B$
   Entsprechend der EV-Regel dominiert die Alternative a_A die Alternative a_B. Diese Dominanz liegt auch bei Anwendung der SSD-Regel vor, wie aus Abbildung 8.11 ersichtlich wird. Somit führen auch in diesem Fall die EV-Regel und die SSD-Regel zu der gleichen Entscheidung.

Dichtefunktionen

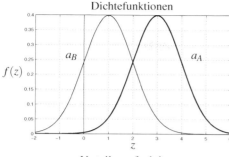

Verteilungsfunktionen

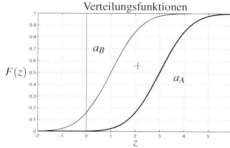

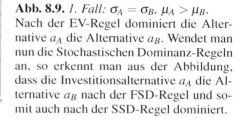

Abb. 8.9. *1. Fall:* $\sigma_A = \sigma_B$, $\mu_A > \mu_B$.
Nach der EV-Regel dominiert die Alternative a_A die Alternative a_B. Wendet man nun die Stochastischen Dominanz-Regeln an, so erkennt man aus der Abbildung, dass die Investitionsalternative a_A die Alternative a_B nach der FSD-Regel und somit auch nach der SSD-Regel dominiert.

Dichtefunktionen

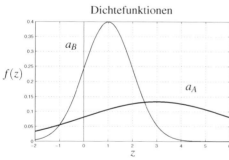

Verteilungsfunktionen

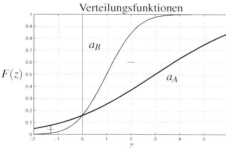

Abb. 8.10. *2. Fall:* $\sigma_A > \sigma_B$, $\mu_A > \mu_B$.
Nach der EV-Regel liegt *keine* Dominanz vor. Auch gemäß der SSD-Regel liegt keine Dominanz vor. Die Alternative a_A kann die Alternative a_B nicht dominieren, da

$$\int_{-\infty}^{0} (F_B(z) - F_A(z)) \, \mathrm{d}z < 0$$

gilt. Andererseits kann die Alternative a_B die Alternative a_A nicht dominieren, da

$$\int_{-\infty}^{+\infty} (F_A(z) - F_B(z)) \, \mathrm{d}z < 0 \, ,$$

gilt, d. h. die mit einem „–"-Zeichen gekennzeichnete Fläche zwischen den beiden Verteilungsfunktionen ist größer als die mit einem „+"-Zeichen gekennzeichnete Fläche.

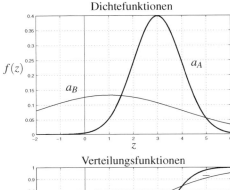

Abb. 8.11. *3. Fall:* $\sigma_A < \sigma_B$, $\mu_A \geq \mu_B$. Entsprechend der EV-Regel dominiert die Alternative a_A die Alternative a_B. Diese Dominanz liegt auch bei Anwendung der SSD-Regel vor, da für beliebiges z gilt:

$$\int_{-\infty}^{z} (F_B(z) - F_A(z))\, \mathrm{d}z > 0 \ .$$

Dies ist hier für $z < 4$ leicht einzusehen, weil $F_A(z) < F_B(z)$ gilt. Da die mit einem „+"-Zeichen gekennzeichnete Fläche zwischen den beiden Verteilungskurven größer als die mit einem „−"-Zeichen gekennzeichnete ist, gilt die obige Ungleichung auch für $z \geq 4$.

8.5 Die EV-Regel im engeren Sinn (EVieS-Regel)

Bei der EV-Regel im engeren Sinn wird aus Erwartungswert und Varianz ein dimensionsloser Präferenzwert $\Phi(a_i)$ errechnet:[12]

$$\Phi(a_i) \equiv \Phi(\mu_i, \sigma_i) \equiv \mathrm{E}[Z_i] - \frac{\alpha}{2} \cdot \mathrm{Var}(Z_i) \ . \tag{8.3}$$

Der Koeffizient α spiegelt hierbei die individuelle Risikoaversion des Investors wider. Nimmt α den Wert Null an, handelt es sich um einen risikoneutralen Investor. Je größer α ist, desto risikoaverser ist der Investor. Entsprechend dieser Regel wird also eine Rangfolge der Investitionsalternativen aufgestellt. Der Investor wählt die Investitionsalternative mit dem höchsten Präferenzwert. Die EV-Regel im engeren Sinn führt zu konsistenten Entscheidungen mit der Bernoulli-Regel, wenn der Entscheider eine *exponentielle* Risikonutzenfunktion besitzt (d. h. $u(z) = -\exp(-\alpha z)$ für $\alpha > 0$ bzw. $u(z) = z$ für $\alpha = 0$)[13], und die Rückflüsse der Investitionsalternativen *normalverteilt* sind.

---

[12] Der Einfachheit halber wird wiederum für zwei Funktionen mit zwei verschiedenen Definitionsbereichen dasselbe Symbol Φ benutzt.

[13] Die exponentielle Risikonutzenfunktion wird in der Literatur auch durch $u(z) = -\exp(-\alpha z)/\alpha$ definiert. Für $\alpha \to 0$ konvergiert die exponentielle Risikonutzenfunktion dann gegen die lineare Nutzenfunktion $u(z) = z$.

Eigenschaft 8.5 (Konsistenz mit der Bernoulli-Regel). *Im Falle einer Risikonutzenfunktion mit konstanter absoluter Risikoaversion (CARA) und bei Handlungsalternativen mit normalverteilten Rückflüssen ist die Maximierung der Erwartungsnutzens konsistent mit der Maximierung des Präferenzwertes (8.3).*

Im Anhang 8D findet sich der Beweis für diese Aussage. Für die in Eigenschaft 8.5 genannte Annahmenkombination bezüglich Rückflussverteilung und Risikoeinstellung gilt wegen $u(z) = -\exp(-\alpha z)$ auch $u^{-1}(z) = -1/\alpha \cdot \ln(-z)$ und damit[14]

$$
\begin{aligned}
S(a_k) &= u^{-1}(\mathrm{E}[u(w + Z_k)]) - w = -\frac{1}{\alpha}\ln\left(-\mathrm{E}[-\exp\{-\alpha(Z_k + w)\}]\right) - w \\
&= -\frac{1}{\alpha}\ln\left(\mathrm{E}[\exp\{-\alpha(Z_k)\}]\right) - \frac{1}{\alpha}\ln\left(\exp\{-\alpha w\}\right) - w \\
&= -\frac{1}{\alpha}\ln\left(\exp\left\{-\alpha\left(\mathrm{E}[Z_k] - \frac{\alpha}{2}\mathrm{Var}(Z_k)\right)\right\}\right) = \mathrm{E}[Z_k] - \frac{\alpha}{2}\mathrm{Var}(Z_k)\ .
\end{aligned}
$$

Es gilt also

Eigenschaft 8.6 (Sicherheitsäquivalent). *Im Falle einer Risikonutzenfunktion mit konstanter absoluter Risikoaversion (CARA) und bei Handlungsalternativen mit normalverteilten Rückflüssen entspricht der gemäß (8.3) definierte Präferenzwert $\Phi(a_k)$ dem Sicherheitsäquivalent $S(a_k)$:*

$$
S(a_k) = E[Z_k] - \frac{\alpha}{2}\mathit{Var}(Z_k)\ .
$$

Eine Anwendung: Absicherung mit Futures

Wie man Preisrisiken auf Basis der EVieS-Regel optimal steuern kann, soll im Folgenden dargestellt werden. Die Grundidee der Absicherung mit Futures ist einfach. Neben die offene Position aus einem abgeschlossenen Grundgeschäft wird eine entgegengesetzte offene Position aus einem Engagement am Futures-Markt gestellt. Die Position an der Terminbörse wird glattgestellt, wenn die Risikoposition aus dem Geschäft am Kassamarkt geschlossen ist. Geschieht die Substitution durch einen Kauf und späteren Verkauf von Terminkontrakten, so spricht man von einem *Long Hedge*. Tätigt der Hedger ein Verkaufsengagement mit späterem Rückkauf, um sich gegen das Risiko fallender Kurse abzusichern, so handelt es sich um einen *Short Hedge*. Beim Aufbau einer Hedgeposition sind folgende Schritte empfehlenswert:

- Bestimmung der Nettopositionen, die einem Kursrisiko unterliegen, nach Art, Höhe und Dauer.
- Bestimmung der Art des Kursrisikos. Bei der Absicherung gegenüber von z. B. Währungsrisiken liegt die Verwendung von Devisen-Futures nahe.

---

[14] Hierbei benutzen wir für eine normalverteile Zufallsvariable Z den Zusammenhang $\mathrm{E}[\exp(Z)] = \exp\{\mathrm{E}(Z) + 0{,}5 \cdot \mathrm{Var}(Z)\}$.

- Bestimmung der eigenen Risikoneigung. Das bedeutet, der potentielle Hedger muss bestimmen, welches Risiko für ihn akzeptabel ist.
- Prüfung der Alternativen, die zum Hedging mit Terminkontrakten bestehen.
- Bestimmung des Kontrakttyps. Hierbei ist zunächst einmal die Liquidität des Kontraktes zu berücksichtigen. Sollte der Hedger genötigt sein, auf verwandte Kontrakte auszuweichen, da der passende Hedge nicht existiert, muss er darauf achten, dass er ein hoch korreliertes Instrument wählt.
- Wahl des geeigneten Fälligkeitstermins eines Kontrakts unter Beachtung der Konvergenzbewegung der Basis.[15]
- Bestimmung der zur Absicherung benötigten Anzahl der Kontrakte.

Eine völlige Eliminierung des Risikos durch ein Hedgegeschäft mit Futures ist nicht zu erwarten. Nur dann, wenn sich die Basis über die Dauer des Absicherungsgeschäfts nicht unerwartet verändert, wäre eine vollkommene Kompensation des Risikos möglich. In diesem Fall würden eventuelle Verluste oder Gewinne aus der Kassaposition durch gleich hohe Verluste oder Gewinne aus dem Geschäft am Futures-Markt völlig gedeckt. Da sich die Preise auf den beiden Märkten aber nicht völlig parallel entwickeln und damit die Basis sich im Zeitverlauf unerwartet zufällig ändert, spricht man vom *Basisrisiko*. Letzteres ist jedoch deutlich kleiner als das Erlösrisiko aus dem Grundgeschäft.

Eine *naive Absicherungsstrategie* ist dadurch charakterisiert, dass das Absicherungsvolumen genau dem Volumen des Grundgeschäfts entspricht. Das aus einer naiven Absicherungsstrategie resultierende Absicherungsvolumen ist jedoch nicht notwendigerweise optimal im Sinne der EVieS-Regel. Letztere soll nun zur Bestimmung des optimalen *Absicherungsvolumens* bei gegebenem Preisänderungsrisiko herangezogen werden. Im Folgenden kennzeichnen T bzw. T^* den Erfüllungszeitpunkt des Grundgeschäfts bzw. des Futures mit $T < T^*$, S_t bzw. $F_t(T^*)$ den Kassapreis bzw. Futures-Preis für das Basisinstrument im Zeitpunkt t, q das Absatzvolumen und h das Absicherungsvolumen.[16] Mit $BS_t(T^*) \equiv F_t(T^*) - S_t$ wird die Basis, mit W_T das Endvermögen im Zeitpunkt T und mit α der Risikoaversionsparameter bezeichnet.

Beispiel 8.6 (Basisrisiko bei Währungs-Futures). _____
Ein deutsches Exportunternehmen räume einem US-amerikanischen Kunden bezüglich einer Forderung aus einer Warenlieferung in Höhe von $q = 500\,000$ USD ein Zahlungsziel von sechs Monaten ein, d. h. $T = 1/2$ für $t = 0$. Zudem nehmen wir an, es gäbe in Euro denominierte USD-Futures.

- Ohne Absicherung ist der EUR-Erlös W_T unsicher und vom unbekannten zukünftigen Kassapreis S_T abhängig:

---

[15] Siehe dazu Abschnitt 9.1.

[16] Die Terminnettoposition im Basisinstrument per Erfüllungszeitpunkt T im Zeitpunkt t lautet dann $h_t(T) \equiv q - h$ für $t \leq T$.

$$W_T = qS_T = 500\,000 \cdot S_T \, .$$

- Bei herkömmlicher Absicherung am Devisenmarkt (Terminverkauf von q USD zum Preis von $F_0(T) = 0{,}9200$) ist der EUR-Erlös W_T sicher:

$$W_T = qF_0(T) = 500\,000 \cdot 0{,}9200 \, .$$

- Bei Absicherung mittels USD-Futures (Terminverkauf von h USD zum Preis von $F_0(T^*) = 0{,}9000$) reduziert sich das ursprüngliche Erlösrisiko auf das Basisrisiko:

$$W_T = qS_T + h(F_0(T^*) - F_T(T^*)) = (q - h)S_T + h(0{,}9000 - BS_T(T^*)) \, ,$$

wobei $BS_T(T^*) \equiv F_T(T^*) - S_T$ die Basis im Zeitpunkt T darstellt. Zudem ist zu bedenken, dass das standardisierte Kontraktvolumen (oder ein Vielfaches desselben) nicht mit dem abzusichernden Volumen des Grundgeschäfts übereinstimmt.

Optimales Absicherungsvolumen

Auf Basis der EVieS-Regel lautet die Optimierungsaufgabe zur Bestimmung des optimalen Absicherungsvolumens folgendermaßen:

$$\max_h \Phi\left(E(W_T(h)), \mathrm{Var}(W_T(h))\right) = \max_h \left(E(W_T(h)) - \frac{\alpha}{2}\,\mathrm{Var}(W_T(h)) \right) \, ,$$

wobei $\sigma_S = \mathrm{Var}(S_T)$, $\sigma_F = \mathrm{Var}(F_T(T^*))$ und

$$E(W_T(h)) = qE(S_T) + h(F_0(T^*) - E(F_T(T^*))) \, ,$$
$$\mathrm{Var}(W_T(h)) = q^2\sigma_S^2 + h^2\sigma_F^2 - 2qh\mathrm{Cov}(S_T, F_T(T^*)) \, ,$$
$$\mathrm{Cov}(S_T, F_T(T^*)) \equiv \rho_{S.F} \cdot \sigma_S \cdot \sigma_F \, .$$

Das Absicherungsvolumen h ist also derart zu bestimmen, dass der entsprechende Präferenzwert Φ maximal wird. Aus der Optimalitätsbedingung 1. Ordnung gewinnt man dann das optimale Absicherungsvolumen:

Eigenschaft 8.7. *Das optimale Absicherungsvolumen für ein Grundgeschäft mit dem Volumen q lautet folgendermaßen:*

$$h^* = q\frac{\sigma_S}{\sigma_F}\rho_{S.F} - \frac{E(F_T(T^*)) - F_0(T^*)}{\alpha \cdot \sigma_F^2} \, . \tag{8.4}$$

Falls für den Risikoaversionsparameter $\alpha = \infty$ gilt oder der vom Entscheider erwartete zukünftige Futures-Preis dem aktuellen entspricht, $E(F_T) = F_0$, dann resultiert aus Beziehung (8.4) der Spezialfall

$$h^* = q\frac{\sigma_S}{\sigma_F}\rho_{S.F} \, .$$

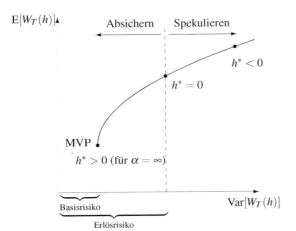

Abb. 8.12. *Basisrisiko versus Erlösrisiko.*
Ein positives Absicherungs-volumen ($h^* > 0$) reduziert das Erlösrisiko. Letzteres kann aber bestenfalls auf das Basisrisiko reduziert werden. Da das Risiko hier mit der Varianz gemessen wird, liegen effiziente Positionen auf einem *Parabel*stück.

Eigenschaft 8.8. *Das risikominimale Verhältnis von Absicherungsvolumen zum Volumen des Grundgeschäftes, die sogenannte Hedge Ratio, lautet in diesem Spezialfall folgendermaßen:*

$$HR \equiv \frac{h^*}{q} = \frac{\sigma_S}{\sigma_F}\rho_{S.F} = \frac{Cov(S_T, F_T(T^*))}{Var(F_T(T^*))}.$$

Die Hedge Ratio *HR* lässt sich mit Hilfe des linearen Regressionsmodells

$$S_{T.j} = a + bF_T(T^*)_j + \varepsilon_j \quad \text{für} \quad j = 1, \dots, n \tag{8.5}$$

schätzen.[17] Bezeichnet $\widehat{b}$ den Kleinste-Quadrate-Schätzer von *HR*, dann gilt für das optimale Absicherungsvolumen: $\widehat{h^*} = q\widehat{b}$. Für das verbleibende Basisrisiko gilt bei beliebiger Absicherung:

$$\text{Var}(W_T(h)) = \text{Var}(qS_T + h(F_0(T^*) - F_T(T^*))) .$$

Bei optimaler Absicherung gilt dann wegen $S_T = \widehat{a} + \widehat{b}F_T(T^*) + e$, wobei *e* das Modellresiduum bezeichnet:

$$\text{Var}(W_T(\widehat{h^*})) = \text{Var}(q(\widehat{a} + \widehat{b}F_T(T^*) + e) + \widehat{b}q(F_0(T^*) - F_T(T^*)))$$
$$= \text{Var}(\widehat{a} + qe + \widehat{b}qF_0(T^*)) = q^2\text{Var}(e) .$$

---

[17] Alternativ dazu kann man in (8.5) $S_{T.j}$ bzw. $F_T(T^*)_j$ durch prozentuale Preisänderungen ersetzen:

$$\frac{\Delta S_{T.j}}{S_{T.j}} = a + b\frac{\Delta F_T(T^*)_j}{F_T(T^*)_j} + \varepsilon_j .$$

Beispiel 8.7 (Hedge Ratio bei Varianzminimierung). _____
Die Norddeutsche Affinerie AG als eine der größten integrierten Kupferproduzenten Europas will ihre in $t = T$ fällig werdenden Umsatzerlöse durch Messing-Futures absichern. Die geplanten Umsätze belaufen sich auf 10 Tonnen Kupfer. Messing-Futures werden in Kontraktgrößen von 100 Kilogramm gehandelt. Die Volatilität des Kupfer-Kassakurses bzw. des Messing-Futures-Kurses sei $\mathrm{Var}(S_T) = 0{,}04$ bzw. $\mathrm{Var}(F_T(T^*)) = 0{,}09$ und der Korrelationskoeffizient zwischen Kassa- und Futures-Kurs sei $\rho_{S,F} = 0{,}9$. Berechnen Sie die Hedge Ratio (Absicherungskennzahl) unter der Annahme, dass die Norddeutsche Affinerie Varianzminimierung zum Ziel hat. Wie viele Futures-Kontrakte muss die Norddeutsche Affinerie kaufen? Wird zusätzlich zur zukünftigen Kassaposition eine Futures-Position eingegangen, so ergibt sich die Gesamtvarianz wie folgt:

$$\mathrm{Var}(S_T - HR \cdot F_T(T^*)) = \mathrm{Var}(S_T) + HR^2 \cdot \mathrm{Var}(F_T(T^*)) - 2HR \cdot \mathrm{Cov}(S_T, F_T(T^*)) \,.$$

Die varianzminimierende Hedge Ratio *HR* ergibt sich durch Differenzieren der Gesamtvarianz nach *HR*:

$$\frac{\mathrm{d}\mathrm{Var}}{\mathrm{d}HR} = 2HR\,\mathrm{Var}(F_T(T^*)) - 2\,\mathrm{Cov}(S_T, F_T(T^*)) \overset{!}{=} 0$$

$$\implies \quad HR = \frac{\mathrm{Cov}(S_T, F_T(T^*))}{\mathrm{Var}(F_T(T^*))} = \frac{\rho_{S,F}\,\sigma_S\,\sigma_F}{\sigma_F^2} = 0{,}6 \,.$$

Zur Bestimmung der Anzahl der Futures-Kontrakte muss noch die Kontraktgröße berücksichtigt werden:

$$\text{Anzahl Futures-Kontrakte} = \frac{\text{Umsatzerlöse}}{\text{Kontraktgröße}} \cdot HR = 100 \cdot 0{,}6 = 60 \,.$$

Es müssen also 60 Futures-Kontrakte *verkauft* werden.

8.6 Safety First-Regel

Die Theorie der optimalen Portefeuilleauswahl bestätigt die Erfahrung, dass Mischungen risikobehafteter Vermögensformen gegenüber der Vermögensanlage in einer einzelnen Vermögensform Vorteile besitzen. Diese Vorteile resultieren aus der unvollkommenen Korrelation der Kursbewegungen verschiedener Titel. Manche Schwankungen gleichen sich aus. Ein Teil des Risikos ist diversifizierbar. Der Diversifikationseffekt kann umso stärker wirken, je größer die Anzahl der ins Portefeuille aufgenommenen Wertpapiere ist. Vollständig diversifizierte Portefeuilles lassen bei gegebenem Risiko die höchste Rendite erwarten: Sie sind effizient bezüglich des Erwartungswert-Varianz-Kriteriums bzw. kürzer: risiko-effizient. Welches Portefeuille der Anleger aus der Menge der effizienten Portefeuilles schließlich wählt, richtet sich nach seiner Risikoaversion.
Im Folgenden wird mit der *Safety First-Regel* ein spezielles Kriterium zur Portefeuilleauswahl behandelt, das häufig als eigenständiger Ansatz angesehen wird.

Kritik richtet sich insbesondere an dem beim (μ, σ)-Kriterium verwendeten Risikobegriff: Die Volatilität misst gleichermaßen Risiken wie Chancen im Sinne unter- bzw. überdurchschnittlicher Renditen. Diese Symmetrie kommt der Risikowahrnehmung von Anlegern häufig nicht nahe. Stattdessen soll im Folgenden das Augenmerk auf Renditen gelegt werden, die Zielvorgaben unterschreiten. Daher wird als Risiko die Wahrscheinlichkeit betrachtet, mit der die Portefeuillerendite eine festgelegte Zielrendite unterschreitet. Für die Zielrendite findet man auch die Bezeichnungen *Target* oder *Threshold Return*. Die Wahrscheinlichkeit der Unterschreitung wird als *Ausfallwahrscheinlichkeit* oder *Ausfallrisiko (Downside Risk)* bezeichnet. Für die Ausfallwahrscheinlichkeit wird dann ein Höchstwert vorgegeben, oder die Portefeuille-Selektion soll so erfolgen, dass die Ausfallwahrscheinlichkeit zu einem vorgegebenen Target minimiert wird. Man spricht dann vom *Safety First-Ansatz.*

Ausfallrisiko

Betrachtet wird ein Portefeuille, das nur aus zwei risikobehafteten Wertpapieren oder (Teil-) Portefeuilles besteht. Für diese Vereinfachung spricht die Two-Fund-Separation, wonach die Effizienzkurve durch Mischungen lediglich zweier effizienter Portefeuilles beschrieben werden kann. Zur Anschauung können zwei Wertpapierklassen dienen, so dass Anlageentscheidungen am Finanzmarkt beispielsweise nur nach den Kategorien „Aktien" und „Anleihen" getroffen werden. Stimmt dann der Anlagehorizont nicht mit der Duration der festverzinslichen Effekten überein, so sind diese Wertpapiere einem Zinsänderungsrisiko ausgesetzt. Es existiere keine risikolose Finanzanlage für den betrachteten Zeitraum. Außerdem beschränke sich die Analyse auf eine Anlageperiode (z. B. ein Jahr). Die Wertpapiere A und B seien durch ihre zufälligen Renditen R_A und R_B gekennzeichnet, wobei alle betrachteten Portefeuillerenditen normalverteilt sein sollen. Die Wertpapiere werden wertmäßig mit den Anteilen x bzw. $(1-x)$ kombiniert, so dass für die Portefeuillerendite gilt:

$$R_P = x \cdot R_A + (1-x) \cdot R_B \quad \text{mit} \quad R_P \sim \mathcal{N}(\mu_P, \sigma_P).$$

Ein Investor, der die Wahrscheinlichkeit, eine Zielrendite τ zu übertreffen, in den Vordergrund seiner Investitionsentscheidungen stellt, lässt das Ausmaß einer möglichen Über- oder Unterschreitung dieses Wertes außer Acht. Seine Präferenzen sind dadurch gekennzeichnet, dass ihm ein Ausfall im Sinne einer negativen Abweichung vom Zielwert keinen Nutzen stiftet. Gleichzeitig stuft er jede aus seiner Sicht positive Realisation gleich günstig ein. Diese Struktur in der individuellen Bewertung wird durch folgende *binäre Risikonutzenfunktion* repräsentiert:[18]

$$u(R_P) = \begin{cases} 1 & \text{für} \quad R_P \geq \tau, \\ 0 & \text{für} \quad R_P < \tau. \end{cases} \tag{8.6}$$

---

[18] Auf diesen Zusammenhang hat bereits Schneeweiß (1967, S. 155) hingewiesen.

Handelt es sich bei dem Investor um einen (Kapital-)Lebensversicherer, dann bietet es sich an, als Zielrendite den Garantiezinssatz (derzeit 2,75 %) zu verwenden. Bei binären Risikonutzenfunktionen kann der Anleger den folgenden Nutzen erwarten:

$$\mathrm{E}\big(u(R_P)\big) = \int_{-\infty}^{\infty} u(r) f_{R_P}(r)\, \mathrm{d}r = \int_{\tau}^{\infty} 1\, f_{R_P}(r)\, \mathrm{d}r = 1 - P_{\tau}\,,$$

wobei f_{R_P} die Dichtefunktion der Zufallsvariablen R_P und $P_{\tau} \equiv P(R_P < \tau)$ die Ausfallwahrscheinlichkeit für die Zielrendite τ bezeichnet. Für normalverteilte Portefeuillerenditen gilt dann

$$P_{\tau} = \frac{1}{\sqrt{2\pi} \cdot \sigma_P} \cdot \int_{-\infty}^{\tau} \exp\left\{ -\frac{(r - \mu_P)^2}{2\sigma_P^2} \right\} \mathrm{d}r\,.$$

Mit den Substitutionen $y = (r - \mu)/\sigma$ und $\mathrm{d}r = \sigma\, \mathrm{d}y$ erhält man dann die folgende Darstellung für die Ausfallwahrscheinlichkeit:

$$P_{\tau} = \frac{1}{\sqrt{2\pi}} \cdot \int_{-\infty}^{\frac{\tau - \mu_P}{\sigma_P}} \exp\left\{ -\frac{y^2}{2} \right\} \mathrm{d}y = N\left(\frac{\tau - \mu_P}{\sigma_P} \right) = 1 - N\left(\frac{\mu_P - \tau}{\sigma_P} \right)\,, \quad (8.7)$$

wobei $N(\cdot)$ die Verteilungsfunktion einer standardnormalverteilten Zufallsvariablen bezeichnet. Die Maximierung des Erwartungsnutzens entspricht also bei normalverteilten Renditen gerade der Maximierung der Prämie

$$\Pi_P \equiv \frac{\mu_P - \tau}{\sigma_P}\,. \qquad\qquad (8.8)$$

Damit gilt also die folgende

Eigenschaft 8.9 (Minimierung der Ausfallwahrscheinlichkeit). *Die Minimierung der Ausfallwahrscheinlichkeit $P_{\tau} \equiv P(R_P < \tau)$ entspricht der Maximierung des Erwartungsnutzens der Portefeuillerendite R_P auf der Basis der binären Risikonutzenfunktion (8.6). Ist R_P zudem normalverteilt, so entspricht die Maximierung des Erwartungsnutzen der Maximierung der Prämie $\Pi_P = (\mu_P - \tau)/\sigma_P$.*

Indifferenzlinien lassen sich mit Hilfe der Prämien ableiten: Wählt man nun eine bestimmte Ausfallwahrscheinlichkeit P_{τ} und damit ein bestimmtes Prämienniveau $\overline{\Pi}_P$, so führt die Umformung von (8.8) auf die Halbgerade

$$\mu_P = \tau + \overline{\Pi}_P \cdot \sigma_P\,.$$

Diese beschreibt alle (μ_P, σ_P)-Kombinationen mit gleicher Ausfallwahrscheinlichkeit. Diese Indifferenzkurve wird daher auch *Ausfallgerade* genannt. Variiert man nun die Prämie $\overline{\Pi}_P$, erhält man eine Schar von Ausfallgeraden (Abbildung

8.13). Der Erwartungsnutzen ist dabei umso höher, je größer die Steigung der Ausfallgeraden ist. Gleichzeitig wächst die Prämie, und die Ausfallwahrscheinlichkeit sinkt, denn nach (8.7) und (8.8) steht die Prämie in folgender Beziehung zur Ausfallwahrscheinlichkeit:

$$\Pi_P = N^{-1}(1 - P_\tau) \, .$$

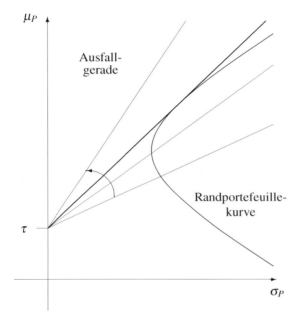

Abb. 8.13. *Ausfallgeraden mit steigendem Nutzenniveau.* Portefeuilles, deren (μ, σ)-Kombinationen auf derselben Ausfallgeraden positioniert sind, besitzen bzgl. der vorgegebenen Zielrendite τ dieselbe Ausfallwahrscheinlichkeit. Portefeuilles auf Ausfallgeraden mit höherer Steigung haben eine niedrigere Ausfallwahrscheinlichkeit.

Die Ausfallwahrscheinlichkeit ist also maßgeblich für die Steigung der Ausfallgerade. Ein höheres Nutzenniveau wird erreicht, wenn die Ausfallwahrscheinlichkeit sinkt. Der ausfallorientierte Investor präferiert Portefeuilles, die auf der Ausfallgerade mit größerer Steigung liegen.

Die Ausfallgeraden gestatten die Verknüpfung des Ausfall-Kriteriums mit der Portefeuille-Selektion. Unter den effizienten Portefeuilles wird dasjenige ausgewählt, das die Ausfallwahrscheinlichkeit zu einem gegebenen Target minimiert.[19] *Die Minimierung des Ausfallrisikos als Kriterium in der Portefeuille-Selektion verwendet unter der Voraussetzung normalverteilter Renditen kein neues Risikomaß, das der Risikowahrnehmung von Investoren näher käme.* Als Maß für das eingegangene Risiko wird vielmehr die *Volatilität* herangezogen. Die Spezifizierung der Nutzenfunktion gestattet dabei, unter effizienten Portefeuilles auszu-

---

[19] Dieser Ansatz kann auch auf zufällige Zielrenditen (Benchmark-Renditen) übertragen werden, vergleiche z. B. Reichling (1996).

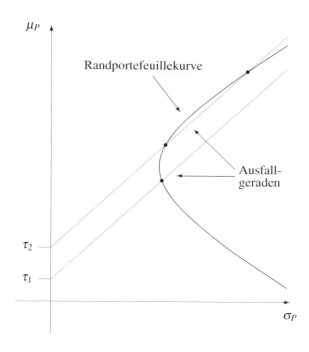

μ_P

Randportefeuillekurve

Ausfall-
geraden

τ_2

τ_1

σ_P

Abb. 8.14. *Ausfallgeraden bei unterschiedlichem Target.*
Bei gleicher Ausfallwahrscheinlichkeit wird eine höhere erwartete Portefeuillerendite verlangt, wenn die Anforderungen an die Zielrendite steigen.

wählen. Die verwendete Nutzenfunktion weist jedoch unerwünschte Eigenschaften auf: Das Stetigkeitsaxiom (siehe Anhang 8B) ist verletzt, und es existiert kein Sicherheitsäquivalent. Zudem sind weitere Eigenschaften nicht vorhanden, die häufig zur Modellierung von Risikoaversion verwendet werden: Der Grenznutzen ist weder positiv noch fallend im strengen Sinne.

Value at Risk - ein spezieller Zielwert

Der *Value at Risk (VaR)* ist definiert als derjenige Verlustbetrag eines Portefeuilles bzw. einer Handelsposition, der nur mit einer vorgegebenen, sehr geringen (Ausfall-)Wahrscheinlichkeit innerhalb eines festgelegten Zeitraums (*Halteperiode*, Glattstellungszeitraum; z. B. 1 Tag oder 10 Tage) überschritten wird. In formaler Hinsicht entspricht er damit einer (negativen) Zielrendite, wird aber meist als positiver €-Betrag dargestellt. Die Halteperiode entspricht dem Zeitraum, für den die Preisänderungen, die zu einem Verlust führen können, berechnet werden. Seine Bedeutung für die Praxis lässt sich wie folgt erklären: Komplexer werdende Finanzprodukte und gesetzliche Regelungen, wie z. B. die Mindestanforderungen an das Betreiben von Handelsgeschäften der Kreditinstitute, Anforderungen der Bank für internationalen Zahlungsausgleich (BIZ) (Basler Anforderungen), europäische Richtlinien, der Grundsatz I und das Gesetz zur Kontrolle und Transparenz im Unternehmensbereich, ließen in den letzten Jahren ein immer stärkeres Bedürfnis nach neuen Methoden und Techniken zur Messung und Steuerung von Risiken entstehen. Basierend auf international harmonisierten Vorgaben müssen beispielsweise die beaufsichtigten Kredit- und Finanzdienstleistungsinstitute ihre Adressenausfall- sowie ihre Marktpreisrisiken nach den Bestimmungen des Grundsatzes I mit Eigenmitteln unterlegen. Der Grundsatz I konkretisiert die in §10 Abs. 1 Kreditwesengesetz (KWG) festgelegte Anforderung, angemessene Eigenmittel vorzuhalten. Die Regelungen folgen inhaltlich weitgehend der Baseler Eigenkapitalvereinbarung für international tätige Banken von 1988, die Anfang 1996 durch die Einbeziehung von Marktrisiken ergänzt wurde, beziehungsweise der EG-Solvabilitätsrichtlinie von 1989 und der EG-Kapitaladäquanzrichtlinie von 1993. In der ab Ende 1995 in allen EU-Staaten sukzessive eingeführten Kapitaladäquanzrichtlinie (Capital Adequacy Directive) wird zwischen dem Handelsbuch und dem Bankbuch unterschieden. Das *Handelsbuch* umfasst alle Positionen in Finanzinstrumenten, Anteilen und handelbaren Forderungen, die von einem Kreditinstitut zum Zwecke des kurzfristigen Wiederverkaufs unter Ausnutzung von Preis- und Zinsschwankungen gehalten werden. Darunter fallen auch eng mit Handelsbuchpositionen verbundene Geschäfte (z. B. zur Absicherung). Banken, die ein Handelsbuch oberhalb bestimmter Grenzen führen, unterliegen strengen Auflagen durch das Kreditwesengesetz. Sie werden als Handelsbuchinstitute bezeichnet. Nicht zum Handelsbuch gehörige riskante Positionen werden dem *Bankbuch* zugeordnet.

In der bankaufsichtlichen Behandlung von Preisänderungsrisiken (bei Aktien, Anleihen, Währungen und sonstigen Gütern), den sogenannten Marktrisiken, bestehen zwei Möglichkeiten zur Berechnung der Eigenkapitalunterlegung von Marktrisiken: Standardverfahren und institutseigene Risikomodelle. Letztere basieren meist auf dem Value at Risk-Konzept. Die Zulassung der VaR-Modelle erfolgte aufgrund verschiedener Defizite der Standardverfahren, wie z. B. Messungenauigkeiten und mangelnde Anerkennung von Diversifikationseffekten. Mit VaR-Modellen ergeben sich daher Möglichkeiten zur Eigenkapitalersparnis.

VaR-beschränkte Handelsstrategien

Bezeichnet die Zufallsvariable ΔV die mögliche Wertänderung einer Handelsstrategie innerhalb des vorgegebenen Zeitraums Δt und $P_\tau = \alpha$ eine vorgegebene *Ausfallwahrscheinlichkeit*, dann entspricht der VaR$_\alpha$ dem Absolutbetrag des α-*Quantils* der vorgegebenen Verteilung der Wertänderung:

$$\text{VaR}_\alpha = |\tau| \quad \text{mit} \quad P(\Delta V \leq \tau) = \alpha .$$

Falls ΔV normalverteilt mit einem Erwartungswert $\mu \Delta t$ und einer Standardabweichung $\sigma(\Delta t)^{1/2}$ ist, so bestimmt sich der Value at Risk wie folgt:[20]
$\text{VaR}_\alpha = |\tau| = |N^{-1}(\alpha)\sigma(\Delta t)^{1/2} + \mu \Delta t|$, wobei mit $N^{-1}(\alpha)$ das α-Quantil der

---

[20] Da es im Mittel 250 Handelstage bzw. Börsentage im Jahr gibt, entspricht bei einer Haltedauer von einem (Börsen-)Tag $\Delta t = 1/250$.

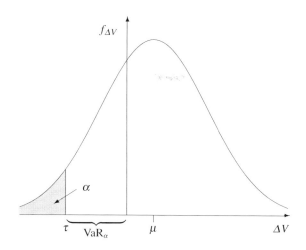

Abb. 8.15. *Ausfallwahrscheinlichkeit und VaR.*
Bei einer normalverteilten Wertänderung mit Erwartungswert von $\mu \Delta t = 10\,€$ und Standardabweichung $\sigma(\Delta t)^{1/2} = 30\,€$ gilt für die Ausfallwahrscheinlichkeit $\alpha = 5\%$ $(\alpha = 1\%)$ $\tau = -39{,}2\,€$ $(\tau = -59{,}9\,€)$ und somit $\text{VaR}_{5\%} = 39{,}2\,€$ $(\text{VaR}_{1\%} = 59{,}9\,€)$.

Standardnormalverteilung bezeichnet wird. Das folgende Beispiel stellt die Berechnung des Value at Risk einer Einzelposition unter der Normalverteilungsannahme dar.

Beispiel 8.8 (VaR einer Einzelposition bei Normalverteilungsannahme). _____
Nehmen wir an, die Tagesrendite R_A der Aktie A mit gegenwärtigem Kurswert von $S^A = 60\,€$ sei mit einem Erwartungswert von $\mu_A \Delta t = 0$ und einer Standardabweichung von $\sigma_A \sqrt{\Delta t} = 0{,}0316$ (wegen $\sigma_A = 0{,}50$) normalverteilt. Bezeichnet $\mu_A S^A\,[€]$ die erwartete Wertänderung p. a. bzw. $\sigma_A S^A\,[€]$ die entsprechende Standardabweichung p. a., so ist die Tageswertänderung ΔV der Aktie A mit $\mu_A S^A \Delta t = 0\,€$ und $\sigma_A S^A \sqrt{\Delta t} = 1{,}8960\,€$ ebenfalls normalverteilt. Es sei derjenige Wert τ der Tageswertänderung ΔV gesucht, der mit einer Wahrscheinlichkeit von $99\,\%$ nicht unterschritten wird, für den also gilt

$$P_\tau \equiv P(\Delta V \leq \tau) = 0{,}01\,.$$

Der $\text{VaR}_{1\%}$ ergibt sich daher aus

$$\text{VaR}_{1\%} = |N^{-1}(0{,}01)\sigma_A S^A \sqrt{\Delta t} + \mu_A S^A \Delta t| = |-2{,}33 \cdot 1{,}8960\,€| = 4{,}4177\,€\,.$$

Im Folgenden betrachten wir das Preisänderungsrisiko eines Portefeuilles bzw. einer Handelsstrategie $\mathbf{H} = (h^1, h^2, \dots, h^n)'$ mit n riskanten Wertpapieren. h^i bezeichnet dabei den mengenmäßigen Bestand von Wertpapier $i = 1, 2, \dots, n$. Bezeichnet $S^i = S_0^i$ den Preis des i-ten Wertpapiers im Zeitpunkt $t = 0$, so gilt für den *Wert des Portefeuilles* im Zeitpunkt $t = 0$

$$V_0^H = \sum_{i=1}^{n} h^i \cdot S^i\,.$$

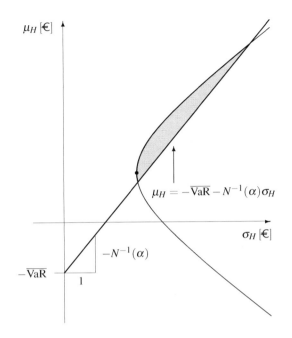

$$\mu_H = -\overline{\text{VaR}} - N^{-1}(\alpha)\sigma_H$$

Abb. 8.16. *VaR-beschränkte Portefeuilles.*
Bei vorgegebener oberer VaR-Schranke $\overline{\text{VaR}}$ und Ausfall-wahrscheinlichkeit in Höhe von α erfüllen nur (μ_H, σ_H)-Kombinationen die im schattierten Bereich liegen, die VaR-Beschränkung.

$\Delta V^H \equiv V^H_{\Delta t} - V^H_0$ bezeichnet dann die *Wertänderung des Portefeuilles* zwischen den Handelszeitpunkten $t = 0$ und $t = \Delta t$. Mit der Vereinbarung

$$\mu_H \equiv \text{E}(\Delta V^H) = \sum_{i=1}^{n} \mu_i \cdot h^i \cdot S^i \cdot \Delta t \, [\text{€}] \quad \text{bzw.}$$

$$\sigma^2_H \equiv \text{Var}(\Delta V^H) = \sum_{i=1}^{n} \sum_{j=1}^{n} \rho_{ij} \sigma_i \sigma_j h^i S^i h^j S^j \Delta t \, [\text{€}^2]$$

für die erwartete Wertänderung bzw. ihre Varianz während der Halteperiode Δt, gilt dann bei normalverteilten Wertpapierrenditen $\text{VaR}^H = |N^{-1}(\alpha) \cdot \sigma_H + \mu_H|$. In der Bankpraxis wird meist $\mu_H = 0$ unterstellt, so dass $\text{VaR}^H = |N^{-1}(\alpha) \cdot \sigma_H|$ gilt.[21]

Die Eigenmittelanforderung (*EMA*) für Banken beträgt allerdings das 3- bis 4-fache des VaR, um Verluste aufzufangen, die durch das dem VaR zugrunde liegende Konfidenzniveau $(1 - \alpha)$ nicht erfasst werden. Modellrechnungen zeigen, dass die Multiplikation mit dem Multiplikator $M = 3$ im Allgemeinen bei weitem ausreicht, um solche Verluste aufzufangen, so dass die Bank auch dann nicht insolvent ist, wenn die tatsächlichen Verluste den VaR überschreiten. Bei mangeln-

---

[21] Die Annahme von normalverteilten Wertänderungen von Handelsbüchern ist unrealistisch. Daher kommen in der Bankpraxis vielfach andere Ansätze, z. B. *historische Simulation* und *Monte Carlo-Simulation*, zum Einsatz. Zu den Methoden zur Ermittlung des VaR vergleiche z. B. Bühler, Korn und Schmidt (1998).

der Prognosegüte des VaR-Modells kann der Multiplikator bis auf $M = 4$ erhöht werden. Bezeichnet $\overline{\text{VaR}} \equiv EMA/M$ die obere *VaR-Schranke* für eine Handelsstrategie, so wird bei vorgegebenen α und EMA die Handelsstrategie der Bank durch folgende Nebenbedingung beschränkt (vgl. Abbildung 8.16):

$$\mu_H \geq -\overline{\text{VaR}} - N^{-1}(\alpha)\,\sigma_H \quad \text{bzw.} \quad \sigma_H \leq \frac{-\mu_H - \overline{\text{VaR}}}{N^{-1}(\alpha)}.$$

Aufgaben

8.1. Bei einem „Münzwurf-Spiel" kann man bei „Zahl" den Betrag von € 1 000,– gewinnen und bei „Kopf" denselben Betrag verlieren. Berechnen Sie den minimalen Betrag z, den Sie erhalten müssten, um bereit zu sein mitzuspielen. Ihr Vermögen betrage: (a) € 10 000 bzw. (b) € 1 000 000 und ihre Risikonutzenvorstellung werde durch die Funktion $u(z) = \ln(z)$ repräsentiert. (c) Gehen Sie nun davon aus, dass Sie $z = $ € 25,– erhalten, wenn Sie sich an diesem Spiel beteiligen. Wie hoch sollte dann Ihr Vermögen mindestens sein, damit Sie bereit sind mitzuspielen?

8.2. Herr Schäfer besitzt ein Haus im Wert von € 50 000,– und eine mit 7 % verzinste Geldanlage in Höhe von € 20 000,–. Seine (einjährige) Hausversicherung soll für das kommende Jahr erneuert werden. Für potentielle Hausschäden geht Herr Schäfer von folgender Wahrscheinlichkeitsverteilung aus:

Schadenshöhe	0	5 000	10 000	50 000
Wahrscheinlichkeit	0,98	0,01	0,005	0,005

Seine Versicherung berechnet folgende Preise, die am Anfang des Jahres bezahlt werden müssen:

Versicherungssumme	30 000	40 000	50 000
Preise	$30 + EWSA_1$	$27 + EWSA_2$	$24 + EWSA_3$

wobei EWSA den erwarteten Wert der Schadenauszahlung aus Versicherungssicht bezeichnet. Herr Schäfer besitzt die Nutzenfunktion $u(z) = \ln(z)$.

(a) Die Versicherung und Herr Schäfer stimmen in der Schadenseinschätzung überein. Soll Herr Schäfer die Hausratversicherung verlängern? Welche Versicherungssumme sollte er unter diesen Umständen wählen?

(b) Herr Schäfer habe Ende des Jahres € 300 000,– geerbt und lege diese in der gleichen Art an wie seine vorherigen Ersparnisse. Ändert sich seine Entscheidung?

8.3. Die Süßwarenhersteller Knusper und Schleck müssen die Produkte A und B beurteilen. Herr Knusper legt seinen Entscheidungen eine lineare Nutzenfunktion $u_K(z) = z$ zugrunde, wohingegen sich Herr Schleck nach folgender Nutzenfunktion richtet:

$$
u_S(z) = \begin{cases} \dfrac{1}{60\,000}z^2 & \text{für } 0 \leq z \leq 60\,000\,, \\[2ex] -\dfrac{1}{60\,000}z^2 + 4z - 120\,000 & \text{für } 60\,000 < z \leq 120\,000\,. \end{cases}
$$

Es soll entschieden werden, welches der beiden Produkte A und B auf den Markt gebracht werden soll. Produkt A erbringt in der Planungsperiode mit einer Wahrscheinlichkeit von $p_1 = 35\,\%$ einen Gewinn in Höhe von € 60 000,–, mit $p_2 = 50\,\%$ einen Gewinn von € 90 000,– und mit $p_3 = 15\,\%$ einen Gewinn von € 120 000,–, wohingegen mit Produkt B ein sicherer Gewinn von € 84 000,– erwirtschaftet werden kann.

(a) Wie sieht der Verlauf der beiden Nutzenfunktionen aus, und welche Risikoeinstellung spiegeln sie wider?

(b) Wie werden sich die beiden Unternehmer entscheiden?

(c) Bei beiden Produkten fallen nun Fixkosten in Höhe von € 60 000,– an. Werden sich die beiden Unternehmer anders entscheiden?

8.4. Die Stochastischen Dominanz-Regeln bieten die Möglichkeit, unter gegebenen Investitionsalternativen eine Vorauswahl zu treffen.

(a) Interpretieren Sie die Voraussetzungen $u' > 0$, $u'' < 0$ und $u''' > 0$.

(b) Die Risikonutzenfunktion eines Investors sei $u(z) = -\mathrm{e}^{-az}$ für $z, a > 0$. Zeigen Sie für diese exponentielle Risikonutzenfunktion, dass die genannten Forderungen erfüllt sind. Interpretieren Sie den Parameter a.

(c) Die Risikonutzenfunktion eines anderen Anlegers sei für $z > 0$ vom Typ $u(z) = (az+b)^{1-1/a}$ für $a > 0$ und $b \geq 0$.

(i) Berechnen Sie das Arrow-Pratt-Maß für die absolute Risikoaversion.

(ii) Welche Bedingungen für a und b sind hinreichend für konstante absolute Risikoaversion, welche für konstante relative Risikoaversion?

8.5. (a) Unter welchen Voraussetzungen ist für einen risikoaversen Investor die EV-Regel mit der Bernoulli-Regel konsistent?

(b) Die Risikonutzenfunktion eines risikoaversen Investors wird durch die quadratische Nutzenfunktion $u(z) = z + bz^2$ approximiert. Welche Bedingungen sind an den Parameter b der Risikonutzenfunktion und an die Verteilung der Rückflüsse zu stellen, damit die EV-Regel angewendet werden kann, um im Sinne der Bernoulli-Regel zu entscheiden? Begründen Sie die Kompatibilität!

(c) Die erwarteten Rückflüsse und Standardabweichungen von vier Investitionsalternativen stehen in folgender Beziehung zueinander:

$$
\mathrm{E}[R_1] < \mathrm{E}[R_2] < \mathrm{E}[R_3] < \mathrm{E}[R_4] \quad \text{und} \quad \sigma_1 < \sigma_2 < \sigma_3 < \sigma_4\,.
$$

„Alle risikoneutralen Investoren entscheiden sich für die Investitionsalternative vier." Nehmen Sie Stellung zu dieser Behauptung. Ist diese mit der EV-Regel vereinbar?

Anhang

8A Entscheidungsregeln bei Ungewissheit

In Ungewissheitssituationen ist dem Entscheidungsträger nicht einmal die Wahrscheinlichkeitsverteilung der finanzwirtschaftlichen Konsequenzen einer Entscheidungsalternative bekannt. Bei einem *endlichen Zustandsmodell* ist demnach nicht bekannt, mit welcher Wahrscheinlichkeit die Zustände $\omega_1, \ldots, \omega_l$ eintreten können. Allerdings können wie bisher, die zustandsabhängigen Handlungskonsequenzen als bekannt vorausgesetzt werden. Die in der Literatur vorgeschlagenen Entscheidungsregeln sollen anhand des nachfolgenden Zahlenbeispiels erklärt werden.

Aktionen	Zustände ω_1	ω_2	ω_3	ω_4	Zeilen-minimum	Zeilen-maximum
a_1	200	150	200	30	30	200
a_2	33	31	36	32	31	36
a_3	203	30	30	-10	-10	203
a_4	201	30	30	30	30	201

Laplace-Regel: Die Laplace-Regel basiert auf dem Prinzip des unzureichenden Grundes. Dieses besagt, dass alle Zustände als gleich wahrscheinlich angenommen werden. Somit wird die Entscheidungssituation bei Ungewissheit in eine Entscheidungssituation bei Risiko überführt, und die optimale Alternative kann mittels Entscheidungsregeln, die in diesen Situationen zur Anwendung kommen, gefunden werden. Im obigen Beispiel erhält jeder Zustand eine Eintrittswahrscheinlichkeit von $1/4$. Nach dem Erwartungswert-Prinzip wird sich der Entscheidungsträger für Alternative a_1 entscheiden.

Minimax-Regel: Nach dem Minimax-Kriterium ist diejenige Alternative auszuwählen, bei der das Zeilenminimum von allen Zeilenminima maximal ist. Dieses Kriterium setzt eine extrem pessimistische Grundeinstellung voraus, denn von jeder Alternative wird nur dasjenige Ergebnis berücksichtigt, das im ungünstigsten Fall erzielt werden kann. Entsprechend dem Minimax-Kriterium ist im obigen Beispiel die Alternative a_2 auszuwählen.

Maximax-Regel: Im Gegensatz zum Minimax-Kriterium wählt man diejenige Alternative aus, deren Zeilenmaximum von allen Zeilenmaxima am größten ist. Die Grundeinstellung des Entscheidenden ist also extrem optimistisch, denn von jeder Alternative werden nur die besten Ergebnisse berücksichtigt. Im obigen Beispiel wählt man bei Anwendung des Maximax-Kriteriums die Alternative a_3 als optimales Ergebnis aus.

Hurwicz-Regel: Das Hurwicz-Kriterium gewichtet entsprechend eines Optimismusindexes α ($1 \geq \alpha \geq 0$) das beste und schlechteste Ergebnis einer Alternative. Der größte Gewinn jeder Alternative wird mit α und der kleinste Gewinn jeder Alternative mit $1 - \alpha$ gewichtet. Bei einem Optimismusindex von $3/4$ ist im obigen Beispiel a_4 mit der gewichteten Summe 158,25 optimal.

8B Begründung des Bernoulli-Prinzips

Die wahre Bedeutung der Bernoulli-Regel von 1738 wurde erst ca. 200 Jahre später durch Ramsey (1931), Menger (1934) sowie von Neumann und Morgenstern (1944) erkannt und *axiomatisch* fundiert. Die Axiomatisierung basiert dabei auf *Lotterien*, die die Eintrittswahrscheinlichkeiten für die Ergebnisse von Handlungsalternativen repräsentieren. Eine *einfache Lotterie* ist eine Liste $L = (p_1, \ldots, p_I)$ von Wahrscheinlichkeiten $p_i \geq 0$, $\sum_{i=1}^{I} p_i = 1$, für das Auftreten eines Ergebnisbündels vom Typ i (z. B. den Liquidationswert z^i). Als mögliche Ergebnisse einer Lotterie können wiederum Lotterien spezifiziert werden. Sind hierzu K einfache Lotterien $L_k = (p_1^k, \ldots, p_I^k)$, $k = 1, \ldots, K$, und Wahrscheinlichkeiten $a_k \geq 0$ mit $\sum_{k=1}^{K} \alpha_k = 1$ gegeben, dann bezeichnet eine *zusammengesetzte Lotterie* $(L_1, \ldots, L_K; \alpha_1, \ldots, \alpha_K)$ eine risikobehaftete Alternative, die die einfache Lotterie L_k mit Wahrscheinlichkeit α_k liefert. Abbildung 8B.1 veranschaulicht einfache und zusammengesetzte Lotterien.

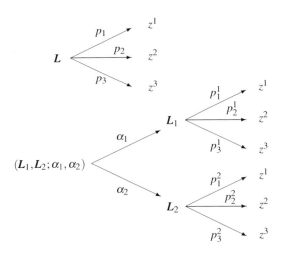

Abb. 8B.1. *Einfache und zusammengesetzte Lotterien.*
Eine einfache Lotterie $L = (p_1, \ldots, p_I)$ liefert das Ergebnisbündel z^i mit Wahrscheinlichkeit p_i für $i = 1, \ldots, I$. Eine zusammengesetzte Lotterie $(L_1, \ldots, L_K; \alpha_1, \ldots, \alpha_K)$ liefert eine einfache Lotterie $L_k = (p_1^k, \ldots, p_I^k)$ mit Wahrscheinlichkeit α_k für $k = 1, \ldots, K$. Die Abbildung zeigt eine einfache Lotterie für $I = 3$ und eine zusammengesetzte Lotterie für $K = 2$.

Falls ein Investor unsichere Handlungsalternativen nur anhand ihrer Ergebnisverteilung beurteilt, kann eine zusammengesetzte Lotterie immer auf eine einfache Lotterie zurückgeführt werden, wenn man unterstellt, dass bei einer zusammengesetzten Lotterie die Wahrscheinlichkeit für das Auftreten einer einfachen Strategie L_k unabhängig von der Eintrittswahrscheinlichkeit p_i^k für das Ergebnisbündel z^i ist. Damit kann für jede zusammengesetzte Lotterie eine korrespondierende einfache Lotterie $(p_1, \ldots, p_I)$ angegeben werden, die die gleiche Verteilung bezüglich der Handlungskonsequenzen hat.[1] Dazu multipliziert man die Wahrscheinlichkeit α_k für die Lotterie L_k mit der Wahrscheinlichkeit p_i^k für die i-te

---

[1] Diese Annahme wird in der Literatur (siehe z. B. Gollier, 2001, S. 4) auch als Axiom über die Reduktion zusammengesetzter Lotterien (axiom of reduction) bezeichnet.

Handlungskonsequenz in der Lotterie L_k und summiert über alle Lotterien:

$$p_i = \alpha_1 p_i^1 + \cdots + \alpha_K p_i^K = \sum_{k=1}^{K} \alpha_k p_i^k, \quad i = 1, \ldots, I.$$

Zu einer zusammengesetzten Lotterie kann man folglich die korrespondierende einfache Lotterie L durch die Vektoraddition

$$L = \left(\sum_{k=1}^{K} \alpha_k p_1^k, \ldots, \sum_{k=1}^{K} \alpha_k p_I^k \right) = \sum_{k=1}^{K} \alpha_k (p_1^k, \ldots, p_I^k) = \alpha_1 L_1 + \cdots + \alpha_K L_K \quad \text{(8B.1)}$$

unter Beachtung von $\sum_{i=1}^{I} p_i = \sum_{i=1}^{I} \sum_{k=1}^{K} \alpha_k p_i^k = \sum_{k=1}^{K} \alpha_K \sum_{i=1}^{I} p_i^k = \sum_{k=1}^{K} \alpha_k = 1$ erhalten. Die im Folgenden skizzierte Axiomatisierung der Bernoulli-Regel basiert nun auf der Forderung, dass jede zusammengesetzte Lotterie für den Entscheider durch die korrespondierende einfache Lotterie ersetzt werden kann. Das folgende Beispiel illustriert diese Forderung.

Beispiel 8B.1 (Reduktion von zusammengesetzten Lotterien). _____
Angenommen, es gäbe drei Handlungskonsequenzen $z^1 = 5$ Mio €, $z^2 = 1$ Mio € und $z^3 = 0$. Mit der einfachen Lotterie $L_1 = (0{,}4;\ 0;\ 0{,}6)$ gewinnt man $z^1 = 5$ Mio € mit Wahrscheinlichkeit 0,4 und sonst nichts. Letztere werde nun von einem Entscheider präferiert gegenüber einer weiteren Lotterie $L_2 = (0{,}3;\ 0{,}4\ ;0{,}3)$, bei der er 5 Mio € bzw. 1 Mio € mit den Wahrscheinlichkeiten 0,3 bzw. 0,4 gewinnt und sonst nichts:

Eine sinnvolle Forderung an rationale Entscheidungen scheint nun die zu sein, dass diese Präferenz auch bei Mischungen der Lotterien L_1 und L_2 mit anderen Lotterien erhalten bleibt. Es sei dazu eine einfache Lotterie $L_3 = (0;\ 0;\ 1)$ gegeben, bei der man - der einfachen Darstellung wegen - mit Sicherheit nichts gewinnt. Die folgende Abbildung veranschaulicht die zusammengesetzte Lotterie $(L_1, L_3;\ 0{,}8;\ 0{,}2)$, die mit Wahrscheinlichkeiten $\alpha_1 = 0{,}8$ und $\alpha_2 = 0{,}2$ die Lotterie L_1 bzw. L_3 liefert, sowie die zusammengesetzte Lotterie $(L_2, L_3;\ 0{,}8;\ 0{,}2)$, die mit der gleichen Mischung von L_2 und L_3 ausgestattet ist:

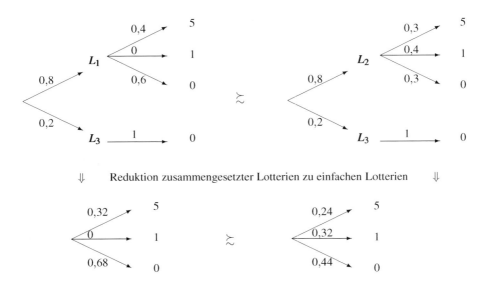

$\Downarrow$ Reduktion zusammengesetzter Lotterien zu einfachen Lotterien $\Downarrow$

Mit der zusammengesetzten Lotterie $(L_2, L_3; 0{,}8,\ 0{,}2)$ gewinnt man $z^1 = 5$ Mio € bzw. $z^2 = 1$ Mio € mit Wahrscheinlichkeit $\alpha_1 \cdot p_1^2 = 0{,}8 \cdot 0{,}3 = 0{,}24$ bzw. $\alpha_1 \cdot p_2^2 = 0{,}8 \cdot 0{,}4 = 0{,}32$ und man erhält keinen Gewinn mit Wahrscheinlichkeit $\alpha_2 + \alpha_1 \cdot p_3^2 = 0{,}2 + 0{,}8 \cdot 0{,}3 = 0{,}44$. Eine weitere Forderung an rationale Entscheidungen ist nun die, dass ein Entscheider indifferent zwischen der zusammengesetzten Lotterie $(L_2, L_3; 0{,}8,\ 0{,}2)$ und der einfachen Lotterie $(0{,}24;\ 0{,}32;\ 0{,}44)$ ist. Die zusammengesetzte Lotterie soll also durch die einfache Lotterie, die die jeweiligen Ergebnisbündel mit gleicher Wahrscheinlichkeit liefert, gleichwertig substituierbar sein.

Ein Entscheider, der die Bernoulli-Regel anwendet, verhält sich demnach *rational*, falls er beispielsweise die folgenden drei *Annahmen* akzeptieren kann:

Annahme 8B.1 (Vergleichbarkeit). *Die Präferenzrelation $\succsim$ auf der Menge $\mathcal{L} \equiv \{ L = (p_1, \ldots, p_I) : \sum_{i=1}^{I} p_i = 1,\ p_i \geq 0 \}$ aller einfachen Lotterien ist voll-ständig, d. h. für je zwei Lotterien L und L' gilt entweder $L \succ L'$, $L \prec L'$ oder $L \sim L'$, und sie ist* transitiv, *d. h. für je drei Lotterien L, L', L'' gilt: $L \succ L'$ und $L' \succ L'' \Rightarrow L \succ L''$.*

Annahme 8B.2 (Stetigkeit). *Falls $L \succsim L' \succsim L''$, so existiert ein $\alpha \in [0,1]$ derart, dass*
$$L' \sim (L, L''; \alpha, (1-\alpha)) .$$

Annahme 8B.3 (Unabhängigkeit von irrelevanten Alternativen). *Für alle einfachen Lotterien L, L', L'' und alle $\alpha \in (0,1)$ gilt*
$$L \succsim L' \qquad \Longleftrightarrow \qquad (L, L''; \alpha, (1-\alpha)) \succsim (L', L''; \alpha, (1-\alpha)) .$$

Eigenschaft 8B.1. *Die Menge der Umweltzustände sei endlich und die Präferenzrelation des Entscheiders erfülle die Annahmen 8B.1 - 8B.3. Dann gibt es eine Nutzenfunktion u, mit der die Bernoulli-Regel die Präferenzen des Entscheiders repräsentiert, d. h. man kann jedem Liquidationswert z^i einen Wert u_i zuweisen, so dass für zwei beliebige Lotterien $\mathbf{L} = (p_1, \ldots, p_I)$ und $\mathbf{L}' = (p'_1, \ldots, p'_I)$ gilt:*

$$\mathbf{L} \succsim \mathbf{L}' \quad \Longleftrightarrow \quad \sum_{i=1}^{I} u_i p_i \geq \sum_{i=1}^{I} u_i p'_i .$$

Mit der Vereinbarung $u(z^i) \equiv u_i$ gilt dann $E[u(Z)] = \sum_{i=1}^{I} u(z^i) p_i$ sowie $E[u(Z')] = \sum_{i=1}^{I} u(z^i) p'_i$ und damit auch

$$\mathbf{L} \succsim \mathbf{L}' \quad \Longleftrightarrow \quad E[u(Z)] \geq E[u(Z')] .$$

In enger Anlehnung an Mas-Colell, Whinston und Green (1995) zeigen wir zunächst die folgende *Monotonie-Eigenschaft* für die am meisten und geringsten präferierten Lotterien, bevor wir uns mit Hilfe dieser dem Beweis von Eigenschaft 8B.1 zuwenden: Es bezeichnen $\overline{L}$ und $\underline{L}$ die am meisten bzw. die am geringsten präferierte Lotterie in der Menge $\mathcal{L}$ aller einfachen Lotterien, so dass $\overline{L} \succsim L \succsim \underline{L}$ für alle $L \in \mathcal{L}$ gilt. Es seien $\alpha, \beta \in [0,1]$, dann gilt:

$$\beta \overline{L} + (1 - \beta) \underline{L} \succ \alpha \overline{L} + (1 - \alpha) \underline{L} \quad \Longleftrightarrow \quad \beta > \alpha , \tag{8B.2}$$

falls $\overline{L} \succ \underline{L}$ erfüllt ist.

Beweis der Monotonie-Eigenschaft. Beweisrichtung „$\Leftarrow$": Sei $\beta > \alpha$: Da für $L, L' \in \mathcal{L}$ die Äquivalenz

$$\mathbf{L} \succsim \mathbf{L}' \quad \text{und} \quad \mathbf{L}' \succsim \mathbf{L} \quad \Longleftrightarrow \quad \mathbf{L} \sim \mathbf{L}'$$

erfüllt ist, gilt das Unabhängigkeitsaxiom 8B.3 in der Form mit strikter Präferenz $\succ$ als auch mit Indifferenz $\sim$. Mit dem Unabhängigkeitsaxiom 8B.3 folgt für $L \succ L'$ und $\alpha \in (0,1)$ zunächst $L = \alpha L + (1 - \alpha) L \succ \alpha L + (1 - \alpha) L' \succ \alpha L' + (1 - \alpha) L' = L'$ und somit:

$$L \succ L', \ \alpha \in (0,1) \quad \Longrightarrow \quad L \succ \alpha L + (1 - \alpha) L' \succ L' . \tag{8B.3}$$

Mit Beziehung (8B.3) und $\overline{L} \succ \underline{L}$ folgt

$$\overline{L} \succ \alpha \overline{L} + (1 - \alpha) \underline{L} , \tag{8B.4}$$

womit die Behauptung für den Fall $\beta = 1$ und $\alpha \in (0,1)$ gezeigt ist (für $\alpha = 0$ ist die Behauptung trivial). Sei also $1 > \beta > \alpha$. Nochmalige Anwendung von Beziehung (8B.3) auf Beziehung (8B.4) mit $\gamma \equiv (\beta - \alpha)/(1 - \alpha) \in (0,1)$ ergibt $\gamma \overline{L} + (1 - \gamma)(\alpha \overline{L} + (1 - \alpha)\underline{L}) \succ \alpha \overline{L} + (1 - \alpha)\underline{L}$. Die Behauptung folgt schließlich wegen $\gamma \overline{L} + (1 - \gamma)(\alpha \overline{L} + (1 - \alpha)\underline{L}) = \beta \overline{L} + (1 - \beta)\underline{L}$.

Beweisrichtung „$\Rightarrow$" mit Widerspruchsbeweis: Falls $\beta = \alpha$ gelten würde, hätte man $\beta\overline{L} + (1-\beta)\underline{L} \sim \alpha\overline{L} + (1-\alpha)\underline{L}$. Angenommen es sei $\beta < \alpha$. Analog zu vorigem Absatz (mit vertauschten Rollen von α und β) erhielte man die Präferenzrelation $\alpha\overline{L} + (1-\alpha)\underline{L} \succ \beta\overline{L} + (1-\beta)\underline{L}$, was wiederum ein Widerspruch zu $\beta\overline{L} + (1-\beta)\underline{L} \succ \alpha\overline{L} + (1-\alpha)\underline{L}$ ist. Damit ist die Monotonie-Eigenschaft (8B.2) bewiesen.   □

Beweis der Eigenschaft 8B.1. Falls $\overline{L} \sim \underline{L}$ gilt, sind alle Lotterien in $\mathcal{L}$ indifferent und die Behauptung ist mit $u_1 = \cdots = u_I$ beliebig erfüllt. Sei im Folgenden also $\overline{L} \succ \underline{L}$. Wir definieren zunächst den Nutzen einer Lotterie. Für eine Lotterie L gibt es gemäß Stetigkeitsaxiom 8B.2 eine Wahrscheinlichkeit α_L, so dass $\alpha_L\overline{L} + (1-\alpha_L)\underline{L} \sim L$ gilt. α_L kann dabei auch als dasjenige Mischungsverhältnis von meist und geringst präferierter Lotterie angesehen werden, mit dem Indifferenz zur Lotterie L erreicht wird. Der Nutzen einer Lotterie L wird nun durch

$$U(L) \equiv \alpha_L$$

definiert. Der Wert α_L ist eindeutig; denn gäbe es ein weiteres $\alpha_{L'} \neq \alpha_L$ mit $\alpha_{L'}\overline{L} + (1-\alpha_{L'})\underline{L} \sim L$, so folgte mit der Monotonie-Eigenschaft (8B.2) der Widerspruch $L \sim \alpha_L\overline{L} + (1-\alpha_L)\underline{L} \not\sim \alpha_{L'}\overline{L} + (1-\alpha_{L'})\underline{L} \sim L$ zur Vergleichbarkeitsannahme 8B.1. Diese Nutzenfunktion repräsentiert die Präferenzrelation $\succsim$, da mit der Monotonie-Eigenschaft und der Vergleichbarkeitsannahme 8B.1

$$
\begin{aligned}
L \succsim L' &\iff & \alpha_L\overline{L} + (1-\alpha_L)\underline{L} &\succsim \alpha_{L'}\overline{L} + (1-\alpha_{L'})\underline{L} \\
&\iff & \alpha_L &\geq \alpha_{L'} \\
&\iff & U(L) &\geq U(L')
\end{aligned}
$$

folgt.

Die Linearität der Nutzenfunktion $U(L)$ basiert im Wesentlichen auf dem Unabhängigkeitsaxiom 8B.3. Zunächst gelten offenbar $L \sim U(L)\overline{L} + (1-U(L))\underline{L}$ und $L' \sim U(L')\overline{L} + (1-U(L'))\underline{L}$. Zweimaliges Anwenden des Unabhängigkeits-Axioms und Ersetzen einer zusammengesetzen Lotterie durch die dazu indifferente einfache Lotterie liefert

$$
\begin{aligned}
\beta L + (1-\beta)L' &\sim \beta(U(L)\overline{L} + (1-U(L))\underline{L}) + (1-\beta)L' \\
&\sim \beta(U(L)\overline{L} + (1-U(L))\underline{L}) + (1-\beta)(U(L')\overline{L} + (1-U(L'))\underline{L}) \\
&\sim (\beta U(L) + (1-\beta)U(L'))\overline{L} + (1 - \beta U(L) - (1-\beta)U(L'))\underline{L}.
\end{aligned}
$$

Letztere Lotterie-Darstellung basiert auf der Wahrscheinlichkeit $\beta U(L) + (1-\beta)U(L')$ für $\overline{L}$. Gemäß Definition der Nutzenfunktion gilt dann

$$U(\beta L + (1-\beta)L') = \beta U(L) + (1-\beta)U(L').$$

Mit $L^i \equiv (0, \ldots, 0, p_i = 1, 0, \ldots, 0)$ kann man jedem Ergebnis z^i mit $i = 1, \ldots, I$ den Wert $u_i \equiv U(L^i)$ zuordnen. Für eine beliebige Lotterie $L = (p_1, \ldots, p_I)$ gilt wegen $L \sim p_1 L^1 + \cdots + p_I L^I$ und der Linearität der Nutzenfunktion

$$U(L) = U(p_1 L^1 + \cdots + p_l L^l) = \sum_{i=1}^{l} p_i U(L^i) = \sum_{i=1}^{l} p_i u_i \,.$$

$\square$

8C Beweis der Eigenschaften 8.1 und 8.2

Beweis der Eigenschaft 8.1 (Pratt (1964)). Der Beweis dieser Approximation der Risikoprämie basiert auf der Beziehung $\mathrm{E}[u(w + Z_k)] = u(w + \mathrm{E}[Z_k] - \pi(w, Z_k))$. Führt man für die rechte Seite eine Taylorentwicklung durch (beachte $\mathrm{E}[Z_k] = 0$ und somit $\sigma_k^2 = \mathrm{E}[Z_k^2]$), erhält man:

$$u(w - \pi(w, Z_k)) = u(w) - \pi(w, Z_k)u'(w) + O(\pi^2(w, Z_k)) \,.^2$$

Analog liefert die Entwicklung der linken Seite:

$$\mathrm{E}[u(w + Z_k)] = \mathrm{E}\left(u(w) + Z_k u'(w) + \frac{1}{2} Z_k^2 u''(w) + O(Z_k^3) \right)$$

$$= u(w) + u'(w)\mathrm{E}[Z_k] + \frac{1}{2} u''(w)\mathrm{E}[Z_k^2] + \mathrm{E}[O(Z_k^3)]$$

$$= u(w) + \frac{1}{2} \sigma_k^2 u''(w) + o(\sigma_k^2) \,.$$

Die letzte Gleichheit gilt, da die Momente $\mathrm{E}[Z_k^n]$ für $n \geq 3$ nach Voraussetzung vernachlässigbar klein gegenüber σ_k^2 sind und somit $\mathrm{E}[O(Z_k^3)] = o(\sigma_k^2)$ erfüllt ist. Setzt man die beiden Gleichungen in obige Ausgangsbeziehung ein und löst nach $\pi(w, Z_k)$ auf, so erhält man

$$\pi(w, Z_k) \simeq -\frac{1}{2} \sigma_k^2 \frac{u''(w)}{u'(w)} [GE] \,.$$

$\square$

Beweis der Eigenschaft 8.2 (Arrow (1964)). Die Wahrscheinlichkeiten $p_k = P(Z_k = h_k) = \frac{1}{2}$ und $(1 - p_k) = P(Z_k = -h_k) = \frac{1}{2}$ sollen so angepasst werden, dass ein risikoaverser Investor unter dem neuen Wahrscheinlichkeitsmaß $\tilde{P}$ indifferent zwischen Durchführung und Nichtdurchführung der Alternative a_k ist. $\tilde{P}(Z_k = h_k) - \tilde{P}(Z_k = -h_k) \equiv \tilde{p}_k - (1 - \tilde{p}_k)$ misst dann die Wahrscheinlichkeitsprämie. Setze

---

[2] Für eine Funktion $f : R \to R$ schreibt man $f = O_{h \to 0}(h^k)$ oder kurz $f = O(h^k)$, falls für ein $\varepsilon > 0$ die Menge $\left\{ \frac{f(h)}{h^k} \,\middle|\, |h| \in (0, \varepsilon) \right\}$ beschränkt ist bzw. $f = o_{h \to 0}(h^k)$ oder kurz $f = o(h^k)$, falls $\lim_{h \to 0} \frac{f(h)}{h^k} = 0$ gilt. $O(\cdot)$ und $o(\cdot)$ werden Landau-Symbole genannt.

$$PP(w, h_k) \equiv \tilde{P}(Z_k = h_k) - \tilde{P}(Z_k = -h_k) \ .$$

Dann ist $\tilde{P}(Z_k = h_k) = 0{,}5[1 + PP(w, h_k)]$ und $\tilde{P}(Z_k = -h_k) = 0{,}5[1 - PP(w, h_k)]$. Mit $\tilde{\mathrm{E}}[\cdot] \equiv \mathrm{E}_{\tilde{P}}[\cdot]$ folgt aus der Indifferenz des Investors:

$$u(w) = \tilde{\mathrm{E}}[u(w + Z_k)] = \frac{1}{2}[1 + PP(w, h_k)]u(w + h_k) + \frac{1}{2}[1 - PP(w, h_k)]u(w - h_k) \ .$$

Mit Hilfe der Taylorentwicklung $u(w \pm h_k) = u(w) \pm h_k u'(w) + \frac{1}{2}h_k^2 u''(w) + O(h_k^3)$ ergibt sich $u(w) = u(w) + h_k PP(w, h_k)u'(w) + 0{,}5 h_k^2 u''(w) + O(h_k^3)$ und somit die gesuchte Beziehung

$$PP(w, h_k) = \tilde{p}_k - (1 - \tilde{p}_k) \simeq -\frac{1}{2}h_k \frac{u''(w)}{u'(w)} \ .$$

$\square$

8D Konsistenzbeweise

In diesem Anhang soll gezeigt werden, unter welchen (hinreichenden) Bedingungen alternative Auswahlregeln zu einer mit der Bernoulli-Regel verträglichen Alternativenauswahl führen. Bevor die Konsistenz der Bernoulli-Regel mit der FSD- und SSD-Regel gezeigt wird, werden die folgenden Vorüberlegungen durchgeführt: Nimmt man an, dass die Rendite Z_i der betrachteten Anlagemöglichkeit *kontinuierlich* verteilt ist und nur Werte zwischen den Grenzen a und b annehmen kann, d. h. $a \leq Z_i \leq b$. Für den Erwartungsnutzen von Z_i gilt dann

$$\mathrm{E}[u(Z_i)] = \int_a^b u(z) f_i(z) \, \mathrm{d}z \ .$$

Dabei bezeichnet $f_i(\cdot)$ bzw. $F_i(\cdot)$ die Dichtefunktion bzw. Verteilungsfunktion der Zufallsvariablen Z_i. Die Differenz zwischen den Erwartungsnutzen von a_A und a_B beträgt also:

$$\Delta \equiv \mathrm{E}[u(Z_A)] - \mathrm{E}[u(Z_B)] = \int_a^b (f_A(z) - f_B(z)) u(z) \, \mathrm{d}z \ .$$

Durch partielles Integrieren[3] erhält man

---

[3] Aus der Produktregel $(u \cdot v)' = u \cdot v' + u' \cdot v$ für die Ableitung des Produkts zweier Funktionen u und v ergibt sich durch Integration die Beziehung $\int_a^b (u \cdot v)'(x) \mathrm{d}x = \int_a^b u(x) v'(x) \, \mathrm{d}x + \int_a^b u'(x) v(x) \, \mathrm{d}x$ und damit die Regel für die partielle Integration:

$$\int_a^b u(x) v'(x) \, \mathrm{d}x = \left[u(x) v(x) \right]_a^b - \int_a^b u'(x) v(x) \, \mathrm{d}x \ .$$

$$\Delta = u(z) \cdot (F_A(z) - F_B(z)) \Big|_a^b + \int_a^b (F_B(z) - F_A(z)) u'(z) \, dz \, .$$

Da $F_A(b) - F_B(b) = 1 - 1 = 0$ und $F_A(a) = F_B(a) = 0$ ergibt sich für die Differenz des Erwartungsnutzen:

$$\Delta = \int_a^b (F_B(z) - F_A(z)) u'(z) \, dz \, . \tag{8D.1}$$

Dieses Ergebnis gilt auch für $a = -\infty$ und $b = \infty$.

Beweis für die FSD-Regel. Die Alternative a_A dominiert die Alternative a_B im Sinne der FSD-Regel, wenn für alle z gilt: $F_A(z) \leq F_B(z)$, wobei für mindestens ein z_0 die Bedingung in Form einer strikten Ungleichung erfüllt sein muss. Wenn $F_A(z) \leq F_B(z)$ für alle z gilt, ist $(F_B(z) - F_A(z)) u'(z) \geq 0$ aufgrund der Annahme $u' > 0$. Wegen $F_A(z_0) < F_B(z_0)$ und der Rechtsstetigkeit der Verteilungsfunktionen F_A und F_B existiert ein $\varepsilon > 0$ mit $F_A(z) < F_B(z)$ für alle $z_0 \leq z \leq z_0 + \varepsilon$. Daraus folgt für alle u mit $u' > 0$: $\Delta > 0$ und somit $E[u(Z_A)] > E[u(Z_B)]$. □

Beweis für die SSD-Regel. Die Alternative a_A dominiert die Alternative a_B im Sinne der SSD-Regel genau dann, falls

$$\int_a^z (F_B(t) - F_A(t)) \, dt \geq 0 \quad \text{für alle } z \text{ gilt,} \tag{8D.2}$$

wobei die obige Bedingung für mindestens ein z_0 in Form einer strikten Ungleichung erfüllt sein muss. Durch partielles Integrieren der rechten Seite von (8D.1) erhält man

$$\Delta = \int_a^b (F_B(z) - F_A(z)) u'(z) \, dz$$

$$= u'(z) \int_a^z (F_B(t) - F_A(t)) \, dt \Big|_a^b + \int_a^b \left(-u''(z) \int_a^z (F_B(t) - F_A(t)) \, dt \right) dz$$

$$= u'(b) \int_a^b (F_B(t) - F_A(t)) \, dt + \int_a^b \left(-u''(z) \int_a^z (F_B(t) - F_A(t)) \, dt \right) dz \, .$$

Bei Gültigkeit der SSD-Regel ist der erste Ausdruck auf der rechten Seite nicht negativ. Der zweite Ausdruck auf der rechten Seite wird wegen $u'' < 0$ positiv, wenn das Integral in der Klammer positiv ist (für $a = -\infty$ und $b = +\infty$ ist dieses Integral aus Stetigkeitsüberlegungen wegen $\int_a^{z_0} (F_B(t) - F_A(t)) \, dt > 0$ und (8D.2) positiv). Somit gilt also für alle u mit $u' > 0$ und $u'' < 0$: $\Delta > 0$ und auch $E[u(Z_A)] > E[u(Z_B)]$. □

Beweis für die EV-Regel bei normalverteilten Rückflüssen und Risikoaversion des Investors. Um die Konsistenz der EV-Regel mit der Bernoulli-Regel zu zeigen, genügt es, die Äquivalenz mit der SSD-Regel aufzuzeigen: Zu Beginn dieses Anhangs wurde nämlich bereits die Konsistenz der SSD-Regel mit der Bernoulli-Regel aufgezeigt. Es seien nun annahmegemäß die Rückflüsse Z_i aller Investitonsalternativen a_i normalverteilt, d. h. $Z_i \sim \mathcal{N}(\mu_i, \sigma_i)$ $(i = A, B)$. Die Verteilungsfunktion F_i der Zufallsvariablen Z_i ist dann folgendermaßen definiert:

$$F_i(z) \equiv P(Z_i \leq z) = P(\sigma_i X + \mu_i \leq z) = P\left(X \leq \frac{z - \mu_i}{\sigma_i}\right), \qquad (8\text{D}.3)$$

wobei X eine standardnormalverteilte Zufallsvariable darstellt: $X \sim \mathcal{N}(0,1)$.
Fall 1: $\sigma_A = \sigma_B = \sigma$ und $\mu_A > \mu_B$.
Für eine beliebige Realisation $z < \infty$ der Zufallsvariablen Z_A oder Z_B gilt die Ungleichung $(z - \mu_A)/\sigma < (z - \mu_B)/\sigma$. Daraus folgt wegen Beziehung (8D.3): $F_A(z) < F_B(z)$. In diesem Fall dominiert also die Investitionsalternative a_A die Alternative a_B im Sinne der stochastischen Dominanz-Regeln erster und zweiter Ordnung, da aus der Dominanz nach der FSD-Regel immer auch Dominanz nach der SSD-Regel folgt. Ebenso domiert a_A die Alternative a_B gemäß der EV-Regel.
Fall 2: $\sigma_A > \sigma_B$ und $\mu_A > \mu_B$.
In diesem Fall dominiert nach der EV-Regel keine Alternative die andere. Die Verteilungsfunktionen von a_A und a_B schneiden sich im Punkt z_0, der durch folgende Beziehung festgelegt wird:

$$\frac{z_0 - \mu_A}{\sigma_A} = \frac{z_0 - \mu_B}{\sigma_B} \qquad \Longleftrightarrow \qquad z_0 = \frac{\mu_B \sigma_A - \mu_A \sigma_B}{\sigma_A - \sigma_B} \ .$$

Für alle Realisationen $z < z_0$ der Zufallsvariablen Z_A oder Z_B gilt dann $(z - \mu_A)/\sigma_A > (z - \mu_B)/\sigma_B$. Wie bereits im Fall 1 gezeigt, gilt somit $F_A(z) > F_B(z)$. Links vom Schnittpunkt liegt die Verteilungsfunktion von a_A über der von a_B. Somit kann nach der SSD-Regel die Alternative a_B nicht von der Alternative a_A dominiert werden. Da aber $\mu_A > \mu_B$ vorausgesetzt wurde, kann auch keine Dominanz von a_B über a_A vorliegen (wäre nur bei negativer Risikoprämie $\widehat{=}$ Risikofreude der Fall). Die EV-Regel und die SSD-Regel führen also zu dem gleichen Ergebnis.
Fall 3: $\sigma_A < \sigma_B$ und $\mu_A \geq \mu_B$.
Nach der EV-Regel dominiert also die Alternative a_A die Alternative a_B. Für alle Realisationen $z < z_0$ der Zufallsvariablen Z_A oder Z_B gilt dann $(z - \mu_A)/\sigma_A < (z - \mu_B)/\sigma_B$ und somit gilt nach (8D.3) $F_A(z) < F_B(z)$. Für alle anderen Realisationen $z > z_0$ gilt $(z - \mu_A)/\sigma_A > (z - \mu_B)/\sigma_B$ und daher nach (8D.3) $F_A(z) > F_B(z)$. Die Verteilungsfunktion von a_A liegt also bis zum Schnittpunkt z_0 unterhalb der von a_B und ab diesem Schnittpunkt oberhalb. Wegen $\mu_A - \mu_B \geq 0$ und (8D.1) (für $u(z) = z$) gilt die folgende Beziehung

$$\int_{-\infty}^{\infty} (F_B(z) - F_A(z))\,dz = E[Z_A] - E[Z_B] = \mu_A - \mu_B \geq 0.$$

Daraus folgt $\int_{-\infty}^{z}(F_B(t) - F_A(t))\,dt > 0$ für alle $z < \infty$, da der Integralwert für $z \geq z_0$ gemäß den obigen Überlegungen monoton mit der oberen Integralgrenze fällt. Somit dominiert die Alternative a_A die Alternative a_B auch nach der SSD-Regel. □

Beweis für die EVieS-Regel bei normalverteilten Rückflüssen und exponentieller Nutzenfunktion. Die EV-Regel im engeren Sinne ist konsistent mit der Bernoulli-Regel bei exponentieller Nutzenfunktion des Entscheiders (d. h. $u(z) = -\exp\{-\alpha z\}, \alpha > 0$) und normalverteiltem Rückfluss Z_k der Investitionsalternative k, d. h. $Z_k \sim \mathcal{N}(\mu_k, \sigma_k), k = 1, 2, \ldots$. Dies lässt sich folgendermaßen einsehen (der Projektindex k wird der Übersichtlichkeit halber weggelassen):

$$
\begin{aligned}
E[u(Z)] &= \int_{-\infty}^{\infty} u(z) f(z)\,dz = \tfrac{1}{\sqrt{2\pi}\sigma} \int -\exp\{-\alpha z\} \cdot \exp\left\{-\tfrac{1}{2}\tfrac{(\mu-z)^2}{\sigma^2}\right\} dz \\
&= -\tfrac{1}{\sqrt{2\pi}\sigma} \int \exp\left\{-\tfrac{1}{2}\left(\tfrac{z^2-2z\mu+\mu^2+2\alpha z\sigma^2}{\sigma^2}\right)\right\} dz \\
&= -\tfrac{1}{\sqrt{2\pi}\sigma} \int \exp\left\{-\tfrac{1}{2}\left(\tfrac{z^2-2z(\mu-\alpha\sigma^2)+(\mu-\alpha\sigma^2)^2-(\mu-\alpha\sigma^2)^2+\mu^2}{\sigma^2}\right)\right\} dz \\
&= -\tfrac{1}{\sqrt{2\pi}\sigma} \int \exp\left\{-\tfrac{1}{2}\left(\tfrac{(z-(\mu-\alpha\sigma^2))^2}{\sigma^2}\right)\right\} \exp\left\{-\tfrac{1}{2}\left(\tfrac{-(\mu-\alpha\sigma^2)^2+\mu^2}{\sigma^2}\right)\right\} dz.
\end{aligned}
$$

Durch die Variablentransformation $y \equiv \frac{z-(\mu-\alpha\sigma^2)}{\sigma}$, $dy/dz = 1/\sigma$ ergibt sich dann

$$
\begin{aligned}
E[u(Z)] &= \exp\left\{-\tfrac{1}{2}\tfrac{-(\mu-\alpha\sigma^2)^2+\mu^2}{\sigma^2}\right\} \cdot \left(-\tfrac{1}{\sqrt{2\pi}\sigma}\int \exp\left\{-\tfrac{1}{2}y^2\right\}\sigma\,dy\right) \\
&= \exp\left\{-\tfrac{1}{2}\tfrac{-(\mu-\alpha\sigma^2)^2+\mu^2}{\sigma^2}\right\} \cdot (-1) = -\exp\left\{-\alpha\left(\mu - \tfrac{\alpha}{2}\sigma^2\right)\right\}.
\end{aligned}
$$

Der dimensionslose Erwartungsnutzen wächst daher monoton mit dem dimensionslosen Präferenzwert $\Phi(a_k) = \mu_k - \frac{\alpha}{2}\sigma_k^2$. Bezeichnet $Z(x)$ den Rückfluss der Investitionspolitik x, so gilt $\arg\max\limits_{x \in X} E[u(Z(x))] = \arg\max\limits_{x \in X}\left(\mu(x) - \frac{\alpha}{2}\sigma(x)^2\right)$. Damit ist die Konsistenz der EV-Regel im engeren Sinne (bei Vorliegen der beiden Konsistenzbedingungen) mit der Bernoulli-Regel bewiesen. □

Literatur

Arrow, Kenneth J., 1964, The role of securities in the optimal allocation of risk-bearing, *Review of Economic Studies* 31, 91–96.

Bamberg, Günter und Adolf G. Coenenberg, 2004, *Betriebswirtschaftliche Entscheidungslehre*, Vahlen, 12. Auflage.

Bamberg, Günter, Gregor Dorfleitner und Michael Krapp, 2006, Treffen Investoren mit konstanter relativer Risikoaversion auch im Buy-and-Hold-Kontext myopische Portfolioentscheidungen?, In: Kürsten, Wolfgang und Bernhard Nietert, Hrsg., Kapitalmarkt, Unternehmensfinanzierung und rationale Entscheidungen, 3–14, Springer, Heidelberg.

Bamberg, Günter und Klaus Spremann, 1981, Implications of Constant Risk Aversion, *Zeitschrift für Operations Research* 25, 205–244.

Bawa, Vijay S., 1975, Optimal rules for ordering uncertain prospects, *Journal of Financial Economics* 2, 95–121.

Bernoulli, Daniel, 1738, Specimen theoriae novae de mensura sortis, *Commentarii Academiae Scientiarum Imperialis Petropolitanae*, 175–192.

Bühler, Wolfgang, Olaf Korn und Andreas Schmidt, 1998, Ermittlung von Eigenkapitalanforderungen mit internen Modellen, *Die Betriebswirtschaft* 58, 64–85.

Eisenführ, Franz und Martin Weber, 2002, *Rationales Entscheiden*, Springer, Berlin, 2. Auflage.

Elton, Edwin J., Martin J. Gruber, Stephen J. Brown und William N. Goetzmann, 2003, *Modern Portfolio Theory and Investment Analysis*, John Wiley & Sons, Hoboken.

Gollier, Christian, 2001, *The Economics of Risk and Time*, MIT Press, Cambridge.

Hadar, Josef und William R. Russell, 1969, Rules for Ordering Uncertain Prospects, *American Economic Review* 59, 25–34.

Kürsten, Wolfgang, 1992, Präferenzmessung, Kardinalität und sinnmachende Aussagen: Enttäuschung über die Kardinalität des Bernoulli-Nutzens, *Zeitschrift für Betriebswirtschaft* 62, 459–477.

Mas-Colell, Andreu, Michael D. Whinston und Jerry R. Green, 1995, *Microeconomic Theory*, Oxford University Press, New York.

Menger, Karl, 1934, Das Unsicherheitsmoment in der Wertlehre, *Zeitschrift für Nationalökonomie* 5, 459–485.

Mossin, Jan, 1968, Optimal Multiperiod Portfolio Policies, *Journal of Business* 41, 215–229.

Pratt, John W., 1964, Risk aversion in the small and in the large, *Econometrica* 32, 122–136.

Quirk, James P. und Rubin Saposnik, 1962, Admissibility and Measurable Utility Functions, *Review of Economic Studies* 29, 140–146.

Ramsey, Frank P., 1931, *The Foundations of Mathematics: and other logical essays*, Routledge & Keegan Paul, London.

Reichling, Peter, 1996, Safety First-Ansätze in der Portfolio-Selektion, *Zeitschrift für betriebswirtschaftliche Forschung* 48, 31–55.

Ross, Stephen A., 1981, Some Stronger Measures of Risk Aversion in the Small and in the Large, *Econometrica* 49, 621–638.

Rothschild, Michael und Joseph E. Stiglitz, 1970, Increasing Risk: I. A Definition, *Journal of Economic Theory* 2, 225–243.

Rothschild, Michael und Joseph E. Stiglitz, 1971, Increasing Risk: II. Its Economic Consequences, *Journal of Economic Theory* 3, 66–84.

Samuelson, Paul A., 1971, The „Fallacy" of Maximizing the Geometric Mean in Long Sequences of Investing or Gambling, *Proceedings of the National Academy of Sciences USA* 68, 2493–2496.

Samuelson, Paul A., 1990, Asset Allocation Could be Dangerous to Your Health, *Journal of Portfolio Management*, 5–8.

Samuelson, Paul A., 1991, Long-Run Risk Tolerance when Equity Returns are Mean Regressing: Pseudoparadoxes and Vindication of „Businessman's Risk", In: Brainard, William C., William D. Nordhaus und Harold W. Watts, Hrsg., Money, Macroeconomics, and Economic Policy. Essays in the Honor of James Tobin, 181–200, MIT Press, Cambridge and London.

Schneeweiß, Hans, 1967, *Entscheidungskriterien bei Risiko*, Springer, Berlin, Heidelberg, New York, 1. Auflage.

von Neumann, John und Oskar Morgenstern, 1944, *Theory of Games and Economic Behaviour*, Princeton University Press, Princeton.

Wilhelm, Jochen, 1985, Das Bernoulli-Prinzip – und kein Ende?, *Zeitschrift für Betriebswirtschaft* 55, 635–639.

Wilhelm, Jochen, 1986, Zum Verhältnis von Höhenpräferenz und Risikopräferenz – eine theoretische Analyse, *Zeitschrift für betriebswirtschaftliche Forschung* 38, 467–492.

Teil C
Investitionen mit Wahlrechten

9

Terminpreise und Wertgrenzen für Optionen

Investitionen mit Wahlrechten sind prinzipiell genauso zu bewerten wie Investitionen ohne Wahlrechte. Im Falle von Optionen, die das Recht verbriefen, börsengehandelte Finanztitel zu einem bestimmten Preis zu erwerben oder zu verkaufen, ist die Bewertung sogar relativ einfach und elegant: Die Bewertung *kann* wie im Fall von sicheren Investitionen auf Basis des Duplikationsprinzips erfolgen. Dies wurde bereits im einführenden Kapitel 1 an zwei Beispielen veranschaulicht. Damit die Duplikation auch funktioniert, müssen allerdings gewisse Anforderungen an den Preisprozess für das zugrundeliegende Basisinstrument gestellt werden, die in der realen Welt nicht immer erfüllt sind. Daher ist es zunächst wichtig, Wertgrenzen zu kennen, die in arbitragefreien und friktionslosen Finanzmärkten auch dann einzuhalten sind, falls die Anwendungsvoraussetzungen für Duplikationsmodelle nicht vorliegen.

Im Folgenden beschränken wir uns auf die Herleitung von Wertgrenzen für Optionen auf Aktien und Devisen. *Optionen* verbriefen für den Käufer das *Recht*, nicht aber die *Pflicht*, eine bestimmte Anzahl von Finanztiteln oder Waren (*Basisinstrumente*) am oder bis zum Verfalltag zum heute festgesetzten *Basispreis* zu kaufen oder zu verkaufen. Übersteigt am Verfalltag der zukünftige Wert S_T des Basisinstruments den Basispreis K, so wird der Käufer einer Kaufoption (*Call*) seine Option ausüben und das Basisinstrument kaufen, während der Käufer einer Verkaufsoption (*Put*) sein Wahlrecht verfallen lässt. Am Verfalltag T hat also ein Call den Wert $C_T = \max\{0; S_T - K\}$ und ein Put den Wert $P_T = \max\{0; K - S_T\}$. Calls, z. B. auf Aktien, werden von Investoren nachgefragt und gekauft, falls diese steigende Kurse der zugrundeliegenden Aktie erwarten, aber weniger Kapital als bei einem direkten Aktienkauf binden wollen. Angeboten werden diese Finanztitel sehr oft von Aktienbesitzern, die nicht mit steigenden Aktienkursen rechnen. Obwohl sich der heutige Wert einer solchen Finanzinvestition nur mit Annahmen über den zukünftigen Kurs des Basisinstruments bestimmen lässt, so ist es doch möglich, allein mit den Annahmen 1.1 bis 1.4 Wertgrenzen für Optionen zu bestimmen, die unabhängig vom Preisprozess des Basisinstruments sind.

Verletzen Optionen die Wertgrenzen, so ist profitable, risikolose *Raum-* oder *Zeit-arbitrage* möglich.

Sehr oft ist das Basisinstrument, das dem Optionsrecht zugrunde liegt, ein außerbörslich abgeschlossener oder an Terminbörsen gehandelter Terminkontrakt. Erstere werden *Forwards*, Letztere *Futures* genannt. Beide verbriefen das *Recht* und die *Pflicht*, ein Basisinstrument zu einem zukünftigen Zeitpunkt (Erfüllungs-zeitpunkt) zu einem heute festgelegten Preis zu kaufen oder zu verkaufen. Dieser Preis entspricht i. d. R. dem Terminpreis bei Abschluss des Geschäfts. Deshalb wird in diesem Kapitel zunächst der Zusammenhang zwischen Kassa- und Ter-minpreisen untersucht.

In den Abschnitten 9.1 und 9.2 wird die Differenz aus Termin- und Kassapreis für ein Gut oder einen Finanztitel, die sogenannte *Basis*, durch die *intertemporalen Transferkosten* (Cost of Carry) erklärt. Den Zusammenhang zwischen dem heu-te erwarteten *zukünftigen Kassapreis* und dem heutigen *Terminpreis* untersuchen wir in Abschnitt 9.3. In Abschnitt 9.4 wird der Forward-Preis dem Futures-Preis gegenübergestellt, bevor mögliche Darstellungen des Forward- und des Futures-Preises hergeleitet werden. Ergebnis des Abschnittes wird sein, dass unter der Annahme einer deterministischen Zinsentwicklung der *Futures-Preis* mit dem *Forward-Preis* übereinstimmen muss. Abschnitt 9.5 präsentiert sowohl die Wert-grenzen von Aktienoptionen in arbitragefreien, friktionslosen Finanzmärkten als auch Ergebnisse von empirischen Überprüfungen derselben. Im abschließenden Abschnitt 9.6 sind entsprechende Wertgrenzen für Devisenoptionen zusammen-gefasst. Alle Darstellungen unterstellen dabei die Arbitragefreiheit und Frikti-onslosigkeit der involvierten Finanzmärkte (Annahmen 1.1 bis 1.4).

9.1 Die Basis und ihre Konvergenz

Der *Kassapreis* ist der Preis für ein Gut bei sofortiger Lieferung und Bezahlung (sofortige Erfüllung). Der *Terminpreis* hingegen gibt den Preis des Guts bei Lie-ferung und Bezahlung zu einem zukünftigen Zeitpunkt an. Zur Darstellung der Zusammenhänge zwischen den beiden Preisen wird die folgende Notation (mit den Konventionen $F_t = F_t(T)$ und $F_t^{Fut} = F_t^{Fut}(T)$) verwendet:

T $\equiv$ Erfüllungszeitpunkt des Forward- oder Futures-Kontraktes;
S_t $\equiv$ Kassapreis des Basiswertes zum Zeitpunkt t;
$F_t(T)$ $\equiv$ Forward-Preis zum Zeitpunkt t;
$F_t^{Fut}(T)$ $\equiv$ Futures-Preis zum Zeitpunkt t;
R_t $\equiv$ Bruttorendite einer einperiodigen Anlage, die im Zeitpunkt t be-ginnt.

Wiederum bezeichnet $B_t(T)$ den Preis eines Zeros mit dem Nennwert von einem Euro und der Fälligkeit T zum Zeitpunkt t. Unter der Annahme einer im Zeitab-lauf konstanten, flachen Zinsstrukturkurve besitzt dieser Preis auch die folgende

Darstellung:[1] $B_t(T) = e^{-r(T-t)}$ mit $B_T(T) = 1$. Einen ansonsten identischen Zero, der in Fremdwährung denominiert ist, bezeichnen wir mit $B_t^*(T)$. Unter der Annahme einer konstanten, flachen Zinsstrukturkurve (in der Fremdwährung) besitzt dieser Preis die Darstellung $B_t^*(T) = e^{-r^*(T-t)}$.

Die Differenz zwischen dem aktuellen Terminpreis und dem aktuellen Kassapreis einer Ware oder eines Finanztitels wird *Basis* genannt. Bezeichnet $BS_t(T)$ die Basis zum Zeitpunkt t, S_t den aktuellen Kassapreis und $F_t(T)$ den aktuellen Terminpreis für einen Kontrakt, der im Zeitpunkt T zu erfüllen ist, dann benutzen wir die (in der Literatur und Praxis nicht unumstrittene) Vereinbarung

$$BS_t(T) \equiv F_t(T) - S_t .$$

Da in arbitragefreien und friktionslosen Märkten bei Fälligkeit des Terminkontraktes Kassa- und Terminpreis übereinstimmen müssen, $F_T(T) = S_T$, beobachtet man meist die in Abbildung 9.1 dargestellte Konvergenz der Basis.

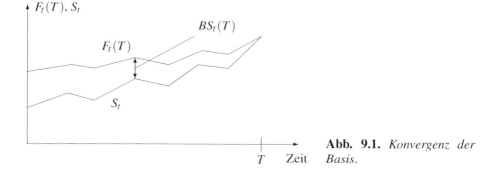

Abb. 9.1. *Konvergenz der Basis.*

Wäre der Terminpreis bei Fälligkeit größer als der Kassapreis, so würden Arbitrageure im Erfüllungszeitpunkt Terminkontrakte verkaufen, das Basisinstrument zum Kassapreis kaufen, sofort gegen den Terminkontrakt zum Terminpreis liefern und dabei einen risikolosen Gewinn in Höhe von $F_T(T) - S_T > 0$ realisieren. Wäre dagegen der Terminpreis bei Fälligkeit kleiner als der Kassapreis, so ließe sich durch den Kauf von Terminkontrakten und gleichzeitigen Verkauf am Kassamarkt ebenso ein Gewinn erzielen.

Zu Bedenken ist weiterhin, dass zwar Futures-Kontrakte auf eine Vielzahl von Basisinstrumenten gehandelt werden, aber nicht alle Basisinstrumente in ihrer spezifischen Qualität handelbar sind (beispielsweise der Handelsplatz bei physischer Lieferung und die genaue Qualität des gehandelten Basisinstruments bei

---

[1] Man beachte: In den Kapiteln 5 bis 8 erfolgte die Modellierung des Zinsniveaus ausschließlich auf der Basis von Zins*sätzen*, in den Kapiteln 9 bis 12 hingegen vorwiegend auf der Basis von Zins*raten*. Im Unterschied zur bisherigen Konvention bezeichnet r nun also nicht mehr den Kassazins*satz*, sondern die Kassazins*rate* (d. h. die stetige Rendite dieser Anlage, bisher mit r^r bezeichnet). Für risikolose Finanzanlagen gilt folgender Zusammenhang: Zins*satz* $= \exp\{\text{Zins}rate\} - 1$.

Waren). Deshalb unterscheiden Stoll und Whaley (1993) zwischen dem Kassa-kurs (Spot Price) und Kassapreis (Cash Price). Der Kassapreis $S_{t,i}$ gibt den Preis einer bestimmten Qualität $i \in \{1, \ldots, n\}$ des Basisinstrumentes an und der Kassa-kurs $S_t \in \{S_{t,1}, \ldots, S_{t,n}\}$ bezeichnet den Kassapreis des Basisinstrumentes mit der im Kontrakt definierten Qualität. Damit lässt sich die Basis in zwei Komponen-ten zerlegen: in die *Zeitbasis (Carry-Basis)* $F_t^{Fut}(T) - S_t$, die im Zeitablauf gegen null konvergiert, und die *Qualitätsbasis (Grade Basis)* $S_t - S_{t,i}$, die auch bei Fäl-ligkeit von null verschieden sein kann. Die Gesamtbasis

$$F_t^{Fut}(T) - S_{t,i} = (F_t^{Fut}(T) - S_t) + (S_t - S_{t,i})$$

muss daher nicht gegen null konvergieren (siehe Abbildung 9.2).

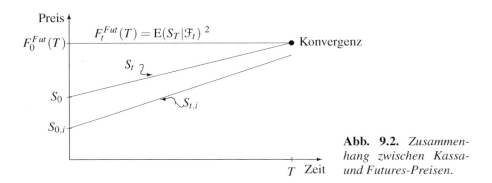

Abb. 9.2. *Zusammen-hang zwischen Kassa- und Futures-Preisen.*

Versucht beispielsweise ein Schokoladenhersteller, das Rohmaterial Kakao von seinem Lieferanten (15 Tonnen losen Kakao aus Brasilien nach Hamburg gelie-fert mit Kassapreis $S_{t,i}$) durch eine Futures-Position $F_t^{Fut}(T)$ an der Liffe (London International Financial Futures Exchange[3]) abzusichern, so muss er bedenken, dass die Liffe in den Kontraktspezifikationen des Basisinstruments (mit Kassa-kurs S_t) festlegt, aus welchen Ländern (Elfenbeinküste, Togo, Nigeria, …) der Kakao stammen muss, an welchen Orten geliefert werden kann (London, Amster-dam, Rotterdam, …), zu welcher Zeit (März, Juni, September, Dezember) und in welcher Menge (etwa Sackware zu 10 Tonnen). Der Schokoladenhersteller kann also trotz der Übereinstimmung der Fälligkeiten von Futures- und Kassaposition ein Risiko eingehen, das als *Basisrisiko* bezeichnet wird. Für einige Basisinstru-mente (beispielsweise Finanztitel) ist die Unterscheidung zwischen Kassakurs und Kassapreis irrelevant. Wir werden daher im Folgenden davon ausgehen, dass die Qualitätsbasis gleich null ist.

---

[2] $E(S_T | \mathcal{F}_t)$ kennzeichnet die *bedingte* Erwartungswertbildung auf Basis des Informationsstandes $\mathcal{F}_t$. Letzterer ist im mathematischen Sinne eine Ereignisalgebra.

[3] siehe www.euronext.com

9.2 Transferkostenmodell

Lagerfähige Güter, die erst in einem *zukünftigen* Zeitpunkt für Konsum- oder Produktionszwecke benötigt werden, werden sehr oft *sofort* beschafft. Dadurch vermeidet der nachfragende Konsument dieses Gutes das Risiko von Preiserhöhungen, die bis zum zukünftigen Gebrauchszeitpunkt auftreten können (Cash & Carry-Strategie). Stattdessen nimmt er allerdings *Kosten der Kapitalbindung, Lagerung, Versicherung*, etc. in Kauf. Die Summe dieser Kosten (abzüglich eines evtl. Nutzens, den das Gut stiftet) bezeichnet man als *intertemporale Transferkosten* oder kürzer *Haltekosten* (*Cost of Carry*). So kann beispielsweise ein Gold verarbeitender Schmuckproduzent, der sich gegen steigende Goldpreise absichern möchte, Gold per Kasse kaufen und bis zum voraussichtlichen Verwendungszeitpunkt einlagern. Letzteres bindet natürlich Kapital und verursacht zudem Lagerungs- und Versicherungskosten. Auch ein Importeur von Waren aus den USA kann das Währungsrisiko einer Dollar-Verbindlichkeit durch den heutigen Kauf von US-Dollar zum Kassakurs mit anschließender Anlage der Devise am amerikanischen Finanzmarkt vermeiden. In letzterem Beispiel entsprechen die Haltekosten der Differenz zwischen den entgangenen Zinsen am deutschen Finanzmarkt und dem Zinsertrag am amerikanischen Finanzmarkt. Neben dieser Politik besteht nun auch die Möglichkeit, das nachgefragte Gut per Termin zu kaufen, wobei die intertemporalen Transferkosten entfallen. Soll nun profitable Arbitrage nicht möglich sein, dann muss sich der Terminpreis vom Kassapreis für die sofortige Beschaffung des entsprechenden Gutes genau um diese intertemporalen Transferkosten unterscheiden. Dieser exakte Zusammenhang ergibt sich natürlich nur unter der Annahme friktionsloser Finanzmärkte.

Terminpreis bei endfälligen Transferkosten

Eine besonders einfache Beziehung ergibt sich für den Fall, dass Lager- und Kapitalkosten erst bei Fälligkeit des entsprechenden Terminkontraktes gezahlt werden müssen. Bezeichnet $BS_t(T)$ den Barwert der im Zeitpunkt t bekannten, für den zeitlichen Transfer vom Zeitpunkt t bis zum Zeitpunkt $T > t$ anfallenden, endfälligen Transferkosten, so gilt für den Terminpreis:

$$F_t(T) = S_t + BS_t(T) \,. \tag{9.1}$$

Ist der Terminpreis größer als die Summe aus Kassapreis und Transferkosten, so können Arbitrageure durch den Verkauf des Terminkontraktes und den Kauf der entsprechenden Kassaposition (*Cash and Carry-Arbitrage*) einen Gewinn in Höhe von

$$F_t(T) - S_t - BS_t(T) > 0$$

erzielen. Ist dagegen der Terminpreis kleiner als die Summe aus Kassapreis und Transferkosten, so kann durch eine *Reverse Cash and Carry-Arbitrage* ein Gewinn in Höhe von

$$S_t + BS_t(T) - F_t(T) > 0$$

erzielt werden. Letztere Strategie setzt jedoch voraus, dass ein Leerverkauf des Basisinstrumentes (kostenlos) möglich ist. Für das Basisinstrument „Aktie" illustriert dies das

Beispiel 9.1 (Terminpreis für eine Aktie). _____

Der gegenwärtige Aktienkurs betrage $S_0 = 100$. Bei einem Kreditzinssatz von 10% p. a. gilt für den Terminpreis der Aktie (mit $T = 1$) die folgende Obergrenze:

$$F_0(T) \leq S_0 + 10 = 110 \,.$$

Bei einer Verletzung dieser Obergrenze wäre nämlich die in der folgenden Arbitragetabelle dargestellte Cash and Carry-Arbitrage profitabel:

Zeitpunkte der Transaktionen	$t = 0$	$t = T = 1$
Kassakauf einer Aktie	-100	
Terminverkauf einer Aktie		$F_0(T)$
Kreditaufnahme zu 10%	$+100$	-110
Arbitragegewinn	0	$F_0(T) - 110$

Falls zudem eine kostenlose Wertpapierleihe möglich ist, dann gilt für den Terminpreis der Aktie die folgende Untergrenze:

$$F_0(T) \geq S_0 + 10 = 110 \,.$$

Bei einer Verletzung dieser Untergrenze wäre nämlich die Umkehrung der oben dargestellten Arbitragestrategie (Reverse Cash and Carry-Arbitrage) profitabel:

Zeitpunkte der Transaktionen	$t = 0$	$t = T = 1$
Kassaverkauf einer Aktie	100	
Terminkauf einer Aktie		$-F_0(T)$
Finanzanlage	-100	110
Arbitragegewinn	0	$-F_0(T) + 110$

Ähnliches gilt für das Basisinstrument „Aktienindex". Je nach Zusammensetzung des Indexes eignet sich der Indexterminkontrakt auch zur Absicherung von Aktienportefeuilles. Die Fülle der existierenden Indizes unterscheidet sich zum einen in der Zusammensetzung und zum anderen in der Berechnungsweise der Indexwerte. Aktienindexterminkontrakte unterscheiden sich von anderen Terminkontrakten dadurch, dass tatsächliche Lieferung quasi unmöglich ist. Glattstellung erfolgt daher immer durch *Cash Settlement*, d. h. durch eine Ausgleichszahlung. Bei der Bestimmung von Terminpreisen sind vor allem Dividendenzahlungen zu berücksichtigen. Unterstellt man eine einzige Dividendenzahlung DIV_s bis zum Erfüllungstag des Termingeschäftes ($t \leq s \leq T$), so kann der Barwert der Dividende im Zeitpunkt t als $DIV_t = DIV_s e^{-r(s-t)}$ berechnet werden. Die Cost of Carry-Relation lautet in diesem Fall:

$$F_t(T) = (S_t - DIV_t)\mathrm{e}^{r(T-t)} .$$

Diese Beziehung trifft jedoch nicht exakt auf den DAX-Future zu, da der DAX ein Performance-Index ist. Bei Performance-Indizes wird unterstellt, dass zwischenzeitliche (Bruttobar-)Dividenden in den Index reinvestiert werden.[4]
Die dem Transferkostenmodell zugrundeliegenden Überlegungen bleiben auch dann gültig, wenn das Basisinstrument *negative* Haltekosten verursacht, also während der Haltedauer Erträge erzielt. Dies kann beispielsweise beim Basisinstrument „Devise" der Fall sein. Um im Zeitpunkt T eine Einheit im Basisinstrument „US-Dollar" zu besitzen, müssen im Zeitpunkt t nur $B_t^*(T)$ Einheiten erworben werden. Ein Euro, zum Zeitpunkt t angelegt, liefert zum Zeitpunkt T einen sicheren Rückfluss von $1/B_t(T)$ Euro. Alternativ dazu kann ein Arbitrageur einen Euro im Zeitpunkt t zum Kassakurs S_t in Fremdwährung wechseln[5] und zum *Fremdwährungs-Zins* anlegen bzw. in eine Fremdwährungsanleihe investieren. Damit diese Transaktion risikolos ist, muss der Arbitrageur den Rückfluss in Fremdwährung durch einen Terminverkauf der Fremdwährung zum Terminpreis $F_t(T)$ absichern. Die kursgesicherte Fremdwährungsanlage bringt dann in T den sicheren Euro-Betrag $(F_t(T)/S_t)/B_t^*(T)$. Aus der Annahme der Arbitragefreiheit folgt, dass diese beiden risikolosen Anlagestrategien einen identischen Rückfluss liefern müssen:

$$\frac{1}{B_t(T)} = F_t(T)\left(\frac{1}{S_t} \cdot \frac{1}{B_t^*(T)}\right) . \tag{9.2}$$

Durch Umformung von Beziehung (9.2) erhält man den Terminpreis als Funktion des Kassapreises und der Zinsdifferenz:

Eigenschaft 9.1 (Zinsparität). *In einem arbitragefreien und friktionslosen Finanzmarkt gilt für Devisen der folgende Zusammenhang zwischen Terminpreis und Kassapreis:*

$$F_t(T) = S_t \frac{B_t^*(T)}{B_t(T)} .$$

Den Kapitalbindungskosten aus der Finanzierung der Kassaposition im Inland stehen also Zinserträge durch Anlage der Fremdwährung zu Fremdwährungs-Zinsen gegenüber. Sind die Euro-Zinsen insolvenzrisikofreier Finanzanlagen mit Restlaufzeit $T - t$ höher als entsprechende Fremdwährungs-Zinsen, ist der Terminpreis größer als der Kassapreis und die Basis positiv. Anderenfalls ist der Terminpreis kleiner als der Kassapreis und die Basis negativ.

---

[4] Bühler und Kempf (1993) stellen fest, dass bei Vernachlässigung von Dividendenzahlungen und Steuern die Anzahl und Höhe der Arbitragemöglichkeiten im Untersuchungszeitraum stark abnehmen, so dass „der DAX-Futures Markt am Ende des Jahres 1991 als weitgehend arbitragefrei bezeichnet werden kann". Bamberg und Röder (1994) berücksichtigen dagegen explizit Dividenden und Körperschaftsteuern. Sie weisen nach, dass institutionelle Arbitrageure durchaus in der Lage waren, mit der Cash & Carry-Strategie signifikante Arbitragegewinne zu erzielen.

[5] Wir verwenden die Preisnotierung für Devisen aus Sicht der Heimatwährung. Damit besitzt der US-Dollar-Kassapreis die Dimension Euro/USD.

Bei physischen Gütern sind als Haltekosten neben den Kosten der Kapitalbindung insbesondere die Kosten der Lagerung zu berücksichtigen. Unter der Annahme einer konstanten Zinsrate r und im voraus zu zahlender Lagerkosten L_t gilt für den Terminpreis der Ware:

$$F_t(T) = (S_t + L_t)e^{r(T-t)} \,. \tag{9.3}$$

Sind die Lagerkosten in diskreten Raten fällig, so kann L_t als auf den Zeitpunkt t bezogener Barwert der Lagerkosten aufgefasst werden. Damit ist wieder Gleichung (9.3) anwendbar. Dieses Verfahren setzt voraus, dass keine Unsicherheit hinsichtlich der zukünftigen Lagerkosten besteht.

Die Übertragung der Cost of Carry-Relation auf Warenterminkontrakte wurde unter der Annahme, dass die Waren lagerfähig sind und keine Leerverkaufsbeschränkungen bestehen, vorgenommen. Jedoch unterliegt die Produktion von Waren, insbesondere von landwirtschaftlichen Erzeugnissen, saisonalen Schwankungen. Sowohl der Kassapreis als auch die Lagerbestände folgen tendenziell einer sogenannten Sägezahnkurve. Kurz nach der Ernte sind die Lager gut gefüllt und werden allmählich abgebaut, um kurz vor der neuen Ernte ein Minimum zu erreichen. Entsprechend steigt der Kassakurs von einem Minimum nach der Ernte auf ein Maximum kurz vor der neuen Ernte. Kurz nach der Ernte sind aufgrund der vollen Lager Leerverkäufe relativ unproblematisch, so dass die Cost of Carry-Relation gelten muss. Kurz *vor* der neuen Ernte halten jedoch nur noch Konsumenten des Gutes Lagerbestände. Dazu werden insbesondere auch Produzenten gezählt, die dieses Gut weiter verarbeiten. Sie benötigen Bestände, um ihren Produktionsablauf sicherzustellen. Leerverkäufe sind daher nicht möglich, da keine Bestände vorhanden sind, die verliehen werden können. Die Cost of Carry-Relation gilt daher nur in einer Richtung und damit als Ungleichung:

$$F_t(T) \leq S_t + BS_t(T) \,.$$

Es ist daher möglich, dass der Terminpreis kleiner als der heutige Kassapreis wird, mit anderen Worten eine negative Basis auftritt. Eine negative Basis ist tatsächlich immer für Kontrakte zu beobachten, die nach der neuen Ernte fällig werden. Der Terminpreis ist in diesen Fällen durch die Erwartung der niedrigen Kassapreise nach der Ernte determiniert. Dann sind die Lagerkosten größer als die Basis. Trotzdem halten einige Produzenten Lagerbestände, um den Produktionsablauf sicherzustellen. Die Vorteile, die einem Produzenten durch das Halten der Kassaposition entstehen, werden auch als *Convenience Yield* (*Verfügbarkeitsertrag*) bezeichnet. Die entsprechende Ertrags*rate* wird mit y bezeichnet.

Terminpreise bei konstanter Transferkostenrate

Stehen die intertemporalen Transferkosten in einem *konstanten, proportionalen* Verhältnis zum Marktpreis des transferierten Gutes und werden die Transferkosten zudem *zeitstetig* verrechnet, so lassen sich letztere in eleganter Weise durch die *Transferkostenrate b* erfassen. Der Terminpreis lautet in diesem Fall:[6]

$$F_t(T) = S_t e^{b(T-t)} \, . \tag{9.4}$$

Aus Tabelle 9.1 können für eine Reihe von Gütern die Komponenten der Transferkostenrate entnommen werden. Zu beachten ist dabei, dass die allgemeine Form nur bei *konstanter* Transferkostenrate gilt. Ist diese Bedingung nicht erfüllt, so müssen geeignete Modifikationen vorgenommen werden.

Tabelle 9.1. *Komponenten der intertemporalen Transferkostenrate.*

Basisinstrumente	Komponenten der intertemporalen Transferkostenrate (b)
Aktien, Aktienindex	$+r$ (Zinsrate)
	$-d$ (Dividendenrate)[7]
Devisen	$+r$ (Inländische Zinsrate)
	$-r^*$ (Ausländische Zinsrate)
Waren	$+r$ (Zinsrate)
	$+l$ (Lagerkostenrate)
	$-y$ (Convenience Yield)

9.3 Terminpreis versus erwarteter zukünftiger Kassapreis

Für die Übernahme von Preisrisiken verlangen risikoaverse Investoren eine angemessene Risikoprämie. Ein Spekulant wird also nur dann eine Long Position in Terminkontrakten eingehen, wenn er steigende Terminpreise erwartet. Umgekehrt wird er nur dann eine Short Position eingehen, wenn er fallende Terminpreise erwartet. Terminpreise folgen einem Aufwärtstrend, wenn der Kassapreis bei Fälligkeit größer ist als der heutige Terminpreis. Mit anderen Worten, Spekulanten übernehmen Long Positionen in Terminkontrakten, wenn der erwartete zukünftige Kassapreis auf Basis des heutigen Informationsstandes $\mathrm{E}(S_T|\mathcal{F}_t)$ größer ist als der heutige Terminpreis. Diese Situation bezeichnet man als *Normal Backwardation:*[8]

$$F_t(T) < \mathrm{E}(S_T|\mathcal{F}_t) \, .$$

---

[6] Die Analogie zur Preisrelation (9.1) wird deutlich, wenn man die absoluten intertemporalen Transferkosten $BS_t(T)$ in Gleichung (9.1) durch relative Transferkosten $\tilde{b}_t = BS_t(T)/S_t$ ersetzt: $F_t(T) = S_t + BS_t(T) = S_t(1+\tilde{b}_t)$. Im Falle zeitstetig verrechneter intertemporaler Transferkosten muss also nur der Faktor $(1+\tilde{b}_t)$ durch den Faktor $e^{b(T-t)}$ ersetzt werden.

[7] Bei Performance-Indizes wie beispielsweise dem DAX gilt immer $d = 0$.

[8] Der Begriff Normal Backwardation ist etwas irreführend, da er suggeriert, dass Backwardation die normale Situation ist. Dies hat sich jedoch in empirischen Untersuchungen nicht bestätigt. Vielmehr zeigt beispielsweise Kolb (1992), dass weder Normal Backwardation noch Contango vorherrschen, sondern in der Entwicklung des Terminpreises kein Trend zu beobachten ist.

Die umgekehrte Situation erwarteter fallender Terminpreise, die daraus resultiert, dass der erwartete zukünftige Kassapreis kleiner als der heutige Terminpreis ist, bezeichnet man als *Contango:*

$$F_t(T) > \mathrm{E}(S_T | \mathcal{F}_t) \, .$$

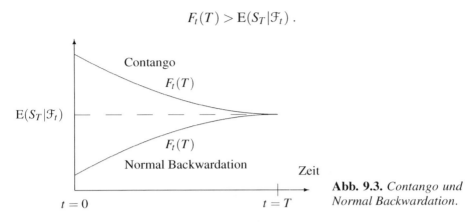

Abb. 9.3. *Contango und Normal Backwardation.*

In der Literatur (Keynes, 1930; Hicks, 1939; Cootner, 1960) sind viele Versuche unternommen worden, Normal Backwardation und Contango damit zu begründen, dass Hedger entweder überwiegend short oder long sind und die Spekulanten als Übernahme der Gegenposition eine Prämie erwarten. Sind die Hedger überwiegend short (risikoaverse Produzenten), so tritt Normal Backwardation ein, da die Spekulanten nur bei Erwartung steigender Terminpreise long gehen. Umgekehrt sollte Contango zu beobachten sein, wenn Hedger überwiegend long sind (risikoaverse Konsumenten). Andere hingegen wie Telser (1960) argumentieren, dass die Spekulanten als Gruppe insgesamt *keine Risikoprämie verlangen.* Seinem Erklärungsansatz nach gibt es zwei Gruppen von Spekulanten: Professionelle und Amateure. Letztere erzielen im Mittel nur negative Renditen, während erstere eine positive Risikoprämie verlangen. Der repräsentative Spekulant erzielt keine Risikoprämie. Eine dritte Sichtweise ist die von Dusak (1973), nach der das mit einer Futures-Position verbundene Risiko diversifizierbar ist und daher keine Risikoprämie erfordert. In diesem Fall sind also weder fallende noch steigende Terminpreise zu erwarten und Terminpreis und erwarteter Kassapreis stimmen überein.

9.4 Forward- versus Futures-Preis

Im einführenden Kapitel 1 wurde bereits dargelegt, dass sich börsengehandelte Terminkontrakte (Futures) von außerbörslich abgeschlossenen Terminkontrakten (Forwards) bezüglich einer Reihe von Merkmalen unterscheiden. Der im ökonomischen Sinne zentrale Unterschied zwischen Forwards und Futures entsteht jedoch durch die *tägliche Abrechnung* (Daily Settlement) bei Kontrakten vom letztgenannten Typ. Während Forwards nur eine Zahlung bei Fälligkeit verursachen, werden die Gewinne bzw. Verluste aus einer Futures-Position dem Sicherheitenkonto täglich gutgeschrieben bzw. belastet. Forwards und Futures verbriefen also Ansprüche auf verschiedene Zahlungsreihen, deren Elemente – falls von null verschieden – zufällig sind und vom vereinbarten Terminpreis abhängen.

Ein Forward-Kontrakt verpflichtet den Käufer dazu, dem Verkäufer den Basiswert im Fälligkeitszeitpunkt T zum Forward-Preis F_t abzunehmen. Der Forward-Preis ist derjenige Preis, der den Wert der Zahlungsreihe

$$(0, 0, 0, \ldots, S_T - F_t) \tag{9.5}$$

null werden lässt. Bei Fälligkeit ist der Wert des Forward-Kontraktes gleich der Differenz von Kassapreis und vereinbartem Forward-Preis, da der Investor den Basiswert statt zum Kassapreis S_T zum Forward-Preis F_t kauft. Der Wert muss null sein, da keine Anfangszahlung erforderlich ist und auch keine zwischenzeitlichen Zahlungen erfolgen.

Entsprechend verbrieft ein Futures-Kontrakt einen Anspruch auf eine Zahlungsreihe, deren Elemente von den täglichen Futures-Preisänderungen abhängen. Berücksichtigt man, dass Futures- und Kassapreis bei Fälligkeit übereinstimmen müssen (d. h. $S_T = F_T^{Fut}$), dann lautet die Zahlungsreihe aus Käufersicht wie folgt:

$$(0, F_{t+1}^{Fut} - F_t^{Fut}, F_{t+2}^{Fut} - F_{t+1}^{Fut}, \ldots, S_T - F_{T-1}^{Fut}) \, .$$

Falls im Zeitpunkt t Forward-Preis und Futures-Preis gleich sind, $F_t = F_t^{Fut}$, stimmt die Summe der Zahlungen zwar bei beiden Terminkontrakten überein, die zeitliche Verteilung ist jedoch grundverschieden. In arbitragefreien, friktionslosen Finanzmärkten bildet sich der Preis jedes gehandelten Finanztitels derart, dass der Barwert der aus Anschaffungszahlung und Rückzahlungsstrom gebildeten Zahlungsreihe null wird. Diese zentrale Bedingung muss auch für die Zahlungsreihen von Forwards und Futures gelten. Im Regelfall wird daher aufgrund unterschiedlicher Zahlungsreihen der Preis eines Forwards nicht mit dem eines Futures übereinstimmen. In Anlehnung an Cox, Ingersoll und Ross (1981) zeigen wir, wie man die mit Forwards und Futures verbundenen Zahlungsreihen in Zahlungsreihen umformen kann, die denselben Barwert besitzen und sich durch folgende bemerkenswerte Eigenschaft auszeichnen: Das erste Element der Zahlungsreihe entspricht dem zu erklärenden Forward- bzw. Futures-Preis und alle anderen Elemente mit Ausnahme des letzten Elements sind identisch null. Der jeweilige Terminpreis muss dann folglich dem Barwert des jeweils letzten Elementes in den transformierten Zahlungsreihen entsprechen.

Darstellung des Forward-Preises

Die Zahlungsreihe (9.5) lässt sich derart umformen, dass das erste Element dem negativen Forward-Preis entspricht und alle anderen Elemente mit Ausnahme des letzten Elementes identisch null sind. Der Forward-Preis muss dann folglich dem

Barwert des letzten Elementes der transformierten Zahlungsreihe entsprechen. Bezeichnet $V_t^T(\cdot)$ den Bewertungsoperator, der einer in T anfallenden Zahlung den auf den Zeitpunkt t bezogenen Barwert zuordnet, dann gilt

Eigenschaft 9.2. *Der Forward-Preis F_t entspricht dem auf den Zeitpunkt t bezogenen Barwert des in T fälligen Zahlungsanspruchs $Z_T^{For} \equiv S_T/B_t(T)$:*

$$F_t = V_t^T\left(Z_T^{For}\right) .$$

Beweis. Der Zahlungsanspruch Z_T^{For} lässt sich durch die folgende Anlagestrategie in Forward-Kontrakten (mit Barwert null) und Zeros duplizieren:

(1) Investiere F_t Geldeinheiten in Zeros mit Fälligkeit T,
(2) Kaufe $1/B_t(T)$ Forward-Kontrakte.

Zeitpunkte	$s = t$	$s = T$
(1) Zeros	$-F_t$	$F_t \frac{1}{B_t(T)}$
(2) Forward-Kontrakte	0	$(S_T - F_t)\frac{1}{B_t(T)}$
Anlagestrategie	$-F_t$	$S_T \frac{1}{B_t(T)}$

Da nun in arbitragefreien Finanzmärkten der Barwert jeder Finanzinvestition null sein muss, stimmt der Forward-Preis mit dem Barwert des in $t = T$ fälligen Zahlungsanspruchs $S_T/B_t(T)$ überein. $\square$

Eigenschaft 9.2 ist konsistent mit der in Abschnitt 9.2 abgeleiteten Cost of Carry-Relation. Der Forward-Preis F_t ist der auf den Zeitpunkt t bezogene *Barwert* des in Eigenschaft 9.2 angegebenen Zahlungsanspruchs Z_T^{For}:

$$F_t = V_t^T\left(S_T/B_t(T)\right) = V_t^T\left(S_T\right)\frac{1}{B_t(T)} .$$

Bei konstanter Zinsrate r und konstanter intertemporaler Transferkostenrate b gilt für den Gegenwartswert der Zahlung S_T

$$V_t^T(S_T) = S_t e^{(b-r)(T-t)}$$

und für den Preis des Zeros $B_t(T) = e^{-r(T-t)}$. Für den Forward-Preis ergibt sich damit $F_t = S_t e^{b(T-t)}$.

Darstellung des Futures-Preises

Analog zu Eigenschaft 9.2 lässt sich auch für Futures eine Zahlungsreihe konstruieren, deren erstes Element dem negativen Futures-Preis entspricht und in allen anderen Elementen mit Ausnahme des letzten Elementes identisch null ist. Der Futures-Preis muss folglich dem Barwert des letzten Elementes der transformierten Zahlungsreihe entsprechen.

Eigenschaft 9.3. *Der Futures-Preis F_t^{Fut} entspricht dem auf den Zeitpunkt t bezogenen Barwert des in T fälligen Zahlungsanspruchs $Z_T^{Fut} \equiv S_T \prod_{k=t}^{T-1} R_k$:*

$$F_t^{Fut} = V_t^T \left(Z_T^{Fut} \right) . \tag{9.6}$$

Der Beweis befindet sich in Anhang 9A.

Übereinstimmung von Forward- und Futures-Preisen

Es lässt sich nun zeigen, dass der Preis eines Futures mit dem eines ansonsten identischen Forwards übereinstimmt, wenn die Zinsentwicklung bis zum Erfüllungstag dieser Terminkontrakte als sicher angenommen werden kann *(Forward-Futures-Äquivalenz)*. Forward- und Futures-Preis entsprechen also den Barwerten von Finanztiteln, die die Lieferung einer bestimmten Menge des Basiswertes im Zeitpunkt T verbriefen. Im Fall des Forward-Preises entspricht diese Menge gemäß Eigenschaft 9.2 der Bruttorendite $1/B_t(T)$, die ein Zero mit Fälligkeit in T erbringt. Im Fall des Futures-Preises entspricht diese Menge gemäß Eigenschaft 9.3 der Bruttorendite $\prod_{k=t}^{T-1} R_k$, die sich aus einer Folge von einperiodigen Anlagen (Roll-over-Position) ergibt. Ist nun die zukünftige Verzinsung von einperiodigen Anlagen und damit die Bruttorendite $\prod_{k=t}^{T-1} R_k$ einer Roll-over-Position im Zeitraum $[t, T]$ *bekannt*, dann muss letztere in einem arbitragefreien Finanzmarkt der Bruttorendite $1/B_t(T)$ eines Zeros im Zeitraum $[t, T]$ entsprechen:

$$1/B_t(T) = \prod_{k=t}^{T-1} R_k .$$

Demzufolge entsprechen Forward- und Futures-Preis dem Gegenwartswert von Finanztiteln, die den identischen, zum Zeitpunkt T fälligen, Zahlungsanspruch

$$(1/B_t(T))S_T = \left(\prod_{k=t}^{T-1} R_k \right) S_T$$

verbriefen. Aufgrund der angenommenen Arbitragefreiheit müssen dann auch beide Finanztitel den gleichen Marktpreis besitzen:

$$F_t = V_t^T \left(S_T/B_t(T) \right) = V_t^T \left(S_T \prod_{k=t}^{T-1} R_k \right) = F_t^{Fut} .$$

Dies führt zu der folgenden, nützlichen[9]

Eigenschaft 9.4 (Forward-Futures-Äquivalenz). *Bei Kenntnis der Zinsentwicklung bis zum Fälligkeitszeitpunkt T stimmt der Preis eines Forward-Kontraktes mit dem eines ansonsten identischen Futures-Kontraktes überein: $F_t = F_t^{Fut}$ für alle $0 \le t \le T$.*

Diese Aussage ist deswegen nützlich, weil sie es erlaubt, auch Futures neben den Forwards mit Hilfe des einfachen Transferkostenmodells zu bewerten, solange die Zinsentwicklung als sicher angenommen werden kann. Letztere Annahme ist jedoch insbesondere im Zusammenhang mit der Bewertung von Zins-Futures nicht zu rechtfertigen. Es macht daher Sinn, nach dem Verhältnis von Forward- und Futures-Preis zu fragen, wenn sich die Zinsen für Tagesgeld zufällig ändern. Eine einfache Überlegung soll deutlich machen, dass der Unterschied zwischen Forward- und Futures-Preis von der Korrelation zwischen dem Kassapreis und den Zinsen abhängt. Während der Besitzer eines Forward-Kontraktes erst bei Fälligkeit einen Gewinn oder Verlust realisiert, erhält der Käufer eines Futures bei Anstieg der Futures-Preise den Differenzbetrag, den er zinsbringend anlegen kann. Bei sinkenden Futures-Preisen ist dagegen der Differenzbetrag zu finanzieren. Sind die Zinssätze, zu denen die Differenzbeträge angelegt bzw. finanziert werden, von vornherein bekannt, so führt die Eigenschaft 9.3 zugeordnete Handelsstrategie zu demselben Ergebnis wie die Handelsstrategie aus Eigenschaft 9.2. Sind die zukünftigen Zinsen jedoch nicht bekannt, so kann die eine Position vorteilhaft gegenüber der anderen sein. Ist der Futures-Preis positiv mit den Zinsen korreliert, so kann der Käufer des Futures Zahlungen, die er erhält, zu höheren Zinsen anlegen, und Zahlungen, die er leisten muss, zu niedrigeren Zinssätzen finanzieren, da die Zinsen tendenziell zusammen mit den Futures-Preisen steigen und fallen. Bei *positiver Korrelation* sollte daher der *Futures-Preis größer als der Forward-Preis* sein. Sind Futures-Preis und Zinsen hingegen *negativ korreliert*, so können Gewinne nur zu niedrigeren Zinsen angelegt und Verluste zu höheren Zinsen finanziert werden. Der *Futures-Preis sollte dann kleiner als der Forward-Preis* sein.

Empirische Untersuchungen zeigen jedoch, dass der Unterschied zwischen Forward- und Futures-Preis in der Regel klein und häufig statistisch nicht signifikant ist. In Tabelle 9.2 sind die Ergebnisse einiger Studien zusammengestellt. Theoretische Futures-Preise werden meist mit Hilfe des Transferkostenmodells ermittelt. Die vereinfachende Annahme einer deterministischen Zinsentwicklung ist jedoch bei der Bewertung von zinsderivativen Finanzinstrumenten nicht mehr

---

[9] Jarrow und Oldfield (1981) liefern einen alternativen Beweis von Eigenschaft 9.4. Sie zeigen, dass im Falle *deterministischer* Zinsentwicklung ein Hedge-Portefeuille aus Forward- und Futures-Kontrakten gebildet werden kann, das bei Ungleichheit der beiden Preise eine sichere Auszahlung in T liefert. Stoll und Whaley (1993) stellen die tägliche Entwicklung des Wertes eines geeigneten Arbitrageportefeuilles aus Forward- und Futures-Kontrakten dar und weisen damit sehr anschaulich das Forward-Futures-Äquivalenzprinzip für den einfacheren Fall *konstanter* Zinsen nach.

Tabelle 9.2. *Forward- vs. Futures-Preis: Empirische Ergebnisse.*

Untersuchung	Basiswert	Ergebnis
Cornell und Reinganum (1981)	Währungen	keine signifikanten Unterschiede zwischen Forward- und Futures-Preis
French (1983)	Silber, Kupfer	statistisch signifikante Unterschiede zwischen Forward- und Futures-Preis, aber Unterschiede kleiner als 1 %
Park und Chen (1985)	Währungen	keine signifikanten Unterschiede zwischen Forward- und Futures-Preis
	Edelmetalle	signifikante Preisunterschiede
Chang und Chang (1990)	Währungen	keine signifikanten Unterschiede zwischen Forward- und Futures-Preis

haltbar. Eine exakte Bewertung von Zins-Futures erfordert daher die Modellierung der stochastischen Zinsentwicklung. Dieser Problemstellung werden wir uns in Kapitel 12 zuwenden.

9.5 Wertgrenzen für Aktienoptionen

Wir unterscheiden im Folgenden Europäische und Amerikanische Aktienoptionen. Letztere können jederzeit bis zum Verfalltag, Erstere nur am Verfalltag ausgeübt werden.[10] Falls am Verfalltag der Aktienkurs geringer als der Basispreis ist, so lohnt es sich für den Besitzer eines Calls nicht, diesen auszuüben, und die Option verfällt. Wenn jedoch der Aktienkurs höher als der Basispreis ist, entspricht der Wert des Calls der Differenz aus Aktienkurs und Basispreis. Bezeichnet C_T den Wert des Calls am Verfalltag, S_T den Aktienkurs am Verfalltag und K den Basispreis des Calls, dann gilt $C_T = \max\{0; S_T - K\}$. Entsprechend wird der Inhaber eines Puts sein Verkaufsrecht am Verfalltag nur dann ausüben, wenn der Aktienkurs kleiner als der Basispreis ist. Bezeichnet P_T den Wert des Puts am Verfalltag T, so gilt $P_T = \max\{0; K - S_T\}$.[11]

Optionen können klassifiziert werden als *im Geld* (in the money), *am Geld* (at the money) oder *aus dem Geld* (out of the money). Bezeichnet S den gegenwärtigen Aktienkurs, dann ist ein Call im Geld, am Geld bzw. aus dem Geld falls $S > K$, $S = K$ bzw. $S < K$ gilt; ein Put entsprechend, falls $S < K$, $S = K$ bzw. $S > K$ gilt.[12]

---

[10] Die an der Eurex gehandelten Optionen auf einzelne Aktien sind vom Amerikanischen Typ, die an jedem Börsentag vor dem Verfalltag ausgeübt werden können; Optionen auf Aktienindizes sind dagegen vom Europäischen Typ (siehe `www.eurexchange.com`). Optionskontrakte auf deutsche Aktien umfassen übrigens im Regelfall 100 Optionsrechte.

[11] Im Folgenden verwenden wir des öfteren (auch aus Platzgründen) die Kurzschreibweise $C_T = (S_T - K)^+ \equiv \max\{0, S_T - K\}$.

[12] Diese Festlegung basiert auf der gebräuchlichsten *moneyness*-Definition S/K. Aus theoretischer Sicht wäre allerdings wegen Eigenschaft 9.11 das Verhältnis von Terminpreis $F(T) = S/B(T)$ zum Basispreis K als moneyness-Definition vorzuziehen, $F(T)/K$ bzw. $S/(KB(T))$.

Zur Darstellung der Wertgrenzen wird die folgende Notation verwendet:

$S\ (S_t)$	$\equiv$	Aktueller Preis (Preis im Zeitpunkt t) des Basisinstruments;
K	$\equiv$	Basispreis bzw. Ausübungspreis $(K \geq 0)$;
T	$\equiv$	Restlaufzeit der Option;
$C\ (C^a)$	$\equiv$	Aktueller Preis eines Calls mit Basispreis K und Fälligkeit T vom Europäischen (Amerikanischen) Typ auf den Basiswert;
$P\ (P^a)$	$\equiv$	Aktueller Preis eines Puts mit Basispreis K und Fälligkeit T vom Europäischen (Amerikanischen) Typ auf den Basiswert;
A_t	$\equiv$	Wert eines Geldmarktkontos im Zeitpunkt t, das im Zeitpunkt $t = 0$ den Wert $A_0 = 1$ besitzt und täglich entsprechend der Tagesgeldverzinsung anwächst.

Zur Vereinfachung der Notation sollen alle Kassa- und Termin-Optionen den Fälligkeitszeitpunkt T haben. Ansonsten identische Optionen auf den entsprechenden Terminkontrakt mit Fälligkeit $T^* \geq T$ werden mit $C(F)$, $C^a(F)$, $P(F)$ und $P^a(F)$ bezeichnet.

Im Folgenden werden für Optionen sowohl auf Aktien als auch auf Devisen Wertgrenzen mit Hilfe sogenannter *Arbitragetableaus* abgeleitet. Es wird der Einfachheit halber unterstellt, dass Transaktionskosten vernachlässigbar sind.

Eigenschaft 9.5 (Triviale Wertuntergrenzen). *Da Optionen immer ein Recht, nie aber eine Pflicht verbriefen, gilt für alle Optionen unabhängig von der Wahl des Basisinstruments:*

$$C, C^a, C(F), C^a(F) \geq 0 \quad und \quad P, P^a, P(F), P^a(F) \geq 0 \,.$$

Eigenschaft 9.6 (Triviale Wertobergrenzen). *Unter der Annahme eines nichtnegativen Basispreises K ist der Wert von Europäischen und Amerikanischen Calls bzw. Puts durch den aktuellen Wert des Basisinstruments bzw. durch den Basispreis nach oben beschränkt:*

$$C, C^a \leq S \,,$$
$$P, P^a \leq K \,.$$

Eigenschaft 9.7 (Optionswert am Verfalltag). *Am Verfalltag stimmt der Wert einer Europäischen bzw. Amerikanischen Option mit ihrem Ausübungswert überein:*

$$C_T = C_T^a = \max\{0; S_T - K\} \,, \tag{9.7}$$
$$P_T = P_T^a = \max\{0; K - S_T\} \,. \tag{9.8}$$

Analoge Beziehungen gelten für Termin-Optionen. In den Beziehungen (9.7) und (9.8) muss dazu lediglich der Kassakurs S_T durch den Terminkurs $F_T(T^*)$ ersetzt werden:

$$C_T(F) = C_T^a(F) = \max\{0; F_T(T^*) - K\} \,,$$
$$P_T(F) = P_T^a(F) = \max\{0; K - F_T(T^*)\} \,.$$

Eigenschaft 9.8 (Amerikanischen Wertuntergrenzen). *Für den Wert Amerikanischer Optionen vor dem Verfalltag gilt:*

$$C^a \geq \max\{C; S - K\}, \qquad (9.9)$$
$$P^a \geq \max\{P; K - S\}, \qquad (9.10)$$
$$C^a(F) \geq \max\{C(F); F(T^*) - K\},$$
$$P^a(F) \geq \max\{P(F); K - F(T^*)\}.$$

Beweis. Der Wert einer Amerikanischen Option muss mindestens so groß sein wie ihr Ausübungswert, da durch die Ausübung der Ausübungswert jederzeit realisiert werden kann. Ferner muss eine Amerikanische Option mindestens soviel wert sein wie eine ansonsten identische Europäische Option, da die Amerikanische Option zusätzliche Rechte verbrieft. □

Eigenschaft 9.9 (Optionswert und Restlaufzeit). *Der Wert einer Amerikanischen Option mit einer längeren Restlaufzeit ist mindestens so groß wie der Wert einer ansonsten identischen Amerikanischen Option mit kürzerer Restlaufzeit:*

$$C^a(T_1) \geq C^a(T_2), \qquad (9.11)$$
$$P^a(T_1) \geq P^a(T_2) \quad mit \quad T_1 > T_2.$$

Dieser Zusammenhang gilt nicht notwendigerweise für Europäische Optionen. Wir werden jedoch später zeigen, dass der Wert eines Europäischen Aktien-Calls, wenn auf die Aktie keine Dividende entfällt, auch mit steigender Restlaufzeit steigt (d. h. für Aktienoptionen ohne Dividendenzahlung gilt Beziehung (9.11) auch für Europäische Optionen).

Beweis. Die Option mit längerer Laufzeit kann bis zum Verfalltag der Option mit der kürzeren Laufzeit oder auch erst zu einem späteren Zeitpunkt ausgeübt werden. Nach dem Verfalltag der Option mit der kürzeren Laufzeit besteht immer noch die Möglichkeit, dass die Kursentwicklung des zugrundeliegenden Basisobjekts zu Wertsteigerungen für die Option mit längerer Laufzeit führt. □

Eigenschaft 9.10 (Optionswert und Basispreis). *Der Wert eines Calls (Puts) mit einem höheren (niedrigeren) Basispreis ist nie höher als der Wert eines ansonsten identischen Calls (Puts):*

$$C(K_1) \leq C(K_2),$$
$$P(K_1) \geq P(K_2) \quad mit \quad K_1 > K_2.$$

Diese Beziehungen gelten natürlich auch für Amerikanische Optionen und für Termin-Optionen.

Die meisten bisher beschriebenen Wertbeziehungen sind naheliegend und werden daher auch sehr oft mit dem Adjektiv „trivial" versehen. Dies gilt nicht für die im Folgenden vorgestellten Wertbeziehungen. Bei einer beobachteten Verletzung solcher Wertgrenzen besteht die Möglichkeit, profitable, risikolose *Raum-* oder *Zeitarbitrage* zu betreiben, falls Optionen sowie die zugrundeliegende Aktie gleichzeitig gehandelt werden können. Unter profitabler, risikoloser Zeitarbitrage wird dabei der Aufbau einer Portefeuilleposition verstanden, deren Liquidationswert bei beliebiger Aktienkursentwicklung unsicher, aber nichtnegativ ist und deren Aufbau mit positiven Zahlungsüberschüssen verbunden ist. Besonders nützlich ist die von Merton (1973) entdeckte

Eigenschaft 9.11 (Europäische Call-Wertuntergrenze). *Entfallen auf die zugrundeliegende Aktie während der Restlaufzeit des Calls keine Dividenden, dann ist der Wert eines Europäischen Calls mindestens gleich dem aktuellen Aktienpreis abzüglich dem diskontierten Basispreis:*

$$C \geq \max\{0; S - KB(T)\} .$$

Beweis. Bei einer Verletzung von Eigenschaft 9.11 ist die in der nachstehenden Tabelle dargestellte Arbitragestrategie profitabel.

Zeitpunkte	$t = 0$	$t = T$	
Transaktionen		$S_T \leq K$	$S_T > K$
Kauf eines Calls	$-C$	$-$	$S_T - K$
Verkauf einer Aktie	S	$-S_T$	$-S_T$
Kauf von K Zeros mit RLZ T	$-KB(T)$	K	K
Arbitragegewinn	$\varepsilon > 0$	$K - S_T$	$-$

Gemäß dieser Arbitragetabelle kann man sich also im Fall von Europäischen Optionen auf den Verfalltag $t = T$ konzentrieren und sich auf die Analyse von zwei Szenarien oder Zuständen beschränken: Auf den Fall, in dem der Call wertlos verfällt ($S_T \leq K$), und auf den Fall, in dem sein Ausübungswert positiv ist ($S_T > K$). Wie man sieht, beinhaltet die Arbitragestrategie den Verkauf einer Aktie im Zeitpunkt $t = 0$ und den Rückkauf der Aktie zum unsicheren Preis S_T im Liquidationszeitpunkt $t = T$. Der Rückkauf ist notwendig, damit seine Aktienposition dieselbe ist wie vor dem Verkauf im Zeitpunkt $t = 0$. Besitzt der Arbitrageur diese Aktie nicht, so kann er diese gemäß Annahme 1.4 von einem Besitzer kostenlos leihen[13] und in $t = 0$ verkaufen. Am Verfalltag des Calls muss er dann pro gekauftem Optionsrecht eine Aktie zum Preis S_T zurückkaufen und dem Aktienverleiher zurückgeben.   □

---

[13] Leihgebühren für Wertpapiere könnten ohne Weiteres berücksichtigt werden. Diese werden in diesem Kapitel nur aus Gründen einfacherer Darstellung vernachlässigt.

Abbildung 9.4 liefert den graphischen Beweis für diese wichtige Eigenschaft. Vergleicht man die abgebildeten Zahlungsprofile, dann sieht man sofort, dass der Kauf des oberen Profils und der Verkauf des unteren Profils am Verfalltag den Arbitragegewinn $\varepsilon = K - S_T > 0$ für $S_T < K$ erbringt.

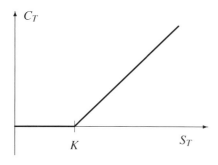

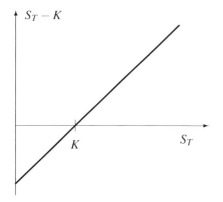

Abb. 9.4. *Call versus kreditfinanzierter Aktienkauf.*
Das Zahlungsprofil des Calls (oben) dominiert das Zahlungsprofil einer teilweise (durch den Leerverkauf von K Zeros mit Fälligkeit T) kreditfinanzierten Aktienposition (unten). Dies bedeutet, dass für jeden möglichen Aktienkurs S_T am Verfalltag der Ausübungswert des Calls über dem Liquidationswert der kreditfinanzierten Aktienanlage liegt. Folglich darf auch der Barwert des Calls den Barwert der kreditfinanzierten Aktienposition nicht unterschreiten.

Dass die Europäische Wertuntergrenze für einen Call seinen Mindestwert darstellt, lässt sich auch wie folgt begründen: Falls der Call-Besitzer die dem Call zugrundeliegende Aktie zum gegenwärtigen Terminpreis $F(T) = S/B(T)$ verkaufen kann, so erzielt er bezogen auf den Verfalltag für seine Gesamtposition (Call und Termingeschäft) mindestens den Liquidationswert:

$$S/B(T) - K \leq \begin{cases} (S_T - K)^+ + (S/B(T) - S_T), & \text{falls } S_T > K \\ 0 + (S/B(T) - S_T), & \text{falls } S_T \leq K \end{cases}.$$

Der auf $t = 0$ bezogene Barwert der sicheren Komponente des Liquidationswertes (d. h. die linke Seite der obigen Ungleichung) entspricht dann genau der Europäischen Wertuntergrenze. Nicht zuletzt entspricht diese dem Wert einer Long-Position eines ansonsten identischen Forward-Kontraktes, bei dem der Forward-Preis dem Basispreis K entspricht. Dies bestätigt nur unsere Vermutung, dass

Optionskontrakte mindestens so viel wert sein müssen wie ansonsten identische Forward-Kontrakte.

In zwei Spezialfällen entspricht die Europäische Wertuntergrenze der Wertobergrenze ($C = S$): Erstens, falls der Basispreis null ist ($K = 0$) und zweitens, falls die Restlaufzeit unendlich groß ist ($T = \infty$). Stimmt der Basispreis des Calls mit dem Terminpreis der Aktie gemäß dem Transferkostenmodell überein, $K = F(T) = S/B(T)$, dann entspricht die Europäische Wertuntergrenze der trivialen Wertuntergrenze $C \geq 0$:

$$C \geq \max\{0; S - (S/B(T)) \cdot B(T)\} = 0 \, .$$

Beispiel 9.2 (Europäische Wertuntergrenze). _____

Zu bestimmen sei die Wertuntergrenze eines Aktien-Calls mit dem Basispreis $K = 100$ und der Restlaufzeit $T = 0{,}25$ Jahre. Für den aktuellen Aktienpreis von $S = 110$ und $B(T) = 0{,}9704$ (dieser Preis kann mit einer konstanten, flachen Zinsstruktur auf dem Zinsratenniveau $r = 12\%$ erklärt werden: $B(T) = \exp\{-0{,}12 \cdot 0{,}25\} = 0{,}9704$) lautet die Wertuntergrenze für den Call dann wie folgt:

$$C \geq \max\{0; 110 - 100 \cdot 0{,}9704\} = 12{,}96 \, .$$

In Anlehnung an Merton (1973) definieren wir den *Inneren Wert* des Calls als Europäische Wertuntergrenze. Zieht man nun vom Gesamtwert einer Option den *Inneren Wert* ab, so erhält man den *Zeitwert*.[14] Der *Zeitwert* hängt dann nur von der modellierten Unsicherheit der zukünftigen Aktienkursentwicklung ab. Vor dem Verfalltag einer Aktienoption liegt ihr Preis meistens über ihrem Inneren Wert, d. h. die Option besitzt einen *positiven* Zeitwert. Letztere Wertkomponente macht 100 % des Gesamtwertes des Calls aus, falls der aktuelle Aktienkurs nicht über dem diskontierten Basispreis liegt. Je höher der aktuelle Aktienkurs S über dem diskontierten Basispreis $KB(T)$ liegt, desto geringer ist der Anteil des Zeitwertes am Gesamtwert des Calls. Abbildung 9.5 veranschaulicht diesen Zusammenhang für den Fall, dass der Diskontierungsfaktor $B(T)$ deutlich unter 1 liegt, sei es aufgrund eines hohen Zinsniveaus oder aufgrund einer besonders langen Restlaufzeit des Calls. In diesem Fall wird für tief im Geld stehende (deep in the money) Calls fast 100 % des Gesamtwerts durch die Europäische Wertuntergrenze erklärt. Dieser Zusammenhang unterstreicht die praktische Bedeutung der Wertuntergrenze.

Da gemäß Eigenschaft 9.8 ein Call vom Amerikanischen Typ mindestens so viel wert sein muss wie ein ansonsten identischer Call vom Europäischen Typ, gilt die Europäische Wertuntergrenze auch für Amerikanische Calls. Aufgrund von

---

[14] Der Innere Wert einer Option wird in der Literatur sehr oft mit dem aktuellen Ausübungswert $\max\{0; S - K\}$ gleichgesetzt. Diese Konvention ist schon deswegen problematisch, weil im Fall von Europäischen Optionen die Option nicht vor dem Verfalltag ausgeübt werden darf. Im Übrigen reflektiert der Merton'sche Vorschlag die Tatsache, dass der Basispreis erst bei Ausübung am Verfalltag der Option zu bezahlen ist.

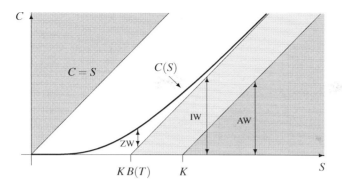

Abb. 9.5. *Innerer Wert und Zeitwert.* Der Call-Wert lässt sich in den Zeitwert (ZW) und den Inneren Wert (IW) zerlegen. Der Innere Wert übersteigt bei positivem Zinsniveau und positiver Restlaufzeit den Ausübungswert (AW).

$C^a \geq S - KB(T) \geq S - K$ sollte der Besitzer eines Amerikanischen Calls, der sinkende Aktienkurse und somit sinkende Call-Preise befürchtet, diesen niemals ausüben, sondern verkaufen.

Falls vor dem Verfalltag eines Europäischen Calls auf die zugrundeliegende Aktie eine Dividende entfällt, so gilt anstelle der in Eigenschaft 9.11 angegebenen Wertuntergrenze die folgende:[15]

$$C \geq \max\{0; S^{ex} - KB(T)\} . \tag{9.12}$$

Dabei kennzeichnet S^{ex} den aktuellen Preis einer (jungen) Aktie, die keinen Anspruch auf diese Dividendenzahlung besitzt. Wird diese Dividende in Höhe von DIV_1 zum Zeitpunkt t_1 fällig,[16] so gilt der Zusammenhang $S^{ex} = S - DIV_1 B(t_1)$.[17] Für ansonsten identische Calls vom Amerikanischen Typ ist (9.12) nur eine *schwache* Wertuntergrenze, weil diese möglicherweise unter dem Ausübungswert bei vorzeitiger Ausübung unmittelbar vor dem Fälligkeitszeitpunkt der Dividendenzahlung liegt. Daher gilt

Eigenschaft 9.12 (Call-Wertuntergrenze bei Dividenden). *Bei einer Dividendenzahlung in Höhe von DIV_1 im Zeitpunkt $t_1 < T$ ist der Wert eines Amerikanischen Calls mit der Fälligkeit T mindestens gleich der Europäischen Wertuntergrenze C^1 eines Calls mit der Fälligkeit t_1 und der Europäischen Wertuntergrenze C^2 auf der Basis des aktuellen „Ex Dividende"-Kurses $S^{ex} \equiv S - DIV_1 B(t_1)$:*

$$C^a \geq \max\{C^1; C^2\} ,$$

---

[15] Börsengehandelte Aktienoptionen sind heutzutage nicht mehr auszahlungsgeschützt, d. h. dass beispielsweise im Falle einer Dividendenzahlung während der Laufzeit der Option der Basispreis nicht reduziert wird.

[16] Sind Zeitpunkt und Höhe der Dividendenzahlung unsicher, kann man entsprechend mit einer Ober- bzw. Untergrenze für den Barwert argumentieren (siehe Cox und Rubinstein, 1985).

[17] Dividendenberechtigte Aktien erfahren am Dividendenabschlagstag einen Kursrückgang, der in friktionslosen, arbitragefreien Finanzmärkten *genau* der Dividendenzahlung entsprechen muss. Andernfalls könnte man von der folgenden Strategie oder ihrer Umkehrung profitieren: Kaufe die Aktie am Tag vor der Dividendenzahlung, kassiere die Dividende und verkaufe die Aktie dann wieder.

wobei $C^1 \equiv \max\{0; S - K B(t_1)\}$ *und* $C^2 \equiv \max\{0; S^{ex} - K B(T)\}$.

Beweis. Die Gültigkeit der Wertuntergrenze C^1 wurde bereits nachgewiesen. Bei einer Verletzung der Wertuntergrenze C^2 ist die in der nachstehenden Tabelle dargestellte Arbitragestrategie profitabel. Der durch Verkauf und Rückkauf einer nicht-dividendenberechtigten Aktie mit Gegenwartspreis $S^{ex} = S - DIV_1 B(t_1)$ verursachte Zahlungsstrom wird dabei in dieser Tabelle in zwei Zahlungsströme aufgespalten: Der erste Zahlungsstrom bezieht sich dabei auf eine dividendenberechtigte Aktie, wobei die durch den (Leer-)Verkauf entgehende Dividende im Zeitpunkt $t = t_1$ als Auszahlung berücksichtigt wird, während der zweite Zahlungsstrom aus dem Kauf von DIV_1 Zeros mit Restlaufzeit t_1 resultiert. Letzterer Kauf ist notwendig, um mit dem Liquidationserlös die aufgrund des Aktienverkaufs entgehende Dividende zu finanzieren.

Zeitpunkte	$t = 0$	$t = t_1$	$t = T$	
Transaktionen			$S_T \leq K$	$S_T > K$
Kauf eines Calls	$-C^a$	$-$	$-$	$S_T - K$
Verkauf einer Aktie	S	$-DIV_1$	$-S_T$	$-S_T$
Kauf von				
DIV_1 Zeros mit RLZ t_1	$-DIV_1 B(t_1)$	DIV_1	$-$	$-$
K Zeros mit RLZ T	$-KB(T)$		K	K
Arbitragegewinn	$\varepsilon > 0$	$-$	$K - S_T$	$-$

$\square$

Beispiel 9.3 (Wertuntergrenze mit Dividende). ————————————
Gegeben sei die Datenkonstellation von Beispiel 9.2. Zudem wird nun unterstellt, dass nach einem Monat ($t_1 = 1/12$) eine Dividende in Höhe von $DIV_1 = 10$ pro Aktie ausgeschüttet wird. Mit dem Zero-Preis $B(t_1) = 0{,}99$ und den Hilfsgrößen

$$C^1 = \max\{0; S - KB(t_1)\} = \max\{0; 110 - 99\} = 11 \,,$$
$$C^2 = \max\{0; S - DIV_1 B(t_1) - KB(T)\} = \max\{0; 110 - 9{,}90 - 97{,}04\} = 3{,}06$$

gilt dann die Abschätzung: $C^a \geq \max\{C^1; C^2\} = 11$. Da der aktuelle Ausübungswert $\max\{0; S - K\} = 10$ bei nichtnegativen Zinsen nie größer als die Schranke $C^1 = 11$ sein kann, muss er nicht berücksichtigt werden.

————————————————————————————————————

Für Europäische Puts gilt die zu Eigenschaft 9.11 analoge

Eigenschaft 9.13 (Europäische Put-Wertuntergrenze). *Der Wert eines Europäischen Puts ist mindestens gleich dem diskontierten Basispreis abzüglich dem aktuellen Aktienpreis:*

$$P \geq \max\{0; KB(T) - S\} \,.$$

Der Beweis erfolgt verläuft analog zum Beweis der Eigenschaft 9.11. Interpretieren lässt sich diese Europäische Put-Wertuntergrenze als Barwert einer Short-Position in einem ansonsten identischen Forward-Kontrakt, bei dem der Forward-Preis dem Basispreis K entspricht.

Puts gewinnen — unter ansonsten identischen Bedingungen — an Wert, wenn der Aktienkurs fällt. Dividendenausschüttungen bewirken demnach durch den von ihnen verursachten Kursrückgang eine Aufwertung des Puts. Wie sich dies auf die Wertuntergrenze eines Amerikanischen Puts auswirkt, beschreibt die folgende

Eigenschaft 9.14 (Put-Wertuntergrenze bei Dividende). *Entfällt auf den Basiswert im Zeitpunkt t_1 die Dividende DIV_1, dann gilt für einen Amerikanischen Put folgende Wertuntergrenze:*

$$P^a \geq \max\{P^1; P^2\} ,$$

wobei $P^1 = \max\{0; K - S\}$ und $P^2 = \max\{0; (K + DIV_1)B(t_1) - S\}$.

Beweis. Es ist zunächst klar, dass der Ausübungswert P^1 eines Puts eine (schwache) Wertuntergrenze für den Put darstellt. Bei einer Verletzung der Wertuntergrenze P^2 ist die in der nachstehenden Tabelle dargestellte Arbitragestrategie profitabel. Dabei bezeichnet $S_{t_1^+}$ den Aktienkurs *unmittelbar nach* dem Dividendenabschlag im Zeitpunkt t_1.

Zeitpunkte	$t = 0$	$t = t_1^+$	
Transaktionen		$S_{t_1^+} \leq K$	$S_{t_1^+} > K$
Kauf eines Puts	$-P^a$	$K - S_{t_1^+}$	0
Kauf einer Aktie	$-S$	$S_{t_1^+} + DIV_1$	$S_{t_1^+} + DIV_1$
Verkauf von $K + DIV_1$ Zeros mit RLZ t_1	$(K + DIV_1)B(t_1)$	$-(K + DIV_1)$	$-(K + DIV_1)$
Arbitragegewinn	$\varepsilon > 0$	0	$S_{t_1^+} - K$

$\square$

Die Zusammenfassung der Bedingungen, unter denen die vorzeitige Ausübung von Aktienoptionen für deren Besitzer vorteilhaft ist, erfolgt durch folgende

Eigenschaft 9.15 (Vorzeitige Ausübung).

(a) Die Ausübung eines Amerikanischen Aktien-Calls vor dem Verfalltag (früh-bzw. vorzeitige Ausübung) ist niemals optimal, falls während deren Restlaufzeit auf die Aktie keine Dividenden entfallen.

(b) Die vorzeitige Ausübung eines Amerikanischen Aktien-Calls ist möglicherweise optimal, falls während deren Restlaufzeit auf die Aktie Dividenden entfallen. Diese erfolgt unmittelbar vor einem Dividendenabschlag.

(c) Die vorzeitige Ausübung eines Amerikanischen Aktien-Calls aufgrund einer Dividendenzahlung in Höhe von DIV_1 im Zeitpunkt $t = t_1$ ist niemals optimal, falls der auf den Verfalltag $t = T$ bezogene Wert der Dividende kleiner ist als die Opportunitätskosten der Kapitalbindung aufgrund einer vorzeitigen Ausübung des Calls zum Basispreis K: $DIV_1/B_{t_1}(T) < K(1/B_{t_1}(T) - 1)$. Multiplikation mit $B_{t_1}(T)$ führt zur äquivalenten Bedingung $DIV_1 < K(1 - B_{t_1}(T))$.

(d) Die vorzeitige Ausübung eines Amerikanischen Aktien-Puts ist in jedem Handelszeitpunkt möglicherweise optimal.

Beweis.

(a) Auf arbitragefreien und friktionslosen Finanzmärkten wird der Marktpreis des Calls niemals die Europäische Wertuntergrenze unterschreiten. Letztere übersteigt aber für $B(T) < 1$ (positive Zinsen und positive Restlaufzeit) immer den Ausübungswert: $S - K < S - K B(T)$. Der rationale Besitzer eines Calls wird daher den Verkauf der Ausübung des Calls vorziehen.

(b) Da $C^1 \equiv \max\{0; S - K B(t_1)\}$ immer größer oder gleich dem Ausübungswert und der Europäischen Wertuntergrenze C^2 auf der Basis des „Ex Dividende"-Kurses ist, gilt die Behauptung.

Sei τ ein beliebiger Ausübungszeitpunkt und t_1 der Zeitpunkt, zu dem ein Dividendenabschlag erfolgt. Mit

$$C_\tau^1 \equiv \max\{0; S_\tau - K\},$$
$$C_\tau^2 \equiv \max\{0; S_\tau - K B_\tau(t_1)\}$$

gilt für $\tau < t_1$ immer $C_\tau^2 > C_\tau^1$. Die frühzeitige Ausübung sollte also nur unmittelbar vor dem Zeitpunkt eines Dividendenabschlages erfolgen.

(c) Ohne damit die Allgemeinheit der Aussage zu beschränken, setzen wir $t_1 = 0$ und bedenken, dass die Mitnahme der Dividende aufgrund der Call-Ausübung unmittelbar vor dem Dividendenabschlag als Minderung des Bezugspreises K angesehen werden kann. Der entsprechende Ausübungswert lautet dann $(S^{ex} - (K - DIV_1))^+$. Letzterer ist aber kleiner als die Europäische Wertuntergrenze $(S^{ex} - KB(T))^+$, falls $DIV_1 < K(1 - B(T))$ bzw. $KB(T) < K - DIV_1$. Dieser Zusammenhang ist auch aus Abbildung 9.5 abzulesen, wenn die Werte auf der Abszisse nicht die cum Dividenden-Kurse, sondern die ex Dividenden-Kurse darstellen.

(d) Der Ausübungswert $P^1 \equiv \max\{0; K - S\}$ ist zunächst immer größer als die Europäische Wertuntergrenze $\max\{0; KB(T) - S\}$. Die Ausübung ist nun vorteilhaft, falls der Ausübungswert des Puts den Gesamtwert der Option bei Nichtausübung übersteigt. Letzteres *kann* in jedem Handelszeitpunkt der Fall sein. Eine vorzeitige Ausübung ist spätestens dann vorzunehmen, wenn die Aktie wertlos geworden ist und der Ausübungswert sein Maximum erreicht hat. Weiteres Abwarten hätte Zinsverluste auf den Ausübungswert zur Folge.

$\square$

Wertbeziehungen zwischen Aktienoptionen

Die bisher diskutierten Wertbeziehungen beschränken sich — neben den trivialen Wertober- bzw. Wertuntergrenzen — auf den Zusammenhang zwischen dem Wert einer *einzelnen* Aktienoption und dem Preis der zugrundeliegenden Aktie. Jetzt betrachten wir dagegen die Wertbeziehung zwischen zeitgleich gehandelten Aktienoptionen und der zugrundeliegenden Aktie. Zunächst betrachten wir die Beziehung zwischen ansonsten identischen Calls und Puts, d. h. Optionen mit identischem Basisinstrument, identischem Basispreis K und identischem Verfalltag T. Eine nicht hoch genug einzuschätzende Bedeutung besitzt die von Stoll (1969) entdeckte

Eigenschaft 9.16 (Put-Call-Parität). *Der Preis eines Europäischen Puts entspricht dem Preis eines ansonsten identischen Calls abzüglich dem aktuellen Aktienkurs und zuzüglich des Barwerts des Basispreises:*

$$P = C - S + KB(T).$$ (9.13)

Beweis. Ist der Put-Wert kleiner als die rechte Seite, so ist die in der nachstehenden Tabelle dargestellte Arbitragestrategie profitabel:

Zeitpunkte	$t = 0$	$t = T$	
Transaktionen		$S_T \leq K$	$S_T > K$
Kauf eines Puts	$-P$	$K - S_T$	$-$
Verkauf eines Calls	C	$-$	$-(S_T - K)$
Kauf einer Aktie	$-S$	S_T	S_T
Verkauf von K Zeros mit RLZ T	$K B(T)$	$-K$	$-K$
Arbitragegewinn	$\varepsilon > 0$	$-$	$-$

Ist der Putwert größer als die rechte Seite von Gleichung (9.13), so ist die Short-Position in dieser Arbitragestrategie profitabel. $\square$

Eine mögliche Umformung der Gleichung (9.13) führt zu:

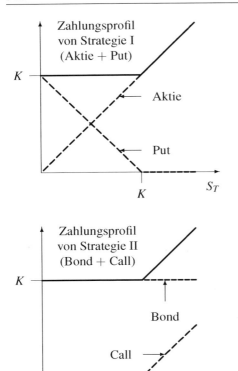

Abb. 9.6. *Put-Call-Parität.*
Das Zahlungsprofil einer kursgesicherten Aktienanlage (Strategie I) entspricht dem Zahlungsprofil einer sicheren Finanzanlage von K Zeros mit Fälligkeit am Verfalltag T plus einem Aktien-Call (Strategie II). Dies bedeutet, dass für jeden möglichen Aktienkurs S_T am Verfalltag der Europäischen Optionen der Liquidationswert von beiden Strategien identisch ist. Folglich müssen sich die Gegenwartswerte der beiden Strategien entsprechen, damit das LOP eingehalten wird und profitable Raumarbitrage ausgeschlossen werden kann.

$$S + P = KB(T) + C .$$

Die linke Seite dieser Gleichung steht dann für die Aufbaukosten (oder den Barwert) einer nach unten (nämlich auf das Niveau K) abgesicherten Aktienanlagestrategie (Strategie I), während die rechte Seite die Aufbaukosten einer aus insolvenzrisikolosen Zeros und einem Call bestehenden Anlagestrategie (Strategie II) beschreibt. Vergleicht man die in Abbildung 9.6 veranschaulichten Zahlungsprofile von Strategie I und II, so sieht man, dass diese übereinstimmen. Diese Parität ist deswegen besonders nützlich, weil sie sowohl in vollständigen als auch in unvollständigen Finanzmärkten gültig ist.

Eigenschaft 9.17 (Put-Call-Parität mit Dividende). *Der Preis eines Europäischen Puts entspricht dem Preis eines ansonsten identischen Calls abzüglich dem aktuellen Aktienkurs und zuzüglich dem Barwert von Basispreis und Dividende:*

$$P = C - S + KB(T) + DIV_1 B(t_1) . \tag{9.14}$$

Beweis. Ist der Put-Wert kleiner als die rechte Seite von Gleichung (9.14), so ist die in der nachstehenden Tabelle dargestellte Arbitragestrategie profitabel.

Zeitpunkte	$t = 0$	$t = t_1$	$t = T$	
Transaktionen			$S_T \leq K$	$S_T > K$
Kauf eines Puts	$-P$	$-$	$K - S_T$	$-$
Verkauf eines Calls	C	$-$	$-$	$-(S_T - K)$
Kauf einer Aktie	$-S$	DIV_1	S_T	S_T
Verkauf von DIV_1 Zeros mit RLZ t_1	$DIV_1 B(t_1)$	$-DIV_1$	$-$	$-$
Verkauf von K Zeros mit RLZ T	$KB(T)$	$-$	$-K$	$-K$
Arbitragegewinn	$\varepsilon > 0$	$-$	$-$	$-$

Ist die rechte Seite von Gleichung (9.14) kleiner als der Put-Wert, so ist die Short-Position in dieser Arbitragestrategie profitabel. □

Eigenschaft 9.18 (Wertuntergrenze für Amerikanische Puts). *Der Preis eines Amerikanischen Puts ist größer oder gleich dem Preis eines ansonsten identischen Calls abzüglich dem aktuellen Aktienkurs und zuzüglich dem Barwert des Basispreises:*

$$P^a \geq C^a - S + KB(T) \,. \tag{9.15}$$

Beweis. Eigenschaft 9.18 ergibt sich aus Gleichung (9.13) und unter Berücksichtigung, dass (1) Amerikanischer und Europäischer Call-Wert übereinstimmen ($C^a = C$) für den Fall, dass keine Dividenden gezahlt werden, und (2) der Amerikanische Put-Wert sein Europäisches Äquivalent übersteigen kann ($P^a \geq P$). □

Die Wertuntergrenze (9.15) gilt auch dann, falls während der Restlaufzeit des Calls und des Puts bis zum Verfalltag $t = T$ auf die zugrundeliegende Aktie eine Dividende entfällt. Bei einer Verletzung dieser Wertuntergrenze kauft der Arbitrageur den Put und die Aktie und verkauft den Call und K Zeros mit Restlaufzeit T. Falls der Call (aufgrund der Dividendenzahlung oder anderen, irrationalen Gründen) vorzeitig im Zeitpunkt $\tau < T$ ausgeübt wird, liefert der Arbitrageur die Aktie zum Preis K und kann mit diesem Erlös die K Zeros zum Preis $KB_\tau(T) < K$ zurückkaufen. Wird der Call nicht vorzeitig ausgeübt, hält er seine Position bis zum Verfalltag T und erhält zudem noch in $t = t_1$ die Dividende DIV_1.

Eigenschaft 9.19 (Wertobergrenze für Amerikanische Puts). *Der Preis eines Amerikanischen Puts ist kleiner oder gleich dem Preis eines ansonsten identischen Calls abzüglich dem aktuellen Aktienkurs und zuzüglich dem Basispreis:*

$$P^a \leq C^a - S + K \,.$$

Beweis. Bei einer Verletzung von Eigenschaft 9.19 ist die in der nachstehenden Tabelle dargestellte Arbitragestrategie profitabel:

Zeitpunkte	$t = 0$	$0 < \tau \leq T$	
Transaktionen		$S_\tau \leq K$	$S_\tau > K$
Verkauf eines Puts	P^a	$-(K - S_\tau)$	—
Kauf eines Calls	$-C^a$	—	$S_\tau - K$
Verkauf einer Aktie	S	$-S_\tau$	$-S_\tau$
Tagesgeldanlage	$-K$	$K \cdot A_\tau$	$K \cdot A_\tau$
Arbitragegewinn	$\varepsilon > 0$	$K \cdot (A_\tau - 1)$	$K \cdot (A_\tau - 1)$

Dabei bezeichnet τ den zufälligen Liquidationszeitpunkt dieses Portefeuilles. Für $\tau < T$ ist Letzterer der vom Verkäufer des Puts nicht beeinflussbare Zeitpunkt der Put-Ausübung durch den Put-Käufer. Erlöse aus dem Verkauf der Aktie und des Puts (nach Abzug der Anschaffungskosten für den Call) können nun nicht mehr in Zeros mit Fälligkeit T investiert werden. Würde dies der Arbitrageur tun, würde er sich dem Zinsänderungsrisiko aussetzen: $K/B(T)$ Zeros, zum Gesamtpreis $(K/B(T))B(T) = K$ gekauft, erbringen im (zufälligen) Liquidationszeitpunkt τ nicht notwendigerweise den Erlös:

$$(K/B(T))B_\tau(T) \geq K \, .$$

Letztere Bedingung muss aber erfüllt sein, damit er seine Verpflichtung aus dem Verkauf des Puts erfüllen kann.   □

Im Falle einer Dividendenzahlung erhöht sich die Wertobergrenze gemäß Eigenschaft 9.19 um den Barwert der Dividende:

Eigenschaft 9.20 (Wertobergrenze für Amerikanische Puts mit Dividende).
Der Preis eines Amerikanischen Puts ist kleiner oder gleich dem Preis eines ansonsten identischen Calls abzüglich dem aktuellen Aktienkurs, zuzüglich dem Basispreis und zuzüglich dem Barwert der Dividende:

$$P^a \leq C^a - S + K + DIV_1 B(t_1) \, . \tag{9.16}$$

Beweis. Der Beweis der Wertobergrenze (9.16) erfolgt in zwei Schritten. Dabei bezeichnet τ den (aus der Sicht des Put-Stillhalters) zufälligen Ausübungszeitpunkt des Puts. Falls dieser nicht vor dem Dividendenzeitpunkt t_1 liegt, ist bei einer Verletzung von (9.16) die in der nachstehenden Tabelle genannte Strategie profitabel.

Zeitpunkte	$t = 0$	$t = t_1$	$t_1 < \tau \leq T$	
Transaktionen			$S_\tau \leq K$	$S_\tau > K$
Verkauf eines Puts	P^a	—	$-(K - S_\tau)$	—
Kauf eines Calls	$-C^a$	—	—	$S_\tau - K$
Verkauf einer Aktie	S	$-DIV_1$	$-S_\tau$	$-S_\tau$
Kauf von DIV_1 Zeros mit RLZ t_1	$-DIV_1 B(t_1)$	DIV_1	—	—
Tagesgeldanlage	$-K$	—	$K \cdot A_\tau$	$K \cdot A_\tau$
Arbitragegewinn	$\varepsilon > 0$	—	$K \cdot (A_\tau - 1)$	$K \cdot (A_\tau - 1)$

Für $\tau < t_1$ erhöht sich der Liquidationswert $K \cdot (A_\tau - 1)$ des Arbitrageportefeuilles um den Barwert $DIV_1 B_\tau(t_1)$ der Dividende. Letzterer Erhöhungsbetrag ergibt sich deswegen, weil der Arbitrageur die Aktie vor Zahlung der Dividende wieder zurückkauft und damit keine Ausgleichszahlung an den Verleiher der Aktie leisten muss.   □

Aktienoptionen auf eine bestimmte Aktie mit einem bestimmten Verfalltag T werden in liquiden Optionsmärkten, wie beispielsweise an der Eurex, für eine Reihe von unterschiedlichen Basispreisen zeitgleich gehandelt. Erfüllen die Basispreise $K_1 < K_2 < K_3$ von drei Calls die Bedingung $K_3 - K_2 = K_2 - K_1$ so besitzen die korrespondierenden Call-Preise die folgende

Eigenschaft 9.21 (Konvexität). *Seien $K_1 < K_2 < K_3$ drei Basispreise und gelte (der Einfachheit halber[18]) $K_3 - K_2 = K_2 - K_1$. Dann ist der Preis des Calls (Puts) mit dem mittleren Basispreis K_2 niemals größer als der gewichtete Durchschnitt der Preise für die Calls mit den extremen Basispreisen K_1 und K_3:*

$$C(K_2) \leq \frac{C(K_1) + C(K_3)}{2} \quad und \quad P(K_2) \leq \frac{P(K_1) + P(K_3)}{2}. \qquad (9.17)$$

Beweis. Die nachstehende Tabelle zeigt für den Fall von Calls die Handelsstrategie auf, die bei einer Verletzung der Konvexitätsbedingung (9.17) positive Arbitragegewinne verspricht.

Zeitpunkte	$t = 0$	$t = T$			
Transaktionen		$S_T \leq K_1$	$K_1 < S_T \leq K_2$	$K_2 < S_T < K_3$	$S_T \geq K_3$
Kauf von					
$C(K_1)$	$-C(K_1)$	–	$S_T - K_1$	$S_T - K_1$	$S_T - K_1$
$C(K_3)$	$-C(K_3)$	–	–	–	$S_T - K_3$
Verkauf von					
$2C(K_2)$	$2C(K_2)$	–	–	$-2(S_T - K_2)$	$-2(S_T - K_2)$
Arbitrage- gewinn	$\varepsilon > 0$	0	$S_T - K_1 > 0$	$2K_2 - K_1 - S_T > 0$	0

Der Beweis der Put-Preis-Konvexität verläuft analog.   □

Abbildung 9.7 veranschaulicht die Konvexität der Call-Preisfunktion $C(K)$.

---

[18] Die Konvexitätseigenschaft verlangt natürlich die Gültigkeit von Beziehung (9.17) für beliebige Gewichtungsfaktoren $\lambda = (K_3 - K_2)/(K_3 - K_1)$ und $(1 - \lambda) = (K_2 - K_1)/(K_3 - K_1)$, wobei $0 < \lambda < 1$. Nur aus Gründen der einfacheren Darstellung beschränkt sich die Eigenschaft auf die speziellen Gewichtungsfaktoren $\lambda = 0,5 = 1 - \lambda$. Für beliebiges λ verläuft der Beweis natürlich analog.

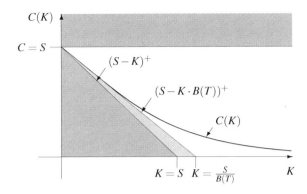

Abb. 9.7. *Call-Werte in Abhängigkeit vom Basispreis.* In arbitragefreien, friktionslosen Finanzmärkten ist dieser Zusammenhang konvex.

Empirische Ergebnisse

Die Profitabilität von Arbitragestrategien, die von der Verletzung der vorgestellten Wertgrenzen profitieren, wird in empirischen Studien typischerweise sowohl im Rahmen von *ex post*-Tests als auch im Rahmen von *ex ante*-Tests überprüft. Ex post-Tests unterstellen, dass (1) die beobachteten Preise für Optionen und Basisinstrument zeitgleich festgelegt worden sind und (2) im Falle von fehlbewerteten Optionen noch zu den Preisen, die eine Fehlbewertung anzeigen, eine die Fehlbewertung ausnutzende Arbitrageposition hätte aufgebaut werden können. Ein ex ante-Test berücksichtigt demgegenüber (1) die meist nichtsimultane Festlegung von Preisen für Optionen und des zugrundeliegenden Basisinstruments sowie (2) einen Zeitabstand zwischen dem Erkennen eines Fehlbewertungssignals und dem Aufbau einer entsprechenden Portefeuilleposition.
Die empirischen Ergebnisse lassen durchaus den Schluss zu, dass unter Berücksichtigung von Transaktionskosten Optionsmärkte im großen und ganzen informationseffizient sind. Aber auch für diejenigen Märkte und Teilperioden, in denen eine ökonomisch signifikante Profitabilität festgestellt werden konnte, muss bedacht werden, dass ein angemessener Anteil des errechneten „Arbitragegewinns" als Kompensation für das Preisänderungsrisiko, das durch den *nichtsimultanen* Aufbau des Arbitrageportefeuilles entsteht, aufgefasst werden kann (Bhattacharya,1983; Trautmann, 1986, 1987, 1989).
Dies bestätigen auch die Ergebnisse einer kleinen Studie, die mit Preisdaten für Amerikanische Optionen der Eurex-Vorgängerbörse DTB Deutsche Terminbörse des Jahres 1991 durchgeführt wurde. Abbildung 9.8 zeigt die zeitliche Entwicklung der Verteilung der „Gewinne" aufgrund der Verletzung der Put-Call-Parität (9.14) im Rahmen eines ex post-Tests (mittlere Gewinne pro Options-Kontrakt sind mit durchgezogenen Linien verbunden) und auch im Rahmen eines ex ante-Tests (mittlere Gewinne sind durch gestrichelte Linien verbunden). Letzterer berücksichtigt einen Zeitabstand von 10 Sekunden zwischen dem Erkennen eines Fehlbewertungssignals und dem Aufbau der entsprechenden Portefeuilleposition. Die scheinbar substantielle Fehlbewertung in der ersten Jahreshälfte, in der die meisten Dividendenzahlungstermine liegen, ist ganz einfach darauf zurück-

Abb. 9.8. *Wertmäßige Verletzung der Put-Call-Parität (9.14).*
Die Abbildung zeigt monatliche Verteilungen von „Gewinnen" pro Optionskontrakt (jeweils 100 Optionsrechte) der Handelsstrategie, die von einer Put-Unterbewertung, gemessen an der Put-Call-Parität (9.14), profitieren möchte. Berücksichtigt sind alle Preiskonstellationen, die für die fünf liquidesten Aktien zwischen 10:30 und 13:30 beobachtet wurden. Die im Rahmen eines ex post-Tests (ex ante-Tests mit 10 Sekunden Zeitverzögerung bei Aufbau der Arbitrageposition) ermittelten Durchschnittsgewinne sind durch durchgezogene (gestrichelte) Linien verbunden. Von oben nach unten sind folgende Quantile markiert: 99%, 75%, 50% (Median), 25%, 1%, wobei die Mediane miteinander verbunden sind.

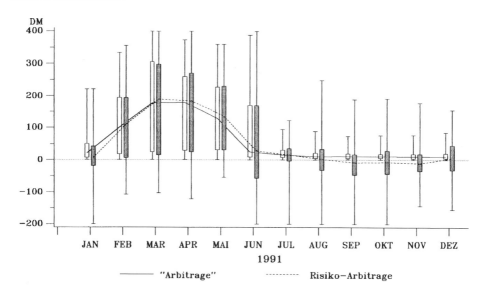

zuführen, dass die Put-Call-Parität im Falle von Dividendenzahlungen dem Put einen zu hohen Wert beimisst. Die mittlere Fehlbewertung in den Monaten Januar bis Juni in Höhe von ca. 1 DM pro Optionskontrakt (ein Kontrakt umfasste 100 Optionsrechte) lässt sich nämlich durch den Barwert der mittleren Dividendenzahlung pro Aktie in jener Zeit erklären. Eine Verletzung der für Amerikanische Optionen korrekten Put-Wertuntergrenze (9.15) wäre also kaum beobachtet worden. Der Versuch, die geringen Fehlbewertungssignale in der zweiten, fast dividendenlosen Jahreshälfte durch den (zeitverzögerten) Aufbau der entsprechenden Handelsstrategie gewinnbringend auszubeuten, erweist sich als nicht profitabel.

9.6 Wertgrenzen für Devisenoptionen

S_t bzw. F_t bezeichnen nun wieder den Kassadevisenkurs bzw. den Termindevisenkurs der betrachteten Währung; und A_t^* den Wert eines Geldmarktkontos in Auslandswährung im Zeitpunkt t, das im Zeitpunkt $t = 0$ den Wert $A_0^* = 1$ (in Auslandswährung) besitzt und täglich entsprechend der ausländischen Tagesgeldverzinsung anwächst.

Eigenschaft 9.22 (Europäischer Devisen-Call). *Der Wert eines Europäischen Calls auf Kassadevisen mit einer Restlaufzeit von T Jahren ist mindestens:*

$$C \geq \max\{0;\ SB^*(T) - KB(T)\}\ . \tag{9.18}$$

Beweis. Bei einer Verletzung von Eigenschaft 9.22 ist die in der nachstehenden Tabelle dargestellte Arbitragestrategie profitabel.

Zeitpunkte	$t = 0$	$t = T$	
Transaktionen		$S_T \leq K$	$S_T > K$
Kauf eines Calls	$-C$	0	$(S_T - K)$
Kreditaufnahme in ausl. Währung	$SB^*(T)$	$-S_T$	$-S_T$
Festgeldanlage in inl. Währung	$-KB(T)$	K	K
Arbitragegewinn	$\varepsilon > 0$	$K - S_T$	0

$\square$

Mit Hilfe von Eigenschaft 9.1 (Zinsparität) lässt sich Gleichung (9.18) wie folgt umformen:

$$C \geq \max\{0;\ (F(T) - K)B(T)\}\ .$$

Die Wertuntergrenze für einen Europäischen Devisen-Call entspricht damit dem Barwert einer Long-Position in einem Forward-Kontrakt, bei dem der kontrahierte Lieferpreis K nicht über dem Forward-Preis $F(T)$ liegt.

Eigenschaft 9.23 (Amerikanischer Devisen-Call). *Der Wert eines Amerikanischen Calls ist mindestens gleich dem aktuellen Ausübungswert und mindestens gleich dem mit dem ausländischen Bond-Preis multiplizierten Devisenkurs abzüglich dem mit dem inländischen Bond-Preis multiplizierten Basispreis:*

$$C^a \geq \max\{0;\ S - K;\ SB^*(T) - KB(T)\}\ .$$

Beweis. Ersetzt man in der Wertuntergrenze (9.9) den Wert des Europäischen Calls durch die entsprechende Wertuntergrenze (9.18), so erhält man Eigenschaft 9.23.

$\square$

Eigenschaft 9.24 (Europäischer Devisen-Put). *Ein Put vom Europäischen Typ auf Kassadevisen mit einer Restlaufzeit von T Jahren besitzt mindestens den Wert:*

$$P \geq \max\{0; KB(T) - SB^*(T)\} . \tag{9.19}$$

Beweis. Bei einer Verletzung von Eigenschaft 9.24 ist die in der nachstehenden Tabelle dargestellte Arbitragestrategie profitabel.

Zeitpunkte	$t = 0$	$t = T$	
Transaktionen		$S_T \leq K$	$S_T > K$
Kauf eines Puts	$-P$	$(K - S_T)$	0
Kreditaufnahme in inl. Währung	$KB(T)$	$-K$	$-K$
Festgeldanlage in ausl. Währung	$-SB^*(T)$	S_T	S_T
Arbitragegewinn	$\varepsilon > 0$	0	$S_T - K$

$\square$

Unter Zuhilfenahme des Zinsparitätentheorems (Eigenschaft 9.1) gilt entsprechend:

$$P \geq \max\{0; B(T)(K - F(T))\} .$$

Wieder entspricht die nichttriviale Europäische Wertuntergrenze dem Barwert der Differenz aus per Option vereinbartem Preis K und dem Terminpreis $F(T)$.

Eigenschaft 9.25 (Amerikanischer Devisen-Put). *Ein Put vom Amerikanischen Typ auf Kassadevisen mit einer Restlaufzeit von T Jahren besitzt mindestens den Wert:*

$$P^a \geq \max\{0; K - S; KB(T) - SB^*(T)\} .$$

Beweis. Ersetzt man in der Wertuntergrenze (9.10) den Wert des Europäischen Puts durch die entsprechende Wertuntergrenze (9.19), so erhält man Eigenschaft 9.25.

$\square$

Wertbeziehungen zwischen Devisenoptionen

Eigenschaft 9.26 (Put-Call-Parität). *Der Preis eines Europäischen Puts auf Devisen mit dem Basispreis K und der Restlaufzeit T entspricht dem Preis eines ansonsten identischen Calls minus dem mit dem Preis eines ausländischen Zeros multiplizierten Devisenkurs ($SB^*(T)$) plus dem Barwert des Basispreises ($KB(T)$):*

$$P = C - SB^*(T) + KB(T) . \tag{9.20}$$

Beweis. Bei einer Verletzung dieser Paritätsbeziehung bietet sich Marktteilnehmern die Gelegenheit zu profitabler, risikoloser Raumarbitrage (aufgrund der Verletzung des LOP). Ist der Put-Wert kleiner als die rechte Seite von (9.20), dann ist die entsprechende Strategie in der nachstehenden Tabelle beschrieben.

Zeitpunkte	$t = 0$	$t = T$	
Transaktionen		$S_T \leq K$	$S_T > K$
Kauf eines Puts	$-P$	$K - S_T$	0
Verkauf eines Calls	C	0	$-(S_T - K)$
Festgeldanlage in ausl. Währung	$-S B^*(T)$	S_T	S_T
Kreditaufnahme in inl. Währung	$K B(T)$	$-K$	$-K$
Arbitragegewinn	$\varepsilon > 0$	0	0

Ist der Put-Wert größer als die rechte Seite von 9.20), dann ist die Short-Position der obigen Strategie profitabel.   □

Mit der Eigenschaft 9.1 gilt auch die Beziehung $P = C + B(T)(K - F(T))$.

Eigenschaft 9.27 (Amerikanischer Devisen-Call). *Der Wert eines Amerikanischen Calls ist höchstens gleich dem aktuellen Devisenkurs zuzüglich dem Wert des Puts abzüglich des mit dem inländischen Bond-Preis multiplizierten Basispreises:*

$$C^a \leq S + P^a - K B(T) . \tag{9.21}$$

Beweis. Bei einer Verletzung von Eigenschaft 9.27 wäre die in der nachfolgenden Tabelle dargestellte Arbitragestrategie profitabel.

Zeitpunkte	$t = 0$	$0 < \tau \leq T$	
Transaktionen		$S_\tau \leq K$	$S_\tau > K$
Verkauf eines Calls	C^a	0	$-(S_\tau - K)$
Tagesgeldanlage in ausländischer Währung	$-S$	$S_\tau \cdot A_\tau^*$	$S_\tau \cdot A_\tau^*$
Kauf eines Puts	$-P^a$	$K - S_\tau$	0
Kreditaufnahme in inländischer Währung	$K B(T)$	$-K B_\tau(T)$	$-K B_\tau(T)$
Arbitragegewinn	$\varepsilon > 0$	$S_\tau(A_\tau^* - 1)$ $+ K(1 - B_\tau(T))$	$S_\tau(A_\tau^* - 1)$ $+ K(1 - B_\tau(T))$

□

Eigenschaft 9.28 (Amerikanischer Devisen-Put). *Der Wert eines Amerikanischen Puts ist höchstens gleich dem Basispreis zuzüglich dem Wert des Calls und abzüglich dem mit dem ausländischen Bond-Preis multiplizierten aktuellen Devisenkurs:*

$$P^a \leq K + C^a - S B^*(T) . \tag{9.22}$$

Beweis. Der Beweis verläuft ganz analog zum Beweis von Eigenschaft 9.27. □

Zusammengefasst ergibt das die folgenden Wertgrenzen für die Differenz aus Amerikanischem Call- und Put-Wert:

Eigenschaft 9.29 (Wertgrenzen für Amerikanische Devisenoptionen). *Unter der Annahme nichtnegativer Zinsraten ergibt sich die intertemporale Transferkostenrate $b = r - r^* \leq r$. Wir können nun die für Amerikanische Devisenoptionen aufgestellten Wertobergrenzen (9.21) und (9.22) zusammenfassen und folgende Ungleichungen herleiten:*

$$SB^*(T) - K \leq C^a - P^a \leq S - KB(T) \,.$$

Eigenschaft 9.30 (Internationale Put-Call-Äquivalenz). *Ein Devisen-Call auf eine ausländische Währung kann als ein Devisen-Put auf die inländische Währung mit reziprokem Basispreis angesehen werden:*

$$C_t(K) = S_t K P_t^*\left(\frac{1}{K}\right) \,,$$

$$P_t(K) = S_t K C_t^*\left(\frac{1}{K}\right) \,.$$

Hierbei wird der Put- bzw. Call-Preis P_t^* bzw. C_t^* in ausländischer Währung angegeben.

Beweis. Ein Call auf eine ausländische Währung gibt dem Käufer das Recht, eine Einheit der Devise für K Einheiten inländischer Währung zu kaufen, während ihm ein Put auf die inländische Währung das Recht gibt, eine Einheit inländischer Währung für $1/K$ Einheiten der Devise zu verkaufen. K Einheiten des ausländischen Devisen-Puts entsprechen also einem inländischen Devisen-Call, und wegen des „Law of One Price" gilt Eigenschaft 9.30:

$$C_t = (S_t - K)^+ = S_t K \left(\frac{S_t - K}{S_t K}\right)^+ = S_t K \left(\frac{1}{K} - \frac{1}{S_t}\right)^+ = S_t K P_t^*\left(\frac{1}{K}\right) \,.$$

□

Aufgaben

9.1. Leiten Sie mit Hilfe einer Arbitragetabelle für die folgenden Terminkontrakte die Cost of Carry-Relation ab. Gehen Sie dabei stets von einer kontinuierlichen Verzinsung aus.

(a) Goldterminkontrakt (Annahme: Lagerkosten sind zu vernachlässigen),

(b) Weizenterminkontrakt (Annahme: Lagerkosten L sind am Periodenanfang zahlbar),

(c) Devisentermingeschäft.

9.2. Machen Sie sich den Unterschied zwischen dem Wert und dem Preis eines Forwards bzw. Futures klar. Gehen Sie dabei wie folgt vor:

(a) Welche Beziehung gilt für den Forward-Preis eines Kontraktes mit Fälligkeit T zum Zeitpunkt t unter der Annahme einer konstanten intertemporalen Transferkostenrate?

(b) Beschreiben Sie den Verlauf der Forward-Preisentwicklung im Zeitablauf!

(c) Welchen Wert hat ein zum Zeitpunkt $t = 0$ geschriebener Forward in $t = 0$, $t = \tau < T$ bzw. $t = T$? Welchen Wert hat ein Future zu diesen Zeitpunkten?

(d) Stellen Sie den Wert eines Forwards bei Fälligkeit in T in einem Gewinn und Verlust-Profil[19] graphisch dar!

9.3. An der Chicago Board of Trade (CBT) werde der Januar-Future auf Sojabohnen zu $F_0(\text{Jan}) = 564{,}25$ US-\$ und der März-Future zu $F_0(\text{März}) = 576{,}-$ US-\$ gehandelt. Wie hoch sind die Lagerkosten, wenn von einem risikolosen Zins von 9 % ausgegangen wird? Untersuchen Sie dazu die beiden folgenden Fälle:

(a) Die Lagerkosten fallen kontinuierlich an.

(b) Die Lagerkosten sind vollständig am Anfang einer Lagerperiode zu zahlen.

9.4. Ein Investor halte eine Short Position in einem 6-Monats-Forward auf eine Aktie mit einer sicheren Dividende von $DIV = 12{,}-$ EUR in $\tau = 3$ Monaten. Der heutige Aktienkurs sei $S = 250$ und der risikolose (kontinuierliche) Zins 5 % p. a.

(a) Leiten Sie mit Hilfe einer Arbitragetabelle allgemein die Cost of Carry-Relation für Forwards auf Aktien mit einer diskreten Dividendenzahlung in $t = \tau < T$ (also vor der Fälligkeit des Forwards) her!

(b) Berechnen Sie den Forward-Preis und den Wert des oben angegebenen Kontraktes in $t = 0$!

(c) Vier Monate später sei der Aktienkurs bei unverändertem risikolosen Zins 245. Wie groß ist nun der Forward-Preis bzw. der Wert der Short Position in dem Forward-Kontrakt?

9.5. Mit Hilfe von Devisen-Forwards kann eine international tätige Unternehmung das Währungsrisiko aus bestimmten Transaktionen eliminieren. Verwendet die Unternehmung hingegen Devisen-Futures, so bleibt sie einem gewissen Risiko ausgesetzt.

(a) Erklären Sie dieses Risiko!

(b) Wovon hängt es ab, ob Devisen-Futures oder Devisen-Forwards ex post vorteilhaft sind?

9.6. Die DAX-Kaufoption mit Fälligkeit Juni und Basispreis $K = 3\,100{,}-$ EUR habe am 17. November 2002 einen Optionspreis von $C = 115{,}-$ EUR. Zur selben Zeit

---

[19] Unter einem *Gewinn und Verlust-Profil* (auch *Risikoprofil* genannt), versteht man gemeinhin den Gewinn bzw. Verlust in Abhängigkeit des Marktpreises des Basisinstruments am Verfalltag. Alternativ dazu kann auch der Gewinn- und Verlust ohne Berücksichtigung der beim Kauf eines Terminkontraktes anfallenden Zahlung ausgewiesen werden. In letzterem Fall spricht man dann von einem Zahlungsprofil.

habe die DAX-Kaufoption mit Fälligkeit Juni und Basispreis $K = 3\,150, -$ EUR einen Optionspreis von $C = 120, -$ EUR. Konstruieren Sie eine Anlagestrategie, die einen sicheren Gewinn garantiert!

9.7. Erläutern Sie, warum Aktien*kauf*optionen (wenn überhaupt) nur kurz vor einem Dividendenabschlagstag ausgeübt werden sollten, während die frühzeitige Ausübung bei Aktien*verkaufs*optionen zu fast jedem Zeitpunkt vor Fälligkeit vorteilhaft sein kann!

9.8. Gegeben sei ein Amerikanischer Call mit einer Restlaufzeit von 4 Monaten und einem Basispreis von 490. Der momentane Aktienkurs sei 500 und die kontinuierliche Zinsrate sei 7 % p. a.

   (a) Bestimmen Sie eine Wertuntergrenze für diese Option, falls bis zur Fälligkeit der Option keine Dividende gezahlt wird!

   (b) Bestimmen Sie eine Wertuntergrenze für diese Option, falls in 2 Monaten eine Dividende von 15 gezahlt wird!

   (c) Konstruieren Sie eine Arbitragemöglichkeit für den Fall, dass die Option bei 13 notiert und eine Dividende von 15 gezahlt wird!

Anhang

9A Beweis von Eigenschaft 9.3

Beweis. Der Zahlungsanspruch Z_T^{Fut} lässt sich durch die folgende selbstfinanzierende Anlagestrategie in Zeros und Futures-Kontrakten duplizieren:

(1) Roll-over-Position in Kurzläufern: Transferiere den Betrag F_t^{Fut} durch Anlage und fortwährende Wiederanlage in einperiodigen Zeros von t nach T. In T erhält man den Betrag $F_t^{Fut} \prod_{k=t}^{T-1} R_k$.

(2) Kaufe zu jedem Zeitpunkt $s = t, t+1, \ldots, T-1$ jeweils $\prod_{k=t}^{s} R_k$ Futures-Kontrakte. Verkaufe den Kontrakt jeweils nach einer Periode und reinvestiere den (möglicherweise negativen) Erlös zusammen mit dem Rückfluss aus der Wiederanlage der Erlöse der Vorperioden in einperiodige Zeros.

Diese selbstfinanzierende Anlagestrategie ist in Tabelle 9A.1 dargestellt. Die Roll-over-Position (1) in Einperiodenanleihen ergibt sich aus einer Anfangsinvestition in Höhe von F_t^{Fut} zum Zeitpunkt $s = t$. Der Rückfluss $F_t^{Fut} R_t$ in $s = t+1$ wird erneut für eine Periode investiert und liefert in $s = t+2$ einen Cash Flow der Höhe $F_t^{Fut} R_t R_{t+1}$, der wiederum reinvestiert wird usw. In $s = T$ ergibt sich damit eine Auszahlung von $F_t^{Fut} \prod_{k=t}^{T-1} R_k$.

Teil (2) der Anlagestrategie erfordert den Kauf von R_t Futures-Kontrakten in $s = t$, die einen Wert von null haben. In $s = t+1$ werden diese Futures-Kontrakte verkauft und erbringen einen Erlös von $\left(F_{t+1}^{Fut} - F_t^{Fut} \right) R_t$. Dieser wird in einperiodige Zeros investiert. Außerdem werden $R_t R_{t+1}$ neue Futures-Kontrakte gekauft, die in $s = t+2$ einen Erlös von $\left(F_{t+2}^{Fut} - F_{t+1}^{Fut} \right) R_t R_{t+1}$ liefern. Dieser wird zusammen mit dem Rückfluss $\left(F_{t+1}^{Fut} - F_t^{Fut} \right) R_t R_{t+1}$ aus der Anlage in $s = t+1$ erneut in Einperiodenanleihen angelegt. Der gesamte Anlagebedarf in $t+2$ ist also:

$$\left(F_{t+2}^{Fut} - F_{t+1}^{Fut} \right) R_t R_{t+1} + \left(F_{t+1}^{Fut} - F_t^{Fut} \right) R_t R_{t+1} = \left(F_{t+2}^{Fut} - F_t^{Fut} \right) R_t R_{t+1} \,.$$

Die Fortführung dieses Verfahrens liefert in $s = T$ für Teil (2) der Anlagestrategie den Cash Flow $\left(F_T^{Fut} - F_t^{Fut} \right) \prod_{k=t}^{T-1} R_k$.

Die Summe der Cash Flows aus Teil (1) und (2) der Anlagestrategie in $s = T$ ist:

$$F_t^{Fut} \prod_{k=t}^{T-1} R_k + \left(F_T^{Fut} - F_t^{Fut} \right) \prod_{k=t}^{T-1} R_k = F_T^{Fut} \prod_{k=t}^{T-1} R_k \,.$$

Berücksichtigt man, dass bei Fälligkeit des Futures-Kontraktes $S_T = F_T^{Fut}$ sein muss, damit Arbitragemöglichkeiten ausgeschlossen sind, so ergibt sich als Auszahlung der Anlagestrategie im Zeitpunkt T:

$$S_T \prod_{k=t}^{T-1} R_k \,.$$

Formal lässt sich die Auszahlung in T auch wie folgt ableiten:

Tabelle 9A.1. *Anlagestrategie zu Eigenschaft 9.3.*

	$s=t$	$s=t+1$	$s=t+2$	$\cdots$	$s=T-1$	$s=T$
(1) Roll-over-Position						
(a) Tägliches Anlagevolumen	$-F_t^{Fut}$	$-F_t^{Fut}R_t$	$-F_t^{Fut}R_tR_{t+1}$	$\cdots$	$-F_t^{Fut}\prod\limits_{k=t}^{T-2}R_k$	—
(b) Rückfluss von (a)	—	$+F_t^{Fut}R_t$	$+F_t^{Fut}R_tR_{t+1}$	$\cdots$	$+F_t^{Fut}\prod\limits_{k=t}^{T-2}R_k$	$+F_t^{Fut}\prod\limits_{k=t}^{T-1}R_k$
(2) Futures-Position						
(a) Kontraktanzahl	R_t	R_tR_{t+1}	$R_tR_{t+1}R_{t+2}$	$\cdots$	$\prod\limits_{k=t}^{T-1}R_k$	—
(b) Tagesgewinn bzw. -verlust	—	$+\left(F_{t+1}^{Fut}-F_t^{Fut}\right)R_t$	$+\left(F_{t+2}^{Fut}-F_{t+1}^{Fut}\right)R_tR_{t+1}$	$\cdots$	$+\left(F_{T-1}^{Fut}-F_{T-2}^{Fut}\right)\prod\limits_{k=t}^{T-2}R_k$	$+\left(F_T^{Fut}-F_{T-1}^{Fut}\right)\prod\limits_{k=t}^{T-1}R_k$
(c) Tägliches Anlage-/Finanzierungsvolumen: $-(b)-(d)$	—	$-\left(F_{t+1}^{Fut}-F_t^{Fut}\right)R_t$	$-\left(F_{t+2}^{Fut}-F_{t+1}^{Fut}\right)R_tR_{t+1}$	$\cdots$	$-\left(F_{T-1}^{Fut}-F_t^{Fut}\right)\prod\limits_{k=t}^{T-2}R_k$	—
(d) Rückfluss von (c)	—	—	$+\left(F_{t+1}^{Fut}-F_t^{Fut}\right)R_tR_{t+1}$	$\cdots$	$+\left(F_{T-2}^{Fut}-F_t^{Fut}\right)\prod\limits_{k=t}^{T-2}R_k$	$+\left(F_{T-1}^{Fut}-F_t^{Fut}\right)\prod\limits_{k=t}^{T-1}R_k$
Zahlungsstrom bei Kombination von (1) und (2)	$-F_t^{Fut}$	0	0	$\cdots$	0	$F_T^{Fut}\prod\limits_{k=t}^{T-1}R_k$

$$\underbrace{F_t^{Fut}\,\prod_{k=t}^{T-1} R_k}_{\text{Kurzläufer (1)}} + \sum_{\tau=t}^{T-1}\ \underbrace{\left(\prod_{k=t}^{\tau} R_k\right)}_{\substack{\text{Anzahl}\\ \text{Futures in}\\ \tau}}\ \underbrace{\left(F_{\tau+1}^{Fut} - F_{\tau}^{Fut}\right)}_{\substack{\text{Ertrag von}\\ \text{Futures in}\\ \tau+1}}\ \underbrace{\left(\prod_{k=\tau+1}^{T-1} R_k\right)}_{\substack{\text{Kontinuierliche}\\ \text{Anlage}}}$$

$$= F_t^{Fut}\,\prod_{k=t}^{T-1} R_k + \sum_{\tau=t}^{T-1}\left(\prod_{k=t}^{T-1} R_k\right)\left(F_{\tau+1}^{Fut} - F_{\tau}^{Fut}\right)$$

$$= F_t^{Fut}\,\prod_{k=t}^{T-1} R_k + \left(\prod_{k=t}^{T-1} R_k\right)\left(F_T^{Fut} - F_t^{Fut}\right)$$

$$= F_T^{Fut}\,\prod_{k=t}^{T-1} R_k$$

$$= S_T\,\prod_{k=t}^{T-1} R_k\ .$$

Die Auszahlung im Zeitpunkt $s = T$ resultiert also aus einer Anlagestrategie mit einer Anfangsinvestition in Höhe des Futures-Preises F_t^{Fut}. In den Zeitpunkten $s = t+1, \ldots, T-1$ liefert die Anlagestrategie gemäß Tabelle 9A.1 keine Cash Flows, da es sich um eine selbstfinanzierende Anlagestrategie handelt. Die Zahlungscharakteristik Z_T^{Fut} lässt sich demzufolge durch die in Tabelle 9A.1 dargestellte Anlagestrategie duplizieren. Aus der Annahme der Arbitragefreiheit folgt unmittelbar die Gültigkeit der Beziehung (9.6). $\qquad\qquad\qquad\qquad\qquad\square$

Literatur

Bamberg, Günter und Klaus Röder, 1994, Arbitrage institutioneller Anleger am DAX-Futures Markt unter Berücksichtigung von Körperschaftssteuer und Dividenden, *Zeitschrift für Betriebswirtschaft* 64, 1533–1566.

Bhattacharya, M., 1983, Transactions data tests of efficiency of the Chicago Board Options Exchange, *Journal of Financial Economics* 12, 161–185.

Bühler, Wolfgang und Alexander Kempf, 1993, Der DAX-Future: Kursverhalten und Arbitragemöglichkeiten, *Kredit und Kapital* 26, 533–574.

Chang, Carolyn W. und Jack S. K. Chang, 1990, Forward and Futures Prices: Evidence from the Foreign Exchange Markets, *Journal of Finance* 45, 1333–1336.

Cootner, Paul, 1960, Returns to Speculators: Telser Versus Keynes, *Journal of Political Economy* 68, 398–404.

Cornell, Brad und Marc R. Reinganum, 1981, Forward versus Futures Prices: Evidence From the Foreign Exchange Markets, *Journal of Finance* 36, 1035–1046.

Cox, John C., Jonathan E. Ingersoll und Stephen A. Ross, 1981, The Relation between Forward Prices and Futures Prices, *Journal of Financial Economics* 9, 321–346.

Cox, John C. und Mark Rubinstein, 1985, *Options Markets*, Prentice-Hall, Englewood Cliffs.

Dusak, Katherine, 1973, Futures trading and investor returns: An investigation of commodity market risk premium, *Journal of Political Economy* 81, 1387–1406.

French, Kenneth R., 1983, A Comparison of Futures and Forward Prices, *Journal of Financial Economics* 12, 311–342.

Hicks, John, 1939, *Value and Capital*, Oxford University Press, New York.

Jarrow, Robert A. und George Oldfield, 1981, Forward Contracts and Futures, *Journal of Financial Economics* 9, 373–382.

Keynes, John M., 1930, *A Treatise on Money*, Macmillan, London.

Kolb, Robert W., 1992, Is Normal Backwardation Normal?, *Journal of Futures Markets* 12, 75–92.

Merton, Robert C., 1973, Theory of rational option pricing, *Bell Journal of Economics and Management Science* 4, 141–183.

Park, Hun Y. und Andrew H. Chen, 1985, Differences between futures and forward prices: an investigation of the marking-to-market effects, *Journal of Futures Markets* 5, 77–87.

Stoll, Hans R., 1969, The Relationship Between Put and Call Option Prices, *Journal of Finance* 24, 801–824.

Stoll, Hans R. und Robert E. Whaley, 1993, *Futures and Options: Theory and Applications*, South-Western Educational Publishing Co., Cincinnati.

Telser, Lester G., 1960, Returns to Speculators: Reply, *Journal of Political Economy* 68, 404–415.

Trautmann, Siegfried, 1986, *Finanztitelbewertung bei arbitragefreien Finanzmärkten*, Habilitationsschrift, Universität Karlsruhe.

Trautmann, Siegfried, 1987, Die Bewertung von Aktienoptionen am deutschen Kapitalmarkt - Eine empirische Überprüfung der Informationseffizienzhypothese, *Schriften des Vereins für Socialpolitik, Gesellschaft für Wirtschafts- und Sozialwissenschaften* 165, 311–327.

Trautmann, Siegfried, 1989, Aktienoptionspreise an der Frankfurter Optionsbörse im Lichte der Optionsbewertungstheorie, *Finanzmarkt und Portfoliomanagement* 3, 210–225.

10

Risikoneutrale Bewertung mit dem Binomialmodell

Die Festlegung eines eindeutigen Modell- bzw. Zeitwertes innerhalb des in Kapitel 9 vorgestellten arbitragefreien Wertebereichs für Optionen erfordert entweder ein risikopräferenzabhängiges Gleichgewichtsmodell oder einen *vollständigen Finanzmarkt*. Bei dem im Folgenden dargestellten, zeitdiskreten Handelsmodell von Cox, Ross und Rubinstein (1979) wird die Marktvollständigkeit dadurch erreicht, dass die Preise des Basisinstruments einem *multiplikativen Binomialprozess* folgen. Kann beispielsweise die betrachtete Option nur zum Bewertungszeitpunkt und am Verfalltag gehandelt werden, so darf der Preis des Basisinstrumentes am Verfalltag nur einen von *zwei* vorgegebenen Werten annehmen. Unter dieser Verteilungshypothese lässt sich das Zahlungsprofil eines Aktien-Calls durch eine *kreditfinanzierte Aktienanlage* nachbilden. In diesem Fall muss der Barwert der duplizierten Option dem Barwert des Duplikationsportefeuilles, bestehend aus Aktie und Bond-Anteilen, entsprechen. Das Zahlungsprofil eines Puts lässt sich dagegen durch eine mittels *Aktienverkauf* (eventuell in Form eines Leerverkaufs) *finanzierte risikolose Finanzanlage* nachbilden. Dieses Optionsbewertungsmodell basiert ebenso wie die behandelten Wertgrenzen auf den Annahmen 1.1 bis 1.5, wobei Annahme 1.3 wie folgt spezifiziert wird:

Annahme 1.3''' (Homogene Einschätzungen). *Alle Marktteilnehmer stimmen darüber überein, welche Preispfade für das Basisinstrument mit positiver Wahrscheinlichkeit auftreten.*

Zudem treffen wir die folgende

Annahme 10.1 (Zinssicherheit). *Die Zinsstrukturkurve ist flach und im Zeitablauf konstant. Damit gibt es für Null-Kuponanleihen (Zeros) nur einen möglichen Preispfad.*

In den Abschnitten 10.1 und 10.2 wird zunächst ein Einperiodenmodell für Aktien- und Devisenoptionen auf der Basis der angesprochenen zweiwertigen Verteilungshypothese betrachtet. Alle relevanten Modelleigenschaften können bereits in diesem simplen Modellrahmen diskutiert werden. Die Betrachtung des Mehrperiodenfalls für Aktien- und Devisenoptionen folgt im Anschluss daran in den Abschnitten 10.3 und 10.4, bevor abschließend im Abschnitt 10.5 die Zerlegung des Optionswerts in den Inneren Wert und den Zeitwert anhand einer alternativen Duplikationsstrategie, der „Stop-Loss, Start-Gain-Strategie", demonstriert wird.

10.1 Einperiodenmodell für Aktienoptionen

In diesem Modellrahmen können Optionen und zugrundeliegende Aktien nur zum Bewertungszeitpunkt ($t = 0$) und am Verfalltag ($t = T$) gehandelt werden. Wegen Annahme 1.3 ''' stimmen alle Marktteilnehmer darin überein, dass bis zum Verfalltag einer Option der Aktienkurs entweder um den Faktor $(U - 1)$ ansteigt oder um den Faktor $(1 - D)$ sinkt. In der angelsächsischen Literatur wird ein Kursanstieg bzw. Kursverlust als Uptick oder Downtick bezeichnet.[1] Daher werden die Preisszenarien mit den Superskripten „u" bzw. „d" und die Bruttorenditen mit U bzw. D gekennzeichnet, wobei

$$U > R > D \tag{10.1}$$

gelten muss, um profitable Zeitarbitrage auszuschließen.[2] Der Barwert der Optionen hängt dann (bei gegebenem Diskontierungsfaktor) jeweils nur von zwei Ausübungswerten ab, deren Wert wiederum vom Aktienkurs im Verfallzeitpunkt abhängt (vgl. Abbildung 10.1).

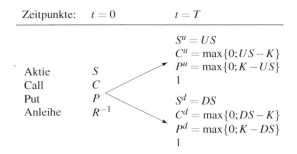

Zeitpunkte: $t = 0$ $t = T$

Aktie S
Call C
Put P
Anleihe R^{-1}

$S^u = US$
$C^u = \max\{0; US - K\}$
$P^u = \max\{0; K - US\}$
1

$S^d = DS$
$C^d = \max\{0; DS - K\}$
$P^d = \max\{0; K - DS\}$
1

Abb. 10.1. *Preispfade.* Im einperiodigen Binomialmodell gibt es nur zwei Preispfade für Aktie und Optionen.

Das Zahlungsprofil einer Option lässt sich in einem friktionslosen Finanzmarkt anhand eines geeigneten Duplikationsportefeuilles synthetisch herstellen.

---

[1] Ein *Tick* ist die (angelsächsische) Bezeichnung für die kleinste Kursänderung im Börsenhandel.
[2] Für $R \leq D$ würde ein Arbitrageur einen Aktienkauf durch einen Leerverkauf der risikolosen Anleihe finanzieren und damit einen nichtnegativen Liquidationswert erzielen, der mit positiver Wahrscheinlichkeit positiv ist („Free Lottery"). Für $R \geq U$ würde dagegen der Arbitrageur durch einen Anleihekauf, finanziert durch Leerverkauf der Aktie, profitable Zeitarbitrage betreiben können.

Wert Europäischer Aktienoptionen

Das Zahlungsprofil eines Aktien-Calls am Verfalltag kann in unserem Modell durch das Zahlungsprofil einer *kreditfinanzierten Aktienanlage* exakt nachgebildet werden. Das kann folgendermaßen gezeigt werden:
Ein aus h^S Aktien und h^B Null-Kuponanleihen (mit gegenwärtigem Kurswert R^{-1} und Rückzahlungsbetrag 1) bestehendes Portefeuille $\mathbf{H} = (h^B, h^S)' \in \mathbf{R}^2$ besitzt in diesem Einperiodenmodell die in Abbildung 10.2 dargestellte Wertentwicklung.

$$h^S S + h^B R^{-1} \longrightarrow \begin{array}{l} h^S S^u + h^B \cdot 1 \\ \\ h^S S^d + h^B \cdot 1 \end{array}$$

Abb. 10.2. *Wertentwicklung des Duplikationsportefeuilles für Aktienderivate.*

Dieses Portefeuille entspricht einer kreditfinanzierten Aktienanlage, die das Zahlungsprofil des Calls am Periodenende, d. h. die Funktion $C_T(S_T)$ mit den Wertepaaren (S^u, C^u) und (S^d, C^d), exakt dupliziert, falls das Portefeuille $\mathbf{H} = (h^B, h^S)'$ die folgenden beiden Bedingungen erfüllt:

$$h^S S^u + h^B \cdot 1 = C^u , \tag{10.2}$$
$$h^S S^d + h^B \cdot 1 = C^d . \tag{10.3}$$

Dieses Gleichungssystem besitzt die folgende, eindeutige Lösung:

$$h^S = \frac{C^u - C^d}{S^u - S^d} \quad \text{und} \quad h^B = \frac{U C^d - D C^u}{U - D} . \tag{10.4}$$

Eine Handelsstrategie $\mathbf{H} = (h^B, h^S)'$, die diese beiden Bedingungen erfüllt, dupliziert das Zahlungsprofil des Calls. Dabei ist $h^S \geq 0$ und $h^B \leq 0$.

Eigenschaft 10.1 (Duplikationsportefeuille). *Im einperiodigen Binomialmodell besitzt das Duplikationsportefeuille für einen Aktien-Call die Aufbaukosten bzw. den Liquidationswert*

$$C = h^S S + h^B R^{-1} \quad bzw. \quad C_T(S_T) = h^S S_T + h^B \cdot 1 ,$$

wobei h^S und h^B gemäß (10.4) festgelegt werden müssen. h^S wird auch Hedge Ratio *bzw.* Delta *(des Calls) genannt.*

Da der zufällige Liquidationswert $C_T(S_T) = h^S S_T + h^B$ des Duplikationsportefeuilles eine Funktion der Zufallsvariablen S_T ist, entspricht die Hedge Ratio h^S der Steigung einer Regressionsgeraden:

$$\frac{\text{Cov}(C_T, S_T)}{\text{Var}(S_T)} = \frac{\text{Cov}(h^S \cdot S_T + h^B, S_T)}{\text{Var}(S_T)} = \frac{h^S \text{Cov}(S_T, S_T)}{\text{Var}(S_T)} = h^S .$$

Aus Abbildung 10.3 ist zu entnehmen, dass der Liquidationswert des Duplikationsportefeuilles C_T mit S_T perfekt positiv korreliert ist. Für den Korrelationskoeffizienten $\rho(C_T, S_T)$ gilt also:

$$\rho(C_T, S_T) \equiv \frac{\text{Cov}(h^S S_T + h^B, S_T)}{\text{Var}(h^S S_T + h^B)^{1/2} \text{Var}(S_T)^{1/2}} = \frac{h^S \text{Var}(S_T)}{h^S \text{Var}(S_T)^{1/2} \text{Var}(S_T)^{1/2}} = 1 \,.$$

Führt man dagegen weitere Handelszeitpunkte ein, so gibt es am Verfalltag mehr als zwei mögliche Liquidationswerte für Call und Aktie. Die Korrelation zwischen S_T und C_T wird nur dann eins, falls der Call für alle möglichen Aktienkurse im Geld endet (vergleiche dazu auch Abbildung 10.11).

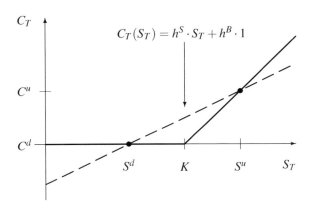

Abb. 10.3. *Perfekte Korrelation zwischen Aktie und Derivat.*
Aus Sicht des jeweils vorhergehenden Handelszeitpunktes (im einperiodigen Binomialmodell der Zeitpunkt $t = 0$) sind die Preise am Verfalltag von Aktie und Derivat perfekt korreliert. Im Fall eines Calls handelt es sich um eine perfekte positive Korrelation.

Eigenschaft 10.2 (Perfekte Korrelation). *Im einperiodigen Binomialmodell ist aus Sicht des Zeitpunkts $t = 0$ der Call-Wert mit dem Aktienkurs am Verfalltag perfekt positiv korreliert.*

Unter Benutzung der in Beziehung (10.4) für h^S und h^B errechneten Werte erhält man nach entsprechender Umformung:

$$C = \frac{C^u - C^d}{U - D} + \frac{UC^d - DC^u}{U - D} \cdot R^{-1} = \frac{R - D}{(U - D)R} C^u + \frac{U - R}{(U - D)R} C^d \,.$$

Mit der Vereinbarung

$$q = \frac{R - D}{U - D} \quad \text{bzw.} \quad (1 - q) = \frac{U - R}{U - D} \tag{10.5}$$

gilt schließlich für den Wert des Calls:

$$C = \left(qC^u + (1 - q)C^d \right) \cdot R^{-1} \,. \tag{10.6}$$

Falls (10.1) gilt, d. h. die betrachteten Märkte arbitragefrei sind, liegen q und sein Komplement $(1-q)$ zwischen 0 und 1 und können damit als Wahrscheinlichkeiten interpretiert werden. Diese Wahrscheinlichkeiten werden mit dem Attribut „*risikoneutral*" versehen, weil mit ihrer Hilfe eine Wertdarstellung wie aus der Sicht eines risikoneutralen Investors möglich wird: Der faire Call-Preis ist der diskontierte Erwartungswert des zukünftigen Ausübungswerts. Die durch die Wahrscheinlichkeiten q und $(1-q)$ repräsentierte Verteilung Q heißt aus diesem Grund *risikoneutrale Verteilung* bzw. *risikoneutrales Wahrscheinlichkeitsmaß*. Bezeichnet $E_Q(\cdot)$ die Erwartungswertbildung einer Zufallsvariablen bzgl. des Wahrscheinlichkeitsmaßes Q, so gilt[3]

Eigenschaft 10.3 (Risikoneutrale Wertdarstellung). *Die Duplikationskosten für einen Europäischen Aktien-Call entsprechen dem diskontierten Erwartungswert des Ausübungswertes der Option am Verfalltag auf Basis risikoneutraler Wahrscheinlichkeiten:* $C = E_Q(C_T/R)$.

Will man also Gegenwartspreise als diskontierte *erwartete* zukünftige Preise darstellen, muss man sich für diesen (Rechen- und Darstellungs-)Zweck neben der realen Welt eine *risikoneutrale* Welt schaffen. In dieser Welt muss die *Verteilung* des Rückflusses aller Finanztitel so gewählt werden, dass sich die gegenwärtigen, beobachtbaren Finanztitelpreise als diskontierte Erwartungswerte der jeweiligen Rückflüsse darstellen lassen. Eigenschaft 10.3 besagt nicht, dass die Optionsbewertung unter der Annahme der Risikoneutralität der Marktteilnehmer erfolgt. Dies sieht man wie folgt: Bei Kenntnis des Erwartungswertes der Aktienrendite, $\mu_S = E_P((S_T - S_0)/S_0)$, oder bei Kenntnis der *statistischen* Uptick-Wahrscheinlichkeit p kann wegen Eigenschaft 6.7 auf die (in Renditepunkten ausgedrückte) vom Investor geforderte Risikoprämie für die Aktie, $RP_S \equiv \mu_S - (R-1)$, geschlossen werden:

$$S = \frac{E_P(S_T)}{R + RP_S} \, .$$

Bezeichnet $RP_C = RP_S \cdot \varepsilon_{C.S}$ die geforderte Risikoprämie[4] für den Call, so lässt sich der Call-Wert auf Basis *statistischer* Wahrscheinlichkeiten wie folgt darstellen:

$$C = \frac{E_P(C_T)}{R + RP_S \cdot \varepsilon_{C.S}} = \frac{E_P(C_T)}{R + RP_C} \, .$$

---

[3] Die risikoneutrale Wertdarstellung wurde im Zusammenhang mit dem in Kapitel 11 beschriebenen zeitstetigen Black/Merton/Scholes-Modell von Cox und Ross (1976a, 1976b) entdeckt. Auf den Zeitpunkt $t = 0$ diskontierte Preise besitzen damit in der risikoneutralen Welt auch die sogenannte Martingaleigenschaft: Der heutige Preis ist der beste Prädiktor für den morgigen Preis bzw. Wert gemäß dem Martingal-Motto: „Morgen wird wie heute sein!" (siehe dazu die Darstellungen in den Anhängen 10A und 12A).

[4] Siehe dazu Eigenschaft 7.2.

Beispiel 10.1 (Wert eines Aktien-Calls). _____

Zu bewerten sei ein Call auf eine Aktie, deren Kurswert am Periodenende T bzw. am Fälligkeitstag des Calls entweder den Wert $S^u = 240$ oder den Wert $S^d = 160$ annehmen kann. Der aktuelle Kurswert der Aktie betrage $S = 200$. Die Bruttorendite einer risikofreien Finanzanlage sei $R = 1,1$. Bei einem Basispreis von $K = 200$ gilt für den Ausübungswert des Calls $C^u = 40$ bzw. $C^d = 0$. Damit lautet das Duplikationsportefeuille:

$$h^S = \frac{C^u - C^d}{S^u - S^d} = \frac{40 - 0}{240 - 160} = 0,5\,; \qquad h^B = \frac{1,2 \cdot 0 - 0,8 \cdot 40}{1,20 - 0,80} = \frac{-32}{0,4} = -80\,.$$

Für den Wert des Calls folgt $C = h^S \cdot S + h^B \cdot R^{-1} = 0,5 \cdot 200 - 80 \cdot 1,1^{-1} = 27,27$. Weicht der beobachtete Marktpreis C^M für den Call von diesem Wert ab, dann ist etwa im Fall $C^M > C$ die in der folgenden Tabelle dargestellte Arbitragestrategie profitabel:

Zeitpunkte	$t = 0$	$t = T$	
Transaktionen		$S^d = 160$	$S^u = 240$
Verkauf von zwei Calls	$2C^M$	—	-80
Kauf einer Aktie	-200	160	240
Kreditaufnahme	$145,46$	-160	-160
Arbitrage-Gewinn	$2C^M - 54,54$	—	—

Für den Marktpreis des Calls muss daher $C^M = 27,27$ gelten, damit kein Arbitragegewinn entsteht. Dieser arbitragefreie Wert lässt sich auch als diskontierter Erwartungswert des Ausübungswertes darstellen. Die risikoneutralen Wahrscheinlichkeiten für den einperiodigen Kursanstieg bzw. den Kursrückgang lauten wegen $U \equiv S^u / S = 1,20$ und $D \equiv S^d / S = 0,80$ wie folgt:

$$q = \frac{R - D}{U - D} = \frac{1,10 - 0,80}{1,20 - 0,80} = 0,75\,; \qquad 1 - q = \frac{U - R}{U - D} = \frac{1,20 - 1,10}{1,20 - 0,80} = 0,25\,.$$

Für den diskontierten Erwartungswert des Ausübungswertes erhält man daher:

$$C = \left(qC^u + (1 - q)C^d\right) \cdot R^{-1} = (0,75 \cdot 40 + 0,25 \cdot 0)/1,10 = 27,27\,.$$

Für eine statistische Uptick-Wahrscheinlichkeit von $p = 0,90$ erhält man wegen

$$S = \frac{E_P(S_T)}{R + RP_S} = \frac{232}{1,10 + RP_S} = 200$$

zunächst die Risikoprämie für die Aktie, $RP_S = 0,06$. Aus $C \equiv h^S \cdot S + h^B \cdot R^{-1}$ erhält man die Risikoprämie für den Call $RP_C = RP_S \cdot \varepsilon_{C,S} = 0,06 \cdot \frac{\partial C}{\partial S} \cdot \frac{S}{C} = 0,06 \cdot \frac{1}{2} \cdot \frac{200}{C}$ und damit den Call-Wert

$$C = \frac{E_P(C_T)}{R + RP_C} = \frac{36}{1,10 + 0,06 \cdot 100/C}$$

bzw. $C = 27,27$.

Ebenso wie im Fall eines Calls kann das Zahlungsprofil eines Puts dupliziert werden. Ersetzt man im linearen Gleichungssystem (10.2) und (10.3) C^u und C^d durch P^u und P^d, so erhält man folgende Duplikationsstrategie:

$$h^S = \frac{P^u - P^d}{S^u - S^d} \quad \text{und} \quad h^B = \frac{UP^d - DP^u}{U - D},$$

mit $h^S \leq 0$ und $h^B \geq 0$. Im Gegensatz zur Duplikation eines Calls wird hier eine Aktie (teilweise) leerverkauft und damit eine risikolose Finanzanlage finanziert. Der Barwert des Portefeuilles stimmt nun mit dem des Europäischen Puts überein, weil dieser nicht vorzeitig ausgeübt werden kann. Man erhält:

$$P = h^S S + h^B R^{-1} = \left(qP^u + (1-q)P^d \right) \cdot R^{-1} = \mathrm{E}_Q(P_T / R).$$

Wert Amerikanischer Aktienoptionen

Wenn — wie bei Dividendenzahlungen oder bei Puts — eine Ausübung des Optionsrechtes vor dem Verfallzeitpunkt von Vorteil sein kann, muss in jedem Handelszeitpunkt überprüft werden, ob sich eine frühzeitige Ausübung lohnt. Diese Überprüfung wird im Einperiodenmodell im Fall von Puts durch die folgende Bewertungsvorschrift berücksichtigt:

$$P^a = \max\{K - S; P\}.$$

Beispiel 10.2 (Wert eines Amerikanischen Puts). _____
Wir unterstellen die gleichen Zinsen und die gleiche Aktienkursentwicklung wie im Beispiel 10.1. Damit ergeben sich auch die gleichen risikoneutralen Wahrscheinlichkeiten. Diesmal sollen Puts mit den Basispreisen $K_1 = 200$ und $K_2 = 220$ bewertet werden. Für $K_1 = 200$ stimmt der Wert des Amerikanischen Puts mit dem seines Europäischen Äquivalents überein:

$$P = \left(q \cdot P^u + (1-q)P^d \right) \cdot R^{-1} = (0 + 0{,}25 \cdot 40)/1{,}1 = 9{,}09 \quad \text{und}$$
$$P^a = \max(P; K_1 - S) = \max(9{,}09; 0) = 9{,}09 = P.$$

Eine vorzeitige Ausübung des Optionsrechts ist daher nicht vorteilhaft. Für $K_2 = 220$ ist der Amerikanische Put dagegen wertvoller als der Europäische Put:

$$P = (0 + 0{,}25 \cdot 60)/1{,}1 = 13{,}64 \quad \text{und}$$
$$P^a = \max(P; K_2 - S) = \max(13{,}64; 20) = 20 > P.$$

In diesem Fall ist eine sofortige vorzeitige Ausübung vorteilhaft.

_____

Ebenso wie bei der Bewertung des Puts muss auch beim Call im Fall einer Dividendenzahlung (im Zeitpunkt $t = 0$) berücksichtigt werden, dass der Call bei sofortiger Ausübung mehr wert sein kann, als bei längerem Halten der Option. Deswegen muss in jedem Handelszeitpunkt der Innere Wert mit dem Wert der (zu diesem Zeitpunkt) nicht ausgeübten Option, verglichen werden. Bezeichnet S^{ex} wiederum den Aktienkurs ex Dividende, so gilt im einperiodigen Modell:

$$C^a = \max\{S^{ex} - K + DIV; C\} \quad \text{mit} \quad C = \mathrm{E}_Q(C_T / R) \ .$$

Beispiel 10.3 (Call mit Dividende). ⎯⎯⎯⎯⎯⎯⎯⎯⎯⎯⎯⎯⎯⎯⎯⎯
Aktienkurs ex Dividende, Zinsen und Basispreis seien die gleichen wie in Beispiel 10.1. Diesmal werde aber in $t = 0$ eine Dividende von $DIV^1 = 10$ bzw. $DIV^2 = 30$ bezahlt. Den Wert der Europäischen Option ($C = 27{,}27$) haben wir in Beispiel 10.1 berechnet. Bei einer Dividende von 10 ist eine vorzeitige Ausübung nicht sinnvoll, denn es gilt:

$$C^a = \max\{S^{ex} - K + DIV^1; C\} = \max\{10; 27{,}27\} = 27{,}27 = C \ .$$

Bei einer Dividende von 30 hingegen lohnt sich die vorzeitige Ausübung:

$$C^a = \max\{S^{ex} - K + DIV^2; C\} = \max\{30; 27{,}27\} = 30 > C \ .$$

10.2 Einperiodenmodell für Devisenoptionen

Im Binomialmodell für Devisenoptionen wird anstelle des Aktienkurses der Devisenkurs binomial modelliert und ebenfalls mit S bezeichnet. Das Zahlungsprofil eines Devisen-Calls am Verfalltag kann in diesem Modell durch das Zahlungsprofil einer *inlandskreditfinanzierten Auslandstermingeldanlage* nachgebildet werden. Bezeichnet $B^*(T)$ den in Auslandswährung denominierten Preis einer Null-Kuponanleihe mit Rückzahlungspreis 1 und Restlaufzeit T, so besitzt diese Strategie die in Abbildung 10.4 dargestellte Wertentwicklung.

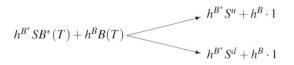

Abb. 10.4. *Wertentwicklung des Duplikationsportefeuilles für Devisenderivate.*

Im Gegensatz zur Duplikation von Aktienoptionen – dort besteht das Duplikationsportefeuille in $t = 0$ aus h^S Einheiten des Basisinstruments – sind hier zum Zeitpunkt $t = 0$ nur $h^{B^*} B^*(T)$ Einheiten des Basisinstruments im Portefeuille. Dies liegt darin begründet, dass sich die Devise bis zum Zeitpunkt T verzinst. Um profitable Zeitarbitrage auszuschließen, muss deshalb $U > B^*(T)/B(T) > D$ gelten. $\mathbf{H} = (h^B, h^{B^*})'$ muss nun derart gewählt werden, dass

$$h^{B^*} S^u + h^B = C^u \,,$$
$$h^{B^*} S^d + h^B = C^d$$

gilt. Daraus folgt für die Duplikationsstrategie $\mathbf{H} = (h^B, h^{B^*})'$:

$$h^{B^*} = \frac{C^u - C^d}{S^u - S^d} \quad \text{und} \quad h^B = \frac{U C^d - D C^u}{U - D} \,.$$

Da Arbitragemöglichkeiten annahmegemäß ausgeschlossen sind, muss der Barwert des Duplikationsportefeuilles mit dem des Calls übereinstimmen:

$$C = h^{B^*} S B^*(T) + h^B B(T) = \frac{C^u - C^d}{U - D} B^*(T) + \frac{U C^d - D C^u}{U - D} B(T)$$

$$= \frac{B^*(T) - D B(T)}{U - D} C^u + \frac{U B(T) - B^*(T)}{U - D} C^d \,.$$

Mit der Vereinbarung

$$q = \frac{B^*(T)/B(T) - D}{U - D} \quad \text{bzw.} \quad (1 - q) = \frac{U - B^*(T)/B(T)}{U - D} \quad (10.7)$$

lautet der Wert eines Europäischen Devisen-Calls:

$$C = \left[q C^u + (1 - q) C^d \right] B(T) \,.$$

Wieder liegen q und das Komplement $1 - q$ zwischen 0 und 1 und können als Wahrscheinlichkeiten interpretiert werden.[5] Der Call-Wert entspricht also dem diskontierten, erwarteten Liquidationswert. Wie im Aktienfall erfolgt die Diskontierung durch einen inländischen Bond. Der Ausdruck der risikoneutralen Wahrscheinlichkeit q enthält jedoch statt $1/B(T) = R$ die Größe $B^*(T)/B(T)$.

Beispiel 10.4 (Wert eines Europäischen Calls auf den US-Dollar). _____
Mit $U = 1{,}1$ und $D = 0{,}9$ wird, ausgehend vom aktuellen Kurs der US-amerikanischen Währung von $S = 0{,}80$ EUR/USD, der in Abbildung 10.5 dargestellte binomiale Kursverlauf unterstellt.

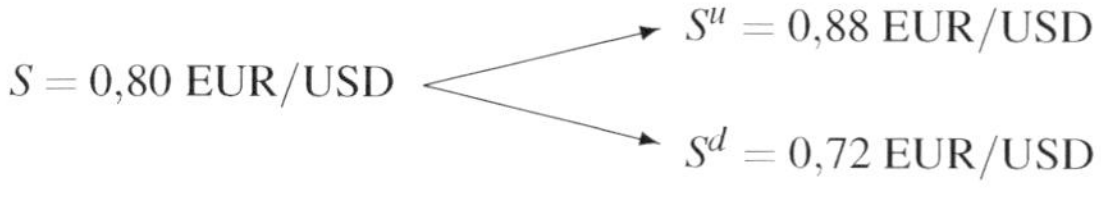

$S = 0{,}80$ EUR/USD $\nearrow$ $S^u = 0{,}88$ EUR/USD

$\searrow$ $S^d = 0{,}72$ EUR/USD

Abb. 10.5. *Preispfad des US-Dollars.*

Mit dem Basispreis $K = 0{,}85$ EUR/USD und den Diskontierungsfaktoren $B(T) = 0{,}96$ und $B^*(T) = 0{,}96$ ergeben sich folgende Werte für die risikoneutralen Wahrscheinlichkeiten: $q = 0{,}50$ und $1 - q = 0{,}50$. Mit den möglichen Ausübungswerten $C^u = 0{,}03$ und $C^d = 0$ folgt für den aktuellen Call-Wert: $C = (0{,}50 \cdot 0{,}03 + 0{,}50 \cdot 0) \cdot 0{,}96 = 0{,}0144$.

---

[5] Wäre Ersteres nicht der Fall, z. B. wegen $B^*(T)/B(T) \leq D$, dann wäre die aus einem Terminkauf der Devise in $t = 0$ mit Kassaverkauf in $t = 1$ bestehende Arbitragestrategie profitabel.

Beispiel 10.5 (Duplikation eines Devisen-Calls). _____

Zu bestimmen sei für einen Europäischen Call auf den US-Dollar mit Basispreis $K = 0,85$ das entsprechende Duplikationsportefeuille. Die zugrundeliegende Devisenkursentwicklung bzw. die Ausübungswerte des Calls sind durch Abbildung 10.6 vorgegeben.

$$S = 0,80$$
$$C = ?$$

$$S^u = U \cdot S = 0,88$$
$$C_1^u = \max(0; S_1^u - K) = 0,03$$

$$S^d = D \cdot S = 0,72$$
$$C_1^d = \max(0; S_1^d - K) = 0$$

Abb. 10.6. *Preispfade des US-Dollars.*

Bei einem ausländischen bzw. inländischen Bond-Preis in Höhe von $B^*(T) = 0,9399$ und $B(T) = 0,9690$ erhält man die Duplikationsstrategie

$$\mathbf{H} = \left(h^B, h^{B^*}\right)' = (-0,1350; 0,1875)'.$$

Die nachfolgende Tabelle verdeutlicht, dass diese Strategie in der Tat das Zahlungsprofil des Calls dupliziert:

Zeitpunkte		$t = 0$	$t = T$	
Transaktionen			$S^u = 0,88$	$S^d = 0,72$
USD-Anlage	$\left(-h^{B^*} \cdot B_t^*(T) \cdot S =\right)$	$-0,1410$	$+0,1650$	$+0,1350$
EUR-Kredit	$\left(-h^B \cdot B_t(T) =\right)$	$+0,1308$	$-0,1350$	$-0,1350$
Duplikations-portefeuille		$-0,0102$	$+0,0300$	0
Call	$-C =$	?	$+0,0300$	0

In einem arbitragefreien Finanzmarkt muss der Barwert C des Calls der Differenz zwischen Mittelaufwand für den Dollarkauf $\left(h^{B^*}B^*(T)S\right)$ und Mittelzufluss aufgrund der Kreditaufnahme $\left(-h^B B(T)\right)$ entsprechen. Das ergibt einen Call-Wert in Höhe von $C = 0,0102$ Euro.

Das Zahlungsprofil eines Europäischen Devisen-Puts am Verfalltag kann durch eine *auslandskreditfinanzierte Inlandstermingeldanlage* nachgebildet werden. Die Duplikationsstrategie $\mathbf{H} = (h^B, h^{B^*})'$ muss nun derart gewählt werden, dass

$$h^{B^*} S^u + h^B = P^u,$$
$$h^{B^*} S^d + h^B = P^d$$

gilt. Daraus folgt:

$$h^{B^*} = \frac{P^u - P^d}{S^u - S^d} \quad \text{und} \quad h^B = \frac{U P^d - D P^u}{U - D}.$$

In einem arbitragefreien Finanzmarkt stimmt der Barwert des Duplikationsportefeuilles mit dem des Puts überein. Also ergibt sich folgende Beziehung:

$$P = h^{B^*} SB^*(T) + h^B B(T) = \left(q P^u + (1-q) P^d \right) B(T),$$

wobei q gemäß Beziehung (10.7) definiert ist.

Beispiel 10.6 (Wert eines Devisen-Puts). —————————————————————
Eine Kreditaufnahme in Fremdwährung und eine Anlage in einheimischer Währung dupliziert das Zahlungsprofil eines Puts: der Wert des Duplikationsportefeuilles steigt, falls der Dollarkurs fällt. Auf der Basis der im vorhergehenden Beispiel angenommenen Wertentwicklung für den US-Dollar, ergibt sich für einen Put mit Basispreis $K = 0,85$ die in Abbildung 10.7 dargestellte Wertentwicklung.

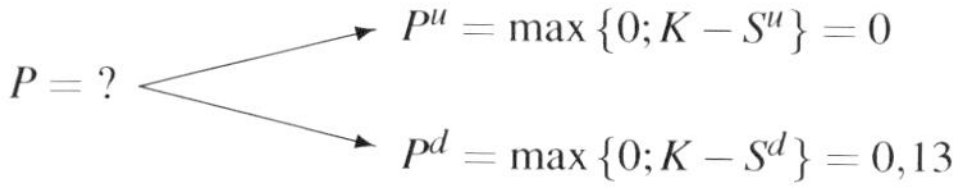

$P = ?$
$P^u = \max\{0; K - S^u\} = 0$
$P^d = \max\{0; K - S^d\} = 0,13$

Abb. 10.7. *Preispfade eines Devisen-Puts.*

Bei einem ausländischen bzw. inländischen Bond-Preis in Höhe von $B^*(T) = 0,9399$ und $B(T) = 0,9690$ erhält man die Duplikationsstrategie

$$\mathbf{H} = \left(h^B, h^{B^*} \right)' = (0,7150; -0,8125)'.$$

Die nachfolgende Tabelle beweist wiederum, dass diese Strategie das Zahlungsprofil des Puts dupliziert:

Zeitpunkte		$t = 0$	$t = T$	
Transaktionen			$S^u = 0,88$	$S^d = 0,72$
EUR-Anlage	$\left(-h^B B_t(T) = \right)$	$-0,6928$	$+0,7150$	$+0,7150$
USD-Kredit	$\left(-h^{B^*} B_t^*(T) S = \right)$	$+0,6109$	$-0,7150$	$-0,5850$
Duplikations-portefeuille		$-0,0819$	0	$0,1300$
Put	$-P =$	$-0,0819$	0	$0,1300$

Aus der Differenz zwischen Euro-Anlagebetrag und den aufgrund der Kreditaufnahme in Dollar zur Verfügung stehenden Mitteln resultiert der Barwert des Puts.

10.3 Mehrperiodenmodell für Aktienoptionen

Wir zerlegen nun den Zeitraum $[0, T]$ bis zum Verfall der zu bewertenden Option in n Teilperioden und unterstellen damit $(n+1)$ Handelszeitpunkte inklusive dem Verfalltag der Option. Die Preisänderung zwischen zwei aufeinander folgenden Handelszeitpunkten soll dabei durch das einperiodige Binomialmodell beschrieben werden, wobei die entsprechende Anleiherendite $R - 1$ betrage. Eine Null-Kuponanleihe mit dem Nominalwert 1 Euro und Fälligkeit in $t = T$ besitzt damit in $t = 0$ den Barwert

$$R^{-n} = B(T/n)^n = B(T) .$$

In diesem mehrperiodigen Binomialmodell kann das Ausübungswertprofil eines Aktien- oder Devisenderivats nicht mehr mit einer statischen Duplikationsstrategie dupliziert werden. In jedem weiteren Handelszeitpunkt vor dem Verfalltag muss damit das Duplikationsportefeuille selbstfinanzierend umgeschichtet werden.

Eine *Handelsstrategie* $\{\mathbf{H}_t, t \in \{1, \ldots, T\}\}$ ist ein stochastischer Prozess. Dabei bezeichnet h_t^j die Anzahl der Wertpapiere j, die im Zeitintervall $(t-1, t]$ gehalten werden. Das Portfolio $\mathbf{H}_t$ wird also vor der Bekanntgabe der neuen Preise $\mathbf{S}_t$ aufgebaut, d. h. auf Basis der Preise im Zeitpunkt $t-1$. Handelsstrategien können im allgemeinen einen Mittelzufluss oder -abfluss zwischen 0 und t bewirken. Von besonderem Interesse sind jedoch *selbstfinanzierende Handelsstrategien*, bei denen die Umschichtung des Portfolios in t derart erfolgt, dass alle freiwerdenden Mittel wieder in das Portfolio einfließen:

$$\mathbf{H}_t' \mathbf{S}_t = \mathbf{H}_{t+1}' \mathbf{S}_t .$$

Die *kumulierten Gewinne* G_t^H einer selbstfinanzierenden Handelsstrategie $\mathbf{H}$ resultieren also nur aus Preisänderungen $\Delta \mathbf{S}_t = \mathbf{S}_t - \mathbf{S}_{t-1}$:

$$G_t^H = \sum_{\tau=1}^{t} \mathbf{H}_\tau' \Delta \mathbf{S}_\tau .$$

Der *Wert einer Handelsstrategie* zu einem Zeitpunkt t ergibt sich aus den Preisen der einzelnen gehandelten Wertpapiere:

$$V_t^H = \begin{cases} \mathbf{H}_t' \mathbf{S}_t & \text{für} \quad t = 1, \ldots, T , \\ \mathbf{H}_1' \mathbf{S}_0 & \text{für} \quad t = 0 . \end{cases}$$

Damit folgt für den Wert einer selbstfinanzierenden Strategie:

$$V_t^H = V_0^H + \sum_{\tau=1}^{t} \mathbf{H}_\tau' \Delta \mathbf{S}_\tau = V_0^H + G_t^H .$$

Diese selbstfinanzierende Handelsstrategie soll zunächst für das Zweiperiodenmodell bestimmt werden.

Zweiperiodenmodell

Im Zweiperiodenfall mit drei Handelszeitpunkten ist für das Basisinstrument und die entsprechenden Optionen die in Abbildung 10.8 dargestellte Preisentwicklung denkbar. Zu beachten ist dabei, dass $S^{ud} = S^{du}$ gilt, woraus $C^{ud} = C^{du}$ und $P^{ud} = P^{du}$ folgt.

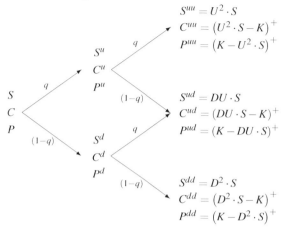

Abb. 10.8. *Preispfade.* Der Aktienkurs kann in jedem Handelszeitpunkt vor dem Verfalltag steigen oder fallen. Damit gibt es für jeden Finanztitel vier Preispfade. Die risikoneutralen Uptick- bzw. Downtick-Wahrscheinlichkeiten seien hierbei konstant, d. h. weder zeit- noch zustandsabhängig.

Die Derivatebewertung in diesem Zweiperiodenmodell kann durch dreimalige Anwendung des bereits beschriebenen Einperiodenmodells erfolgen. Ausgehend von der Kenntnis der zustandsabhängigen Ausübungswerte in $T = 2$ werden zunächst durch zweimalige Anwendung des Einperiodenmodells die beiden fairen Optionspreise im Zeitpunkt $t = 1$ bestimmt. Danach wird das Einperiodenmodell ein drittes Mal angewendet, um den fairen Preis des Derivats in $t = 0$ zu bestimmen. Man ersetzt also in der risikoneutralen Wertdarstellung des Einperiodenmodells (10.6) den Ausübungswert in $t = 1$ durch den zustandsabhängigen fairen Preis, der gemäß des einperiodigen Binomialmodells in diesen Zuständen vorherrscht. Die Bewertung eines Europäischen Calls auf der Basis der risikoneutralen Wahrscheinlichkeiten ergibt im allgemeinen den folgenden Wert:

$$
\begin{aligned}
C &= \left[qC^u + (1-q)C^d \right] R^{-1} \\
&= \left[q(qC^{uu} + (1-q)C^{ud})R^{-1} + (1-q)(qC^{du} + (1-q)C^{dd})R^{-1} \right] R^{-1} \\
&= \left[q^2 C^{uu} + 2q(1-q)C^{ud} + (1-q)^2 C^{dd} \right] R^{-2} \\
&= E_Q(C_2/R^2) ,
\end{aligned}
$$

wobei C_2 eine Zufallsvariable ist, die den Wert des Calls nach 2 Perioden angibt.

Beispiel 10.7 (Bewertung eines Aktien-Calls im Zweiperiodenfall). ⎯⎯⎯⎯⎯

Zu bewerten sei ein Europäischer Call auf eine Aktie mit Basispreis $K = 200$ und Restlaufzeit $T = 2$, unterteilt in zwei Perioden. Eine risikofreie Finanzanlage verzinse sich mit 10%. Der Aktienkurs betrage derzeit $S = 200$ und verändere sich mit $U = 1{,}2$ und $D = 0{,}8$ im Zeitablauf. Der Wert der Aktie entwickelt sich dann wie in Abbildung 10.9 illustriert:

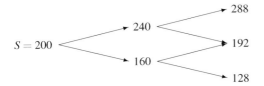

Abb. 10.9. *Preispfade der Aktie.*

Es resultieren nachstehende Ausübungswerte des Calls am Verfalltag:

$$C^{uu} = \max\{0; S^{uu} - K\} = \max\{0; 288 - 200\} = 88\,,$$
$$C^{ud} = \max\{0; S^{ud} - K\} = \max\{0; 192 - 200\} = \;\; 0\,,$$
$$C^{dd} = \max\{0; S^{dd} - K\} = \max\{0; 128 - 200\} = \;\; 0\,.$$

Mit den risikoneutralen Wahrscheinlichkeiten aus Beispiel 10.1 errechnet sich der Call-Wert als diskontierter Erwartungswert:

$$C = \left(q^2 C^{uu} + 2q(1-q)C^{ud} + (1-q)^2 C^{dd}\right) R^{-2}$$
$$= (0{,}75^2 \cdot 88 + 2 \cdot 0{,}75 \cdot 0{,}25 \cdot 0 + 0{,}25^2 \cdot 0)\, 1{,}1^{-2} = 40{,}91\,.$$

Alternativ lässt sich der Call-Wert retrograd bestimmen:

$$C^u = \left(qC^{uu} \;+\; (1-q)C^{ud}\right)\, R^{-1} = (0{,}75 \cdot 88 + 0{,}25 \cdot 0)\, 1{,}1^{-1} = 60\,,$$
$$C^d = \left(qC^{ud} \;+\; (1-q)C^{dd}\right)\, R^{-1} = (0{,}75 \cdot 0 \;\;+ 0{,}25 \cdot 0)\, 1{,}1^{-1} = 0\,,$$
$$\Rightarrow C \;= \left(qC^u \;\;+\; (1-q)C^d\right)\, R^{-1} = (0{,}75 \cdot 60 + 0{,}25 \cdot 0)\, 1{,}1^{-1} = 40{,}91\,.$$

In der Abbildung 10.10 sind die Ergebnisse zusammengefasst:

Abb. 10.10. *Preispfade und Hedge Ratios.*

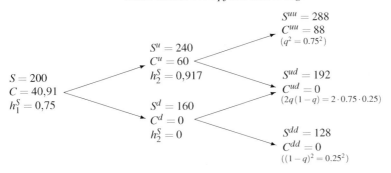

Für jeden möglichen Preispfad entspricht der Ausübungswert des Calls dem Liquidationswert der selbstfinanzierenden Duplikationsstrategie **H**: Ist der Preispfad der Aktie z. B. $S \to S^u \to S^{uu}$, so gilt für die korrespondierende selbstfinanzierende Handelsstrategie $\mathbf{H}'_1 = (h^B_1, h^S_1) = (-132; 0{,}75)$ und $\mathbf{H}'_2 = (h^B_2, h^S_2) = (-176; 0{,}917)$ und damit für den Ausübungswert des Calls:

$$C^{uu} = V_2^H = V_0^H + \mathbf{H}'_1 \Delta \mathbf{S}_1 + \mathbf{H}'_2 \Delta \mathbf{S}_2$$

$$= C + (h^B_1, h^S_1) \begin{pmatrix} R^{-1} - R^{-2} \\ S^u - S \end{pmatrix} + (h^B_2, h^S_2) \begin{pmatrix} 1 - R^{-1} \\ S^{uu} - S^u \end{pmatrix}$$

$$= 40{,}91 + (-132; 0{,}75) \begin{pmatrix} 0{,}0826 \\ 40 \end{pmatrix} + (-176; 0{,}917) \begin{pmatrix} 0{,}0909 \\ 48 \end{pmatrix}$$

$$= 88 .$$

Die Einführung eines dritten Handelszeitpunkts führt u. a. dazu, dass am Verfalltag des Calls drei Wertepaare der Funktion $C_T(S_T) = \max\{0; S_T - K\}$ existieren. Damit werden nur in Ausnahmefällen (wenn entweder der Call für alle drei möglichen Aktienkurse am Verfalltag im Geld oder aus dem Geld endet) diese drei Wertepaare auf einer (Regressions-)Geraden liegen. Vielmehr wird (in Anlehnung an Beispiel 10.7) die in Abbildung 10.11 dargestellte Situation vorliegen.

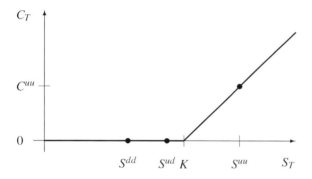

Abb. 10.11. *Keine perfekte Korrelation zwischen Aktie und Derivat.*
Aus Sicht des Handelszeitpunkts $t = 0$ sind die Preise am Verfalltag von Aktie und Derivat nicht perfekt korreliert.

Damit ist aus Sicht des Betrachtungszeitpunktes $t = 0$ der Call-Wert nicht mehr mit dem Aktienkurs am Verfalltag *perfekt* positiv korreliert. Aus der Sicht des Betrachtungszeitpunkts $t = 1$ gibt es jedoch nur zwei Preisnachfolger (unabhängig davon, ob in der ersten Periode der Aktienkurs gestiegen oder gefallen ist), und damit die selbe Situation bezüglich der Korrelation nachfolgender Aktien- und Derivatepreise wie im Einperiodenmodell. Es gilt also

Eigenschaft 10.4 (Lokal perfekte Korrelation). *Im mehrperiodigen Binomialmodell ist aus Sicht des jeweils vorhergehenden Handelszeitpunktes der Wert eines Derivats mit dem Aktienkurs im darauffolgenden Handelszeitpunkt perfekt korreliert.*

Die rekursive Bewertung im Zweiperiodenmodell kann nun auch auf ein Modell mit $n + 1$ Handelszeitpunkten bzw. n Handelsperioden übertragen werden.

Modell mit n Handelsperioden

Bei $(n + 1)$ äquidistanten Handelszeitpunkten bis zum Verfalltag der Option wird die Aktienkursentwicklung durch einen stationären, multiplikativen Binomialprozess beschrieben. Die zufälligen Bruttorenditen $(S_t / S_{t-1}), t = 1, \ldots, n$, sind identisch und unabhängig verteilt. Zwischen zwei benachbarten Handelszeitpunkten kann der Aktienkurs mit positiver Wahrscheinlichkeit um den Faktor $U - 1$ steigen bzw. mit der Komplementärwahrscheinlichkeit um den Faktor $(1 - D)$ fallen. Die Anzahl der Upticks ist also *binomialverteilt* (siehe Anhang 10B). Eine derart modellierte Aktienkursentwicklung veranschaulicht die folgende Abbildung 10.12.

Abb. 10.12. *Preispfade der Aktie.*

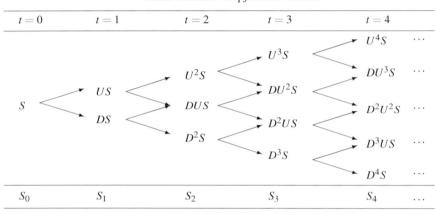

Ist die Option vom Europäischen Typ, dann kann der Optionsgegenwartswert direkt bestimmt werden. Alle zum Verfallzeitpunkt möglichen Ausübungswerte der Option werden mit den risikoneutralen Wahrscheinlichkeiten für die Realisation des korrespondierenden Aktienkurses gewichtet, aufsummiert und diese Summe auf den Gegenwartszeitpunkt diskontiert. Die risikoneutrale Wahrscheinlichkeit, dass der Aktienkurs im Verfallzeitpunkt den Wert $SU^k D^{n-k}$ annimmt, lautet wie folgt (vgl. Anhang 10B):

$$Q\left(S_n = U^k D^{n-k} S\right) = \frac{n!}{k!(n-k)!} q^k (1-q)^{n-k}, \quad k = 0, \ldots, n .$$

Die Formel für den Barwert eines Europäischen Calls, also der auf Basis von risikoneutralen Wahrscheinlichkeiten erwartete, diskontierte Ausübungswert, lautet dann folgendermaßen:

$$C = \sum_{k=0}^{n} \left(\frac{n!}{k!(n-k)!} q^k (1-q)^{n-k} \cdot \max\left(0; U^k D^{n-k} S - K\right) \right) R^{-n} . \quad (10.8)$$

Es lässt sich nun bei n Handelszeitpunkten ein ganzzahliger Parameter $a \geq 0$ so bestimmen, dass bei $j \geq a$ Kursanstiegen der Call im (oder am) Geld endet, d. h. $U^j D^{n-j} S - K \geq 0$ für $j = a, \ldots, n$ gilt. Für den kleinsten ganzzahligen Parameter a mit $U^a D^{n-a} S \geq K$ muss daher $a \geq \ln(K/SD^n)/\ln(U/D) > a - 1$ gelten. Für die Wahrscheinlichkeit, dass der Aktienkurs nach n Handelszeitpunkten einen Wert $S_n \geq U^a D^{n-a} S$ annimmt, gilt:

$$B(a \mid n,q) \equiv Q\left(S_n \geq U^a D^{n-a} S\right) = \sum_{k=a}^{n} \frac{n!}{k!(n-k)!} q^k (1-q)^{n-k} .$$

Diese Funktion ist vertafelt und wird als Verteilungsfunktion der *komplementären Binomialverteilung* bezeichnet. Für den Call gilt dann anstelle von (10.8):

$$C = \sum_{k=a}^{n} \left(\frac{n!}{k!(n-k)!} q^k (1-q)^{n-k} (U^k D^{n-k} S - K) \right) R^{-n}$$

$$= S \sum_{k=a}^{n} \frac{n!}{k!(n-k)!} \left(\frac{qU}{R} \right)^k \left(\frac{(1-q)D}{R} \right)^{n-k} - R^{-n} K \sum_{k=a}^{n} \frac{n!}{k!(n-k)!} q^k (1-q)^{n-k}$$

und damit:

Eigenschaft 10.5 (Wert Europäischer Aktien-Calls). *Der Wert des Europäischen Aktien-Calls entspricht*

$$C = SB(a \mid n,q') - R^{-n} K B(a \mid n,q) ,$$

wobei $q = (R-D)/(U-D)$ und $q' = qU/R$. Wegen $C = h^S S + h^B R^{-n}$ startet die Duplikationsstrategie mit $h^S = B(a \mid n,q')$ und $h^B = -K B(a \mid n,q)$.

Entsprechend berechnet man den Wert eines *Europäischen Puts*:

$$P = \sum_{k=0}^{a-1} \frac{n!}{k!(n-k)!} q^k (1-q)^{n-k} \left(K - U^k D^{n-k} S \right) R^{-n}$$

$$= K \cdot R^{-n} (1 - B(a|n,q)) - S \cdot (1 - B(a|n,q')) .$$

Daraus folgt dann die

Eigenschaft 10.6 (Wert Europäischer Aktien-Puts). *Der Wert des Europäischen Aktien-Puts entspricht*

$$P = K \cdot R^{-n} B(n - (a-1)|n,(1-q)) - S \cdot B(n - (a-1)|n,(1-q')) ,$$

wobei $q = (R-D)/(U-D)$ und $q' = qU/R$. Wegen $P = h^S S + h^B R^{-n}$ startet die Duplikationsstrategie mit Leerverkauf von $|h^S| = |-B(n-(a-1)|n,(1-q'))|$ Aktien und dem Kauf von $h^B = K B(n-(a-1)|n,(1-q))$ Zeros.

Bezeichnet $E_Q(\cdot)$ den Erwartungswertoperator bezüglich der Verteilung der risikoneutralen Wahrscheinlichkeiten und ist X eine standardbinomialverteilte Zufallsvariable, dann gilt folgende[6]

Eigenschaft 10.7 (Risikoneutrale Wertdarstellung). *Wird der multiplikativ binomialverteilte Aktienkurs am Verfalltag mit $S_T = U^X D^{n-X} S$ bezeichnet, dann besitzen die Aktie und auf die Aktie geschriebene Europäische Optionen die risikoneutralen Wertdarstellungen*

$$S = E_Q\left(S_T/R^n\right),$$
$$C = E_Q\left(\max(0; S_T - K)/R^n\right),$$
$$P = E_Q\left(\max(0; K - S_T)/R^n\right).$$

Bei nach dem Binomialmodell fehlbewerteten Optionen kann durch synthetische Erzeugung des Zahlungsprofils der Option profitable Arbitrage betrieben werden. Das folgende Beispiel 10.8 zeigt dies für einen fehlbewerteten Call auf.

Beispiel 10.8 (Duplikation eines fehlbewerteten Aktien-Calls). _____
Ein Call auf eine Aktie mit Basispreis $K = 200$ und Restlaufzeit $T = 3$, unterteilt in $n = 3$ Perioden, werde derzeit zum Marktpreis von $C^M = 60$ gehandelt. Weiterhin gelte: $S = 200, U = 1,20, D = 0,80, R = 1,10$ und damit $q = (R-D)/(U-D) = 0,75$. Der Wert der zugrundeliegenden Aktie entwickelt sich dann wie in Abbildung 10.13 dargestellt.

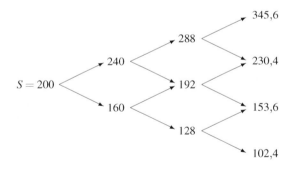

Abb. 10.13. *Preispfad der Aktie.* In diesem 3-Periodenmodell gibt es acht Preispfade für die Aktie (und natürlich auch für den Call).

Optionspreisbestimmung
Für jeden Zeitpunkt und jeden Aktienkurs kann nun der entsprechende Optionswert bestimmt werden. Dies geschieht, indem man von T aus rückwärts gehend in jedem Knoten des Baums den Wert des Calls wie im Einperiodenmodell bestimmt. Beispielhaft soll die oberste Verzweigung betrachtet werden. In $t = 2$ hat die Aktie den Wert $S_2 = 288$ Geldeinheiten. Der Wert kann in der nächsten Periode auf 345,6 Geldeinheiten steigen bzw. auf 230,4 Geldeinheiten fallen. Wie im Einperiodenmodell ergibt sich folgende Duplikationsstrategie:

_____
[6] Für die Anleihe gilt $R^{-n} = E_Q(1) \cdot R^{-n}$.

$$h_3^S = \frac{C^{uuu} - C^{uud}}{(U-D)S^{uu}} = 1 \ , \qquad h_3^B = \frac{UC^{uud} - DC^{uuu}}{(U-D)} = -200 \ .$$

Zeitpunkte	$t = 2$	$t = 3$ (Verfalltag)	
Transaktionen		$S_3 = 230{,}4$	$S_3 = 345{,}6$
Verkauf eines Calls	C_2^{uu}	$-30{,}4$	$-145{,}6$
Kauf einer Aktie	-288	$+230{,}4$	$+345{,}6$
Kreditaufnahme	$181{,}82$	-200	-200
Total	$C_2^{uu} - 106{,}18$	$-$	$-$

Da Arbitrage ausgeschlossen werden soll, folgt für den Wert des Calls $C_2^{uu} = 106{,}18$. Ebenso kann für jeden Knotenpunkt der Call-Wert berechnet werden. Es ergibt sich folgende Wertentwicklung (vgl. Abbildung 10.14) für den korrekt bewerteten Call (bzw. für die Hedge Ratio h_{t+1}^S):

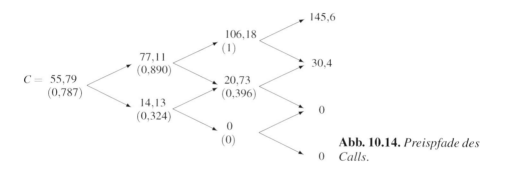

Abb. 10.14. *Preispfade des Calls.*

Arbitragestrategie im Zeitablauf

Die Tabelle 10.1 zeigt — für den speziellen Preispfad $200 \to 240 \to 192 \to 230{,}4$ — ein Arbitrageportefeuille aus Aktie, korrekt bewerteter Option und Bankkredit, welches zu jedem Handelszeitpunkt t umgeschichtet wird. Dieses Portefeuille erfordert keinen Einsatz in $t = 0$, erbringt aber auch keinen Gewinn. Man sieht daran, dass der korrekte Optionswert dem Wert des Portefeuilles aus Aktie und Kredit entspricht. Ein Arbitragegewinn ergibt sich in unserem Beispiel durch die Fehlbewertung des Calls. Die Option wird zum Marktpreis von $C^M = 60$ verkauft und durch das Portefeuille aus Aktie und Kredit dupliziert. Zum Zeitpunkt $t = 0$ macht der Investor einen Gewinn entsprechend der Differenz aus dem Marktwert des Calls und dem Wert des Portefeuilles. Im Zeitpunkt $t = 3$ sind kreditfinanzierte Aktienposition und Call jedoch gleichviel wert. Der Investor hat in $t = 0$ auf risikolose Weise einen Gewinn von 4,21 Geldeinheiten gemacht.

Tabelle 10.1. *Arbitrageportefeuille im Zeitablauf.*

Für den ausgewählten Preispfad $200 \rightarrow 240 \rightarrow 192 \rightarrow 230{,}4$ (einer von acht möglichen) enthält diese Tabelle die Bestandsentwicklung der Aktie, des Calls und des Bankkontos. Letzteres repräsentiert die zeitliche Entwicklung des Fremdfinanzierungsvolumens.

	Aktie Menge / Wert	Option Menge / Wert	Bankkonto (jeweils nach Zinsverrechnung für die vorhergehende Periode)
$t = 0$	0,787 / 200	-1 / 55,79	$- 101{,}61$
$t = 1$	0,890 / 240	-1 / 77,11	$- 101{,}61 \cdot 1{,}1 - 0{,}103 \cdot 240$
$t = 2$	0,396 / 192	-1 / 20,73	$- 136{,}49 \cdot 1{,}1 + 0{,}494 \cdot 192$
$t = 3$	0 / 230,4	0 / 30,4	$- 55{,}29 \cdot 1{,}1 + 0{,}396 \cdot 230{,}4 - 30{,}4$
			$= 0$

Vorzeitige Ausübung Amerikanischer Aktienoptionen

Bis jetzt haben wir mit dem *mehrperiodigen* Binomialmodell nur Europäische Optionen bewertet, auf deren zugrunde liegende Aktie zudem während der Laufzeit der Option keine Dividende entfällt. Das Bewertungsverfahren reduziert sich in diesem Fall auf die Bestimmung des erwarteten Ausübungswertes am Verfalltag auf der Basis der risikoneutralen Verteilung, diskontiert mit dem risikolosen Zinssatz:

$$C = \mathrm{E}_Q(C_T) \cdot B(T) \,. \tag{10.9}$$

Wenn wir nun Optionen vom Amerikanischen Typ zulassen, die möglicherweise vorzeitig ausgeübt werden, also z. B. Aktien-Puts, Aktien-Calls bei Dividendenzahlungen und Devisenoptionen, so muss der Bewertungsansatz modifiziert werden. In jedem Zeitpunkt t ist zu entscheiden, ob sich eine vorzeitige Ausübung lohnt. Bezeichnet $C_t^a(k)$ den Wert des Calls bei k Kursanstiegen bis zum Zeitpunkt t, dann müssen wir in jedem *Zeit- und Zustandsknoten* (t,k) des Baumes[7] den Ausübungswert $(S_t(k) - K)^+$ der Option mit dem Wert bei Nichtausübung vergleichen. Eine einfache, geschlossene Darstellung wie in (10.9) existiert nicht mehr. Für den Wert der Option zum Zeitpunkt $t = 0, 1, \ldots, T - 1$ gilt vielmehr:

$$C_t^a(k) = \max \left\{ S_t(k) - K; \left[q C_{t+1}^a(k+1) + (1-q) C_{t+1}^a(k) \right] \cdot R^{-1} \right\}$$

bzw.

$$P_t^a(k) = \max \left\{ K - S_t(k); \left[q P_{t+1}^a(k+1) + (1-q) P_{t+1}^a(k) \right] \cdot R^{-1} \right\} \,. \tag{10.10}$$

Diese rekursive Vorgehensweise wollen wir an zwei Beispielen veranschaulichen.

---

[7] Mit dem Tupel (t,k) kann jeder Zeit- und Zustandsknoten des Binomialbaumes identifiziert werden.

Beispiel 10.9 (Call-Bewertung bei einer Dividendenzahlung). _____

Auf eine Aktie wird im Zeitpunkt $t_D = 2$ eine Dividende von $DIV = 13$ bezahlt. Da die Dividendenzahlung sicher ist, wird der Aktienkurs S in einen Kurs ohne Dividende S^{ex} und in einen Dividendenanspruch zerlegt. Wir modellieren den ex-Dividendenkurs S^{ex} wie in Beispiel 10.8 mit $S_0^{ex} = 200$, $U = 1{,}2$, $D = 0{,}8$ und $n = 3$. Wie bisher gilt auch $R = 1{,}1$. Der Aktienkurs hat dann folgende Entwicklung:

$$S_t^{ex}(k) = U^k D^{t-k} S_0^{ex} \,,$$

$$S_t(k) = \begin{cases} S_t^{ex}(k) + DIV \cdot R^{-(t_D - t)} & \text{für } \ \ t \le t_D \\ S_t^{ex}(k) & \text{für } \ \ t > t_D \end{cases} .$$

Auf diese Aktie existiert nun ein Amerikanischer Call mit Verfalltermin $T = 3$ und Basispreis $K = 140$. Außerdem wollen wir festlegen, dass die Dividende unmittelbar nach dem Dividendentermin t_D gezahlt wird, d. h. der Käufer der Option streicht die Dividende ein, wenn er den Call in t_D ausübt.

Abb. 10.15. _Preispfade bei einer Dividendenzahlung in $t = 2$._

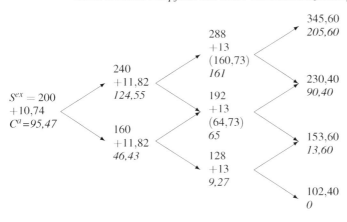

Die Abbildung 10.15 stellt die Kursentwicklung S^{ex}, den Wert der Dividendenzahlung und die Optionswertentwicklung dar. Die Knoten in dem Binomialbaum enthalten neben dem Aktienkurs und dem auf $t = 0$ bezogenen Barwert der Dividende für $t = 2$ zwei Optionswerte. In Klammern steht der Optionswert für den Fall, dass die Option mindestens für eine weitere Periode gehalten wird. Es zeigt sich, dass es in $t = 2$ für $k = 1$ bzw. $k = 2$ vorteilhaft ist, die Option auszuüben. Denn in diesen Zuständen hat die Option einen negativen Zeitwert. Für $t = 2$ und $k = 1$ ist der Ausübungswert beispielsweise $S_t(k) - K = S_2(1) - K = 65$ und der Wert bei Nichtausübung $(qC_{t+1}^a(k+1) + (1-q)C_{t+1}^a(k))/R = (qC_3^a(2) + (1-q)C_3^a(1))/R = 64{,}73$.

Beispiel 10.10 (Bewertung eines Amerikanischen Puts). ——————————
Zu bewerten ist ein Put auf eine Aktie ohne Dividendenzahlung. Der Aktienkurs entwickelt sich wie S^{ex} in Beispiel 10.8, d. h. $S_t(k) = U^k D^{t-k} S_0$ mit $S_0 = 200$, $U = 1{,}2$, $D = 0{,}8$, $R = 1{,}1$ und $K = 200$. Die Put-Werte P_t^a werden gemäß (10.10) berechnet. Die

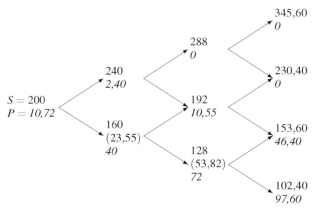

Abb. 10.16. *Preispfade eines Amerikanischen Puts mit vorzeitiger Ausübung.* Der Put sollte rationalerweise nach einem Downtick in der ersten Periode ausgeübt werden. Verpasst sein Besitzer diesen optimalen Zeitpunkt, so sollte er dies spätestens bei einem weiteren Downtick tun.

Knoten in dem in Abbildung 10.16 gezeigten Binomialbaum enthalten neben dem Aktienkurs zwei Optionswerte. In Klammern steht der Optionswert für den Fall, dass die Option mindestens für eine weitere Periode gehalten wird. Eine vorzeitige Ausübung ist in $t = 1$ vorteilhaft, wenn der Aktienkurs gefallen ist, da der Ausübungswert größer als der Wert des Puts ist, falls dieser mindestens für eine weitere Periode gehalten wird ($40 > 23{,}55$). Sollte der Put-Besitzer es versäumen, den Put nach einem Downtick im Zeitraum $t = 1$ auszuüben, so erfährt der Put den Wertverlust $40 - 23{,}55 = 16{,}45$. Sollte die Aktie nun weiter auf das Niveau 128 fallen, dann sollte der Put-Besitzer spätestens jetzt den Put ausüben und sich den Ausübungswert in Höhe von $200 - 128 = 72$ sichern.

10.4 Mehrperiodenmodell für Devisenoptionen

Bezeichnet $R = B(T/n)^{-1}$ bzw. $R^* = B^*(T/n)^{-1}$ die Bruttoverzinsung eines in Inlandswährung bzw. Auslandswährung denominierten Zero-Bonds in einem Zeitraum der Länge T/n, so gilt für einen Devisen-Call vom Europäischen Typ im Binomialmodell die folgende

Eigenschaft 10.8 (Wert eines Europäischen Devisen-Calls). *Der Wert eines Europäischen Devisen-Calls entspricht*

$$C = SB(a \mid n, q') - R^{-n} KB(a \mid n, q) \,,$$

wobei $q = (R/R^* - D)/(U - D)$ und $q' = qU/R$. Wegen $C = h^S B^*(T)S + h^B B(T)$ startet die Duplikationsstrategie mit dem Kauf von $h^S = B(a \mid n, q')/B^*(T)$ Einheiten der Auslandswährung und dem Leerverkauf von $|h^B| = |-KB(a \mid n, q)|$ inländischen Zeros.

Analog ergibt sich für einen Europäischen Put:

Eigenschaft 10.9 (Wert eines Europäischen Devisen-Puts). *Der Wert eines Europäischen Devisen-Puts entspricht*

$$P = K \cdot R^{-n} B(n - (a-1)|n, (1-q)) - S \cdot B(n - (a-1)|n, (1-q')) \,,$$

wobei $q = (R/R^* - D)/(U - D)$ *und* $q' = qU/R$. *Wegen* $P = h^S B^*(T) S + h^B B(T)$ *startet die Duplikationsstrategie mit* $h^S = -B(n - (a-1)|n, (1-q'))/B^*(T)$ *und* $h^B = KB(n - (a-1)|n, (1-q))$.

Beispiel 10.11 (Amerikanische Devisenoption). _____

Eine Amerikanische Devisenkaufoption auf den US-Dollar notiere bei einem aktuellen USD-Kurs von $S_0 = 0{,}80$ EUR/USD *at the money*. Die Restlaufzeit sei zwei Jahre. Der Zinssatz für eine risikolose Anlage betrage derzeit in den USA 3 % p. a. und in Deutschland 5 % p. a. Für diesen Call gilt die Wertuntergrenze

$$C^a \geq \max\{0; S - K; B^*(T)S - B(T)K\} = \max\{0; 0; (1{,}03)^{-2} \cdot 0{,}80 - (1{,}05)^{-2} \cdot 0{,}80\}$$
$$= \max\{0; 0{,}028\} = 0{,}028 \, \text{EUR} \,.$$

Wird unterstellt, dass der USD-Kurs pro Periode um 5 % steigt bzw. fällt, so entwickelt sich der Kurs in einem zweiperiodigen Binomialmodell wie in Abbildung 10.17 dargestellt.

Abb. 10.17. *Preispfade des US-Dollars.*

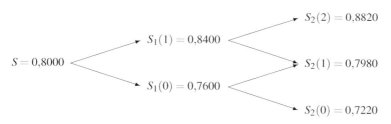

Wir duplizieren den Call durch in- und ausländische Zero-Bonds, die am Verfalltag des Calls fällig werden. Bezeichnet $C_t^a(k)$ den Call-Wert im Zeitpunkt t, falls bis zum Zeitpunkt t genau k Up-Ticks im Kursverlauf des Basisinstruments eingetreten sind, dann gilt:[8]

_____

[8] Die Duplikationsstrategie $\mathbf{H} = (h^B, h^{B^*})'$ ist abhängig von t und k. Für eine einfachere Schreibweise verzichten wir auf die Parameter in der Notation.

$$C_t^a(k+1) = h^{B^*} B_t^*(T) \cdot U \cdot S_{t-1}(k) + h^B \cdot B_t(T) \,,$$

$$C_t^a(k) = h^{B^*} B_t^*(T) \cdot D \cdot S_{t-1}(k) + h^B \cdot B_t(T) \,,$$

$$\Rightarrow \quad h^{B^*} = \frac{C_t^a(k+1) - C_t^a(k)}{S_{t-1}(k)(U-D)B_t^*(T)} \,, \quad h^B = \frac{D \cdot C_t^a(k+1) - U \cdot C_t^a(k)}{(D-U)B_t(T)} \,,$$

$$\Rightarrow \quad C_{t-1}^a(k) = \max\left\{ S_{t-1}(k) - K; h^{B^*} B_{t-1}^*(T)S_{t-1}(k) + h^B B_{t-1}(T) \right\} \,.$$

Im Knoten oben rechts erhält man:

$$h^{B^*} = \frac{0{,}0820}{0{,}084} = 0{,}9762 \,; \quad h^B = \frac{-0{,}0820 \cdot 0{,}95}{0{,}1} = -0{,}7790 \,;$$

$$\Rightarrow \quad C_1^a(1) = \max\left\{ 0{,}84 - 0{,}80; 0{,}9762 \cdot 0{,}84 \cdot \frac{1}{1{,}03} + \frac{-0{,}7790}{1{,}05} \right\} = 0{,}0542 \,.$$

Im Knoten unten rechts ergibt sich: $h^{B^*} = h^B = C_1^a(0) = 0$.
Für den Knoten links folgt:

$$h^{B^*} = \frac{0{,}0542}{0{,}08 \cdot (1{,}03)^{-1}} = 0{,}6978 \,; \quad h^B = \frac{-0{,}0542 \cdot 0{,}95}{0{,}1 \cdot (1{,}05)^{-1}} = -0{,}54065 \,;$$

$$\Rightarrow C^a = \max\left\{ 0{,}80 - 0{,}80; 0{,}6978 \cdot 0{,}80 \cdot \frac{1}{1{,}03^2} + \frac{-0{,}54065}{1{,}05^2} \right\} = 0{,}0358 \,.$$

Der in Abbildung 10.18 gezeigte Baum stellt abschließend die Entwicklung der Zusammensetzung des Duplikationsportefeuilles dar.

Abb. 10.18. *Duplikationsstrategie des Devisen-Calls.*

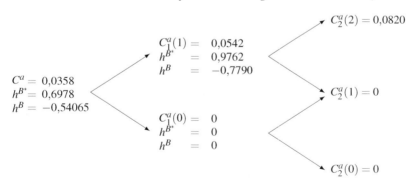

Dabei bezeichnet h^{B^*} die Anzahl der in T rückzahlbaren amerikanischen Null-Kuponanleihen und h^B die Anzahl der in T rückzahlbaren inländischen Null-Kuponanleihen. Die Größe h^{B^*} stimmt in diesem Fall nicht mit dem Options-Delta überein. Man kann den Call auch mit anderen ausländischen Wertpapieren duplizieren, z. B. mit Hilfe von Null-Kuponanleihen, die jeweils noch eine Periode laufen. In diesem Fall ergeben sich veränderte Hedgeratios und eine modifizierte Formel für die rekursive Berechnung des Call-Werts:

$$C_t^a(k+1) = h^{B^*} \cdot U \cdot S_{t-1}(k) + h^B \cdot B_t(T) \,,$$

$$C_t^a(k) = h^{B^*} \cdot D \cdot S_{t-1}(k) + h^B \cdot B_t(T) \,,$$

$$\Rightarrow \quad h^{B^*} = \frac{C_t^a(k+1) - C_t^a(k)}{S_{t-1}(k)(U-D)} \,, \quad h^B = \frac{D \cdot C_t^a(k+1) - U \cdot C_t^a(k)}{D-U} \,,$$

$$\Rightarrow \quad C_{t-1}^a(k) = \max \left\{ S_{t-1}(k) - K; h^{B^*} B_{t-1}^*(t) \cdot S_{t-1}(k) + h^B \cdot B_{t-1}(t) \right\} \,.$$

Setzt man die Zahlenwerte des Beispiels ein, resultiert für den oberen rechten Knoten:

$$h^{B^*} = \frac{0{,}0820}{0{,}0840} = 0{,}9762 \,; \quad h^B = \frac{-0{,}0820 \cdot 0{,}95}{0{,}1} = -0{,}7790 \,;$$

$$\Rightarrow \quad C_1^a(1) = \max \left\{ 0{,}84 - 0{,}80; 0{,}9762 \cdot 0{,}84 \cdot \frac{1}{1{,}03} + \frac{-0{,}7790}{1{,}05} \right\} = 0{,}0542 \,.$$

Im Knoten unten rechts ergibt sich: $h^{B^*} = h^B = C_1^a(0) = 0$.
Für den Knoten links folgt:

$$h^{B^*} = \frac{0{,}0542}{0{,}08} = 0{,}6775 \,; \quad h^B = \frac{-0{,}0542 \cdot 0{,}95}{0{,}1} = -0{,}5149 \,;$$

$$\Rightarrow C^a = \max \left\{ 0{,}80 - 0{,}80; 0{,}6775 \cdot 0{,}80 \cdot \frac{1}{1{,}03} + \frac{-0{,}5149}{1{,}05} \right\} = 0{,}0358 \,.$$

10.5 Zerlegung in Inneren Wert und Zeitwert

Die im Folgenden beschriebene Zerlegung des Optionswerts in den *Inneren Wert* und den *Zeitwert* basiert auf einer alternativen Duplikationsstrategie für den Call, der sogenannten *„Stop-Loss, Start-Gain"*-Strategie (SLSG-Strategie)[9]. Diese Strategie zur Duplikation eines Aktien-Calls besteht darin, genau *eine* Aktie kreditfinanziert zu kaufen, wenn S den Basispreis übersteigt und immer dann die Aktie wieder zu verkaufen und den Kredit nebst Zinsen zurückzuzahlen, wenn die Aktie auf den diskontierten Basispreis sinkt oder ihn unterschreitet. Damit scheint auf den ersten Blick eine Möglichkeit zu bestehen, das Auszahlungsprofil des Aktien-Calls *kostenlos* zu duplizieren. Die nachfolgende Analyse zeigt jedoch, dass diese Strategie nicht selbstfinanzierend ist.

Stop-Loss, Start-Gain-Strategie

Wir betrachten einen *at the money-Call* auf eine Aktie im Rahmen des Binomialmodells mit n Perioden, wobei der Wert der Aktie je Periode um den Faktor $(U-1)$ ansteigen oder um den Faktor $(1-D) = (1-1/U)$ fallen kann. Desweiteren nehmen wir zunächst an, dass der risikolose Zinssatz gleich Null ist,

---

[9] Diese Strategie wurde von Carr und Jarrow (1990) im zeitstetigen Modellrahmen analysiert.

d. h. $R = 1$ und $B_t(T) = 1$ für alle $0 \leq t \leq T$. Das nun auftretende Finanzie-
rungsproblem lässt sich bereits im Einperiodenmodell aufzeigen: Der Arbitrageur und Short-Seller des Calls kann zum Zeitpunkt $t = 0$ nicht wissen, ob die
Aktie ($S = K$) steigen oder fallen wird. Um sicher zu sein, dass die Duplikation des Calls via der SLSG-Strategie nicht verlustreich endet, wird er die Aktie
erst in $t = 1$ kreditfinanziert kaufen, wenn die Aktie gestiegen ist, und eine Versicherung abschließen müssen, die im Falle eines Kursanstiegs die Auszahlung
$S^u - K = K(U - 1)$ liefert. Der faire Preis der Versicherung ist die Auszahlung
gewichtet mit der Wahrscheinlichkeit, dass das versicherte Ereignis eintritt, also
$K(U - 1)q$. Der Preis für den Call muss aber gleich dem fairen Preis der Versicherung sein, damit keine Arbitrage möglich ist.

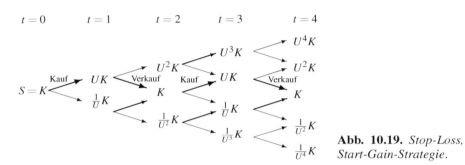

Abb. 10.19. *Stop-Loss,
Start-Gain-Strategie.*

Betrachten wir nun ein n-periodiges Binomialmodell: Wie in Abbildung 10.19
veranschaulicht, kauft der Arbitrageur immer dann eine Aktie, wenn die Aktie
von K auf UK gestiegen ist, und verkauft die Aktie, wenn die Aktie von UK
auf K gefallen ist. Während der Erlös aus dem Aktienverkauf für die Tilgung
der Schuld K ausreicht, finanziert der Arbitrageur den Kauf einer Aktie durch
eine Kreditaufnahme in Höhe von K Geldeinheiten und der Auszahlung einer
entsprechenden Versicherungspolice in Höhe von $K(U - 1)$.

Darstellung des Zeitwerts

Damit keine profitable Arbitrage möglich ist, muss der Preis einer Call-Option
der fairen Prämie einer Versicherung entsprechen, die immer dann den Betrag
$K(U - 1)$ auszahlt, falls der Aktienkurs von K auf UK ansteigt. Die Festlegung
dieser Prämie basiert dabei auf der folgenden Überlegung: Die Wahrscheinlichkeit, dass der Aktienkurs nach $2k$ Perioden genau K beträgt, ist $\binom{2k}{k}q^k(1-q)^k$,
und die Wahrscheinlichkeit, dass er dann auf UK steigt, ist q. Also gilt für den
Optionspreis:

$$C = K(U - 1) \sum_{k=0}^{e(n)/2} \binom{2k}{k} q^{k+1}(1-q)^k, \qquad (10.11)$$

wobei $e(n)$ die größte gerade Zahl ist, die echt kleiner als n ist.

Im Folgenden gehen wir nun davon aus, dass der risikolose Zins strikt positiv ist, d. h. $R > 1$. Um die Bewertung der Option wie eben durchführen zu können, rechnen wir mit Terminpreisen mit Liefertermin T anstelle von Kassapreisen, d. h. wir nehmen die Null-Kuponanleihe als Rechnungseinheit (im Folgenden *Numeraire* genannt). Unter der Null-Kuponanleihe als Numeraire wird die Aktie mit $\widehat{S}_t = S_t/B_t(T)$ bewertet, die je Periode um den Faktor $\widehat{U} - 1 = U/R - 1$ steigen oder um den Faktor $1 - \widehat{D} = 1 - D/R$ sinken kann. Wir vereinfachen die Rechnung, indem wir $D = R^2/U$ annehmen, so dass $\widehat{D} = 1/\widehat{U}$ gilt. Außerdem benutzen wir $\widehat{R} = R/B_t(T) = 1$. Die risikoneutralen Wahrscheinlichkeiten ändern sich durch den Numeraire-Wechsel nicht, denn es gilt

$$\widehat{q} = \frac{\widehat{R} - \widehat{D}}{\widehat{U} - \widehat{D}} = \frac{1 - D/R}{U/R - D/R} = \frac{R - D}{U - D} = q \,.$$

Desweiteren gilt unter diesem Numeraire-Wechsel für den diskontierten Basispreis $\widehat{K} \equiv (B_t(T)K)/B_t(T) = K$. Die SLSG-Strategie sieht vor, dass die Aktie $\widehat{S}_t$ beim Überschreiten des diskontierten Basispreises $\widehat{K}$ auf Kredit gekauft und beim Unterschreiten verkauft wird. Somit gilt für den Call mit der Null-Kuponanleihe als Numeraire:

$$\widehat{C}_0 = \widehat{K}(\widehat{U} - 1) \sum_{k=0}^{e(n)/2} \binom{2k}{k} q^{k+1}(1 - q)^k$$

oder in der ursprünglichen Rechnungseinheit Euro:

$$C = B_0(T)K \left(\frac{U}{R} - 1\right) \sum_{k=0}^{e(n)/2} \binom{2k}{k} q^{k+1}(1 - q)^k \,.$$

Beispiel 10.12 (Stop-Loss, Start-Gain). _____

Abweichend von den vorhergehenden Beispielen nehmen wir an, dass der risikolose Zinssatz gleich null ist, d. h. $R = 1$, und $D = 1/U$ gilt. Mit den Parametern $S = K = 100$, $U = 2$ und $n = 3$ duplizieren wir einen Aktien-Call mit der SLSG-Strategie. Der Wert der zugrundeliegenden Aktie entwickelt sich wie in Abbildung 10.20.

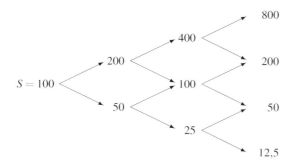

Abb. 10.20. *Preispfade der Aktie.*

Die risikoneutralen Wahrscheinlichkeiten lauten

$$q = (R - D)/(U - D) = 1/3, \quad 1 - q = 2/3 \,.$$

Die größte gerade Zahl echt kleiner als $n = 3$ ist $e(n) = 2$. Damit gilt gemäß Gleichung (10.11) für den Call-Preis

$$C = K(U-1)\left[\binom{0}{0}q + \binom{2}{1}q^2(1-q)\right] = 100 \cdot \left(\frac{1}{3} + 2 \cdot \frac{1}{9} \cdot \frac{2}{3}\right) = 100 \cdot \frac{13}{27} = 48{,}15 \,.$$

Beispiel 10.13 (Stop-Loss, Start-Gain). _____
In diesem Beispiel demonstrieren wir, wie ein Aktien-Call ohne vereinfachende Annahmen (d. h. für $S \neq K$ und $D \neq R^2/U$) mittels der SLSG-Strategie bewertet werden kann. Dazu seien Aktienkurs, Zinsen und Basispreis wie im Beispiel 10.8 angenommen, d. h. $S = K = 200$, $U = 1{,}2$, $D = 0{,}8$, $R = 1{,}1$ und damit $q = 0{,}75$. Die Restlaufzeit sei $n = 3$ Perioden. Der Wert der zugrundeliegenden Aktie entwickelt sich wie in Abbildung 10.21.

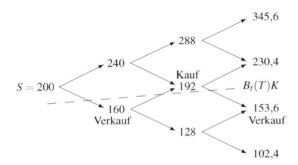

Abb. 10.21. *Stop-Loss, Start-Gain-Strategie.*

Bei der Anwendung der SLSG-Strategie sind hier die folgenden Punkte zu beachten: (1) Im Zeitpunkt $t = 0$ ist der Aktienkurs größer als der diskontierte Basispreis, so dass zum Kauf der Aktie außer einem Kredit in Höhe von $B_0(T)K$ auch eine Einmalzahlung notwendig ist. (2) Es ist eine Versicherung abzuschließen, die jedesmal, wenn der Aktienkurs den diskontierten Basispreis überschreitet, den Betrag $S_t - B_t(T)K$ für den kreditfinanzierten Kauf einer Aktie auszahlt, und die jedesmal, wenn der Aktienkurs den diskontierten Basispreis unterschreitet, den Betrag $B_t(T)K - S_t$ für die Tilgung des Kredits auszahlt. Der Call-Preis muss dann der Einmalzahlung in $t = 0$ und der fairen Prämie der Versicherung entsprechen:

$$\begin{aligned}
C &= \left(S - \frac{1}{R^3}K\right) + \left(\frac{1}{R^2}K - DS\right)\binom{0}{0}(1-q) \\
&\quad + \left(DUS - \frac{1}{R}K\right)\binom{1}{0}q(1-q) + (K - D^2US)\binom{2}{1}q(1-q)^2 \\
&= 49{,}74 + 1{,}20 + 1{,}58 + 3{,}27 = 55{,}79 \,.
\end{aligned}$$

Zuletzt nehmen wir an, dass der Kurs der Aktie in einer ganzzahligen Anzahl an Perioden auf den Basispreis steigen oder fallen kann. Formal heißt das, dass $\widehat{S} = \widehat{U}^l \cdot K$ gilt, wobei l eine ganze Zahl ist. Mit $l^+ = \max\{0; l\}$ bezeichnen wir den positiven Teil von l und mit $l^- = -\min\{0; l\}$ den negativen. Damit ist es uns nun möglich, Call-Optionen zu bewerten, die nicht *at the money* sind: Außer den Aufbaukosten für die Duplikationsstrategie $\max\{0; S - B_0(T)K\}$, die jetzt eventuell anfallen, ändert sich die faire Prämie für die Versicherung. Damit ergibt sich die

Eigenschaft 10.10 (Innerer Wert und Zeitwert). *Unter den Annahmen $D = R^2/U$ und $S = (U/R)^l \cdot B(T)K$ lässt sich der Optionswert in den Inneren Wert und den Zeitwert zerlegen. Dabei entspricht ersterer den Aufbaukosten der SLSG-Strategie und letzterer der fairen Prämie für die Versicherung, um die SLSG-Strategie finanzieren zu können:*

$$C = \max\{0; S - B_0(T)K\}$$
$$+ B_0(T)K \left(\frac{U}{R} - 1\right)^{(e(n) - |l|)/2} \sum_{k=0} \binom{2k + |l|}{k + l^+} q^{k + l^- + 1}(1 - q)^{k + l^+} .$$

10.6 Bemerkungen

Die William Sharpe zugeschriebene Idee, Optionsbewertung in einem einfachen, binomialen Modellrahmen zu betreiben, wurde nicht nur von Cox, Ross und Rubinstein (1979)[10], sondern auch von Rendleman und Bartter (1979) in die Tat umgesetzt. Wie wir gesehen haben, ist dieses Modell besonders nützlich im Zusammenhang mit der Bewertung Amerikanischer Optionen. Theoretische Analysen von nicht börsengehandelten Optionsrechten erfolgen dagegen sehr oft im zeitstetigen Modellrahmen von Black/Merton/Scholes, der Gegenstand von Kapitel 11 ist.[11] Die Anwendung des Binomialmodells setzt die Kenntnis der einperiodigen Bruttorenditen U und D des Basisinstruments voraus. Die Festlegung dieser Größen muss dabei so erfolgen, dass für $n \to \infty$ die Renditeverteilung bzw. Preisverteilung des Basisinstruments gegen die Normalverteilung bzw. die Lognormalverteilung konvergiert. In der Originalarbeit von Cox, Ross und Rubinstein (1979) sowie im Lehrbuch von Cox und Rubinstein (1985) wird in einem Modell mit n Handelsperioden für U und D die folgende Parametrisierung gewählt: Bezeichnet σ die Volatilität der stetigen Aktienkursrendite, dann gilt mit $\Delta t = T/n$ und $\ln(R) = r\Delta t$

$$\ln(U) = \sigma \cdot \Delta t ,$$
$$\ln(D) = -\sigma \cdot \Delta t .$$

---

[10] Diese Arbeit ging aus zwei ursprünglich getrennten Arbeiten von Cox/Rubinstein und Ross hervor.

[11] Eine der wenigen Ausnahmen: Senghas (1981) bewertet fondsgebundene Lebensversicherungen mit dem Binomialmodell.

Diese Approximation garantiert, dass mit $\Delta t \to 0$ (d. h. $n \to \infty$) die resultierende Aktienkursverteilung gegen die Lognormalverteilung konvergiert. Jarrow und Rudd (1983) schlagen dagegen folgende Parametrisierung vor: Für $\Delta t = T/n$ und $\ln(R) = r\Delta t$ gilt[12]

$$\ln(U) = (r - 0,5 \cdot \sigma^2)\Delta t + \sigma \cdot (\Delta t)^{1/2} \, ,$$
$$\ln(D) = (r - 0,5 \cdot \sigma^2)\Delta t - \sigma \cdot (\Delta t)^{1/2} \, .$$

Leisen und Reimer (1996) können allerdings zeigen, dass bei beiden Parametrisierungen die Optionswerte gleich schnell für wachsendes n gegen den Grenzwert, d. h. den Wert nach dem zeitstetigen Modell von Black/Merton/Scholes, streben. In den letzten 20 Jahren wurden weitere Verfeinerungen der numerischen Implementierung vorgeschlagen. So lässt sich beispielsweise die Konvergenzrate dadurch verbessern, dass man im Modell von Cox, Ross und Rubinstein (1979) die Handelszeitpunkte stochastisch auswählt. Dadurch können insbesondere Amerikanische Optionen numerisch effizient bewertet werden (siehe Leisen, 1999).

Aufgaben

10.1. Bewerten Sie eine Europäische Volkswagen-Kaufoption mit Hilfe des Binomialmodells. Der heutige Kurs der Aktie sei EUR 80,−, der Kurs am Ende der Periode entweder EUR 88,− oder EUR 72,−. Der Basispreis der Kaufoption sei EUR 80,−, der risikolose Zinssatz für eine Periode 5 % und die Fälligkeit der Option am Ende der Periode.

    (a) Bestimmen Sie das Portefeuille, mit dem sich der Call duplizieren lässt!

    (b) Geben Sie die Hedge Ratio an! Begründen Sie intuitiv, warum die Hedge Ratio kleiner als 1 ist!

    (c) Berechnen Sie die Optionsprämie!

    (d) Wie groß ist die risikoneutrale Wahrscheinlichkeit, dass die Kaufoption im Geld endet?

    (e) Bewerten Sie mit Hilfe des Binomialmodells einen Put gleicher Ausstattung auf Volkswagen!

    (f) Überprüfen Sie die Put-Call-Parität an diesem Beispiel!

    (g) Bestimmen Sie den Wert der Kaufoption, falls der risikolose Zinssatz für eine Periode 15 % beträgt.

    (h) Würden Sie die Aktie bei einem risikolosen Zins von 15 % kaufen? Begründen Sie kurz Ihre Entscheidung.

10.2. Eine Daimler Kaufoption soll in einem zweiperiodigen Binomialmodell bewertet werden. Der aktuelle Kurs von Daimler sei EUR 50,−. Der Kurs steige in einem halben Jahr entweder um 10 % oder falle um 5 %. Der Basispreis der Daimleroption sei EUR 52,− und der risikolose halbjährliche Zinssatz 8 % p. a. Die Restlaufzeit der Option sei 1 Jahr (= 2 Perioden).

---

[12] Eine dritte Variante ist im Anhang 11A beschrieben.

(a) Ermitteln Sie den Preis der Kaufoption!

(b) Veranschaulichen Sie durch eine tabellarische Darstellung der Cash Flows, dass die Duplikationsstrategie selbstfinanzierend ist!

(c) Geben Sie eine Arbitragestrategie für den Fall an, dass der heutige Preis der Kaufoption EUR 2,50 ist!

10.3. Eine Lookback Kaufoption gestattet dem Käufer, die Aktie bei Fälligkeit zu dem minimalen Aktienkurs zu kaufen, der bis zum Verfalltag aufgetreten ist. Im Zweiperiodenmodell ist also der Ausübungspreis das Minimum aus dem Aktienkurs in $t = 0,1,2$. Welches Problem ergibt sich bei der Bewertung einer Lookback Option im Binomialmodell? Wie ist das Modell zu modifizieren, um Lookback Optionen bewerten zu können?

10.4. Gegeben sei eine Amerikanische Kaufoption auf eine Aktie mit Dividendenzahlungen. Der Fälligkeitszeitpunkt der Option sei $T = 4$. Bewerten Sie diesen Call unter der Annahme, dass die Dividende in Höhe $DIV = 50$ in $T_D = 3$ sicher ist. Der Aktienkurs (ex Dividende) S_0^{ex} sei 500 und steige pro Periode entweder um 20% oder falle um 10%. Die Aktie notiert in $t = 0$ also bei $S_0^{ex} + DIV/(1 + r)^3 = 500 + 37,57 = 537,57$. Der risikolose (diskrete) Zins sei $r = 10\%$ und der Basispreis der Option sei $K = 500$.

10.5. Der heutige USD-Kurs betrage 1,10 EUR/USD. Er kann in einer Periode von einem Jahr entweder um 10% steigen oder um 10% fallen. Eine einjährige Geldanlage/Geldaufnahme in USD wird zu 6% p. a. verzinst, eine einjährige Geldanlage/Geldaufnahme in EUR zu 2% p. a. (diskrete Verzinsung).

(a) Berechnen Sie im zweiperiodigen Binomialmodell den Wert eines Europäischen Calls mit einem Basispreis von $K = 1,10$ EUR/USD und einer Restlaufzeit von zwei Jahren.

(b) Besitzt der Amerikanische Call einen höheren Modellwert?

(c) Wie viele Dollar müssen in der ersten Periode gekauft werden, um einen Europäischen Call zu hedgen? Kann der Dollar über die gesamte Laufzeit mit Hilfe des Calls und einer risikolosen Geldanlage in EUR dupliziert werden?

10.6. Der heutige Devisenkurs für das Britische Pfund (GBP) betrage 1,50 EUR/GBP. Innerhalb von drei Monaten steige der GBP-Kurs um 5% oder falle um 5%. Der risikolose Zinssatz für eine 3-monatige EUR-Anlage betrage 7% p. a. und für eine 3-monatige GBP-Anlage 6% p. a.
Betrachten Sie zunächst einen Europäischen Call auf das Britische Pfund mit Basispreis $K = 1,55$ EUR/GBP und Restlaufzeit $T = 6$ Monate.

(a) Bestimmen Sie den Wert des obigen Europäischen Calls mit Hilfe des zweiperiodigen Binomialmodells! Welcher Modellwert ergibt sich für einen ansonsten identischen Amerikanischen Call?

(b) Bis zu welchem Devisenkurs ist die vorzeitige Ausübung des Amerikanischen Calls nach 3 Monaten in jedem Falle nicht vorteilhaft?

Anhang

10A Hauptsätze der Finanzmarkttheorie

Gegeben sei ein Finanzmarktmodell mit den beiden Handelszeitpunkten $t = 0$ und $t = T$. Die Unsicherheit der Preisentwicklung wird beschrieben durch die Menge der möglichen *Umweltzustände* $\Omega = \{\omega_1, \ldots, \omega_I\}$ im Handelszeitpunkt T und ein *Wahrscheinlichkeitsmaß* P, das jedem Umweltzustand ω_i eine Wahrscheinlichkeit $P(\omega_i)$ zuordnet. P wird auch reales oder *statistisches Wahrscheinlichkeitsmaß* genannt. Gemäß der Annahme 1.3 ''' können die Investoren unterschiedlicher Auffassung bezüglich der Wahrscheinlichkeiten einzelner Preispfade sein, sie müssen jedoch darin übereinstimmen, welche Preispfade mit positiver Wahrscheinlichkeit auftreten können. Der Zustandsraum Ω sei gerade auf diese Zustände beschränkt, so dass $P(\omega) > 0$ für alle $\omega \in \Omega$ gilt. In $t = 0$ werden $J + 1$ Wertpapiere gehandelt, deren Preise in $t = 0$ durch den Vektor $\mathbf{S} = (S^0, S^1, \ldots, S^J)'$ gegeben sind. Die zustandsabhängigen Auszahlungen der $J + 1$ Wertpapiere in $t = T$ seien durch die *Auszahlungsmatrix*

$$\mathbf{Z} = \begin{pmatrix} Z^0(\omega_1) & \cdots & Z^J(\omega_1) \\ Z^0(\omega_2) & \cdots & Z^J(\omega_2) \\ \vdots & \ddots & \vdots \\ Z^0(\omega_I) & \cdots & Z^J(\omega_I) \end{pmatrix}$$

gegeben. Das Tupel $(\mathbf{S}, \mathbf{Z})$ wird dabei als *Preissystem* bezeichnet. Es sei weiterhin angenommen, dass das erste Wertpapier risikolos ist, also in allen Zuständen die gleiche Auszahlung erbringt, und einen Preis von $S^0 = 1$ besitzt. Damit ist der risikolose Zinssatz für die zum Zeitpunkt $t = 0$ beginnende Anlageperiode definiert durch

$$R - 1 = \frac{Z^0}{S^0} - 1 \,.$$

Zur Untersuchung der Arbitragefreiheit des exogen vorgegebenen Preissystems betrachten wir *Handelsstrategien* $\mathbf{H} = (h^0, \ldots, h^J)'$, wobei h^j angibt, wie viele Einheiten des Wertpapiers j gekauft (falls $h^j > 0$) bzw. verkauft (falls $h^j < 0$) werden. Eine *profitable Zeitarbitrage* ist eine Strategie, die entweder eine sichere positive Auszahlung heute und eine nichtnegative Auszahlung morgen *oder* eine nichtnegative Auszahlung heute und eine nichtnegative Auszahlung morgen verspricht, die jedoch in mindestens einem Zustand echt positiv ist. Diese beiden Formen der profitablen Zeitarbitrage werden in der Literatur als *Free Lunch* oder *Free Lottery* bezeichnet. Dies entspricht der Lebenserfahrung, dass nichts umsonst ist („There is no free lunch"), nicht einmal Lotterielose. Lotterielose einer besonderen Art sind *Arrow-Debreu-Zertifikate*. Letztere verbriefen *zustandsbedingte Zahlungsansprüche (state contingent claims)* der folgenden einfachen Art: am Periodenende erfolgt die Zahlung *einer* Geldeinheit genau dann, falls der im (dem Zertifikat zugrundeliegenden) Kontrakt vereinbarte Zustand $\omega \in \Omega$ eintritt. In unserem Zusammenhang bezeichnen dann die Komponenten des Vektors

$\Pi = (\pi(\omega_1), \ldots, \pi(\omega_I))$ die Barwerte solcher Zertifikate (*Zustandspreise*), und die zustandsabhängigen Zahlungen $Z^j(\omega_1), \ldots, Z^j(\omega_I)$ die entsprechenden Zertifikatsanteile, die im Vektor $\mathbf{Z}^j$ zusammengefasst werden und notwendig sind, um das Zahlungsprofil des Finanztitels $j \in \{0, \ldots, J\}$ durch ein Portefeuille von Arrow-Debreu-Zertifikaten zu duplizieren.[1] Eine risikolose Investition mit dem sicheren Liquidationswert 1 entspricht daher einem Portefeuille von je einem der I Arrow-Debreu-Zertifikate, dessen Barwert gleich R^{-1} ist.

Positives, lineares Bewertungsfunktional

Für alle Finanztitel mit heutigem Preis S^j und zustandsabhängigen Zahlungen Z^j definieren wir die Abbildung $\mathrm{V} : \mathcal{L}^2 \to \mathbf{R}$ durch $\mathrm{V}(Z^j) \equiv \sum_{\omega \in \Omega} \pi(\omega) Z^j(\omega)$.[2] V ordnet der zufälligen zukünftigen Zahlung Z^j ihren heutigen Wert zu. Unter den Annahmen 1.3 und 1.4 impliziert der Ausschluss profitabler Raumarbitrage (Annahme 1.1 im Sinne der *LOP-Forderung*) bereits die Existenz eines *linearen* Bewertungsfunktionals mit der Eigenschaft[3], dass für alle *bereits* gehandelten Finanztitel $j, k \in \{0, 1, \ldots, J\}$

$$h^j \cdot S^j + h^k \cdot S^k = h^j \cdot \mathrm{V}(Z^j) + h^k \cdot \mathrm{V}(Z^k) = \mathrm{V}(h^j \cdot Z^j + h^k \cdot Z^k)$$

gilt. Dabei können die (impliziten) Arrow-Debreu-Preise aber auch negativ sein. Die Positivität dieser Preise wird nur durch den Ausschluss profitabler Zeitarbitrage im Sinne der *NFLO-Forderung* garantiert (siehe Ross, 1976a, 1976b):

Annahme 1.2' (No Free Lotteries). *Es gibt* keine *Strategie* **H**, *deren Aufbaukosten am Periodenanfang nichtpositiv sind* (**H′S** ≤ 0) *und deren Liquidationswert am Periodenende nichtnegativ ist und mit positiver Wahrscheinlichkeit positiv ist* (**ZH** $\geq \mathbf{0}$, **ZH** $\neq \mathbf{0}$).

Das am Periodenanfang vorherrschende Preissystem $(\mathbf{S}, \mathbf{Z})$ besitzt dann die

Eigenschaft 10A.1 (Positives, lineares Bewertungsfunktional). *Es seien die Annahmen 1.1, 1.3 und 1.4 erfüllt. Die Annahme 1.2' ist genau dann erfüllt, wenn positive Zustandspreise* $\pi(\omega) > 0$, $\omega \in \Omega$, *existieren, so dass sich der Preis jedes handelbaren Finanztitels* $j \in \{0, \ldots, J\}$ *wie folgt darstellen lässt:* $S^j = V(Z^j) = \sum_{\omega \in \Omega} \pi(\omega) Z^j(\omega) = \mathbf{\Pi Z}^j$.

Beweis. Mit der Vereinbarung $\widetilde{\mathbf{Z}} = (\mathbf{Z}', -\mathbf{S})'$ gibt es „Free Lotteries" genau dann, falls es eine Handelsstrategie $\mathbf{H} \in \mathbf{R}^{J+1}$ mit $\widetilde{\mathbf{Z}}\mathbf{H} \geq \mathbf{0}$, $\widetilde{\mathbf{Z}}\mathbf{H} \neq \mathbf{0}$ gibt. Gemäß dem

---

[1] Siehe dazu die Originalarbeiten von Arrow (1964) und Debreu (1959).

[2] Das Argument Z^j des Bewertungsfunktionals V ist eine Zufallsvariable und kein Vektor. $\mathcal{L}^2$ kennzeichnet den Raum von Zufallsvariablen mit existierender Varianz. $\mathrm{V}(\cdot)$ steht hier also für das bisher benutzte Symbol PV$\{\cdot\}$.

[3] Jede lineare Abbildung eines endlichdimensionalen normierten Raumes in einen beliebigen normierten Raum ist stetig (Heuser, 1992, S.103). Bei endlich vielen handelbaren Finanztiteln impliziert damit die Linearität des Bewertungsfunktionals bereits seine *Stetigkeit*.

Lemma von Stiemke (1915) (vgl. Mangasarian, 1969, S. 32) ist nun die Nicht-existenz einer solchen Strategie äquivalent zur folgenden Aussage: Es existiert (mindestens) eine Lösung $\widetilde{\boldsymbol{\Pi}} = (\widetilde{\pi}_1, \widetilde{\pi}_2, \ldots, \widetilde{\pi}_{I+1}) \in \boldsymbol{R}^{I+1}$ für das folgende System linearer Gleichungen bzw. Ungleichungen:

$$\widetilde{\mathbf{Z}}' \widetilde{\boldsymbol{\Pi}}' = \mathbf{0} \,, \quad \widetilde{\boldsymbol{\Pi}} > \mathbf{0} \,.^4$$

Mit den Konventionen $\pi_i \equiv \widetilde{\pi}_i/\widetilde{\pi}_{I+1}$, $i = 1, 2, \ldots, I$ und $\boldsymbol{\Pi} = (\pi_1, \ldots, \pi_I) \in \boldsymbol{R}^I$ folgt daraus

$$(\mathbf{Z}', -\mathbf{S}) \begin{pmatrix} \boldsymbol{\Pi}' \\ 1 \end{pmatrix} = \mathbf{Z}' \boldsymbol{\Pi}' - \mathbf{S} = \mathbf{0} \,, \quad \boldsymbol{\Pi} > \mathbf{0} \,.$$

Das ist jedoch genau eine Implikation der Äquivalenzaussage von Eigenschaft 10A.1. Aus der angenommenen Arbitragefreiheit folgt also $\mathbf{S} = \mathbf{Z}' \boldsymbol{\Pi}'$.
Sei nun umgekehrt ein Vektor mit positiven Zustandspreisen gegeben. Dann gilt für eine Handelsstrategie mit $\mathbf{ZH} \geq \mathbf{0}$, $\mathbf{ZH} \neq \mathbf{0}$ auch $\mathbf{H}'\mathbf{S} = \boldsymbol{\Pi}\mathbf{ZH} > 0$.   □

Die bewiesene Positivität des *linearen Bewertungsfunktionals* V ist unmittelbar einleuchtend. *Positivität* bedeutet, dass ein Finanztitel mit in allen Zuständen nichtnegativen und in mindestens einem der Zustände strikt positiven Auszahlungen auch einen strikt positiven Preis besitzt. Dies entspricht gerade der Forderung, dass es keine Free Lotteries geben darf. [5]

Martingaleigenschaft und Deflator

Aus Eigenschaft 10A.1 ist bekannt, dass sich der heutige Preis S^j eines Finanztitels im Modell eines einperiodigen *arbitragefreien* Finanzmarkts darstellen lässt als

$$S^j = \sum_{\omega \in \Omega} \pi(\omega) Z^j(\omega) \,.$$

Mit der Definition $Q(\omega) \equiv R \cdot \pi(\omega)$ folgt $\sum_{\omega \in \Omega} Q(\omega) = 1$, da $\sum_{\omega \in \Omega} \pi(\omega) = R^{-1}$ gilt. Beachtet man weiterhin, dass in einem arbitragefreien Markt die Ungleichung $0 < \pi(\omega) < R^{-1}$ erfüllt ist, ergibt sich $0 < Q(\omega) < 1$. Also handelt es sich bei der Abbildung Q um ein Wahrscheinlichkeitsmaß auf Ω. Mit Hilfe von Q kann der heutige Preis *auch* als diskontierter Erwartungswert des zukünftigen Rückflusses von Finanztitel j dargestellt werden:

$$S^j = \sum_{\omega \in \Omega} \pi(\omega) Z^j(\omega) = \sum_{\omega \in \Omega} Q(\omega) Z^j(\omega) \cdot R^{-1} = \mathrm{E}_Q \left(Z^j / R \right) \,.$$

---

[4] $\widetilde{\boldsymbol{\Pi}} > \mathbf{0}$ bedeutet $\widetilde{\pi}_i > 0$ für alle $i = 1, 2, \ldots, I + 1$.

[5] Schwächt man die NFLO-Forderung „No Free Lotteries" zur NFLU-Forderung „No Free Lunch" ab (danach gibt es *keine* Strategie $\mathbf{H}$, deren Aufbaukosten am Periodenanfang negativ sind ($\mathbf{H}'\mathbf{S} < 0$) und deren Liquidationswert am Periodenende nichtnegativ ist ($\mathbf{ZH} \geq \mathbf{0}$)), so kann man über das *Lemma von Farkas* (1902) nur die *Nichtnegativität* des Bewertungsfunktionals beweisen. Existiert ein Finanztitel mit beschränkter Haftung, d. h. mit nichtnegativen Auszahlungen (z. B. eine risikolose Anlage mit $Z^0(\omega) = R > 0$ für alle $\omega \in \Omega$), so läßt sich ein „Free Lunch" immer in „Free Lotteries" überführen.

Definition 10A.1 (Risikoneutrale Wahrscheinlichkeiten). *Ein Wahrscheinlichkeitsmaß Q mit den Einzelwahrscheinlichkeiten $q_1 = Q(\omega_1), \dots, q_I = Q(\omega_I)$ wird* risikoneutral *genannt, falls sich die Gegenwartspreise als diskontierte erwartete Liquidationswerte darstellen lassen:*[6] $S^j = V(Z^j) = E_Q(Z^j/R)$.

Der Preis eines Finanztitels lässt sich somit als Q-Erwartungswert der mit dem risikolosen Zins diskontierten Rückzahlung des Finanztitels darstellen. Damit hat der diskontierte Preisprozess $\{S^j, Z^j/R\}$ die sogenannte *Martingaleigenschaft* unter dem risikoneutralen Wahrscheinlichkeitsmaß Q.[7] Letzteres wird auch *Martingalmaß* genannt und lässt sich mit Hilfe des realen bzw. statistischen Maßes P ausdrücken. Für jedes Ereignis $A \subset \Omega$ gilt:

$$Q(A) = \sum_{\omega \in A} Q(\omega) = \sum_{\omega \in A} R \cdot \pi(\omega) = \sum_{\omega \in A} \frac{R \cdot \pi(\omega)}{P(\omega)} P(\omega) \,.$$

Hieraus lassen sich folgende Schlussfolgerungen ziehen: Da $R \cdot \boldsymbol{\Pi} > \boldsymbol{0}$ gilt, ist für ein Ereignis $A \subset \Omega$ die Beziehung $P(A) = 0$ genau dann erfüllt, falls $Q(A) = 0$ gilt. Dies bedeutet, dass die Wahrscheinlichkeitsmaße P und Q die gleichen Nullmengen besitzen. Deswegen werden beide als *äquivalent* bezeichnet.[8]

Eigenschaft 10A.2 (Martingaleigenschaft). *Unter den Annahmen 1.1, 1.2', 1.3 und 1.4 existiert ein äquivalentes Martingalmaß derart, dass alle diskontierten Preisprozesse in der risikoneutralen Welt als Martingale darstellbar sind:*[9]

$$S^j = \sum_{\omega \in \Omega} Q(\omega) Z^j(\omega) \cdot R^{-1} = E_Q(Z^j/R) \,, \quad j = 0, 1, 2, \dots, J \,.$$

Mit Eigenschaft 10A.1 und der Definition $DF(\omega) \equiv \pi(\omega)/P(\omega)$, $\omega \in \Omega$, erhält man

Eigenschaft 10A.3 (Stochastischer Diskontierungsfaktor). *Unter den Annahmen 1.1, 1.2', 1.3 und 1.4 existieren zustandsabhängige Diskontierungsfaktoren $DF(\omega) > 0$, $\omega \in \Omega$, derart dass*

$$S^j = \sum_{\omega \in \Omega} P(\omega) DF(\omega) Z^j(\omega) = E_P\left(DF \cdot Z^j\right) \,, \quad j = 0,1,2,\dots,J \,.$$

---

[6] *Risikoneutrale* Investoren fordern keine Risikoprämie und beurteilen daher Investitionen anhand der *erwarteten* (diskontierten) Rückflüsse (siehe Kapitel 8).

[7] *Martingale* sind stochastische Prozesse $\{S_t\}$, bei denen der gegenwärtige Wert S_t der beste Prädiktor für den zukünftigen Wert S_T darstellt: $E_Q(S_T|\mathcal{F}_t) = S_t$, wobei $\mathcal{F}_t$ den Informationsstand zum Zeitpunkt t kennzeichnet (ganz nach dem Motto: „Morgen wird wie heute sein").

[8] Aufgrund des Satzes von Radon-Nikodym (siehe Bauer, 1992) besitzt das Maß Q dann eine (Radon-Nikodym-)Dichte bzgl. P, die mit dQ/dP bezeichnet wird. Für einen endlichen oder abzählbaren Zustandsraum $\Omega = \{\omega_1, \omega_2, \dots\}$ mit $p_i \equiv P(\omega_i) > 0$ und $q_i \equiv Q(\omega_i)$ gilt $\frac{dQ}{dP}(\omega_i) = \frac{dQ(\omega_i)}{dP(\omega_i)} = \frac{q_i}{p_i}$ für alle $i = 1,2,\dots$

[9] Der Zusammenhang zwischen Arbitragefreiheit und Martingaleigenschaft wurde von Harrison und Kreps (1979) entdeckt, während die Idee der risikoneutralen Wertdarstellung auf Cox und Ross (1976b, 1976a) zurückgeht.

Demnach lässt sich der Preis eines Finanztitels auch als diskontierter Erwartungswert bzgl. des statistischen Maßes P darstellen. Hierbei wird jedoch das Zahlungsprofil Z^j mit dem *stochastischen Diskontierungsfaktor DF* gewichtet, bei dem es sich um einen zustandsabhängigen Diskontierungsfaktor handelt. Die Zufallsvariable *DF* wird auch *Zustandspreisdichte (state-price density)*, *Deflator* bzw. *Pricing Kernel* genannt. Dieser berücksichtigt sowohl die Zeit- als auch die Risikopräferenzen des Investors. Je wertvoller eine Auszahlung in einem Zustand ω ist, d. h. je größer $\pi(\omega)$ ist, und je unwahrscheinlicher ein Zustand eintritt, d. h. je kleiner $P(\omega)$ ist, desto größer wird der Wert des Deflators $DF(\omega)$, d. h. desto moderater erfolgt die Diskontierung. Vom wahrscheinlichkeitstheoretischen Standpunkt betrachtet, handelt es sich bei *DF* um eine Zufallsvariable, die je nach Umweltzustand $\omega \in \Omega$ einen bestimmten Wert $DF(\omega)$ annimmt. Der Erwartungswert des Deflators lautet:

$$\mathrm{E}_P(DF) = \sum_{\omega \in \Omega} \frac{\pi(\omega)}{P(\omega)} P(\omega) = \sum_{\omega \in \Omega} \pi(\omega) = \frac{1}{R} \,. \qquad (10\mathrm{A}.1)$$

Letztere Gleichsetzung in Beziehung (10A.1) resultiert bekanntlich daraus, dass ein Investor, der alle Arrow-Debreu-Zertifikate erwirbt, im Endzeitpunkt eine sichere Zahlung in Höhe von eins erhält. Die Gleichung (10A.1) liefert somit die Aussage, dass im Mittel mit dem risikolosen Zins diskontiert wird.

Beispiel 10A.1 (Stochastischer Diskontierungsfaktor im Binomialmodell). _____
Wir betrachten in einem einperiodigen Binomialmodell eine Aktie mit heutigem Wert S. Mit der Notation $u = \omega_1$ und $d = \omega_2$ gilt hier $\Omega = \{u, d\}$. Die Aktie ist im Uptick $S^u = Z^1(u) = SU$ und im Downtick $S^d = Z^1(d) = SD$ wert. Die risikolose Verzinsung für die Periode betrage $R - 1$. Zuerst wird die (risikoneutrale) Wahrscheinlichkeit gesucht, so dass der abgezinste Aktienkursprozess $\{S, Z^1/R\}$ zu einem Martingal bzgl. dieser Wahrscheinlichkeit wird. Also ist die Gleichung

$$S = \mathrm{E}_Q\left(\frac{Z^1}{R}\right) = \left(S^u \cdot q + S^d \cdot (1-q)\right) \frac{1}{R} = (SU \cdot q + SD \cdot (1-q)) \frac{1}{R}$$

nach q aufzulösen. Hieraus ergibt sich die bekannte Gestalt $q = (R-D)/(U-D)$ der risikoneutralen Wahrscheinlichkeit für einen Uptick. Wegen der Beziehung $q = R \cdot \pi(u)$ resultieren die Realisationen

$$DF(u) = \frac{\pi(u)}{p} = \frac{q}{R} \cdot \frac{1}{p} = \frac{R-D}{U-D} \cdot \frac{1}{R} \cdot \frac{1}{p} \,,$$

$$DF(d) = \frac{\pi(d)}{1-p} = \frac{1-q}{R} \cdot \frac{1}{1-p} = \frac{U-R}{U-D} \cdot \frac{1}{R} \cdot \frac{1}{1-p} \,,$$

des Deflators. Offensichtlich erhält man somit

$$S = p \cdot S^u \cdot DF(u) + (1-p) \cdot S^d \cdot DF(d) = \mathrm{E}_P(DF \cdot Z^1) \,,$$

d. h. die Zufallsvariable *DF* entspricht tatsächlich dem stochastischen Diskontierungsfaktor.

Nachfolgend geben wir in Erweiterung von Eigenschaft 10A.1 zentrale Charakterisierungen von Arbitragefreiheit an, wodurch die bisherigen Ergebnisse zusammengefasst werden.

Eigenschaft 10A.4 (Erster Hauptsatz der Finanzmarkttheorie). *Unter den Annahmen 1.1, 1.3 und 1.4 sind die folgenden vier Aussagen äquivalent:*

(a) Es gibt keine profitable Zeitarbitrage („No Free Lotteries").

(b) Es existiert ein positives, lineares und stetiges Bewertungsfunktional
$V : \mathcal{L}^2 \to \mathbf{R}$, *derart dass* $S^j = V(Z^j)$ *für alle* $j = 0,1,\ldots,J$ *gilt.*

(c) Es existiert ein äquivalentes Martingalmaß Q, derart dass $S^j = E_Q(Z^j/R)$ *für alle* $j = 0,1,\ldots,J$ *gilt.*

(d) Es existiert ein positiver stochastischer Diskontierungsfaktor $DF : \Omega \to \mathbf{R}$, *derart dass* $S^j = E_P(DF \cdot Z^j)$ *für alle* $j = 0,1,\ldots,J$ *gilt.*

Diese Eigenschaft kann direkt auf Modelle mit *endlich* vielen Handelszeitpunkten übertragen werden (vgl. z. B. Taqqu und Willinger, 1987). Modelle mit unendlich vielen Zuständen (Harrison und Kreps, 1979) und unendlich vielen Handelszeitpunkten (Delbaen und Schachermayer, 1994) verlangen (schwache) Annahmen über die Konsumpräferenzen von Investoren (Harrison und Kreps, 1979) oder implizieren die einschränkende Aussage, dass Arbitragefreiheit und Martingaleigenschaft „im Wesentlichen" äquivalent sind (Delbaen und Schachermayer, 1994). Die Existenz eines Martingalmaßes Q ist dann nur noch eine hinreichende, aber keine notwendige Bedingung für die Arbitragefreiheit eines Modells.[10]

Duplizierbarkeit und Vollständigkeit

Wie ist nun ein neues Wertpapier mit den zustandsabhängigen Auszahlungen $\mathbf{Z}^C = (Z^C(\omega_1), Z^C(\omega_2), \ldots, Z^C(\omega_I))'$ in $t = 0$ zu bewerten? Die Antwort ist einfach, falls sich $\mathbf{Z}^C$ mit einem geeigneten Portefeuille aus bereits gehandelten Wertpapieren duplizieren lässt.

Definition 10A.2 (Duplizierbarkeit). *Bei einem gegebenen Preissystem* $(\mathbf{S}, \mathbf{Z})$ *ist ein Zahlungsanspruch (Contingent Claim)* $\mathbf{Z}^C$ *duplizierbar (attainable, hedgeable), falls eine* Duplikationsstrategie $\mathbf{H}^C \in \mathbf{R}^{J+1}$ *mit* $\mathbf{Z}^C = \mathbf{Z}\mathbf{H}^C$ *existiert.*

Existiert keine Duplikationsstrategie $\mathbf{H}^C$, so ist das Duplikationsprinzip nicht anwendbar. Wünschenswert ist daher die bereits in Kapitel 1 geforderte Marktvollständigkeit.

Definition 10A.3 (Vollständigkeit). *Ein Finanzmarkt heißt vollständig, falls sich jeder Contingent Claim* $\mathbf{Z}^C \in \mathbf{R}^I$ *duplizieren lässt.*

---

[10] Egle und Trautmann (1981) zeigen, dass eine Variante des Farkas-Minkowski-Lemmas für Räume *beliebiger* Dimension keine direkte Verallgemeinerung von Eigenschaft 10A.4 auf den Fall eines Zustands*kontinuums* zulässt (nicht einmal eine abgeschwächte Variante mit einem nichtnegativen Bewertungsfunktional). Back und Pliska (1991) präsentieren ein arbitragefreies Finanzmarktmodell, für das kein Martingalmaß existiert.

In vollständigen Finanzmärkten lässt sich also insbesondere jedes Arrow-Debreu-Zertifikat durch ein Portefeuille anderer Wertpapiere nachbilden.

Beispiel 10A.2 (Binomialmodell). _____

In einem vollkommenen Finanzmarkt werden zwei unterschiedliche Titel, eine risikolose Anlage und eine Aktie bereits gehandelt. Ein dritter Titel, ein Call auf die Aktie mit Basispreis K, soll neu zum Handel zugelassen werden. Für den Zustandsraum $\Omega = \{\omega_1, \omega_2\}$ sieht die Preisentwicklung bis zum nächsten Handelszeitpunkt, an dem auch der Call verfallen soll, wie in Abbildung 10A.1 aus, wobei aus Arbitragefreiheitsgründen $U > R > D$ gelten muss.

$$
\begin{pmatrix} S^0 = 1 \\ S^1 = S \\ S^2 = C \end{pmatrix}
\begin{array}{c} \nearrow \\ \\ \searrow \end{array}
\begin{matrix}
\begin{pmatrix} Z^0(\omega_1) = R \\ Z^1(\omega_1) = U \cdot S \\ Z^2(\omega_1) = (U \cdot S - K)^+ \end{pmatrix} \\[4ex]
\begin{pmatrix} Z^0(\omega_2) = R \\ Z^1(\omega_2) = D \cdot S \\ Z^2(\omega_2) = (D \cdot S - K)^+ \end{pmatrix}
\end{matrix}
$$

Abb. 10A.1. *Preispfade handelbarer Finanztitel.*

Wegen Eigenschaft 10A.1 (Positives, lineares Bewertungsfunktional) existieren dann $\pi(\omega_1), \pi(\omega_2) > 0$ mit:

$$
S = US\pi(\omega_1) + DS\pi(\omega_2) \,,
$$
$$
1 = R\pi(\omega_1) + R\pi(\omega_2) \,.
$$

Auflösen dieses Gleichungssystems nach $\pi(\omega_1)$ und $\pi(\omega_2)$ ergibt:

$$
\pi(\omega_1) = \frac{1}{R}\left(\frac{R-D}{U-D}\right) > 0 \quad \text{und} \quad \pi(\omega_2) = \frac{1}{R}\left(\frac{U-R}{U-D}\right) > 0 \,.
$$

Der arbitragefreie Emissionspreis lautet dann:

$$
C = S^2 = Z^2(\omega_1)\pi(\omega_1) + Z^2(\omega_2)\pi(\omega_2) = (US - K)^+\pi(\omega_1) + (DS - K)^+\pi(\omega_2) \,.
$$

Die Strategie $\mathbf{H} = (h^B, h^S)' = (h^0, h^1)'$ mit

$$
h^B = \frac{1}{R}\left(\frac{UZ^2(\omega_2) - DZ^2(\omega_1)}{U-D}\right) \,, \qquad h^S = \frac{Z^2(\omega_1) - Z^2(\omega_2)}{Z^1(\omega_1) - Z^1(\omega_2)}
$$

dupliziert das Liquidationswertprofil des Calls:

$$
h^B R + h^S S_T(\omega_1) = C(\omega_1) = Z^2(\omega_1) \,,
$$
$$
h^B R + h^S S_T(\omega_2) = C(\omega_2) = Z^2(\omega_2) \,.
$$

Falls nun ein funktionsfähiger Markt für Arrow-Debreu-Zertifikate mit den beobachtbaren Marktpreisen $\pi(\omega)$ für alle $\omega \in \Omega$ existieren würde, dann könnten alle Marktpreise der Finanztitel $j = 0, \ldots, J$ wegen der Eigenschaft 10A.1 über die Marktpreise von Arrow-Debreu-Zertifikaten bestimmt werden. Der Markt wäre somit vollständig. Aber auch ohne handelbare Arrow-Debreu-Zertifikate kann man ein Kriterium für die Vollständigkeit angeben. Wertpapiere, deren Auszahlungsprofil sich mit Hilfe einer Strategie in den restlichen Wertpapieren nachbilden lassen, sind linear abhängig und werden als *redundant* bezeichnet. Bei I möglichen Umweltzuständen können höchstens I nicht redundante Wertpapiere existieren. Andererseits müssen auch mindestens I nicht redundante Wertpapiere existieren, um den Vektorraum $\mathbf{R}^I$ aufzuspannen und damit alle Contingent Claims duplizieren zu können. Ist vorstehende Eigenschaft erfüllt, so besitzt das Gleichungssystem

$$\mathbf{S} = \mathbf{Z}'\boldsymbol{\Pi}' \qquad\qquad (10A.2)$$

eine eindeutige Lösung $\boldsymbol{\Pi}$. Der Lösungsvektor $\boldsymbol{\Pi}$ enthält die durch das Preissystem $(\mathbf{S}, \mathbf{Z})$ *implizierten* Preise von fiktiven Arrow-Debreu-Zertifikaten.

Ein zweiter Hauptsatz der Finanzmarkttheorie charakterisiert die Vollständigkeit des Finanzmarktes. Dieser stellt in der klassischen Formulierung einen Zusammenhang her zwischen der Marktvollständigkeit und der Eindeutigkeit des äquivalenten Martingalmaßes Q (Harrison und Pliska, 1981 und 1983).[11] Dies impliziert jedoch, dass vollständige Finanzmärkte gleichzeitig arbitragefrei sein müssen.[12] Dies wird jedoch in der Definition 10A.3 nicht gefordert. Der von Battig und Jarrow (1999) formulierte verallgemeinerte zweite Hauptsatz der Finanzmarkttheorie, spezialisiert auf unser endliches Einperiodenmodell, lautet dann wie folgt:

Eigenschaft 10A.5 (Zweiter Hauptsatz der Finanzmarkttheorie). *Ein friktionsloser Finanzmarkt ist im Einperiodenmodell mit endlichem Zustandsraum genau dann* vollständig, *wenn eine der beiden äquivalenten Bedingungen erfüllt wird:*

(a) Die Anzahl nicht redundanter Wertpapiere ist gleich der Anzahl möglicher Umweltzustände, d. h. $Rang(\mathbf{Z}) = |\Omega| = I.$

(b) Es existieren eindeutige Preise für Arrow-Debreu-Zertifikate.

Die Eindeutigkeit eines Martingalmaßes Q impliziert die Vollständigkeit des Finanzmarktes. Die Umkehrung dieser Aussage gilt allerdings nicht. Da nun in der Realität, selbst unter der einschränkenden Annahme eines endlichen, diskreten Zustandsraumes, Finanzmärkte *unvollständig* sind, d. h. es gilt $Rang(\mathbf{Z}) < I$, ist der Preisvektor $\boldsymbol{\Pi}$ *nicht eindeutig*. Marktpreise für Finanztitel können daher nicht

---

[11] Jarrow und Madan (1999) beweisen dies für einen sehr allgemeinen Modellrahmen mit unendlich vielen Zuständen, unendlich vielen Handelszeitpunkten und unendlich vielen Finanztiteln.

[12] Bei dieser Sichtweise wären übrigens vollständige Finanzmärkte gleichzeitig vollkommen. Siehe dazu die Anmerkungen in Kapitel 1.

allein aufgrund von Duplikationsüberlegungen erklärt werden. Allenfalls ist es mit diesem Erklärungsansatz möglich, *obere* und *untere* Schranken für Marktpreise anzugeben, bei deren Über- bzw. Unterschreiten gewinnbringende, risikolose Zeitarbitrage ermöglicht wird. Das folgende Beispiel 10A.3 illustriert eine solche Marktsituation.

Beispiel 10A.3 (Trinomialmodell). ⎯⎯⎯⎯⎯⎯⎯⎯⎯⎯⎯⎯⎯⎯⎯⎯⎯⎯⎯⎯⎯⎯⎯
Am betrachteten Finanzmarkt seien zunächst zwei unterschiedliche Titel, nämlich eine Aktie ($j = 1$) sowie eine risikolose Finanzanlage ($j = 0$), zum Handel zugelassen. Zur Charakterisierung der Zahlungen am Periodenende genüge es, die folgenden drei Zustände zu unterscheiden: $\Omega = \{\omega_1, \omega_2, \omega_3\}$. Die zufällige Preisentwicklung der Aktie und die sichere Preisentwicklung der risikolosen Anlage seien dann in der in Abbildung 10A.2 gezeigten Weise gekennzeichnet.

Abb. 10A.2. *Preispfade für Anleihe und Aktie im Trinomialmodell.*

$$S^0 = 1 \qquad \begin{matrix} Z^0(\omega_1) = 1{,}2 \\ Z^0(\omega_2) = 1{,}2 \\ Z^0(\omega_3) = 1{,}2 \end{matrix} \qquad S^1 = 60 \qquad \begin{matrix} Z^1(\omega_1) = 80 \\ Z^1(\omega_2) = 60 \\ Z^1(\omega_3) = 30 \end{matrix}$$

Zudem soll ein Europäischer Call auf die Aktie mit dem Basispreis $K = 40$ und Verfallzeitpunkt am Periodenende emittiert werden. Seine zufällige Preis- bzw. Wertentwicklung sieht dann wie in Abbildung 10A.3 dargestellt aus.

Abb. 10A.3. *Preispfade für den Call im Trinomialmodell.*

$$S^2 = C \qquad \begin{matrix} Z^2(\omega_1) = \max\{0; Z^1(\omega_1) - K\} = 40 \\ Z^2(\omega_2) = \max\{0; Z^1(\omega_2) - K\} = 20 \\ Z^2(\omega_3) = \max\{0; Z^1(\omega_3) - K\} = 0 \end{matrix}$$

Ohne diesen Call ist dieser Finanzmarkt unvollständig, weil der Rang der Zahlungsmatrix **Z** kleiner als die Anzahl der möglichen (Umwelt-)Zustände am Periodenende ist:

$$\text{Rang }(\mathbf{Z}) = \text{Rang} \begin{pmatrix} 1{,}2 & 80 \\ 1{,}2 & 60 \\ 1{,}2 & 30 \end{pmatrix} = 2 < |\Omega| = |\{\omega_1, \omega_2, \omega_3\}| = 3 \,.$$

Das implizite Preissystem Π, das in arbitragefreien Finanzmärkten die Forderungen

$$S^0 = 1{,}2\pi(\omega_1) + 1{,}2\pi(\omega_2) + 1{,}2\pi(\omega_3) \,,$$
$$S^1 = 80\pi(\omega_1) + 60\pi(\omega_2) + 30\pi(\omega_3) \,,$$
$$\pi(\omega_1), \pi(\omega_2), \pi(\omega_3) > 0$$

erfüllen muss, ist daher nicht eindeutig. Es gilt beispielsweise

$$\pi(\omega_1) = \frac{7}{10} - \frac{6}{10}\pi(\omega_2) \quad \text{und} \quad \pi(\omega_3) = \frac{8}{60} - \frac{24}{60}\pi(\omega_2) \,,$$

wobei $\pi(\omega_2) \in (0, 1/3)$ gelten muss. Der Emissionspreis eines neu auszugebenden Titels kann daher nicht allein aufgrund von Arbitrageüberlegungen eindeutig festgelegt werden. Für den arbitragefreien Emissionspreis des Calls gilt zunächst: $C = 40\pi(\omega_1) + 20\pi(\omega_2) = 28 - 4\pi(\omega_2)$. Um profitable Zeitarbitrage ausschließen zu können, muss daher wegen obiger Bedingungen an die Zustandspreise $\pi(\omega_1), \pi(\omega_2)$ und $\pi(\omega_3)$ der Emissionspreis des Calls der folgenden Bedingung genügen:

$$26\frac{2}{3} < C < 28 \,.$$

Andernfalls, beispielsweise für $C = 28$, gibt es Handelsstrategien $\mathbf{H} \in \mathbf{R}^3$ mit $\mathbf{S'H} \leq \mathbf{0}$, $\mathbf{ZH} \geq \mathbf{0}$ und $\mathbf{ZH} \neq \mathbf{0}$, d. h. Möglichkeiten, kostenlos „Lotterielose" zu erwerben. Ein Beispiel: Für

$$\mathbf{H} = \begin{pmatrix} -200 \\ 8 \\ -10 \end{pmatrix} \quad \text{gilt} \quad \mathbf{Z} \cdot \mathbf{H} = \begin{pmatrix} 0 \\ 40 \\ 0 \end{pmatrix} \quad \text{mit} \quad \mathbf{S'H} = 0 \,.$$

Präferenzabhängige Diskontierungsfaktoren-Darstellung

Zuvor war der stochastische Diskontierungsfaktor *exogen* durch die Preise der gehandelten Finanztitel gegeben. In diesem Abschnitt jedoch wird oben definierter stochastischer Diskontierungsfaktor *endogen* aus den Gleichgewichtsbedingungen für den repräsentativen Investor gewonnen. Wir unterstellen nun, dass sich das Verhalten aller Individuen in der betrachteten Ökonomie durch einen sogenannten *repräsentativen Investor* darstellen lässt.

Annahme 10A.1 (Repräsentativer Investor). *Das Verhalten aller Marktteilnehmer kann durch einen repräsentativen Investor erfasst werden.*

Im einfachsten Fall lässt sich dieser Ansatz anwenden, falls alle Individuen die gleiche Nutzenfunktion besitzen. Das ist allerdings keine notwendige Bedingung. Die Konsumpräferenzen des repräsentativen Investors seien durch die zustandsunabhängige Nutzenfunktion $u(C_0, C_1)$, $(C_0, C_1) \in \mathbf{R}^2$, beschreibbar. Wir gehen davon aus, dass diese Nutzenfunktion differenzierbar, monoton wachsend und konkav ist. $P : \Omega \to [0,1]$ bezeichne wiederum das reale bzw. statistische Wahrscheinlichkeitsmaß, das jedem Zustand $\omega \in \Omega$ eine Wahrscheinlichkeit $p_i \equiv P(\omega_i)$ zuordnet.

Annahme 1.3'''' (Homogene Einschätzungen). *Investoren kennen alle Preispfade und deren statistische Eintrittswahrscheinlichkeiten.*

Der Investor möchte nun seine Konsum- und Anlagepolitik derart wählen, dass sein Nutzenerwartungswert

$$\mathrm{E}_P\left[u(C_0, C_1)\right] = \mathrm{E}_P\left[u(C_0, \mathbf{ZH})\right] = \sum_{i=1}^{I} u(C_0, (\mathbf{ZH})_i) \cdot p_i$$

unter der Budgetnebenbedingung $w_0 = C_0 + \sum_{j=0}^{J} S^j h^j$ maximal wird. Hierbei bezeichnet w_0 das Anfangsvermögen, $\mathbf{H} = (h^0, \dots, h^J)'$ die Handelsstrategie und $(\mathbf{ZH})_i = \sum_{j=0}^{J} Z^j(\omega_i) h^j$ den Portefeuillewert des Investors im Zustand i am Periodenende. Der Investor kann in obigem Problem zum Zeitpunkt $t = 0$ den Konsum C_0 und die Anteile h^j, $j = 0, 1, \dots, J$, wählen. Zu maximieren ist also die Lagrange-Funktion

$$L(C_0, \mathbf{H}, \lambda) = \mathrm{E}_P\left[u(C_0, \mathbf{ZH})\right] - \lambda \left(C_0 + \sum_{j=0}^{J} S^j h^j - w_0 \right).$$

Die notwendigen Bedingungen für ein Optimum lauten somit:

$$\frac{\partial L(C_0, \mathbf{ZH}, \lambda)}{\partial C_0} = \frac{\partial \mathrm{E}_P\left[u(C_0, \mathbf{ZH})\right]}{\partial C_0} - \lambda = \sum_{i=1}^{I} p_i \frac{\partial u(C_0, (\mathbf{ZH})_i)}{\partial C_0} - \lambda = 0,$$

$$\frac{\partial L(C_0, \mathbf{ZH}, \lambda)}{\partial h^j} = \frac{\partial \mathrm{E}_P\left[u(C_0, \mathbf{ZH})\right]}{\partial h^j} - \lambda S^j = \sum_{i=1}^{I} p_i \frac{\partial u(C_0, (\mathbf{ZH})_i)}{\partial C_1} Z^j(\omega_i) - \lambda S^j$$
$$= 0,$$

für $j = 0, 1, 2, \dots, J$. Elimination von λ liefert:

$$\underbrace{\sum_{i=1}^{I} p_i \frac{\partial u(C_0, (\mathbf{ZH})_i)}{\partial C_1} Z^j(\omega_i)}_{= \mathrm{E}_P\left[\frac{\partial u}{\partial C_1} Z^j\right]} - S^j \underbrace{\sum_{i=1}^{I} p_i \frac{\partial u(C_0, (\mathbf{ZH})_i)}{\partial C_0}}_{= \mathrm{E}_P\left[\frac{\partial u}{\partial C_0}\right]} = 0. \tag{10A.3}$$

Aus vorstehender Gleichgewichtsbedingung erhält man zwar formal dieselbe Darstellung von Finanztitelpreisen wie in Eigenschaft 10A.4, aber mit der zusätzlichen

Eigenschaft 10A.6 (Stochastischer Diskontierungsfaktor). *Unter den Annahmen 1.1, 1.3 '''', 1.4 und 10A.1 entspricht der stochastische Diskontierungsfaktor der marginalen Rate der Substitution des Investors zwischen zukünftigem und heutigem Konsum:*

$$DF \equiv \frac{\partial u / \partial C_1}{\mathrm{E}_P\left[\partial u / \partial C_0\right]}.$$

Existiert eine risikolose Anlagemöglichkeit mit Rendite r und einer sicheren Rückzahlung von einer Geldeinheit – ohne Einschränkung sei dies der Finanztitel 0 –, so resultiert aus Eigenschaft 10A.6

$$S^0 = \mathrm{E}_P(DF \cdot 1) = \mathrm{E}_P(DF).$$

Deswegen ist durch den Erwartungswert des stochastischen Diskontierungsfaktors ein Diskontierungsfaktor für risikolose Anlagen *endogen* gegeben. Aus diesem Grund entspricht $R \equiv 1/E_P(DF)$ der *endogen* bestimmten Bruttorendite einer risikolosen Investition.

Bezeichnet man nun die Realisation des stochastischen Diskontierungsfaktors im Zustand i mit $DF(\omega_i)$, so entspricht Q, gegeben durch die Definitionen $q_i \equiv Q(\omega_i) = p_i(\omega_i) \cdot DF(\omega_i)/E_P(DF)$, $i = 1, \ldots, I$, einem Wahrscheinlichkeitsmaß. Aufgrund von Eigenschaft 10A.6 erhalten wir somit

$$S^j = E_P(DF \cdot Z^j) = \sum_{i=1}^{I} p_i DF(\omega_i) Z^j(\omega_i) = \sum_{i=1}^{I} E_P(DF) q_i Z^j(\omega_i) = E_Q(Z^j/R) \ .$$

Das Wahrscheinlichkeitsmaß Q entspricht also dem risikoneutralen Wahrscheinlichkeitsmaß. Aufgrund unserer Gleichgewichtsüberlegung ist es in diesem Abschnitt allerdings *endogen* bestimmt. Folglich sind durch $\pi(\omega_i) \equiv q_i \cdot E_P(DF)$ *endogene* Arrow-Debreu-Preise gegeben, mit denen sich die bekannte Darstellung

$$S^j = \sum_{i=1}^{I} \pi(\omega_i) Z^j(\omega_i) \ , \quad j = 0, 1, 2, \ldots, J$$

für die Wertpapierpreise ergibt.

Beispiel 10A.4 (Additiv separable Nutzenfunktion). ⎯⎯⎯⎯⎯⎯⎯⎯⎯⎯⎯⎯⎯⎯⎯⎯⎯⎯⎯

Bisher haben wir eine zustandsunabhängige Nutzenfunktion vorausgesetzt. Die konkrete Gestalt wurde aber nicht weiter eingeschränkt. Geht man nun von einer additiv separablen Nutzenfunktion aus, d. h. $u(C_0, C_1) = u_0(C_0) + u_1(C_1)$, vereinfacht sich die obige Darstellung. Als Gleichgewichtsbedingung (10A.3) erhält man:

$$\underbrace{\sum_{i=1}^{I} p_i u_1'((\mathbf{ZH})_i) Z^j(\omega_i)}_{=E_P(u_1' Z^j)} - u_0'(C_0) S^j = 0 \ , \quad j = 0, 1, 2, \ldots, J \ .$$

Mit der Vereinbarung $DF = u_1'/u_0'$ ergibt sich dann die Darstellung $S^j = E_P(DF \cdot Z^j)$. Wegen der bekannten Beziehung $R \equiv 1/E_P(DF)$ lässt sich nun die Bruttorendite einer risikolosen Finanzinvestition und damit das Zinsniveau der Ökonomie wie folgt erklären:

$$R = \frac{u_0'}{E_P(u_1')} \ .$$

Damit eröffnet sich eine naheliegende Interpretation: Falls der repräsentative Investor im Gleichgewicht zusätzlichen Konsum im Zeitpunkt $t = 0$ höher einschätzt als in $t = 1$, erhält man $u_0' > E_P(u_1')$. Deswegen ergibt sich ein positiver Zinssatz $R - 1$. Im anderen Fall, falls der Investor zukünftigen zusätzlichen Konsum gegenwärtigem Konsum vorzieht, wird der Zins negativ. Im Vorzeichen des gleichgewichtigen Zinssatzes drückt sich somit die Zeitpräferenz des repräsentativen Investors und damit der Volkswirtschaft aus.

10B Nützliches zur Binomialverteilung

(1) Im einperiodigen Binomialmodell kann ein Aktienkurs entweder mit der (risikoneutralen) Wahrscheinlichkeit q um den Faktor $U - 1$ steigen oder mit Wahrscheinlichkeit $1 - q$ um den Faktor $1 - D$ fallen. Der Aktienkurs kann also entweder den Wert US oder den Wert DS annehmen. Formal lässt sich das auch folgendermaßen schreiben:

$$S_1 = U^Y D^{1-Y} S \,.$$

Dabei bezeichnet Y ein Bernoulli-Experiment, also eine Zufallsvariable, die mit Wahrscheinlichkeit q den Wert 1 und mit Wahrscheinlichkeit $1 - q$ den Wert 0 annimmt. Im mehrperiodigen Binomialmodell steigt der Aktienkurs *in jeder Periode* entweder um den Faktor $U - 1$, oder er fällt um den Faktor $1 - D$. Es wird also mehrmals hintereinander ein Bernoulli-Experiment Y_i ausgeführt. Formal ergibt sich daraus für den Aktienkurs nach n Perioden:

$$\begin{aligned}
S_n &= U^{Y_1} D^{1-Y_1} \cdot \ldots \cdot U^{Y_n} D^{1-Y_n} S \\
&= U^{\sum_{i=1}^n Y_i} D^{(n-\sum_{i=1}^n Y_i)} S = U^X D^{n-X} S \,.
\end{aligned}$$

X ist dabei die Summe von n hintereinander ausgeführten (unabhängigen) Bernoulli-Experimenten mit Erfolgswahrscheinlichkeit q. Wir nennen X eine binomialverteilte Zufallsvariable mit den Parametern n und q. Ihr Erwartungswert und ihre Varianz sind durch

$$\mathrm{E}_Q(X) = \mathrm{E}_Q \left(\sum_{i=1}^n Y_i \right) = nq \,,$$

$$\mathrm{Var}_Q(X) = \mathrm{Var}_Q \left(\sum_{i=1}^n Y_i \right) = nq(1 - q)$$

gegeben. X zählt im Binomialmodell die Perioden, in denen der Aktienkurs ansteigt. Die Wahrscheinlichkeit dafür, dass der Aktienkurs erst k-mal ansteigt und dann $(n - k)$-mal fällt, ist

$$\underbrace{q \cdot q \ldots q}_{k-mal} \cdot \underbrace{(1 - q) \cdot (1 - q) \ldots (1 - q)}_{(n-k)-mal} = q^k (1 - q)^{n-k} \,.$$

Unabhängig davon, wann genau diese Aufwärtsbewegungen stattfinden, hat jeder spezielle Pfad mit k Aufwärtsbewegungen diese Eintrittswahrscheinlichkeit. Die Anzahl der Pfade mit k Aufwärtsbewegungen lautet (Anzahl der k-elementigen Teilmengen in einer n-elementigen Menge):

$$\binom{n}{k} = \frac{n!}{k!(n-k)!} \,.$$

Die Wahrscheinlichkeit dafür, dass irgendein Pfad mit k Aufwärtsbewegungen eintritt, entspricht der Anzahl der Pfade multipliziert mit ihrer Eintrittswahrscheinlichkeit und ist durch die *Binomialverteilung* gegeben:

$$Q(X = k) = \binom{n}{k} q^k (1 - q)^{n-k} .$$

Die Wahrscheinlichkeit von mindestens a Aufwärtsbewegungen ergibt sich durch Summation:

$$B[a; n, q] \equiv Q(X \geq a) = \sum_{k=a}^{n} Q(X = k) = \sum_{k=a}^{n} \frac{n!}{k!(n-k)!} q^k (1 - q)^{n-k}$$

und wird als *komplementäre Binomialverteilung* bezeichnet. Wie nicht anders zu erwarten, entspricht die Wahrscheinlichkeit, dass mindestens 0 Aufwärtsbewegungen eintreten, 100 % (Binomische Summenformel):

$$Q(X \geq 0) = \sum_{k=0}^{n} \frac{n!}{k!(n-k)!} q^k (1 - q)^{n-k} = (q + (1 - q))^n = 1 .$$

Die folgende Tabelle soll beispielhaft für $n = 6$ die Anzahl der Pfade mit k Aufwärtsbewegungen, die Wahrscheinlichkeit für einen Pfad mit k Aufwärtsbewegungen und den zugehörigen Aktienkurs angeben. In der letzten Zeile stehen die Summen über die Wahrscheinlichkeiten.

k	$\binom{n}{k}$	$Q(X = k)$	$q = 0{,}6$	S_T	für $U = 1{,}2$ $S = 100$, $D = 0{,}9$
0	1	$1 \cdot (1 - q)^6$	0,004096	$D^6 S$	53,1441
1	6	$6 \cdot q(1 - q)^5$	0,036864	$U D^5 S$	70,8588
2	15	$15 \cdot q^2(1 - q)^4$	0,138240	$U^2 D^4 S$	94,4784
3	20	$20 \cdot q^3(1 - q)^3$	0,276480	$U^3 D^3 S$	125,9712
4	15	$15 \cdot q^4(1 - q)^2$	0,311040	$U^4 D^2 S$	167,9616
5	6	$6 \cdot q^5(1 - q)$	0,186624	$U^5 D S$	223,9488
6	1	$1 \cdot q^6$	0,046656	$U^6 S$	298,5984
		1	1		

Der Erwartungswert einer diskreten Zufallsvariable ist die Summe der mit den Eintrittswahrscheinlichkeiten gewichteten möglichen Ausgänge. Der erwartete zukünftige Aktienkurs ergibt sich deshalb aus:

$$\mathrm{E}_Q(S_n) = \sum_{k=0}^{n} Q(S_n = U^k D^{n-k} S) U^k D^{n-k} S = \sum_{k=0}^{n} Q(X = k) U^k D^{n-k} S$$

$$= \sum_{k=0}^{n} \binom{n}{k} q^k (1 - q)^{n-k} U^k D^{n-k} S = S \sum_{k=0}^{n} \binom{n}{k} (U q)^k (D(1 - q))^{n-k}$$

$$= S(U q + D(1 - q))^n .$$

(2) In der risikoneutralen Welt muss der heutige Aktienkurs der diskontierten erwarteten zukünftigen Auszahlung entsprechen. Daraus ergibt sich:

$$S = \frac{E_Q(S_n)}{R^n} = S\frac{(Uq + D(1-q))^n}{R^n} \; .$$

Diese Gleichung lässt sich nach q auflösen, und man erhält die risikoneutralen Wahrscheinlichkeiten:

$$S = S\frac{(Uq+D(1-q))^n}{R^n} \quad \Longleftrightarrow \quad 1 = \frac{(Uq+D(1-q))^n}{R^n}$$

$$\Longleftrightarrow \quad R^n = (q\cdot(U-D)+D)^n \Longleftrightarrow \quad R = q\cdot(U-D)+D$$

$$\Longleftrightarrow \quad q = \frac{R-D}{U-D} \qquad \text{bzw.} \quad 1-q = \frac{U-R}{U-D} \; .$$

(3) Bei der Berechnung des Optionswerte wurde folgende Umformung benutzt:

$$\sum_{k=a}^{n}\binom{n}{k}q^k(1-q)^{n-k}U^kD^{n-k}\frac{1}{R^n} = \sum_{k=a}^{n}\binom{n}{k}\left(\frac{Uq}{R}\right)^k\left(\frac{D(1-q)}{R}\right)^{n-k}$$

$$= \sum_{k=a}^{n}\binom{n}{k}(q')^k(1-q')^{n-k} = B[a;n,q'] \; .$$

Dabei ist $q' = Uq/R$ gesetzt und $(1-q') = D(1-q)/R$ gefolgert worden. Zu prüfen ist daher, ob $Uq/R + D(1-q)/R = 1$ gilt. Das ist auf folgende Weise einzusehen:

$$Uq/R + D(1-q)/R = \frac{U}{R}\frac{R-D}{U-D} + \frac{D}{R}\frac{U-R}{U-D} = 1 \; .$$

10C Binomialverteilung versus Normalverteilung

Für große n und k ist es ohne Computerunterstützung sehr mühselig, die einzelnen Binomialwahrscheinlichkeiten zu berechnen. Als Alternative bietet sich die Benutzung von Wahrscheinlichkeitstabellen an. Die Approximation durch die Poisson- oder durch die Normalverteilung ist eine andere Möglichkeit. Für große n und kleine q stellt die *Poissonverteilung* eine gute Approximation dar:

$$Q\left(S_n = U^kD^{n-k}S\right) \approx e^{-\lambda}\frac{\lambda^k}{k!} \quad \text{mit} \quad \lambda = nq \; .$$

Als Faustregel kann man für $n \geq 30$ und $q < 0,1$ von einer hinreichend guten Approximation ausgehen. Gilt andererseits $nq(1-q) \geq 9$, so ist im allgemeinen die Approximation mit der *Normalverteilung* hinreichend genau:

$$Q\left(S_n \leq U^kD^{n-k}S\right) \approx N\left((k-nq)/\sqrt{nq(1-q)}\right) ,$$

Tabelle 10C.1. *Verteilungsfunktion der Binomialverteilung:* $Q(X \le k)$ *für* $n = 10$ *und* $q = 0,01 \ldots 0,5$.

n	k	,01	,05	,10	,20	,25	,30	,333	,40	,50
10	0	,0944	,5987	,3487	,1074	,0563	,0282	,0173	,0060	,0010
	1	,9958	,9138	,7361	,3758	,2440	,1493	,1040	,0463	,0108
	2	1,0000	,9884	,9298	,6778	,5256	,3828	,2991	,1672	,0547
	3		,9989	,9872	,8791	,7759	,6496	,5592	,3812	,1719
	4		,9999	,9984	,9672	,9219	,8497	,7868	,6320	,3770
	5		1,0000	,9999	,9936	,9803	,9526	,9234	,8327	,6231
	6			1,0000	,9991	,9965	,9894	,9803	,9442	,8282
	7				,9999	,9996	,9984	,9966	,9867	,9454
	8				1,0000	1,0000	,9998	,9996	,9973	,9893
	9						1,0000	,9999	,9999	,9991

wobei N die Verteilungsfunktion der Standardnormalverteilung bezeichnet. Die Funktion $N(\cdot)$ ist ebenfalls tabelliert, kann aber auch mit einer Genauigkeit, welche die der meisten Tafeln übersteigt, durch gebrochen rationale Funktionen angenähert werden. Aus dem Handbuch für mathematische Funktionen von Abramowitz und Stegun (1966) stammt folgende Approximation:

$$N(x) \approx 1 - N'(x)\left(a_1 t + a_2 t^2 + a_3 t^3\right) \quad \text{für } x \ge 0 \, .$$

Dabei bezeichnet $N'(x) = \frac{1}{\sqrt{2\pi}}\exp\left(-\frac{x^2}{2}\right)$ die Dichte der Standardnormalverteilung, $t = 1/(1 + cx)$, $c = 0,33267$, $a_1 = 0,43618$, $a_2 = -0,12016$ und $a_3 = 0,93729$. Für $x < 0$ nutzt man die Beziehung $N(x) = 1 - N(-x)$ aus. Der Fehler dieser Approximation ist kleiner als $0,00001$. In den Tabellen 10C.1 und 11D.1 sind die Binomialverteilung für $n = 10$ und die Standard-Normalverteilung vertafelt.

Literatur

Abramowitz, Milton und Irene Stegun, 1966, *Handbook of Mathematical Functions*, Dover Publications, New York.

Arrow, Kenneth J., 1964, The role of securities in the optimal allocation of risk-bearing, *Review of Economic Studies* 31, 91–96.

Back, Kerry E. und Stanley R. Pliska, 1991, On the Fundamental Theorem of Asset Pricing with an Infinite State Space, *Journal of Mathematical Economics* 20, 1–18.

Battig, Robert J. und Robert A. Jarrow, 1999, The Second Fundamental Theorem of Asset Pricing: A New Approach, *Review of Financial Studies* 12, 1219–1235.

Bauer, Heinz, 1992, *Maß- und Integrationstheorie*, de Gruyter, Berlin, 2. Auflage.

Carr, Peter und Robert Jarrow, 1990, The Stop-Loss Start-Gain Strategy and Option Valuation, *Review of Financial Studies* 3, 469–492.

Cox, John C. und Stephen A. Ross, 1976a, A Survey of some new Results in Financial Options Pricing Theory, *Journal of Finance* 31, 382–402.

Cox, John C. und Stephen A. Ross, 1976b, The Valuation of Options for Alternative Stochastic Processes, *Journal of Financial Economics* 3, 145–166.

Cox, John C., Stephen A. Ross und Mark Rubinstein, 1979, Option pricing: a simplified approach, *Journal of Financial Economics* 7, 229–263.

Cox, John C. und Mark Rubinstein, 1985, *Options Markets*, Prentice-Hall, Englewood Cliffs.

Debreu, Gérard, 1959, *Theory of Value*, Wiley, New York.

Delbaen, Freddy und Walter Schachermayer, 1994, A general version of the fundamental theorem of asset pricing, *Mathematische Annalen* 300, 463–520.

Egle, Kuno und Siegfried Trautmann, 1981, On Preference Dependent Pricing of Contingent Claims, In: Göppl, Hermann und Rudolf Henn, Hrsg., Geld, Banken und Versicherungen, 400–416, Athenäum, Königstein/Ts.

Farkas, Julius, 1902, Über die Theorie der einfachen Ungleichungen, *Journal für die reine und angewandte Mathematik* 124, 1–27.

Harrison, J. Michael und David M. Kreps, 1979, Martingales and Arbitrage in Multiperiod Securities Markets, *Journal of Economic Theory* 20, 381–408.

Harrison, J. Michael und Stanley R. Pliska, 1981, Martingales and Stochastic Integrals in The Theory of Continuous Trading, *Stochastic Processes and their Applications* 11, 215–260.

Harrison, J. Michael und Stanley R. Pliska, 1983, A Stochastic Calculus Model of Continuous Trading: Complete Markets, *Stochastic Processes and their Applications* 15, 313–316.

Heuser, Harro, 1992, *Funktionalanalysis*, Teubner, Stuttgart, 3. Auflage.

Jarrow, Robert A. und Dilip B. Madan, 1999, The Second Fundamental Theorem of Asset Pricing, *Mathematical Finance* 9, 255–273.

Jarrow, Robert A. und Andrew Rudd, 1983, *Option Pricing*, Irwin, Homewood.

Leisen, Dietmar P. J., 1999, The Random-Time Binomial Model, *Journal of Economic Dynamics and Control* 23, 1355–1386.

Leisen, Dietmar P. J. und Matthias Reimer, 1996, Binomial Models for Option Valuation - Examining and Improving Convergence, *Applied Mathematical Finance* 3, 319–346.

Mangasarian, Olvi L., 1969, *Nonlinear programming*, McGraw-Hill, New York.

Rendleman, Richard J. und Brit J. Bartter, 1979, Two-state option pricing, *Journal of Finance* 34, 1093–1110.

Ross, Stephen A., 1976a, The arbitrage theory of capital asset pricing, *Journal of Economic Theory* 13, 341–360.

Ross, Stephen A., 1976b, Return, risk and arbitrage, In: Friend, Irwin und Hames L. Bicksler, Hrsg., Studies in Risk and Return, 189–218, Ballinger, Cambridge.

Senghas, Norbert, 1981, *Präferenzfreie Bewertung von Kapitalanlagen mit Options-Charakter*, Anton Hain, Königstein/Ts.

Stiemke, Erich, 1915, Über positive Lösungen homogener linearer Gleichungen, *Mathematische Annalen* 76, 340–342.

Taqqu, Murad S. und Walter Willinger, 1987, The Analysis of Finite Security Markets Using Martingales, *Advanced Applied Probability* 19, 1–25.

11

Risikosteuerung mit dem Black/Merton/Scholes-Modell

Das zeitstetige Analogon des zeitdiskreten Binomialmodells wurde bereits 1973, also sechs Jahre vor der Publikation des Binomialmodells, von Black und Scholes (1973) veröffentlicht. Dem Modell liegen dieselben Annahmen wie dem Binomialmodell zugrunde (Annahmen 1.1 bis 1.5 sowie 10.1), mit einem Unterschied: Der Handel auf Finanzmärkten findet *zeitstetig* statt. Es gibt also *unendlich* viele Handelszeitpunkte und *unendlich* viele Preispfade für das Basisinstrument. Die Autoren modellieren diese Preispfade durch einen speziellen Diffusionsprozess, eine sogenannte *Geometrische Brownsche Bewegung*. Letztere besitzt stetige Kurspfade und impliziert, dass die auf beliebige, endliche Halteperioden bezogene stetige Rendite des Basisinstrumentes *normalverteilt* ist und die zukünftigen Preise des Basisinstrumentes *lognormalverteilt* sind. Damit werden negative Preise auch modellmäßig ausgeschlossen. Eine erste Version dieser Arbeit, die bereits 1970 zur Veröffentlichung eingereicht wurde, enthielt bereits die zentrale Botschaft: Zeitstetiger Wertpapierhandel führt in arbitragefreien und friktionslosen Finanzmärkten zu einem eindeutigen Optionswert, *ohne* dabei Annahmen über die Risikopräferenzen der Marktteilnehmer treffen zu müssen.[1] Merton (1973) hat in einer gleichfalls im Jahre 1973 publizierten Arbeit das Black/Scholes-Modell für den Fall von Dividendenzahlungen und Basispreisänderungen während der Optionslaufzeit erweitert sowie Bewertungsformeln für weitere nicht-standardmäßige Optionsrechte hergeleitet. Insbesondere konnte aber Merton in mathematisch rigoroser Weise aufzeigen, dass die *zeitstetige* Anpassung eines aus Aktien und Zero-Bonds bestehenden Duplikationsportefeuilles das Ausübungswertprofil des Calls perfekt dupliziert.[2]

Aus diesem Grunde wird dieses Modell heutzutage von vielen Autoren auch als Modell von Black, Merton und Scholes, oder BMS-Modell, bezeichnet. Robert

---

[1] Die erste empirische Überprüfung dieses Modells durch die Autoren selbst ist bereits 1972 im Journal of Finance erschienen.

[2] Auch die 1973 veröffentlichte Version des Black/Scholes-Modells basiert auf dem Duplikationsprinzip. Man beachte jedoch den Hinweis in der bereits legendären Fußnote 3 von Black und Scholes (1973, S. 641): „This was pointed out to us by Robert Merton".

Merton und Myron Scholes haben dafür 1997 den Nobelpreis erhalten. Fischer Black konnte ihn nicht mehr erhalten, weil er bereits 1995 verstorben war.
Abschnitt 11.1 stellt die Formel für Puts und Calls auf (dividendenlose) Aktien und Devisen vor. Die Abschnitte 11.2 und 11.3 beschreiben den Übergang von der statistischen zur risikoneutralen Preisverteilung. Abschnitt 11.4 zeigt dann, wie man den Volatilitätsparameter praktisch bestimmen kann. Die Sensitivität des Aktienoptionswertes bzgl. seiner Einflussgrößen ist Gegenstand von Abschnitt 11.5. Abschnitt 11.6 behandelt die Frage, welche Duplikationsfehler entstehen, wenn zeitstetiges Duplizieren – beispielsweise eines Aktien-Calls – nicht möglich ist. Abschnitt 11.7 zeigt auf, wie man Risikosteuerung mit Finanzderivaten in der Praxis durchführen könnte.

11.1 Die Black/Merton/Scholes-Formel

Das Bahnbrechende in den Arbeiten von Black und Scholes (1973) und Merton (1973) bestand darin, zu zeigen, dass ein Portefeuille, bestehend aus Optionen und zugrundeliegendem Basisinstrument, *zeitstetig* derart angepasst werden kann, dass sein Ertrag risikolos wird. Die perfekte Korrelation zwischen Aktienkursänderungen und Optionspreisänderungen innerhalb infinitesimal kleiner Zeiträume (lokal perfekte Korrelation, jetzt nur im zeitstetigen Kontext) bietet eine intuitive Erklärung für dieses Ergebnis. Mit der Forderung, dass im Gleichgewicht die Verzinsung dieses dynamisch angepassten Portefeuilles mit der einer risikolosen Anlage übereinstimmen muss, gelangten Black und Scholes zu einer deterministischen partiellen Differentialgleichung, deren Lösung unter den entsprechenden Randbedingungen die berühmte Black/Merton/Scholes-Formel für Calls bzw. Puts vom Europäischen Typ ergibt.[3]

Aktienoptionen

Bezeichnen S wiederum den Kurs der zugrundeliegenden Aktie, K den Basispreis, T den Verfalltag einer Option, r die stetige Rendite einer risikolosen Finanzanlage (im Weiteren Zinsrate genannt) und σ die Volatilität der stetigen Aktienrendite, dann gilt im BMS-Modell für den Call-Wert bzw. Put-Wert

$$C^{BMS} = SN(d_1) - e^{-rT}KN(d_2) \quad \text{bzw.} \tag{11.1}$$
$$P^{BMS} = e^{-rT}KN(-d_2) - SN(-d_1)$$

$$\text{mit} \quad d_1 = \frac{\ln(S/K) + (r + 0{,}5\,\sigma^2)T}{\sigma\sqrt{T}} \quad \text{und} \quad d_2 = d_1 - \sigma\sqrt{T}\,, \tag{11.2}$$

---

[3] Robert Merton soll, so wollen Insider wissen, Fischer Black und Myron Scholes darauf hingewiesen haben, dass ihre bereits 1970 gefundene partielle Differentialgleichung nach geeigneten Transformationen zur sogenannten Wärmeleitungsgleichung führt und damit eine geschlossene Lösung besitzt. Auch aus diesem Grund ist der Name Black/Merton/Scholes-Formel gerechtfertigt.

wobei $N(\cdot)$ die Verteilungsfunktion einer standardnormalverteilten Zufallsvariablen bezeichnet.

Der Call-Wert entspricht wiederum – entsprechend der aus Kapitel 10 bekannten Binomialformel – der Differenz zwischen gewichtetem Aktienkurs und gewichtetem Barwert des Basispreises, wobei die Gewichte $N(d_1)$ und $N(d_2)$ Werte zwischen null und eins annehmen können. Das Gewicht $N(d_2)$ entspricht der risikoneutralen Wahrscheinlichkeit dafür, dass die Option im Geld endet, d. h. der Aktienkurs am Verfalltag über dem Basispreis liegt. Im Falle einer weit aus dem Geld notierenden Option ist der Call beinahe wertlos, weil beide Gewichte nahe bei null liegen. Ist die Option hingegen tief im Geld, so nehmen beide Gewichte Werte nahe eins an, und der Wert der Option liegt nur geringfügig über der Europäischen Wertuntergrenze $S - KB(T)$.

Die zweite Interpretation der Formel (11.1) basiert dagegen auf der der Bewertung zugrundeliegenden Duplikationsidee des Zahlungsprofils eines Calls: Da $C^{BMS} = h^S S + h^B B(T)$ den Wert des Duplikationsportefeuilles im Zeitpunkt $t = 0$ bezeichnet, entspricht $h^S = N(d_1)$ der Anzahl der Aktien im Duplikationsportefeuille (Hedge Ratio), und $-h^B = KN(d_2)$ der Anzahl der (leer-)verkauften Null-Kuponanleihen mit Nennwert 1 im Duplikationsportefeuille zum Zeitpunkt $t = 0$. Im Falle eines Puts mit $P^{BMS} = h^S S + h^B B(T)$ startet das Duplikationsportefeuille mit $h^S = -N(-d_1)$ und $h^B = KN(-d_2)$.

Beispiel 11.1 (Call- und Put-Wert im Black/Merton/Scholes-Modell). _____
Auf eine Aktie, deren aktueller Kurswert $S = 200$ beträgt, werden at the money-Calls und -Puts mit Restlaufzeit $T = 1$ Jahr gehandelt. Die Volatilität der Aktienkursrendite betrage $\sigma = 0{,}20$ und die Zinsrate $r = 0{,}10$. Daraus erhält man die Parameter

$$d_1 = \frac{\ln(S/K) + (r + 0{,}5\sigma^2)T}{\sigma\sqrt{T}} = 0{,}6 \quad \text{und} \quad d_2 = d_1 - \sigma\sqrt{T} = 0{,}4$$

und unter Benutzung der Verteilungsfunktion der Standardnormalverteilung[4] die Wahrscheinlichkeit, dass eine standardnormalverteilte Zufallsvariable kleiner oder gleich d_1 bzw. d_2 ist: $N(0{,}6) = 0{,}7257$ bzw. $N(0{,}4) = 0{,}6554$. Das Einsetzen der direkt beobachtbaren Modellparameter S, K, T und r sowie der errechneten Gewichtungsfaktoren $N(d_1)$ und $N(d_2)$ in die Black/Merton/Scholes-Formel führt dann zum Call-Wert

$$C^{BMS} = SN(d_1) - Ke^{-rT}N(d_2) = 200 \cdot 0{,}7257 - 200 \cdot e^{-0{,}1\cdot 1} \cdot 0{,}6554 = 26{,}53$$

bzw. zum Put-Wert

$$P^{BMS} = Ke^{-rT}N(-d_2) - SN(-d_1) = 200 \cdot e^{-0{,}1\cdot 1} \cdot 0{,}3446 - 200 \cdot 0{,}2743 = 7{,}50 \,.$$

Letzteren hätte man bei Kenntnis des Call-Wertes $C^{BMS} = 26{,}53$ auch über die Put-Call-Parität bestimmen können:

$$P^{BMS} = C^{BMS} - S + K \cdot e^{-rT} = 26{,}53 - 200 + 180{,}97 = 7{,}50 \,.$$

---

[4] Anhang 11D enthält eine Tabelle mit Funktionswerten der Verteilungsfunktion der Standardnormalverteilung.

Der Wert einer Option gemäß der Black/Merton/Scholes-Formel hängt von den folgenden fünf Parametern ab: dem *aktuellen Aktienkurs S*, dem *Basispreis K*, der *Restlaufzeit T*, der *Zinsrate r* für risikolose Finanzanlagen und der *zukünftigen Volatilität* σ der Kursrendite der zugrundeliegenden Aktie. Lediglich der letzte der genannten Parameter ist nicht direkt beobachtbar. Genauso wie im Binomial-modell, dessen Parameter über die Beziehungen $R = \exp\{r\Delta t\}$, $U = \exp\{\sigma\Delta t\}$, $D = \exp\{-\sigma\Delta t\}$ mit $\Delta t = T/n$ mit den Parametern des BMS-Modells zusammenhängen, ist der Optionswert nur vom erwarteten Aktienkurszuwachs in der *risikoneutralen Welt* abhängig. Letzterer muss aber in arbitragefreien Finanzmärkten für alle Aktien gleich sein und dem erwarteten Zuwachs einer risikolosen Finanzanlage entsprechen: $\exp\{rT\} - 1$. Dies ist wohl der wesentliche Grund für die breite Akzeptanz dieses Bewertungsmodells in Theorie und Praxis.

Devisenoptionen

Garman und Kohlhagen (1983) haben erst ca. 10 Jahre nach der Veröffentlichung der Black/Merton/Scholes-Formel die dazu analoge Bewertungsformel für Devi-senoptionen entwickelt. Sie lautet für Europäische Devisen-Calls bzw. Devisen-Puts wie folgt:

$$C^{GK} = \mathrm{e}^{-r^*T} S N(d_1) - \mathrm{e}^{-rT} K N(d_2) \quad \text{bzw.} \tag{11.3}$$
$$P^{GK} = \mathrm{e}^{-rT} K N(-d_2) - S \mathrm{e}^{-r^*T} N(-d_1)$$
$$\text{mit} \quad d_1 \equiv \frac{\ln(S/K) + \left(r - r^* + \sigma^2/2\right)T}{\sigma\sqrt{T}} \quad \text{und} \quad d_2 \equiv d_1 - \sigma\sqrt{T} \,,$$

wobei C^{GK} bzw. P^{GK} den Wert eines Europäischen Calls bzw. Puts auf Kas-sadevisen, S den gegenwärtigen Kurs der zugrundeliegenden Devise, K bzw. T den Basispreis bzw. die Restlaufzeit (in Jahren) des Calls, r bzw. r^* die Zinsrate (p. a.) für risikolose inländische bzw. ausländische Anlagen und σ die Volatilität der zukünftigen Devisenkursrendite bezeichnen.

Der Bewertungsansatz für Devisenoptionen entspricht formal der Mertonschen Modifikation der Black/Merton/Scholes-Formel bei einer zeitstetigen Dividen-denausschüttung. In diesem Fall ist die Zinsrate r^* für risikolose Anlagen in der betrachteten Währung als zeitstetige Dividendenrate zu interpretieren. Ei-genschaft 9.1 (Zinsparität), spezialisiert für den Fall konstanter Zinsraten, führt zu dem Zusammenhang $\mathrm{e}^{-rT} F(T) = S\mathrm{e}^{-r^*T}$ und damit zur alternativen Darstel-lung der Optionswerte:

$$C^{GK} = \mathrm{e}^{-rT}\left(F(T)N(d_1) - K N(d_2)\right),$$
$$P^{GK} = \mathrm{e}^{-rT}\left(K N(-d_2) - F(T)N(-d_1)\right)$$
$$\text{mit} \quad d_1 \equiv \frac{\ln(F(T)/K) + 0{,}5\sigma^2 T}{\sigma\sqrt{T}} \quad \text{und} \quad d_2 \equiv d_1 - \sigma\sqrt{T} \,.$$

Put-Wert und Call-Wert können also auch als gewichtete Differenz der Barwerte von Terminpreis und Basispreis dargestellt werden.

11.2 Statistische versus risikoneutrale Preisverteilung

Im Modell von Black, Merton und Scholes folgt der Kursverlauf des Basisinstruments einer Geometrischen Brownschen Bewegung. Bezeichnet $R_T^{\ln}$ die stetige Aktienrendite im Zeitintervall $[0, T]$, dann besitzt der zufällige Aktienkurs am Verfalltag T einer Aktienoption die Darstellung

$$S_T = S_0 \cdot \exp\left\{R_T^{\ln}\right\} = S_0 \cdot \exp\left\{\left(\alpha - \frac{1}{2}\sigma^2\right)T + \sigma\sqrt{T}X\right\} .$$

Die Symbole α bzw. X kennzeichnen dabei die annualisierte, mittlere Wachstumsrate (*Drift*) des Aktienkurses bzw. eine standardnormalverteilte Zufallsvariable bezüglich des statistischen Wahrscheinlichkeitsmaßes P, das die zufällige Preis- und Renditeentwicklung in der *realen Welt* kennzeichnet. Der auf Basis des heutigen Informationsstandes der Marktteilnehmer (repräsentiert durch $\mathcal{F}_0$) und P erwartete Kurs am Verfalltag T lautet:[5]

$$\mathrm{E}_P(S_T|\mathcal{F}_0) = S_0 \cdot \exp\{\alpha T\} .$$

Will man wiederum – wie im Binomialmodell – Gegenwartspreise als diskontierte *erwartete* zukünftige Preise darstellen, so muss die Wahrscheinlichkeit für alle Preispfade so verändert werden, dass die Drift α des Aktienkurses in dieser fiktiven, *risikoneutralen Welt* der risikolosen Zinsrate r entspricht:

$$\mathrm{E}_Q(S_T|\mathcal{F}_0) = S_0 \cdot \exp\{rT\} .$$

Die Verwendung des risikoneutralen Wahrscheinlichkeitsmaßes Q anstelle von P entspricht einer Verschiebung der *statistischen Dichtefunktion* der Aktienkursrendite in Richtung Ursprung. Abbildung 11.1 veranschaulicht die unterschiedliche Lage von statistischer und *risikoneutraler Dichtefunktion*, die der risikoneutralen Bewertungstechnik zugrundeliegt. Unter dem risikoneutralen Wahrscheinlichkeitsmaß Q ist die neue Zufallsvariable

$$\tilde{X} = X + \frac{\alpha - r}{\sigma\sqrt{T}} \cdot T$$

standardnormalverteilt. Damit lässt sich der Aktienkurs im Zeitpunkt T folgendermaßen schreiben:

$$\begin{aligned}
S_T &= S_0 \cdot \exp\left\{\left(\alpha - \frac{1}{2}\sigma^2\right)T + \sigma\sqrt{T}X\right\} \\
&= S_0 \cdot \exp\left\{\left(r - \frac{1}{2}\sigma^2\right)T + \sigma\sqrt{T}\left(X + \frac{\alpha - r}{\sigma\sqrt{T}} \cdot T\right)\right\} \\
&= S_0 \cdot \exp\left\{\left(r - \frac{1}{2}\sigma^2\right)T + \sigma\sqrt{T}\tilde{X}\right\} .
\end{aligned}$$

---

[5] Wir benutzen den Zusammenhang $\mathrm{E}[\exp(Z)] = \exp\{\mathrm{E}(Z) + 0{,}5 \cdot \mathrm{Var}(Z)\}$ für normalverteilte Zufallsvariablen Z. Der durch $\mathcal{F}_0$ repräsentierte Informationsstand der Marktteilnehmer im Zeitpunkt $t = 0$ beschränkt sich hier auf die Kenntnis des Aktienkurses S_0.

Abb. 11.1. *Statistische und risikoneutrale Renditeverteilung.*
Die risikoneutrale Dichtefunktion der stetigen Aktienrendite bis zum Verfalltag einer Option erhält man, indem man die entsprechende statistische Dichtefunktion um den Wert $(\alpha - r)T$ nach links verschiebt.

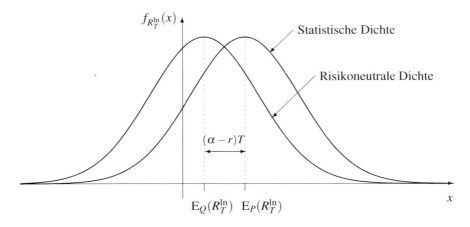

Wie gefordert besitzt der Aktienkurs unter Q demnach die Drift r. Auf der Basis dieser sogenannten risikoneutralen Verteilung lautet die Wahrscheinlichkeit dafür, dass ein Call mit Basispreis K im Geld endet, wie folgt:

$$Q\left(S_T \geq K\right) = Q\left(S_0 \exp\left\{\left(r - 0{,}5\sigma^2\right)T + \sigma\sqrt{T}\tilde{X}\right\} \geq K\right)$$

$$= Q\left(\tilde{X} \geq \frac{\ln(K/S_0) - \left(r - 0{,}5\sigma^2\right)T}{\sigma\sqrt{T}}\right).$$

Wegen (11.2) folgt $d_2 = \frac{\ln(S_0/K) + \left(r - 0{.}5\sigma^2\right)T}{\sigma\sqrt{T}}$, und man erhält schließlich:

$$Q(S_T > K) = Q(\tilde{X} > -d_2) = 1 - Q(\tilde{X} \leq -d_2) = 1 - N(-d_2) = N(d_2).$$

11.3 Risikoneutrale Wertdarstellung

Der Wert eines Europäischen Calls lässt sich – wie in Kapitel 10 – als diskontierter erwarteter Ausübungswert des Calls unter dem risikoneutralen Maß darstellen. Bezeichnet man die Erwartungswertbildung auf der Basis des risikoneutralen Maßes wie in Kapitel 10 mit $\mathrm{E}_Q(\cdot)$, so gilt:

$$C = \mathrm{e}^{-rT}\mathrm{E}_Q(C_T) = \mathrm{e}^{-rT}\mathrm{E}_Q\left((S_T - K)^+\right)$$

$$= \mathrm{e}^{-rT}\mathrm{E}_Q(S_T - K|S_T \geq K) \cdot Q(S_T \geq K).$$

Abb. 11.2. *Statistische und risikoneutrale Preisverteilung.*
Die Abbildung zeigt die Dichtefunktion sowohl der statistischen als auch der risikoneutralen Verteilung des Aktienkurses am Verfalltag. Die schattierte Fläche entspricht
der risikoneutralen Wahrscheinlichkeit dafür, dass der Call im Geld endet. Die Länge
der durch die geschweifte Klammer gekennzeichneten Strecke entspricht der erwarteten
Auszahlung des Calls unter der Bedingung, dass der Call im Geld endet. Das diskontierte
Produkt aus schattierter Fläche und der Länge der eingeklammerten Strecke entspricht
dem Wert des Calls. Der Call-Wert entspricht für kleines rT etwa einem Fünftel der
eingeklammerten Strecke.

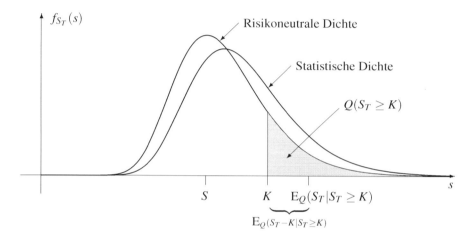

Der Call-Wert entspricht also dem diskontierten, erwarteten Ausübungswert des
Calls. Der Erwartungswert wird dabei unter der Bedingung, dass der Call im Geld
endet, ermittelt und muss daher mit der Wahrscheinlichkeit, dass der Aktienkurs
über dem Basispreis liegt, gewichtet werden (vgl. Abbildung 11.2):

$$C = e^{-rT} E_Q(S_T - K | S_T \geq K) \cdot Q(S_T \geq K)$$
$$= e^{-rT} \left(E_Q(S_T | S_T \geq K) - K \right) \cdot Q(S_T \geq K) \,.$$

Der erste Term entspricht dem Barwert eines Kontrakts, der unter der Bedingung,
dass der Call im Geld endet, den kostenlosen Bezug einer Aktie erlaubt. Davon
wird der Wert eines Kontrakts, der im Fall $S_T \geq K$ zu einer Zahlung von K führt,
abgezogen. Beides wird mit der Wahrscheinlichkeit einer Ausübung des Calls
multipliziert. Da andererseits

$$C = S e^{-rT} \underbrace{\frac{E_Q(S_T | S_T \geq K)}{S} \cdot Q(S_T \geq K)}_{N(d_1)} - e^{-rT} K \underbrace{Q(S_T \geq K)}_{N(d_2)}$$

gilt, gibt $N(d_2)$ – wie schon gesehen – an, mit welcher (risikoneutralen) Wahrscheinlichkeit der Call im Geld endet. Der Faktor $N(d_1)$ lässt schließlich folgende

Interpretation zu: $E_Q(S_T|S_T \geq K)/S$ bezeichnet die erwartete Bruttorendite der Aktie, unter der Bedingung, dass der Aktienkurs den Basispreis übersteigt. Deswegen reflektiert $N(d_1)$ die erwartete diskontierte Bruttorendite der Aktie, unter der Bedingung, dass der Call im Geld endet, multipliziert mit der Wahrscheinlichkeit dafür, dass der Call im Geld endet. Zudem entspricht er der aktuellen Hedge-Ratio: $h^S = N(d_1)$.

11.4 Schätzung der Volatilität

Der Volatilitätsparameter kann prinzipiell auf zweierlei Arten geschätzt werden: auf der Basis der *historischen* Kursrenditevolatilität des zugrundeliegenden Basisinstrumentes oder auf der Basis der sogenannten *impliziten* Kursrenditevolatilität. Bezeichnet man die Kursrendite im Zeitraum von 0 bis T mit

$$R_T^{\ln} \equiv \ln(S_T) - \ln(S_0)$$

und die Länge eines (Börsen-)Tages in Jahren mit Δt, so lässt sich diese Rendite in $n \equiv T/\Delta t$ Tagesrenditen $X_i \equiv \ln(S_{i\Delta t}) - \ln(S_{(i-1)\Delta t})$, $i = 1, \ldots, n$, aufspalten:

$$R_T^{\ln} = X_1 + X_2 + \ldots + X_n \, .$$

Wegen der Annahme, dass aufeinanderfolgende Tagesrenditen stochastisch unabhängig und identisch verteilt sind, gilt für die Varianz der Rendite $R_T^{\ln}$:

$$\text{Var}\left(R_T^{\ln}\right) = \text{Var}(X_1) + \text{Var}(X_2) + \ldots + \text{Var}(X_n) = \text{Var}(X_1) \cdot n \, .$$

Die Standardabweichung der Rendite ist somit (n ist proportional zur Zeit) proportional zur Wurzel der Zeit. Diese Eigenschaft wird daher auch als *Wurzelgesetz* bezeichnet.

Historische Schätzung

Die Bestimmung der historischen Volatilität kann auf der Basis von täglichen, wöchentlichen oder monatlichen Kursrenditen erfolgen. Die Varianz täglicher Kursrenditen kann auf der Basis von $n \equiv T/\Delta t$ beobachteten Tagesrenditen x_i für $i = 1, \ldots, n$ wie folgt geschätzt werden:

$$s = \frac{1}{n-1} \sum_{i=1}^{n} (x_i - \bar{x})^2 \, ,$$

$$\bar{x} = (x_1 + \cdots + x_n)/n \, .$$

Die Annualisierung der Varianz der täglichen Rendite erfolgt dann wiederum auf der Basis des Wurzelgesetzes:[6]

$$\widehat{\sigma}^2 = 250 \cdot s^2 \, .$$

---

[6] Pro Jahr gibt es in etwa (nach Abzug von Wochenenden und Feiertagen) 250 Handelstage.

Tabelle 11.1. *Tagesrenditen der BASF-Aktie im Jahr 1987 (in %).*

In der ersten Zeile stehen die (stetigen) Tagesrenditen der Woche, die mit Montag, dem 5.1.1987 (in der Datumsspalte mit 870105 bezeichnet) beginnt. Multipliziert man den Mittelwert dieser fünf Tagesrenditen mit dem Faktor 250, so erhält man die annualisierte Wochenrendite von $-176,84\%$. Die annualisierte Standardabweichung in Höhe von $31,10\%$ erhält man, indem man gemäß dem Wurzelgesetz die Standardabweichung der Tagesrenditen in dieser Woche mit dem Faktor $\sqrt{250} = 15,81$ multipliziert. Die mittleren (annualisierten) Renditen von Wochentagen und deren Standardabweichungen sind in den letzten beiden Zeilen der Tabelle aufgeführt. Bei fehlenden Einträgen (mit einem Punkt gekennzeichnet) war der entsprechende Wochentag ein Feiertag ohne Börsenhandel.

Datum	Montag	Dienstag	Mittwoch	Donnerstag	Freitag	$\hat{\mu}$ in %	$\hat{\sigma}$ in %
870105	1.32	1.05	−0.72	−1.83	−3.35	−176.84	31.10
870112	0.15	−2.05	−0.20	−0.08	0.59	−79.13	16.01
870119	−1.13	−0.43	−0.79	2.52	0.43	29.10	23.13
870126	−1.83	−0.91	−4.89	2.47	1.82	−167.18	46.96
870202	−1.21	−1.55	−0.29	−1.24	3.16	−56.31	30.88
870209	0.93	−1.21	−0.41	1.46	0.80	78.26	17.24
870216	−0.36	−2.84	0.57	2.30	−0.32	−31.96	29.41
870223	−0.48	−0.73	0.24	0.65	−0.20	−26.12	8.74
870302	−0.08	0.16	0.64	0.72	0.48	95.76	5.31
870309	1.18	0.58	−0.19	1.16	−0.19	126.82	10.80
870316	−0.58	−1.17	0.20	−3.38	0.97	−198.50	26.19
870323	1.24	1.18	0.08	3.95	2.96	470.34	24.50
870330	−1.84	−0.56	3.85	−0.32	−0.94	9.11	34.92
870406	2.34	−1.43	−0.25	−0.04	−2.27	−82.65	27.62
870413	−2.06	1.58	2.86	−0.33	.	128.31	34.11
870420	.	−0.04	1.08	−0.54	−1.45	−59.25	16.73
870427	−3.47	2.88	0.73	−0.88	.	−45.96	42.31
870504	−0.33	0.77	1.02	0.36	−0.55	64.15	10.77
870511	0.76	−0.40	1.98	−0.32	−0.43	79.50	16.64
870518	−0.22	−0.87	−0.98	−0.11	0.15	−101.41	7.80
870525	−0.11	0.95	1.58	.	0.18	162.51	12.11
870601	0.75	−0.92	0.89	0.92	−0.18	72.55	12.87
870608	.	0.25	1.46	1.27	0.61	224.31	8.96
870615	1.41	−0.30	.	.	1.07	181.62	14.34
870622	2.30	2.24	−4.70	3.91	−0.87	143.86	54.09
870629	−0.10	−1.17	−1.36	2.20	1.79	67.80	26.10
870706	−0.79	0.00	0.33	−1.00	0.76	−34.61	11.76
870713	0.56	0.56	1.43	−0.13	1.54	197.81	10.95
870720	0.82	−0.82	−0.41	−1.12	0.48	−52.75	13.23
870727	−0.39	1.60	0.41	1.47	0.71	190.71	12.88
870803	0.52	0.61	3.96	−0.65	1.18	281.13	27.15
870810	−0.29	−1.48	0.95	−1.31	0.51	−81.06	16.96
870817	0.53	0.24	−1.52	0.89	0.33	23.70	14.78
870824	−0.30	−1.49	1.05	−0.48	1.75	26.54	20.40
870831	−0.12	1.03	−1.41	−0.24	−1.61	−117.58	16.96
870907	−1.18	0.30	0.73	0.30	−0.27	−6.03	11.67
870914	1.62	0.89	−1.06	0.33	−0.83	46.51	17.95
870921	0.24	0.36	0.44	−0.18	−0.30	28.30	5.23
870928	−0.33	1.33	−0.59	1.03	1.02	123.23	13.96
871005	0.23	−1.02	−0.82	0.29	−1.48	−139.62	12.45
871012	−1.20	1.05	0.74	−2.25	−1.01	−132.91	22.00
871019	**−9.87**	**1.18**	**1.52**	**−4.75**	**0.00**	**−595.81**	**77.15**
871026	−4.08	1.11	−2.63	−4.17	3.55	−311.21	54.22
871102	−2.64	−1.52	−2.87	−0.47	1.65	−292.81	29.16
871109	−3.77	−4.97	3.67	4.64	−0.75	−58.71	68.07
871116	1.68	−0.50	.	−0.08	−1.10	−0.01	18.89
871123	0.78	3.83	0.94	−2.91	0.88	176.00	37.86
871130	−2.93	0.78	0.27	−1.33	−2.10	−265.38	24.77
871207	−0.28	0.48	−0.08	0.52	−0.44	10.00	6.94
871214	0.28	2.09	1.93	−0.77	−0.85	134.17	22.46
871221	1.93	0.38	0.15	.	.	205.13	15.28
871228	−2.46	−1.89	1.03	.	.	−276.84	29.57
$\hat{\mu}$ in %	−114.28	−3.93	52.81	12.83	40.94	−2.81	
$\hat{\sigma}$ in %	32.02	23.50	27.54	29.62	21.65		27.17

In Tabelle 11.1 sind für das Jahr 1987 Tagesrenditen für die BASF-Aktie und den DAX sowie deren Mittelwerte und Standardabweichungen tabelliert. Besonders bemerkenswert ist der Renditeeintrag ($-9{,}87\%$) für Montag, den 19.10.1987, der Tag des großen Börsen-Crashs von 1987. Auf der Basis dieser Rendite und der vier weiteren Tagesrenditen jener (auch für den Verfasser) denkwürdigen Woche erhält man eine (historisch) geschätzte Volatilität von $77{,}15\%$. Dieser Wert liegt deutlich über dem Wert, den man auf Basis aller beobachteten Tagesrenditen des Jahres 1987 erhält, nämlich eine Volatilität von $27{,}17\%$ (abzulesen in der letzten Spalte der letzten Zeile). Daraus kann man schließen, aber auch direkt der Tabelle 11.1 entnehmen, dass es Wochen gegeben hat, in denen die Kursänderungen deutlich geringer waren. Welche Volatilität hätte aber beispielsweise ein potentieller Investor in BASF-Optionen mit Verfalltag im Dezember 1987 nach dem Beginn des Crashs am 19.10.1987 als Prädiktor der zukünftigen Volatilität (bis zum Verfalltag der Option) berücksichtigen sollen? Diese Frage ist nicht leicht zu beantworten. Daher ist es sinnvoll, den „Markt" diese Frage beantworten zu lassen. Dies bedeutet, dass man versucht, aus den Optionspreisen der letzten Tage bzw. Stunden eine zuverlässige Schätzung für die zukünftige Volatilität zu erhalten.

Implizite Schätzung

Die *implizite Volatilität* (*Implied Standard Deviation*, ISD) ist diejenige Volatilität, auf deren Basis die Black/Merton/Scholes-Formel den aktuellen Marktpreis liefert. Diese wird durch die Gleichsetzung von BMS-Formel und Marktpreis mit anschließender (numerischer) Auflösung der Gleichung nach dem Volatilitätsparameter bestimmt (siehe Abbildung 11.3). Da die BMS-Formel eine streng wachsende Funktion der Volatilität σ ist, existiert eine eindeutige Lösung.

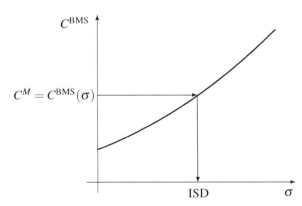

Abb. 11.3. *Implizite Volatilität.* Das Gleichsetzen des Marktpreises C^M des Calls und des Wertes $C^{BMS}(\sigma)$, den die Black/Merton/Scholes-Formel liefert, führt zu der Forderung $C^M = C^{BMS}(\sigma)$. Diese aber ist äquivalent zu der Gleichung $f(\sigma) \equiv C^M - C^{BMS}(\sigma) = 0$. Das Nullstellenproblem kann nun z. B. mit dem Newton–Verfahren gelöst werden.

Beispiel 11.2 (Implizite Volatilität). _____

Ein at the money-Call mit $S = K = 100$ und Restlaufzeit $T = 0,25$ werde für $5,00$ Euro gehandelt. Die Zinsstruktur sei flach bei $r = 10\,\%$. Die implizite Volatilität ISD ist die Nullstelle der Funktion $f(\sigma) = 5 - C^{BMS}(\sigma)$. Für den Ausgangsschritt $\sigma^1 = 0,10$ und $C^{BMS}(0,10) = 3,45$ Euro erhält man nach wenigen Iterationen, z. B. mit dem Newton-Verfahren, die Nullstelle ISD $= \sigma^* = 0,1845$.

Volatilitätsschätzungen auf der Basis der impliziten Volatilität sind bessere Prädiktoren der zukünftigen Volatilität, falls

- die Annahmen des Black/Merton/Scholes-Modells annähernd erfüllt sind,
- die sonstigen Modellparameter korrekt spezifiziert wurden und
- der Optionsmarkt in dem Sinn effizient ist, dass die Preisbildung für Optionen auf der Basis der korrekt antizipierten zukünftigen Volatilität erfolgt.

Bei Gültigkeit des BMS-Modells für Optionen mit unterschiedlichen Basispreisen, aber ansonsten identischem Basisinstrument und identischer Laufzeit, müssten die impliziten Volatilitäten gleich hoch sein. Die Realität sieht allerdings anders aus. Die Preise von Optionen auf einzelne Aktien implizieren einen sogenannten *Smile* (d. h. einen U-förmigen Zusammenhang zwischen der impliziten Volatilität und dem Basispreis der zugrundeliegenden Option, siehe Abbildung 11.4) während die Preise von Optionen auf Aktienindizes einen sogenannten *Smirk* (d. h. einen gedrehten U-förmigen Zusammenhang, siehe Abbildung 11.4) implizieren.[7] Die Gründe dafür können vielfältiger Natur sein: nichtnormale Renditeverteilung, stochastische Volatilität sowie Transaktionskosten.

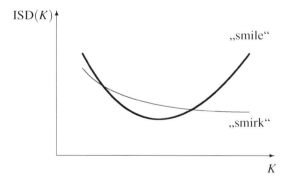

ISD(K)

„smile"

„smirk"

K

Abb. 11.4. *Implizite Volatilität.* Die implizite Volatilität wird mit Hilfe der aktuellen Marktpreise errechnet. Gemäß BMS-Modell müsste die implizite Volatilität für alle Basispreise gleich sein. Tatsächlich lässt sich aber meist eine Kurve erkennen, die einem „smile" (meist bei Derivaten auf einzelne Aktien) oder einem „smirk" (meist bei Derivaten auf Aktienindizes) ähnlich ist.

---

[7] Branger und Schlag (2004) bieten beispielsweise für letzteren eine modelltheoretische Erklärung.

11.5 Sensitivität des Aktienoptionswertes

Natürlich ist es interessant zu wissen, wie sensitiv Optionswerte auf veränderte Parameter reagieren. Die Graphiken 11.5 und 11.6 zeigen Call- und Put-Werte als Funktionen des aktuellen Aktienkurses für jeweils vier verschiedene Restlaufzeiten, gemessen in Kalendertagen. Wie nicht anders zu erwarten, steigt der Wert des Calls mit steigendem Aktienkurs und steigender Restlaufzeit. Ebenso kann man die Konvexität des Call-Wertes bzgl. des Aktienkurses in Abbildung 11.5 gut erkennen. Salopp ausgedrückt, hat die Call-Wertfunktion die Gestalt einer Hängematte, die im Ursprung und im Unendlichen auf der um den diskontierten Basispreis verschobenen Winkelhalbierenden aufgehängt ist. Der Put-Wert ist eine ebenfalls konvexe, aber fallende Funktion des Aktienkurses. Interessant ist auch, dass bei weit im Geld notierenden Puts der Wert derselben mit steigender Restlaufzeit fällt. Insbesondere liegt der Europäische Wert unter dem Ausübungswert.

Der Wert des Calls steigt mit zunehmender Restlaufzeit. In Abbildung 11.7 wird sichtbar, dass vor allem bei *at the money* Calls mit sehr kurzer Restlaufzeit der Call-Wert sehr sensitiv bezüglich Restlaufzeitänderungen reagiert. Für einen Call, der dagegen aus dem Geld liegt, hier für $S = 90$ bei $K = 100$, bewirkt die Zunahme der Restlaufzeit von null auf 30 Tage nur eine geringe Werterhöhung. Dies lässt sich damit erklären, dass bei der relativ geringen Volatilität von $\sigma = 0,20$ die Wahrscheinlichkeit, dass der Call nach 30 Tagen im Geld endet, relativ gering ist. Für den in the money-Call (hier für $S = 110$) steigt dagegen der Call-Wert beinahe proportional zur Zunahme der Restlaufzeit. Abbildung 11.8 ist ebenfalls zu entnehmen, dass out of- und at the money-Put-Werte mit steigender Restlaufzeit steigen. Bei weit *im Geld* notierenden Puts (hier $S = 90$ bei $K = 100$) sinkt zunächst der Put-Wert leicht mit zunehmender Restlaufzeit und bleibt dann bei weiter steigener Restlaufzeit konstant. [8]

Die Abbildung 11.9 bzw. 11.10 zeigt Call-Werte bzw. Put-Werte in Abhängigkeit der Volatilität des Basisinstruments für drei verschiedene (aktuelle) Aktienkurse. Für einen Call im Geld (hier für $S = 110$) konvergiert der BMS-Wert für $\sigma \to 0$ gegen die Europäische Wertuntergrenze $(S - K \cdot B(T))^{+} \approx 13$. Für einen Put im Geld (hier für $S = 90$) konvergiert der BMS-Wert für $\sigma \to 0$ ebenfalls gegen die Europäische Wertuntergrenze $(K \cdot B(T) - S)^{+} \approx 7$. Der Call-Wert steigt monoton mit steigender Volatilität der Aktienkursrendite. Bemerkenswert ist der geringe Einfluss einer Volatilitätsänderung auf den Call-Wert, wenn die Volatilität klein ist (vgl. Abbildung 11.9). Mit steigender Volatilität steigt auch der Wert des Puts. Die Änderung der Volatilität hat einen geringen Einfluss auf den Put-Wert, wenn die Volatilität klein ist.

---

[8] Dieses Ergebnis lässt sich damit erklären, dass für $S_0 = 90$ bei einer Restlaufzeit von 360 Tagen der heute erwartete Aktienkurs am Verfalltag $E_Q(S_T|S_0) = S_0 \exp\{rT\} = 90 \cdot \exp\{0,06 \cdot 360/360\} = 90 \cdot 1,0618 = 95,16$ beträgt. Mit zunehmender Restlaufzeit sinkt also $Q(S_T \leq K)$, die Wahrscheinlichkeit dafür, dass der Put im Geld endet. Dieser Effekt kann durch den gegenläufigen Effekt, dass mit zunehmender Restlaufzeit der erwartete Ausübungswert des Puts unter der Bedingung, dass der Put im Geld endet, steigt, nicht überkompensiert werden.

Abb. 11.5. *Call-Werte als Funktion des aktuellen Aktienkurses.*
Die Abbildung zeigt Call-Werte nach Black/Merton/Scholes für die Restlaufzeiten $T = 0$, 30, 90 und 180 Tage. Der Basispreis der Optionen ist $K = 100$, die Volatilität $\sigma = 0,2$ und die risikolose Zinsrate $r = 0,06$.

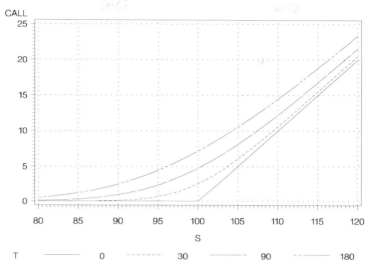

Abb. 11.6. *Put-Werte als Funktion des aktuellen Aktienkurses.*
Die Abbildung zeigt Put-Werte nach Black/Merton/Scholes für die Restlaufzeiten $T = 0$, 30, 90 und 180 Tage. Der Basispreis der Optionen ist $K = 100$, die Volatilität $\sigma = 0,2$ und die risikolose Zinsrate $r = 0,06$.

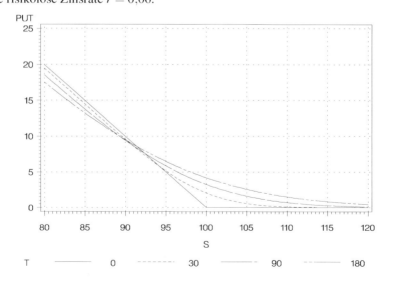

Abb. 11.7. *Call-Werte als Funktion der Restlaufzeit.*
Die Abbildung zeigt Call-Werte nach Black/Merton/Scholes für die Aktienkurse $S =$ 90, 100, 110. Der Basispreis der Optionen ist $K = 100$, die Volatilität $\sigma = 0{,}2$ und die risikolose Zinsrate $r = 0{,}06$.

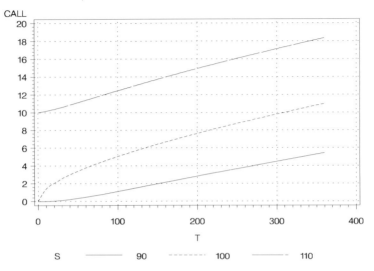

Abb. 11.8. *Put-Werte als Funktion der Restlaufzeit.*
Die Abbildung zeigt Put-Werte nach Black/Merton/Scholes für die Aktienkurse $S = 90$, 100, 110. Der Basispreis der Optionen ist $K = 100$, die Volatilität $\sigma = 0{,}2$ und die risikolose Zinsrate $r = 0{,}06$.

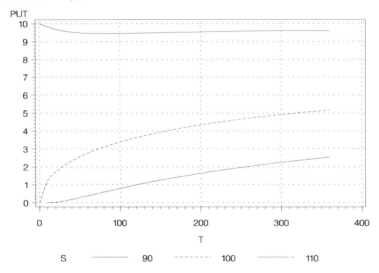

Abb. 11.9. *Call-Werte als Funktion der Volatilität.*
Die Abbildung zeigt Call-Werte nach Black/Merton/Scholes für die Aktienkurse $S = 90$, 100, 110. Der Basispreis der Optionen ist $K = 100$, die Restlaufzeit ist $T = 180$ Tage und die risikolose Zinsrate $r = 0,06$.

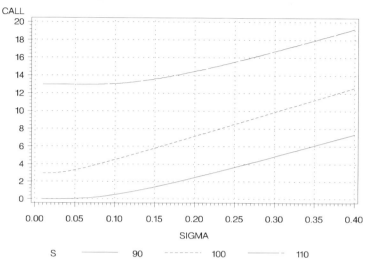

Abb. 11.10. *Put-Werte als Funktion der Volatilität.*
Die Abbildung zeigt Put-Werte nach Black/Merton/Scholes für die Aktienkurse $S = 90$, 100, 110. Der Basispreis der Optionen ist $K = 100$, die Restlaufzeit ist $T = 180$ Tage und die risikolose Zinsrate $r = 0,06$.

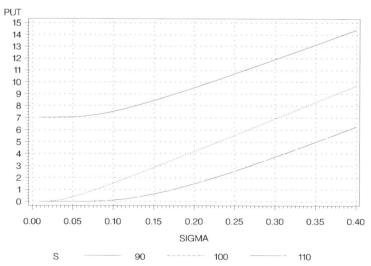

Interessant ist auch die Frage, wie sensitiv Optionswerte auf Änderungen des Aktienkurses und anderer Modellparameter reagieren. Für das Risikomanagement in der Realität sind insbesondere die in Tabelle 11.2 genannten Größen, die oft auch als *Greeks* bezeichnet werden, von Bedeutung:[9]

Tabelle 11.2. *Sensitivitäten von Calls und Puts.*

Sensitivität	Call	Put
Delta	$\frac{\partial C}{\partial S} = N(d_1)$	$\frac{\partial P}{\partial S} = N(d_1) - 1$
Gamma	$\frac{\partial^2 C}{\partial S^2} = \frac{N'(d_1)}{S\sigma\sqrt{T}}$	$\frac{\partial^2 P}{\partial S^2} = \frac{N'(d_1)}{S\sigma\sqrt{T}}$
Theta	$\frac{\partial C}{\partial T} = \frac{N'(d_1)S\sigma}{2\sqrt{T}} + rKe^{-rT}N(d_2)$	$\frac{\partial P}{\partial T} = \frac{N'(d_1)S\sigma}{2\sqrt{T}} - rKe^{-rT}N(-d_2)$
Vega	$\frac{\partial C}{\partial \sigma} = S\sqrt{T}N'(d_1)$	$\frac{\partial P}{\partial \sigma} = S\sqrt{T}N'(d_1)$
Rho	$\frac{\partial C}{\partial r} = KTe^{-rT}N(d_2)$	$\frac{\partial P}{\partial r} = -KTe^{-rT}N(-d_2)$

Man sieht in Abbildung 11.12, dass das Gamma am größten ist, wenn der Call nahe am Geld notiert und nur noch eine kurze Restlaufzeit hat. Das Gamma ist am kleinsten bei Optionen mit kurzer Restlaufzeit, die weit aus dem oder im Geld notieren.

Die in den Abbildungen 11.5 bis 11.10 zu erkennenden Sensitivitäten der BMS-Werte bezüglich Änderungen der Zustandsvariablen S und T (bzw. bezüglich der Modellparameter σ und r) lässt sich auch analytisch – nämlich durch die jeweilige partielle Ableitung des BMS-Wertes nach der jeweiligen Größe – erfassen.

In der Abbildung 11.11 ist zu erkennen, dass das Delta eines Calls mit steigendem Aktienkurs steigt. Ist die Option weit im Geld, so liegt das Delta nahe bei eins. Ist

---

[9] Theta ist nicht einheitlich definiert. Auch wir werden später anstelle der Definition in der Tabelle 11.2 die Definition Theta $\equiv \partial C/\partial t = -\partial C/\partial T$ (bei einem Call) verwenden. Vega und Rho sind keine modellkonsistenten Sensitivitäten, weil r und σ im BMS-Modell als konstant angenommen werden. $N'(\cdot)$ bezeichnet die Dichtefunktion der Standardnormalverteilung (es gilt $N'(x) = dN(x)/dx$). Die Bestimmung der partiellen Ableitungen ist aufwendiger, als es auf den ersten Blick erscheint. Für Delta gilt zunächst:

$$\frac{\partial C}{\partial S} = N(d_1) + S\frac{\partial N(d_1)}{\partial S} - Ke^{-rT}\frac{\partial N(d_2)}{\partial S} \,. \tag{11.4}$$

Wegen $\frac{\partial N(d_1)}{\partial S} = N'(d_1)\frac{\partial d_1}{\partial S}$, $\frac{\partial N(d_2)}{\partial S} = N'(d_2)\frac{\partial d_2}{\partial S}$, $\frac{\partial d_1}{\partial S} = \frac{\partial d_2}{\partial S}$ und der Beziehung

$$N'(d_2) = \frac{1}{\sqrt{2\pi}}\exp\left\{\frac{-d_2^2}{2}\right\} = \frac{1}{\sqrt{2\pi}}\exp\left\{-\frac{d_1^2 - 2d_1\sigma\sqrt{T} + \sigma^2 T}{2}\right\}$$

$$= \frac{1}{\sqrt{2\pi}}\exp\left\{\frac{-d_1^2}{2}\right\}\exp\left\{d_1\sigma\sqrt{T} - \frac{1}{2}\sigma^2 T\right\} = N'(d_1)\exp\left\{\ln\left(\frac{S}{Ke^{-rT}}\right)\right\}$$

heben sich die beiden letzten Summanden in Gleichung (11.4) gegenseitig auf.

Abb. 11.11. *Delta als Funktion des aktuellen Aktienkurses.*
Die Abbildung zeigt Call-Deltas nach Black/Merton/Scholes für Optionen mit den Restlaufzeiten $T = 30, 90$ und 180 Tage. Der Basispreis der Optionen ist $K = 100$, die Volatilität $\sigma = 0,2$ und die risikolose Zinsrate $r = 0,06$.

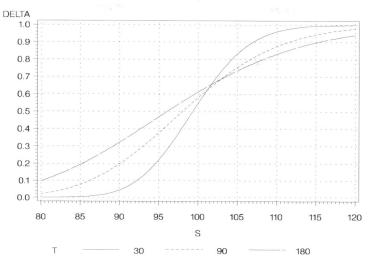

Abb. 11.12. *Gamma als Funktion des aktuellen Aktienkurses.*
Die Abbildung zeigt Call-Gammas nach Black/Merton/Scholes für Optionen mit den Restlaufzeiten $T = 30, 90$ und 180 Tage. Der Basispreis der Optionen ist $K = 100$, die Volatilität $\sigma = 0,2$ und die risikolose Zinsrate $r = 0,06$.

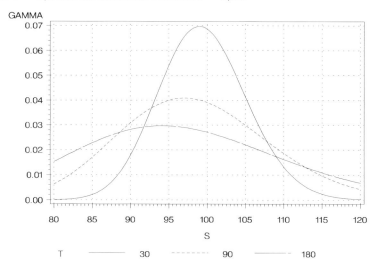

Abb. 11.13. *Theta als Funktion des aktuellen Aktienkurses.*
Die Abbildung zeigt Call-Thetas nach Black/Merton/Scholes für Optionen mit den Restlaufzeiten $T = 30$, 90 und 180 Tage. Der Basispreis der Optionen ist $K = 100$, die Volatilität $\sigma = 0,2$ und die risikolose Zinsrate $r = 0,06$.

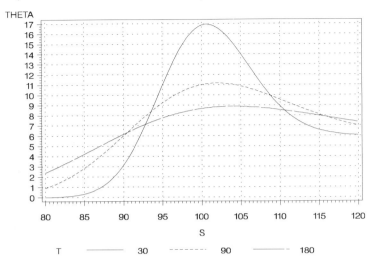

die Option weit aus dem Geld, so ist das Delta nahezu null. Am Geld notierende
Optionen haben ein Delta, das etwas über $1/2$ liegt.
Aus der Abbildung 11.13 erkennt man, dass am Geld notierende Optionen mit
kurzer Restlaufzeit am stärksten auf eine Änderung der Laufzeit reagieren. Ist
die Option dagegen weit aus dem oder im Geld, so spielen Änderungen der Restlaufzeit eine kleinere Rolle.

11.6 Risikomessung

Das Management finanzwirtschaftlicher Risiken umfasst – wie auch das Management sonstiger (beispielsweise gesundheitlicher) Risiken – zumindest drei
Phasen: *Erkennung von Risikoquellen, Messung des Risikoausmaßes* und *Risikosteuerung.*
Risikosteuerung in der speziellen Form der Risikominimierung kann dabei wie
folgt aussehen: Ein Investor (Hedger oder Arbitrageur) hat einen oder mehrere
Optionskontrakte vom selben Typ verkauft („geschrieben") und möchte sich nun
gegen das Risiko, bei Ausübung der Option das Basisinstrument zu einem bestimmten Preis liefern oder abnehmen zu müssen, möglichst perfekt absichern.
Im Fall einer Stillhalterposition in einem Aktien-Call wird der Stillhalter sein
Risiko durch eine kreditfinanzierte Aktienanlage absichern. Wird nun in jedem

Handelszeitpunkt die Anzahl der Aktien entsprechend der jeweils gültigen Optionspreissensitivität Delta so angepasst, dass das Delta des Arbitrageportefeuilles null wird (*Delta-neutrales Hedging*), so ist die Gesamtposition des Stillhalters unter den Annahmen des Binomialmodells bzw. BMS-Modells risikolos.

Ist Delta-Hedging in der Praxis risikolos?

In der Realität wird weder die Annahme einer binomialen Preisentwicklung erfüllt sein noch eine Absicherungsstrategie zeitstetig angepasst werden können. Letzteres ist schon deshalb nicht möglich, weil der Handel in Aktien *nicht* zeitstetig – wie im Modell von Black, Merton und Scholes angenommen –, sondern in Zeitabständen mit zufälliger Länge stattfindet. Eine Delta-neutrale Strategie im Black/Merton/Scholes-Modell wird daher nicht risikolos sein. Aber selbst, wenn der Aktienhandel zeitstetig stattfände, wäre es aufgrund positiver Transaktionskosten nicht ratsam, das Hedge-Portefeuille zeitstetig anzupassen. Nichtzeitstetiges Anpassen des Hedge-Portefeuilles bedeutet jedoch, dass zukünftige Liquidationswerte des Calls nicht perfekt durch eine kreditfinanzierte Aktienanlage dupliziert werden können.

Wir betrachten im Folgenden die Risikosituation eines Derivatehändlers, der einen im Vergleich zum Black/Merton/Scholes-Wert überbewerteten Call-Kontrakt verkauft hat. Wenn er nun die aus seiner Stillhalterposition resultierenden Risiken minimieren will, wird er Delta-Hedging betreiben: Er kauft pro verkauftem Optionsrecht $h^S = N(d_1)$ Aktien und finanziert dies (teilweise) durch den Leerverkauf von $|h^B|$ Zeros mit Fälligkeit T. Abbildung 11.14 illustriert die bei zeitdiskreter Portefeuille-Anpassung auftretenden Risiken. Die Tangente an die konvexe Call-Wertfunktion beschreibt den Wert des Hedge-Portefeuilles $\mathbf{H} = \left(h_t^B, h_t^S\right)'$ mit $h_t^B < 0$ und $h_t^S > 0$ im Zeitpunkt t in Abhängigkeit des Aktienkurses S. Der Wert dieses Portefeuilles stimmt nur für $S = S_t$ mit dem BMS-Wert des Calls überein; für andere Aktienkurse liegt er unter dem Wert des Calls. Falls die Zeit um Δt voranschreitet, sinkt sowohl die Call-Wertfunktion (die „Hängematte" hängt stärker durch) als auch die Wertfunktion für das Hedge-Portefeuille (d. h. die Tangente) verschiebt sich parallel um den Betrag $\left|h_t^B\left(B_{t+\Delta t}(T) - B_t(T)\right)\right|$ nach unten. Letzterer Betrag entspricht den aufgelaufenen Zinsen, falls anstelle eines Leerverkaufs von Zeros der Aktienkauf durch eine Kreditaufnahme finanziert wird. Die Gesamtposition (im Folgenden mit „A" für Arbitrage gekennzeichnet) des Händlers, also die Short-Position im Call und die Long-Position im Hedge-Portefeuille, besitzt im Zeitpunkt $t + \Delta t$ den folgenden Wert:

$$
\begin{aligned}
V_{t+\Delta t}^A &= V_{t+\Delta t}^H - C_{t+\Delta t}^{BMS}(S) \\
&= h_t^B B_{t+\Delta t}(T) + h_t^S S_{t+\Delta t} - C_{t+\Delta t}^{BMS}(S_{t+\Delta t}).
\end{aligned}
$$

Aus der Abbildung 11.14 ist zu erkennen, dass für kleine (große) Aktienkursänderungen $\Delta S \equiv S_{t+\Delta t} - S_t$ die Wertänderung $\Delta V^A \equiv V_{t+\Delta t}^A - V_t^A$ des Arbitrage-Portefeuilles positiv (negativ) ist.

Abb. 11.14. *Duplikationsfehler beim zeitdiskreten Delta-Hedge.*
Die durchgezogene, gekrümmte Kurve C_t^{BMS} zeigt den Call-Wert im Zeitpunkt t in Abhängigkeit des Aktienkurses. Die Tangente V_t^H an den Call-Wert $C_t^{BMS}(S)$ (im Punkt $S = S_t$) veranschaulicht bei unveränderter Hedging-Strategie $\mathbf{H}_t = (h_t^B, h_t^S)'$ den Wert des Hedge-Portefeuilles in t in Abhängigkeit des Aktienkurses. Im nächsten Anpassungszeitpunkt $(t + \Delta t)$ ist der Wert des Calls wegen der nun kürzeren Restlaufzeit gefallen; dies wird durch die gepunktete Call-Wertfunktion $C_{t+\Delta t}^{BMS}$ dargestellt. Ebenso hat aber auch der Wert des Hedge-Portefeuilles an Wert verloren, da durch den Zeitablauf Zinsen für den Kredit angefallen sind. Dies zeigt sich in der verschobenen gestrichelten Geraden $V_{t+\Delta t}^H$. Der vertikale Abstand zwischen dem Wert des Hedge-Portefeuilles in $t + \Delta t$ und dem Call-Wert in $t + \Delta t$ spiegelt den Wert des Arbitrage-Portefeuilles wider (dicke (dünne) Linien stehen für einen negativen (positiven) Wert).

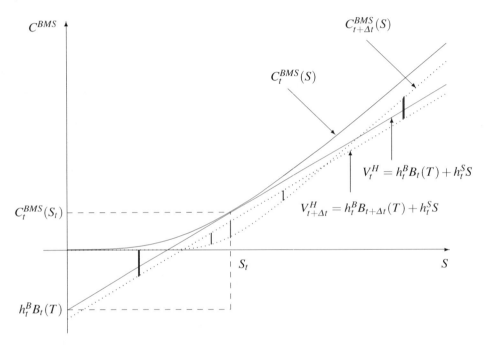

Das mit einer *Delta-neutralen* Hedging-Strategie verbundene Risiko beschreibt Beispiel 11.3. Die Zerlegung dieses Risikos in drei Risikokomponenten erfolgt im Anschluss daran.

Beispiel 11.3 (Delta-Hedging in der Praxis). _____
Ein Investor erkennt am Dienstag, dem 17. August 2004, dass bei einem BASF-Kurs von $S_t = 44$, einer Volatilität von $\sigma = 13\%$ und einer Zinsrate von $r = 4\%$ der Marktpreis von $C_t = 0{,}80$ für einen BASF/Sep 44 – Call (fällig am 17. September 2004) auf der Basis des Black/Merton/Scholes-Modells ($C_t^{BMS} = 0{,}73$ mit $N(d_1) = 0{,}5428$) überhöht ist. Er verkauft daher 10 000 BASF/Sep 44 Calls für EUR 8 000,00. Gleichzeitig kauft er $10\,000 \cdot h_t^S = 10\,000 \cdot N(d_1) = 5428$ Aktien, um sich gegen die potentielle Verpflichtung,

die Aktien im September zum Preis von EUR 44 liefern zu müssen, abzusichern. Dieser Aktienkauf wird teilweise kreditfinanziert; pro Optionsrecht wird ein Kredit in Höhe von $-h_t^B \cdot B_t(T) = h_t^S \cdot S_t - C_t^{BMS} =$ EUR 23,15 aufgenommen.

Falls nun die Anpassung seines Arbitrage-Portefeuilles nur zweimal pro Monat stattfindet, erfährt dieses Portefeuille in Abhängigkeit von ausgewählten, möglichen BASF-Kursen am Mittwoch, dem 1. September 2004, folgende Wertänderung:

Wert der Aktie $S_{t+\Delta t}$	Wert der Optionskontrakte $10\,000 \cdot C_{t+\Delta t}^{BMS}$	Wert des Hedge-Portefeuilles $V_{t+\Delta t}^H = 10\,000 \cdot h_t^S S_{t+\Delta t}$ $+ 10\,000 \cdot h_t^B \cdot B_{t+\Delta t}(T)$	Wert des Arbitrage-Portefeuilles $V_{t+\Delta t}^H - 10\,000 \cdot C_{t+\Delta t}^{BMS}$
41	16,57	−9 336,15	−9 352,72
42	213,42	−3 908,15	−4 121,57
43	1 377,63	1 519,85	142,22
44	5 029,53	6 947,85	1 918,32
45	11 896,66	12 375,85	479,19
46	20 931,47	17 803,85	−3 127,62
47	30 753,50	23 231,85	−7 521,65

Demnach besitzt das Arbitrage-Portefeuille einen positiven Wert für die Aktienkurse $S_{t+\Delta t} = 43$, $S_{t+\Delta t} = 44$ und $S_{t+\Delta t} = 45$. Für $S_{t+\Delta t} = 44$ kommt dieses Ergebnis zustande, weil der Wertverfall der Calls infolge des schlichten Zeitablaufs die Kreditkosten des Hedge-Portefeuilles deutlich übersteigt. Für $S_{t+\Delta t} = 43$ bzw. $S_{t+\Delta t} = 45$ verringert sich dieser Wertzuwachs um den Fehler, der durch eine Änderung des Aktienkurses hervorgerufen wird.

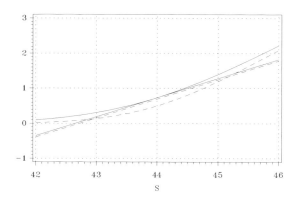

Abb. 11.15. *Wertfunktionen für den Call und das Hedge-Portefeuille.* Wertänderungen des Calls und des Hedge-Portefeuilles durch Zeitablauf. Parameter $K = 44$, $r = 4\,\%$, $\sigma = 13\,\%$, $T = 1/12$, $\Delta t = 1/24$.

Im Black/Merton/Scholes-Modell hängt der aktuelle Wert eines Calls von fünf Parametern ab: dem aktuellen Aktienkurs S, dem Basispreis K, der Restlaufzeit $(T - t)$, der Zinsrate r und der Volatilität σ. Während die Parameter r und σ als konstant angenommen werden, ändert sich der jeweils aktuelle Aktienkurs S sowie die Restlaufzeit von Handelszeitpunkt zu Handelszeitpunkt. Aus diesem

Grund werden der Aktienkurs S und die Restlaufzeit $(T - t)$ auch als Zustands-variable bezeichnet, deren Änderung die Änderung des Call-Wertes erklärt.
Ersetzt man die Zustandsvariable Restlaufzeit $(T - t)$ durch die Zustandsvariable Zeitablauf t, dann ist der Black/Merton/Scholes-Call-Wert also insbesondere eine Funktion des jeweils aktuellen Aktienkurses S und des Bewertungszeitpunktes t (und damit bei gegebenem Verfalltag T der Restlaufzeit $(T - t)$):

$$C^{BMS} = C(S,t) \ .$$

Die *Call-Wertänderung* in der Zeitspanne $\Delta t = (t + \Delta t) - t$, formal ausgedrückt durch

$$\Delta C \equiv C_{t+\Delta t} - C_t \ ,$$

lässt sich durch folgende Taylorreihenentwicklung beliebig gut approximieren:

$$\Delta C = \frac{\partial C}{\partial S} \Delta S + \frac{\partial C}{\partial t} \Delta t + \frac{1}{2} \frac{\partial^2 C}{\partial S^2} (\Delta S)^2 + \underbrace{\frac{1}{2} \frac{\partial^2 C}{\partial t^2} (\Delta t)^2 + \text{Rest}}_{(*)} \ . \qquad (11.5)$$

Vernachlässigt man den Ausdruck $(*)$, weil dieser für kleines Δt schneller als Δt gegen null konvergiert,[10] und benutzt man die Definitionen für Delta, Gamma und Theta aus Tabelle 11.2, so erhält man anstelle (11.5) die Darstellung:[11]

$$\Delta C \simeq \text{Delta} \cdot \Delta S + \text{Theta} \cdot \Delta t + \frac{1}{2} \text{Gamma} \cdot \Delta S^2 \ .$$

Demnach lässt sich die Call-Wertänderung in Abhängigkeit von ΔS und Δt sowie der Sensitivitätsmaße Delta, Gamma und Theta approximativ beschreiben.
Diese Zerlegung der Wertänderung eines Aktien-Calls lässt sich auch auf die Portefeuilleebene übertragen. Voraussetzung ist allerdings die Kenntnis der Sensitivitäten Delta, Gamma und Theta der jeweils involvierten Finanztitel. Für das in Beispiel 11.3 betrachtete Arbitrageportefeuille $\mathbf{H} = (h^B, h^S, h^C)'$ mit $h^C = -1$ gilt beispielsweise

$$\Delta V \simeq \text{Delta}^V \cdot \Delta S + \text{Theta}^V \cdot \Delta t + \frac{1}{2} \text{Gamma}^V \cdot \Delta S^2$$

mit

---

[10] Dies gilt nicht für $(\Delta S)^2$. Letzterer Term geht nicht schneller, sondern genauso schnell wie Δt gegen null. Dies ist darauf zurückzuführen, dass jeder Pfad einer Brownschen Bewegung, auf deren Basis die Aktienpreise modelliert werden, einerseits von unbeschränkter Variation ist, aber andererseits in jedem Zeitintervall eine *quadratische* Variation besitzt, die (fast sicher) *proportional* zur Länge dieses Zeitintervalls ist (vgl. Karatzas und Shreve, 1991, S. 30ff). Für $\Delta t \to dt$ entspricht die Zerlegung der Wertänderung von ΔC der Zerlegung gemäß *Itô's Lemma*: $dC = \frac{\partial C}{\partial S} dS + \frac{\partial C}{\partial t} dt + \frac{1}{2} \frac{\partial^2 C}{\partial S^2} \sigma^2 S^2 dt$.

[11] Theta ist hier die erste Ableitung der Call-Wertfunktion nach der (laufenden) Zeit t, es gilt Theta $\equiv \partial C/\partial t = -\partial C/\partial T$.

$$\text{Delta}^V \equiv h^S \text{Delta}^S + h^C \text{Delta}^C \ =0 \ ,$$

$$\text{Theta}^V \equiv h^B \text{Theta}^B + h^C \text{Theta}^C \ >0 \ ,$$

$$\text{Gamma}^V \equiv h^C \text{Gamma}^C \qquad\qquad <0 \ .$$

Damit entstehen auch bei Delta-neutralen Arbitragestrategien (mit $\text{Delta}^V = 0$) Duplikationsfehler, falls keine zeitstetige Anpassung der Arbitragestrategie erfolgt:

Eigenschaft 11.1 (Duplikationsfehler). *Die zeitdiskrete Anpassung eines Delta-neutralen Portefeuilles* $\mathbf{H} = (h^B, h^S, h^C)'$ *führt zum Duplikationsfehler:*

$$\Delta V \simeq \text{Theta}^V \cdot \Delta t + \frac{1}{2}\text{Gamma}^V \cdot \Delta S^2 \ .$$

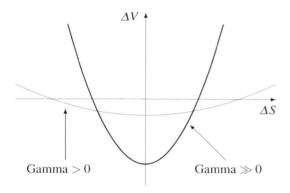

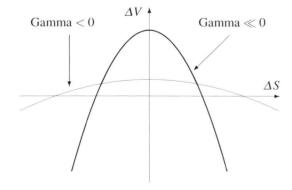

Abb. 11.16. *Duplikations-fehler bei zeitdiskretem Delta-Hedging.*
Betrachtet wird der Duplikationsfehler ΔV einer delta-neutralen Hedging-Strategie in Abhängigkeit von der Wertänderung des Aktienkurses ΔS für unterschiedliche Gammas. Dabei gilt, dass Theta$_V$ negativ ist, wenn Gamma$_V$ positiv ist und umgekehrt.

Abbildung 11.16 veranschaulicht diesen Fehler in Abhängigkeit der Aktienkursänderung ΔS. Die im unteren Koordinatensystem abgebildeten Funktionen unterstellen eine Short Position im Call und damit ein negatives Portefeuille-Gamma

entsprechend der Situation in Beispiel 11.3. Besitzer solcher Portefeuilles profitieren bei kleinem ΔS davon, dass der Wert der Short Position im Call schneller
abnimmt, als der Wert der Short Position im Zero-Bonds zunimmt. Die im oberen
Koordinatensystem abgebildeten Funktionen zeigen dagegen denselben Zusammenhang für eine Short Position des betrachteten Arbitrageportefeuilles.

11.7 Risikosteuerung mit Finanzderivaten

Die im Abschnitt 11.6 beschriebene Zerlegung des Preisänderungsrisikos liefert die Rechtfertigung für die Risikosteuerung einer Portefeuille-Position, z. B.
eines Handelsbuches einer Bank, über die geeignete Wahl der Portefeuille-
Sensitivitäten Delta^V, Gamma^V und Theta^V.
Bezeichnet nun V den aktuellen Wert einer Portefeuille-Position, bestehend aus
dem Basisinstrument mit aktuellem Marktpreis S, N auf dieses Basisinstrument
geschriebenen Optionen mit Marktpreisen O^i, Sensitivitäten Delta^i, Gamma^i
und Theta^i für $i = 1,\ldots,N$ und einer risikolosen Null-Kuponanleihe mit Theta
Theta^B, dann hat das Portefeuille $\mathbf{H} = (h^B, h^S, h^1, \ldots, h^N)'$ mit dem Marktwert

$$V = h^B \cdot B(T) + h^S \cdot S + \sum_{i=1}^{N} h^i \cdot O^i$$

die in Tabelle 11.3 angegebenen Sensitivitäten.

Tabelle 11.3. *Sensitivitäten eines Portefeuilles, z. B. eines Handelsbuches.*

Sensitivität	Portefeuille
Portefeuille-Delta	Delta^V $= h^S \cdot 1 + \sum_{i=1}^{N} h^i \cdot$ Delta^i
Portefeuille-Theta	Theta^V $= h^B \cdot$ Theta$^B + \sum_{i=1}^{N} h^i \cdot$ Theta^i
Portefeuille-Gamma	Gamma^V $= \sum_{i=1}^{N} h^i \cdot$ Gamma^i

Eine Änderung des Portefeuillewertes lässt sich nun wie folgt approximieren:

Eigenschaft 11.2 (Wertänderung der Zerlegung). *Die Wertänderung ΔV eines
Handelsbuchs mit Finanzderivaten lässt sich (approximativ) in die folgenden drei
Komponenten zerlegen:*

$$\Delta V \simeq \text{Delta}^V \cdot \Delta S + \text{Theta}^V \cdot \Delta t + \frac{1}{2} \text{Gamma}^V \cdot \Delta S^2 \,.$$

Bei einem Delta-neutralen Portefeuille (d. h. Delta$^V = 0$) gilt für die Portefeuil-
lewertänderung:

$$\Delta V \simeq \text{Theta}^V \cdot \Delta t + \frac{1}{2} \text{Gamma}^V \cdot (\Delta S)^2 \,. \tag{11.6}$$

Typischerweise gelten auch hier die in Abbildung 11.16 dargestellten Zusammenhänge zwischen ΔV und ΔS in Abhängigkeit von Gamma^V und Theta^V. Ist Gamma^V positiv, dann ist Theta^V tendenziell negativ. Das Portefeuille sinkt im Wert, falls es keine Änderung des Aktienkurses S gibt, es wächst aber im Wert, falls eine hohe positive oder negative Änderung des Aktienkurses erfolgt. Ist Gamma^V negativ, so ist Theta^V tendenziell positiv und das Gegenteil trifft zu; das Portefeuille wächst im Wert, wenn sich der Aktienkurs nicht ändert, sein Wert sinkt jedoch, wenn eine große positive oder negative Änderung des Aktienkurses eintritt. Die Sensitivität des Portefeuillewerts gegenüber dem Aktienkurs wächst mit steigendem Absolutbetrag von Gamma^V. Beispiele für Portefeuilles mit sehr großem bzw. sehr kleinem Gamma sind Long bzw. Short Straddles (siehe dazu Anhang 11B).[12]

Risikosteuerung in der Form der Risikominimierung bedeutet zunächst, das Portefeuille Delta-neutral, d. h. unempfindlich gegen kleine Kursänderungen des Basisinstrumentes, zu gestalten. Diese Technik heißt *Delta-Hedging*. Um eine anfängliche Investition von V Geldeinheiten Delta-neutral zu hedgen, bilden wir ein Portefeuille $\mathbf{H} = (h^B, h^S, h^1, h^2, \dots, h^N)'$ derart, dass die folgenden zwei Bedingungen erfüllt sind:

$$V = h^B \cdot B(T) + h^S \cdot S + \sum_{i=1}^{N} h^i \cdot O^i \, ,$$

$$\mathrm{Delta}^V = h^S \cdot 1 + \sum_{i=1}^{N} h^i \cdot \mathrm{Delta}^i = 0 \, .$$

Die Änderung des Wertes des Delta-neutralen Portefeuilles ist für kleine Δt und ΔS dann nahezu 0. Um Delta-Hedging betreiben zu können, genügt es, neben dem Basisinstrument *einen* derivativen Finanztitel in das Portefeuille aufzunehmen. Anstelle des Basisinstrumentes kann natürlich auch ein zweiter derivativer Finanztitel hinzugenommen werden, um Delta-Neutralität zu erreichen. Letztere Alternative ist insbesondere vorzuziehen, wenn das Black/Merton/Scholes-Modell möglicherweise fehlspezifiziert ist. In diesem Fall ist es leicht einzusehen, dass die Fehlspezifikationen in den Optionswerten und den Sensitivitäten sich möglicherweise gegenseitig aufheben können.

Beim *Gamma-Hedging* wird das Portefeuille so gewählt, dass das Portefeuille-Gamma null ist. Ist zusätzlich das Portefeuille-Delta gleich null, wird das Portefeuille auch gegen größere Kursschwankungen nahezu unempfindlich.

---

[12] Würde man *unstetige* Preispfade für die zugrundeliegende Aktie zulassen, so gäbe es zu zufälligen Zeitpunkten Wertänderungen ΔV für $\Delta t = 0$ (Theta$^V \Delta t$ wäre dann null) und die Näherung (11.6) würde sich auf $\Delta V \simeq \frac{1}{2} \mathrm{Gamma}^V \cdot (\Delta S)^2$ reduzieren. In Zeitpunkten eines Kurssprunges (nach oben oder nach unten) in Höhe von ΔS würde also der Arbitrageur aus Beispiel 11.3 *immer* einen Wertverlust in Höhe von $\Delta V \simeq \frac{1}{2} \mathrm{Gamma}^V \cdot (\Delta S)^2 < 0$ erleiden. In Modellen, die Kurssprünge explizit modellieren, sogenannte *Jump Diffusion Models*, sind Delta-neutrale Hedging-Strategien nicht risikominimierend (siehe Grünewald und Trautmann, 1997, Grünewald, 1998).

Um eine anfängliche Investition von V Geldeinheiten Delta- und Gamma-neutral zu gestalten, muss das Portefeuille $\mathbf{H} = (h^B, h^S, h^1, h^2, \ldots, h^N)'$ die folgenden drei Bedingungen erfüllen:

$$V = h^B \cdot B(T) + h^S \cdot S + \sum_{i=1}^{N} h^i \cdot O^i \,,$$

$$\text{Delta}^V = h^S \cdot 1 + \sum_{i=1}^{N} h^i \cdot \text{Delta}^i = 0 \,,$$

$$\text{Gamma}^V = \sum_{i=1}^{N} h^i \cdot \text{Gamma}^i = 0 \,.$$

Daher erfordert *Delta-Gamma-Hedging* neben dem Basisinstrument die Berücksichtigung von mindestens *zwei* derivativen Finanztiteln im Portefeuille. Um den Fehler von Modellmissspezifikationen zu verringern, empfiehlt es sich, auch beim Delta-Gamma-Hedging anstelle des Basisinstruments einen weiteren derivativen Finanztitel ins Portefeuille aufzunehmen.

Unterstellt man, dass Finanzderivate in Relation zueinander und zu ihren Basisinstrumenten einigermaßen fair bewertet sind, dann werden Delta- und Gamma-neutrale Handelsstrategien nicht besonders profitabel sein; sie würden in etwa eine Rendite in Höhe des risikolosen Zero-Bonds erzielen. Aus diesem Grunde wird man in der Praxis Handelsstrategien bevorzugen, die bei begrenztem Risiko dennoch Gewinnchancen (über die Verzinsung einer risikolosen Anlage hinaus) eröffnen. Begrenzt man also das Delta, Gamma und Theta des Handelsbuches, dann lassen sich Handelsstrategien mit Long Positionen in unterbewerteten Finanzderivaten und Short Positionen in überbewerteten Finanzderivaten durch Lösung der folgenden Linearen Optimierungsaufgabe identifizieren:

$$\text{ZF:} \qquad \max_{h^i} \left\{ \sum_i h^i \left(O_i^{BMS} - O^i \right) \right\}$$

unter den Nebenbedingungen:

$$\text{NB:} \qquad \left| h^B \cdot B(T) + h^S \cdot S + \sum_i h^i \cdot O^i \right| \leq B \,,$$

$$\left| h^S \cdot 1 + \sum_i h^i \cdot \text{Delta}^i \right| \leq B_{Delta} \,,$$

$$\left| \sum_i h^i \cdot \text{Gamma}^i \right| \leq B_{Gamma} \,,$$

$$\left| h^B \text{Theta}^B + \sum_i h^i \cdot \text{Theta}^i \right| \leq B_{Theta} \,,$$

$$\left| h^i \right| \leq \bar{B}_i \,.$$

B bezeichnet das einem Risikomanager zur Verfügung stehende Investitionsbudget. Die Betragsstriche auf der linken Seite der ersten Nebenbedingung gewährleisten, dass die Verkaufserlöse aus Short Positionen ebenfalls begrenzt werden, um zu verhindern, dass ein (angestellter) Risikomanager ein „zu großes Rad dreht". Die letzte Nebenbedingung gewährleistet, dass Einzelpositionen nicht zu groß werden. Die zweite bis vierte Nebenbedingung begrenzt die durch Delta, Gamma und Theta gemessene Sensitivität des Gesamtportefeuilles. Wählt man beispielsweise $B_{Delta} = 0$, so bedeutet dies, dass nur Delta-neutrale Portefeuilles zugelassen sind; im Falle von $B_{Delta} > 0$ darf der Risikomanager bewusst ein Delta-Risiko eingehen.

11.8 Bemerkungen

In einer Reihe von Arbeiten zeigt Trautmann (1986, 1987, 1989) beispielsweise, dass sich die in den 80er Jahren an der Frankfurter Optionsbörse notierten Preise für Aktien-Calls und Aktien-Puts im *Mittel* recht gut durch das BMS-Modell erklären lassen. Dennoch kann das BMS-Modell selbst bei Verwendung von impliziten Volatilitäten nicht alle auf ein Basisinstrument geschriebenen Optionen gleich gut erklären. Dies hat natürlich u. a. damit zu tun, dass im BMS-Modell Aktienkurse *stetige* Kurspfade mit *konstanter* Volatilität besitzen. Ferner ist die Verzinsung von insolvenzrisikofreien Anlagen *konstant* und es gibt *keine* Dividenden und *keine* Transaktionskosten. Eine Reihe von Modellvarianten heben diese restriktiven Annahmen auf. So wurden Aktienkursprozesse mit *zufälliger* Volatilität mit und ohne Kurssprünge betrachtet. Solange über infinitesimal kleine Zeitspannen Änderungen der Volatilität mit Änderungen des Aktienkurses *perfekt* korreliert sind (lokal perfekte Korrelation bzw. perfekte Momentankorrelation), kann auch bei diesen Modellvarianten das Duplikationsprinzip zur Anwendung kommen. Dies ist der Fall, wenn die Volatilität eine deterministische Funktion des Aktienkurses ist, wie dies im *Constant Elasticity of Variance Model* von Cox und Ross (1975) unterstellt wird. Eine negative Elastizität motiviert Geske (1979) in seinem *Compound Option Model* mit einem Kapitalstrukturargument, während Cox und Rubinstein (1985) in ihrem *Displaced Diffusion Model* eine positive Elastizität mit einem Vermögensstrukturargument begründen. Einen Überblick über diese erste Generation von Optionsbewertungsmodellen bieten Smith (1976) und Geske und Trautmann (1986). Seither wurde eine Reihe weiterer, allerdings nicht auf dem Duplikationsprinzip basierender, Modelle vorgeschlagen, die den Preisprozess für das Basisinstrument noch realistischer modellieren. Zu nennen ist insbesondere das präferenzabhängige CGMY-Modell von Carr, Geman, Madan und Yor (2002).
Stochastische Änderungen der zeitstetigen Zinsrate wurden bereits in einer frühen Modellvariante von Merton (1973) zugelassen. Zu diskreten Zeitpunkten anfallende Dividenden konnten zunächst nur im Rahmen numerischer Ansätze berücksichtigt werden. Mittlerweile stehen auch approximative Bewertungsformeln zur Verfügung (Stoll und Whaley, 1993). Die modellmäßige Erfassung von Transaktionskosten gelingt Boyle und Vorst (1992) in einem zeitdiskreten Modell. Diese führt zu einer oberen bzw. unteren Wertgrenze durch die transaktionskostenabhängige Anpassung des Volatilitätsparameters.

Die Übertragung des BMS erfolgte auf eine Vielzahl anderer *optionsähnlicher Ansprüche*. Dazu zählen insbesondere alle Formen des Eigen- und Fremdkapitals einer Unternehmung, die als Optionen oder Portefeuilles von Optionen auf das Vermögen einer Unternehmung aufgefasst werden können (einige dieser Finanzderivate können bereits mit der im Anhang 11C hergeleiteten verallgemeinerten BMS-Formel bewertet werden). Mason und Merton (1985) übertragen dieses Konzept auf die Bewertung von *Realoptionen* und bewerten damit die oftmals in Realinvestitionen enthaltene Projektflexibilität. In Pechtl (1995) und Sandmann (1999) findet man Wertdarstellungen für nichtstandardmäßige, sogenannte exotische Optionen. Die Nichtbeobachtbarkeit der Vermögensrendite erschwert jedoch sehr oft die direkte Anwendung des BMS auf der Basis historischer Volatilitäten. Schulz und Trautmann (1994) zeigen, dass Optionsscheine für relevante Parameterbereiche durchaus wie ansonsten identische Aktien-Calls bewertet werden können. Franke, Stapleton und Subrahmanyam (1998) bzw. Franke, Stapleton und Subrahmanyam (1999) präsentieren Erklärungsmodelle für die Optionsnachfrage bzw. für die Überbewertung von Optionen durch den Markt im Vergleich zum BMS-Modell.

Korn und Trautmann (1999) modellieren zeitstetige Portefeuillestrategien mit Optionen in vollständigen Märkten. Müller (1985), Föllmer und Sondermann (1986), Föllmer und Schweizer (1989, 1991) und Schweizer (2001) entwickeln Hedging-Strategien für unvollständige Finanzmärkte. Auf Basis dieser Konzepte entwickeln Grünewald und Trautmann (1997), Schulmerich (2001) und Schulmerich und Trautmann (2003) Alternativen zum Delta-Hedging im Fall von zufälligen Kurssprüngen, die den Diffusionsprozess überlagern (siehe dazu auch Trautmann und Beinert, 1999). Bühler, Korn und Schöbel (2004) modellieren die Absicherung von langfristigen Termingeschäften durch kurzfristige Futures auf Basis von Delta-Hedging-Strategien.

Aufgaben

11.1. Welche Einflussfaktoren determinieren den Preis einer Europäischen Verkaufsoption nach dem Modell von Black, Merton und Scholes? Geben Sie auch an, wie diese Faktoren wirken!

11.2. Gegeben sei ein Europäischer Call auf eine Aktie ohne Dividendenzahlung mit einem Basispreis von 500 und einer Restlaufzeit von 4 Monaten. Der gegenwärtige Aktienkurs sei 510 und der risikolose Zins 5 % p. a. Die Volatilität der Aktienrendite betrage 25 %.

    (a) Ermitteln Sie den theoretischen Wert dieser Option nach dem Modell von Black, Merton und Scholes!

    (b) Wie ändert sich der Wert der Option, falls sie amerikanischen Typs ist?

    (c) Berechnen Sie den Black/Merton/Scholes-Wert einer entsprechenden Europäischen Verkaufsoption!

    (d) Bestätigen Sie die Gültigkeit der Put-Call-Parität!

11.3.   Die Bewertung von Kaufoptionen im Black/Merton/Scholes-Modell beruht auf
        der Duplikation des Calls durch ein zeitkontinuierlich angepasstes Portefeuil-
        le aus Aktien und Zeros. Entsprechend kann ein Investor durch den Verkauf
        von Calls gegen eine bestehende Aktienposition ein momentan risikoloses Por-
        tefeuille aufbauen. Dieser Idee folgend beschließt Mr. Bond, seine 100 Aktien
        durch 153,51 leer verkaufte Calls abzusichern. Der momentane Kurs der Aktie
        ist $S_0 = 720$ bei einer Renditestandardabweichung von 25 % p. a. Die verkauf-
        ten Calls haben eine Laufzeit von 26 Wochen und einen Basispreis von 700. Der
        risikolose Zins sei 5 % p. a.

        (a)   Welchen Wert hat das Portefeuille in $t = 0$?
        (b)   Wie muss der Investor sein Portefeuille umschichten, falls der Aktienpreis
              nach einer Woche auf $S_1 = 740$ gestiegen ist und das Portefeuille möglichst
              risikolos gehalten werden soll?
        (c)   Nach Ablauf von insgesamt 2 Wochen, der Aktienkurs ist mittlerweile $S_2 =$
              710, kontrolliert der Investor den Erfolg seiner Anlagestrategie. Beurteilen
              Sie das Ergebnis!

11.4.   Eine Bank hat 100 Europäische Calls mit Basispreis $K = 50$ und Restlaufzeit
        von einem Jahr sowie 100 Europäische Puts mit gleichem Basispreis und glei-
        cher Restlaufzeit auf eine Aktie mit aktuellem Kurs $S = 55$ geschrieben. Sie
        möchte ihre Position absichern. Dazu stehen ihr Europäische Calls und Puts auf
        dieselbe Aktie mit Basispreis $K = 55$ und Restlaufzeit von einem halben Jahr
        zur Verfügung. Die risikolose Zinsrate betrage 5 % p. a. und die Renditevolatili-
        tät der den Optionen zugrundeliegenden Aktie sei 20 % .

        (a)   Berechnen Sie die Black/Merton/Scholes-Werte sowie Delta und Gamma
              der Optionen!
        (b)   Bestimmen Sie ein selbstfinanzierendes, Delta-neutrales Portefeuille, das
              nur aus Optionen besteht!

11.5.   Ein Investor möchte aus Aktien mit derzeitigem Aktienkurs $S = 300$, Europäi-
        schen Calls mit Basispreis 250 und Restlaufzeit von einem Jahr, Europäischen
        Calls mit Basispreis 300 und Restlaufzeit von einem halben Jahr sowie Europäi-
        schen Puts mit Basispreis 350 und einem halben Jahr Restlaufzeit ein selbstfi-
        nanzierendes, Delta- und Gamma-neutrales Portefeuille bilden. Die Aktienren-
        ditevolatilität betrage 20 % und die risikolose Zinsrate sei 5 % p. a.

        (a)   Berechnen Sie jeweils den Black/Merton/Scholes-Wert, Deltas, Gammas
              und Thetas der Optionen!
        (b)   Stellen Sie ein selbstfinanzierendes, Delta- und Gamma-neutrales Porte-
              feuille aus Calls, Puts und einer Aktie zusammen (d. h. $h^S = 1$)!
        (c)   Berechnen Sie das Portefeuille-Theta!
        (d)   Wie groß muss Theta sein? Begründen Sie Ihre Antwort!

Anhang

11A BMS-Formel als Grenzfall der CRR-Formel

In diesem Anhang wollen wir die Konvergenz des Call-Wertes im Binomialmodell (CRR-Formel) von Cox, Ross und Rubinstein (1979) gegen den entsprechenden Black/Merton/Scholes-Wert zeigen.[1] Dazu unterteilen wir zunächst das Zeitintervall $[0,1]$ in n Handelsperioden und konstruieren ein n-periodiges Binomialmodell derart, dass in dem Zeitintervall $[0,1]$ die erwartete Aktienkursrendite μ, die Varianz der Kursrendite σ^2 und die Bruttorendite einer risikolosen Finanzanlage $R = e^r$ beträgt. Das kann z. B. durch folgende Wahl von p_n, u_n, d_n und r_n geschehen:

$$p_n \equiv 1/2 \,, \tag{11A.1}$$

$$u_n \equiv \ln U_n = \mu/n + \sigma/\sqrt{n} \,, \tag{11A.2}$$

$$d_n \equiv \ln D_n = \mu/n - \sigma/\sqrt{n} \,, \tag{11A.3}$$

$$r_n \equiv \ln R_n = r/n \,.$$

Aus Anhang 10B wissen wir, dass im Binomialmodell der Aktienkurs im Zeitpunkt $t = 1$ durch $S_1 = S_0 U_n^k D_n^{n-k}$ und seine Rendite im Intervall $[0,1]$ durch $\ln(S_1/S_0) = k \cdot u_n + (n-k)d_n$ gegeben ist, falls bis dahin k Upticks und $(n-k)$ Downticks stattgefunden haben.

Um den Grenzwertsatz anwenden zu können, führen wir nun eine Familie von unabhängigen Zufallsvariablen Y_i^n, $i = 1, \ldots, n$, für $n = 1, 2, \ldots$ ein, wobei Y_i^n den Wert u_n annimmt, wenn der Aktienkurs in der i-ten Periode steigt, und den Wert d_n, wenn der Aktienkurs fällt. Ferner definieren wir $\rho(n) \equiv \sum_{i=1}^{n} Y_i^n = \ln(S_1/S_0)$. Mit Hilfe dieser Zufallsvariablen schreiben wir:

$$S_1 = S_0 \exp(\rho(n)) = S_0 \exp\left(\sum_{i=1}^{n} Y_i^n\right) \,.$$

Bildet man nun den Erwartungswert und die Varianz der Aktienkursrendite mit den Wahrscheinlichkeiten p_n und $1 - p_n$, so erhält man durch Einsetzen von (11A.1), (11A.2) und (11A.3) wie gewünscht:

$$\mu = E_P(\rho(n)) = n(p_n u_n + (1 - p_n)d_n) \,,$$

$$\sigma^2 = \text{Var}_P(\rho(n)) = n p_n (1 - p_n)(u_n - d_n)^2 \,.$$

Für die Berechnung des Call-Wertes im Binomialmodell benötigen wir die risikoneutralen Wahrscheinlichkeiten q_n. Mit den oben spezifizierten Parametern ergibt sich:[2]

---

[1] In der Literatur gibt es verschiedene Varianten dieses Beweises. Wir halten uns hier an die Ausführungen von Duffie (2001, S. 196-198).

[2] Dabei bedeutet $f(n) = o(g(n))$, dass $\frac{f(n)}{g(n)}$ für $n \to \infty$ gegen 0 konvergiert. Salopp gesprochen heißt das, $f(n)$ konvergiert schneller gegen 0 als $g(n)$ bzw. $f(n)$ divergiert langsamer als $g(n)$. Siehe Fußnote auf S. 275.

$$q_n = \frac{R_n - D_n}{U_n - D_n} = \frac{1}{2} + \frac{1}{2\sigma\sqrt{n}}\left(r - \mu - \frac{\sigma^2}{2}\right) + o\left(\frac{1}{\sqrt{n}}\right). \qquad (11A.4)$$

Wie zuvor kann die erwartete Rendite und die Varianz der erwarteten Rendite in der risikoneutralen Welt berechnet werden. Wir erhalten durch Einsetzen von (11A.4)

$$M_n \equiv \mathrm{E}_Q(\rho(n)) \quad = n(q_n u_n + (1-q_n)d_n) \longrightarrow r - \sigma^2/2 \quad \text{für} \quad n \to \infty,$$

$$V_n \equiv \mathrm{Var}_Q(\rho(n)) = nq_n(1-q_n)(u_n - d_n)^2 \longrightarrow \sigma^2 \qquad \text{für} \quad n \to \infty.$$

Nun wollen wir das Zeitintervall $[0,T]$ für ein ganzzahliges T betrachten. Das Zeitintervall wird jetzt in nT Perioden zerlegt. Daher gibt es nT Zufallsvariablen $Y_1^{nT},\dots,Y_{nT}^{nT}$. Die Variablen q_n, u_n, d_n und r_n werden nicht verändert. Daraus ergibt sich für $\rho(nT) = \sum_{i=1}^{nT} Y_i^{nT} = \ln(S_T/S_0)$

$$\mathrm{E}_Q(\rho(nT)) = T \cdot M_n \longrightarrow \left(r - \sigma^2/2\right)T \quad \text{für} \quad n \to \infty,$$

$$\mathrm{Var}_Q(\rho(nT)) = V_n \cdot T \longrightarrow \sigma^2 T \qquad \text{für} \quad n \to \infty.$$

Das schwache Gesetz der großen Zahlen, unter der Beachtung, dass die schwache Konvergenz eine Konvergenz in Verteilung impliziert, besagt, dass $\rho(nT)$ in Verteilung gegen eine Zufallsvariable X_T konvergiert, die normalverteilt mit Erwartungswert $(r - \sigma^2/2)T$ und Varianz $\sigma^2 T$ ist. Weiter folgt aus Stetigkeitsgründen, dass auch $S_T = S_0 \exp(\rho(nT))$ in *Verteilung* gegen $S_0 \exp(X_T)$ konvergiert.

Da der Call-Wert keine beschränkte Funktion des Aktienkurses S_T ist, kann daraus leider noch nicht direkt die Konvergenz der Call-Werte geschlossen werden. Dafür argumentieren wir folgendermaßen: Der Wert eines Puts ist eine stetige, beschränkte Funktion des Aktienkurses. Daraus folgt nun, dass der Put-Wert des Binomialmodells $\mathrm{E}_Q(\mathrm{e}^{-rT}(K - S_0 \exp(\rho(nT)))^+)$ gegen den Put-Wert des Black/Merton/Scholes-Modells $\mathrm{E}_Q(\mathrm{e}^{-rT}(K - S_0 \exp(X_T))^+)$ konvergiert. Aufgrund der Put-Call-Parität $C = P + S - \mathrm{e}^{-rT}K$ folgt schließlich auch die Konvergenz des Call-Wertes.

Beispiel 11A.1 (Konvergenz im Binomialmodell).
Wir untersuchen exemplarisch für den Fall eines Aktiencalls die Approximationsgüte des Binomialmodells bezüglich des Black/Merton/Scholes-Modells. Dazu bestimmen wir den Wert eines at the money-Calls mit einjähriger Restlaufzeit ($T = 1$). Der gegenwärtige Aktienkurs sei $S = 200$. Die erwartete Rendite sei $\mu = 0{,}15$ und die Volatilität betrage $\sigma = 0{,}20$. Die Zinsrate sei $r = 0.10$. Der Call-Wert im Black/Merton/Scholes-Modell betrage $C^{BMS} = 26{,}53$.

(1) Wird kein weiterer Handelszeitpunkt vor dem Verfalltag zugelassen, so sind folgende Parameterwerte relevant:

$$U_1 = \exp\{\mu + \sigma\} = 1{,}4191, \quad D_1 = \exp\{\mu - \sigma\} = 0{,}9512,$$

$$R_1 = e^r = 1{,}1052, \quad q_1 = \frac{R_1 - D_1}{U_1 - D_1} = 0{,}3290.$$

Der gegenwärtige Aktienkurs $S = 200$ kann also entweder auf $S_1(u) = 283{,}81$ steigen oder auf $S_1(d) = 190{,}25$ fallen. Der Call-Wert berechnet sich wie gewöhnlich als diskontierter Erwartungswert bzgl. der risikoneutralen Wahrscheinlichkeiten q_1 bzw. $(1 - q_1)$:

$$C = e^{-r}\left(q_1 C^u + (1 - q_1)C^d\right) = 24{,}94.$$

(2) Lässt man einen weiteren Handelszeitpunkt zu, so müssen U, D und R wie folgt angepasst werden:

$$U_2 = \exp\left\{\mu/2 + \sigma/\sqrt{2}\right\} = 1{,}2416, \quad D_2 = \exp\left\{\mu/2 - \sigma/\sqrt{2}\right\} = 0{,}9357,$$

$$R_2 = \exp(r/2) = 1{,}0513, \quad q_2 = \frac{R_2 - D_2}{U_2 - D_2} = 0{,}3779.$$

Der korrespondierende Call-Wert beträgt nun $C = 27{,}76$:

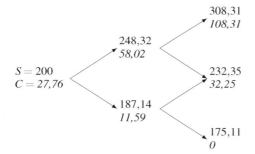

Abb. 11A.1. *Preispfade für Aktie und Call.* Bei $n = 2$ Handelsperioden liegt der Binomialwert über dem BMS-Wert.

(3) Für $n = 3$ Handelszeitpunkte vor dem Verfalltag ergeben sich die folgenden Parameterwerte:

$$U_3 = \exp\left\{\mu/3 + \sigma/\sqrt{3}\right\} = 1{,}1800, \quad D_3 = \exp\left\{\mu/3 - \sigma/\sqrt{3}\right\} = 0{,}9366,$$

$$R_3 = \exp(r/3) = 1{,}0339, \quad q_3 = \frac{R_3 - D_3}{U_3 - D_3} = 0{,}3998.$$

Der korrespondierende Call-Wert lautet nun $C = 26{,}01$:
Damit weicht der Wert des Binomialmodells nur noch um etwa 2% vom BMS-Wert ab. Bemerkenswert ist auch, dass der Call-Wert im Binomialmodell für steigendes n abwechselnd über und unter dem Black/Merton/Scholes-Wert liegt. Er schwankt um den Black/Merton/Scholes-Wert für $n \to \infty$.

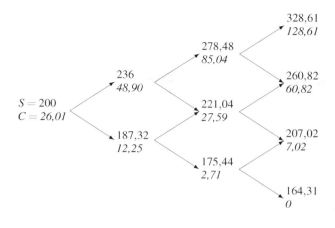

Abb. 11A.2. *Preispfade für Aktie und Call.* Bei $n = 3$ Handelsperioden liegt der Binomialwert unter dem BMS-Wert.

11B Sensitivitäten von Call- und Straddle-Werten

Ein *Straddle* ist die Kombination einer Long-Position in einem Call mit der Long-Position in einem ansonsten identischen (gleiches Basisinstrument, gleicher Basispreis und gleicher Verfalltag) Put. Ein Straddle ist daher ein einfaches Beispiel für ein Derivateportefeuille. Die folgenden Abbildungen 11B.1 bis 11B.8 illustrieren die unterschiedlichen Sensitivitäten von Call- und Straddle-Werten.

Abb. 11B.1. *Call-Werte.*
Die Abbildung zeigt Call-Werte nach Black/Merton/Scholes in Abhängigkeit von der Restlaufzeit T und dem Preis des Basisinstruments S. Die Volatilität ist $\sigma = 0,4$, der Basispreis $K = 100$ und die risikolose Zinsrate $r = 6\%$.

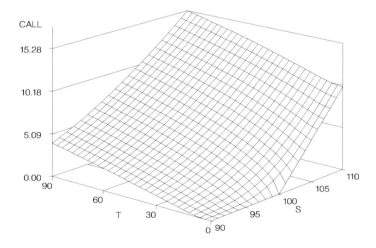

Abb. 11B.2. *Call-Deltas.*
Die Abbildung zeigt Call-Deltas nach Black/Merton/Scholes in Abhängigkeit von der Restlaufzeit T und dem Preis des Basisinstruments S. Die Volatilität ist $\sigma = 0{,}4$, der Basispreis $K = 100$ und die risikolose Zinsrate $r = 6\%$.

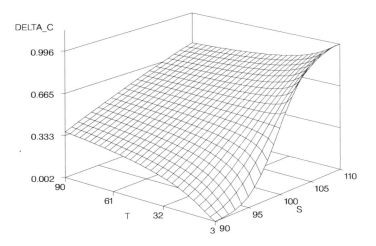

Abb. 11B.3. *Call-Gammas.*
Die Abbildung zeigt Call-Gammas nach Black/Merton/Scholes in Abhängigkeit von der Restlaufzeit T und dem Preis des Basisinstruments S. Die Volatilität ist $\sigma = 0{,}4$, der Basispreis $K = 100$ und die risikolose Zinsrate $r = 6\%$.

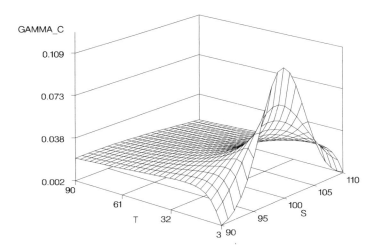

Abb. 11B.4. *Call-Thetas.*
Die Abbildung zeigt Call-Thetas nach Black/Merton/Scholes in Abhängigkeit von der Restlaufzeit T und dem Preis des Basisinstruments S. Die Volatilität ist $\sigma = 0{,}4$, der Basispreis $K = 100$ und die risikolose Zinsrate $r = 6\%$.

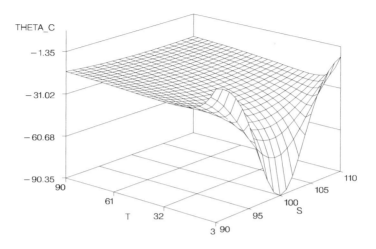

Abb. 11B.5. *Straddle-Werte.*
Die Abbildung zeigt Straddle-Werte nach Black/Merton/Scholes in Abhängigkeit von der Restlaufzeit T und dem Preis des Basisinstruments S. Die Volatilität ist $\sigma = 0{,}4$, der Basispreis $K = 100$ und die risikolose Zinsrate $r = 6\%$.

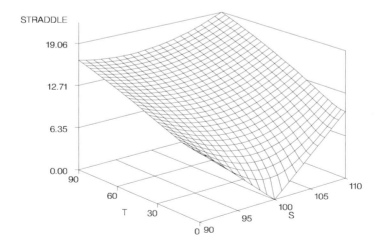

Abb. 11B.6. *Straddle-Deltas.*

Die Abbildung zeigt Straddle-Deltas nach Black/Merton/Scholes in Abhängigkeit von der Restlaufzeit T und dem Preis des Basisinstruments S. Die Volatilität ist $\sigma = 0{,}4$, der Basispreis $K = 100$ und die risikolose Zinsrate $r = 6\%$.

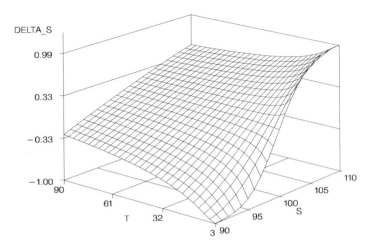

Abb. 11B.7. *Straddle-Gammas.*

Die Abbildung zeigt Straddle-Gammas nach Black/Merton/Scholes in Abhängigkeit von der Restlaufzeit T und dem Preis des Basisinstruments S. Die Volatilität ist $\sigma = 0{,}4$, der Basispreis $K = 100$ und die risikolose Zinsrate $r = 6\%$.

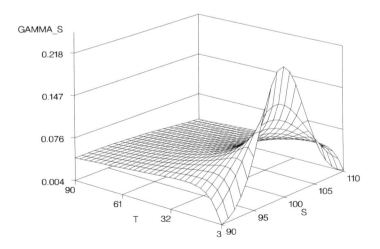

Abb. 11B.8. *Straddle-Thetas.*
Die Abbildung zeigt Straddle-Thetas nach Black/Merton/Scholes in Abhängigkeit von der Restlaufzeit T und dem Preis des Basisinstruments S. Die Volatilität ist $\sigma = 0{,}4$, der Basispreis $K = 100$ und die risikolose Zinsrate $r = 6\%$.

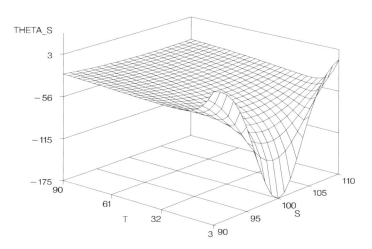

11C Optionswerte bei normalverteilten Renditen

Eigenschaft 11C.1. *Ist* $\ln(S_t)$ *normalverteilt mit Erwartungswert* $\ln(S_0) + \mu t$ *und Varianz* $\sigma^2 t$, *so ist die Dichte der Verteilungsfunktion von* S_t *gegeben durch*

$$f_{S_t}(s) = \frac{1}{\sqrt{2\pi}\sigma\sqrt{t}}\frac{1}{s}\exp\left(-\frac{1}{2}\left(\frac{\ln(s/S_0) - \mu t}{\sigma\sqrt{t}}\right)^2\right).$$

Beweis. Sei $X = \ln(S_t)$, dann gilt mit der Variablentransformation $x \equiv \ln(s)$, $ds/dx = 1/s$:

$$1 = \int_{-\infty}^{\infty} \frac{1}{\sqrt{2\pi}\sigma\sqrt{t}}\exp\left(-\frac{1}{2}\left(\frac{x - \ln(S_0) - \mu t}{\sigma\sqrt{t}}\right)^2\right)dx$$

$$= \int_0^{\infty} \frac{1}{\sqrt{2\pi}\sigma\sqrt{t}}\frac{1}{s}\exp\left(-\frac{1}{2}\left(\frac{\ln(s/S_0) - \mu t}{\sigma\sqrt{t}}\right)^2\right)ds.$$

□

Eigenschaft 11C.2. *Sei* $\ln(S_t)$ *normalverteilt mit Erwartungswert* $\ln(S_0) + \mu t$ *und Varianz* $\sigma^2 t$, *dann gilt:*

$$E[S_t] = S_0 e^{\left(\mu + \frac{\sigma^2}{2}\right)t}.$$

Beweis. Bei der Berechnung des Erwartungswerts benutzen wir die Substitutionsregel bei der Integration:

$$\int_a^b g'(x)f(g(x))\mathrm{d}x = \int_{g(a)}^{g(b)} f(y)\,\mathrm{d}y.$$

Im ersten Schritt substituieren wir s/S_0 durch x:

$$\mathrm{E}(S_t) = \int_0^\infty s \frac{1}{\sqrt{2\pi}\sigma\sqrt{t}} \frac{1}{s} \exp\left(-\frac{1}{2}\left(\frac{\ln(s/S_0) - \mu t}{\sigma\sqrt{t}}\right)^2\right) \frac{S_0}{S_0}\,\mathrm{d}s$$

$$= S_0 \int_0^\infty \frac{1}{\sqrt{2\pi}\sigma\sqrt{t}} \exp\left(-\frac{1}{2}\left(\frac{\ln(x) - \mu t}{\sigma\sqrt{t}}\right)^2\right)\,\mathrm{d}x.$$

Im zweiten Schritt substituieren wir $\ln(x)$ durch y:

$$\mathrm{E}(S_t) = S_0 \int_0^\infty \frac{1}{\sqrt{2\pi}\sigma\sqrt{t}} \exp\left(-\frac{1}{2}\left(\frac{\ln(x) - \mu t}{\sigma\sqrt{t}}\right)^2\right) \frac{\exp(\ln(x))}{x}\,\mathrm{d}x$$

$$= S_0 \int_{-\infty}^\infty \frac{1}{\sqrt{2\pi}\sigma\sqrt{t}} \exp\left(-\frac{1}{2}\left(\frac{y - \mu t}{\sigma\sqrt{t}}\right)^2\right) \exp(y)\,\mathrm{d}y.$$

Der Exponentialterm entspricht

$$\mathrm{e}^{-\frac{1}{2}\left(\frac{y-\mu t}{\sigma\sqrt{(t)}}\right)^2}\mathrm{e}^y = \mathrm{e}^{-\frac{1}{2\sigma^2 t}(y^2 - 2(\mu t + \sigma^2 t)y + \mu^2 t^2)} = \mathrm{e}^{\left(\mu + \frac{\sigma^2}{2}\right)t}\mathrm{e}^{-\frac{1}{2}\left(\frac{y - (\mu t + \sigma^2 t)}{\sigma\sqrt{t}}\right)^2}.$$

Der linke Ausdruck ist nicht von dem Integrationsfaktor abhängig, während der rechte Ausdruck dem Exponentialterm der Normalverteilung entspricht. Damit ergibt sich

$$\mathrm{E}(S_t) = S_0 \mathrm{e}^{\left(\mu + \frac{\sigma^2}{2}\right)t} \int_{-\infty}^\infty \frac{1}{\sqrt{2\pi}\sigma\sqrt{t}} \mathrm{e}^{-\frac{1}{2}\left(\frac{y - (\mu t + \sigma^2 t)}{\sigma\sqrt{t}}\right)^2}\,\mathrm{d}y = S_0 \mathrm{e}^{\left(\mu + \frac{\sigma^2}{2}\right)t}.$$

$\square$

Eigenschaft 11C.3 (Sprenkle, 1964). *Die Rendite eines Finanztitels $\ln(S_T/S_0)$ sei normalverteilt mit Erwartungswert $(\alpha - 0{,}5\sigma^2)T$, Varianz $\sigma^2 t$ und der Dichte f_{S_T}, dann besitzt eine Europäische Option mit dem Zahlungsprofil*

$$D(S_T) = \begin{cases} \gamma_1 S_T - \gamma_2 K, & \text{falls } S_T - \gamma_3 K \geq 0 \\ 0, & \text{falls } S_T - \gamma_3 K < 0 \end{cases}$$

für beliebige γ_1, γ_2 und γ_3 den erwarteten Ausübungswert

$$E(D(S_T)) = \int_{\gamma_3 K}^{\infty} (\gamma_1 s - \gamma_2 K) f_{S_T}(s)\, \mathrm{d}s$$

$$= \mathrm{e}^{\alpha T} \gamma_1 S_0 N \left(\frac{\ln(S_0/K) - \ln(\gamma_3) + (\alpha + 0{,}5\sigma^2)T}{\sigma\sqrt{T}} \right)$$

$$- \gamma_2 K N \left(\frac{\ln(S_0/K) - \ln(\gamma_3) + (\alpha - 0{,}5\sigma^2)T}{\sigma\sqrt{T}} \right).$$

Beweis. Wir definieren $\mu = (\alpha - 0{,}5\sigma^2)$. Nach Eigenschaft 11C.1 erfüllt die Dichte f_{S_T}

$$f_{S_T}(s) = \frac{1}{\sqrt{2\pi}\sigma\sqrt{T}} \frac{1}{s} \exp\left(-\frac{1}{2}\left(\frac{\ln(s/S_0) - \mu T}{\sigma\sqrt{T}} \right)^2 \right).$$

Im ersten Schritt substituieren wir s/S_0 durch x:

$$E(D(S_T)) = \gamma_1 \int_{\gamma_3 K}^{\infty} \frac{s}{\sqrt{2\pi}\sigma\sqrt{T}} \frac{1}{s} \frac{S_0}{S_0} \exp\left(-\frac{1}{2}\left(\frac{\ln(s/S_0) - \mu T}{\sigma\sqrt{T}} \right)^2 \right) \mathrm{d}s$$

$$- \gamma_2 K \int_{\gamma_3 K}^{\infty} \frac{1}{\sqrt{2\pi}\sigma\sqrt{T}} \frac{1}{(s/S_0)} \frac{1}{S_0} \exp\left(-\frac{1}{2}\left(\frac{\ln(s/S_0) - \mu T}{\sigma\sqrt{T}} \right)^2 \right) \mathrm{d}s$$

$$= \gamma_1 S_0 \int_{(\gamma_3 K)/S_0}^{\infty} \frac{1}{\sqrt{2\pi}\sigma\sqrt{T}} \exp\left(-\frac{1}{2}\left(\frac{\ln(x) - \mu T}{\sigma\sqrt{T}} \right)^2 \right) \mathrm{d}x$$

$$- \gamma_2 K \int_{(\gamma_3 K)/S_0}^{\infty} \frac{1}{\sqrt{2\pi}\sigma\sqrt{T}} \frac{1}{x} \exp\left(-\frac{1}{2}\left(\frac{\ln(x) - \mu T}{\sigma\sqrt{T}} \right)^2 \right) \mathrm{d}s.$$

Im zweiten Schritt substituieren wir $\ln(x)$ durch y:

$$E(D(S_T)) = \gamma_1 S_0 \int_{\ln(\gamma_3 K/S_0)}^{\infty} \frac{\exp(y)}{\sqrt{2\pi}\sigma\sqrt{T}} \exp\left(-\frac{1}{2}\left(\frac{y - \mu T}{\sigma\sqrt{T}} \right)^2 \right) \mathrm{d}y$$

$$- \gamma_2 K \int_{\ln(\gamma_3 K/S_0)}^{\infty} \frac{1}{\sqrt{2\pi}\sigma\sqrt{T}} \exp\left(-\frac{1}{2}\left(\frac{y - \mu T}{\sigma\sqrt{T}} \right)^2 \right) \mathrm{d}y.$$

Mit Hilfe der Umformungen im Exponenten wie in Eigenschaft 11C.2 ist dann:

$$E(D(S_T)) = \gamma_1 S_0 \mathrm{e}^{\left(\mu + \frac{\sigma^2}{2}\right)T} \int_{\ln(\gamma_3 K/S_0)}^{\infty} \frac{\exp(y)}{\sqrt{2\pi}\sigma\sqrt{T}} \exp\left(-\frac{1}{2}\left(\frac{y - (\mu + \sigma^2)T}{\sigma\sqrt{T}} \right)^2 \right) \mathrm{d}y$$

$$- \gamma_2 K \int_{\ln(\gamma_3 K/S_0)}^{\infty} \frac{1}{\sqrt{2\pi}\sigma\sqrt{T}} \exp\left(-\frac{1}{2}\left(\frac{y - \mu T}{\sigma\sqrt{T}} \right)^2 \right) \mathrm{d}x$$

$$= \gamma_1 S_0 e^{\left(\mu + \frac{\sigma^2}{2}\right)T} \left(-N\left(\frac{\ln(\gamma_3 K/S_0) - (\mu + \sigma^2)T}{\sigma\sqrt{T}} \right) \right)$$

$$- \gamma_2 K \left(-N\left(\frac{\ln(\gamma_3 K/S_0) - \mu T}{\sigma\sqrt{T}} \right) \right).$$

Nach Einsetzen von $\alpha = \mu + 0{,}5\sigma^2$ erhalten wir die behauptete Gleichung.   □

11D Die Verteilungsfunktion der Standardnormalverteilung

Tabelle 11D.1. *Verteilungsfunktion der Standardnormalverteilung.*

Die Verteilungsfunktion N der standardnormalverteilten Zufallsvariablen Z lautet:

$$N(d) = P(Z < d) = \int_{-\infty}^{d} \frac{1}{\sqrt{2\pi}} e^{-\frac{z^2}{2}} \, dz.$$

Der Tabelle können Werte $N(d)$ für nichtnegative d entnommen werden. Für $d < 0$ kann der Wert der Verteilungsfunktion mit Hilfe der Beziehung $N(-d) = 1 - N(d)$ gewonnen werden.

d	0	0.01	0.02	0.03	0.04	0.05	0.06	0.07	0.08	0.09
0	0.500000	0.503989	0.507978	0.511967	0.515953	0.519939	0.523922	0.527903	0.531881	0.535856
0.1	0.539828	0.543795	0.547758	0.551717	0.555670	0.559618	0.563559	0.567495	0.571424	0.575345
0.2	0.579260	0.583166	0.587064	0.590954	0.594835	0.598706	0.602568	0.606420	0.610261	0.614092
0.3	0.617911	0.621719	0.625516	0.629300	0.633072	0.636831	0.640576	0.644309	0.648027	0.651732
0.4	0.655422	0.659097	0.662757	0.666402	0.670031	0.673645	0.677242	0.680822	0.684386	0.687933
0.5	0.691462	0.694974	0.698468	0.701944	0.705401	0.708840	0.712260	0.715661	0.719043	0.722405
0.6	0.725747	0.729069	0.732371	0.735653	0.738914	0.742154	0.745373	0.748571	0.751748	0.754903
0.7	0.758036	0.761148	0.764238	0.767305	0.770350	0.773373	0.776373	0.779350	0.782305	0.785236
0.8	0.788145	0.791030	0.793892	0.796731	0.799546	0.802337	0.805106	0.807850	0.810570	0.813267
0.9	0.815940	0.818589	0.821214	0.823814	0.826391	0.828944	0.831472	0.833977	0.836457	0.838913
1	0.841345	0.843752	0.846136	0.848495	0.850830	0.853141	0.855428	0.857690	0.859929	0.862143
1.1	0.864334	0.866500	0.868643	0.870762	0.872857	0.874928	0.876976	0.878999	0.881000	0.882977
1.2	0.884930	0.886860	0.888767	0.890651	0.892512	0.894350	0.896165	0.897958	0.899727	0.901475
1.3	0.903199	0.904902	0.906582	0.908241	0.909877	0.911492	0.913085	0.914656	0.916207	0.917736
1.4	0.919243	0.920730	0.922196	0.923641	0.925066	0.926471	0.927855	0.929219	0.930563	0.931888
1.5	0.933193	0.934478	0.935744	0.936992	0.938220	0.939429	0.940620	0.941792	0.942947	0.944083
1.6	0.945201	0.946301	0.947384	0.948449	0.949497	0.950529	0.951543	0.952540	0.953521	0.954486
1.7	0.955435	0.956367	0.957284	0.958185	0.959071	0.959941	0.960796	0.961636	0.962462	0.963273
1.8	0.964070	0.964852	0.965621	0.966375	0.967116	0.967843	0.968557	0.969258	0.969946	0.970621
1.9	0.971284	0.971933	0.972571	0.973197	0.973810	0.974412	0.975002	0.975581	0.976148	0.976705
2	0.977250	0.977784	0.978308	0.978822	0.979325	0.979818	0.980301	0.980774	0.981237	0.981691
2.1	0.982136	0.982571	0.982997	0.983414	0.983823	0.984222	0.984614	0.984997	0.985371	0.985738
2.2	0.986097	0.986447	0.986791	0.987126	0.987455	0.987776	0.988089	0.988396	0.988696	0.988989
2.3	0.989276	0.989556	0.989830	0.990097	0.990358	0.990613	0.990863	0.991106	0.991344	0.991576
2.4	0.991802	0.992024	0.992240	0.992451	0.992656	0.992857	0.993053	0.993244	0.993431	0.993613
2.5	0.993790	0.993963	0.994132	0.994297	0.994457	0.994614	0.994766	0.994915	0.995060	0.995201
2.6	0.995339	0.995473	0.995603	0.995731	0.995855	0.995975	0.996093	0.996207	0.996319	0.996427
2.7	0.996533	0.996636	0.996736	0.996833	0.996928	0.997020	0.997110	0.997197	0.997282	0.997365
2.8	0.997445	0.997523	0.997599	0.997673	0.997744	0.997814	0.997882	0.997948	0.998012	0.998074
2.9	0.998134	0.998193	0.998250	0.998305	0.998359	0.998411	0.998462	0.998511	0.998559	0.998605
3	0.99865	0.998694	0.998736	0.998777	0.998817	0.998856	0.998893	0.998930	0.998965	0.998999

Literatur

Black, Fischer und Myron Scholes, 1972, The Valuation of Option Contracts and a Test of Market Efficiency, *Journal of Finance* 27, 399–417.

Black, Fischer und Myron Scholes, 1973, The Pricing of Options and Corporate Liabilities, *Journal of Political Economy* 81, 637–654.

Boyle, Phelim und Ton Vorst, 1992, Option Replication in Discrete Time with Transaction Costs, *Journal of Finance* 47, 271–293.

Branger, Nicole und Christian Schlag, 2004, Why is the Index Smile So Steep?, *Review of Finance* 8, 109–127.

Bühler, Wolfgang, Olaf Korn und Rainer Schöbel, 2004, Hedging Long-Term Forwards with Short-Term Futures: A Two-Regime Approach, *Review of Derivatives Research* 7, 185–212.

Carr, Peter, Hélyette Geman, Dilip B. Madan und Marc Yor, 2002, The Fine Structure of Asset Returns: An Empirical Investigation, *Journal of Business* 75, 305–332.

Cox, John C. und Stephen A. Ross, 1975, The Pricing of Options for Jump Processes, *Arbeitspapier*.

Cox, John C., Stephen A. Ross und Mark Rubinstein, 1979, Option pricing: a simplified approach, *Journal of Financial Economics* 7, 229–263.

Cox, John C. und Mark Rubinstein, 1985, *Options Markets*, Prentice-Hall, Englewood Cliffs.

Duffie, Darrell, 2001, *Dynamic Asset Pricing Theory*, Princeton University Press, Princeton, 3. Auflage.

Föllmer, Hans und Martin Schweizer, 1989, Hedging by sequential regression: an introduction to the mathematics of option trading, *ASTIN Bulletin* 18, 147–160.

Föllmer, Hans und Martin Schweizer, 1991, Hedging of contingent claims under incomplete information, In: Davis, M. H. A. und R. J. Elliott, Hrsg., Applied Stochastic Analysis, Stochastic Monographs 5, 389–414, Gordon and Breach, New York.

Föllmer, Hans und Dieter Sondermann, 1986, In: Hildenbrand, W. und Y. Mas-Colell, Hrsg., Contributions to Mathematical Economics, 205–223, North-Holland, Amsterdam.

Franke, Günter, Richard C. Stapleton und Marti G. Subrahmanyam, 1998, Who Buys and Who Sells Options: The Role of Options in an Economy with Background Risk, *Journal of Economic Theory* 82, 89–109.

Franke, Günter, Richard C. Stapleton und Marti G. Subrahmanyam, 1999, When are Options Overpriced? The Black-Scholes Model and Alternative Characterizations of the Pricing Kernel, *European Finance Review* 3, 79–102.

Garman, Mark B. und Steven W. Kohlhagen, 1983, Foreign Currency Option Values, *Journal of International Money and Finance* 2, 231–237.

Geske, Robert, 1979, The Valuation of Compound Options, *Journal of Financial Economics* 7, 63–82.

Geske, Robert und Siegfried Trautmann, 1986, Option Valuation: Theory and Empirical Evidence, In: Bamberg, Günter und Klaus Spremann, Hrsg., Capital Market Equilibria, 79–133, Springer, Berlin.

Grünewald, Barbara, 1998, *Hedging in unvollständigen Märkten am Beispiel des Sprung-Diffusionsmodells*, Deutscher Universitätsverlag, Wiesbaden.

Grünewald, Barbara und Siegfried Trautmann, 1997, Varianzminimierende Hedgingstrategien für Optionen bei möglichen Kurssprüngen, *Zeitschrift für betriebswirtschaftliche Forschung* 38, 43–87.

Karatzas, Ioannis und Steven E. Shreve, 1991, *Brownian Motion and Stochastic Calculus*, Springer-Verlag, New-York, 2. Auflage.

Korn, Ralf und Siegfried Trautmann, 1999, Optimal Control of Option Portfolios and Applications, *OR Spektrum* 21, 123–146.

Mason, Scott P. und Robert C. Merton, 1985, The Role of Contingent Claims Analysis in Corporate Finance, In: Altman, Edward I. und Marti G. Subrahmanyam, Hrsg., Recent Advances in Corporate Finance, 7–54.

Merton, Robert C., 1973, Theory of rational option pricing, *Bell Journal of Economics and Management Science* 4, 141–183.

Müller, Sigrid, 1985, *Arbitrage Pricing of Contingent Claims*, Springer.

Pechtl, Andreas, 1995, Classified Information, *Risk* 8, 59–61.

Sandmann, Klaus, 1999, *Einführung in die Stochastik der Finanzmärkte*, Springer.

Schulmerich, Marco, 2001, *Ausfallbasiertes Hedging von Finanzderivaten*, Deutscher Universitätsverlag, Wiesbaden.

Schulmerich, Marco und Siegfried Trautmann, 2003, Local Expected Shortfall-Hedging in Discrete Time, *European Finance Review* 7, 75–102.

Schulz, Uwe und Siegfried Trautmann, 1994, Robustness of Option-Like Warrant Valuation, *Journal of Banking and Finance* 18, 841–859.

Schweizer, Martin, 2001, A Guided Tour through Quadratic Hedging Approaches, In: Jouini, Elyes, Cvitanic und Jaska, Hrsg., Option Pricing, Interest Rates and Risk Management, 538–574, Cambridge University Press, New York.

Smith, Clifford, 1976, Option Pricing: A Review, *Journal of Financial Economics* 3, 3–51.

Stoll, Hans R. und Robert E. Whaley, 1993, *Futures and Options: Theory and Applications*, South-Western Educational Publishing Co., Cincinnati.

Trautmann, Siegfried, 1986, *Finanztitelbewertung bei arbitragefreien Finanzmärkten*, Habilitationsschrift, Universität Karlsruhe.

Trautmann, Siegfried, 1987, Die Bewertung von Aktienoptionen am deutschen Kapitalmarkt - Eine empirische Überprüfung der Informationseffizienzhypothese, *Schriften des Vereins für Socialpolitik, Gesellschaft für Wirtschafts- und Sozialwissenschaften* 165, 311–327.

Trautmann, Siegfried, 1989, Aktienoptionspreise an der Frankfurter Optionsbörse im Lichte der Optionsbewertungstheorie, *Finanzmarkt und Portfoliomanagement* 3, 210–225.

Trautmann, Siegfried und Michaela Beinert, 1999, Impact of Stock Price Jumps on Option Values, In: Bühler, Wolfgang, Herbert Hax und Reinhart Schmidt, Hrsg., Empirical Research on the German Capital Market, 303–322, Physica-Verlag, Heidelberg.

12

Investitionsbewertung bei Zinsunsicherheit

Investitionen mit Wahlrechten unterliegen oft mehreren Risiken. Das Risiko von Zinsänderungen spielt dabei oft nur eine untergeordnete Rolle — beispielsweise bei Aktienderivaten. Letzteres ist natürlich dann nicht mehr der Fall, falls das Zinsänderungsrisiko die einzige Risikoquelle ist, die den Wert des Basisinstruments und damit den Wert seiner Derivate beeinflusst. Dies ist beispielsweise bei Anleihen der Fall, wenn diese als *ausfallrisikofrei* angenommen werden können. Letztere Eigenschaft bedeutet, dass die Anleiheschuld mit Sicherheit vom Anleiheschuldner beglichen wird. Ohne damit die Allgemeinheit der Darstellung zu beschränken, betrachten wir im Folgenden nur Optionen auf *ausfallrisikofreie* Anleihen.

Im Zusammenhang mit der Bewertung von Optionen auf eine Anleihe liegt es nahe, nach dem Vorbild des Modells von Black, Merton und Scholes für Aktienoptionen, diese auf der Grundlage der stochastischen Entwicklung des Anleihekurses zu bewerten. Diese *kursorientierte* Zinsderivatebewertung unterstellt jedoch, dass zukünftige Preise des Basisinstruments lognormalverteilt sind – eine Annahme, die aufgrund des bekannten Preises zum Fälligkeitszeitpunkt einer Anleihe *nicht* mit der geforderten Arbitragefreiheit der Finanzmärkte vereinbar ist. Eine konsistente Bewertung von Anleihen und deren Derivaten kann aber über die arbitragefreie Modellierung der gesamten Zinsstrukturdynamik erfolgen. Dieses Kapitel beschreibt zwei Vertreter aus der Klasse der *zinsstrukturorientierten* Bewertungsmodelle für Zinsderivate. Aus Gründen der einfacheren Darstellung und der direkten numerischen Implementierbarkeit präsentieren wir die alternativen Modellansätze im Rahmen von zeitdiskreten Binomialmodellen. Dies hat zudem den Vorteil, dass die vorzeitige Ausübung von Amerikanischen Anleiheoptionen mitberücksichtigt werden kann. In Anlehnung an Jarrow und Turnbull (1996) und Jarrow (1996) beschränken wir uns sogar auf ein Dreiperiodenmodell, weil in diesem bereits alle wesentlichen Aspekte diskutiert werden können.

Zunächst werden in Abschnitt 12.1 die Probleme einer auf der Basis der Black-/Merton/Scholes-Formel durchgeführten Zinsderivatebewertung beschrieben. Abschnitt 12.2 führt dann den binomialen Modellrahmen zur Beschreibung von

Zinsstrukturbewegungen ein. Dabei zeigt sich, dass die folgenden drei Wege zur Modellierung von Zinsstrukturbewegungen äquivalent sind: (1) simultane Modellierung der Preispfade aller Null-Kuponanleihen, (2) Modellierung der Terminzinsratenpfade, und (3) Modellierung der Pfade der Kassazinsrate für einperiodige Anlagen, der sogenannten Kassazinsrate am „kurzen Ende" oder *Short Rate*. Die in den nachfolgenden Abschnitten 12.3 und 12.4 beschriebene Modellierung der arbitragefreien Anleihekursentwicklung basiert zum einen auf der *Terminzinsrate* und zum anderen auf der *Kassazinsrate*. Abschnitt 12.5 präsentiert einen eleganten Weg, das vorgestellte Kassazinsratenmodell an die aktuelle Zinsstruktur anzupassen. Wie in allen Kapiteln von Teil C wird auch hier Kassenhaltung nicht zugelassen.

12.1 Kursorientierte Bewertung von Anleihe-Derivaten

Unter den Annahmen des Modells von Black/Merton/Scholes lautet die Bewertungsformel für einen Europäischen Call mit Verfallzeitpunkt T_C und Basispreis K auf eine Null-Kuponanleihe mit Nennwert 1 und Fälligkeitszeitpunkt $T > T_C$ wie folgt:

$$C = B_0(T)N(d_1) - B_0(T_C)KN(d_2)$$

mit

$$d_1 \equiv \frac{\ln(B_0(T)/(B_0(T_C)K))}{\sigma\sqrt{T_C}} + \frac{1}{2}\sigma\sqrt{T_C}, \qquad d_2 \equiv d_1 - \sigma\sqrt{T_C}.$$

Bei der Anwendung der obigen Formel erweisen sich zwei Modellannahmen als kritisch:

* *Konstante Kassazinsrate am kurzen Ende (Short Rate)*: Für alle betrachteten Anlagezeitpunkte $t \in [0,T]$ ist die Kassazinsrate am kurzen Ende $r > 0$ konstant.
* *Lognormalverteilter Anleihekurs*: Die stetige Anleiherendite ist in der Anlageperiode $[t, t + \Delta t]$ normalverteilt: $\Delta \ln B_t(T) = \ln B_{t+\Delta t}(T) - \ln B_t(T) = \mu \Delta t + \sigma\sqrt{\Delta t} \cdot X$, wobei X eine standardnormalverteilte Zufallsvariable ist.

Die Annahme, dass die Anleiherendite über jede Anlageperiode normalverteilt ist, führt dazu, dass der Anleihekurs am Ende der Anlageperiode lognormalverteilt ist. Dies gilt insbesondere für eine Haltedauer bis zur Endfälligkeit, d. h. der Anleihekurs ist im Zeitpunkt $t = T$ lognormalverteilt und damit fast sicher ungleich 1, wie in Abbildung 12.1 dargestellt ist. Trotzdem kann das Modell von Black/Merton/Scholes nicht voreilig verworfen werden, denn für die Bewertung eines Calls auf eine Null-Kuponanleihe ist die Annahme eines lognormalverteilten Anleihekurses nicht unplausibel, falls der Verfalltag des Calls vor dem Fälligkeitszeitpunkt der Anleihe liegt. Wie bei der Modellierung von Aktienkursen wird dazu ein Binomialmodell betrachtet, da im Binomialmodell mit der Anzahl der Perioden die Verteilung der Anleihekurse gegen die Lognormalverteilung konvergiert.

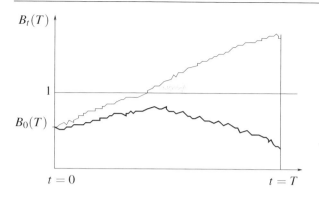

Abb. 12.1. *Zwei zulässige Preispfade im BMS-Modell.*
Der Anleihekurs im Zeitpunkt T ist lognormalverteilt und damit fast sicher ungleich dem Nennwert in Höhe einer Geldeinheit.

Binomiale Modellierung des Anleihekurses

Wie im Anhang 11A gezeigt wurde, lassen sich die Preispfade im BMS-Modell durch einen multiplikativen Binomialprozess sehr gut approximieren. Überträgt man diesen Ansatz auf Anleihen, so gilt beispielsweise für den logarithmierten Preis eines Zeros mit Fälligkeit $T = 3$ im Handelszeitpunkt $t = 1$:

$$\ln B_1(3) = \ln B_0(3) + \mu + \sigma \cdot X_1 \, .$$

Dabei ist X_1 eine Zufallsvariable mit den Ausprägungen:

$$X_1 = \begin{cases} +1 \text{ mit der statistischen Wahrscheinlichkeit } p = 1/2 \, , \\ -1 \text{ mit der statistischen Wahrscheinlichkeit } (1 - p) = 1/2 \, . \end{cases}$$

Wegen der Eigenschaften $\mathrm{E}_P[X_1] = 0$ und $\mathrm{Var}_P[X_1] = 1$ gilt für Mittelwert und Varianz der Anleiherendite in der ersten Periode, d. h. vom Zeitpunkt $t = 0$ bis zum Zeitpunkt $t = 1$:

$$\mu = \mathrm{E}_P\left[\ln B_1(3) - \ln B_0(3)\right] \quad \text{und} \quad \sigma^2 = \mathrm{Var}_P\left[\ln B_1(3) - \ln B_0(3)\right] \, .$$

Die Modellierung der Anleihepreise entspricht damit der für Aktienkurse, wobei die Parametrisierung der Uptick- bzw. Downtick-Renditen in Anlehnung an die von Jarrow und Rudd (1983) vorgeschlagene erfolgt.
In Analogie dazu folgt für den logarithmierten Zero-Preis im Zeitpunkt $t = 2$

$$\ln B_2(3) = \ln B_1(3) + \mu + \sigma X_2 \, ,$$

wobei X_2 eine von X_1 stochastisch unabhängige Zufallsvariable mit den Ausprägungen

$$X_2 = \begin{cases} +1 \text{ mit der statistischen Wahrscheinlichkeit } p = 1/2 \, , \\ -1 \text{ mit der statistischen Wahrscheinlichkeit } (1 - p) = 1/2 \end{cases}$$

darstellt. Für die Anleiherendite der zweiten Periode gelten wiederum die Eigenschaften

$$\mu = \mathrm{E}_P\left[\ln B_2(3) - \ln B_1(3)\right] \quad \text{und} \quad \sigma^2 = \mathrm{Var}_P\left[\ln B_2(3) - \ln B_1(3)\right] \ .$$

Für den logarithmierten Zero-Preis im Zeitpunkt $t = 2$ gilt dann auch die Darstellung $\ln B_2(3) = \ln B_0(3) + \sum_{i=1}^{2}\mu + \sigma \sum_{i=1}^{2} X_i$.

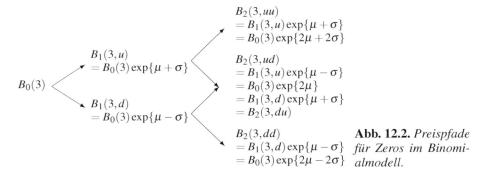

$B_2(3,uu)$
$= B_1(3,u)\exp\{\mu + \sigma\}$
$= B_0(3)\exp\{2\mu + 2\sigma\}$

$B_1(3,u)$
$= B_0(3)\exp\{\mu + \sigma\}$

$B_0(3)$

$B_1(3,d)$
$= B_0(3)\exp\{\mu - \sigma\}$

$B_2(3,ud)$
$= B_1(3,u)\exp\{\mu - \sigma\}$
$= B_0(3)\exp\{2\mu\}$
$= B_1(3,d)\exp\{\mu + \sigma\}$
$= B_2(3,du)$

$B_2(3,dd)$
$= B_1(3,d)\exp\{\mu - \sigma\}$
$= B_0(3)\exp\{2\mu - 2\sigma\}$

Abb. 12.2. *Preispfade für Zeros im Binomialmodell.*

Arbitragefreiheitsbedingungen

Um profitable Arbitrage im Zusammenhang mit der in $T = 3$ auslaufenden Anleihe ausschließen zu können, muss die einperiodige Anlage eines Betrages in Höhe von $B_0(3)$ Geldeinheiten zur Kassazinsrate r einen Rückfluss $B_0(3) \cdot \exp\{r\}$ erbringen, der *zwischen* dem zukünftigen Preis nach einem Uptick, $B_1(3,u)$, und dem Preis nach einem Downtick, $B_1(3,d)$, des Langläufers im Zeitpunkt $t = 1$ liegt:

$$B_1(3,u) > B_0(3) \cdot \exp\{r\} > B_1(3,d) \ . \tag{12.1}$$

Dies entspricht der Arbitragefreiheitsbedingung (10.1). Aufgrund der Vereinbarungen $B_1(3,u) = B_0(3)\exp\{\mu + \sigma\}$ bzw. $B_1(3,d) = B_0(3)\exp\{\mu - \sigma\}$ entspricht (12.1) der Forderung $\mu + \sigma > r > \mu - \sigma$. Dies ist jedoch nur möglich, wenn $\sigma > 0$ gilt. Dann existiert eine risikoneutrale Wahrscheinlichkeit $q \in (0,1)$ für den Preis-Uptick derart, dass der mit der Kassazinsrate der ersten Periode aufgezinste Anleihepreis die folgende Darstellung besitzt:

$$B_0(3)\exp\{r\} = q \cdot B_1(3,u) + (1-q) \cdot B_1(3,d) \ . \tag{12.2}$$

Die Division durch $B_0(3)$ ergibt $\exp\{r\} = q \cdot \exp\{\mu + \sigma\} + (1-q)\exp\{\mu - \sigma\}$ und die Auflösung nach q die risikoneutrale Wahrscheinlichkeit:

$$q = \frac{\exp\{r\} - \exp\{\mu - \sigma\}}{\exp\{\mu + \sigma\} - \exp\{\mu - \sigma\}} \ .$$

Da die Bewertung ganz analog zur Bewertung eines Aktien-Calls erfolgt, verzichten wir hier auf eine ausführliche Darstellung. Beispiel 12.1 mag noch einmal die Vorgehensweise erhellen.

Beispiel 12.1 (Preispfade für Anleihen und Anleihe-Calls). _____
Zu bewerten sei ein Call mit Basispreis $K = 1$ und Verfallzeitpunkt $T_C = 2$ auf eine Null-Kuponanleihe mit Nennwert 1 und Fälligkeit in $T = 3$. Folgende Preise bzw. Parameter seien vorgegeben: Null-Kuponanleihekurs $B_0(3) = 0{,}8607$, Kassazinsrate $r = 0{,}05$, Renditedriftparameter $\mu = 0{,}0492$ und Renditevolatilität $\sigma = 0{,}04$. Damit erhält man die in Abbildung 12.3 dargestellten Preispfade für die Anleihe.

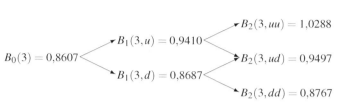

Abb. 12.3. *Preispfade eines Zeros.* Mit der angenommenen Kombination von Driftparameter und Volatilität erhält man Zero-Kurse, die den Nennwert übersteigen.

Der Ausübungswert des Calls ist daher nach 2 Upticks positiv. Die Rückwärtsrechnung mit Hilfe der risikoneutralen Wahrscheinlichkeit $q = 0{,}5$ ergibt die Call-Werte, die in Abbildung 12.4 dargestellt sind.

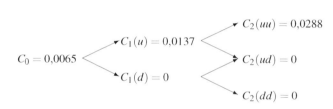

Abb. 12.4. *Preispfade eines Zero-Calls.* Aufgrund des hohen Driftparameters und der hohen Volatilität resultiert ein positiver Call-Wert $C_0 = 0{,}0065$.

Natürlich kann man in Beispiel 12.1 Drift- und Volatilitätsparameter so festlegen, dass im Verfallzeitpunkt $T_C = 2$ des Calls der Zero unter dem Nennwert notiert (etwa $\mu = 0{,}0486$ und $\sigma = 0{,}0190$, was zu Anleihepreisen $B_2(3, uu) = 0{,}9854$, $B_2(3, ud) = 0{,}9486$ und $B_2(3, dd) = 0{,}9131$ führt). Dennoch treten in Verbindung mit der Übertragung des Binomialmodells oder BMS-Modells für Aktienoptionen auf die Bewertung von Zinsoptionen mindestens drei Probleme auf:

* Da sich die Kassazinsrate in Analogie zum Kassazinssatz am „kurzen Ende" aus der stetigen Verzinsung des Zeros mit kürzester Restlaufzeit bestimmt, muss beispielsweise wegen $B_3(3) = 1$ für die dritte Periode in obigem Beispiel $\ln(1) - \ln(B_2(3)) = r$ bzw. $B_2(3) = 1 \cdot \exp\{-r\}$ gelten. Dies ist jedoch bei konstanter Kassazinsrate r nur möglich, falls $B_2(3)$ keine Zufallsvariable ist und damit die Preisentwicklung des Zeros deterministisch verläuft. Letztere Situation soll aber ausgeschlossen werden. Die Annahme von binomial- oder lognormalverteilten Zero-Preisen ist daher mit der Annahme einer konstanten, zustandsunabhängigen Kassazinsrate nicht verträglich.

- Die modellierten Preispfade für Anleihen enden nicht beim Nennwert der Anleihe im Fälligkeitszeitpunkt. Das Modell besitzt also nicht die sogenannte
Pull to Par-Eigenschaft $B_T(T) = 1$. Calls auf Null-Kuponanleihen mit einem
Basispreis in Höhe des Nennwerts werden möglicherweise positive Werte zu-
gewiesen (siehe Beispiel 12.1). Zudem nimmt die modellierte Renditevolatilität der Zeros mit der Restlaufzeit nicht ab.
- Der Black/Merton/Scholes-Ansatz liefert keine Informationen darüber, wie
man einen Zero-Bond mit anderen Zero-Bonds duplizieren kann. Zudem kann
nicht garantiert werden, dass der Preispfad eines kürzer laufenden Zeros über
dem eines länger laufenden Zeros liegt. Die Verletzung dieser Forderung (siehe Abbildung 12.5) impliziert negative Terminzinsen.

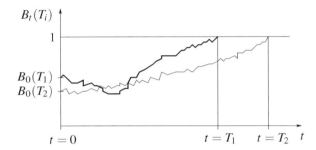

Abb. 12.5. *Nicht-arbitra-*
gefreie Preispfade.
Übersteigt der Anleihekurs
eines Zeros mit längerer
Laufzeit den Anleihekurs
eines Zeros mit kürzerer
Laufzeit, so ist profitable
Arbitrage möglich.

Auch andere kursorientierte Bewertungsmodelle sind problematisch. Ball und
Torous (1983) modellieren Zeros mit einem Brownschen Brückenprozess, der
zwar mit Sicherheit im Fälligkeitszeitpunkt im Nennwert landet, aber nicht mit
der Arbitragefreiheit vereinbar ist, weil die Driftrate von Anleihen kurz vor Fälligkeit unendlich groß wird.[1] Zusätzlich hat das Modell das Problem, dass die
Anleihepreise mit positiver Wahrscheinlichkeit über den Nominalwert steigen
können. Dies führt beispielsweise zu überhöhten Preisen für Anleihe-Calls. Schöbel (1987) und Briys, Crouhy und Schöbel (1991) vermeiden diese Problematik durch eine zusätzliche Bedingung, die negative Terminzinsen verhindert. Sie
können jedoch nicht ausschließen, dass der Zero-Preis den Nominalwert vor Fälligkeit erreicht und dort mit positiver Wahrscheinlichkeit absorbiert wird. Bühler
(1988) und Bühler und Käsler (1989) vermeiden zwar in ihren Bewertungsansät-
zen für Optionsrechte auf Kuponanleihen auch dieses Problem, jedoch kann auch
dieses kursorientierte Modell eines nicht:[2] Portefeuilles von Anleihe-Derivaten
konsistent auf Basis des Duplikationsprinzips bewerten. Letzteres ist aber Voraussetzung für die modellgestützte Steuerung von Zinsänderungsrisiken.

---

[1] Technisch gesprochen: Es existiert kein Martingalmaß Q.
[2] Eine vergleichende Analyse von kursorientierten Bewertungsmodellen erfolgt in Rady und
Sandmann (1994).

12.2 Zinsstrukturbewegungen im Binomialmodell

Die im Folgenden vorgestellten *Zinsstrukturmodelle* zur Zinsderivatebewertung sind *zinsstrukturkonform*. Dies bedeutet, dass Modelle dieser Klasse so kalibriert werden können, dass die modellendogen bestimmte aktuelle Zinsstruktur mit der aktuell beobachtbaren Zinsstruktur übereinstimmt.Wir beschränken uns auf die Modellierung eines *binomialen* Zinsstrukturverlaufs. Technisch ausgedrückt bedeutet dies, dass, wie in Abbildung 12.6 bereits dargestellt, jeder Zeitpunkt- bzw. Zustandsknoten im Werteverlaufsbaum *genau* zwei Nachfolgeknoten (zwei Verzweigungen) besitzt. Dies impliziert, dass es nur *eine* Quelle der Unsicherheit gibt, die für Zinsänderungen verantwortlich ist: Damit betrachten wir also ein *Einfaktormodell*, in dem Zinsänderungen für unterschiedliche Anlagezeiträume perfekt korreliert sind.

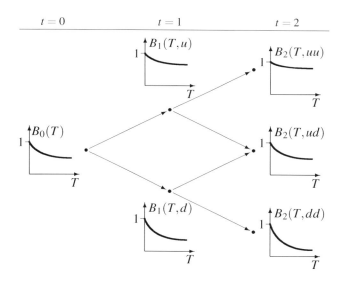

Abb. 12.6. *Pfade der Diskontierungsfunktion.* Die simultane Modellierung der Preispfade aller Zeros entspricht der Modellierung der Pfade der Diskontierungsfunktion.

Der Werteverlaufsbaum muss nicht rekombinierend sein, d. h. folgt ein Preis-Uptick einem Preis-Downtick, dann stellt sich ein anderer Zero-Preis ein als bei einer Umkehrung der Preisänderungen (Preis-Downtick folgt einem Preis-Uptick). Ein nichtrekombinierender Werteverlaufsbaum ist in Abbildung 12.8 illustriert. Im Zeitpunkt $t = 2$ gilt $B_2(3, du) \neq B_2(3, ud)$. Des Weiteren sei noch bemerkt, dass die Übergangswahrscheinlichkeiten *zeit- und zustandsabhängig* sein dürfen.

Terminzinsraten und Kassazinsraten

Der Zusammenhang zwischen *Kassazinssätzen* (Spot Rates) und *Terminzinssätzen* (Forward Rates) wurde bereits im Kapitel 3 erläutert. Diese spielen eine zentrale Rolle für eine arbitragefreie Modellierung von Zinsstrukturänderungen. Der

dort mit $f_t(T)$ bezeichnete Terminzinssatz ist derjenige im Zeitpunkt t vereinbarte Marktzinssatz, zu dem im Zeitpunkt $T \geq t$ für eine Periode (d. h. bis zum
Zeitpunkt $T + 1$) Finanzmittel insolvenzrisikofrei angelegt bzw. aufgenommen
werden können. Fallen Abschlussdatum und Beginn der Anlage- bzw. Aufnahmeperiode zusammen, so spricht man von einem Kassazinssatz.

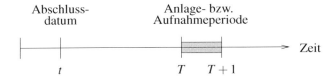

Abschluss-   Anlage- bzw.
datum   Aufnahmeperiode   **Abb. 12.7.** *Die einem*
                                                                     Terminzinssatz bzw. ei-
                                                                     ner Terminzinsrate zu-
                                                         Zeit   *grundeliegende Anlage-*
                                                                     periode.
t T $T + 1$

Damit logarithmierte Zero-Preise im Folgenden als Summe von Terminzinsraten dargestellt werden können, modellieren wir Zins*raten*, d. h. Zinsen, die eine
zeitstetige Zinsverrechnung implizieren, anstelle von Zins*sätzen*. Wir verwenden
daher die folgenden Definitionen:[3]
Terminzinsrate im Zeitpunkt $t = 0, \ldots, \overline{T} - 1$ für den Anlagezeitraum $[T, T+1]$:[4]

$$f_t(T) \equiv \ln B_t(T) - \ln B_t(T+1), \qquad T = t, \ldots, \overline{T} - 1.$$

Kassazinsrate im Zeitpunkt $t = 0, \ldots, \overline{T} - 1$ für den Anlagezeitraum $[t, T]$:[5]

$$r_t(T - t) = -\ln B_t(T)/(T - t), \quad T = t, \ldots, \overline{T}.$$

Für die Kassazinsrate am „kurzen Ende" (*Short Rate*) gilt dann:

$$r_t \equiv r_t(1) = f_t(t) = -\ln B_t(t+1),$$

wobei $\overline{T}$ den Fälligkeitszeitpunkt des am längsten laufenden Zeros bezeichnet.
Der Preis einer im Zeitpunkt $T + 1$ rückzahlbaren Null-Kuponanleihe lässt sich
dann wie folgt darstellen:

$$
\begin{aligned}
B_t(T+1) &= B_t(T) \cdot \exp\{-f_t(T)\} \\
&= B_t(T-1) \cdot \exp\{-f_t(T-1) - f_t(T)\} \\
&\;\;\vdots \\
&= \exp\{-f_t(t) - \ldots - f_t(T-1) - f_t(T)\} \\
&= \exp\left\{-\sum_{\tau=t}^{T} f_t(\tau)\right\}.
\end{aligned}
$$

---

[3] Die sich aus der Definition ergebenden Zinsraten $f_0(T)$ bzw. $r_0(T)$ entsprechen den in Kapitel 3
eingeführten Größen $f^r(T)$ bzw. $r^r(T)$. Aus Gründen der Übersichtlichkeit wird das Superskript
im Folgenden weggelassen.

[4] Falls die Periodenlänge der Modellperiode h ungleich einem Jahr ist ($h \neq 1$), so ist die (annualisierte) Terminzinsrate wie folgt definiert: $f_t(T) \equiv (\ln B_t(T) - \ln B_t(T+h))/h$.

[5] Entspricht wegen $B_t(T) = \exp\{-(T-t) \cdot r_t(T)\}$ der (stetigen) Verfallrendite (*Yield to Maturi-*
ty) des Zeros mit Fälligkeit T.

Dies beweist die folgende

Eigenschaft 12.1 (Zero-Wertdarstellung mit Terminzinsraten). *Der logarithmierte Preis einer Null-Kuponanleihe mit Nennwert 1 entspricht der negativen Summe der Terminzinsraten für den entsprechenden Kapitalüberlassungszeitraum während der Restlaufzeit der Anleihe.*

Anleihewerte im Dreiperiodenmodell

Um die Unterschiede zwischen den Alternativmodellen aufzeigen zu können, genügt es, ein Dreiperiodenmodell mit vier Handelszeitpunkten zu betrachten. Zu jedem Zeitpunkt wird genau eine Null-Kuponanleihe zur Rückzahlung fällig. Sämtliche Preisfeststellungen für Null-Kuponanleihen im Modellierungszeitraum können Tabelle 12.1 entnommen werden. Dabei bezeichnet $B_t(T)$ den Preis

Tabelle 12.1. *Preisfeststellungen für Null-Kuponanleihen im Modellierungszeitraum.*

Es sind die Null-Kuponanleihekurse in $t = 0$ und die Rückzahlungsbeträge $B_T(T) = 1$ für $T = 1, 2, 3, 4$ bekannt, d. h. nur die in der folgenden Tabelle fett dargestellten Zero-Preise $B_1(2)$, $B_1(3)$ und $B_2(3)$ sind unbekannt.

	Null-Kuponanleihekurs			
Zero-Fälligkeiten	$t = 0$	$t = 1$	$t = 2$	$t = 3$
$T = 0$	$B_0(0) = 1$			
$T = 1$	$B_0(1)$	$B_1(1) = 1$		
$T = 2$	$B_0(2)$	$\mathbf{B_1(2)}$	$B_2(2) = 1$	
$T = 3$	$B_0(3)$	$\mathbf{B_1(3)}$	$\mathbf{B_2(3)}$	$B_3(3) = 1$

einer zum Zeitpunkt T rückzahlbaren Null-Kuponanleihe im Zeitpunkt t. Der Rückzahlungsbetrag beläuft sich jeweils auf eine Geldeinheit, d. h. $B_T(T) = 1$ für $T = 0, 1, 2$ und 3. Die Marktpreise für diese Null-Kuponanleihen besitzen gemäß Eigenschaft 12.1 in dem Dreiperiodenmodell die folgende Darstellung:

$$B_0(1) = \exp\{-f_0(0)\} \, ,$$
$$B_0(2) = B_0(1) \cdot \exp\{-f_0(1)\} = \exp\{-f_0(0) - f_0(1)\} \, ,$$
$$B_0(3) = B_0(2) \cdot \exp\{-f_0(2)\} = \exp\{-f_0(0) - f_0(1) - f_0(2)\} \, ,$$

$$B_1(2) = \exp\{-f_1(1)\} \, ,$$
$$B_1(3) = B_1(2) \cdot \exp\{-f_1(2)\} = \exp\{-f_1(1) - f_1(2)\} \, ,$$

$$B_2(3) = \exp\{-f_2(2)\} \, .$$

Ausgehend von der jeweils aktuellen Diskontierungsfunktion $B_t(1)$, $B_t(2)$ und $B_t(3)$ in $t = 0, 1, 2$ können die relevanten Terminzinsraten bestimmt werden. Diese sind in der Tabelle 12.2 zusammengefasst.

Tabelle 12.2. *Terminzinsraten für den Modellierungszeitraum.*

Fälligkeit	Terminzinsraten		
	$t = 0$	$t = 1$	$t = 2$
$T = 0$	$f_0(0) = \ln\left(\frac{1}{B_0(1)}\right)$		
$T = 1$	$f_0(1) = \ln\left(\frac{B_0(1)}{B_0(2)}\right)$	$f_1(1) = \ln\left(\frac{1}{B_1(2)}\right)$	
$T = 2$	$f_0(2) = \ln\left(\frac{B_0(2)}{B_0(3)}\right)$	$f_1(2) = \ln\left(\frac{B_1(2)}{B_1(3)}\right)$	$f_2(2) = \ln\left(\frac{1}{B_2(3)}\right)$

Beispiel 12.2 (Terminzinsraten).
Die Diskontierungsfunktion sei hier durch die folgenden Zero-Preise: $B_0(1) = 0{,}9704$; $B_0(2) = 0{,}9324$; $B_0(3) = 0{,}8869$ bestimmt. Aus diesen Zero-Preisen ergeben sich die in der folgenden Tabelle angegebenen Terminzinsraten:

Zero-Fälligkeit	Zero-Preis	Terminzinsrate $f_0(T - 1)$
$T = 1$ Jahr	0,9704	$0{,}03 = \ln 1{,}0000 - \ln 0{,}9704$
$T = 2$ Jahre	0,9324	$0{,}04 = \ln 0{,}9704 - \ln 0{,}9324$
$T = 3$ Jahre	0,8869	$0{,}05 = \ln 0{,}9324 - \ln 0{,}8869$

Die Modellierung der Preispfade für Zero-Bonds muss sicherstellen, dass durch Handelsstrategien mit umlaufenden Null-Kuponanleihen keine profitable Zeitarbitrage betrieben werden kann. Dies wäre beispielsweise dann möglich, falls der Liquidationswert eines länger laufenden Zeros in jedem zukünftigen Zustand im nächsten Handelszeitpunkt höher wäre als der Liquidationswert einer einperiodigen Finanzanlage mit gleichem Investitionsbetrag (*Dominanz eines Zahlungsprofils* gegenüber einem anderen). In arbitragefreien Anleihemärkten gilt daher:

Eigenschaft 12.2 (Keine dominierten Zeros). *In arbitragefreien und friktionslosen Finanzmärkten gibt es keine dominierten Null-Kuponanleihen.*

Formal bedeutet dies, dass in einem Dreiperiodenmodell in allen Perioden bei identischem Investitionsbetrag der Rückfluss einer sicheren Anlage strikt zwischen den (beiden) möglichen Renditen einer unsicheren Anlage liegen muss. Da für Periode 1 nur unsichere Anlagealternativen zur Verfügung stehen, nämlich die Anlage in eine Null-Kuponanleihe mit Fälligkeit in $T = 2$ bzw. $T = 3$, resultieren daraus die folgenden beiden Bedingungen:

$$B_1(2, u) > \frac{B_0(2)}{B_0(1)} > B_1(2, d) \quad \text{und} \quad B_1(3, u) > \frac{B_0(3)}{B_0(1)} > B_1(3, d) . \quad (12.3)$$

Für Periode 2 ist die Anlage in die Null-Kuponanleihe mit $T = 3$ die einzige unsichere Investition. Da jedoch bis zum Beginn der Periode 2 ($t = 1$) entweder eine Uptick- oder eine Downtick-Entwicklung im Binomialbaum eingetreten ist, resultieren daraus ebenfalls zwei Bedingungen:

$$B_2(3, uu) > \frac{B_1(3, u)}{B_1(2, u)} > B_2(3, ud) \text{ und } B_2(3, du) > \frac{B_1(3, d)}{B_1(2, d)} > B_2(3, dd). \quad (12.4)$$

Diese Forderung entspricht der Arbitragefreiheitsbedingung

$$S \cdot U > S \cdot R > S \cdot D \quad \Longleftrightarrow \quad U > R > D$$

im Binomialmodell für Aktienoptionen bei deterministischer Zinsentwicklung (siehe Beziehung (10.1)). Die Bedingungen (12.3) und (12.4) werden genau dann eingehalten, wenn Konstanten $q(2), q(3), q_1(u), q_1(d) \in (0,1)$ existieren, so dass sich die Zero-Preise wie folgt darstellen lassen:

$$B_0(2) = B_0(1) \cdot [q(2) \cdot B_1(2, u) + (1 - q(2)) \cdot B_1(2, d)] , \quad (12.5)$$

$$B_0(3) = B_0(1) \cdot [q(3) \cdot B_1(3, u) + (1 - q(3)) \cdot B_1(3, d)] , \quad (12.6)$$

$$B_1(3, u) = B_1(2, u) \cdot [q_1(u) \cdot B_2(3, uu) + (1 - q_1(u)) \cdot B_2(3, ud)] , \quad (12.7)$$

$$B_1(3, d) = B_1(2, d) \cdot [q_1(d) \cdot B_2(3, du) + (1 - q_1(d)) \cdot B_2(3, dd)] . \quad (12.8)$$

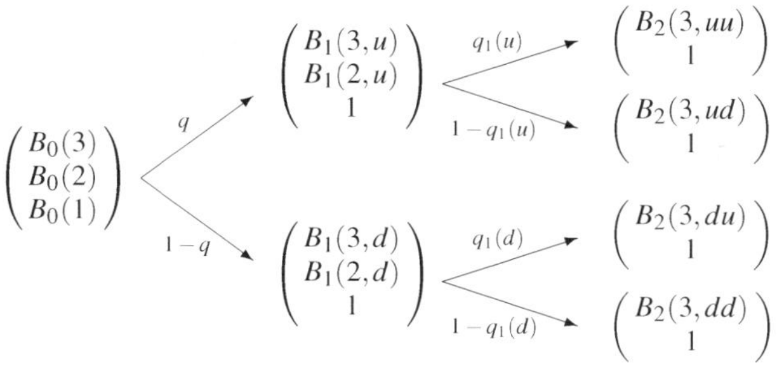

Abb. 12.8. *Preispfade für Zeros.*
In einem nichtrekombinierenden Werteverlaufsbaum sind die Anleihekurse von dem Preispfad abhängig.

Interpretiert man diese Konstanten als risikoneutrale Uptick-Wahrscheinlichkeiten, so bedeutet dies, dass diskontierte Anleihepreise in einer risikoneutralen Welt die Martingaleigenschaft 12A.1 besitzen. Des Weiteren verwenden wir die folgende, nützliche

Eigenschaft 12.3 (Duplizierbarkeit). *In einem vollkommenen Finanzmarkt lässt sich jeder Zero durch ein geeignetes Portefeuille von Zeros duplizieren und sein Wert entspricht dem Barwert des entsprechenden Duplikationsportefeuilles.*

In einem Einfaktormodell sind die Zero-Preise perfekt korreliert. Es ist daher möglich, das Zahlungsprofil von $B_1(2)$ durch ein aus h^1 bzw. h^3 Zeros mit Fälligkeit $T = 1$ (Geldmarktkonto) bzw. $T = 3$ bestehendes Portefeuille zu duplizieren. Im Zeitpunkt $t = 1$ gilt dann für den Preis der Null-Kuponanleihe mit $T = 2$:

$$B_1(2,u) = h^1 \cdot 1 + h^3 \cdot B_1(3,u) \,,$$
$$B_1(2,d) = h^1 \cdot 1 + h^3 \cdot B_1(3,d) \,.$$

Das Auflösen dieser Gleichungen nach h^1 und h^3 ergibt:

$$h^1 = \frac{B_1(2,d) \cdot B_1(3,u) - B_1(2,u) \cdot B_1(3,d)}{B_1(3,u) - B_1(3,d)} \,, \qquad h^3 = \frac{B_1(2,u) - B_1(2,d)}{B_1(3,u) - B_1(3,d)} \,.$$

Die Arbitragefreiheit impliziert $B_0(2) = h^1 \cdot B_0(1) + h^3 \cdot B_0(3)$, beziehungsweise nach Substitution von h^1 und h^3:

$$B_0(2) = \frac{B_1(2,d) \cdot B_1(3,u) - B_1(2,u) \cdot B_1(3,d)}{B_1(3,u) - B_1(3,d)} \cdot B_0(1)$$
$$+ \frac{B_1(2,u) - B_1(2,d)}{B_1(3,u) - B_1(3,d)} \cdot B_0(3) \,.$$

Das ist äquivalent zu

$$B_1(3,u) \cdot B_0(2) - B_1(3,d) \cdot B_0(2) = B_1(2,d) \cdot B_1(3,u) \cdot B_0(1)$$
$$- B_1(2,u) \cdot B_1(3,d) \cdot B_0(1) + B_1(2,u) \cdot B_0(3) - B_1(2,d) \cdot B_0(3)$$

oder

$$(B_0(2) - B_1(2,d) \cdot B_0(1)) \cdot (B_1(3,u) - B_1(3,d))$$
$$= (B_0(3) - B_1(3,d) \cdot B_0(1)) \cdot (B_1(2,u) - B_1(2,d)) \,.$$

Division durch $B_1(2,u) - B_1(2,d)$ und $B_1(3,u) - B_1(3,d)$ führt zu:

$$\underbrace{\frac{B_0(2) - B_1(2,d) \cdot B_0(1)}{B_1(2,u) - B_1(2,d)}}_{= q(2) \cdot B_0(1) \text{ wegen } (12.5)} = \underbrace{\frac{B_0(3) - B_1(3,d) \cdot B_0(1)}{B_1(3,u) - B_1(3,d)}}_{= q(3) \cdot B_0(1) \text{ wegen } (12.6)} \,.$$

Die Arbitragefreiheit zwischen Null-Kuponanleihen mit den Fälligkeiten $T = 2$ und $T = 3$ erlaubt es also, in (12.5) beziehungsweise (12.6) die Konstanten $q(2)$ und $q(3)$ durch q zu ersetzen! Aus der Annahme der Arbitragefreiheit folgt also, dass ein risikoneutrales Wahrscheinlichkeitsmaß Q mit den Wahrscheinlichkeiten q, $q_1(u)$, $q_1(d) \in (0,1)$ existiert, bezüglich dessen der Preis einer Anleihe zum Zeitpunkt t gleich dem mit der Kassazinsrate r_t diskontierten erwarteten Preis eine Periode später ist.[6] Der Preis der Null-Kuponanleihe mit Fälligkeit in $T = 2$

---

[6] $r_1(u)$ bzw. $r_1(d)$ bezeichnet die Kassazinsrate der zweiten Periode, falls ein Uptick bzw. Downtick in den Zero-Preisen aufgetreten ist.

muss daher in $t = 0$ dem erwarteten Anleihepreis in $t = 1$, diskontiert mit $B_0(1)$, entsprechen:[7]

$$B_0(2) = B_0(1)\left[qB_1(2,u) + (1-q)B_1(2,d)\right]$$
$$= e^{-r_0}\left[qe^{-r_1(u)} + (1-q)e^{-r_1(d)}\right]$$
$$= E_Q\left[e^{-\{r_0+r_1\}}\Big|\mathcal{F}_0\right].$$

Für den Wert des Zeros mit Fälligkeit $T = 3$ gilt eine analoge Darstellung:

$$B_0(3) = B_0(1)\left[qB_1(3,u) + (1-q)B_1(3,d)\right]$$
$$= e^{-r_0}\left[q\left(e^{-r_1(u)}\left[q_1(u)e^{-r_2(uu)} + (1-q_1(u))e^{-r_2(ud)}\right]\right)\right.$$
$$\left. + (1-q)\left(e^{-r_1(d)}\left[q_1(d)e^{-r_2(du)} + (1-q_1(d))e^{-r_2(dd)}\right]\right)\right]$$
$$= e^{-r_0}\left[qq_1(u)e^{-r_1(u)-r_2(uu)} + q(1-q_1(u))e^{-r_1(u)-r_2(ud)}\right.$$
$$\left. + (1-q)q_1(d)e^{-r_1(d)-r_2(du)} + (1-q)(1-q_1(d))e^{-r_1(d)-r_2(dd)}\right]$$
$$= E_Q\left[e^{-\{r_0+r_1+r_2\}}\Big|\mathcal{F}_0\right].$$

Eine analoge Darstellung muss für jede Zeit- und Zustandskombination gelten. Da es im Zeitpunkt $t = 1$ zwei mögliche Szenarien für die Zinsstruktur gibt, erhält man zwei Darstellungen:

$$B_1(3,u) = B_1(2,u)\left[q_1(u)B_2(3,uu) + (1-q_1(u))B_2(3,ud)\right]$$
$$= e^{-r_1(u)}\left[q_1(u)e^{-r_2(uu)} + (1-q_1(u))e^{-r_2(ud)}\right]$$
$$= E_Q\left[e^{-\{r_1(u)+r_2(u)\}}\Big|u \in \mathcal{F}_1\right],$$

$$B_1(3,d) = B_1(2,d)\left[q_1(d)B_2(3,du) + (1-q_1(d))B_2(3,dd)\right]$$
$$= e^{-r_1(d)}\left[q_1(d)e^{-r_2(du)} + (1-q_1(d))e^{-r_2(dd)}\right]$$
$$= E_Q\left[e^{-\{r_1(d)+r_2(d)\}}\Big|d \in \mathcal{F}_1\right].$$

Damit ist gezeigt, dass es einen eindeutigen Zusammenhang zwischen den Zero-Preisen und den Kassazinsraten gibt:

Eigenschaft 12.4 (Zero-Wertdarstellung durch Kassazinsraten). *Mit jedem Preispfad für die Zeros korrespondiert ein Pfad für die Kassazinsrate, der den selben Informationsstand reflektiert.*

---

[7] Zur Erinnerung: $E_Q(Z|\mathcal{F}_t)$ bezeichnet wiederum den Erwartungswert der Zufallsvariablen Z auf Basis des Wahrscheinlichkeitsmaßes Q und des Informationsstandes im Zeitpunkt t. Letzterer wird durch die Ereignisalgebra $\mathcal{F}_t$ modelliert.

Die zufällige Zinsstrukturänderung kann daher auch durch einen Binomialbaum der Kassazinsrate erfasst werden (siehe Abbildung 12.9).[8] Oder anders ausgedrückt: Die Preispfade für die Zero-Bonds bestimmen die Pfade der Kassazinsrate. Dies impliziert, dass Preise von Zinsderivaten — analog zu den Aktienderivaten im Black/Merton/Scholes-Modell — nicht explizit von Risikoprämien bzw. dem Marktpreis für Zinsrisiken abhängen.[9]

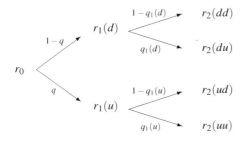

Abb. 12.9. *Pfade der Kassazinsrate.*

Für vollständige Finanzmarktmodelle dieser Art haben sich nun zwei Modellklassen herausgebildet: Vertreter der ersten Klasse (*Terminzinsratenmodelle*) modellieren ausgehend von der aktuell beobachtbaren Zinsstrukturkurve (und damit den aktuellen Terminzinsraten) die Pfade der Terminzinsraten und damit auch die der Kassazinsraten. Vertreter der zweiten Klasse (*Kassazinsratenmodelle*) spezifizieren einen Kassazinsratenprozess und bestimmen (durch die Lösung eines Nullstellenproblems) die Driftparameter derart, dass das Modell auch die aktuell beobachtbare Zinsstruktur erklären kann. Diese beiden Modellklassen entsprechen den „zwei Seiten einer Medaille". Sie stehen für zwei unterschiedliche Wege, ein Modell zu implementieren. Jeder Weg ist mit unterschiedlichen Vor- und Nachteilen verbunden. So ist der im Folgenden vorgestellte Vertreter der Terminzinsratenmodelle beispielsweise einerseits in einfacher Weise an die aktuell beobachtbare Zinsstruktur anzupassen. Andererseits müssen dafür eventuell negative (endogene) Terminzinsraten in Kauf genommen werden. Letzteres Problem tritt bei dem hier vorgestellten Vertreter der Kassazinsratenmodelle nicht auf. Dafür sind sukzessive mehrere Inversionsprobleme — im mathematischen Sinne Nullstellenprobleme — zu lösen, damit das Modell auch die Ausgangszinsstruktur erklären kann, also zinsstrukturkonform ist. Die Darstellung beider Modellvarianten erfolgt für den Fall rekombinierender Binomialbäume, deren Knoten sich eindeutig durch das Tupel (Zeitpunkt t, Anzahl der Preis-Upticks i) identifizieren lassen.

---

[8] Uptick und Downtick beziehen sich auf den Bond-Preisprozess. Die Bond-Preise steigen also im Uptick und fallen im Downtick. Steigende Bond-Preise implizieren jedoch fallende Zinsen, so dass die Zinsraten im Uptick fallen und im Downtick steigen.

[9] In Gleichgewichtsmodellen, beispielsweise dem Modell von Cox, Ingersoll und Ross (1985a, 1985b), hängt der Optionspreis vom Marktpreis des Risikos ab.

12.3 Modellierung von Terminzinsraten

Die Preisentwicklung von Anleihen kann auf der Basis von Terminzinsraten modelliert werden. Zur Veranschaulichung der prinzipiellen Vorgehensweise betrachten wir eine zeitdiskrete Variante des Modells von Heath, Jarrow und Morton (1992). Sie entspricht dem Modell von Ho und Lee (1986) und unterstellt die folgende binomiale Entwicklung der Terminzinsraten:

$$f_{t+1}(T) = f_t(T) + \mu_t(T) + \sigma X_{t+1}, \qquad T = t+1, \dots, \overline{T} - 1, \qquad (12.9)$$

für alle Anlagezeiträume, die im Zeitpunkt $0 \le t \le \overline{T} - 2$ beginnen. Mit $q_t(i)$ wird die risikoneutrale Wahrscheinlichkeit eines Zinsraten-Downticks im Zeitpunkt t bezeichnet, wenn zuvor schon i Downticks eingetreten waren. X_{t+1} kennzeichnet eine binomialverteilte Zufallsvariable mit den Ausprägungen

$$X_{t+1} = \begin{cases} +1 \text{ mit der risikoneutralen Wahrscheinlichkeit } (1 - q_t(i)) \\ -1 \text{ mit der risikoneutralen Wahrscheinlichkeit } q_t(i) \end{cases}$$

und repräsentiert den im Handelszeitpunkt t eintretenden Zinsschock, von dem alle Terminzinsraten $f_t(t), f_t(t+1), \dots, f_t(\overline{T} - 1)$ betroffen sind. Alle Terminzinsratenänderungen im Zeitpunkt t sind daher perfekt korreliert, d. h. es handelt sich hierbei um ein *Einfaktormodell*. In Anlehnung an Heath, Jarrow und Morton (1990) und ohne damit die Allgemeinheit der Darstellung zu beschränken, wählen wir $q_t(i) = (1 - q_t(i)) = 1/2$ für $t = 0$ und $t = 1$ sowie $i = 0$ und $i = 1$. Für die zeitabhängigen Driftparameter und den im Zeitablauf konstanten Volatilitätsparameter gilt:

$$\mu_t(T) = \mathrm{E}_Q \left[f_{t+1}(T) - f_t(T) | \mathcal{F}_t \right], \quad \sigma^2 = \mathrm{Var}_Q \left[f_{t+1}(T) - f_t(T) | \mathcal{F}_t \right].$$

Abb. 12.10. *Pfade der Terminzinsraten im Modell von Ho/Lee.*

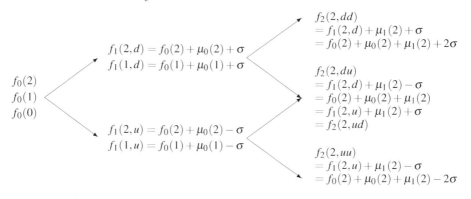

Für jeden Zeitpunkt haben demzufolge alle Terminzinsraten dieselbe Volatilität, also insbesondere für den Zeitpunkt $t = 1$. Die Renditevolatilität von Zero-Bonds ist jedoch nicht über alle Restlaufzeiten gleich. Wegen Eigenschaft 12.1 und Gleichung (12.9) gilt für die Null-Kuponanleihe mit Restlaufzeit $T = 2$:

$$
\begin{aligned}
\mathrm{E}_Q\left[\ln B_1(2) - \ln B_0(2)\right] &= \mathrm{E}_Q\left[-f_1(1) - (-f_0(0) - f_0(1))\right] \\
&= \mathrm{E}_Q\left[-f_0(1) - \mu_0(1) - \sigma X_1 + r_0 + f_0(1)\right] \\
&= \mathrm{E}_Q\left[r_0 - \mu_0(1) - \sigma X_1\right] \\
&= r_0 - \mu_0(1)\,, \\
\mathrm{Var}_Q\left[\ln B_1(2) - \ln B_0(2)\right] &= \mathrm{Var}_Q\left[r_0 - \mu_0(1) - \sigma X_1\right] \\
&= \sigma^2\,,
\end{aligned}
$$

und für die Null-Kuponanleihe mit Restlaufzeit $T = 3$:

$$
\begin{aligned}
\mathrm{E}_Q\left[\ln B_1(3) - \ln B_0(3)\right] &= \mathrm{E}_Q\left[-f_1(1) - f_1(2) - (-f_0(0) - f_0(1) - f_0(2))\right] \\
&= \mathrm{E}_Q[-f_0(1) - \mu_0(1) - \sigma X_1 \\
&\quad - f_0(2) - \mu_0(2) - \sigma X_1 + (r_0 + f_0(1) + f_0(2))] \\
&= \mathrm{E}_Q\left[r_0 - \mu_0(1) - \mu_0(2) - \sigma X_1 - \sigma X_1\right] \\
&= r_0 - \mu_0(1) - \mu_0(2)\,, \\
\mathrm{Var}_Q\left[\ln B_1(3) - \ln B_0(3)\right] &= \mathrm{Var}_Q\left[r_0 - \mu_0(1) - \mu_0(2) - \sigma X_1 - \sigma X_1\right] \\
&= 4\sigma^2 \mathrm{Var}(X_1) \\
&= 4\sigma^2\,.
\end{aligned}
$$

Im Modell von Ho und Lee gilt also die folgende

Eigenschaft 12.5 (Abnehmende Anleihevolatilität). *Langlaufende Anleihen haben eine größere Renditevolatilität als Anleihen kürzerer Restlaufzeit.*

So beträgt beispielsweise die Renditevarianz des Langläufers (mit $T = 3$) in der ersten, zweiten bzw. dritten Periode $4\sigma^2$, σ^2 bzw. 0. Dies ist einer der entscheidenden Unterschiede zwischen diesem Modell und der in Abschnitt 12.1 vorgestellten kursorientierten Modellierung. Dabei bleibt die Volatilität von Termin- und Kassazinsratenänderungen — wie angenommen — im Zeitablauf konstant.

Arbitragefreie Driftparameter der Terminzinsraten

Bei gegebener Ausgangszinsstruktur $B_0(1), B_0(2), B_0(3)$ und Varianz der Terminzinsraten $\sigma^2 = \mathrm{Var}_Q(f_{t+1}(T) - f_t(T))$ für alle $t = 0,1$ und $T = 1, 2$, sind die zeitabhängigen Driftparameter $\mu_0(1), \mu_0(2), \mu_1(2)$ der Terminzinsraten derart zu bestimmen, dass das Modell der Zinsentwicklung arbitragefrei ist. Arbitragefreiheit ist genau dann sichergestellt, wenn die Zero-Preise sich in jedem Knoten als diskontierte Erwartungswerte der nachfolgenden Preise auf der Basis risikoneutraler Wahrscheinlichkeiten repräsentieren lassen. Folglich sind die Driftparameter der Terminzinsraten derart zu bestimmen, dass sich die Zero-Preise wie folgt darstellen lassen:

$$B_0(2) = B_0(1)\left[B_1(2,u) + B_1(2,d)\right]/2 \,, \tag{12.10}$$

$$B_0(3) = B_0(1)\left[B_1(3,u) + B_1(3,d)\right]/2 \,, \tag{12.11}$$

$$B_1(3,u) = B_1(2,u)\left[B_2(3,uu) + B_2(3,ud)\right]/2 \,, \tag{12.12}$$

$$B_1(3,d) = B_1(2,d)\left[B_2(3,du) + B_2(3,dd)\right]/2 \,. \tag{12.13}$$

Diese vier Repräsentationsforderungen führen unter Verwendung der Cosinus Hyperbolicus-Funktion $\cosh(x) = (e^x + e^{-x})/2$ zur folgenden

Eigenschaft 12.6 (Drift-Restriktion für Terminzinsraten). *In einem Terminzinsratenmodell mit konstanter Volatilität der Terminzinsraten, risikoneutralen Wahrscheinlichkeiten $q_t(i) = 1/2$ für alle t und i, und N Handelsperioden genügen die arbitragefreien Driftparameter den Bedingungen:*

$$\sum_{n=1}^{\bar{n}} \mu_t(t+n) = \ln\left(\left(e^{\bar{n}\sigma} + e^{-\bar{n}\sigma}\right)/2\right) = \ln(\cosh(\bar{n}\sigma)), \quad \bar{n} = 1,\dots,N-1 \,.$$

Diese im Anhang 12B bewiesene Eigenschaft lässt sich wie folgt in unserem Drei-Perioden-Modell verifizieren. Durch entsprechende Substitution erhält man zunächst aus (12.10):

$$\begin{aligned}
B_0(2) &= B_0(1)\left[B_1(2,u) + B_1(2,d)\right]/2 \\
&= B_0(1)\left[e^{-f_1(1,u)} + e^{-f_1(1,d)}\right]/2 \\
&= B_0(1)\left[e^{-\{f_0(1) + \mu_0(1) - \sigma\}} + e^{-\{f_0(1) + \mu_0(1) + \sigma\}}\right]/2 \,.
\end{aligned}$$

Wegen $e^{-f_0(1)} = B_0(2)/B_0(1)$ gilt aber $1 = e^{-\mu_0(1)}\left((e^\sigma + e^{-\sigma})/2\right)$ und damit erfüllt der Driftparameter

$$\mu_0(1) = \ln\left((e^\sigma + e^{-\sigma})/2\right)$$

die Eigenschaft 12.6. In analoger Weise erhält man aus der Darstellung (12.11) zunächst:

$$\begin{aligned}
B_0(3) &= B_0(1)\left[B_1(3,u) + B_1(3,d))\right]/2 \\
&= B_0(1)\left[e^{-\{f_1(1,u) + f_1(2,u)\}} + e^{-\{f_1(1,d) + f_1(2,d)\}}\right]/2 \\
&= B_0(1)\left[e^{-\{f_0(1) + \mu_0(1) - \sigma + f_0(2) + \mu_0(2) - \sigma\}}\right. \\
&\quad \left. + e^{-\{f_0(1) + \mu_0(1) + \sigma + f_0(2) + \mu_0(2) + \sigma\}}\right]/2 \,. \tag{12.14}
\end{aligned}$$

Wegen Eigenschaft 12.1 gilt $e^{-\{f_0(1) + f_0(2)\}} = B_0(3)/B_0(1)$. Damit folgt aus Gleichung (12.14) $1 = e^{-\{\mu_0(1) + \mu_0(2)\}}\left((e^{2\sigma} + e^{-2\sigma})/2\right)$ und damit erfüllt

$$\mu_0(1) + \mu_0(2) = \ln\left((e^{2\sigma} + e^{-2\sigma})/2\right)$$

die Eigenschaft 12.6. Der arbitragefreie Driftparameter $\mu_1(2) = \ln((e^\sigma + e^{-\sigma})/2)$, der die im Zeitpunkt $t = 1$ erwartete Änderung der Terminzinsrate für die im Zeitpunkt $T = 2$ beginnende dritte Anlageperiode beschreibt, kann auf ähnliche Weise verifiziert werden. Allerdings sind dazu zwei Situationen zu überprüfen: die Situation nach dem Uptick bzw. Downtick in der ersten Periode.

Preispfade für Anleihen und Anleihe-Calls

In den folgenden zwei Beispielen soll die Bewertung eines Calls auf eine Null-Kuponanleihe und eines Calls auf eine Kuponanleihe mittels des Ho/Lee-Modells demonstriert werden.

Beispiel 12.3 (Pfade der Terminzinsraten, Zeros und Zero-Call-Preise). _____
Die Ausgangszinsstruktur soll der in Beispiel 12.2 entsprechen: $B_0(1) = 0{,}9704$, $B_0(2) = 0{,}9324$ und $B_0(3) = 0{,}8869$. Damit ergeben sich die Terminzinsraten $f_0(0) = 0{,}03$, $f_0(1) = 0{,}04$ und $f_0(2) = 0{,}05$. Weiterhin sei eine Periodenlänge von einem Jahr und eine Volatilität der Terminzinsraten von $\sigma = 0{,}02$ angenommen. Für die risikoneutralen Uptick- bzw. Downtick-Wahrscheinlichkeiten $q = (1 - q) = 1/2$ erhält man gemäß Eigenschaft 12.6 die arbitragefreien Driftparameter: $\mu_0(1) = 0{,}0002$, $\mu_0(2) = 0{,}0006$, $\mu_1(2) = 0{,}0002$. Die Abbildung 12.11 stellt nun die arbitragefreie Entwicklung der *Terminzinsraten* dar.

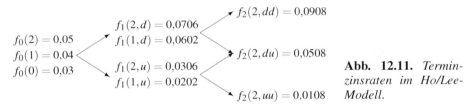

Abb. 12.11. *Terminzinsraten im Ho/Lee-Modell.*

Abb. 12.12. *Preispfade für Zeros im Ho/Lee-Modell.*

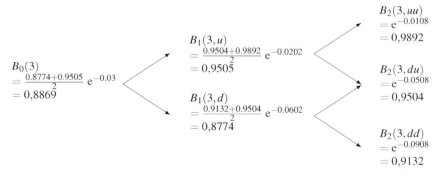

Mit Hilfe der Terminzinsraten lassen sich retrograd die Preise der Null-Kuponanleihen bestimmen. So entwickelt sich beispielsweise der Preis des langlaufenden Zeros so, wie in Abbildung 12.12 gezeigt wird.[10]
Auf der Basis der arbitragefreien Modellierung der Anleihepreise lässt sich für einen Call auf den langlaufenden Zero mit Basispreis 0,96 die Preisentwicklung herleiten (siehe Abbildung 12.13). Die risikoneutrale Bewertung des Calls auf diese Anleihe liefert also den gegenwärtigen Wert $C = 0,0069$.

Abb. 12.13. *Preispfade für Zero-Calls im Ho/Lee-Modell.*

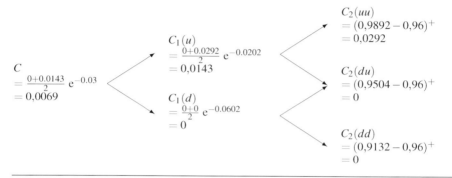

Beispiel 12.4 (Bewertung eines Calls auf eine Kuponanleihe). _____
Zu bewerten sei ein Europäischer Call auf eine Kuponanleihe mit Fälligkeit $T = 3$, Nennwert $F = 100$ und Kupon $c = 5\%$. Die Laufzeit der Option sei $T_C = 1$ und der Basispreis $K = 100$. Die Ausgangszinsstruktur und die Volatilität der Terminzinsraten seien wie in Beispiel 12.3. Aus dem Baum der arbitragefreien Terminzinsratenentwicklung ergibt sich unmittelbar der Baum der Zero-Preisentwicklung (siehe Abbildung 12.14).

Abb. 12.14. *Preispfade für Zeros im Ho/Lee-Modell.*

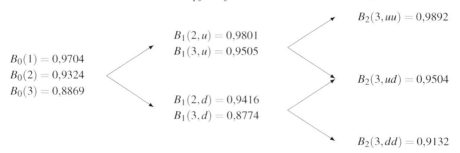

[10] Alternativ zur retrograden Bewertung des Null-Kuponanleihe-Langläufers können die Preise in den einzelnen Knoten auch direkt aus den Terminzinsraten in diesen Knoten berechnet werden.

Der Wert der Kuponanleihe nach einem Uptick bzw. Downtick in $t = 1$ kann als Wert eines Portefeuilles von Null-Kuponanleihen ermittelt werden:

$$B_1^c(3,u) \cdot F = B_1(2,u) \cdot c \cdot F + B_1(3,u) \cdot (1+c) \cdot F = 104{,}7013 \;,$$
$$B_1^c(3,d) \cdot F = B_1(2,d) \cdot c \cdot F + B_1(3,d) \cdot (1+c) \cdot F = 96{,}8375 \;.$$

Der Wert des Calls auf diese Kuponanleihe nach einem Uptick bzw. Downtick in $t = 1$ ist somit:

$$C_1(u) = (104{,}7013 - 100;0)^+ = 4{,}7013 \;,$$
$$C_1(d) = (96{,}8375 - 100;0)^+ = 0 \;.$$

Die risikoneutrale Bewertung des Calls liefert:

$$C_0 = B_0(1) \cdot [0{,}5 \cdot C_1(u) + 0{,}5 \cdot C_1(d)] = 2{,}28 \;.$$

Alternativ lässt sich der Call auch mit je zwei der drei Null-Kuponanleihen duplizieren, z. B. mit den Zeros mit Fälligkeiten $T = 1$ und $T = 2$, da alle langlaufenden Anleihen ($T \geq 2$) miteinander perfekt korreliert sind. Daher existiert eine Hedging-Strategie $\mathbf{H} = (h^0, h^1)'$, die die Forderungen

$$C_1(u) = h^0 \cdot 1 + h^1 B_1(2,u) \;,$$
$$C_1(d) = h^0 \cdot 1 + h^1 B_1(2,d)$$

erfüllt. Dieses Gleichungssystem besitzt die Lösung

$$h^1 = \frac{C_1(u) - C_1(d)}{B_1(2,u) - B_1(2,d)} = 122{,}1117 \;,$$
$$h^0 = \frac{C_1(d) B_1(2,u) - C_1(u) B_1(2,d)}{B_1(2,u) - B_1(2,d)} = -114{,}9804 \;.$$

Das Duplikationsportefeuille hat daher im Zeitpunkt $t = 0$ den Wert

$$C_0 = h^0 B_0(1) + h^1 B_0(2) = 2{,}28 \;.$$

Beispiel 12.5 (Negative Terminzinsraten). _____

Gegeben seien Kassazinsraten von $r_0(1) = 0{,}08$, $r_0(2) = 0{,}06$ und $r_0(3) = 0{,}04$, sowie die Volatilität der Terminzinsraten von $\sigma = 0{,}012$. Damit ergeben sich die Terminzinsraten $f_0(0) = 0{,}08$, $f_0(1) = 0{,}04$ und $f_0(2) = 0$. Für die risikoneutralen Übergangswahrscheinlichkeiten $q = (1 - q) = 1/2$ erhält man gemäß Eigenschaft 12.6 die arbitragefreien Driftparameter: $\mu_0(1) = 0{,}00007$, $\mu_0(2) = 0{,}00022$, $\mu_1(2) = 0{,}00007$. Die Abbildung 12.15 stellt nun die arbitragefreie Entwicklung der *Terminzinsraten* dar, Abbildung 12.16 veranschaulicht den Preispfad des langlaufenden Zeros mit dreijähriger Restlaufzeit.

Wie man sieht, übersteigt der Zero-Preis nach zwei Upticks den Nennwert in Höhe von 1. Dies bedeutet, dass die Kassazinsrate der letzten Periode bis zur Fälligkeit des Zeros negativ sein muss, damit der Wert der Anleihe im Fälligkeitszeitpunkt $T = 3$ dem

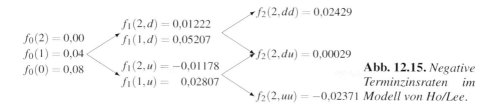

Abb. 12.15. *Negative Terminzinsraten im Modell von Ho/Lee.*

Nennwert entspricht. Da jedoch Kassenhaltung im vorgegebenen Modellrahmen nicht möglich ist, kann kein Arbitrageur durch den Leerverkauf des Zeros in $t = 2$ von einer solchen Situation profitieren: Der Verkaufserlös in Höhe von $1,024$ müsste nämlich zu negativen Zinsen angelegt werden. Der Rückzahlungsbetrag wäre in $T = 3$ gerade $1,024 \cdot \exp\{-0,02371\} = 1$, also der Betrag, der zur Glattstellung (Rückkauf des leerverkauften Zeros) seiner Short-Position benötigt wird.

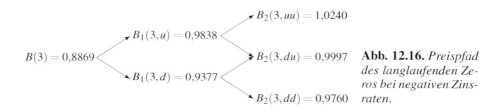

Abb. 12.16. *Preispfad des langlaufenden Zeros bei negativen Zinsraten.*

Abbildung 12.17 illustriert den Pull to Par-Effekt, der im Ho/Lee-Modell – im Unterschied zum BMS-Modell – immer, also auch beim Auftreten negativer Kassazinsraten zu beobachten ist.

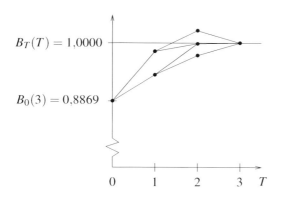

Abb. 12.17. *Pull to Par-Effekt.* Im Ho/Lee-Modell können Zero-Preise aufgrund negativer Terminzinsraten über den Nominalwert $B_T(T) = 1$ steigen. Dennoch enden alle Preispfade beim Nennwert 1.

Das mögliche Auftreten von negativen Kassa- bzw. Terminzinsraten ist keine wünschenswerte Modelleigenschaft, obwohl ein solches Modell dennoch arbitragefrei bleibt, wenn keine Kassenhaltung möglich ist. Zudem wächst in diesem Modell die erwartete Kassazinsrate unbeschränkt mit der Zeit. Die Annahme, dass für alle Terminzinsraten die Varianz der Änderung identisch und im Zeitablauf konstant ist, führt des Weiteren zu unrealistischen zukünftigen Zinsstrukturkurven: Ausgehend von einer flachen Zinsstruktur können die modellierten zukünftigen Zinsstrukturkurven durch Parallelverschiebung ineinander überführt werden (siehe dazu Heitmann, 1997, S. 127). Diese unerwünschten Modelleigenschaften lassen sich aber dadurch vermeiden, dass man die Volatilität einer Terminzinsratenänderung *zeit- und zustandsabhängig* spezifiziert:

$$\sigma_t(T, f_t(T)) = \mathrm{Var}_Q\left[f_{t+1}(T) - f_t(T) \middle| \mathcal{F}_t\right]^{1/2} .$$

Heath, Jarrow und Morton (1992) schlagen beispielsweise eine (fast) proportionale Volatilitätsfunktion vor, die in unserem zeitdiskreten Modellrahmen wie folgt lautet:

$$\sigma_t(T, f_t(T)) = (\sigma_0 + \sigma_1(T - t)) \min\{f_t(T); M\} ,$$

wobei M eine große, positive Zahl ist, die das unbeschränkte Wachstum der Terminzinsrate in endlicher Zeit verhindert. Die Proportionalität von Volatilität und Kassazinsratenniveau gewährleistet die Nichtnegativität der modellierten Kassazinsraten.[11]

12.4 Modellierung der Kassazinsrate

Wir betrachten nun ein alternatives Modell, bei dem die Änderung der logarithmierten Kassazinsrate binomialverteilt ist. Damit kann bei einem positiven Ausgangszinsniveau das Zinsniveau niemals negativ werden. Es handelt sich dabei um das von Black, Derman und Toy (1990) vorgeschlagene Modell, mit dem Unterschied, dass in der Originalarbeit der Kassazinssatz für einperiodige Finanzanlagen (*Short Rate*) anstelle der Kassazinsrate modelliert wird. In der Grundversion dieses Modells wächst die logarithmierte Kassazinsrate um den zeitabhängigen Driftparameter μ_t zuzüglich einer stochastischen Änderung, deren Varianz proportional zur Periodenlänge ist. Für die logarithmierte Kassazinsrate im Handelszeitpunkt t gilt dann:

$$\ln r_{t+1} = \ln r_t + \mu_t + \sigma X_{t+1} , \qquad t = 1, \ldots, \overline{T} - 1 . \tag{12.15}$$

---

[11] Die Modelle von Vasicek (1977) und Hull und White (1990) unterstellen eine ebenfalls nichtkonstante, aber deterministische Volatilitätsfunktion der folgenden Art:

$$\sigma_t(T, f_t(T)) = \xi \cdot \exp\{-\eta \cdot (T - t)\} \quad \text{mit } \xi, \eta > 0 .$$

Wiederum kennzeichnet X_{t+1} eine Zufallsvariable mit den Ausprägungen

$$X_{t+1} = \begin{cases} +1 \text{ mit der risikoneutralen Wahrscheinlichkeit } (1 - q_t(i)) \, , \\ -1 \text{ mit der risikoneutralen Wahrscheinlichkeit } q_t(i) \, , \end{cases}$$

wobei $q_t(i)$ wiederum die Wahrscheinlichkeit für einen (weiteren) Anleihepreis-Uptick, unter der Bedingung, dass i Preis-Upticks bis zum Zeitpunkt t aufgetreten sind, kennzeichnet. Dabei entspricht ein Anleihepreis-Uptick einem Zinsraten-Downtick. Um die retrograde Berechnung von Anleihederivaten einfach zu gestalten, wählen wir wiederum die zeit- und zustandsunabhängige Uptick-Wahrscheinlichkeit $q = 1/2$. Wegen der Eigenschaften $E_Q[X_{t+1}] = 0$ und $\mathrm{Var}_Q[X_{t+1}] = 1$ gilt für die zeitabhängigen Driftparameter und die Varianz der Änderung der logarithmierten Kassazinsrate:

$$\mu_t = E_Q[\ln r_{t+1} - \ln r_t | \mathcal{F}_t] \quad \text{und} \quad \sigma^2 = \mathrm{Var}_Q[\ln r_{t+1} - \ln r_t | \mathcal{F}_t] \, .$$

Die Abbildung 12.18 zeigt die Entwicklung der Kassazinsrate nach Black, Derman und Toy.

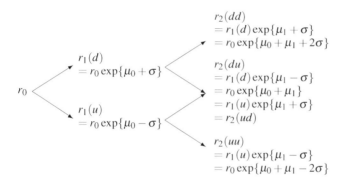

Abb. 12.18. *Pfade der Kassazinsrate im Black/Derman/Toy-Modell.*

Arbitragefreie Driftparameter der Kassazinsraten

Konsistenz mit der Ausgangszinsstruktur bedeutet, dass die risikoneutrale Bewertung der Null-Kuponanleihen bezüglich *beliebiger* risikoneutraler Wahrscheinlichkeiten die Preise $B_0(1), B_0(2), B_0(3)$ liefert. Bei gegebener Varianz der Änderung der logarithmierten Kassazinsrate, $\mathrm{Var}_Q(\ln(r_{t+1}/r_t)) = \sigma^2$, sind im Modell von Black, Derman und Toy lediglich noch die Driftparameter der logarithmierten Kassazinsraten μ_0, μ_1 frei wählbar. Um Arbitragefreiheit zu gewährleisten, ist aber μ_0 derart festzulegen, dass der Preis des Zeros mit Fälligkeit $T = 2$ wie folgt dargestellt werden kann:

$$B_0(2) = \mathrm{E}_Q\left[\exp\{-r_0 - r_1\}\right]$$

$$= \mathrm{e}^{-r_0}\left[\frac{1}{2}\cdot\exp\{-r_1(u)\} + \frac{1}{2}\cdot\exp\{-r_1(d)\}\right] \qquad (12.16)$$

$$= \mathrm{e}^{-r_0}\left[\exp\left\{-r_0\cdot\mathrm{e}^{\{\mu_0-\sigma\}}\right\} + \exp\left\{-r_0\cdot\mathrm{e}^{\{\mu_0+\sigma\}}\right\}\right]/2 .$$

Die Auflösung dieser Gleichung nach μ_0 kann nur auf numerischem Wege erfolgen. Die Darstellung des Preises für den Zero mit Fälligkeit $T = 3$ sieht noch komplexer aus:

$$B_0(3) = \mathrm{E}_Q\left[\exp\{-r_0 - r_1 - r_2\}\right]$$

$$= \mathrm{e}^{-r_0}\left[\exp\{-r_1(u) - r_2(uu)\} + \exp\{-r_1(u) - r_2(ud)\}\right.$$

$$\left. + \exp\{-r_1(d) - r_2(du)\} + \exp\{-r_1(d) - r_2(dd)\}\right]/4$$

$$= \mathrm{e}^{-r_0}\left[\exp\left\{-r_0\cdot\mathrm{e}^{\{\mu_0-\sigma\}} - r_0\cdot\mathrm{e}^{\{\mu_0+\mu_1-2\sigma\}}\right\}\right.$$

$$+ \exp\left\{-r_0\cdot\mathrm{e}^{\{\mu_0-\sigma\}} - r_0\cdot\mathrm{e}^{\{\mu_0+\mu_1\}}\right\}$$

$$+ \exp\left\{-r_0\cdot\mathrm{e}^{\{\mu_0+\sigma\}} - r_0\cdot\mathrm{e}^{\{\mu_0+\mu_1\}}\right\}$$

$$\left. + \exp\left\{-r_0\cdot\mathrm{e}^{\{\mu_0+\sigma\}} - r_0\cdot\mathrm{e}^{\{\mu_0+\mu_1+2\sigma\}}\right\}\right]/4 .$$

Isoliert man nun nach dem über Beziehung (12.16) bestimmten Driftparameter μ_0, so erhält man die Darstellung:

$$B_0(3) = \mathrm{e}^{-r_0}\left[\exp\left\{-r_0\cdot\mathrm{e}^{\{\mu_0-\sigma\}}\cdot\left(1+\mathrm{e}^{\{\mu_1-\sigma\}}\right)\right\}\right. \qquad (12.17)$$

$$+ \exp\left\{-r_0\cdot\mathrm{e}^{\{\mu_0\}}\cdot\left(\mathrm{e}^{\{-\sigma\}}+\mathrm{e}^{\{\mu_1\}}\right)\right\}$$

$$+ \exp\left\{-r_0\cdot\mathrm{e}^{\{\mu_0\}}\cdot\left(\mathrm{e}^{\{\sigma\}}+\mathrm{e}^{\{\mu_1\}}\right)\right\}$$

$$\left. + \exp\left\{-r_0\cdot\mathrm{e}^{\{\mu_0+\sigma\}}\cdot\left(1+\mathrm{e}^{\{\mu_1+\sigma\}}\right)\right\}\right]/4 .$$

Preispfade für Anleihen und Anleihe-Calls

Beispiel 12.6 (Kassazinsratenanpassung). ⎯⎯⎯⎯⎯⎯⎯⎯⎯⎯⎯⎯⎯⎯⎯⎯⎯⎯
Zu bewerten sei ein Europäischer Call auf den Null-Kuponanleihe-Langläufer (mit Fälligkeit $T = 3$). Der Basispreis sei $K = 0{,}96$ und die Fälligkeit des Calls sei $T_C = 2$. Die Ausgangszinsstruktur sei durch $B_0(1) = 0{,}9704$ (d. h. $r_0 = 0{,}03$), $B_0(2) = 0{,}9324$ und $B_0(3) = 0{,}8869$ gegeben. Weiterhin sei eine Periodenlänge von einem Jahr und eine Volatilität von $\sigma = 0{,}2$ angenommen. Für die zeit-und zustandsunabhängige risikoneutrale Uptick-Wahrscheinlichkeit $q = 1/2$ erhält man durch Lösen von (12.16) und (12.17) die arbitragefreien Driftparameter:

$$\mu_0 = 0{,}2684 , \quad \mu_1 = 0{,}2068 .$$

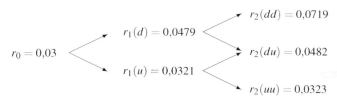

Abb. 12.19. *Pfade der Kassazinsraten.*
Diese sind zinsstruktur-konform, weil sie der Ausgangszinsstruktur angepasst sind.

Die arbitragefreien Pfade der *Kassazinsraten* sind in Abbildung 12.19 dargestellt. Mit Hilfe der Kassazinsraten lassen sich retrograd die Preise des langlaufenden Zeros bestimmen (siehe Abbildung 12.20). Die Preispfade für den Zero-Call sind Abbildung 12.21 zu entnehmen. Die risikoneutrale Bewertung des Calls auf diese Anleihe liefert $C = 0{,}0019$.

Abb. 12.20. *Anleihepreise im Black/Derman/Toy-Modell.*

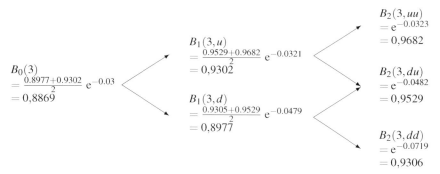

Abb. 12.21. *Call-Preise im Black/Derman/Toy-Modell.*

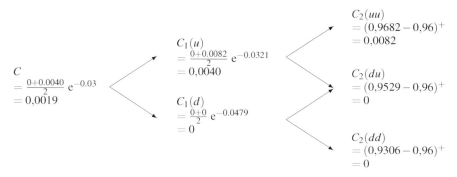

Die Modellspezifikation (12.15) lässt sich ohne größeren Zusatzaufwand realistischer gestalten. Ist die Volatilität der logarithmierten Kassazinsrate beispielsweise nicht im Zeitablauf konstant, sondern zeitabhängig,

$$\ln r_{t+1} = \ln r_t + \mu_t + \sigma_t X_{t+1} \,, \tag{12.18}$$

und ist σ_t für $t = 0, 1, \ldots$ bekannt, so muss in den Darstellungen (12.16) und (12.17) nur die Konstante σ durch die jeweiligen Konstanten σ_0 und σ_1 ersetzt werden. Der Rechenaufwand zur Lösung der Inversionsaufgabe bleibt derselbe. Des Weiteren kann der Driftparameter μ_t natürlich auch zeit- und zustandsabhängig modelliert werden. Üblich ist beispielsweise der folgende Modellierungsansatz:

$$\mu_t = \kappa_t \left(\ln \bar{r} - \ln r_t \right) \,. \tag{12.19}$$

Mit diesem Ansatz ist es möglich, die sogenannte *Mean Reversion*-Eigenschaft von Kassazinsraten zu erfassen. Letztere Eigenschaft bedeutet, dass eine vom langfristigen Zinsniveau $\bar{r}$ abweichende Kassazinsrate r_t die Tendenz besitzt, diesem mittleren Wert wieder zuzustreben. Der Parameter κ_t kann dabei als zeitabhängige Rückkehrgeschwindigkeit interpretiert werden. Mit den Bezeichnungen $a_t \equiv \kappa_t \ln \bar{r}$ und $b_t \equiv \kappa_t$ erhält man anstelle der Darstellung (12.19) die folgende Darstellung:[12]

$$\mu_t = a_t - b_t \ln r_t \,. \tag{12.20}$$

Bezogen auf unser Dreiperiodenmodell bedeutet dies, dass zur Bestimmung von μ_0 über die Darstellung (12.16) eine Gleichung mit zwei Unbekannten (a_0 und b_0) zu lösen ist. Solange keine anderen Bedingungen zu erfüllen sind, wird man daher b_0 beliebig festlegen, beispielsweise $b_0 = 0$ und $\mu_0 = a_0$. Der Driftparameter der zweiten Periode hängt nun von der Realisation der Kassazinsrate r_1 ab:

$$\mu_1(u) = a_1 - b_1 \ln r_1(u) \,,$$
$$\mu_1(d) = a_1 - b_1 \ln r_1(d) \,.$$

Die beiden Unbekannten a_1 und b_1 sind nun so festzulegen, dass die zustandsabhängigen Wertdarstellungen für den Zero mit Fälligkeit $T = 3$ im Zeitpunkt $t = 1$ eingehalten werden:

$$
\begin{aligned}
B_1(3,u) &= B_1(2,u)[B_2(3,uu) + B_2(3,ud)]/2 \\
&= e^{-r_1(u)} \left[e^{-r_2(uu)} + e^{-r_2(ud)} \right]/2 \\
&= e^{-r_1(u)} \left[e^{-\{r_1(u) + a_1 - b_1 \ln r_1(u) - \sigma\}} + e^{-\{r_1(u) + a_1 - b_1 \ln r_1(u) + \sigma\}} \right]/2 \,,
\end{aligned}
$$

$$
\begin{aligned}
B_1(3,d) &= B_1(2,d)[B_2(3,du) + B_2(3,dd)]/2 \\
&= e^{-r_1(d)} \left[e^{-r_2(du)} + e^{-r_2(dd)} \right]/2 \\
&= e^{-r_1(d)} \left[e^{-\{r_1(d) + a_1 - b_1 \ln r_1(d) - \sigma\}} + e^{-\{r_1(d) + a_1 - b_1 \ln r_1(d) + \sigma\}} \right]/2 \,.
\end{aligned}
$$

---

[12] Siehe dazu beispielsweise Jarrow und Turnbull (1996, S. 468).

12.5 Vorwärtssubstitution

Auch die sukzessive Bestimmung der zeitabhängigen arbitragefreien Driftparameter $\mu_0, \mu_1, \ldots$ ist in einem Kassazinsratenmodell mit vielen Perioden sehr zeitaufwendig. Aus diesem Grunde präsentieren wir nun eine Technik, die diesen Rechenaufwand deutlich reduziert: die *Vorwärtssubstitution (forward induction)*.[13] Dies ist eine effiziente Methode zur Konstruktion arbitragefreier Pfade für Kassazinsraten (bzw. -sätzen), die konsistent sind mit einer exogen vorgegebenen Zinsstruktur. Dieses Verfahren ersetzt nicht die wohlbekannte *Rückwärtssubstitution (backward induction)*, sondern ergänzt sie. Mit Hilfe der Vorwärtssubstitution wird ein zinsstrukturkonformer Binomialbaum für die Kassazinsrate aufgebaut, während mit Hilfe der Rückwärtssubstitution beliebige Zahlungsansprüche bewertet werden. Wir vereinbaren die folgende Notation:

i $\equiv$ Anzahl der Kassazinsraten-Downticks (Zero-Preis-Upticks), welche in Zusammenhang mit dem Zeitpunkt t eindeutig einen bestimmten Ereignisknoten (t, i) im Binomialbaum kennzeichnet.

$r_t(i)$ $\equiv$ Kassazinsrate für die nächste Periode im Knoten (t, i).

$\pi(t, i)$ $\equiv$ aktueller Preis eines Arrow-Debreu-Zertifikats für das Ereignis (t, i), d. h. der Preis zum Zeitpunkt 0 eines Wertpapiers, das im Zeitpunkt t eine Geldeinheit zahlt, falls das Ereignis (t, i) eintritt. Im Folgenden wird $\pi(t, i)$ auch einfach *Zustandspreis* genannt.

$q_t(i)$ $\equiv$ risikoneutrale Wahrscheinlichkeit eines Kassazinsraten-Downticks (Zero-Preis-Upticks) im Knoten (t, i).

Die Periodenlänge sei ohne Beschränkung der Allgemeinheit ein Jahr.

Als *Rückwärtsgleichung* bezeichnet man die Rekursionsformel, mit Hilfe derer sich aus den Preisen eines Wertpapiers zum Zeitpunkt $t + 1$ die Preise im Zeitpunkt t errechnen:

$$C_t(i) = [q_t(i)C_{t+1}(i+1) + (1 - q_t(i))C_{t+1}(i)]\mathrm{e}^{-r_t(i)} . \qquad (12.21)$$

Die *Vorwärtsgleichung* hingegen beschreibt den Zusammenhang zwischen dem Zustandspreis für das Ereignis $(t + 1, i)$ und den Zustandspreisen der beiden Knoten (t, i) und $(t, i - 1)$, über die dieser Knoten im Binomialbaum zu erreichen ist:[14]

$$\pi(t+1, i) = \pi(t, i) \cdot (1 - q_t(i))\mathrm{e}^{-r_t(i)} + \pi(t, i-1) \cdot q_t(i-1)\mathrm{e}^{-r_t(i-1)} . \quad (12.22)$$

Die Vorwärtsgleichung lässt sich wie folgt erklären. Der heutige Preis eines Wertpapiers, das nur im Knoten $(t + 1, i)$ eine Geldeinheit zahlt, ergibt sich aus der

---

[13] Dieses Verfahren wurde erstmals von Jamshidian (1991) vorgeschlagen. Siehe dazu auch Sandmann und Schlögl (1996).

[14] Die angegebene Vorwärtsgleichung gilt genaugenommen nur für innere Knoten des Binomialbaumes, da Randknoten nur einen einzigen Vorgänger besitzen. Bei der Vorwärtsgleichung für Randknoten fällt daher einer der Summanden weg.

retrograden Bewertung mit der Rekursionsformel (12.21). Der Wert dieses Wertpapiers ist in (t,i)

$$(1 - q_t(i))\mathrm{e}^{-r_t(i)}$$

und in $(t,i-1)$

$$q_t(i-1)\mathrm{e}^{-r_t(i-1)} \ .$$

In allen anderen Knoten zum Zeitpunkt t ist der Wert null. Mit den Zustandspreisen für die Knoten (t,i) und $(t,i-1)$ folgt somit die Vorwärtsgleichung (12.22).[15] Definiert man weiterhin die mit den entsprechenden Kassazinsraten diskontierten Zustandspreise

$$\hat{\pi}(t,i) \equiv \pi(t,i)\mathrm{e}^{-r_t(i)} \ ,$$

so lässt sich die Vorwärtsgleichung schreiben als:

$$\pi(t+1,i) = \hat{\pi}(t,i) \cdot (1 - q_t(i)) + \hat{\pi}(t,i-1) \cdot q_t(i-1) \ . \qquad (12.23)$$

Dieser Zusammenhang wird in Abbildung 12.22 für $q_t(i) = 0{,}5$ für alle (t,i) illustriert.

Abb. 12.22. *Vorwärtssubstitution.*

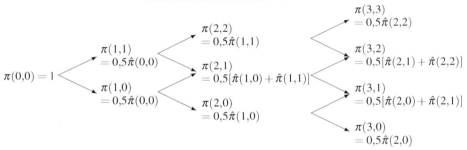

Die Vorwärtsgleichung kann nun eingesetzt werden, um beliebige *rekombinierende* Modelle der Zinsstruktur an eine exogen vorgegebene Ausgangszinsstruktur anzupassen. Man nutzt dazu die folgende

Eigenschaft 12.7. *Der aktuelle Preis einer Null-Kuponanleihe entspricht der Summe der aktuellen Zustandspreise für alle möglichen Zustandsknoten im Fälligkeitszeitpunkt der Null-Kuponanleihe.*

---

[15] Betrachtet man den Spezialfall, in dem sämtliche Kassazinsraten gleich null sind, lässt sich diese Gleichung allerdings (noch) besser nachvollziehen: $\pi(t,i)$ entspricht dann nicht nur dem (auf $t = 0$ bezogenen) Kassapreis eines Arrow-Debreu-Zertifikats für das Ereignis (t,i), sondern auch der risikoneutralen Wahrscheinlichkeit, um vom Ausgangsknoten $(0,0)$ zum Knoten (t,i) zu gelangen. Die Vorwärtsgleichung wird dann sofort klar, wenn man bedenkt, dass in einem Binomialbaum die Wahrscheinlichkeit für das Erreichen des Knotens $(t+1,i)$ über die Wahrscheinlichkeit, die Vorgängerknoten (t,i) bzw. $(t,i-1)$ zu erreichen, bestimmt werden kann.

D. h. die Summe der Zustandspreise für alle möglichen Knoten zum Zeitpunkt T muss dem exogen vorgegebenen Preis der Null-Kuponanleihe $B_0(T)$ mit Fälligkeit T entsprechen:

$$B_0(T) = \sum_{i=0}^{T} \pi(T,i) = \sum_{i=0}^{T-1} \hat{\pi}(T-1,i) = \sum_{i=0}^{T-1} \pi(T-1,i) e^{-r_{T-1}(i)} . \qquad (12.24)$$

Die Gleichheit der Summe der Zustandspreise für T und der Summe der diskontierten Zustandspreise für $T-1$

$$\sum_{i=0}^{T} \pi(T,i) = \sum_{i=0}^{T-1} \hat{\pi}(T-1,i)$$

folgt dabei unmittelbar aus der Vorwärtsgleichung (12.23). Für ein gegebenes Modell der Entwicklung der risikolosen Momentanzinsrate und exogen vorgegebene risikoneutrale Übergangswahrscheinlichkeiten können nun leicht, mit Hilfe der Vorwärtsgleichung in $T = 1$ beginnend, die Kassazinsraten $r_T(i)$ derart bestimmt werden, dass die sich aus der Vorwärtsgleichung ergebenden Zustandspreise die Gleichung (12.24) erfüllen und damit an die Ausgangszinsstruktur $B_0(T)$ für $T = 1, 2, \ldots$ angepasst sind. Dabei werden für jeden Zeitpunkt T nur die Zustandspreise des vorangegangenen Zeitpunktes $T-1$ benötigt. Eine komplette Rückwärtsrechnung im Binomialbaum ist hingegen nicht notwendig. Bedingungen für die Anpassung der Zinsstruktur sind:

$$B_0(1) = \sum_{i=0}^{1} \pi(1,i) = \hat{\pi}(0,0) = e^{-r_0} ,$$

$$B_0(2) = \sum_{i=0}^{2} \pi(2,i) = \sum_{i=0}^{1} \hat{\pi}(1,i) = \pi(1,0) e^{-r_1(0)} + \pi(1,1) e^{-r_1(1)} ,$$

$$B_0(3) = \sum_{i=0}^{3} \pi(3,i) = \sum_{i=0}^{2} \hat{\pi}(2,i) = \pi(2,0) e^{-r_2(0)} + \pi(2,1) e^{-r_2(1)} + \pi(2,2) e^{-r_2(2)} .$$

Wendet man die Vorwärtssubstitution auf das Black/Derman/Toy-Modell an, so lassen sich die Driftparameter μ_t für $t = 0, \ldots, \overline{T} - 1$ numerisch effizient bestimmen. Im Black/Derman/Toy-Modell gilt für die Kassazinsrate

$$r_t(i) = r_{t-1}(i-1) \exp\{\mu_{t-1} + \sigma\} ,$$

so dass die Kassazinsraten in t bei gegebenen Kassazinsraten in $t-1$ und vorgegebener Volatilität σ nur von dem Driftparameter μ_{t-1} abhängen. Bei der Vorwärtssubstitution ist daher stets eine Gleichung mit einer Unbekannten zu lösen. Der Vorteil der Anpassung der Ausgangszinsstruktur mit Hilfe der Vorwärtssubstitution gegenüber der im vorangegangenen Abschnitt beschriebenen Anpassung durch Rückwärtsrechnung erklärt sich wie folgt: Die Anpassung durch Rückwärtsrechnung erfordert für alle $t = 1, 2, \ldots, \overline{T}$ die Berechnung des Erwartungswertes

$$E_Q \left[\exp \left\{ - \sum_{s=0}^{t-1} r_s \right\} \right] \overset{!}{=} B_0(t)$$

und damit für alle $t = 1, 2, \ldots, \overline{T}$ eine Rückwärtsrechnung durch den kompletten Binomialbaum. Diese entfällt bei der Vorwärtssubstitution, da sich die Kassazinsraten $r_t(i)$ zum Zeitpunkt t unmittelbar aus den Zustandspreisen zum Zeitpunkt t und dem Preis $B_0(t+1)$ des Zeros mit Fälligkeit $t+1$ bestimmen lassen.

Ein Algorithmus zur Anpassung der Ausgangszinsstruktur kann damit wie folgt formuliert werden:

(1) Die Short Rate r_0 zum Zeitpunkt $t = 0$ ist durch die Ausgangszinsstruktur vorgegeben.
(2) Die Zustandspreise für den Zeitpunkt $t = 1$ folgen aus der Vorwärtsgleichung (12.22), die sich in $t = 1$ zu $\pi(1,1) = q_0 e^{-r_0}$ und $\pi(1,0) = (1 - q_0)e^{-r_0}$ vereinfacht.
(3) Die Zinsraten $r_1(i)$ zum Zeitpunkt $t = 1$ lassen sich nun gemäß Gleichung (12.24) aus den Zustandspreisen $\pi(1,i)$ und dem Diskontierungsfaktor $B_0(2)$ bestimmen.
(4) Mit den Zinsraten $r_1(i)$ können wiederum mit Hilfe der Vorwärtsgleichung (12.22) die Zustandspreise zum Zeitpunkt $t = 2$ bestimmt werden.
(5) usw.

Beispiel 12.7 (Vorwärtssubstitution). _____

Die Ausgangszinsstruktur sei wie in Beispiel 12.6 durch $B_0(1) = 0{,}9704$ (d. h. $r_0 = 0{,}03$), $B_0(2) = 0{,}9324$ und $B_0(3) = 0{,}8869$ gegeben. Die zeit- und zustandsunabhängige risikoneutrale Uptick-Wahrscheinlichkeit sei $q = 1/2$. Weiterhin sei eine Periodenlänge von einem Jahr und eine Volatilität in Höhe von $\sigma = 0{,}2$ angenommen. Die Zustandspreise für den Zeitpunkt $t = 1$ sind:

$$\pi(1,1) = \pi(1,0) = 0{,}5 \cdot e^{-0{,}03} = 0{,}4852 \, .$$

Einsetzen der Zustandspreise in die Gleichung für $B_0(2)$ liefert eine Gleichung mit einer Unbekannten. Durch Lösung dieser kann der gesuchte Driftparameter μ_0 bestimmt werden:

$$B_0(2) = \sum_{i=0}^{2} \pi(2,i) = \sum_{i=0}^{1} \hat{\pi}(1,i) = \pi(1,0)e^{-r_1(0)} + \pi(1,1)e^{-r_1(1)}$$
$$= \pi(1,0)\exp\left\{ -r_0 e^{\{\mu_0 + \sigma\}} \right\} + \pi(1,1)\exp\left\{ -r_0 e^{\{\mu_0 - \sigma\}} \right\} \, .$$

Die Anpassung der Ausgangszinsstruktur mit $B_0(2) = 0{,}9324$ wird für $\mu_0 = 0{,}2684$ erreicht. Mit Hilfe der Vorwärtsgleichung können nun die Zustandspreise für $t = 2$ bestimmt und anschließend $B_0(3) = 0{,}8869$ über $\mu_1 = 0{,}2068$ angepasst werden. Den kompletten Baum der Zinsentwicklung und der Zustandspreise zeigt Abbildung 12.23.

Abb. 12.23. *Preise der Arrow-Debreu-Zertifikate.*

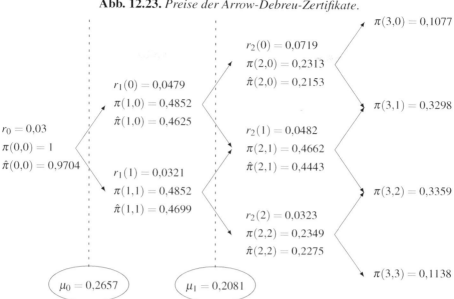

12.6 Bemerkungen

Bühler, Uhrig-Homburg, Walter und Weber (1999) vergleichen in einer umfassenden empirischen Studie Terminzinsratenmodelle und Kassazinsratenmodelle für den deutschen Anleihe- und Anleihederivatemarkt. Dabei zeigt sich, dass das einfachste Modell, die zeitstetige Version des vorgestellten Terminzinsratenmodells mit konstanter Volatilität der Terminzinsraten, nicht viel schlechter abschneidet als komplexere Zweifaktorenmodelle für Terminzinsraten oder Kassazinsraten. Gemessen wird die Güte der Modelle an der Fähigkeit, beobachtete Preise für Optionen auf Bundesanleihen modellmäßig erklären zu können. Damit bestätigen die Autoren Ergebnisse, die Heitmann und Trautmann (1995) und Heitmann (1997) für eine ähnliche Datenstichprobe im Zusammenhang mit dem Vergleich von vier Terminzinsratenmodellen gefunden hatten.
Ein Nachteil der beschriebenen Modellvarianten besteht darin, dass das jeweilige zeitstetige Analogon eine Größe modelliert, die nicht direkt beobachtet werden kann: annualisierte Kassa- bzw. Terminzinsraten für *infinitesimal kleine* Anlagezeiträume.[16] Demgegenüber modellieren *LIBOR-Marktmodelle* und *Swap-Marktmodelle* die an Finanzmärkten direkt beobachtbaren Kassa- bzw. Terminzins*sätze* für (nicht infinitesimal kleine) Anlagezeiträume. Die von Brace, Gatarek und Musiela (1997) und Miltersen, Sandmann und Sondermann (1997)

---

[16] Vergleichende Darstellungen von zeit*stetigen* Zinsstrukturmodellen findet man in Musiela und Rutkowski (2005), Branger und Schlag (2004), Sandmann (1999), Björk (1998) oder Heitmann (1997).

eingeführten LIBOR-Marktmodelle modellieren die Preispfade von LIBOR-Terminzinssätzen (Forward LIBOR) eines zukünftigen Anlagezeitraumes und eignen sich insbesondere zur Bewertung von *Zinssatzoptionen*, beispielsweise in Form von *Caps* und *Floors*.[17]

Das von Jamshidian (1991) vorgeschlagene Swap-Marktmodell eignet sich dagegen insbesondere zur Bewertung von Optionen auf *Zins-Swaps* (*Swaptions*).[18] Beide Arten von Marktmodellen besitzen allerdings keine Vorteile - eher Nachteile - im Zusammenhang mit der Bewertung von Anleihederivaten.[19] Man hat sich daher von der Idee verabschiedet, für alle Anwendungen ein- und dasselbe Modell heranzuziehen.

Während ausfallrisikofreie Anleihen nur Zinsänderungsrisiko tragen, sind ausfallrisikobehaftete Anleihen, wie z. B. Unternehmensanleihen, zusätzlich dem Risiko ausgesetzt, dass Zahlungen ausfallen. Für die Modellierung von Ausfallrisiken lassen sich zwei Ansätze nennen. *Firmenwertmodelle* (structural models) folgen der Idee von Black und Scholes (1973) und Merton (1974), eine ausfallrisikobehaftete Anleihe mittels einer Verkaufsoption auf den Unternehmenswert zu bewerten. Der Wert einer ausfallrisikobehafteten Null-Kuponanleihe entspricht dabei dem Wert einer sicheren Anlage in Höhe des Nennwertes abzüglich des Wertes eines Puts auf den Firmenwert. Der Wert eines Unternehmens ist allerdings nicht direkt beobachtbar und dessen Schätzung ist meist schwierig.

Starck und Trautmann (2006) geben einen Überblick über die zweite Klasse an Modellen, die Marktpreise von gehandelten Unternehmensanleihen und sonstigen Kreditderivaten ohne Bezugnahme auf fundamentale Unternehmensdaten erklären, und daher *Reduktionsmodelle* (reduced-form models) genannt werden. Sie charakterisieren Reduktionsmodelle insbesondere hinsichtlich der Spezifikation des sogenannten *Hazardprozesses*, auf dessen Basis der Ausfallzeitpunkt modelliert wird. Einen wichtigen Spezialfall der Reduktionsmodelle stellen die *Intensitätsmodelle* von Jarrow und Turnbull (1995), Jarrow, Lando und Turnbull (1997) und Lando (1998) dar, in denen eine Intensität für die Ausfallzeit angegeben werden kann.

Aufgaben

12.1. (a) Wie sieht für $\mu_0 = 0,1$, $\mu_1 = 0,15$ und $\sigma = 0,2$ der zweiperiodige Binomialbaum für die Kassazinsratenentwicklung im Modell von Black, Derman

---

[17] Ein Cap (Floor) ist ein Portefeuille von Calls (Puts) auf einen Referenzzinssatz, beispielsweise den 6-Monats-LIBOR.

[18] Zins-Swaps sind Termingeschäfte, bei denen zwei Vertragsparteien vereinbaren, feste Zinszahlungen in Höhe des vereinbarten *Swap-Satzes* gegen variable, an einen Referenzzinssatz (z. B. den 6-Monats-LIBOR) gekoppelte Zinszahlungen im vereinbarten Zeitraum *auszutauschen* (to swap = austauschen). Im Abschlusszeitpunkt ist der Barwert des Swaps null, d. h. der Swap-Satz ist so bestimmt, dass der Barwert des Rückflusses einer Kuponanleihe mit einem Kupon in Höhe des Swap-Satzes gerade dem Nennwert 1 entspricht.

[19] Siehe dazu beispielsweise den Modellvergleich in Pelsser (2000).

und Toy aus? Die Zinsrate für eine Anlage für den Zeitraum $[0,1]$ betrage 5%.

(b) Tragen Sie in denselben Baum die daraus resultierenden Preise für Null-Kuponanleihen mit Nennwert 100 und Fälligkeit in einem, zwei bzw. drei Jahren ein! (Beachten Sie, dass die Wahrscheinlichkeit für einen Zinsanstieg $1/2$ ist. Es genügt eine Genauigkeit von zwei Nachkommastellen.)

(c) Modellieren Sie alternativ die Preisentwicklung des in zwei Jahren fälligen Bonds, indem Sie annehmen, dass der Bond-Preis innerhalb einer Periode von einem Jahr um 10% steigen oder fallen kann. Gehen Sie von einem aktuellen Bond-Preis von $89,92$ aus.

(d) Vergleichen Sie die Bond-Preise der beiden alternativen Modellierungen. Was fällt auf?

(e) Was können Sie in den beiden Modellen über den Preis einer in $t = 2$ fälligen Option mit Ausübungspreis $K = 100$ auf eine Null-Kuponanleihe mit Nennwert 100 und Fälligkeit in $t = 2$ sagen? (Hinweis: Rechnen Sie in der Modellierung in Teil (c) *nicht* den exakten Preis aus, sondern geben Sie eine grobe Abschätzung an!) Welche Folgerung ziehen Sie daraus im Hinblick auf die Anwendbarkeit des (zeitdiskreten) Black/Merton/Scholes-Modells zur Bewertung von Zinsoptionen?

12.2. Zu bewerten sei ein Europäischer Call auf eine Null-Kuponanleihe mit Fälligkeit in $T = 3$. Der Call hat einen Basispreis von $K = 0,90$ und wird in $T_C = 2$ fällig. Die Ausgangszinsstruktur sei gegeben durch: $B_0(1) = 0,9512$, $B_0(2) = 0,8958$ und $B_0(3) = 0,8353$. Weiterhin seien eine Periodenlänge von einem Jahr, eine Volatilität der Terminzinsraten von $\sigma = 0,02$ und risikoneutrale Übergangswahrscheinlichkeiten von $q = (1 - q) = 1/2$ angenommen. Berechnen Sie den Call-Wert in einem zweiperiodigen Ho/Lee-Modell.

12.3. Zu bewerten sei ein Europäischer Put auf eine Null-Kuponanleihe mit Fälligkeit in $T = 3$. Der Put hat einen Basispreis von $K = 0,95$ und wird in $T_C = 2$ fällig. Die Ausgangszinsstruktur sei gegeben durch: $B_0(1) = 0,9608$, $B_0(2) = 0,9139$ und $B_0(3) = 0,8607$. Weiterhin seien eine Periodenlänge von einem Jahr, eine Volatilität der Terminzinsraten von $\sigma = 0,03$ und risikoneutrale Übergangswahrscheinlichkeiten von $q = (1 - q) = 1/2$ angenommen.

(a) Berechnen Sie den Put-Wert in einem zweiperiodigen Ho/Lee-Modell.

(b) Ändert sich der Wert, wenn ein Amerikanischer Put gleicher Ausstattung betrachtet wird?

12.4. Gegeben seien die gleiche Ausgangszinsstruktur und die gleiche risikoneutrale Wahrscheinlichkeit wie in Aufgabe 12.3. Die Volatilität der Terminzinsraten betrage $\sigma = 0,02$. Wir betrachten nun Optionen auf eine Kuponanleihe mit Fälligkeit $T = 3$, Nennwert $F = 100$ und Kupon $k = 6\%$.

(a) Modellieren Sie die Entwicklung der Null-Kuponanleihen mit ein-, zwei-bzw. dreijähriger Restlaufzeit in einem zweiperiodigen Ho/Lee-Modell.

(b) Wie können Sie nun die Entwicklung der Kuponanleihe bestimmen?

(c) Welchen Wert hat ein Call auf die Kuponanleihe mit Ausübungszeitpunkt $T_C = 1$ und Ausübungspreis $K = 100$?

(d) Welchen Wert hat ein Europäischer Put auf die Kuponanleihe mit Ausübungszeitpunkt $T_P = 2$ und Ausübungspreis $K = 100$?

Anhang

12A Martingaleigenschaft und Geldmarktkonto

Das in Abschnitt 9.5 eingeführte *Geldmarktkonto* (*Money Market Account*) ist eine Finanzinvestition, deren Wertzuwachs von dem Kassazinsniveau für die kürzestmögliche Kapitalbindungsdauer (also eine Periode bei zeitdiskreten Modellen) abhängt. Bei einer Investition im Zeitpunkt $t = 0$ in Höhe von $A_0 = 1$ Geldeinheiten, gilt für den Liquidationswert im Zeitpunkt t

$$A_t = A_0 \exp\{r_0\} \cdot \ldots \cdot \exp\{r_{t-1}\}$$

bzw. mit der Vereinbarung $R_s = \exp\{r_s\}$, $s = 0, 1, \ldots, t - 1$,

$$A_t = A_0 \cdot R_0 \cdot R_1 \cdot \ldots \cdot R_{t-1} \, .$$

Die Wertentwicklung des Geldmarktkontos ist damit auch bei unsicherer Zinsentwicklung *lokal risikolos*, d. h. am Anfang einer Anlageperiode (im Zeitpunkt t) ist bei Kenntnis der Kassazinsen für die Periode auch der Periodenendwert A_{t+1} bekannt.

Bei *deterministischer* Zinsentwicklung kann dann $1/A_t = B_0(t) = DF_t$ als Abzinsungsfaktor interpretiert werden. Die Diskontierung eines zukünftigen Zahlungsanspruchs entspricht somit seiner *Normierung* bzw. *Relativierung* durch den Wert des Geldmarktkontos und entspricht einem Wechsel der Rechnungseinheit (*Numeraire*): Der zukünftige Wert eines Zahlungsanspruchs oder Finanztitels wird aufgrund dieser Division durch den jeweiligen Wert des Geldmarktkontos A_t in Geldmarktkontoeinheiten ausgedrückt. Jede Diskontierung impliziert bereits einen Wechsel vom Numeraire *Euro* zum Numeraire *Geldmarktkonto*.[1]

Die Martingaleigenschaft 10A.2 und das Martingalmotto „Morgen wird wie heute sein" bezieht sich also auf *relative Finanztitelpreise*, d. h. auf die *Anzahl der Geldmarktkonten*, die man mit dem Geldbetrag, der dem Marktpreis des zu bewertenden Finanztitels entspricht, erwerben könnte. Übertragen auf die Vermögensebene eines Investors, der in riskante Finanztitel investiert, bedeutet dies zudem, dass sein Vermögen *im Mittel* genauso anwächst wie bei einer Geldmarktkonto-Investition. Dieser Zusammenhang gilt auch bei einer *zufälligen* Zinsentwicklung und damit einer (global) risikobehafteten Wertentwicklung des Geldmarktkontos. Wenn der Investor in $t = 0$ nur Vermögen im Gegenwert von einem Geldmarktkonto mit Wert $A_0 = 1$ besitzt, dann wird er in der risikoneutralen Welt im Zeitpunkt T auch nur den (aus heutiger Sicht unbekannten) Gegenwert *eines* Geldmarktkontos besitzen.

Umfasst der Vektor $\mathbf{S_t} = \left(S_t^0, S_t^1, \ldots, S_t^J\right)'$ die Preise zum Zeitpunkt t von $J + 1$ Finanztiteln, auf die im betrachteten Zeitraum keine Dividenden oder Zinszahlungen entfallen, wobei $S_t^0 = A_t$ den Wert des Geldmarktkontos angibt, dann gilt folgende

---

[1] Auch die Kapitalwertformel für sichere Rückflüsse beurteilt den Investitionsrückfluss im Vergleich zur Wertentwicklung des Geldmarktkontos.

Eigenschaft 12A.1 (Martingaleigenschaft). *Unter den Annahmen 1.3 und 1.4 ist ein Finanzmarkt genau dann arbitragefrei (im Sinne der NFLO-Forderung), falls ein äquivalentes Martingalmaß Q derart existiert, dass alle relativen Finanztitelpreise S_t^j / S_t^0 die Martingaleigenschaft bezüglich Q besitzen:*

$$\frac{\mathbf{S_t}}{S_t^0} = E_Q \left(\frac{\mathbf{S_T}}{S_T^0} \,\middle|\, \mathcal{F}_t \right) .$$

Beweis: Siehe beispielsweise Föllmer und Schied (2004, S. 232).

Intuitiv lässt sich die Aussage wie folgt einsehen: Lokale Arbitragefreiheit im Sinne der NFLO-Forderung zwischen benachbarten Handelszeitpunkten impliziert wegen Eigenschaft 10A.2 ein äquivalentes Martingalmaß für jeden Teilzeitraum. Ist Q das Produkt der Martingalmaße für die Teilzeiträume (z. B. bei den Renditeprozessen mit unabhängigen Zuwächsen), dann gilt der folgende Zusammenhang zwischen den Preisen von benachbarten Handelszeitpunkten:

$$\mathbf{S_t} = E_Q \left(\mathbf{S_{t+1}} \exp\{-r_t\} | \mathcal{F}_t \right) , \tag{12A.1}$$

$$\mathbf{S_{t+1}} = E_Q \left(\mathbf{S_{t+2}} \exp\{-r_{t+1}\} | \mathcal{F}_{t+1} \right) . \tag{12A.2}$$

Setzt man (12A.2) in (12A.1) ein, so erhält man

$$\mathbf{S_t} = E_Q \left(E_Q \left(\mathbf{S_{t+2}} \exp\{-r_{t+1}\} | \mathcal{F}_{t+1} \right) \exp\{-r_t\} | \mathcal{F}_t \right)$$

und wegen des Gesetzes des iterierten Erwartungswertes:

$$\mathbf{S_t} = E_Q \left(\mathbf{S_{t+2}} \exp\{-r_t - r_{t+1}\} | \mathcal{F}_t \right) .$$

Wiederholte Anwendung dieser Substitutionstechnik führt zu dem Zusammenhang

$$\mathbf{S_t} = E_Q \left(\mathbf{S_T} \exp\{-r_t - r_{t+1} - \cdots - r_{T-1}\} | \mathcal{F}_t \right) ,$$

und damit wegen $S_T^0 = S_t^0 \cdot \exp\{r_t + r_{t+1} + \cdots + r_{T-1}\}$ auch zu:

$$\frac{\mathbf{S_t}}{S_t^0} = E_Q \left(\frac{\mathbf{S_T}}{S_T^0} \,\middle|\, \mathcal{F}_t \right) .$$

Mit der Konvention $A_t = S_t^0$ gilt dann für einen Zero-Bond mit Fälligkeit T die Wertdarstellung

$$\frac{B_s(T)}{A_s} = E_Q \left(\frac{B_t(T)}{A_t} \,\middle|\, \mathcal{F}_s \right)$$

für alle $s \leq t \leq T \leq \overline{T}$. Für $t - s = 1$ gilt speziell:

$$B_t(T) \frac{1}{B_t(t+1)} = B_t(T) \frac{A_{t+1}}{A_t} = E_Q \left(B_{t+1}(T) | \mathcal{F}_t \right) .$$

12B Beweis von Eigenschaft 12.6

In einem Modell friktionsloser Finanzmärkte ist die Zinsentwicklung genau dann arbitragefrei, wenn für *alle* Null-Kuponanleihen mit Fälligkeitsdatum $T > t + 1$ die *Martingaleigenschaft* 12A.1 gilt:

$$E_Q(B_{t+1}(T)|\mathcal{F}_t) = \frac{B_t(T)}{B_t(t+1)} . \tag{12B.1}$$

In der risikoneutralen Welt entspricht also der im Zeitpunkt t für den Zeitpunkt $t + 1$ erwartete Kassapreis eines Zeros dem Terminpreis. Mit $T - 1 - t = \bar{n}$ gilt für den Terminpreis:

$$\frac{B_t(T)}{B_t(t+1)} = \frac{\exp\left\{-\sum_{n=0}^{\bar{n}} f_t(t+n)\right\}}{\exp\{-f_t(t)\}} = \exp\left\{-\sum_{n=1}^{\bar{n}} f_t(t+n)\right\} . \tag{12B.2}$$

Mit den Martingalwahrscheinlichkeiten $q_t(i) = 1/2$ bzw. $(1 - q_t(i)) = 1/2$ für einen Uptick bzw. einen Downtick erhält man bezüglich des Martingalmaßes Q den erwarteten Zero-Preis:

$$E_Q(B_{t+1}(T)) = E_Q\left[\exp\left\{-\sum_{n=1}^{\bar{n}} f_{t+1}(t+n)\right\}\right] \tag{12B.3}$$

$$= \left[\exp\left\{-\sum_{n=1}^{\bar{n}}(f_t(t+n) + \mu_t(t+n) + \sigma)\right\}\right.$$

$$\left. + \exp\left\{-\sum_{n=1}^{\bar{n}}(f_t(t+n) + \mu_t(t+n) - \sigma)\right\}\right]/2$$

$$= \left[\exp\left\{-\sum_{n=1}^{\bar{n}} f_t(t+n)\right\}\exp\left\{-\sum_{n=1}^{\bar{n}} \mu_t(t+n)\right\}\exp\{-\bar{n}\sigma\}\right.$$

$$\left. + \exp\left\{-\sum_{n=1}^{\bar{n}} f_t(t+n)\right\}\exp\left\{-\sum_{n=1}^{\bar{n}} \mu_t(t+n)\right\}\exp\{+\bar{n}\sigma\}\right]/2 .$$

Einsetzen von (12B.2) und (12B.3) in (12B.1) liefert:

$$\exp\left\{\sum_{n=1}^{\bar{n}} \mu_t(t+n)\right\} = [\exp\{+\bar{n}\sigma\} + \exp\{-\bar{n}\sigma\}]/2 \quad \text{bzw.}$$

$$\sum_{n=1}^{\bar{n}} \mu_t(t+n) = \ln[\cosh(\bar{n}\sigma)] .$$

Hierbei bezeichnet $\cosh(x) = (e^x + e^{-x})/2$ die Cosinus Hyperbolicus-Funktion.

Literatur

Ball, Clifford A. und Walter N. Torous, 1983, Bond Price Dynamics and Options, *Journal of Financial and Quantitative Analysis* 18, 517–531.

Björk, Tomas, 1998, *Arbitrage Theory in Continuous Time*, Oxford University Press.

Black, Fischer, Emanuel Derman und William Toy, 1990, A One-Factor Model of Interest Rates and its Application to Treasury Bond Options, *Financial Analysts Journal* 46, 33–39.

Black, Fischer und Myron Scholes, 1973, The Pricing of Options and Corporate Liabilities, *Journal of Political Economy* 81, 637–654.

Brace, Alan, Dariusz Gatarek und Marek Musiela, 1997, The market model of interest rate dynamics, *Mathematical Finance* 7, 127–154.

Branger, Nicole und Christian Schlag, 2004, Zinsderivate - Modelle und Bewertung.

Briys, Eric, Michel Crouhy und Rainer Schöbel, 1991, The Pricing of Default-free Interest Rate Cap, Floor, and Collar Agreements, *Journal of Finance* 46, 1879–1892.

Bühler, Wolfgang, 1988, Rationale Bewertung von Optionsrechten auf Anleihen, *Zeitschrift für betriebswirtschaftliche Forschung* 10, 851–883.

Bühler, Wolfgang und Joachim Käsler, 1989, Konsistente Anleihepreise und Optionen auf Anleihen, *Arbeitspapier*.

Bühler, Wolfgang, Marliese Uhrig-Homburg, Ulrich Walter und Thomas Weber, 1999, An Empirical Comparison of Forward and Spot Rate Models for Valuing Interest Rate Options, *Journal of Finance* 54, 269–305.

Cox, John C., Jonathan E. Ingersoll und Stephen A. Ross, 1985a, An intertemporal general equilibrium model of asset prices, *Econometrica* 53, 363–384.

Cox, John C., Jonathan E. Ingersoll und Stephen A. Ross, 1985b, A Theory of the Term Structure of Interest Rates, *Econometrica* 53, 385–407.

Föllmer, Hans und Alexander Schied, 2004, *Stochastic Finance: An Introduction in Discrete Time*, De Gruyter, 2. Auflage.

Heath, David, Robert Jarrow und Andrew Morton, 1990, Contingent Claim Valuation with a Random Evolution of Interes Rates, *Review of Futures Market* 2, 55–76.

Heath, David, Robert Jarrow und Andrew Morton, 1992, Bond Pricing and the Term Structure of Interest Rates: A New Methodology, *Econometrica* 60, 77–105.

Heitmann, Frank, 1997, *Arbitragefreie Bewertung von Zinsderivaten*, Deutscher Universitätsverlag, Wiesbaden.

Heitmann, Frank und Siegfried Trautmann, 1995, Gaussian Multi-factor Interest Rate Models: Theory, Estimation, and Implications for Option Pricing, *Arbeitspapier*.

Ho, Thomas S. Y. und Sang-Bin Lee, 1986, Term Structure Movements and Pricing Interest Rate Contingent Claims, *Journal of Finance* 41, 1011–1030.

Hull, John und Alan White, 1990, Pricing Interest-Rate-Derivative Securities, *Review of Financial Studies* 3, 573–592.

Jamshidian, Farshid, 1991, Forward Induction and Construction of Yield Curve Diffusion Models, *Journal of Fixed Income* 1, 62–74.

Jarrow, Robert A., 1996, *Modelling Fixed Income Securities and Interest Rate Options*, McGraw-Hill, New York.

Jarrow, Robert A., David Lando und Stuart M. Turnbull, 1997, A Markov Model for the Term Structure of Credit Risk Spreads, *Review of Financial Studies* 10, 481–523.

Jarrow, Robert A. und Andrew Rudd, 1983, *Option Pricing*, Irwin, Homewood.

Jarrow, Robert A. und Stuart Turnbull, 1996, *Derivative Securities*, South Western College Publishing, Cincinnati, 1. Auflage.

Jarrow, Robert A. und Stuart M. Turnbull, 1995, Pricing Derivatives on Financial Securities Subject to Credit Risk, *Journal of Finance* 50, 53–85.

Lando, David, 1998, On Cox Processes and Credit Risky Securities, *Review of Derivatives Research* 2, 99–120.

Merton, Robert C., 1974, On the Pricing of Corporate Debt: The Risk Structure of Interest Rates, *Journal of Finance* 29, 449–470.

Miltersen, Kristian R., Klaus Sandmann und Dieter Sondermann, 1997, Closed Form Solutions for Term Structure Derivatives with Log-Normal Interest Rates, *Journal of Finance* 52, 409–430.

Musiela, Marek und Marek Rutkowski, 2005, *Martingale Methods in Financial Modelling*, Springer-Verlag, Berlin, Heidelberg, New York, 2. Auflage.

Pelsser, Antoon, 2000, *Efficient Methods for Valuing Interest Rate Derivatives*, Springer, London.

Rady, Sven und Klaus Sandmann, 1994, The Direct Approach to Debt Option Pricing, *The Review of Futures Markets* 13, 461–514.

Sandmann, Klaus, 1999, *Einführung in die Stochastik der Finanzmärkte*, Springer.

Sandmann, Klaus und Erik Schlögl, 1996, Zustandspreise und die Modellierung des Zinsänderungsrisikos, *Die Betriebswirtschaft* 7, 813–836.

Schöbel, Rainer, 1987, *Zur Theorie der Rentenoptionen*, Duncker und Humblot, Berlin.

Starck, Markus O. und Siegfried Trautmann, 2006, Reduktionsmodelle zur Kreditderivatebewertung, In: Kürsten, Wolfgang und Bernhard Nietert, Hrsg., Kapitalmarkt, Unternehmensfinanzierung und rationale Entscheidungen, 473–492, Springer, Berlin.

Vasicek, Oldrich, 1977, An Equilibrium Characterization of the Term Structure, *Journal of Financial Economics* 5, 177–188.

Abbildungsverzeichnis

Tabellenverzeichnis

Literaturverzeichnis

Abramowitz, Milton und Irene Stegun, 1966, *Handbook of Mathematical Functions*, Dover Publications, New York.

Arrow, Kenneth J., 1964, The role of securities in the optimal allocation of risk-bearing, *Review of Economic Studies* 31, 91–96.

Back, Kerry E. und Stanley R. Pliska, 1991, On the Fundamental Theorem of Asset Pricing with an Infinite State Space, *Journal of Mathematical Economics* 20, 1–18.

Ball, Clifford A. und Walter N. Torous, 1983, Bond Price Dynamics and Options, *Journal of Financial and Quantitative Analysis* 18, 517–531.

Ball, Ray, 1978, Anomalies in Relationships Between Securities' Yields and Yield-Surrogates, *Journal of Financial Economics* 6, 103–126.

Bamberg, Günter und Adolf G. Coenenberg, 2004, *Betriebswirtschaftliche Entscheidungslehre*, Vahlen, 12. Auflage.

Bamberg, Günter, Gregor Dorfleitner und Michael Krapp, 2006, Treffen Investoren mit konstanter relativer Risikoaversion auch im Buy-and-Hold-Kontext myopische Portfolioentscheidungen?, In: Kürsten, Wolfgang und Bernhard Nietert, Hrsg., Kapitalmarkt, Unternehmensfinanzierung und rationale Entscheidungen, 3–14, Springer, Heidelberg.

Bamberg, Günter und Klaus Röder, 1994, Arbitrage institutioneller Anleger am DAX-Futures Markt unter Berücksichtigung von Körperschaftssteuer und Dividenden, *Zeitschrift für Betriebswirtschaft* 64, 1533–1566.

Bamberg, Günter und Klaus Spremann, 1981, Implications of Constant Risk Aversion, *Zeitschrift für Operations Research* 25, 205–244.

Banz, Rolf W., 1981, The Relationship Between Return and Market Value of Common Stocks, *Journal of Financial Economics* 9, 3–18.

Basu, Sanjoy, 1983, The Relationship Between Earnings Yield, Market Value, and Return for NYSE Common Stocks: Further Evidence, *Journal of Financial Economics* 12, 129–156.

Battig, Robert J. und Robert A. Jarrow, 1999, The Second Fundamental Theorem of Asset Pricing: A New Approach, *Review of Financial Studies* 12, 1219–1235.

Bauer, Heinz, 1992, *Maß- und Integrationstheorie*, de Gruyter, Berlin, 2. Auflage.

Bawa, Vijay S., 1975, Optimal rules for ordering uncertain prospects, *Journal of Financial Economics* 2, 95–121.

Beinert, Michaela und Siegfried Trautmann, 1991, Jump-Diffusion Models of German Stock Returns - A Statistical Investigation, *Statistical Papers* 32, 269–280.

Bernoulli, Daniel, 1738, Specimen theoriae novae de mensura sortis, *Commentarii Academiae Scientiarum Imperialis Petropolitanae*, 175–192.

Bhattacharya, M., 1983, Transactions data tests of efficiency of the Chicago Board Options Exchange, *Journal of Financial Economics* 12, 161–185.

Bierwag, Gerald O., 1977, Immunization, duration, and term structure of interest rates, *Journal of Financial and Quantitative Analysis* 12, 725–742.

Bierwag, Gerald O., 1979, Dynamic Portfolio Immunization Policies, *Journal of Banking and Finance* 3, 23–14.

Bierwag, Gerald O. und George G. Kaufman, 1977, Coping with the Risk of Interest-Rate Fluctuations: A Note, *Journal of Business* 12, 364–370.

Björk, Tomas, 1998, *Arbitrage Theory in Continuous Time*, Oxford University Press.

Black, Fischer, 1972, Capital market equilibrium with restricted borrowing, *Journal of Business* 45, 444–454.

Black, Fischer, Emanuel Derman und William Toy, 1990, A One-Factor Model of Interest Rates and its Application to Treasury Bond Options, *Financial Analysts Journal* 46, 33–39.

Black, Fischer, Michael Jensen und Myron Scholes, 1972, The Capital Asset Pricing Model: Some empirical tests, In: Jensen, Michael, Hrsg., Studies in the Theory of Capital Markets, 79–121, Praeger, New York.

Black, Fischer und Myron Scholes, 1972, The Valuation of Option Contracts and a Test of Market Efficiency, *Journal of Finance* 27, 399–417.

Black, Fischer und Myron Scholes, 1973, The Pricing of Options and Corporate Liabilities, *Journal of Political Economy* 81, 637–654.

Boyle, Phelim und Ton Vorst, 1992, Option Replication in Discrete Time with Transaction Costs, *Journal of Finance* 47, 271–293.

Brace, Alan, Dariusz Gatarek und Marek Musiela, 1997, The market model of interest rate dynamics, *Mathematical Finance* 7, 127–154.

Branger, Nicole und Christian Schlag, 2004a, Why is the Index Smile So Steep?, *Review of Finance* 8, 109–127.

Branger, Nicole und Christian Schlag, 2004b, Zinsderivate - Modelle und Bewertung.

Briys, Eric, Michel Crouhy und Rainer Schöbel, 1991, The Pricing of Default-free Interest Rate Cap, Floor, and Collar Agreements, *Journal of Finance* 46, 1879–1892.

Bühler, Alfred und Michael Hies, 1995, Zinsrisiken und Key-Rate-Duration, *Die Bank* 2, 112–118.

Bühler, Wolfgang, 1983, Anlagestrategien zur Begrenzung des Zinsänderungsrisikos von Portefeuilles festverzinslicher Wertpapieren, *Zeitschrift für betriebswirtschaftliche Forschung* 35, 82–138.

Bühler, Wolfgang, 1988, Rationale Bewertung von Optionsrechten auf Anleihen, *Zeitschrift für betriebswirtschaftliche Forschung* 10, 851–883.

Bühler, Wolfgang und Walter Herzog, 1989, Die Duration - eine geeignete Kennzahl für die Steuerung von Zinsänderungsrisiken in Kreditinstituten? Teil I und II, *Kredit und Kapital* 22, 403–428, 524–564.

Bühler, Wolfgang und Joachim Käsler, 1989, Konsistente Anleihepreise und Optionen auf Anleihen, *Arbeitspapier*.

Bühler, Wolfgang und Alexander Kempf, 1993, Der DAX-Future: Kursverhalten und Arbitragemöglichkeiten, *Kredit und Kapital* 26, 533–574.

Bühler, Wolfgang, Olaf Korn und Andreas Schmidt, 1998, Ermittlung von Eigenkapitalanforderungen mit internen Modellen, *Die Betriebswirtschaft* 58, 64–85.

Bühler, Wolfgang, Olaf Korn und Rainer Schöbel, 2004, Hedging Long-Term Forwards with Short-Term Futures: A Two-Regime Approach, *Review of Derivatives Research* 7, 185–212.

Bühler, Wolfgang und Marliese Uhrig-Homburg, 2000, Rendite und Renditestruktur am Rentenmarkt, In: von Hagen, J. und J. von Stein, Hrsg., Geld-, Bank- und Börsenwesen - Handbuch des Finanzsystems, 298–337, Schäffer-Poeschel-Verlag, Stuttgart, 40. Auflage.

Bühler, Wolfgang, Marliese Uhrig-Homburg, Ulrich Walter und Thomas Weber, 1999, An Empirical Comparison of Forward and Spot Rate Models for Valuing Interest Rate Options, *Journal of Finance* 54, 269–305.

Bußmann, Johannes, 1988, *Das Management von Zinsänderungsrisiken - Theoretische Ansätze und ihre empirische Überprüfung für den deutschen Rentenmarkt*, Peter Lang, Frankfurt am Main.

Bußmann, Johannes, 1989, Tests verschiedener Zinsänderungsrisikomaße mit Daten des deutschen Rentenmarktes, *Zeitschrift für Betriebswirtschaft* 59, 747–765.

Carr, Peter, Hélyette Geman, Dilip B. Madan und Marc Yor, 2002, The Fine Structure of Asset Returns: An Empirical Investigation, *Journal of Business* 75, 305–332.

Carr, Peter und Robert Jarrow, 1990, The Stop-Loss Start-Gain Strategy and Option Valuation, *Review of Financial Studies* 3, 469–492.

Chan, Louis KC., Yasushi Hamao und Josef Lakonishok, 1991, Fundamentals and stock returns in Japan, *Journal of Finance* 46, 1739–1764.

Chang, Carolyn W. und Jack S. K. Chang, 1990, Forward and Futures Prices: Evidence from the Foreign Exchange Markets, *Journal of Finance* 45, 1333–1336.

Cochrane, John H., 2005, *Asset Pricing*, Princeton University Press, Princeton.

Cootner, Paul, 1960, Returns to Speculators: Telser Versus Keynes, *Journal of Political Economy* 68, 398–404.

Cornell, Brad und Marc R. Reinganum, 1981, Forward versus Futures Prices: Evidence From the Foreign Exchange Markets, *Journal of Finance* 36, 1035–1046.

Cox, John C., Jonathan E. Ingersoll und Stephen A. Ross, 1979, Duration and the Measurement of Basis Risk, *Journal of Business* 52, 51–61.

Cox, John C., Jonathan E. Ingersoll und Stephen A. Ross, 1981, The Relation between Forward Prices and Futures Prices, *Journal of Financial Economics* 9, 321–346.

Cox, John C., Jonathan E. Ingersoll und Stephen A. Ross, 1985a, An intertemporal general equilibrium model of asset prices, *Econometrica* 53, 363–384.

Cox, John C., Jonathan E. Ingersoll und Stephen A. Ross, 1985b, A Theory of the Term Structure of Interest Rates, *Econometrica* 53, 385–407.

Cox, John C. und Stephen A. Ross, 1975, The Pricing of Options for Jump Processes, *Arbeitspapier*.

Cox, John C. und Stephen A. Ross, 1976a, A Survey of some new Results in Financial Options Pricing Theory, *Journal of Finance* 31, 382–402.

Cox, John C. und Stephen A. Ross, 1976b, The Valuation of Options for Alternative Stochastic Processes, *Journal of Financial Economics* 3, 145–166.

Cox, John C., Stephen A. Ross und Mark Rubinstein, 1979, Option pricing: a simplified approach, *Journal of Financial Economics* 7, 229–263.

Cox, John C. und Mark Rubinstein, 1985, *Options Markets*, Prentice-Hall, Englewood Cliffs.

Debreu, Gérard, 1959, *Theory of Value*, Wiley, New York.

Delbaen, Freddy und Walter Schachermayer, 1994, A general version of the fundamental theorem of asset pricing, *Mathematische Annalen* 300, 463–520.

Dimson, Elroy, Paul Marsh und Mike Staunton, 2004, *Triumph of the Optimists: 101 Years of Global Investment Returns*, Princeton University Press.

Doerks, Wolfgang und Stefan Hübner, 1993, Konvexität festverzinslicher Wertpapiere, *Die Bank* 2, 102–105.

Duffie, Darrell, 2001, *Dynamic Asset Pricing Theory*, Princeton University Press, Princeton, 3. Auflage.

Dusak, Katherine, 1973, Futures trading and investor returns: An investigation of commodity market risk premium, *Journal of Political Economy* 81, 1387–1406.

Egle, Kuno und Siegfried Trautmann, 1981, On Preference Dependent Pricing of Contingent Claims, In: Göppl, Hermann und Rudolf Henn, Hrsg., Geld, Banken und Versicherungen, 400–416, Athenäum, Königstein/Ts.

Eisenführ, Franz und Martin Weber, 2002, *Rationales Entscheiden*, Springer, Berlin, 2. Auflage.

Elton, Edwin J., Martin J. Gruber, Stephen J. Brown und William N. Goetzmann, 2003, *Modern Portfolio Theory and Investment Analysis*, John Wiley & Sons, Hoboken.

Fabozzi, Frank J. und T. Dessa Fabozzi, 1989, *Bond Markets, Analysis and Strategies*, Prentice Hall, Englewood Cliffs.

Fama, Eugene F. und Kenneth R. French, 1992, The cross-section of expected stock returns, *Journal of Finance* 47, 427–465.

Fama, Eugene F. und Kenneth R. French, 1993, Common Risk Factors in the Returns on Bonds and Stocks, *Journal of Financial Economics* 33, 3–56.

Fama, Eugene F. und James D. MacBeth, 1973, Risk, return and equilibrium: empirical tests, *Journal of Political Economy* 81, 607–663.

Farkas, Julius, 1902, Über die Theorie der einfachen Ungleichungen, *Journal für die reine und angewandte Mathematik* 124, 1–27.

Fisher, Irving, 1906, *The Nature of Capital and Income*, Macmillan, New York.

Fisher, Lawrence und Roman L. Weil, 1971, Coping with the risk of interest-rate fluctuations: returns to bondholders from naive and optimal strategies, *Journal of Financial Economics* 4, 129–176.

Föllmer, Hans und Alexander Schied, 2004, *Stochastic Finance: An Introduction in Discrete Time*, De Gruyter, 2. Auflage.

Föllmer, Hans und Martin Schweizer, 1989, Hedging by sequential regression: an introduction to the mathematics of option trading, *ASTIN Bulletin* 18, 147–160.

Föllmer, Hans und Martin Schweizer, 1991, Hedging of contingent claims under incomplete information, In: Davis, M. H. A. und R. J. Elliott, Hrsg., Applied Stochastic Analysis, Stochastic Monographs 5, 389–414, Gordon and Breach, New York.

Föllmer, Hans und Dieter Sondermann, 1986, In: Hildenbrand, W. und Y. Mas-Colell, Hrsg., Contributions to Mathematical Economics, 205–223, North-Holland, Amsterdam.

Franke, Günter und Herbert Hax, 2003, *Finanzwirtschaft des Unternehmens und Kapitalmarkt*, Springer, Berlin, 5. Auflage.

Franke, Günter, Richard C. Stapleton und Marti G. Subrahmanyam, 1998, Who Buys and Who Sells Options: The Role of Options in an Economy with Background Risk, *Journal of Economic Theory* 82, 89–109.

Franke, Günter, Richard C. Stapleton und Marti G. Subrahmanyam, 1999, When are Options Overpriced? The Black-Scholes Model and Alternative Characterizations of the Pricing Kernel, *European Finance Review* 3, 79–102.

Frantzmann, Hans-Jörg, 1989, *Saisonalitäten und Bewertung am deutschen Aktien- und Rentenmarkt*, Fritz Knapp Verlag, Frankfurt am Main.

Frantzmann, Hans-Jörg, 1990, Zur Messung des Marktrisikos deutscher Aktien, *Zeitschrift für betriebswirtschaftliche Forschung* 42, 67–84.

French, Kenneth R., 1983, A Comparison of Futures and Forward Prices, *Journal of Financial Economics* 12, 311–342.

Garman, Mark B. und Steven W. Kohlhagen, 1983, Foreign Currency Option Values, *Journal of International Money and Finance* 2, 231–237.

Geske, Robert, 1979, The Valuation of Compound Options, *Journal of Financial Economics* 7, 63–82.

Geske, Robert und Siegfried Trautmann, 1986, Option Valuation: Theory and Empirical Evidence, In: Bamberg, Günter und Klaus Spremann, Hrsg., Capital Market Equilibria, 79–133, Springer, Berlin.

Gollier, Christian, 2001, *The Economics of Risk and Time*, MIT Press, Cambridge.

Göppl, Hermann, 1980, Neuere Entwicklungen der betriebswirtschaftlichen Kapitaltheorie, In: Henn, R., B. Schips und P. Stähly, Hrsg., Quantitative Wirtschafts- und Unternehmensforschung, 363–377, Springer, Berlin.

Göppl, Hermann, Ralf Herrmann, Tobias Kirchner und Marco Neumann, 1996, *Risk Book German Stocks 1976 - 1995: Risk Return and Liquidity*, Fritz Knapp Verlag, Frankfurt am Main.

Gordon, Myron, 1959, Dividends, Earnings and Stock Prices, *Review of Economics and Statistics* 41, 99–105.

Grauer, Frederick L. A., Robert H. Litzenberger und Richard Stehle, 1976, Sharing rules and equilibrium in an international capital market under uncertainty, *Journal of Financial Economics* 3, 233–256.

Grinblatt, Mark und Sheridan Titman, 2002, *Financial Markets and Corporate Strategy*, McGraw-Hill, New York, 2. Auflage.

Grünewald, Barbara, 1998, *Hedging in unvollständigen Märkten am Beispiel des Sprung-Diffusionsmodells*, Deutscher Universitätsverlag, Wiesbaden.

Grünewald, Barbara und Siegfried Trautmann, 1997, Varianzminimierende Hedgingstrategien für Optionen bei möglichen Kurssprüngen, *Zeitschrift für betriebswirtschaftliche Forschung* 38, 43–87.

Hadar, Josef und William R. Russell, 1969, Rules for Ordering Uncertain Prospects, *American Economic Review* 59, 25–34.

Hansmann, Matthias und Klaus Holschuh, 1990, *Der deutsche Rentenmarkt: Struktur, Emittenten, Instrumente und Abwicklung*, Commerzbank AG, Frankfurt a. M.

Harrison, J. Michael und David M. Kreps, 1979, Martingales and Arbitrage in Multiperiod Securities Markets, *Journal of Economic Theory* 20, 381–408.

Harrison, J. Michael und Stanley R. Pliska, 1981, Martingales and Stochastic Integrals in The Theory of Continuous Trading, *Stochastic Processes and their Applications* 11, 215–260.

Harrison, J. Michael und Stanley R. Pliska, 1983, A Stochastic Calculus Model of Continuous Trading: Complete Markets, *Stochastic Processes and their Applications* 15, 313–316.

Hartmann-Wendels, Thomas, Andreas Pfingsten und Martin Weber, 2000, *Bankbetriebslehre*, Springer, 2. Auflage.

Haugen, Robert A., 2001, *Modern Investment Theory*, Prentice Hall, Englewood Cliffs, 5. Auflage.

Hax, Herbert, 1985, *Investitionstheorie*, Physica, Würzburg, 5. Auflage.

Heath, David, Robert Jarrow und Andrew Morton, 1990, Contingent Claim Valuation with a Random Evolution of Interes Rates, *Review of Futures Market* 2, 55–76.

Heath, David, Robert Jarrow und Andrew Morton, 1992, Bond Pricing and the Term Structure of Interest Rates: A New Methodology, *Econometrica* 60, 77–105.

Heitmann, Frank, 1997, *Arbitragefreie Bewertung von Zinsderivaten*, Deutscher Universitätsverlag, Wiesbaden.

Heitmann, Frank und Siegfried Trautmann, 1995, Gaussian Multi-factor Interest Rate Models: Theory, Estimation, and Implications for Option Pricing, *Arbeitspapier*.

Hellwig, Klaus, 1976, Die approximative Bestimmung optimaler Investitionsprogramme mit Hilfe der Kapitalwertmethode, *Zeitschrift für betriebswirtschaftliche Forschung* 28, 166–171.

Hellwig, Klaus, 1997, Was leistet die Kapitalwertmethode?, *Die Betriebswirtschaft* 57, 31–37.

Hellwig, Klaus, 2004, Portfolio Selection Subject to Growth Objectives, *Journal of Economic Dynamics and Control* 28, 2119–2128.

Hellwig, Klaus, Gerhard Speckbacher und Paul Wentges, 2002, Utility Maximization under Capital Growth Constraints, *Journal of Mathematical Economics* 33, 1–12.

Heuser, Harro, 1992, *Funktionalanalysis*, Teubner, Stuttgart, 3. Auflage.

Heuser, Harro, 1995, *Lehrbuch der Analysis 2*, Teubner, Stuttgart, 9. Auflage.

Hicks, John, 1939, *Value and Capital*, Oxford University Press, New York.

Hirshleifer, Jack, 1958, On the theory of optimal investment decision, *Journal of Political Economy* 66, 329–352.

Ho, Thomas S. Y., 1992, Key Rate Durations: Measures of Interest Rate Risks, *Journal of Fixed Income* 2, 29–44.

Ho, Thomas S. Y. und Sang-Bin Lee, 1986, Term Structure Movements and Pricing Interest Rate Contingent Claims, *Journal of Finance* 41, 1011–1030.

Hull, John und Alan White, 1990, Pricing Interest-Rate-Derivative Securities, *Review of Financial Studies* 3, 573–592.

Hull, John C., 2005, *Options, Futures, and Other Derivative Securities*, Prentice-Hall, Upper Saddle River, 6. Auflage.

Intriligator, Michael D., 1971, *Mathematical Optimization and Economic Theory*, Prentice Hall, Englewood Cliffs.

Jamshidian, Farshid, 1991, Forward Induction and Construction of Yield Curve Diffusion Models, *Journal of Fixed Income* 1, 62–74.

Jarrow, Robert A., 1988, *Finance Theory*, Prentice-Hall, Englewood Cliffs.

Jarrow, Robert A., 1996, *Modelling Fixed Income Securities and Interest Rate Options*, McGraw-Hill, New York.

Jarrow, Robert A., David Lando und Stuart M. Turnbull, 1997, A Markov Model for the Term Structure of Credit Risk Spreads, *Review of Financial Studies* 10, 481–523.

Jarrow, Robert A. und Dilip B. Madan, 1997, Is Mean-Variance analysis vacuous: or was beta still born?, *European Finance Review* 1, 15–30.

Jarrow, Robert A. und Dilip B. Madan, 1999, The Second Fundamental Theorem of Asset Pricing, *Mathematical Finance* 9, 255–273.

Jarrow, Robert A. und George Oldfield, 1981, Forward Contracts and Futures, *Journal of Financial Economics* 9, 373–382.

Jarrow, Robert A. und Andrew Rudd, 1983, *Option Pricing*, Irwin, Homewood.

Jarrow, Robert A. und Stuart Turnbull, 1996, *Derivative Securities*, South Western College Publishing, Cincinnati, 1. Auflage.

Jarrow, Robert A. und Stuart M. Turnbull, 1995, Pricing Derivatives on Financial Securities Subject to Credit Risk, *Journal of Finance* 50, 53–85.

Jevons, William S., 1871, *The Theory of Political Economy*, Ibis, Charlottesvilla.

Karatzas, Ioannis und Steven E. Shreve, 1991, *Brownian Motion and Stochastic Calculus*, Springer-Verlag, New-York, 2. Auflage.

Kempf, Alexander, 1998, Umsatz und Geld-Brief-Spanne, *Zeitschrift für Bankrecht und Bankwirtschaft* 10, 100–108.

Kempf, Alexander und Marliese Uhrig-Homburg, 2000, Liquidity and its impact on bond prices, *Schmalenbach Business Review* 52, 26–44.

Keynes, John M., 1930, *A Treatise on Money*, Macmillan, London.

Khang, Chulsoon, 1983, A Dynamic Global Portfolio Immunization Strategy in the World of Multiple Interest Rate Changes: A Dynamic Immunization and Minimax Theorem, *The Journal of Financial and Quantitative Analysis* 18, 355–363.

Knight, Frank H., 1921, *Risk, Uncertainty, and Profit*, Hart, Schaffner & Marx, Houghton Mifflin Company, Boston.

Kockelkorn, Ulrich, 2000, *Lineare statistische Methoden*, Oldenbourg, München.

Kolb, Robert W., 1992, Is Normal Backwardation Normal?, *Journal of Futures Markets* 12, 75–92.

Korn, Ralf, 1997, *Optimal Portfolios*, World Scientific, Singapore.

Korn, Ralf und Siegfried Trautmann, 1999, Optimal Control of Option Portfolios and Applications, *OR Spektrum* 21, 123–146.

Kraft, Holger, 2004, *Optimal Portfolios with Stochastic Interest Rates and Defaultable Assets*, Springer.

Kraft, Holger und Siegfried Trautmann, 2001, Aktuelle Finanzderivate für Privatanleger - Produkte aus dem LEGO-Kasten der Emissionsbanken, *Wirtschaftswissenschaftliches Studium* 10, 539–542.

Kruschwitz, Lutz, 2002, *Finanzierung und Investition*, Oldenbourg, München, 3. Auflage.

Kruschwitz, Lutz, 2005, *Investitionsrechnung*, Oldenbourg, München, 10. Auflage.

Kruschwitz, Lutz und Hellmuth Milde, 1996, Geschäftsrisiko, Finanzierungsrisiko und Kapitalkosten, *Zeitschrift für betriebswirtschaftliche Forschung* 48, 1115–1133.

Kruschwitz, Lutz und Thomas Wolke, 1994, Duration and Convexity, *Wirtschaftswissenschaftliches Studium* 8, 382–387.

Kürsten, Wolfgang, 1992, Präferenzmessung, Kardinalität und sinnmachende Aussagen: Enttäuschung über die Kardinalität des Bernoulli-Nutzens, *Zeitschrift für Betriebswirtschaft* 62, 459–477.

Lando, David, 1998, On Cox Processes and Credit Risky Securities, *Review of Derivatives Research* 2, 99–120.

Latané, Henry A., 1959, Criteria for choice among risky ventures, *The Journal of Political Economy* 67, 144–155.

Leisen, Dietmar P. J., 1999, The Random-Time Binomial Model, *Journal of Economic Dynamics and Control* 23, 1355–1386.

Leisen, Dietmar P. J. und Matthias Reimer, 1996, Binomial Models for Option Valuation - Examining and Improving Convergence, *Applied Mathematical Finance* 3, 319–346.

Lintner, John, 1965, The Valuation of Risk Assets and the Selection of Risky Investment in Stock Portfolios and Capital Budgets, *Review of Economics and Statistics* 47, 13–37.

Lücke, Wolfgang, 1955, Investitionsrechnungen auf der Grundlage von Ausgaben oder Kosten, *Zeitschrift für handelswissenschaftliche Forschung* 7, 310–324.

Luenberger, David G., 1995, *Microeconomic Theory*, McGraw-Hill, New York.

Luenberger, David G., 1998, *Investment Science*, Oxford University Press, New York.

Macaulay, Frederick R., 1938, *The Movement of Interest Rates, Bond Yields and Stock Prices in the United States Since 1856*, neue Auflage: Risk Books, 1999.

Mangasarian, Olvi L., 1969, *Nonlinear programming*, McGraw-Hill, New York.

Markowitz, Harry, 1952, Portfolio Selection, *Journal of Finance* 7, 77–99.

Marusev, Alfred W. und Andreas Pfingsten, 1993, Das Lücke-Theorem bei gekrümmter Zinsstruktur-Kurve, *Zeitschrift für betriebswirtschaftliche Forschung* 45, 361–365.

Mas-Colell, Andreu, Michael D. Whinston und Jerry R. Green, 1995, *Microeconomic Theory*, Oxford University Press, New York.

Mason, Scott P. und Robert C. Merton, 1985, The Role of Contingent Claims Analysis in Corporate Finance, In: Altman, Edward I. und Marti G. Subrahmanyam, Hrsg., Recent Advances in Corporate Finance, 7–54.

Menger, Karl, 1934, Das Unsicherheitsmoment in der Wertlehre, *Zeitschrift für Nationalökonomie* 5, 459–485.

Merton, Robert C., 1973, Theory of rational option pricing, *Bell Journal of Economics and Management Science* 4, 141–183.

Merton, Robert C., 1974, On the Pricing of Corporate Debt: The Risk Structure of Interest Rates, *Journal of Finance* 29, 449–470.

Miltersen, Kristian R., Klaus Sandmann und Dieter Sondermann, 1997, Closed Form Solutions for Term Structure Derivatives with Log-Normal Interest Rates, *Journal of Finance* 52, 409–430.

Modigliani, Franco und Merton H. Miller, 1958, The cost of capital, corporation finance, and the theory of investment, *American Economic Review* 48, 261–297.

Möller, Hans P., 1985, Die Informationseffizienz des deutschen Aktienmarktes – eine Zusammenfassung und Analyse empirischer Untersuchungen, *Zeitschrift für betriebswirtschaftliche Forschung* 37, 500–518.

Mossin, Jan, 1966, Equilibrium in a Capital Asset Market, *Econometrica* 34, 768–783.

Mossin, Jan, 1968, Optimal Multiperiod Portfolio Policies, *Journal of Business* 41, 215–229.

Müller, Sigrid, 1985, *Arbitrage Pricing of Contingent Claims*, Springer.

Musiela, Marek und Marek Rutkowski, 2005, *Martingale Methods in Financial Modelling*, Springer-Verlag, Berlin, Heidelberg, New York, 2. Auflage.

Nelson, C. R. und A. F. Siegel, 1987, Parsimonous modeling of yield curves, *Journal of Business* 60, 473–489.

Park, Hun Y. und Andrew H. Chen, 1985, Differences between futures and forward prices: an investigation of the marking-to-market effects, *Journal of Futures Markets* 5, 77–87.

Pechtl, Andreas, 1995, Classified Information, *Risk* 8, 59–61.

Pelsser, Antoon, 2000, *Efficient Methods for Valuing Interest Rate Derivatives*, Springer, London.

Pratt, John W., 1964, Risk aversion in the small and in the large, *Econometrica* 32, 122–136.

Preinreich, Gabriel, 1937, Valuation and Amortization, *The Accounting Review* 12, 209–226.

Quirk, James P. und Rubin Saposnik, 1962, Admissibility and Measurable Utility Functions, *Review of Economic Studies* 29, 140–146.

Rady, Sven und Klaus Sandmann, 1994, The Direct Approach to Debt Option Pricing, *The Review of Futures Markets* 13, 461–514.

Ramsey, Frank P., 1931, *The Foundations of Mathematics: and other logical essays*, Routledge & Keegan Paul, London.

Reichling, Peter, 1996, Safety First-Ansätze in der Portfolio-Selektion, *Zeitschrift für betriebswirtschaftliche Forschung* 48, 31–55.

Rendleman, Richard J. und Brit J. Bartter, 1979, Two-state option pricing, *Journal of Finance* 34, 1093–1110.

Roll, Richard und Stephen A. Ross, 1994, On the Cross-Sectional Relation between Expected Returns and Betas, *Journal of Finance* 49, 101–121.

Rosenberg, Barr, Kenneth Reid und Ronald Lanstein, 1985, Persuasive Evidence of Market Inefficiency, *Journal of Portfolio Management* 11, 9–17.

Ross, Stephen A., 1976a, The arbitrage theory of capital asset pricing, *Journal of Economic Theory* 13, 341–360.

Ross, Stephen A., 1976b, Return, risk and arbitrage, In: Friend, Irwin und Hames L. Bicksler, Hrsg., Studies in Risk and Return, 189–218, Ballinger, Cambridge.

Ross, Stephen A., 1981, Some Stronger Measures of Risk Aversion in the Small and in the Large, *Econometrica* 49, 621–638.

Ross, Stephen A., 2005, *Neoclassical Finance*, Princeton University Press.

Ross, Stephen A., Randolph W. Westerfield und Jeffrey F. Jaffe, 2005, *Corporate Finance*, Irwin, Chicago, 7. Auflage.

Rothschild, Michael und Joseph E. Stiglitz, 1970, Increasing Risk: I. A Definition, *Journal of Economic Theory* 2, 225–243.

Rothschild, Michael und Joseph E. Stiglitz, 1971, Increasing Risk: II. Its Economic Consequences, *Journal of Economic Theory* 3, 66–84.

Rudolph, Bernd und Bernhard Wondrak, 1986, Modelle zur Planung von Zinsänderungsrisiken und Zinsänderungschancen, *Zeitschrift für Wirtschafts- und Sozialwissenschaften* 106, 337–361.

Samuelson, Paul A., 1971, The „Fallacy" of Maximizing the Geometric Mean in Long Sequences of Investing or Gambling, *Proceedings of the National Academy of Sciences USA* 68, 2493–2496.

Samuelson, Paul A., 1990, Asset Allocation Could be Dangerous to Your Health, *Journal of Portfolio Management*, 5–8.

Samuelson, Paul A., 1991, Long-Run Risk Tolerance when Equity Returns are Mean Regressing: Pseudoparadoxes and Vindication of „Businessman's Risk", In: Brainard, William C., William D. Nordhaus und Harold W. Watts, Hrsg., Money, Macroeconomics, and Economic Policy. Essays in the Honor of James Tobin, 181–200, MIT Press, Cambridge and London.

Sandmann, Klaus, 1999, *Einführung in die Stochastik der Finanzmärkte*, Springer.

Sandmann, Klaus und Erik Schlögl, 1996, Zustandspreise und die Modellierung des Zinsänderungsrisikos, *Die Betriebswirtschaft* 7, 813–836.

Scheffler, Wolfram, 2005, *Besteuerung von Unternehmen I. Ertrag-, Substanz- und Verkehrsteuern*, C. F. Müller, Heidelberg, 8. Auflage.

Schich, Sebastian T., 1997, Schätzung der deutschen Zinsstrukturkurve, *Deutsche Bundesbank, Volkswirtschaftliche Forschungsgruppe, Diskussionspapier* 4/97.

Schmidt, Reinhard H. und Eva Terberger, 1997, *Grundzüge der Investitions- und Finanzierungstheorie*, Gabler, Wiesbaden, 4. Auflage.

Schneeweiß, Hans, 1967, *Entscheidungskriterien bei Risiko*, Springer, Berlin, Heidelberg, New York, 1. Auflage.

Schneider, Dieter, 1992, *Investition, Finanzierung und Besteuerung*, Gabler, Wiesbaden, 7. Auflage.

Schöbel, Rainer, 1987, *Zur Theorie der Rentenoptionen*, Duncker und Humblot, Berlin.

Schulmerich, Marco, 2001, *Ausfallbasiertes Hedging von Finanzderivaten*, Deutscher Universitätsverlag, Wiesbaden.

Schulmerich, Marco und Siegfried Trautmann, 2003, Local Expected Shortfall-Hedging in Discrete Time, *European Finance Review* 7, 75–102.

Schulz, Anja und Richard Stehle, 2005, Empirische Untersuchungen zur Frage CAPM vs. Steuer-CAPM, *Die Aktiengesellschaft, Sonderheft*, 22–34.

Schulz, Uwe und Siegfried Trautmann, 1994, Robustness of Option-Like Warrant Valuation, *Journal of Banking and Finance* 18, 841–859.

Schweizer, Martin, 2001, A Guided Tour through Quadratic Hedging Approaches, In: Jouini, Elyes, Cvitanic und Jaska, Hrsg., Option Pricing, Interest Rates and Risk Management, 538–574, Cambridge University Press, New York.

Senghas, Norbert, 1981, *Präferenzfreie Bewertung von Kapitalanlagen mit Options-Charakter*, Anton Hain, Königstein/Ts.

Sharpe, William, 1964, Capital Asset Prices: A Theory of Market Equilibrium Under Conditions of Risk, *Journal of Finance* 19, 425–442.

Silberberg, Eugene und Wing Suen, 2001, *The Structure of Economics, A Mathematical Analysis*, McGraw-Hill, New York.

Smith, Clifford, 1976, Option Pricing: A Review, *Journal of Financial Economics* 3, 3–51.

Spremann, Klaus, 1996, *Wirtschaft, Investition und Finanzierung*, Oldenbourg, München, 5. Auflage.

Starck, Markus O. und Siegfried Trautmann, 2006, Reduktionsmodelle zur Kreditderivatebewertung, In: Kürsten, Wolfgang und Bernhard Nietert, Hrsg., Kapitalmarkt, Unternehmensfinanzierung und rationale Entscheidungen, 473–492, Springer, Berlin.

Stattman, Dennis, 1980, Book Values and Stock Returns, *The Chicago MBA: A Journal of Selected Papers* 4, 25–45.

Stehle, Richard, 1977, An empirical test of the alternative hypotheses of national and international pricing of risky assets, *Journal of Finance* 32, 493–502.

Steiner, Peter und Helmut Uhlir, 2001, *Wertpapieranalyse*, Springer, Heidelberg, 4. Auflage.

Stiemke, Erich, 1915, Über positive Lösungen homogener linearer Gleichungen, *Mathematische Annalen* 76, 340–342.

Stoll, Hans R., 1969, The Relationship Between Put and Call Option Prices, *Journal of Finance* 24, 801–824.

Stoll, Hans R. und Robert E. Whaley, 1993, *Futures and Options: Theory and Applications*, South-Western Educational Publishing Co., Cincinnati.

Sundaresan, Suresh, 2002, *Fixed Income Markets and their Derivatives*, South-Western College Publishing, Cincinnati, Ohio, 2. Auflage.

Svensson, Lars E. O., 1994, Estimating and interpreting forward interest rates, *IMF Working Papers* 114.

Taqqu, Murad S. und Walter Willinger, 1987, The Analysis of Finite Security Markets Using Martingales, *Advanced Applied Probability* 19, 1–25.

Telser, Lester G., 1960, Returns to Speculators: Reply, *Journal of Political Economy* 68, 404–415.

Tobin, James, 1958, Liquidity preference as behavior towards risk, *Review of Economic Studies* 25, 65–86.

Trautmann, Siegfried, 1976, Modelle zur Analyse der Ertragssteuerwirkungen auf verschiedene Klassen von Investitions- und Finanzierungsprojekten, *Proceedings in Operations Research* 5, 305–314.

Trautmann, Siegfried, 1981, *Koordination dynamischer Planungssysteme*, Gabler, Wiesbaden.

Trautmann, Siegfried, 1984, *Unternehmensplanung*, Vorlesungsskript, Universität Karlsruhe.

Trautmann, Siegfried, 1986, *Finanztitelbewertung bei arbitragefreien Finanzmärkten*, Habilitationsschrift, Universität Karlsruhe.

Trautmann, Siegfried, 1987, Die Bewertung von Aktienoptionen am deutschen Kapitalmarkt - Eine empirische Überprüfung der Informationseffizienzhypothese, *Schriften des Vereins für Socialpolitik, Gesellschaft für Wirtschafts- und Sozialwissenschaften* 165, 311–327.

Trautmann, Siegfried, 1989, Aktienoptionspreise an der Frankfurter Optionsbörse im Lichte der Optionsbewertungstheorie, *Finanzmarkt und Portfoliomanagement* 3, 210–225.

Trautmann, Siegfried und Michaela Beinert, 1999, Impact of Stock Price Jumps on Option Values, In: Bühler, Wolfgang, Herbert Hax und Reinhart Schmidt, Hrsg., Empirical Research on the German Capital Market, 303–322, Physica-Verlag, Heidelberg.

Uhrig-Homburg, Marliese und Ulrich Walter, 1997, Ein neuer Ansatz zur Bestimmung der Zinsstruktur: Theorie und empirische Ergebnisse für den deutschen Rentenmarkt, *Kredit und Kapital* 30, 116–139.

Vasicek, Oldrich, 1977, An Equilibrium Characterization of the Term Structure, *Journal of Financial Economics* 5, 177–188.

von Neumann, John und Oskar Morgenstern, 1944, *Theory of Games and Economic Behaviour*, Princeton University Press, Princeton.

Wilhelm, Jochen, 1981, Zum Verhältnis von Capital Asset Pricing Model, Arbitrage Pricing Theory und Bedingungen der Arbitragefreiheit von Finanzmärkten, *Zeitschrift für betriebswirtschaftliche Forschung* 33, 891–905.

Wilhelm, Jochen, 1983a, *Finanztitelmärkte und Unternehmensfinanzierung*, Springer, Berlin.

Wilhelm, Jochen, 1983b, Marktwertmaximierung — Ein didaktisch einfacher Zugang zu einem Grundlagenproblem der Investitions- und Finanzierungstheorie, *Zeitschrift für Betriebswirtschaft* 53, 516–534.

Wilhelm, Jochen, 1985a, *Arbitrage Theory. Introductory Lectures on Arbitrage-Based Financial Asset Pricing*, Springer, Berlin.

Wilhelm, Jochen, 1985b, Das Bernoulli-Prinzip – und kein Ende?, *Zeitschrift für Betriebswirtschaft* 55, 635–639.

Wilhelm, Jochen, 1986, Zum Verhältnis von Höhenpräferenz und Risikopräferenz – eine theoretische Analyse, *Zeitschrift für betriebswirtschaftliche Forschung* 38, 467–492.

Winkelmann, Michael, 1984, *Aktienbewertung in Deutschland*, Verlag Anton Hain, Königstein/Taunus.

Sachverzeichnis

 **Springer**  springer.de

Entscheidungstheorie
Grundlagen
H. Laux, Johann Wolfgang Goethe-Universität, Frankfurt/Main

Dieses Lehrbuch gibt eine gründliche Einführung in die Entscheidungstheorie. Es wird gezeigt, wie Entscheidungsprobleme bei Sicherheit, Unsicherheit i.e.S. und in Risikosituationen dargestellt und gelöst werden können. Dabei wird insbesondere die Problematik der Formulierung von Zielfunktionen, der Bildung eines Wahrscheinlichkeitsurteils über die Ergebnisse der Alternativen und der Vereinfachung von Entscheidungsmodellen untersucht. Darauf aufbauend werden Entscheidungsprozesse in Gruppen analysiert.
Für die Behandlung der wirtschaftspolitischen Fragestellungen bietet das Buch umfassende analytische und theoretische Grundlagen im mikroökonomischen und makroökonomischen Bereich.

7., überarb. u. erw. Aufl. 2007. XXV, 540 S. 105 Abb. Brosch.
ISBN 978-3-540-71161-2 ▶ € (D) 31,95 | € (A) 32,85 | sFr 49,00

Controlling
Eine kognitionsorientierte Perspektive
V. Lingnau, P. Gerling, Universität Kaiserslautern

Ausgangspunkt der Überlegungen ist das "real existierende Phänomen" Controlling, wobei die kognitiven Beschränkungen realer Entscheidungsträger in den Mittelpunkt gestellt werden. Das Controlling verfolgt das Ziel, Manager dabei zu unterstützen, Probleme effizienter zu lösen. Somit wird der schon seit längerem gestellten Forderung entsprochen, die deutschsprachige Controllingforschung um kognitive Aspekte zu erweitern. Das Lehrbuch leitet in diesem Sinne ein kognitionsorientiertes Controllingverständnis ab.
Die Studierenden erhalten mit diesem Lehrbuch einen kompakten Überblick über das mikroökonomische Instrumentarium.

2007. Etwa 350 S. Brosch.
ISBN 978-3-540-70797-4 ▶ etwa € (D) 24,95 | € (A) 25,65 | sFr 38,50

Jahresabschluss nach Handelsrecht, Steuerrecht und internationalen Standards (IFRS)
R. Heno, Fachhochschule Oldenburg/ Ostfriesland/ Willhelmshaven, Wilhelmshaven

Dieses Lehrbuch behandelt die Rechnungslegung von Unternehmen nach den deutschen handels- und steuerrechtlichen Vorschriften sowie nach den International Financial Reporting Standards (IFRS). Neben den deutschen Grundsätzen ordnungsmäßiger Buchführung und den für die IFRS geltenden Rahmengrundsätzen wird schwerpunktmäßig die jeweilige Bewertungskonzeption dargestellt. Darüber hinaus wird aber auch die Bilanzierung und Bewertung der einzelnen Positionen des Jahresabschlusses im jeweiligen Rechnungslegungssystem vermittelt. Mit Hilfe zahlreicher Beispiele, Übersichten und Tabellen wird die schwierige Materie anschaulich erklärt.

5., aktualisierte Ed. 2006. XIX, 560 S. Brosch.
ISBN 978-3-7908-1719-5 ▶ € (D) 34,95 | € (A) 35,93 | sFr 53,50

Übungen zur Internen Unternehmensrechnung
Gütermärkte, Faktormärkte und die Rolle des Staates
C. Ernst, Universität Hohenheim; C. Riegler, Wirtschaftsuniversität Wien; G. Schenk, Berufsakademie Heidenheim

Das Buch wendet sich an Studenten der Unternehmensrechnung und des Controllings. Anhand zahlreicher Übungsaufgaben und Fallstudien werden Lerninhalte des Lehrbuchs Interne Unternehmensrechnung von Ralf Ewert und Alfred Wagenhofer vertieft. Die Aufgaben befassen sich sowohl mit traditionellen Themenbereichen der Internen Unternehmensrechnung (z. B. Produktionsprogrammplanung, Abweichungsanalyse) als auch mit Techniken des strategischen Kostenmanagements. Darüber hinaus werden Fragen der personellen Koordination auf Basis von informationsökonomischen Ansätzen betrachtet.

3., überarb. Aufl. 2007. XX, 351 S. 29 Abb. Brosch.
ISBN 978-3-540-68727-6 ▶ € (D) 26,95 | € (A) 27,72 | sFr 41,50

Bei Fragen oder Bestellung wenden Sie sich bitte an ▶ Springer Distribution Center GmbH, Haberstr. 7, 69126 Heidelberg ▶ **Telefon:** +49 (0) 6221-345-4301 ▶ **Fax:** +49 (0) 6221-345-4229 ▶ **Email:** SDC-bookorder@springer.com ▶ € (D) sind gebundene Ladenpreise in Deutschland und enthalten 7% MwSt; € (A) sind gebundene Ladenpreise in Österreich und enthalten 10% MwSt. ▶ Preisänderungen und Irrtümer vorbehalten. ▶ Springer-Verlag GmbH, Handelsregistersitz: Berlin-Charlottenburg, HR B 91022. Geschäftsführer: Haank, Mos, Gebauer, Hendriks

6483084R00295

Printed in Germany
by Amazon Distribution
GmbH, Leipzig